DIE ELEMENTE

DER

PROJECTIVISCHEN GEOMETRIE

VON

DR. EMIL WEYR

O. Ö. PROFESSOR AN DER K. K. UNIVERSITÄT IN WIEN.

ERSTES HEFT.

THEORIE DER PROJECTIVISCHEN GRUNDGEBILDE ERSTER STUFE UND DER QUADRATISCHEN INVOLUTIONEN.

MIT 58 HOLZSCHNITTEN.

WIEN, 1883.

WILHELM BRAUMÜLLER

K. K. HOF- UND UNIVERSITÄTSBUCHHÄNDLER.

VORWORT.

Das vorliegende erste Heft enthält die wichtigsten Kapitel aus der Theorie der projectivischen Grundgebilde erster Stufe, sowie die Lehre von den quadratischen Involutionen, und soll mit den noch folgenden Heften, welche die Lehre von den Curven und Flächen zweiten Grades und jene von den Raumcurven dritten Grades enthalten werden, zunächst als Leitfaden für die geometrischen Vorlesungen dienen, welche an der k. k. Wiener Universität vom Verfasser über neuere Geometrie abgehalten werden. Einen Literaturausweis, so weit er bei der elementaren Natur des behandelten Stoffes als nothwendig erscheinen sollte, wird das letzte Heft bringen.

Der Verfasser erfüllt eine angenehme Pflicht, indem er dem Herrn Adolf Ameseder, Assistenten am hiesigen k. k. Polytechnikum, für die Anfertigung der Figuren, sowie auch der verehrten Verlagsbuchhandlung für die Ausstattung des Werkes seinen aufrichtigen Dank ausspricht.

INHALTSVERZEICHNISS.

Einleitung.

I. Kapitel.

Bestimmung der Elemente der Grundgebilde erster Stufe.

II. Kapitel.

Das Doppelverhältniss.

III. Kapitel.

Vollständige Figuren.

Seite

IV. Kapitel.

Die Sätze von Carnot und Ceva.

V. Kapitel.

Die perspectivische Raumansicht.

VI. Kapitel.

Reciprocitätsgesetz und Elementenbestimmung in den Grundgebilden höherer Stufe.

VII. Kapitel.

Perspectivische Gebilde.

VIII. Kapitel.

Projectivische Gebilde.

Seite

IX. Kapitel.

Aehnliche und congruente Gebilde.

X. Kapitel.

Conlocale projectivische Gebilde; Doppelelemente.

XI. Kapitel.

Der Kreis.

XII. Kapitel.

Die Involutionen.

XIII. Kapitel.

Allgemeinere Auffassung der Projectivität.

Seite

XIV. Kapitel.

Cyklische Projectivität.

XV. Kapitel.

Harmonische Mittelpunkte eines Tripels.

XVI. Kapitel.

Rechnungsoperationen mit Theilverhältnissen (Strecken).

Berichtigungen.

Seite	10	Zeile	2	von	unten:	Verhältniss statt Verhältnisse.
„	15	„	6	„	oben:	η statt y.
„	15	„	9	„	unten:	a' statt a.
„	36	„	19	„	oben:	γ' statt γ.
„	41	„	2	„	unten:	bc statt dc.
„	42	„	15	„	„	$\varkappa''$ statt $\varkappa'$.
„	47	„	3	„	„	γ statt γ'.
„	47	„	4	„	„	γ' statt γ.
„	66	„	4	„	„	xv statt xv.
„	71	„	1	„	„	Existenz statt Extitenz.
„	81	„	16	„	oben:	Q' statt Q.
„	82	„	15	„	„	$(C'A)$ statt $A'C)$.
„	82	„	27	„	„	Strahl X statt Strahl X'.
„	83	„	13	„	„	ν' statt ν.
„	83	„	1	„	unten:	$\gamma'\alpha$ statt $\alpha'\gamma$.
„	86	„	2	„	oben:	$x'v'$ statt $u'v'$.
„	86	„	3	„	„	$y'u'$ statt $y'v'$.
„	88	„	3 u. 13 von oben:			x statt x'.
„	88	„	4	von	oben:	ax statt ax'.
„	89	Fig. 26:				(s) statt (ß).
„	104	Zeile	7	von	oben:	X' statt des letzten X.
„	104	„	20	„	„	BB' statt RR'.
„	105	„	9	„	„	BB' statt BB.
„	121	Fig. 39:				s statt c.
„	124	Zeile	9	von	unten:	BA statt AB.
„	131	„	18	„	oben:	$A'B'$, $A''B''$ statt $A'B$, $A'B'$.
„	136	„	18	„	unten:	BD statt BC.
„	170	„	5	„	oben:	bc' statt bc.
„	180	„	6	„	unten:	98, a) statt 98.
„	190	„	11	„	oben:	$A't^2 + B't$ statt $A't + B't^2$.
„	193	„	4	„	unten:	G_1 statt G.
„	197	„	7	„	oben:	c statt ε.
„	203	„	10	„	„	$x_1 x_2 x_3$ statt $x_1 x_3 x_3$.

EINLEITUNG.

Die geometrischen Grundelemente und Grundgebilde.

1. Den Gegenstand der geometrischen Betrachtungen bilden die Beziehungen der Elemente der geometrischen Gebilde zu einander und der geometrischen Gebilde untereinander.

Insoferne als die Elemente eines Gebildes zu den Elementen eines zweiten Gebildes in gewissen gesetzmässigen Relationen stehen, nennt man die Gebilde geometrisch verwandte Gebilde.

Die geometrischen Grundelemente sind der Punkt, die Gerade (Strahl, Axe) und die Ebene.

Die einfachste Lagenbeziehung zwischen einem Punkte a und einem Strahle A oder einer Ebene α erhalten wir offenbar, wenn wir den Strahl respective die Ebene durch den Punkt hindurchlegen oder den Punkt als in dem Strahle respective der Ebene liegend annehmen. In derselben Art ist die einfachste Lagenbeziehung zwischen Strahl und Ebene die, dass der Strahl in der Ebene gelegen ist oder die Ebene durch den Strahl hindurchgeht. Diese eben erwähnte Beziehung der Grundelemente wird die perspectivische Beziehung genannt. Die Elemente a, A, α*) sind also in perspectivischer Beziehung oder in perspectivischer Lage, wenn a in A respective α liegt oder A respective α durch a, hindurchgeht und A in α liegt oder α durch A hindurchgeht.

*) Wir werden, so weit als möglich, die Punkte durch kleine lateinische Buchstaben a, b, c . . . x . . . , die Strahlen durch grosse lateinische Buchstaben A, B, C . . . X . . . und die Ebenen durch griechische Buchstaben α, β . . . ξ . . . bezeichnen.

Die geometrischen Grundgebilde erster, zweiter und dritter Stufe.

2. Die Gesammtheit von nach einem bestimmten Gesetze zusammenhängenden Elementen nennt man ein geometrisches Gebilde. Wenn man die einfachsten, die Grundelemente nach dem einfachsten Gesetze, nach jenem der Perspectivität zusammenfasst, so erhält man die einfachsten, die Grundgebilde.

Zu den geometrischen Grundgebilden gelangt man somit, indem man alle Grundelemente in Betracht zieht, welche mit einem und demselben Grundelemente perspectivisch sind. Dieses letztere wird der Träger und die ersteren die Elemente des Grundgebildes genannt. Jedes der drei Grundelemente kann als Träger auftreten und ebenso als Element.

a) Ein Punkt a als Träger; es gibt unendlich viele Strahlen A, welche mit a perspectivisch liegen, d. h. durch a hindurchgehen. Die Gesammtheit aller dieser, nach allen Richtungen des Raumes von a ausgehenden Strahlen wird ein Strahlenbündel genannt; a ist der Träger, Scheitel, Mittelpunkt des Strahlenbündels. Es gibt jedoch auch unendlich viele Ebenen α, welche mit a perspectivisch sind, d. h. durch ihn hindurchgehen und alle möglichen Stellungen im Raume annehmen können. Die Gesammtheit dieser Ebenen wird ein Ebenenbündel genannt und a ist wiederum der Träger, Scheitel oder Mittelpunkt des Ebenenbündels.

Jeder Punkt a im Raume als Träger oder Scheitel genommen, bestimmt daher unendlich viele durch ihn gehende Strahlen und Ebenen, deren Gesammtheit (sowohl der Strahlen als auch der Ebenen), wohl auch als ein räumliches Bündel oder Bündel schlechtweg genannt wird. Der Träger des räumlichen Bündels ist der Punkt a und die Elemente desselben sind die durch a gehenden Strahlen und Ebenen. Die Elemente eines Bündels sind daher zweierlei Art, Strahlen und Ebenen.

b) Eine Ebene α als Träger; die Gesammtheit der in α liegenden Punkte heisst ein ebenes Punktsystem, die Gesammtheit der in α liegenden Strahlen ein ebenes Strahlensystem; die Gesammtheit aller dieser Punkte und Strahlen heisst kurz ein ebenes System. Die Ebene α ist der Träger des ebenen Systemes, welches sowie das Bündel zweierlei Elemente, Punkte und Strahlen besitzt.

c) Ein Strahl A als Träger; die sämmtlichen auf A liegenden Punkte a bilden eine gerade Punktreihe, deren Träger oder Axe die Gerade A ist. Die Gesammtheit der durch A gehenden Ebenen bildet ein Ebenenbüschel, dessen Axe oder Träger A ist. Der Strahl A tritt somit als Träger zweier verschiedener Grundgebilde, der Punktreihe und des Ebenenbüschels auf. Die Elemente der Punktreihe sind Punkte, jene des Ebenenbüschels sind Ebenen.

d) Wir sind in den vorhergehenden drei Fällen von jedem der Grundelemente als dem Träger ausgegangen und haben die sämmtlichen mit ihm perspectivisch liegenden Elemente als ein geometrisches Grundgebilde constituirend erkannt. So kamen wir zu vier Gebilden: dem räumlichen Bündel mit Strahlen und Ebenen als Elementen, dem ebenen Systeme mit Strahlen und Punkten als Elementen, der geraden Punktreihe mit Punkten und zu dem Ebenenbüschel mit Ebenen als Elementen. Wenn man alle die Elemente betrachtet, welche mit zwei festen Elementen perspectivisch liegen, so gelangt man grösstentheils zu den uns schon bekannten Gebilden, nebstdem aber zu einem neuen Gebilde, dem ebenen Strahlenbüschel.

Alle Strahlen, welche in einer Ebene α liegend durch einen festen Punkt a dieser Ebene hindurchgehen (also sowohl mit der Ebene α als auch mit dem Punkte a perspectivisch liegen) bilden ein ebenes Strahlenbüschel. Der Punkt a ist Scheitel oder Mittelpunkt des Büschels und tritt nebst der Ebene α als Träger des ebenen Strahlenbüschels (oder Strahlenbüschel schlechtweg) auf. Die durch a in α gezogenen Strahlen sind die Elemente des Strahlenbüschels.

Zu zwei beliebigen Ebenen α_1 α_2 ist nur eine Gerade, ihre Schnittlinie A oder $(\alpha_1\ \alpha_2)$ perspectivisch, dagegen unendlich viele Punkte a, welche sämmtlich auf A liegend eine gerade Punktreihe bilden.

Zu zwei beliebigen Punkten a_1 a_2 ist nur eine Gerade, ihre Verbindungslinie A oder $(a_1\ a_2)$ perspectivisch, dagegen unendlich viele Ebenen, welche sämmtlich durch A hindurchgehend ein Ebenenbüschel bilden.

Zu zwei beliebig im Raume gelegenen (windschiefen) Geraden A_1 A_2 ist kein Punkt und keine Ebene gleichzeitig perspectivisch; schneiden sich die beiden Geraden, so liegen sie auch in einer Ebene und dann gibt es aber einen Punkt $(A_1\ A_2)$ und eine Ebene $(A_1\ A_2)$, welche gleichzeitig mit beiden Geraden perspectivisch sind.

Ein Punkt a kann mit einer Ebene α nur dann gleichzeitig als Träger (von Strahlen) auftreten, wenn er in der Ebene liegt, und die sämmtlichen mit a und α gleichzeitig perspectivisch liegenden Strahlen bilden ein ebenes Strahlenbüschel in α mit a als Scheitel.

Ein Punkt a und ein Strahl A bestimmen eine mit beiden gleichzeitig perspectivische (durch a und A hindurchgehende) Ebene α oder $(a\,A)$; wenn jedoch a in A liegt, so wird α unbestimmt und alle Lagen der Ebene α bilden offenbar das Ebenenbüschel mit der Axe A.

Eine Ebene α und ein Strahl A bestimmen einen mit beiden gleichzeitig perspectivisch liegenden Punkt a oder $(A\,\alpha)$ ihren Durchschnittspunkt; wenn jedoch A in α liegt, so nimmt a alle Lagen auf A an und erzeugt eine gerade Punktreihe mit der Axe A.

3. Man erhält kein neues Grundgebilde, wenn man die Elemente untersucht, welche mit drei gegebenen Elementen gleichzeitig perspectivisch liegen. Von den möglicherweise hier auftretenden Fällen mögen nur die folgenden Erwähnung finden.

Drei beliebige Punkte $a_1\ a_2\ a_3$ bestimmen eine mit allen drei Punkten gleichzeitig perspectivische Ebene α, ihre Verbindungsebene $(a_1\ a_2\ a_3)$. Wenn die drei Punkte einer geraden Punktreihe angehören, so wird α unbestimmt und kann irgend eine durch die Gerade $\overline{a_1\ a_2\ a_3}$ gehende Lage annehmen.

Drei beliebige Ebenen $\alpha_1\ \alpha_2\ \alpha_3$ bestimmen einen mit ihnen gleichzeitig perspectivisch liegenden Punkt a, ihren Schnittpunkt $(\alpha_1\ \alpha_2\ \alpha_3)$; nur wenn die drei Ebenen einem Ebenenbüschel angehören, wird a unbestimmt und kann irgend eine Lage auf der Geraden $(\alpha_1\ \alpha_2\ \alpha_3)$ haben.

Von den bis nun betrachteten Grundgebilden enthalten drei, die Punktreihe, das Strahlenbüschel und das Ebenenbüschel, nur Elemente einer Art und zwar in einfach unendlicher Anzahl. Die gerade Punktreihe ist der Inbegriff aller der unendlich vielen einzelnen Punkte auf einer Geraden, der Axe, das Ebenenbüschel ist der Inbegriff der sämmtlichen Ebenen, welche durch dessen Axe hindurchgehen und das ebene Strahlenbüschel bilden die sämmtlichen einfach unendlich vielen Strahlen, welche durch dessen Scheitel in dessen Ebene gezogen werden können.

Die beiden anderen Grundgebilde, nämlich das räumliche Bündel und das ebene System enthalten Elemente zweierlei Art (das Bündel enthält Strahlen und Ebenen durch den Scheitel und das ebene System enthält Punkte und Strahlen in einer Ebene) und in doppelt unendlicher Anzahl. Es gibt nämlich in diesen beiden Gebilden unendlich viele Gebilde der früheren Art.

In jedem räumlichen Bündel gibt es offenbar unendlich viele Ebenenbüschel (die Ebenenschaaren, welche durch die einzelnen Strahlen des Bündels als Axen hindurchgehen) und unendlich viele Strahlenbüschel (die Strahlenbüschel, welche in den einzelnen Ebenen des Bündels liegend den Bündelscheitel zum Scheitel besitzen).

Ebenso enthält jedes ebene System unendlich viele gerade Punktreihen, deren Axen die dem Systeme angehörigen Strahlen sind, und unendlich viele ebene Strahlenbüschel, deren Scheitel die einzelnen Punkte des Systemes sind.

Aus den eben erwähnten Gründen pflegt man daher die drei erstgenannten Gebilde, nämlich die gerade Punktreihe, das Ebenenbüschel und das ebene Strahlenbüschel als die geometrischen Grundgebilde erster Stufe (einförmige Gebilde) und das räumliche Bündel nebst dem ebenen Systeme als die geometrischen Grundgebilde zweiter Stufe zu bezeichnen.

Zu den geometrischen Grundgebilden erster und zweiter Stufe, welche man als Inbegriff aller Elemente erhält, welche gleichzeitig mit zwei festen Elementen, respective mit einem solchen Elemente in perspectivischer Lage sind, pflegt man als Grundgebilde dritter Stufe die Gesammtheit aller Punkte, Strahlen und Ebenen, die an keine Bedingung geknüpft sind also den ganzen unendlichen Raum erfüllen, hinzuzufügen. Von diesem Gesichtspunkte aus erscheint also der unendliche Raum als Grundgebilde der dritten Stufe. Die Elemente des Grundgebildes dritter Stufe sind in dreifach unendlicher Anzahl und dreierlei Art, nämlich Punkte, Strahlen und Ebenen. Das Grundgebilde dritter Stufe enthält alle Grundgebilde der ersten und zweiten Stufe, überhaupt alle geometrischen Gebilde.

Eintheilung der geometrischen Betrachtungen.

4. Entsprechend der Eintheilung der geometrischen Grundgebilde nach drei Stufen, zerfällt die Geometrie in drei Abtheilungen: die Geometrie der Grundgebilde erster Stufe, jene der Gebilde zweiter Stufe und die Geometrie des Grundgebildes dritter Stufe. Die Geometrie der Gebilde erster Stufe beschäftigt sich mit den Beziehungen der Elemente einer Punktreihe, eines Ebenenbüschels oder Strahlenbüschels. Die Geometrie der Gebilde zweiter Stufe zerfällt, je nachdem sie das ebene System oder das Bündel zum Gegenstande hat, in die Geometrie der Ebene (Planimetrie) und die Geometrie des räumlichen Bündels. Den Abschluss bildet dann die Geometrie des Gebildes dritter Stufe, die Geometrie des Raumes.

Erstes Kapitel.

Bestimmung der Elemente der Grundgebilde erster Stufe.

5. Eine Punktreihe als Gesammtheit aller auf einer Geraden liegenden Punkte ist bestimmt, sobald man diese Gerade, die Axe der Punktreihe oder zwei Elemente, d. h. zwei Punkte der Punktreihe kennt; die Axe ist in dem letzteren Falle die gerade Verbindungslinie der beiden Punkte.

Ebenso ist ein Ebenenbüschel bestimmt, entweder durch directe Angabe der Axe desselben oder durch zwei willkürliche Elemente, Ebenen, desselben; die Axe erscheint als Schnittlinie der beiden bestimmenden Elemente.

Ein Strahlenbüschel ist gegeben, wenn zwei Strahlen desselben gegeben sind, deren Schnittpunkt als Scheitel und deren Ebene als zweiter Träger des Büschels erscheint. Ebenso kann ein Büschel durch Angabe seiner Ebene und des in derselben liegenden Scheitels bestimmt werden. Die sämmtlichen Punkte einer geraden Punktreihe kann man als die Lagen eines sich auf der Axe bewegenden Punktes betrachten. Von einer Lage a ausgehend, kann man die Bewegung des Punktes in der einen oder der entgegengesetzten Richtung ins Unendliche vorsichgehen lassen.

Die gegenseitige Lage der Punkte einer Punktreihe bestimmen wir durch die von den Punkten derselben begrenzten Theile der Axe, durch die Strecken. Zwei Punkte x, y bestimmen eine Strecke. Dieselbe kann von einem beweglichen Punkte in doppelter Richtung durchlaufen werden, entweder in der Richtung von x gegen y, dann soll sie mit $\overline{xy}$, oder in der direct entgegengesetzten Richtung von y gegen x, dann soll sie mit $\overline{yx}$ bezeichnet werden.

In jedem Strahle haben wir also zwei Bewegungsrichtungen zu unterscheiden; zum Unterschiede soll die eine als die positive, die andere als die negative bezeichnet werden, und die in positiver Richtung durchlaufenen Strecken sollen ebenso als positiv, jene in negativer als negativ betrachtet und in Rechnung eingeführt werden.

Dieser Bestimmung gemäss ist

$$\overline{yx} = -\overline{xy} \dots . (1)$$

oder:

$$\overline{xy} + \overline{yx} = o \dots . (2)$$

Die erste Gleichung sagt, dass eine Strecke ihr Vorzeichen ändert, wenn man deren Anfangs- und Endpunkt gegenseitig vertauscht; die zweite Gleichung lässt eine mechanische Deutung zu, sie sagt dass die Lagenveränderung eines beweglichen Punktes, welcher von x ausgehend nach y gelangt und sich wiederum von y nach x zurückbewegt, gleich Null ist. Aus demselben Grunde ist, wenn $a, b, c, d \dots . kl$ beliebig viele Punkte der Punktreihe sind:

$$ab + bc + cd + \dots . + kl + la = o \dots . (3)$$

oder:

$$ab + bc + cd + \dots . + kl = -la = al \dots . (4)$$

Wenn man auf der Geraden einen festen Punkt o, den Anfangspunkt beliebig wählt, so ist die Lage eines veränderlichen Punktes x der Geraden bestimmt, sobald man die Strecke $\overline{ox}$ dem Werthe und dem Zeichen nach kennt; letzteres gibt an, auf welche Seite vom Anfangspunkte o angefangen, die absolute Länge $\overline{ox}$ aufzutragen ist, vorausgesetzt dass früher bestimmt ist, welcher Sinn in der Geraden als der positive etwa zu betrachten ist. Die Strecke $\overline{ox}$ wird die Abscisse des Punktes x genannt. Die Strecke $\overline{xy}$ drückt sich durch die Abscissen ihrer Begrenzungspunkte in der Form:

$$\overline{xy} = \overline{oy} - \overline{ox} \dots . (5)$$

aus. Denn nach (4) ist $xy = xo + oy$, woraus mit Berücksichtigung von (1) sofort die Gleichung (5) folgt.

Wenn m der Mittelpunkt der Strecke $\overline{xy}$ ist, so hat man zunächst $\frac{\overline{xy}}{2} = xm = my$ oder $my = -mx$; ferner ist nach (5)

$$ox = om + mx \quad oy = om + my = om - mx$$

somit durch Addition

$$om = \frac{ox + oy}{2} \dots . (6)$$

und durch Multiplication

$$ox \,.\, oy = \overline{om}^2 - \overline{mx}^2 = \overline{om}^2 - \left(\frac{\overline{xy}}{2}\right)^2 \dots . (7)$$

Vier beliebige Punkte a, b, c, d der geraden Punktreihe erfüllen immer die Relation:

$$\overline{ab}\,.\,\overline{cd} + \overline{bc}\,.\,\overline{ad} + \overline{ca}\,.\,\overline{bd} = o \;.\;.\;.\;.\; (8)$$

denn aus den Gleichungen

$$\overline{ab} = \overline{ad} + \overline{db}$$
$$\overline{bc} = \overline{bd} + \overline{dc}$$
$$\overline{ca} = \overline{cd} + \overline{da}$$

erhält man durch Multiplication mit $\overline{cd}$, $\overline{ad}$, $\overline{bd}$ respective und durch Addition (bei Berücksichtigung, dass z. B. $\overline{ad}\,.\,\overline{cd} + \overline{dc}\,.\,\overline{ad} = ad\,[cd + dc] = o$ ist) sofort die Gleichung (8).

Die Gleichung (8) kann man noch in drei weiteren Formen schreiben, wenn man die Punkte a, b, c, d cyklisch vertauscht.

Durch Multiplication der drei letzten Gleichungen erhält man überdies die Relation:

$$-\overline{ab}\,.\,\overline{bc}\,.\,\overline{ca} = ab\,.\,\overline{cd}^2 + \overline{bc}\,.\,\overline{ad}^2 + \overline{ca}\,.\,\overline{bd}^2 \;.\;.\;.\;.\; (9)$$

welche, wie man sich leicht überzeugen kann, auch dann noch giltig ist, wenn der Punkt d ausserhalb der Geraden $\overline{abc}$ liegt.

6. Von einem Strahle X eines Strahlenbüschels kann man zu einem zweiten Strahle Y dadurch gelangen, dass man X um den Scheitel so lange dreht, bis dieser Strahl mit Y zusammenfällt. Bei der Drehung durchlauft X einen Winkel, welcher mit XY bezeichnet werden soll. Die Drehung von X kann jedoch entweder in dem einen positiven oder dem anderen negativen Drehungssinne erfolgen, so dass durch das Symbol XY zwei Drehungswinkel bezeichnet erscheinen, ein positiver und ein negativer. Um die hieraus entspringende Mehrdeutigkeit zu beseitigen, denken wir uns den Scheitel des Büschels als Anfangspunkt in den beiden Strahlen X, Y (dieselben als Axen von Punktreihen betrachtet) und demgemäss in beiden Strahlen die positive und die negative Richtung fixirt. Dann soll das Symbol XY jenen Winkel bedeuten, den der Strahl X um den Scheitel in einem bestimmten, z. B. positiven Drehungssinne durchlaufen muss, damit seine positive Richtung mit der positiven Richtung von Y zusammenfällt.

Es ist dann offenbar immer

$$\angle XY + \angle YX = 360^0 = 2\pi \;.\;.\;.\;.\; (1)$$

Der Strahl X geht in sich selbst über, sowohl was seine Lage als auch die in ihm auftretenden zwei Bewegungsrichtungen betrifft, wenn man ihn entweder ungedreht belässt oder aber ihn um 360,

$2 . 360, \ldots . n . 360 = 2n\pi$ in dem einen oder dem anderen Sinne dreht, es ist also

$$\angle XX = o, = \pm 360, = \pm 2 . 360 \ldots . = \pm 2n\pi$$

wobei n irgend eine ganze Zahl bedeutet. Die Gleichung (1) kann man also ersetzen durch:

$$\angle XY + \angle YX = \pm 2n\pi \ldots . (1')$$

oder für $n = o$

$$\angle XY + \angle YX = o \ldots . (2)$$

oder

$$\angle YX = - \angle XY$$

Ebenso ist, wenn $ABCD \ldots . KL$ beliebig viele Strahlen eines Büschels sind:

$$\angle AB + \angle BC + \angle CD + \ldots . + \angle KL + \angle LA = \pm 2n\pi = o \ldots . (3)$$

oder

$$\angle AB + \angle BC + \ldots . + \angle KL = \begin{cases} \pm 2n\pi - \angle LA = \angle AL \pm 2n\pi \\ - LA \qquad\qquad = \angle AL \end{cases} \ldots . (4)$$

Setzt man in einem Büschel einen gewissen Strahl O als Anfangsstrahl fest, so drückt sich der Winkel zweier Strahlen X, Y durch deren mit dem Anfangsstrahle O gebildeten Winkel $\angle OX$, $\angle OY$ in der Form

$$\angle XY = \angle OY - \angle OX \ldots . (5)$$

aus, welche Gleichung eine unmittelbare Folge der Gleichungen

$$\angle XY = \angle XO + \angle OY$$

und

$$\angle XO + \angle OX = o$$

ist.

Wenn der Strahl Y auf dem Strahle X senkrecht steht so ist

$$\angle \overline{OY} = \angle \overline{OX} + 90^0 \ldots . (5')$$

Der Halbirungsstrahl H des Winkels XY ist gegeben durch $\angle XH = \angle HY$ oder $\angle HY = - \angle HX$ und da

$$\left. \begin{array}{l} \angle OX = \angle OH + \angle HX \\ \angle OY = \angle OH + \angle HY = \angle OH - \angle HX \end{array} \right\} \alpha$$

so folgt durch Addition

$$\angle OH = \frac{\angle OX + \angle OY}{2} \ldots . (6)$$

Wenn man auf die Gleichungen (α) die Formel $\sin(a \pm b) = \sin a \cos b \pm \sin b \cos a$ anwendet, die Resultate multiplicirt und die Cosinus durch die Sinus ausdrückt, so erhält man:

$$\sin OX . \sin OY = \sin^2 OH - \sin^2\left(\frac{XY}{2}\right) \ldots . (7)$$

Wenn A, B, C, D vier beliebige Strahlen eines Strahlenbüschels sind, so ist immer:

$$\sin AB \,.\, \sin CD + \sin BC \,.\, \sin AD + \sin CA \,.\, \sin BD = o \;\ldots\; (8)$$

wovon man sich überzeugt, wenn man die rechten Seiten der Gleichungen

$$\begin{aligned} \sin AB &= \sin (AD + DB) \\ \sin BC &= \sin (BD + DC) \\ \sin CA &= \sin (CD + DA) \end{aligned}$$

entwickelt, mit $\sin CD$, $\sin AD$, $\sin BD$ respective multiplicirt und addirt. Aus (8) erhält man durch cyklische Premutation der vier Strahlen, drei neue Gleichungen.

7. Die im letzten Artikel entwickelten Gleichungen gelten bei denselben Voraussetzungen auch für ein Ebenenbüschel. Jede Ebene des Büschels wird durch die Axe desselben in zwei Halbebenen, die positive und die negative getheilt; von einer Ebene ξ kann man zu einer zweiten Ebene η durch Drehung um die Axe des Büschels gelangen und zwar entweder in dem einen, positiven, oder dem direct entgegengesetzten negativen Drehungssinne. Unter $\angle\, \xi\eta$ soll der Drehungswinkel des positiven Drehungssinnes verstanden werden, den die Ebene ξ beschreiben muss, damit ihre positive Halbebene mit der positiven Halbebene von η zusammenfällt. Dass dann die sämmtlichen Gleichungen des vorhergehenden Artikels auch gelten, wenn man die lateinischen Buchstaben durch kleine griechische ersetzt, d. h. wenn man vom Strahlenbüschel zum Ebenenbüschel übergeht, ist unmittelbar klar. Denn die einzelnen Ebenen ξ, η .... des Ebenenbüschels werden von irgend einer festen zur Büschelaxe senkrechten Ebene in Strahlen X; Y .... geschnitten, welche sämmtlich durch den Schnittpunkt dieser Ebene mit der Büschelaxe hindurchgehen, also ein Strahlenbüschel bilden, und zwar ist nun der Winkel der beiden Ebenen $\xi\eta$ dargestellt durch den Winkel der beiden Strahlen XY, in denen dieselben von jener festen Ebene geschnitten werden, so dass wir die Gleichung $\angle\, \xi\eta = \angle\, XY$ haben. Alle Relationen, welche in dem Strahlenbüschel XY .... stattfinden, gelten daher auch für das Ebenenbüschel $\xi\eta$ ....

8. Ein variabler Punkt x einer Punktreihe, deren Axe A sein möge, bestimmt mit zwei festen Anfangs- oder Grundpunkten a, b zwei Strecken $\overline{ax}$, $\overline{bx}$, deren Verhältnisse $\frac{ax}{bx}$ man das Theilverhältniss des Punktes x bezüglich der beiden Grund- oder Fundamental-

punkte a, b nennt; hierbei ist a (im Zähler vorkommend) als der erste und b (im Nenner vorkommend) als der zweite Fundamentalpunkt zu betrachten.

Die beiden Grundpunkte $a\,b$ bestimmen eine Strecke, die Grund- oder Fundamentalstrecke, und es ist klar, dass für alle Punkte x, welche dieser Strecke angehören, also zwischen den Punkten a, b liegen (innere Punkte), die beiden Strecken ax, bx, aus denen das Theilverhältniss gebildet ist, verschiedene Vorzeichen, weil entgegengesetzte Richtungen haben werden, so dass der Quotient $\frac{ax}{bx}$ für alle inneren Punkte negativ wird. Für den Halbirungspunkt der Grundstrecke ist speciell $\frac{ax}{bx} = -1$. Wenn x mit a zusammenfällt, wird $ax = o$, also $\frac{ax}{bx} = o$; und wenn x mit b zusammenfällt, wird $bx = o$, also $\frac{ax}{bx} = \pm \infty$.

Für alle Punkte, welche ausserhalb der Grundstrecke auf A liegen, sind beide Strecken ax, bx desselben Sinnes, also das Theilverhältniss $\frac{ax}{bx}$ für alle solche Punkte (äussere Punkte) positiv. Wenn ein äusserer Punkt auf der Seite von b liegt, so ist absolut $ax > bx$, somit $\frac{ax}{bx} > 1$; wenn dagegen der äussere Punkt x auf der Seite von a liegt, so ist dem absoluten Werthe nach $ax < bx$, somit das Theilverhältniss $\frac{ax}{bx} < 1$.

Da jeder Punkt der Punktreihe die beiden Strecken ax, bx, sowohl der absoluten Länge als dem Zeichen nach, vollkommen bestimmt, so ist auch der Werth des Theilverhältnisses $\frac{ax}{bx}$ durch den Punkt x unzweideutig gegeben, d. h. jedem Punkte der Punktreihe entspricht bezüglich zweier Fundamentalpunkte ein einziger Theilverhältnisswerth. Aber auch umgekehrt ist durch den Werth des Theilverhältnisses die Lage des zugehörigen Punktes unzweideutig bestimmt, denn aus

$$ax = ab + bx$$

folgt

$$(1) \ldots . \left(\frac{ax}{bx}\right) = \left(\frac{ab}{bx}\right) + 1$$

und hieraus

$$(2) \ldots . \; bx = \frac{ab}{\left(\frac{ax}{bx}\right) - 1}, \qquad ax = \frac{ab\left(\frac{ax}{bx}\right)}{\left(\frac{ax}{bx}\right) - 1}$$

so dass durch den Werth $\left(\frac{ax}{bx}\right)$ beide Abscissen ax, bx eindeutig bestimmt erscheinen.

Von besonderer Wichtigkeit ist das Verhalten des Theilverhältnisses für den Fall, dass sich der Punkt x auf der Axe A unendlich entfernt; man erhält sowohl für $lim\ bx = +\infty$ als auch für $lim\ bx = -\infty$ den Werth $lim\ \frac{ax}{bx} = 1$, d. h. der Werth des Theilverhältnisses nähert sich der positiven Einheit, wenn sich der Punkt in der einen oder in der anderen Richtung unendlich entfernt.

Da wir früher gezeigt haben, dass jedem Theilverhältnisse nur ein einziger Punkt entspricht, so wollen wir, um dieses und das soeben erhaltene Ergebniss in Einklang zu bringen, auch dem Theilverhältnisswerthe $+1$ einen einzigen Punkt als entsprechend betrachten, d. h. wir machen die Annahme (oder acceptiren die geometrische Redensart), dass es auf der Axe A nur einen unendlich weiten Punkt gibt, zu welchem man gelangt, wenn man einen Punkt auf der Axe A entweder in der einen oder in der anderen Richtung ins Unendliche sich entfernen lässt, eine Annahme, welche noch durch eine ganze Reihe bald folgender Fundamentalbetrachtungen begründet werden wird. Von diesem Standpunkte aus (oder nach der angenommenen Redeweise), haben wir also jede Gerade als nur einen unendlich weiten Punkt enthaltend, also als eine in sich geschlossene Linie zu betrachten.

Um einen Ueberblick über den Verlauf des Werthes des Theilverhältnisses zu erhalten, denken wir uns die ganze geschlossene Axe A von dem beweglichen Punkte x durchlaufen; derselbe gehe von a aus, bewege sich über b ins Unendliche und kehre dann von der anderen Seite aus dem Unendlichen gegen a zurück; m sei der Mittelpunkt der Fundamentalstrecke $\overline{ab}$. Der Werth des Theilverhältnisses $\frac{ax}{bx}$ ist nun in a gleich Null, zwischen a und m negativ und kleiner als die Einheit (weil absolut $ax < bx$), in $m = -1$, zwischen m und b negativ und grösser als die Einheit; in b springt der Werth $\frac{ax}{bx}$ von $-\infty$ nach $+\infty$ über, erhält von b bis ins Unendliche positive gegen die Einheit convergirende Werthe, wird für den unendlich weiten Punkt gleich $+1$, und kehrt von der anderen Seite durch die positiven echten Brüche von $+1$ zurück zu dem Anfangswerthe Null.

9. Einen ganz ähnlichen Parameter kann man auch zur Bestimmung der Elemente eines Strahlen- oder Ebenenbüschels einführen. Es seien A, B zwei feste Strahlen eines Büschels oder zwei feste Ebenen eines Ebenenbüschels; X ein veränderlicher Strahl oder eine Ebene desselben Büschels. Den Werth $\frac{\sin AX}{\sin BX}$ nennt man das Theilverhältniss des Elementes X bezüglich der Grund- oder Fundamentalelemente A, B (A als erstes, B als zweites Grundelement). Wenn sich das variable Element X von der Lage A ausgehend um den Scheitel, respective Axe in positivem Sinne herumdreht, so durchlauft der Werth $\frac{\sin AX}{\sin BX}$ dieselben Werthe wie das Theilverhältniss $\frac{ax}{bx}$ bei der im vorigen Artikel betrachteten Bewegung des Punktes x. Es ist zunächst für $X = A$ $\sin AA = o$ und daher auch das Theilverhältniss des ersten Grundelementes gleich Null; für alle zwischen A, B liegenden (inneren) Elemente haben $\sin AX$, $\sin BX$ entgegengesetzte Vorzeichen, daher ist $\frac{\sin AX}{\sin BX}$ negativ. Für das Element H, welches den (inneren) Winkel AB halbirt, ist $\frac{\sin AH}{\sin BH} = -1$, für alle zwischen A und H liegenden Elemente ist dem absoluten Werthe nach $\sin AX < \sin BX$, daher das Theilverhältniss ein echter negativer, und aus ähnlichen Gründen für alle zwischen H und B liegenden Elemente ein unechter negativer Bruch; fällt X mit B zusammen, so wird $\sin BX = o$, daher der Werth des Theilverhältnisses gleich $\pm \infty$. Für alle ausserhalb des Winkels AB liegenden (äusseren) Elemente haben $\sin AX$ und $\sin BX$ gleiches Vorzeichen und es ist das Theilverhältniss $\frac{\sin AX}{\sin BX}$ positiv. Für das auf H senkrechte Element H', welches den äusseren Winkel von AB halbirt, ist $\sin AH' = \sin BH'$, daher das Theilverhältniss $\frac{\sin AH'}{\sin BH'} = 1$. Für alle zwischen B und H' liegenden Elemente ist das Theilverhältniss (weil $\sin AX > \sin BX$) grösser, und für alle zwischen H' und A liegenden Elemente ist es kleiner als die positive Einheit.

Um die Lage des Elementes X zu fixiren, genügt es, den Werth des Theilverhältnisses $\frac{\sin AX}{\sin BX}$ zu kennen; denn aus den zwei Gleichungen $\frac{\sin AX}{\sin BX} = \alpha$, $AX + XB = AB$ können die beiden Winkel AX, BX bestimmt werden, von denen schon einer genügt, um die Lage des Elementes X zu fixiren.

10. Wenn die Theilverhältnisse zweier Elemente in Bezug auf zwei Grundelemente sich nur durch das Vorzeichen unterscheiden, so nennt man die beiden ersteren Elemente **harmonisch conjugirt** in Bezug auf die letzteren. Die beiden Grundelemente bilden mit den zwei harmonisch conjugirten ein System von **vier harmonischen Elementen.** Sind a, b die Grundpunkte einer Reihe und x, y zwei harmonisch conjugirte Punkte, so ist

$$\frac{ax}{bx} = -\frac{ay}{by} \text{ oder } \frac{ax}{bx} + \frac{ay}{by} = o.$$

Ebenso ist für vier harmonische Strahlen oder Ebenen $ABXY$

$$\frac{\sin AX}{\sin BX} = -\frac{\sin AY}{\sin BY} \text{ oder } \frac{\sin AX}{\sin BX} + \frac{\sin AY}{\sin BY} = o.$$

Da man die letzten Gleichungen offenbar auch in der Form

$$\frac{xa}{ya} + \frac{xb}{yb} = o, \quad \frac{\sin XA}{\sin YA} + \frac{\sin XB}{\sin YB} = o$$

schreiben kann, so sind, wenn x, y oder X, Y als Grundelemente betrachtet, die Elemente a, b respective A, B harmonisch conjugirt, bezüglich der ersteren.

Da sich die Theilverhältnisse harmonischer Elemente nur durch das Vorzeichen unterscheiden, so ist das eine immer positiv und das andere immer negativ, d. h. von den beiden harmonischen Elementen x, y ist das eine bezüglich der Grundelemente a, b ein inneres und das andere ein äusseres Element, oder die Grundelemente werden durch je zwei harmonische Elemente getrennt.

Wenn also $abxy$ vier harmonische Punkte einer Punktreihe oder vier harmonische Strahlen (Ebenen) eines Büschels sind, und wenn etwa x zwischen a, b liegt (ein inneres Element ist), so muss y ausserhalb liegen (ein äusseres Element sein).

Wenn die beiden Grundelemente a, b und ein drittes Element x gegeben sind, so ist zugleich das dem letzteren bezüglich der beiden ersteren harmonisch conjugirte Element y vollkommen bestimmt. Denn das mit entgegengesetzten Zeichen genommene Theilverhältniss von x ist das Theilverhältniss von y, wodurch, da x gegeben ist, auch y unzweideutig bestimmt erscheint. Es sei ξ das Theilverhältniss von x und η jenes von y dann ist, wenn x, y harmonische Elemente sind, $\xi + \eta = o$ und es muss, wenn $\xi = o$

wird, d. h. wenn x mit a zusammenfällt, auch $\eta = o$ sein, d. h. auch y mit a zusammenfallen; und wenn $\xi = \pm \infty$ wird, d. h. wenn x mit b zusammenfällt, auch $\eta = \mp \infty$ werden, d. h. es muss y auch mit b identisch werden. Jedes der beiden Grundelemente ist also sich selbst harmonisch conjugirt.

Wenn $\xi = -1$ ist, so wird $y = +1$; hieraus folgt mit Rücksicht auf die letzten Artikel, dass dem Halbirungspunkte der Fundamentalstrecke der unendlich weite Punkt harmonisch zugeordnet ist, und dass im Büschel (Strahlen oder Ebenenbüschel) die beiden Halbirungselemente (Winkelhalbirende) harmonisch conjugirt sind.

11. Wenn ab in Fig. 1 die Grundstrecke und x einen beliebigen Punkt darstellt, so ist das Theilverhältniss ξ von x gleich dem Verhältnisse der Strecken $\frac{ax}{bx}$. Dieses Streckenverhältniss kann noch auf unendlich viele Arten durch Parallelstrecken ausgedrückt werden. Zieht man durch die Fundamentalpunkte a, b zwei beliebige parallele Strahlen P, Q und durch x eine willkürliche Transversale, welche P, Q in a', b' respective schneiden möge, so ist offenbar ξ auch gleich $\frac{aa'}{bb'}$ und die beiden Strecken aa', bb' werden für alle äusseren Punkte x gleich — und für alle inneren Punkte entgegengesetzt gerichtet sein.

Um also den Punkt x zu finden, welcher ein gegebenes Theilverhältniss $\xi = \frac{m}{n}$ besitzt, braucht man nur aa', bb' respective zu m und n proportional zu machen und $a'b'$ zu ziehen, diese Gerade trifft die Axe der Punktreihe in dem gesuchten Punkte x.

Um also zu den drei Punkten a, b, x den vierten harmonischen Punkt y zu finden, hat man nur eine der beiden Parallelstrecken, z. B. bb' in entgegengesetzter Richtung gleich bb'' zu machen und $\overline{a\,b''}$ zu ziehen, diese Gerade trifft die Axe der Punktreihe in dem gesuchten Punkte y. Denn es ist nun offenbar $\frac{ay}{by} = -\frac{ax}{bx}$. Eine andere, auf allgemeineren Eigenschaften gegründete Construction werden wir später kennen lernen.

Aus der angeführten Construction des vierten harmonischen Punktes folgt auch das Schlussresultat des vorhergehenden Artikels. Denn es ist aus Fig. 1 sofort ersichtlich, dass, wenn sich einer der Punkte x, y einem der Grundpunkte nähert, dasselbe mit dem anderen jener Punkte der Fall ist; und wenn einer der Punkte

x, y ins Unendliche rückt, so wird der zweite der Halbirungspunkt der Grundstrecke $\overline{ab}$. Die Gleichung $\xi + \eta = o$ oder $\frac{ax}{bx} + \frac{ay}{by} = o$, welcher vier harmonische Punkte genügen müssen, kann man auch in folgende Form kleiden. Setzt man nämlich statt bx und by, respective die identischen Ausdrücke $ba + ax$, $ba + ay$ und bemerkt, dass $\overline{ba} = -\overline{ab}$ ist, so ergibt sich $\overline{ab} \cdot \frac{\overline{ax} + \overline{ay}}{\overline{ax} \cdot \overline{ay}} = 2$.

Fig. 1.

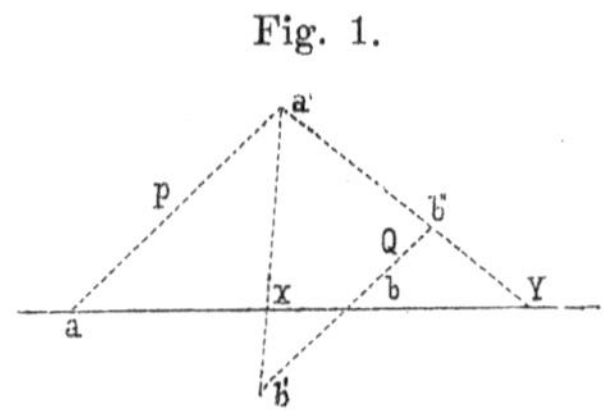

Wenn man mit o den Halbirungspunkt der Grundstrecke $\overline{ab}$ bezeichnet, so dass $ao = \frac{ab}{2}$ wird, so kann die harmonische Relation in der Form

$$\frac{1}{ax} + \frac{1}{ay} = \frac{1}{ao} \dots . (1)$$

geschrieben werden. Ebenso erhält man die analoge Beziehung

$$\frac{1}{bx} + \frac{1}{by} = \frac{1}{bo} \dots . (1')$$

12. In ähnlicher Weise kann das Theilverhältniss eines Strahles X bezüglich der beiden Grundstrahlen A, B eines Strahlenbüschels o als ein Streckenverhältniss construirt werden. Zieht man nämlich durch einen beliebigen Punkt p von X (Fig. 2) zu A, B Parallele, welche diese Strahlen respective in b, a treffen, so ist aus $\triangle opa$ $\frac{\sin aop}{\sin apo} = \frac{ap}{oa}$ oder $\frac{\sin AX}{\sin BX} = \frac{ob}{oa}$.

Fig. 2.

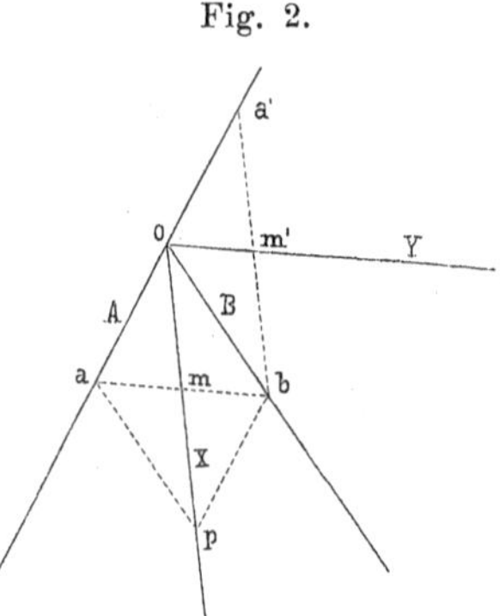

Da der Schnittpunkt m von $\overline{ab}$ mit X der Halbirungspunkt von $\overline{ab}$ ist, so hat man, um den einem gegebenen Theilverhältnisse $\frac{m}{n}$ entsprechenden Strahl zu finden, den Werthen n, m respective proportionale Strecken oa, ob auf A, B vom Scheitel o aus aufzutragen und den Halbirungspunkt m von $\overline{ab}$ mit dem Büschelscheitel o zu verbinden. Bei dem Auftragen der Strecken oa, ob hat man dafür zu sorgen, dass X für einen positiven Werth von $\frac{m}{n}$ ein äusserer und für einen negativen Werth ein innerer Strahl wird.

Um zu den drei Strahlen A, B, X den vierten harmonischen Strahl Y zu finden, construirt man zunächst wiederum das Parallelogramm $oapb$ und trägt eine der in o zusammenstossenden Seiten, z. B. oa in entgegengesetzter Richtung von o aus auf; hiedurch erhält man auf A den Punkt a', so dass $a'o = oa$ wird. Zieht man nun $a'b$ und verbindet den Halbirungspunkt m' dieser Strecke mit o, so erhält man einen Strahl Y, für welchen dem absoluten Werthe nach offenbar $\frac{\sin AY}{\sin BY} = \frac{\sin AX}{\sin BX}$ ist und welcher, weil durch A, B von X getrennt, der zu X harmonisch conjugirte Strahl ist.

Die Betrachtungen dieses Artikels gelten auch für ein Ebenenbüschel, wenn man die Fig. 2 als Schnitt desselben mit einer zu seiner Axe senkrechten Ebene betrachtet.

Zweites Kapitel.

Das Doppelverhältniss.

13. Wenn zu den zwei Fundamentalelementen a, b zwei weitere Elemente c, d desselben Gebildes hinzutreten und γ, δ deren Theilverhältnisse bezüglich ab sind, so nennt man das aus den Theilverhältnissen gebildete Verhältniss $\gamma : \delta$ das **Doppelverhältniss** oder die anharmonische Function der vier Elemente a, b, c, d und bezeichnet es mit $(abcd)$. Es ist also für Punkte $(abcd) = \frac{ac}{bc} : \frac{ad}{bd}$ und für Strahlen oder Ebenen $(ABCD) = \frac{\sin AC}{\sin BC} : \frac{\sin AD}{\sin BD}$.

Wenn das Doppelverhältniss den Werth -1 erhält, so muss $\delta = -\gamma$ sein, d. h. die vier Elemente $abcd$ sind harmonisch und umgekehrt: wenn a, b, c, d vier harmonische Elemente sind (a zu b und c zu d conjugirt), so ist $(abcd) = -1$.

Verschwindet das Doppelverhältniss, so ist entweder $\gamma = o$ oder $\delta = \infty$, d. h. es fällt entweder das dritte Element c mit dem ersten a oder das vierte d mit dem zweiten b zusammen. Wenn das Doppelverhältniss unendlich gross wird, so wird entweder $\gamma = \infty$ oder $\delta = o$, d. h. es fällt entweder das dritte Element mit dem zweiten oder das vierte mit dem ersten zusammen. Wenn endlich $(abcd) = 1$ ist, so muss $\delta = \gamma$ sein, d. h. es muss das vierte

Element mit dem dritten zusammenfallen; beide c und d sind dann identisch.

14. Der Werth des Doppelverhältnisses hängt von der Anordnung der vier Elemente ab; denn wenn $(abcd) = \frac{ac}{bd} : \frac{ad}{bd}$ ist, so ist $(acbd) = \frac{ab}{cb} : \frac{ad}{cd}$ ein anderer Werth. Aus vier Elementen a, b, c, d kann man vierundzwanzig Permutationen bilden und demgemäss auch vierundzwanzig Doppelverhältnisse. Von diesen sind jedoch je vier einander gleich, so dass nur sechs von einander verschiedene Doppelverhältnisswerthe übrig bleiben.

„Ein Doppelverhältniss bleibt ungeändert, wenn man entweder das erste Elementenpaar mit dem zweiten vertauscht oder wenn man die Elemente des ersten Paares gegenseitig vertauscht und gleichzeitig die Elemente des zweiten Paares."

Es genügt von der Punktreihe zu sprechen, da man bei Strahlen- und Ebenenbüscheln einfach die Silbe *sin* vorzusetzen braucht. Nun ist, wenn man den Werth $(abcd) = h$ setzt, offenbar

$$(cdab) = \frac{ca}{da} : \frac{cb}{db} = \frac{ac}{bc} : \frac{ad}{bd} = h$$

$$(badc) = \frac{bd}{ad} : \frac{bc}{ac} = \frac{ac}{bc} : \frac{ad}{bd} = h$$

und daher auch $(dcba) = h$.

Nach dem soeben bewiesenen Satze gruppiren sich die vierundzwanzig Doppelverhältnisse folgendermaassen; es ist

$$\begin{aligned}
(abcd) &= (cdab) = (badc) = (dcba) = h \\
(abdc) &= (dcab) = (bacd) = (cdba) \\
(acbd) &= (bdac) = (cadb) = (dbca) \\
(acdb) &= (dbac) = (cabd) = (bdca) \\
(adbc) &= (bcad) = (dacb) = (cbda) \\
(adcb) &= (cbad) = (dabc) = (bcda)
\end{aligned}$$

Es bleibt also noch die Untersuchung der etwa in der ersten Verticalreihe befindlichen Doppelverhältnisswerthe übrig.

„Wenn die Elemente des ersten oder jene des zweiten Paares gegenseitig vertauscht werden, so erhält das Doppelverhältniss den reciproken Werth."

In der That ist $(abdc) = \frac{ad}{bd} : \frac{ac}{bc} = \frac{1}{\frac{ac}{bc} : \frac{ad}{bd}} = \frac{1}{h}$; und ebenso $(bacd) = (abdc) = \frac{1}{h}$.

Unter den sechs Doppelverhältnissen der ersten Columne sind also drei Paar reciproker Doppelverhältnisse, nämlich:

$$(abdc) = \frac{1}{(abcd)}, \quad (acdb) = \frac{1}{(acbd)}, \quad (adbc) = \frac{1}{(adcb)}$$

Die Werthe zweier Doppelverhältnisse, welche sich nur durch die Stellung der mittleren oder der äusseren Elemente unterscheiden, geben die positive Einheit zur Summe (complementäre Doppelverhältnisse).

Nach Gleichung (8) des Art. 5 besteht zwischen irgend vier Punkten einer geraden Punktreihe die Relation

$$\overline{ab} \,.\, \overline{cd} + \overline{bc} \,.\, \overline{ad} + \overline{ca} \,.\, \overline{bd} = o$$

oder

$$\frac{ab \,.\, cd}{bc \,.\, ad} + \frac{ca \,.\, bd}{bc \,.\, ad} = -1$$

oder aber

$$(abcd) + (acbd) = 1$$

Bei Vertauschung der äusseren Elemente ergibt sich $(dbca) = (bdac) = (acbd)$ also ist auch

$$(abcd) + (dbca) = 1.$$

Auf Grund der soeben bewiesenen Relationen kann man von einem der sechs Doppelverhältnisse der ersten Columne ausgehend die fünf übrigen durch dasselbe ausdrücken. Wenn wiederum $(abcd) = h$ gesetzt wird, so hat man $(abdc) = \frac{1}{h}$, $(acbd) = 1 - h$, $(acdb) = \frac{1}{1-h}$, $(adbc) = 1 - \frac{1}{h} = \frac{h-1}{h}$, $(adcb) = \frac{h}{h-1}$.

Man kann somit aus vier Elementen eines Grundgebildes erster Stufe sechs von einander verschiedene Doppelverhältnisse bilden; dieselben gruppiren sich in drei Paar reciproke und drei Paar complementäre Werthe. Wenn man einen der sechs Werthe mit h bezeichnet, so sind die übrigen fünf ausgedrückt durch: $\frac{1}{h}$, $1 - h$, $\frac{1}{1-h}$, $\frac{h-1}{h}$, $\frac{h}{h-1}$.

Die drei Werthe h, $\frac{1}{1-h}$, $\frac{h-1}{h}$, von denen keine zwei reciprok oder complementär sind, nennt man die drei Grund- (Fundamental-)Doppelverhältnisswerthe der vier Elemente a, b, c, d. Wenn von den drei Grundwerthen zwei einander gleich sind, so sind sie auch dem dritten gleich und man nennt das System der vier Elemente a, b, c, d ein äquianharmonisches. Denn aus $h = \frac{1}{1-h}$ folgt $h^2 - h + 1 = o$, woraus $h = \frac{h-1}{h}$ folgt. Für die drei reciproken einander offenbar auch gleichen Doppelverhältnisse erhält man dieselbe Gleichung $\left(\frac{1}{h}\right)^2 - \left(\frac{1}{h}\right) + 1 = o$.

Wenn also vier Elemente ein äquianharmonisches System bilden, so sind drei von den sechs Doppelverhältnissen gleich der einen, und die drei anderen gleich der anderen imaginären Cubikwurzel aus der negativen Einheit.*)

15. Wenn der Werth des Doppelverhältnisses $(abcd)$ von vier Elementen gegeben, ist $\frac{\gamma}{\delta} = \omega$, und wenn man die drei Elemente a, b, c oder a, b, d ebenfalls kennt, so ist durch den Doppelverhältnisswerth ω auch das vierte Element d oder c bestimmt, denn aus dem bekannten Theilverhältnisse $\delta = \frac{\gamma}{\omega}$, respective $\gamma = \delta\omega$, kann das Element d, respective c in bekannter Weise construirt werden. Man kann daher das Doppelverhältniss ebenso wie das Theilverhältniss als eindeutig bestimmenden Parameter der Elemente eines Grundgebildes erster Stufe benützen.

In der That kann man das Theilverhältniss als einen speciellen Fall des Doppelverhältnisses betrachten, wenn man das vierte Element d als fest und so annimmt, dass sein Theilverhältniss $\delta = 1$ wird (in der Punktreihe ist dann d der unendlich weite Punkt, im Büschel der äussere Halbirungsstrahl, respective Halbirungsebene). Das Doppelverhältniss $\omega = (abcd) = \frac{\gamma}{\delta} = \frac{\gamma}{1}$ geht dann offenbar in den Werth γ, das Theilverhältniss von c bezüglich ab über.

Fig. 3.

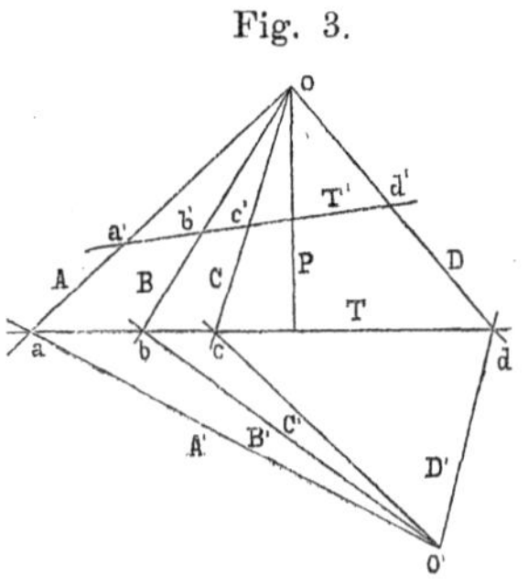

16. Wenn man vier Punkte einer Punktreihe a, b, c, d (Fig. 3) mit einem beliebigen ausserhalb der Axe T liegenden Punkte o durch die Strahlen A, B, C, D verbindet oder umgekehrt die vier Strahlen A, B, C, D eines Büschels mit einer nicht durch dessen Scheitel o gehenden Transversalen T in den

---

*) Die aus $h^2 - h + 1 = o$ fliessenden Werthe genügen nämlich wie bekannt der Gleichung $h^3 = -1$.

Punkten a, b, c, d respective zum Schnitte bringt, so ist das Doppelverhältniss der vier Strahlen gleich jenem der vier Punkte, d. h. $(ABCD) = (abcd)$ oder $\frac{\sin AC}{\sin BC} : \frac{\sin AD}{\sin BD} = \frac{ac}{bc} : \frac{ad}{bd}$.

Es sei p die Länge des von o auf T gefällten Perpendikels. Dann ist:

$$\begin{aligned}
2 \,.\, \triangle\, aoc &= \overline{ac} \,.\, p = \overline{ao} \,.\, \overline{co} \sin AC \\
2 \,.\, \triangle\, boc &= \overline{bc} \,.\, p = \overline{bo} \,.\, \overline{co} \sin BC \\
2 \,.\, \triangle\, aod &= \overline{ad} \,.\, p = \overline{ao} \,.\, \overline{do} \sin AD \\
2 \,.\, \triangle\, bod &= \overline{bd} \,.\, p = \overline{bo} \,.\, \overline{do} \sin BD
\end{aligned}$$

daher ist

$$\frac{ac}{bc} = \frac{ao}{bo} \cdot \frac{\sin AC}{\sin BC}, \quad \frac{ad}{bd} = \frac{ao}{bo} \cdot \frac{\sin AD}{\sin BD}$$

und somit

$$\frac{ac}{bc} : \frac{ad}{bd} = \frac{\sin AC}{\sin BC} : \frac{\sin AD}{\sin BD}$$

wie behauptet wurde. Hiemit ist der folgende geometrische Fundamentalsatz nachgewiesen:

„Das Doppelverhältniss eines vierstrahligen Büschels ist gleich dem Doppelverhältniss jeder vierpunktigen Reihe deren Punkte in den Strahlen jenes Büschels liegen und umgekehrt: das Doppelverhältniss einer vierpunktigen Reihe ist gleich dem Doppelverhältniss jedes vierstrahligen Büschels, dessen Strahlen durch die Punkte jener Reihe hindurchgehen."

Wenn man also ein Büschel von vier Strahlen A, B, C, D mit zwei beliebigen Transversalen T, T' respective in den Punkten $a, b, c, d, a', b', c', d'$ schneidet, so ist auch $(a'b'c'd') = (abcd)$, weil jedes dieser beiden Doppelverhältnisse gleich $(ABCD)$ ist; d. h.:

„Wenn zwei vierpunktige Reihen $a, b, c, d, a', b', c', d'$ eine solche Lage besitzen, dass die Verbindungslinien entsprechender Punkte $\overline{aa'}, \overline{bb'}, \overline{cc'}, \overline{dd'}$ sich in einem und demselben Punkte o schneiden, so haben beide Reihen dasselbe Doppelverhältniss (sie sind doppelverhältnissgleich)."

Werden die vier Punkte a, b, c, d einer Punktreihe mit zwei beliebigen Scheiteln o, o' durch die Strahlen $A, B, C, D, A', B', C', D'$ verbunden, so ist $(ABCD) = (A'B'C'D')$, weil jedes dieser Doppelverhältnisse gleich $(abcd)$ ist.

„Haben zwei vierstrahlige Büschel $ABCD$, $A'B'C'D'$ eine solche Lage, dass die Schnittpunkte entsprechender Strahlen (AA'), (BB'), (CC'), (DD') auf einer und derselben Geraden liegen, so haben beide Büschel dasselbe Doppelverhältniss."

Hiebei ist es nicht nothwendig, dass beide Büschel einer und derselben Ebene angehören.

Es seien α, β, γ, δ vier Ebenen eines Ebenenbüschels (Fig. 4) mit der Axe T; A, B, C, D seien die Schnittlinien dieser Ebenen mit einer beliebigen nicht durch T gehenden Ebene ω, so werden diese Strahlen offenbar ein in ω liegendes Strahlenbüschel bilden, da sie durch den Schnittpunkt o von T und ω hindurchgehen müssen. Wenn ω' eine zu T senkrechte Ebene ist und A', B', C', D' ihre ebenfalls ein Büschel bildenden Schnittlinien mit α, β, γ, δ, so werden die von den Ebenen α, β, γ, δ gebildeten Winkel gemessen durch die respectiven Winkel der Strahlen A', B', C', D', so dass das Doppelverhältniss $(\alpha\beta\gamma\delta) = (A'B'C'D')$ ist. Nun schneiden die Strahlen A', B', C', D' der Reihe nach die Strahlen A, B, C, D (weil sie paarweise in den Ebenen α, β, γ, δ liegen) in vier Punkten a, b, c, d, welche auf der Schnittlinie der beiden Ebenen ω, ω' liegen, so dass also nach früher Bewiesenem $(A'B'C'D') = (ABCD)$ ist; es ist also auch $(\alpha\beta\gamma\delta) = (ABCD)$, d. h.:

Fig. 4.

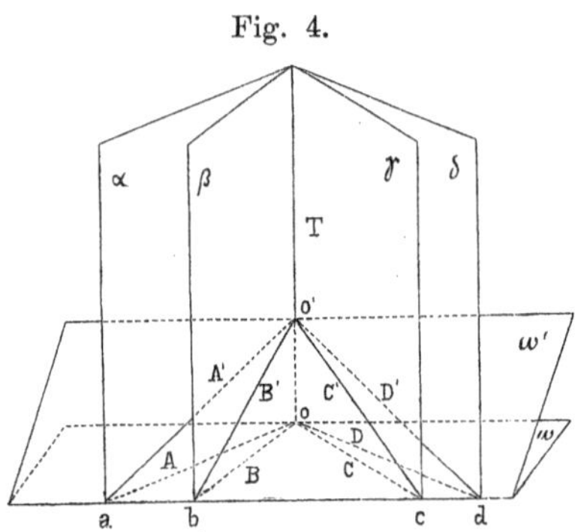

„Wenn vier Strahlen A, B, C, D eines Strahlenbüschels der Reihe nach in vier Ebenen α, β, γ, δ eines Ebenenbüschels liegen, oder wenn die vier Ebenen des Ebenenbüschels durch die vier Strahlen eines Strahlenbüschels hindurchgehen, so ist das Doppelverhältniss des Ebenenbüschels gleich jenem des Strahlenbüschels.“

Wenn man endlich die vier Ebenen α, β, γ, δ eines Ebenenbüschels mit einer beliebigen Transversalen O zum Schnitte bringt, so entstehen auf letzterer vier Schnittpunkte a, b, c, d; legt man durch O eine beliebige Ebene ω, welche α, β, γ, δ respective in den Strahlen A, B, C, D eines Strahlenbüschel schneidet, so ist nicht nur $(abcd) = (ABCD)$, sondern auch $(\alpha\beta\gamma\delta) = (ABCD)$, daher auch $(\alpha\beta\gamma\delta) = (abcd)$; d. h.:

„Wenn vier Punkte a, b, c, d, einer Punktreihe in den vier Ebenen α, β, γ, δ eines Ebenenbüschels liegen oder die Ebenen des Büschels durch die Punkte der Reihe hindurchgehen, so sind beide Gebilde doppelverhältnissgleich.“

Alle die letztbewiesenen Sätze kann man in zwei zusammenfassen, wenn man den für Elemente entwickelten Begriff der perspectivischen Lage in Verwendung bringt. Eine einfache Vergleichung zeigt nämlich sofort, dass die sämmtlichen Sätze dieses Artikels zugleich in den beiden folgenden enthalten sind:

I. Wenn vier Elemente eines Gebildes perspectivisch liegen mit vier Elementen eines zweiten Gebildes, so ist das Doppelverhältniss der ersteren gleich jenem der letzteren.

II. Wenn in einer Reihe von beliebig vielen Gebilden vier Elemente des ersten mit vier Elementen des zweiten perspectivisch liegen, diese wieder mit vier Elementen des dritten u. s. w., so haben alle die vierelementigen Gruppen ein und dasselbe Doppelverhältniss.

Wenn also z. B. vier Ebenen α, β, γ, δ eines Büschels und ebenso vier Ebenen α', β', γ', δ' eines zweiten Büschels entweder durch dieselben vier Punkte a, b, c, d einer Geraden oder durch dieselben vier Strahlen A, B, C, D eines Strahlenbüschels hindurchgehen, so ist $(\alpha\beta\gamma\delta) = (\alpha'\beta'\gamma'\delta')$, denn im ersten Falle sind die beiden Doppelverhältnisse gleich $(abcd)$ und im zweiten Falle gleich $(ABCD)$.

Oder wenn ein beliebiges vierstrahliges Ebenenbüschel $\alpha\beta\gamma\delta$ mit zwei willkürlichen Transversalen in zwei Punktgruppen $abcd$, $a'b'c'd'$ oder mit zwei beliebigen Ebenen in zwei vierstrahligen Büscheln $ABCD$ und $A'B'C'D'$ geschnitten wird, so ist $(abcd) = (a'b'c'd')$ und $(ABCD) = (A'B'C'D')$, weil alle diese Doppelverhältnisse gleich $(\alpha\beta\gamma\delta)$ sind.

„Wenn vier Elemente eines Gebildes harmonisch sind, so sind vier mit ihnen perspectivische Elemente eines zweiten Gebildes ebenfalls harmonisch.“

Denn das Doppelverhältniss der ersten vier Elemente ist gleich -1 und daher hat der perspectivischen Lage wegen auch das Doppelverhältniss der vier Elemente des zweiten Gebildes denselben Werth -1.

17. Hieran knüpft sich eine einfache Construction des Doppelverhältnisses von vier Elementen eines Grundgebildes erster Stufe.

Es seien z. B. A, B, C, D vier Strahlen eines Strahlenbüschels und es wird verlangt, den Werth des Doppelverhältnisses $(ABCD)$ zu construiren, d. h. es sollen zwei Strecken gefunden werden, deren Verhältniss den Doppelverhältnisswerth $(ABCD)$ angibt. Es genügt, zu dem Behufe das Strahlenbüschel mit irgend einer zu dem vierten Strahle D parallelen Transversale T zu schneiden, die drei Strahlen A, B, C in den Punkten a, b, c und D in dem offenbar unendlich weiten Punkte d. Nun ist $(ABCD) = (abcd) = \frac{ac}{bc}$, weil $\frac{ad}{bd} = 1$ ist. Hiemit ist die Aufgabe gelöst.

Wenn ebenso vier Ebenen α, β, γ, δ eines Büschels gegeben sind und man schneidet sie mit irgend einer zu δ parallelen Geraden T in den Punkten a, b, c, d, wobei d unendlich weit auf T liegt, so ist und zwar aus denselben Gründen $(\alpha\beta\gamma\delta) = \frac{ac}{bc}$.

Ist nun schliesslich eine vierpunktige Reihe a, b, c, d auf einer Axe T gegeben, so projicire man die vier Punkte aus einem beliebigen Scheitel o, wodurch man vier Strahlen ao, bo, co, do oder $ABCD$ erhält, welche nun mit einer zu D parallelen Transversale T' in $a'b'c'd'$ (d' unendlich weit) geschnitten werden. Nun ist

$$(abcd) = (ABCD) = (a'b'c'd') = \frac{a'c'}{b'c'}$$

also

$$(abcd) = \frac{a'c'}{b'c'},$$

wodurch auch das Doppelverhältniss von vier Punkten einer Punktreihe als einfaches (Theil-)Verhältniss construirt erscheint.

Drittes Kapitel.

Vollständige Figuren.

18. Nimmt man in der Ebene beliebige n-Punkte an, von denen keine drei in einer Geraden liegen, und verbindet in einer gewissen Aufeinanderfolge den ersten mit dem zweiten, diesen mit dem dritten u. s. w. den vorletzten mit dem letzten und diesen wieder mit dem ersten Punkte, so erhält man einen ununterbrochenen Zug von n begrenzten Geraden, welche ein sogenanntes einfaches ebenes n-Eck bilden. Die n-Punkte heissen die Ecken, die n-Verbindungslinien die Seiten des n-Eckes. Zu derselben Figur gelangt man, wenn man von n-beliebigen Geraden der Ebene ausgeht, von denen keine drei durch einen und denselben Punkt hindurchgehen und wenn man in einer bestimmten Aufeinanderfolge die erste mit der zweiten, diese mit der dritten u. s. w., die vorletzte mit der letzten und schliesslich die letzte mit der ersten zum

Durchschnitte bringt. Die so entstehende Figur — das einfache ebene n-Seit — ist offenbar identisch mit der früher betrachteten, denn jede der n-Geraden tritt als Verbindungslinie zweier aufeinanderfolgenden Punkte (nämlich der Schnittpunkte dieser Geraden mit der vorhergehenden und nachfolgenden) auf. Auch hier erhalten wir n-Seiten, die gegebenen Geraden, und n-Ecken, ihre aufeinanderfolgenden Schnittpunkte.

Wenn man dagegen die n in der Ebene liegenden Punkte alle wechselseitig verbindet, so erhält man ein vollständiges ebenes n-Eck. Die n-Punkte sind die Ecken, und ihre sämmtlichen Verbindungslinien sind die Seiten des vollständigen n-Eckes. Die Zahl der Seiten ergibt sich leicht aus der Bemerkung, dass man jeden der n-Eckpunkte mit allen übrigen, also mit $(n-1)$ verbindet; das gibt $n(n-1)$-Verbindungslinien, von denen jedoch jede zweimal (je einmal für einen der beiden in ihr liegenden Eckpunkte) gezählt wurde. Die Zahl der Seiten des vollständigen ebenen n-Eckes ist also offenbar gleich $\frac{n(n-1)}{2}$.

In derselben Art bildet ein System von n in der Ebene beliebig gezogenen Strahlen (von denen keine drei durch einen und denselben Punkt hindurchgehen) mit allen ihren $\frac{n(n-1)}{2}$-Schnittpunkten ein vollständiges ebenes n-Seit. Die $\frac{n(n-1)}{2}$-Schnittpunkte der Seiten sind die Ecken des vollständigen n-Seites.

Liegen die n-Ecken eines vollständigen n-Eckes nicht in einer Ebene, so ist dasselbe ein vollständiges räumliches n-Eck, offenbar wieder mit $\frac{n(n-1)}{2}$-Seiten und mit $\frac{n(n-1)(n-2)}{1.\ 2.\ 3.}$-Ebenenflächen, von denen jede durch drei Ecken des n-Eckes hindurchgeht (keine vier Ecken in einer Ebene). Ein System von n-beliebigen Ebenen mit ihren sämmtlichen $\frac{n(n-1)}{2}$-Schnittgeraden (Seiten) und $\frac{n(n-1)(n-2)}{1.\ 2.\ 3.}$-Schnittpunkten (Ecken) wird ein vollständiges n-Flach genannt.

Während als ein vollständiges räumliches n-Eck oder n-Flach ein System von n an keine Bedingungen geknüpfter Punkte oder Ebenen definirt wurde, waren bei einem ebenen vollständigen n-Eck oder n-Seit die n-constituirenden Punkte oder Strahlen an die Bedingung geknüpft, alle in einer und derselben Ebene zu liegen, d. h. mit einer und derselben Ebene perspectivische Lage zu haben.

Wir können es nun ebenso mit einem Punkte oder einem Strahle versuchen, d. h. andere Elemente und deren Verbindungen betrachten, welche mit einem und demselben Punkte perspectivisch sind, d. h. einem und demselben räumlichen Bündel angehören. Und da erhält man offenbar nur die folgenden zwei vollständigen Figuren im Bündel.

Ein System von n durch einen Punkt gehenden Strahlen (Kanten) mit ihren sämmtlichen $\frac{n(n-1)}{2}$-Verbindungsebenen (Seiten) nennt man ein vollständiges n-Kant.

Ein System von n durch einen Punkt gehenden Ebenen (Seiten) mit ihren sämmtlichen $\frac{n(n-1)}{2}$-Schnittlinien (Kanten) nennt man ein vollständiges (räumliches) n-Seit im Bündel.

Es ist klar, was unter einem einfachen n-Kant oder n-Seit im Bündel zu verstehen ist. Auch ist leicht zu ersehen, dass ein System von n mit einem Strahle perspectivischen Punkten keine Ebenen und ein System von n mit einem Strahle perspectivischen Ebenen keine Punkte bestimmt.

Für $n = 1$ erhält man einen einzelnen Punkt als Eineck, einen einzelnen Strahl als Einseit, eine einzelne Ebene als Einflach.

Für $n = 2$ erhält man ein Punktenpaar als Zweieck, die Verbindungslinie als einzige Seite; ein Strahlenpaar in einer Ebene oder durch einen Punkt als Zweiseit (Zweikant), den Schnittpunkt als einzige Ecke (die Ebene als einzige Fläche); oder schliesslich zwei Ebenen als Zweiflach mit ihrer Schnittlinie als einzige Seite.

Für $n = 3$ erhält man ein Dreieck $a_1 a_2 a_3$ mit seinen drei Seiten A_1, A_2, A_3 (von denen A_1 dem a_1 gegenüberliegt) und seiner einzigen Ebene α, oder ein Dreiflach $\alpha_1 \alpha_2 \alpha_3$ mit seinen drei Seiten A_1, A_2, A_3 und seiner einzigen Ecke a (Schnitt von $\alpha_1 \alpha_2 \alpha_3$ und von $A_1 A_2 A_3$) oder schliesslich ein ebenes Dreiseit $A_1 A_2 A_3$ (Dreikant $A_1 A_2 A_3$ im Bündel) mit seinen drei Ecken a_1, a_2, a_3 (seinen drei Seiten α_1, α_2, α_3). Man sieht unmittelbar, dass die Figur des Dreiecks identisch mit der des ebenen Dreiseits ist, beide bestehen aus drei Punkten (Ecken) und ihren drei Verbindungsgeraden (Seiten), und dass ein Dreiflach identisch ist mit einem Dreikant im Bündel, beide bestehen aus drei Ebenen und deren drei Schnittlinien.

Für $n = 4$ hat man vier Punkte a_1, a_2, a_3, a_4 im Raume, welche als Ecken mit ihren sechs Verbindungslinien als Seiten und ihren vier Verbindungsebenen $a_2a_3a_4 = \alpha_1$, $a_3a_1a_4 = \alpha_2$, $a_4a_1a_2 = \alpha_3$, $a_1a_2a_3 = \alpha_4$ als Flächen (α_i liegt a_i gegenüber) ein vollständiges räumliches Viereck oder Tetragon bilden. Geht man von den vier Ebenen $\alpha_1, \alpha_2, \alpha_3, \alpha_4$ aus, welche ein vollständiges Vierflach (Tetrader) bilden, so erhält man für dieses offenbar dieselben vier Punkte a_1, a_2, a_3, a_4 als Ecken und deren sechs Verbindungslinien als Seiten. Es ist also das räumliche Viereck identisch mit dem Vierflach. Jede von den sechs Seiten erscheint als Verbindungslinie zweier von den vier Ecken und als Schnittlinie zweier von den vier Flächen; die Verbindungslinie der beiden anderen Ecken, welche zugleich die Schnittlinie der beiden anderen Flächen ist, heisst die Gegenseite der erstgenannten Seite. In dieser Art gruppiren sich die sechs Seiten eines Viereckes (oder Vierflaches) in drei Paar Gegenseiten, nämlich:

(Viereck $a_1a_2a_3a_4$)			(Vierflach $\alpha_1\alpha_2\alpha_3\alpha_4$)		
a_1a_2	und	a_3a_4	$\alpha_3\alpha_4$	und	$\alpha_1\alpha_2$
a_1a_3	„	a_2a_4	$\alpha_2\alpha_4$	„	$\alpha_1\alpha_3$
a_1a_4	„	a_2a_3	$\alpha_2\alpha_3$	„	$\alpha_1\alpha_4$

Liegen die vier Punkte a_1, a_2, a_3, a_4 in einer und derselben Ebene (Fig. 5), so bilden sie ein ebenes vollständiges Viereck mit den drei Gegenseitenpaaren a_1a_2, a_3a_4; a_1a_3, a_2a_4; a_1a_4, a_2a_3. Je zwei Gegenseiten schneiden sich in einem Punkte, welcher eine Diagonalecke genannt wird, so dass also ein vollständiges ebenes Viereck drei Diagonalecken o_3, o_2, o_1 den obigen drei Gegenseitenpaaren entsprechend aufzuweisen hat. Das von den Diagonalecken gebildete Dreieck $o_1o_2o_3$ nennt man das Diagonaldreieck des vollständigen Viereckes. Durch jede Diagonalecke gehen zwei Strahlenpaare, nämlich ein Paar Gegenseiten und ein Seitenpaar des Diagonaldreiecks.

Fig. 5.

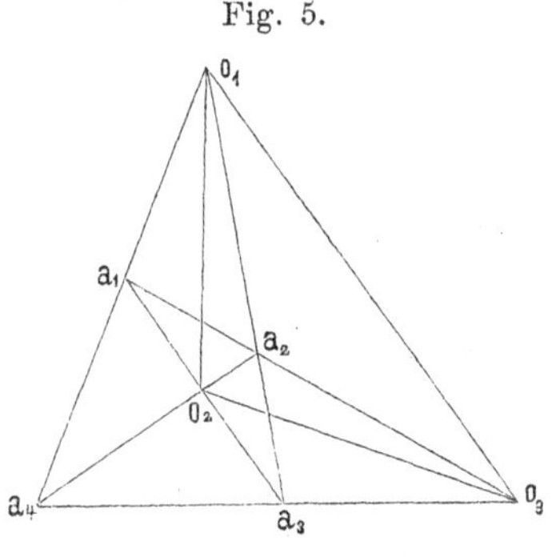

Dem ebenen vollständigen Vierecke als einem Systeme von vier in einer Ebene liegenden Punkten steht zur Seite das vollständige ebene Vierseit als das System von vier in einer Ebene liegenden Strahlen (Seiten) A_1, A_2, A_3, A_4 (Fig. 6) mit ihren sechs Schnittpunkten oder Ecken, welche letztere sich offenbar auch hier in drei Paar Gegenecken gruppiren; nämlich dem Schnitte von A_1 und A_2 entspricht der Schnittpunkt von A_3 und A_4 als Gegenecke und ebenso sind $A_1 A_3$ mit $A_2 A_4$, und $A_1 A_4$ mit $A_2 A_3$ die beiden übrigen Gegeneckenpaare. Die drei Verbindungslinien O_3, O_2, O_1 der genannten drei Gegeneckenpaare sind die Diagonalseiten des vollständigen Vierseit, welche das Diagonaldreiseit $O_1 O_2 O_3$ bilden. Auf jeder der drei Diagonalseiten entstehen zwei Punktpaare, nämlich ein Paar von Gegenecken des Vierseits und ein Eckenpaar des Diagonaldreiseits. Lassen wir die vier Ebenen eines Vierflaches (Tetraeder) durch einen und denselben Punkt hindurchgehen, so entsteht ein vollständiges Vierseit im Bündel; dasselbe hat sechs Kanten, die Schnittlinien der vier Ebenen, welche sich in drei Paar Gegenkanten gruppiren. Jedes Gegenkantenpaar bestimmt eine Ebene, die Diagonalebene des Vierseits, so dass man drei Diagonalebenen erhält, welche das Diagonaldreiseit des Vierseits im Bündel bilden.

Fig. 6.

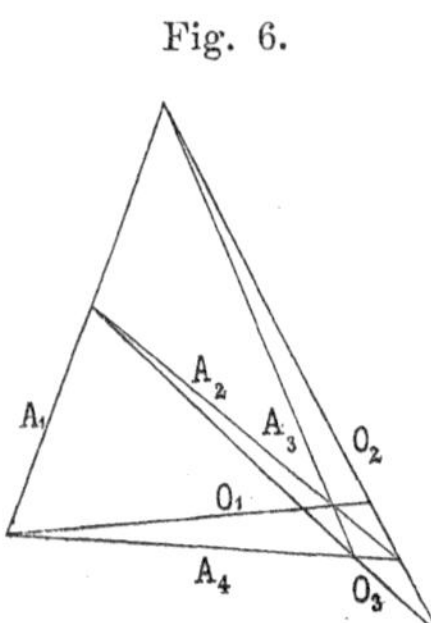

Dem vollständigen Vierseit im Bündel steht zur Seite das vollständige Vierkant als System von vier durch einen Punkt gehenden Strahlen (Kanten) mit den sechs paarweise durch sie bestimmten Ebenen (Seiten), welche sich in drei Gegenebenenpaare gruppiren, von denen jedes eine Diagonalkante bestimmt, welche drei Diagonalkanten wiederum das Diagonaldreikant bilden.

Projicirt man ein ebenes vollständiges Viereck (Vierseit) aus einem beliebigen ausserhalb seiner Ebene liegenden Punkte, so erhält man ein vollständiges Vierkant (Vierseit) im Bündel.

Aehnliche Betrachtungen lassen sich für vollständige Fünfecke, Fünfseite u. s. w. durchführen, da uns jedoch diese vollständigen Figuren für $n > 4$ weniger beschäftigen dürften, so übergehen wir sie.

19. Es sei ein vollständiges ebenes Vierseit gegeben; eine der vier Seiten schneidet die drei übrigen in drei Punkte a, b, c (Fig. 7), welche drei Ecken des Vierseits darstellen und denen respective die drei übrigen Ecken a', b', c' ein Dreieck bildend gegenüberliegen. Die Geraden aa', bb', cc' bilden das Diagonaldreiseit, dessen Ecken (den aa', bb', cc' beziehungsweise gegenüberliegend) α, β, γ sein mögen.

Auf jeder Seite des Diagonaldreiseits entstehen zwei Punktpaare, nämlich: aa', $\beta\gamma$; bb', $\gamma\alpha$; cc', $\alpha\beta$ und sind je zwei der drei Gruppen perspectivisch mit zwei Strahlenbüscheln. So z. B. sind die Punkte $bb'\gamma\alpha$ und $cc'\beta\alpha$ perspectivisch mit den Strahlen ab, ab', $a\gamma$, $a\alpha$ und ebenso sind $bb'\gamma\alpha$ und $c'c\beta\alpha$ perspectivisch mit den Strahlen $a'b$, $a'b'$, $a'\gamma$ und $a'\alpha$. Daher ist $(bb'\gamma\alpha) = (cc'\beta\alpha) = (c'c\beta\alpha)$ und da $(c'c\beta\alpha) = \frac{1}{(cc'\beta\alpha)}$, so ist $[(cc'\beta\alpha)]^2 = 1$, und da $(cc'\beta\alpha)$ nicht gleich $+1$ sein kann (da β mit α nicht identisch ist), so kann $(cc'\beta\alpha)$ nur gleich -1 sein, d. h. die vier Punkte c, c', β, α sind harmonisch. Aus demselben Grunde ist auch $(bb'\gamma\alpha) = -1$ und $(aa'\beta\gamma) = -1$. (Man braucht auch nur die als harmonisch erwiesene Gruppe $cc'\beta\alpha$ einmal aus a auf bb' und einmal aus b auf aa' zu projiciren.) Hiemit ist der Satz erwiesen:

Fig. 7.

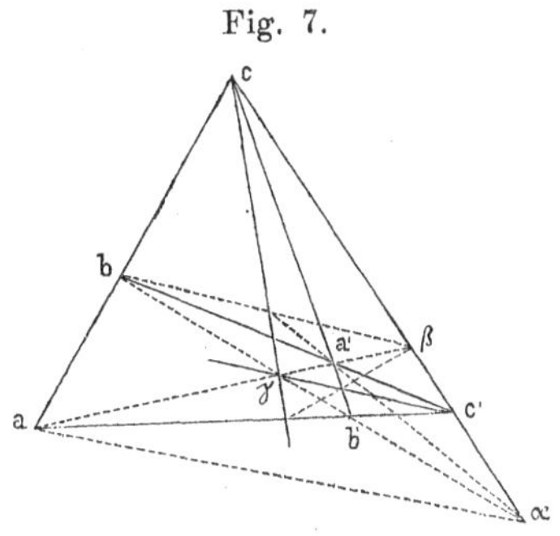

„Die auf einer Diagonalseite eines vollständigen Vierseits entstehenden zwei Punktpaare, nämlich das Gegeneckenpaar und das Eckenpaar des Diagonaldreiseits, sind harmonisch", d. h. das eine wird durch das andere harmonisch getrennt.

Wenn man die betrachtete Figur vollständig entwickelt, d. h. wenn man die drei Gegeneckenpaare aa', bb', cc' respective mit den Ecken α, β, γ des Diagonaldreiseits verbindet, so entstehen sowohl an jeder Ecke des Vierseits als auch an jeder Ecke des Diagonaldreiseits Büschel von vier harmonischen Strahlen. Durch jede Ecke des Vierseits, z. B. durch a geht ein Seitenpaar ab, ab', ferner eine Diagonalseite aa' und der Strahl $a\alpha$ nach der dieser Diagonalseite gegenüberliegenden Ecke des Diagonaldreiseits. Diese vier Strahlen sind harmonisch, da sie durch die vier harmonischen Punkte b, b', α, γ hindurchgehen. Durch jede Ecke des Diagonaldreiseits, z. B. durch α gehen zwei Diagonalseiten αb, αc, welche vier Ecken (b, b', c, c') des Vierseits enthalten und dann zwei Strahlen αa, $\alpha a'$ nach den beiden übrigen Diagonalecken, und diese vier Strahlen sind harmonisch, weil sie durch die vier harmonischen Punkte a, a', β, γ hindurchgehen. Schliesslich sei noch erwähnt, dass auch auf jeder der vier Seiten des vollständigen Vierseits drei Systeme von vier harmonischen Punkten entstehen, nämlich die drei Ecken und die je einer in Bezug auf die beiden anderen harmonisch conjugirten Punkte; so sind z. B. auf der Seite, welche die Ecken a, b, c enthält, die folgenden harmonischen Gruppen: a, b, c und der auf $c'\gamma$ gelegene Punkt, a, c, b und der auf $b'\beta$ gelegene Punkt und schliesslich b, c, a und der auf $a'\alpha$ gelegene Punkt.

Hat das vollständige Vierseit eine Ecke in unendlich weiter Entfernung, so sind zwei (die durch diese Ecke gehenden) Seiten parallel und das Vierseit kann als Trapez bezeichnet werden; auf den beiden parallelen Seiten entstehen harmonische Punktgruppen mit unendlich weiten Punkten, d. h. halbirte Strecken. Sind zwei parallele Seitenpaare vorhanden, das Vierseit also ein Parallelogramm, so ist die eine Diagonalseite ganz in unendlicher Entfernung, die beiden anderen sind die gewöhnlichen Diagonalen des Parallelogrammes und ihr Schnittpunkt der Mittelpunkt des Parallelogrammes. Auch hier entstehen halbirte Strecken und wenn man überdies das an dem Mittelpunkte entstehende harmonische Büschel betrachtet, so kann man sagen:

„Die Diagonalen eines Parallelogrammes bilden mit den durch ihren Schnittpunkt zu den Seiten parallel gezogenen Strahlen ein harmonisches Büschel.“

Die im Vorhergehenden bewiesenen sogenannten harmonischen Eigenschaften des vollständigen Vierseits bieten ein einfaches Mittel zur Lösung der

Aufgabe: Zu drei Punkten den vierten harmonischen Punkt oder zu drei Strahlen den vierten harmonischen Strahl zu construiren.

Wenn a, a', β die drei gegebenen Punkte sind und man soll den zu β bezüglich a, a' harmonisch conjugirten Punkt γ finden, so betrachtet man a, a' als zwei Gegenecken eines vollständigen Vierseits und nehme zwei andere Gegenecken c, c' beliebig auf einer beliebig durch β gezogenen Geraden an. Die Geraden ac, ac', $a'c$, $a'c'$ treffen sich in dem dritten Gegeneckenpaare bb' und es wird nach den eben bewiesenen Eigenschaften der Schnittpunkt γ von aa' mit bb' der gesuchte vierte harmonische Punkt sein.

Sind dagegen drei Strahlen ab, ab', $a\alpha$ eines Strahlenbüschels gegeben und soll man zu dem letzten den in Bezug auf die beiden ersten harmonisch conjugirten Strahl finden, so lege man durch einen beliebig auf dem dritten Strahle angenommenen Punkt α zwei beliebige Strahlen, welche die beiden ersten Strahlen in den Punkten bb', cc' schneiden mögen, ziehe bc', $b'c$, so treffen sich diese Geraden in einem Punkte a', welcher mit a verbunden, den gesuchten vierten harmonischen Strahl $\overline{aa'}$ liefert.

In derselben Weise ergeben sich die harmonischen Eigenschaften des vollständigen Vierecks. Es seien (Fig. 8) AA', BB', CC' die drei Gegenseitenpaare und zwar ABC durch einen Punkt gehend, $A'B'C'$ daher ein Dreiseit bildend. Die Schnittpunkte der drei Gegenseitenpaare AA', BB', CC', also die Diagonalecken seien a, b, c und die Seiten des durch sie gebildeten Dreiecks respective α, β, γ. An jeder Diagonalecke, z. B. an a entstehen zwei Strahlenpaare, das Gegenseitenpaar AA' und die sich in der Diagonalecke schneidenden Seiten β, γ des Diagonaldreiecks. Je zwei von diesen drei vierstrahligen Büscheln sind perspectivisch, und zwar mit zwei vierpunktigen Gruppen; so sind z. B. die Strahlen $AA'\beta\gamma$ und $BB'\alpha\gamma$ perspectivisch mit den von $BB'\alpha\gamma$ auf C bestimmten Punkten, und ebenso sind $AA'\beta\gamma$ und $B'B\alpha\gamma$ perspectivisch mit den von $AA'\beta\gamma$ auf C' bestimmten Punkten; es ist daher $(AA'\beta\gamma) = (BB'\alpha\gamma) = (B'B\alpha\gamma)$ und da $(B'B\alpha\gamma) = \frac{1}{(BB'\alpha\gamma)}$, so ist $[(BB'\alpha\gamma)]^2 = 1$ und da $(BB'\alpha\gamma)$ nicht gleich $+1$ sein kann (weil sonst α mit γ identisch sein müsste), so kann $(BB'\alpha\gamma)$ nur gleich -1 sein, d. h. die an der Ecke b entstehenden zwei Strahlenpaare $BB'\alpha\gamma$ sind harmonisch. Aus demselben Grunde ist auch $(AA'\beta\gamma) = -1$ und $(CC'\alpha\beta) = -1$.

Fig. 8.

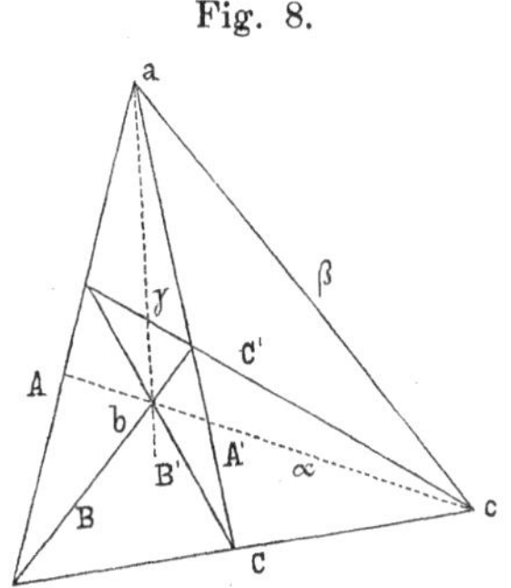

„*Die an einer Diagonalecke eines vollständigen Vierecks entstehenden zwei Strahlenpaare, nämlich das Gegenseitenpaar und das Seitenpaar des Diagonaldreiecks sind harmonisch*“, d. h. das eine wird durch das andere harmonisch getrennt.

Wenn man die entstehende Figur näher betrachtet und sich erinnert, dass vier harmonische Strahlen von jeder Transversale in vier harmonischen Punkten geschnitten werden, so erkennt man sofort, dass auch auf jeder der sechs Seiten des vollständigen Vierecks ein System von vier harmonischen Punkten entsteht, nämlich die zwei auf der Seite liegenden Ecken des Vierecks, ein Paar bildend und dann die auf der Seite liegende Diagonalecke und der Schnittpunkt der Seite mit der der erwähnten Diagonalecke gegenüberliegenden Seite des Diagonaldreiecks das zweite Paar bildend. Denn es werden diese vier Punkte aus den auf der genannten Seite des Diagonaldreiecks liegenden Diagonalpunkten durch harmonische Büschel projicirt.

Ueberdies entstehen auch an jeder Ecke des vollständigen Vierecks harmonische Büschel und zwar an jeder Ecke drei, bestehend aus zwei Seiten als einem Paar und der dritten Seite mit dem ihr bezüglich der beiden ersten harmonisch conjugirten Strahle als zweitem Paar.

Die im Vorhergehenden gelöste

Aufgabe: „Zu drei Strahlen den vierten harmonischen Strahl oder zu drei Punkten den vierten harmonischen Punkt zu construiren", kann auch auf Grund der soeben entwickelten harmonischen Eigenschaften des vollständigen Vierecks gelöst werden.

Sind A, A', β die drei durch einen Punkt a gehenden gegebenen Strahlen und soll der zu β bezüglich AA' harmonisch conjugirte Strahl γ construirt werden, so betrachte man A, A' als zwei Gegenseiten eines vollständigen Vierecks und nehme zwei andere Gegenseiten C, C' als zwei beliebige sich in einem beliebigen Punkte c von β schneidende Gerade an. Die Punkte AC, AC', $A'C$, $A'C'$ sind nun offenbar die vier Ecken des vollständigen Viereckes, für welches a, c zwei Diagonalecken sind. Die beiden fehlenden Seiten B, B', nämlich $\overline{(AC')(A'C)}$ und $\overline{(AC)(A'C')}$ schneiden sich in der dritten Diagonalecke b, welche mit a verbunden, den gesuchten zu β harmonisch conjugirten Strahl γ liefert, da nun β, γ die beiden in a sich schneidenden Seiten des Diagonaldreieckes sind.

Sind dagegen auf einer Geraden A drei Punkte gegeben und man soll zu dem dritten den bezüglich der beiden ersten harmonisch conjugirten Punkt finden, so lege man durch die beiden ersten Punkte je einen Strahl B, B' beliebig und ebenso durch den dritten Punkt einen beliebigen Strahl A' und betrachte AA', BB' als zwei Gegenseitenpaare eines vollständigen Viereckes, wodurch sowohl die vier Ecken desselben als auch die beiden Diagonalecken a, b gegeben erscheinen. Zieht man die beiden fehlenden Seiten C, C' oder $\overline{(AB')(A'B)}$, $\overline{(AB)(A'B')}$, so schneiden sich diese in der dritten Diagonalecke c und es wird nach den bewiesenen harmonischen Eigenschaften des Vierecks die Gerade bc den Strahl A in dem gesuchten Punkte treffen, welcher harmonisch conjugirt ist zu a bezüglich des Punktpaares (AB), (AB').

Denken wir uns ein vollständiges ebenes Viereck (Vierseit) aus einem ausserhalb seiner Ebene gelegenen Punkt o (Scheitel) projicirt, d. h. legen wir von o aus nach den Ecken und Seiten unserer Figur Strahlen, respective Ebenen, so erhalten wir ein vollständiges Vierkant (Vierseit) im Bündel o. Und umgekehrt wird ein solches Vierkant (Vierseit) von einer beliebigen Ebene in einem vollständigen ebenen Viereck (Vierseit) geschnitten. Und da vier Ebenen, welche von einer Ebene (Geraden) in vier harmonischen Strahlen (Punkten) geschnitten werden, auch harmonisch sind, so übertragen sich die harmonischen Eigenschaften des vollständigen ebenen Vierecks (Vierseits) sofort auch auf das vollständige Vierkant (Vierseit) im Bündel. Nämlich für das Vierkant:

„Die an einer Diagonalkante eines vollständigen Vierkants entstehenden zwei Ebenenpaare, nämlich das Gegenseitenpaar und das Seitenpaar des Diagonaldreikants, sind harmonisch, d. h. das eine wird durch das andere harmonisch getrennt.“

Für das Vierseit im Bündel:

„Die in einer Diagonalebene eines vollständigen Vierseits im Bündel entstehenden zwei Strahlenpaare, nämlich das Gegenkantenpaar und das Kantenpaar des Diagonaldreiseits, sind harmonisch, d. h. das eine wird durch das andere harmonisch getrennt.“

Auf Grund der beiden letzten Sätze kann man wiederum eine (räumliche) Construction des vierten harmonischen Strahles und ebenso die Lösung der

Aufgabe: „Zu drei gegebenen Ebenen eines Ebenenbüschels die vierte harmonische Ebene zu construiren“, entwickeln.

Was die letzte Aufgabe betrifft, so kann man ihre Lösung auch auf die Construction harmonischer Punkte oder Strahlen zurückführen. Schneidet man nämlich die drei gegebenen Ebenen mit einer Geraden (Ebene), so erhält man drei Punkte einer geraden Punktreihe (drei Strahlen eines ebenen Büschels), bestimmt man nun zu diesen den vierten harmonischen Punkt (Strahl), so geht die gesuchte Ebene durch ihn hindurch und ist somit bestimmt.

Viertes Kapitel.

Die Sätze von Carnot und Ceva.

20. Es sei ein Dreieck (Dreiseit) gegeben; a, b, c (Fig. 9) seien die Ecken und A, B, C die ihnen gegenüberliegenden Seiten desselben. Hiedurch sind drei Strahlenbüschel mit den Scheiteln a, b, c und drei gerade Punktreihen mit den Axen A, B, C gegeben; in jedem

dieser sechs Gebilde kennen wir auch zwei Elemente (Punkte oder Strahlen), die wir als Grundelemente betrachten wollen, d. h. in Bezug auf welche wir mittelst des Theilverhältnisses die übrigen Elemente der Gebilde fixiren wollen. Und zwar möge ein Punkt c' auf C durch sein Theilverhältniss γ bezüglich ab, ein Punkt a' auf A durch sein Theilverhältniss α bezüglich bc und schliesslich ein Punkt b' von B durch sein Theilverhältniss β bezüglich ca bestimmt werden. Ebenso sollen durch a, b, c respective gehende Strahlen A', B', C' bestimmt werden durch ihre Theilverhältnisse α', β', γ' bezüglich der Grundstrahlenpaare BC, CA, AB, so dass also die Relationen

Fig. 9.

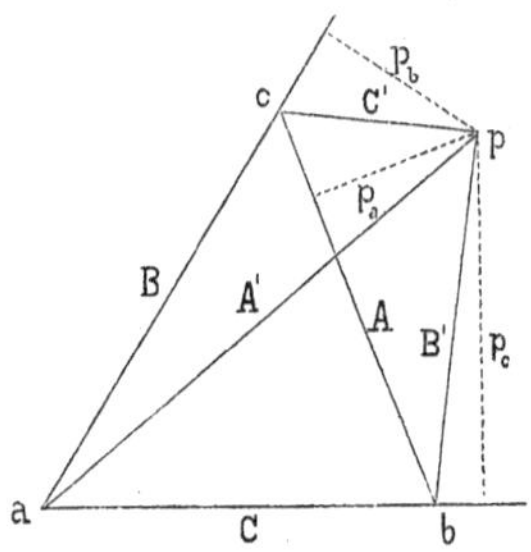

$$\alpha = \frac{ba'}{ca'},\ \beta = \frac{cb'}{ab'},\ \gamma = \frac{ac'}{bc'},\ \alpha' = \frac{\sin BA'}{\sin CA'},\ \beta' = \frac{\sin CB'}{\sin AB'},\ \gamma' = \frac{\sin AC'}{\sin BC'}$$

bestehen. Setzen wir überdies fest, dass a', b', c' respective auf A', B', C' liegen sollen, so ergibt sich durch die Vergleichung der entstehenden Dreiecksflächen, z. B. der Flächen von $\triangle ac'c$ und $\triangle bc'c$ sofort die Relation:

$$\frac{ac'}{bc'} = \frac{ca}{cb} \cdot \frac{\sin BC'}{\sin AC'}$$

oder:

und ebenso:

$$\left.\begin{aligned} \gamma \cdot \gamma' &= \frac{ca}{cb} \\ \alpha \cdot \alpha' &= \frac{ab}{ac} \\ \beta \cdot \beta' &= \frac{bc}{ba} \end{aligned}\right\} \ldots . (1)$$

Wenn wir überdies die Uebereinkunft treffen, dass ein Strahl eines der drei Büschel als innerer, respective äusserer Strahl zu gelten hat, je nachdem er die gegenüberliegende Dreiecksseite in einem inneren, respective äusseren Punkte (bezüglich der durch die Dreiecksecken begrenzten Grundstrecke) schneidet, so erkennt man sofort, dass jedes der drei Producte $\alpha\alpha', \beta\beta', \gamma\gamma'$ positiv sein wird, und wir erhalten daher durch Multiplication der Gleichungen (1):

$$\alpha\beta\gamma\alpha'\beta'\gamma' = +1 \ldots . (2)$$

„*Wenn* α, β, γ *die Theilverhältnisse von drei beliebig auf den drei Seiten eines Dreiecks gewählten Punkten, und* α', β', γ' *die Theilverhält-*

nisse der von diesen Punkten nach den gegenüberliegenden Dreiecksecken gehenden Strahlen sind, so ist immer das Product der sechs Theilverhältnisse gleich der positiven Einheit.“

Wenn die drei Strahlen A', B', C' durch denselben Punkt p hindurchgehen (Fig. 9), welcher von den Seiten des Dreiecks die Abstände p_a, p_b, p_c haben möge, so ist zunächst klar, dass entweder alle drei Strahlen innere, also mit negativen Theilverhältnissen behaftete oder aber ein Strahl ein innerer und zwei Strahlen äussere sein werden, d. h. ein Theilverhältniss negativ, die beiden übrigen positiv sein müssen. Es wird also jedenfalls $\alpha'\beta'\gamma'$ ein negatives Product sein. Bedenkt man nun, dass, abgesehen von den Vorzeichen

$$\alpha' = \frac{p_b}{p_c}$$

$$\beta' = \frac{p_c}{p_a}$$

$$\gamma' = \frac{p_a}{p_b}$$

ist, so ergibt sich sofort

$$\alpha'\beta'\gamma' = -1 \quad \ldots . (3)$$

und daher wegen (2) auch

$$\alpha\beta\gamma = -1 \quad \ldots . (3')$$

Da auch aus (3′) und (2) wiederum (3) folgt, so gilt der Satz (von Ceva):

„Wenn die durch die Ecken a, b, c eines Dreiecks gezogenen drei Strahlen A', B', C' sich in einem Punkte schneiden, so ist das Product ihrer Theilverhältnisse und ebenso dass Product der Theilverhältnisse der durch sie auf den drei Dreiecksseiten bestimmten Punkte a', b', c' gleich der negativen Einheit.“

Es ist (weil jeder Theilverhältnisswerth nur einem Elemente zukommt) sofort einleuchtend, dass man den Satz auch umkehren kann, nämlich:

„Wenn das Product der Theilverhältnisse dreier durch die Ecken a, b, c eines Dreiecks gehenden Strahlen A', B', C' gleich der negativen Einheit ist, so schneiden sie sich in einem und demselben Punkte“ und:

„Wenn die drei Strahlen A', B', C' auf den Gegenseiten des Dreiecks drei Punkte a', b', c' bestimmen, deren Theilverhältnisse -1 zum Producte geben, so gehen die drei Strahlen durch einen und denselben Punkt hindurch.“

Nehmen wir nun andererseits an, dass die drei Punkte a', b', c' (Fig. 10) in einer und derselben Geraden P liegen, also Schnittpunkte der Dreiecksseiten A, B, C mit P sind. Da ist nun zunächst klar, dass P die drei Seiten des Dreiecks entweder alle auf ihren Verlängerungen also in äusseren Punkten oder aber zwei von ihnen in inneren und die dritte in einem äusseren Punkte schneiden wird. Die drei Theilverhältnisse α, β, γ sind also entweder alle positiv oder zwei negativ und eines positiv. Das Product $\alpha\beta\gamma$ wird also jedenfalls positiv sein. Wenn man nun mit P_a, P_b, P_c die Längen der von a, b, c auf P gefällten Perpendikel bezeichnet, so ist

Fig. 10.

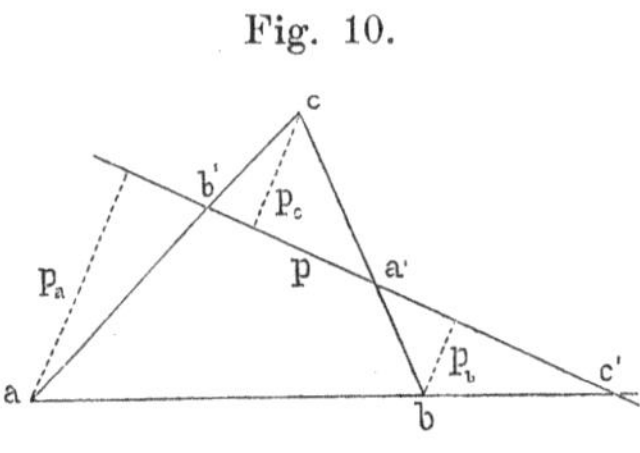

$$\alpha = \frac{P_b}{P_c}, \quad \beta = \frac{P_c}{P_a}, \quad \gamma = \frac{P_a}{P_b}$$

und daher mit Rücksicht auf das eben Gesagte:

$$\alpha\beta\gamma = +1 \ldots . (4)$$

und wegen (2) auch

$$\alpha'\beta'\gamma = +1 \ldots . (4')$$

Da man auch hier die betreffenden Resultate umkehren kann, so gelten die Sätze (von Carnot):

„Werden die Seiten eines Dreiecks mit einer Transversale zum Durchschnitt gebracht, so ist das Product der Theilverhältnisse der drei Schnittpunkte, sowie auch das Product der Theilverhältnisse der aus den Ecken des Dreiecks nach diesen Schnittpunkten gehenden Strahlen gleich der positiven Einheit."

„Wird auf jeder der Seiten eines Dreiecks ein Punkt so angenommen, dass das Product der Theilverhältnisse der drei Punkte gleich ist der positiven Einheit, so liegen die drei Punkte in gerader Linie."

„Werden durch die drei Ecken eines Dreiecks solche drei Strahlen gezogen, dass das Product ihrer drei Theilverhältnisse gleich ist der positiven Einheit, so schneiden sie die Gegenseiten in drei Punkten, welche in einer Geraden liegen."

a) Sind A', B', C' die inneren Winkelhalbirenden, so ist $\alpha' = \beta' = \gamma' = -1$, daher $\alpha'\beta'\gamma' = -1$, d. h. die drei inneren Winkelhalbirenden schneiden sich in einem Punkt.

Ist A' eine innere und B', C' zwei äussere Winkelhalbirende, so ist $\alpha' = -1$, $\beta' = \gamma' = +1$, daher $\alpha'\beta'\gamma' = -1$, d. h. jede innere

Winkelhalbirende geht durch den Schnittpunkt der beiden anderen äusseren Winkelhalbirenden.

b) Sind A', B', C' die Höhenperpendikel, so sind im spitzwinkeligen Dreieck alle innere Strahlen und im stumpfwinkeligen Dreieck ist ein Perpendikel ein innerer und zwei sind äussere Strahlen, nun ist ohne Rücksicht auf die Vorzeichen in beiden Fällen $\alpha' = \frac{\cos B}{\cos C}$, $\beta' = \frac{\cos C}{\cos A}$, $\gamma' = \frac{\cos A}{\cos B}$ und daher $\alpha'\beta'\gamma' = -1$, d. h. die drei Höhenperpendikel gehen durch einen und denselben Punkt.

c) Sind A', B', C' die Schwerlinien des Dreiecks, d. h. die Verbindungslinien der Ecken mit den Mittelpunkten der gegenüberliegenden Seiten, so ist $\alpha = \beta = \gamma = -1$, d. h. die drei Schwerlinien des Dreiecks schneiden sich in einem Punkte (dem Schwerpunkte).

d) Sind a', b' die Halbirungspunkte der zwei Seiten A, B und c' der unendlich weite Punkt von C, so ist $\alpha = \beta = -1$, $\gamma = +1$, daher $\alpha\beta\gamma = +1$ und die drei Punkte a', b', c' sind also als auf einer Geraden liegend zu betrachten; in der That ist die Gerade $a'b'$, welche die Mitten zweier Seiten A, B eines Dreiseits verbindet parallel zur dritten Seite C (geht durch den unendlich weiten Punkt von C hindurch).

e) Schneiden wir das Dreieck mit einer Transversalen P, so dass auf den Seiten A, B proportionale Strecken entstehen, nämlich so dass $\frac{ab'}{cb'} = \frac{ba'}{ca'}$ wird, oder $\beta = \frac{1}{\alpha}$ oder $\alpha\beta = 1$ ist.

Die Gerade P ist dann bekanntlich parallel zu C und für jede solche zu C parallele Transversale wird $\alpha\beta = 1$, nun ist für den unendlich weiten Punkt c' von C $\gamma = 1$, daher $\alpha\beta\gamma = 1$, d. h. die drei Punkte a', b', c' liegen in einer Geraden oder es geht die Gerade P durch den unendlich weiten Punkt von c'. Durch diesen Punkt gehen also alle zu C parallelen geraden Linien hindurch und wir haben daher ein System von Parallelen in der Ebene als ein System von durch einen (unendlich weiten) Punkt gehenden Strahlen zu betrachten.

Ein solches Strahlensystem ist somit ein e b e n e s S t r a h l e n b ü s c h e l m i t u n e n d l i c h w e i t e m S c h e i t e l, ein P a r a l l e l s t r a h l e n b ü s c h e l.

f) Es seien a', b', c' die unendlich weiten Punkte von A, B, C, so ist $\alpha = \beta = \gamma = +1$, daher $\alpha\beta\gamma = +1$, d. h. die unendlich weiten Punkte der Seiten des Dreiecks abc sind als in gerader Linie liegend zu betrachten. Denken wir uns zwei der drei Seiten, etwa A, B, als fest, so bleiben auch ihre unendlich weiten Punkte fest, und wenn wir den allgemeinen Grundsatz, dass zwei von einander verschiedene Punkte nur eine einzige Gerade bestimmen, festhalten, so ist klar, dass durch A, B auch die offenbar ganz in unendlicher Entfernung liegende Gerade $\overline{a'b'}$ vollkommen bestimmt ist. Denken wir uns nun C als in der Ebene AB veränderlich, so wird doch nach Bewiesenem immer der unendlich weite Punkt c' von C als auf der festen Geraden $a'b'$ liegend zu betrachten sein und da auf jeder Geraden C nur ein unendlich weiter Punkt existirt (siehe Art. 8), so sehen wir, dass die unendlich weiten Punkte c' aller Geraden C der Ebene AB als auf einer und derselben unendlich weiten Geraden $a'b'$ liegend zu betrachten sind. Die Gerade $a'b'$ ist auch die einzige unendlich weite Gerade in der Ebene AB, denn würde es noch eine zweite geben, so enthielte jede Gerade C zwei unendlich weite Punkte, nämlich einen auf $a'b'$ und den anderen auf der zweiten unendlich weiten Geraden, was nach früherem nicht angeht, da jede Gerade nur einen einzigen unendlich weiten Punkt besitzt.

„Jede Gerade enthält also nur einen unendlich weiten Punkt und jede Ebene enthält nur eine unendlich weite Gerade, auf welcher die unendlich weiten Punkte der sämmtlichen der Ebene angehörenden Geraden liegen.“

Diese Gerade wird die unendlich weite Gerade der betreffenden Ebene genannt. Ist U die unendlich weite, und C eine beliebige Gerade einer Ebene, so ist der unendlich weite Punkt c' von C offenbar der Schnittpunkt von C mit U. Alle zu C parallelen geraden Linien schneiden U in demselben Punkte c', ein Büschel bildend. Da c' der Scheitel dieses Büschels und U eine durch c' gehende Gerade ist (da c' auf U liegt), so ist U auch ein Strahl des Büschels, d. h.

„Alle Parallelstrahlenbüschel einer Ebene haben einen gemeinschaftlichen unendlich weiten Strahl, die unendlich weite Gerade der Ebene.“

g) Werden die Seiten A, B, C (Fig. 11) des Dreiecks abc mit einer beliebigen Transversalen P in den Punkten a', b', c' geschnitten, so ist $\alpha\beta\gamma = +1$. Bestimmt man nun zu a' bezüglich bc den harmonisch conjugirten Punkt a'_1, ebenso den b'_1, zu b' bezüglich ca und schliesslich den zu c' bezüglich ab harmonisch conjugirten Punkt c'_1, und sind α_1, β_1, γ_1 die Theilverhältnisse dieser neuen Punkte, so ist $\alpha_1 = -\alpha$, $\beta_1 = -\beta$, $\gamma_1 = -\gamma$ und daher $\alpha_1\beta_1\gamma_1 = -1$, d. h. die Geraden aa'_1, bb'_1, cc'_1 werden sich in einem Punkte p schneiden.

In dieser Art kann man zu jeder Geraden P einen Punkt p finden und umgekehrt ergibt sich aus p sofort P. Den Punkt p nennt man den Pol von P bezüglich des Dreiecks abc und P heisst umgekehrt die Polare von p. In dieser Art ist also offenbar der Schwerpunkt des Dreiecks der Pol der unendlich weiten Geraden bezüglich des Dreiecks.

Fig. 11.

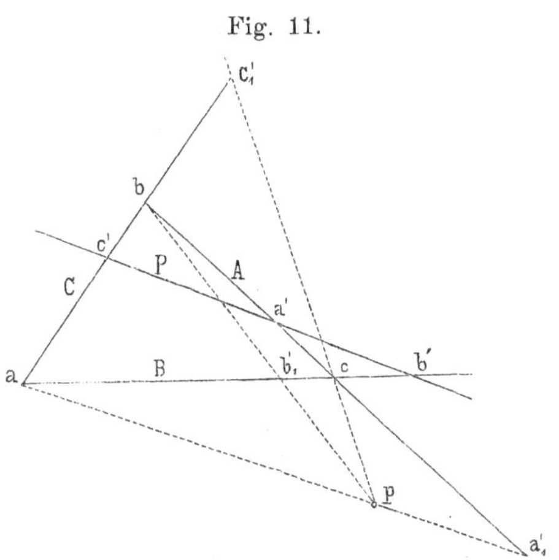

21. Die Sätze von Carnot und Ceva liefern auch einen einfachen Beweis der harmonischen Eigenschaften des vollständigen Vierecks und Vierseits.

Es seien A, B, C, D die vier ein vollständiges Vierseit bildenden Strahlen, a, b, c seien die Ecken des Dreiseits ABC und a', b', c' die Schnitte von ABC mit der vierten Geraden D, dann sind also aa', bb', cc' die drei Gegeneckenpaare des vollständigen Vierseits. Das $\triangle\, abc$ nehmen wir als Fundamentaldreieck, und seien α, β, γ die Theilverhältnisse von a', b', c'. Wenn der von c nach dem Schnitte der beiden Diagonalseiten aa', bb' gehende Strahl C in c_1 trifft und wenn γ_1 das Theilverhältniss von c_1 ist, so haben wir, weil aa', bb', cc_1 durch einen Punkt gehen, $\alpha\beta\gamma_1 = -1$ und weil a', b', c' in gerader Linie liegen, so ist $\alpha\beta\gamma = +1$, daher $\gamma_1 = -\gamma$, d. h. die vier Punkte a, b, c', c_1 sind harmonisch, also auch die vier Strahlen ca, cb, cc', cc_1, wodurch die harmonischen Eigenschaften des vollständigen Vierseits nachgewiesen sind. Denken wir uns in derselben Figur a, b, a', b' als die beliebig angenommenen Ecken eines vollständigen Vierecks, so ist das Vorhergehende zugleich ein Beweis der harmonischen Eigenschaften des vollständigen Vierecks.

Fig. 12.

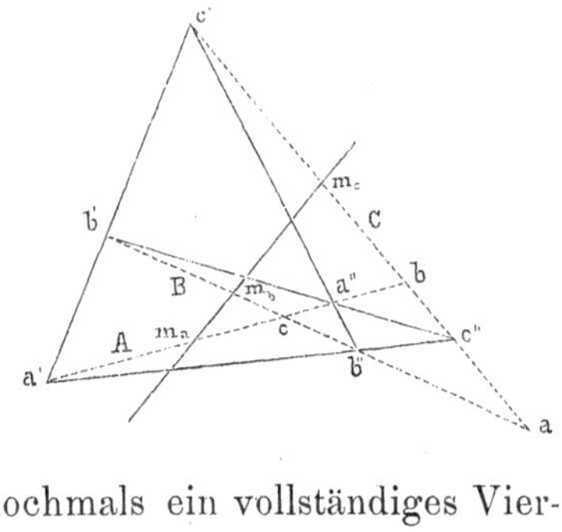

Um noch an einigen Beispielen die Fruchtbarkeit der gegenwärtigen Betrachtungen nachzuweisen, möge nochmals ein vollständiges Vierseit mit den drei Gegeneckenpaaren $a'a'', b'b'', c'c''$ (Fig. 12) zu Grunde gelegt werden. Die drei Diagonalseiten $a'a'', b'b'', c'c''$ oder

A, B, C bilden ein Dreieck, dessen Ecken a, b, c sein mögen. Dieses Dreieck sei das Fundamentaldreieck. Da a, b, c', c'' harmonische Punkte sind, so ist, wenn γ das Theilverhältniss von c' darstellt, jenes von c'' gleich $-\gamma$; ebenso sind $\alpha, -\alpha, \beta, -\beta$ die Theilverhältnisse von a', a'', b', b''. Sind a', b', c' drei von den sechs Ecken, welche in einer Geraden liegen, so ist $\alpha\beta\gamma = +1$. Es seien m_a, m_b, m_c die Mittelpunkte der Strecken $\overline{a'a''}, \overline{b'b''}, \overline{c'c''}$ und μ_a, μ_b, μ_c ihre Theilverhältnisse. Es ist nun z. B. $\frac{ac'}{bc'} = \gamma$, woraus, da $ac' = ab + bc'$ ist, sofort $bc' = \frac{\overline{ab}}{\gamma - 1}$, $ac' = \frac{\overline{ab}\,.\,\gamma}{\gamma - 1}$ folgt; führt man $-\gamma$ statt γ ein, so wird $bc'' = \frac{ab}{-\gamma - 1}$, $ac'' = \frac{\overline{ab}\,.\,\gamma}{\gamma + 1}$, woraus, da $c''c' = ac' - ac''$ ist, $c''c' = \frac{2\,\overline{ab}\,.\,\gamma}{\gamma^2 - 1}$ sich ergibt. Nun ist $\overline{am_c} = ac'' + \frac{c''c'}{2} = \frac{ab\,.\,\gamma^2}{\gamma^2 - 1}$, $\overline{bm_c} = bc' - \frac{c''c'}{2} = \frac{ab}{\gamma^2 - 1}$. Man erhält daher $\frac{am_c}{bm_c} = \gamma^2$ oder $\mu_c = \gamma^2$, ebenso $\mu_a = \alpha^2$, $\mu_b = \beta^2$. Es ist also $\mu_a \mu_b \mu_c = (\alpha\beta\gamma)^2 = +1$, d. h. m_a, m_b, m_c liegen in einer Geraden.

„Sind $a'a'', b'b'', c'c''$ die drei Gegeneckenpaare eines vollständigen Vierseits und man halbirt die Diagonalen $a'a'', b'b'', c'c''$, so liegen die drei Halbirungspunkte in gerader Linie.“

Fig. 13.

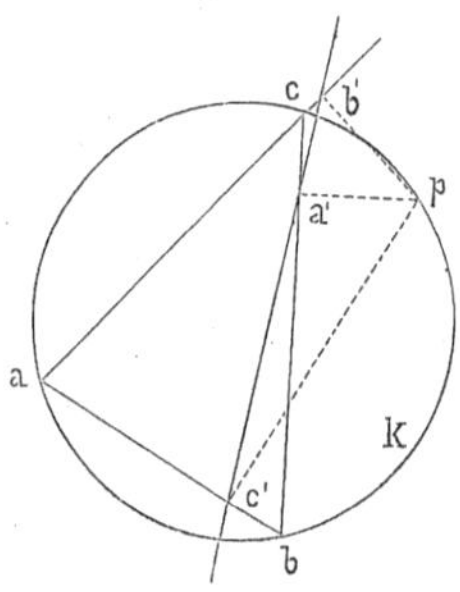

„Wird einem Dreiecke abc (Fig. 13) ein Kreis umschrieben, und werden aus einem Punkte der Peripherie desselben Perpendikel auf die drei Dreieckseiten gefällt, so liegen deren Fusspunkte a', b', c' in gerader Linie.“

Zunächst erkennt man leicht, dass von den Fusspunkten immer nur einer ein äusserer und zwei innere Punkte auf den Seiten sind (bezüglich abc als Fundamentaldreieck).

Ferner ist:

$$\angle\, apc = \angle\, abc \text{ (oder } 180 - \angle\, abc) \text{ als Peripheriewinkel}$$

$$\angle\, a'pc' = \angle\, abc \text{ (Schenkel } \perp \text{ auf einander)}$$

daher

$$\angle\, apc = \angle\, a'pc' \text{ (oder } = 180 - \angle\, a'pc').$$

Wenn man nun, je nachdem es nothwendig, $\angle\, apa'$ beiderseits addirt oder subtrahirt, so erhält man $\angle\, a'pc = \angle\, apc'$, woraus zunächst die Aehnlichkeit der rechtwinkeligen Dreiecke $\triangle\, a'pc \sim \triangle\, c'pa$

und hieraus $\frac{ac'}{ca'} = \frac{pc}{pa}$ folgt. Ebenso erhält man $\frac{ba'}{ab'} = \frac{pa}{pb}$, $\frac{cb'}{bc'} = \frac{pb}{pc}$ woraus durch Multiplication und Versetzung folgt:

$$\frac{ac'}{bc'} \cdot \frac{ba'}{ca'} \cdot \frac{cb'}{ab'} = 1$$

oder

$$\alpha\beta\gamma = 1$$

wodurch der Satz erwiesen ist.

22. Die Sätze von Carnot und Ceva lassen sich auch auf allgemeine einfache n-Ecke und n-Seite übertragen. Es sei $a, b, c, d \dots l$ (Fig. 14) ein einfaches n-Eck; seine Seiten $ab, bc, cd \dots la$ oder $A, B, C \dots L$ stellen zugleich ein einfaches n-Seit dar. Die Ecken $a, b \dots l$ sind Scheitel von n-Büscheln, in denen wir die Theilverhältnisse bezüglich der Seitenpaare $LA, AB, BC \dots$ als Grundstrahlen, und die n-Seiten $A, B, C \dots L$ stellen n gerade Punktreihen dar, in denen die Theilverhältnisse bezüglich der Eckenpaare $ab, bc, cd \dots la$ als Grundpunkte in Rechnung eingeführt werden sollen.

Fig. 14.

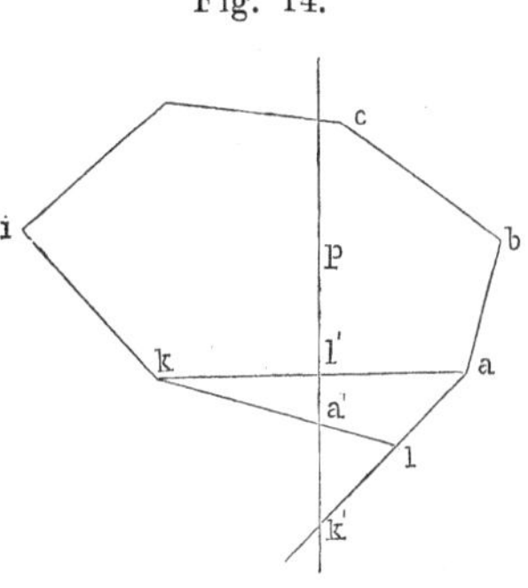

Eine beliebige Transversale P schneidet die n Seiten in n Punkten, denen die Theilverhältnisse $\alpha, \beta, \gamma, \delta \dots \lambda$ zukommen mögen. Fällen wir von $a, b \dots l$ auf P die Perpendikel $P_a, P_b \dots P_l$, so ist

$$\alpha = \frac{P_a}{P_b}, \quad \beta = \frac{P_b}{P_c}, \quad \gamma = \frac{P_c}{P_d} \dots \lambda = \frac{P_l}{P_a}$$

daher

$$\alpha\beta\gamma\delta \dots \lambda = 1.$$

Hierbei wäre in Bezug auf das Vorzeichen noch eine Untersuchung durchzuführen; da jedoch der Satz von Ceva bezüglich des einfachen n-Seits eine etwas verschiedene Form als bezüglich eines Dreiseits erhält, so wollen wir für beide Sätze den Beweis von $n - 1$ auf n führen.

„Werden die Seiten $ab, bc, cd \dots ik, kl, la$ eines einfachen n-Eckes $abc \dots ikl$ mit einer Transversalen geschnitten und sind $\alpha, \beta, \gamma, \delta \dots \iota, \varkappa, \lambda$ die Theilverhältnisse der Schnittpunkte bezüglich der Eckenpaare $ab, dc \dots$ als Fundamentalpunkte, so ist

$$\alpha\beta\gamma\delta \dots \iota\varkappa\lambda = +1 \dots (1)$$

Angenommen, der Satz gelte für ein $(n-1)$-Eck überhaupt, also auch für das $(n-1)$-Eck $abc \ldots ika$ und sei $\varkappa'$ das Theilverhältniss des auf ka entstehenden Schnittpunktes bezüglich ka als Grundpunktepaar; wir bemerken, dass dann $\frac{1}{\varkappa'}$ das Theilverhältniss desselben Punktes bezüglich ak als Grundpunktepaar sein wird. Es ist also nach Voraussetzung:

$$\alpha\beta\gamma\delta \ldots \iota\varkappa' = +1$$

und für das $\triangle kla$ gilt nach Carnot:

$$\varkappa\lambda \frac{1}{\varkappa'} = +1$$

daher ist auch

$$\alpha\beta\gamma\delta \ldots \iota\varkappa\lambda = +1$$

wie zu beweisen war; denn da der Satz für $n-1=3$ gilt, so gilt er auch für $n=4$, $n=5$ .... also allgemein.

„Werden die Ecken AB, BC, CD .... IK, KL, LA eines einfachen n-Seits $ABC \ldots IKL$ mit einem Punkte verbunden und sind α', β', γ', δ' .... ι', $\varkappa'$, λ' die Theilverhältnisse der Verbindungsstrahlen bezüglich der Seitenpaare AB, BC .... als Fundamentalstrahlen, so ist

$$\alpha'\beta'\gamma' \ldots \iota'\varkappa'\lambda' = (-1)^n \ldots (2)$$

Angenommen, es gelte der Satz für ein $(n-1)$-Seit überhaupt, also auch für das $(n-1)$-Seit $ABC \ldots K$ und sei $\varkappa''$ das Theilverhältniss des von dem Punkte nach KA gezogenen Strahles bezüglich KA als Grundstrahlen, so ist es $\frac{1}{\varkappa''}$ bezüglich AK als Grundstrahlen. Es ist also nach Voraussetzung

$$\alpha'\beta'\gamma \ldots \iota'\varkappa' = (-1)^{n-1}$$

und für das Dreiseit KLA gilt nach Ceva:

$$\varkappa'\lambda' \frac{1}{\varkappa''} = -1$$

und daher ist

$$\alpha'\beta'\gamma' \ldots \iota'\varkappa'\lambda' = (-1)^n$$

wie zu beweisen war; denn da der Satz für $n-1=3$ gilt, so gilt er auch für $n=4$, $n=5$ .... also allgemein.

23. Aehnliche Relationen gelten auch für das Dreikant. Es seien A_1, B_1, C_1 drei in einem Punkte o zusammenstossende nicht in derselben Ebene liegende Strahlen, ein Dreikant bildend. Den Kanten A_1, B_1, C_1 liegen respective die Ebenen (B_1C_1), (C_1A_1), (A_1B_1) gegenüber. In diesen Ebenen ist o Scheitel dreier Strahlenbüschel, in denen wir die Theilverhältnisse α_1', β_1', γ_1' in Bezug auf B_1C_1, C_1A_1, A_1B_1 als Grundstrahlen einführen wollen. Zugleich sind A_1, B_1, C_1 Axen dreier Ebenenbüschel, in denen wir die Theilverhältnisse

α_1, β_1, γ_1 bezüglich der Fundamentalebenenpaare (C_1A_1) (A_1B_1); (A_1B_1) (B_1C_1); (B_1C_1) (C_1A_1) in Rechnung bringen wollen.

Denken wir uns ferner eine willkürliche nicht durch o gehende Ebene ω, welche A_1, B_1, C_1 in a, b, c schneiden möge und seien A, B, C die Seiten des Dreiecks abc. Dann sollen in den Strahlenbüscheln o solche Strahlen und in den Ebenenbüscheln A_1, B_1, C_1 solche Ebenen als innere bezeichnet werden, welche die Seiten des $\triangle ABC$ in inneren Punkten schneiden. Strahlen und Ebenen, welche auf den Seiten A, B, C des Dreiecks äussere Punkte bestimmen, sollen auch als äussere Strahlen respective Ebenen betrachtet werden.

Durch die Kanten A_1, B_1, C_1 denke man sich drei w illkürlich Ebenen (α_1), (β_1), (γ_1) gelegt mit den Theilverhältnissen α_1, β_1, γ_1; diese Ebenen bestimmen auf den Seitenflächen drei Strahlen A_1', B_1', C_1' mit den Theilverhältnissen α_1', β_1', γ_1'. Um eine Relation zwischen γ_1 und γ_1' zu erhalten, denke man sich die Ebene ω des Dreiecks abc senkrecht auf C_1 und sei C' der durch c gehende Schnitt von ω mit (γ_1), so ist offenbar das Theilverhältniss γ_1 von (γ_1) bezüglich der Ebenen (B_1C_1), (C_1A_1) zugleich das Theilverhältniss von C' bezüglich der Strahlen A, B (wegen Winkelgleichheit).

Ist nun c' der Schnitt von C' mit C und C_1', so ergibt sich durch Vergleichung der Dreiecksflächen:

$$\frac{\triangle ac'o}{\triangle bc'o} = \frac{ac'}{bc'} = \frac{ao \,.\, sin\, A_1C_1'}{bo \,.\, sin\, B_1C_1'} = \frac{ao}{bo} \cdot \gamma_1'$$

$$\frac{\triangle ac'c}{\triangle bc'c} = \frac{ac'}{bc'} = \frac{ac \,.\, sin\, BC'}{bc \,.\, sin\, AC'} = \frac{ac}{bc} \cdot \frac{1}{\gamma_1}$$

daher ist

$$\gamma_1\gamma_1' = \frac{ac}{bc} \cdot \frac{bo}{ao} = \frac{ac}{ao} \cdot \frac{bo}{bc};$$

da aber die Dreiecke aco, bco rechtwinkelig sind, so hat man

$$\frac{ac}{ao} = sin\, A_1C_1, \quad \frac{bo}{bc} = \frac{1}{sin\, B_1C_1}$$

somit

$$\gamma_1\gamma_1' = \frac{sin\, A_1C_1}{sin\, B_1C_1}$$

Ebenso ist

$$\alpha_1\alpha_1' = \frac{sin\, B_1A_1}{sin \cdot C_1A_1}$$

$$\beta_1\beta_1' = \frac{sin\, C_1B_1}{sin\, A_1B_1} \quad \Bigg\} \ldots . (1)$$

somit durch Multiplication

$$\alpha_1\beta_1\gamma_1\alpha_1'\beta_1'\gamma_1' = 1 \ldots . (2)$$

Dass wir rechter Hand die positive Einheit setzen, ist gerechtfertigt, da je zwei zusammengehörige Theilverhältnisse wie α_1 und α_1' gleiches Vorzeichen besitzen, indem nach der getroffenen Uebereinkunft jede innere respective äussere Ebene des Büschels A_1 das gegenüberliegende Strahlenbüschel in einem inneren respective äusseren Strahle trifft. Gehen die drei Ebenen (α_1), (β_1), (γ_1) durch einen und denselben Strahl des Bündels o hindurch, so zeigt man ebenso wie in den letzten Artikeln, dass

$$\left.\begin{aligned}\alpha_1\beta_1\gamma_1 &= -1\\ \alpha_1'\beta_1'\gamma_1' &= -1\end{aligned}\right\}\ldots.\ (3)$$

ist, und umgekehrt sagt jede dieser beiden Gleichungen aus, dass die drei Ebenen sich in einer Geraden durchschneiden. Liegen dagegen die drei Strahlen A_1', B_1', C_1' in einer Ebene des Bündels o, so ist

$$\left.\begin{aligned}\alpha_1\beta_1\gamma_1 &= +1\\ \alpha_1'\beta_1'\gamma_1' &= +1\end{aligned}\right\}\ldots.\ (4)$$

und jede der beiden Gleichungen besagt, dass die drei Strahlen in einer und derselben Ebene liegen.

Hieran anknüpfend, kann man in einfacher Weise die harmonischen Eigenschaften des vollständigen Vierkants und des vollständigen Vierseits im Bündel nachweisen.

24. Die für ein einfaches n-Eck entwickelte Relation bleibt auch dann bestehen, wenn dasselbe ein beliebiges räumliches (nicht in einer Ebene liegendes) einfaches n-Eck wird, und wir dasselbe mit einer beliebigen Ebene ω zum Durchschnitte bringen. Sind p_a, p_b, p_c .... die von den Ecken a, b, c .... auf ω gefällten Perpendikel, so ist unmittelbar klar, dass die Theilverhältnisse der auf den Seiten ab, bc, ca .... durch ω bestimmten Schnittpunkte der Reihe nach die Werthe $\frac{p_a}{p_b}, \frac{p_b}{p_c}, \frac{p_c}{p_d} \ldots. \frac{p_l}{p_a}$ haben werden, und es ist somit das Product aller dieser Theilverhältnisse auch gleich der (positiven) Einheit.

Zu einem ähnlichen Resultate gelangt man, wenn man die Ebenenbüschel betrachtet, deren Axen die Seiten des n-Eckes und deren Fundamentalebenen die durch je zwei aufeinander folgende Seiten bestimmten Ebenen sind (einfaches n-Flach). Verbindet man einen beliebigen Punkt des Raumes mit den n Seiten durch Ebenen, so ist das Product der n Theilverhältnisse dieser Ebenen gleich der Einheit (± 1).

25. Sind a, b, c, d die Ecken eines Tetraeders und übergeht man zwei von den Gegenkanten, etwa ac und bd, so bilden die vier übrigen ab, bc, cd, da ein einfaches räumliches (windschiefes) Viereck. Jede Ebene trifft die vier Seiten in vier Punkten, deren Theilverhältnisse die positive Einheit zum Producte haben. Umgekehrt muss man behaupten, dass eine Ebene, welche durch drei auf ab, bc, cd respective liegende Punkte mit den Theilverhältnissen α, β, γ hindurchgeht, die vierte Seite da in einem Punkte schneiden wird, dessen Theilverhältniss δ durch die Gleichung

$$\alpha\beta\gamma\delta = +1 \ldots . (1)$$

gegeben ist.

So liegen insbesondere die vier Halbirungspunkte der vier Seiten in einer Ebene, weil für diese $\alpha = \beta = \gamma = \delta = -1$ ist und daher die Gleichung (1) erfüllt wird.

Betrachtet man die unendlich weiten Punkte der vier Geraden ab, bc, cd, da, so ist für diese $\alpha = \beta = \gamma = \delta = +1$, daher auch $\alpha\beta\gamma\delta = +1$, wir haben somit diese vier Punkte als in einer Ebene liegend zu betrachten.

„Die (unendlich weite) Ebene, welche durch die unendlich weiten Punkte von drei Seiten eines einfachen räumlichen Vierecks bestimmt wird, enthält auch den unendlich weiten Punkt der vierten Seite.“

Wir sind zu dieser Annahme gezwungen, wenn wir den Fundamentalsatz, dass drei Punkte eine Ebene bestimmen, aufrecht erhalten sollen.

Denkt man sich nun die Geraden ab, bc, cd fest, aber die Punkte a und d als auf ab und cd beweglich, so wird die vierte Gerade da die sämmtlichen Lagen der zu ab und cd möglichen Transversalen beschreiben. Die unendlich weiten Punkte aller dieser Transversalen liegen somit in der Ebene, welche durch die unendlich weiten Punkte der drei Geraden ab, bc, cd bestimmt ist. Nun repräsentiren diese unendlich weiten Punkte eben alle unendlich weiten Punkte, die auf den sämmtlichen Geraden des Raumes liegen. Denn man kann parallel zu irgend einer Geraden G des Raumes eine von den Transversalen da legen; man erhält sie als Schnittgerade der durch bc und ad parallel zu G gelegten Ebenen. Nun ist der unendlich weite Punkt von G zugleich der unendlich weite Punkt von da (Parallele haben denselben unendlich weiten Punkt) und er liegt somit auch in der durch die unendlich weiten Punkte von ab, bc, ca bestimmten Ebene. Diese drei unendlich weiten Punkte ändern sich nicht, wenn man ab, bc, cd durch drei beliebige zu diesen Geraden parallele Gerade G', G'', G''' ersetzt. Wir sind also berechtigt, den folgenden wichtigen Satz auszusprechen:

„Die unendlich weiten Punkte dreier beliebiger Geraden G', G'', G''' (von denen keine zwei parallel und welche auch nicht parallel zu derselben Ebene sind) bestimmen eine Ebene, in welcher auch der unendlich weite Punkt jeder vierten Geraden G enthalten ist. Diese Ebene enthält also alle unendlich weiten Punkte, somit überhaupt alle unendlich weiten Elemente und Gebilde und sie wird daher die unendlich weite Ebene des Raumes genannt."

„Der unendlich weite Punkt einer Geraden ist ihr Schnittpunkt mit der unendlich weiten Ebene des Raumes."

„Es gibt somit nur eine einzige unendlich weite Ebene des Raumes." Denn würde es zwei verschiedene solche Ebenen geben, so würden sie von irgend einer Geraden in zwei verschiedenen Punkten getroffen, diese Gerade hätte zwei verschiedene unendlich weite Punkte, was nicht angeht.

Fünftes Kapitel.

Die perspectivische Raumansicht.

26. Die letzten Betrachtungen schliessen sich unmittelbar an die Resultate an, welche wir im Artikel 8 erhalten haben, und wollen wir der Wichtigkeit der Sache wegen die gegenseitigen Beziehungen der Gebilde in Ansehung ihrer unendlich weiten Elemente nochmals hier zusammenstellen. Hiedurch gelangen wir zu einer Raumauffassung bezüglich der unendlich weiten Elemente (und Gebilde), welche man als die „perspectivische Raumansicht" zu bezeichnen pflegt.

I. Satz: „Eine Gerade besitzt nur einen unendlich weiten Punkt" (siehe Art. 8). Dabei setzen wir die Gerade als im Endlichen verlaufend voraus.

II. Satz: „Parallele Gerade schneiden sich in dem ihnen gemeinschaftlichen unendlich weiten Punkte", sie bilden ein Bündel mit unendlich weitem Scheitel (Parallelstrahlenbündel) und alle jene unter ihnen, welche in einer und derselben Ebene liegen bilden ein ebenes Strahlenbüschel mit unendlich weitem Scheitel (Parallelstrahlenbüschel).

Soll durch einen Punkt a zu einer Geraden G eine Parallele G' gezogen werden, so handelt es sich offenbar darum, den Punkt a mit dem unendlich weiten Punkte von G zu verbinden.

Hiedurch ist das Ziehen von Parallelen auf das mehr elementare Verbinden von Punkten zurückgeführt.

Um zu einer Ebene γ durch einen Punkt a' eine parallele Ebene γ' zu construiren, nimmt man in γ einen beliebigen Punkt a an, zieht durch ihn die sämmtlichen Strahlen G und legt durch a' zu diesen die Parallelen G'; diese letzteren erfüllen die Ebene γ'. Jede Gerade G' trifft die Gerade G, zu der sie parallel ist, in dem beiden gemeinschaftlichen unendlich weiten Punkt, welcher also auch ein den beiden parallelen Ebenen γ, γ' gemeinsamer unendlich weiter Punkt ist. Es gilt also der

III. Satz: „Die unendlich weiten Punkte einer Ebene sind auch unendlich weite Punkte jeder zu ihr parallelen Ebene“.

Durch einen Punkt a' zu einer Ebene γ eine Parallelebene γ' legen, ist also identisch mit der Bestimmung der Ebene, welche durch a' und durch zwei unendlich weite Punkte von γ hindurchgeht.

IV. Satz: „Die unendlich weiten Punkte einer Ebene erfüllen eine Gerade, die unendlich weite Gerade der Ebene;“ denn diese Punkte liegen auch auf einer beliebigen Parallelebene, sind also den beiden Ebenen gemeinschaftlich, aber die zwei Ebenen gemeinschaftlichen Punkte erfüllen eine Gerade, die Schnittlinie der beiden Ebenen.

V. Satz: „Jede Ebene enthält nur eine einzige unendlich weite Gerade.“ Denn würden wir nur zwei solche Gerade in der Ebene zulassen, so würde eine Parallelebene mit der ursprünglichen Ebene zwei Gerade gemeinschaftlich haben, was nicht angeht.

VI. Satz: „Parallele Ebenen schneiden sich in der ihnen gemeinschaftlichen unendlich weiten Geraden,“ sie bilden also ein Ebenenbüschel mit unendlich weiter Axe (Parallelebenenbüschel).

Hat man also durch einen Punkt zu einer Ebene eine Parallelebene zu legen, so ist es diejenige Ebene, welche durch den Punkt und die unendlich weite Gerade der ersten Ebene bestimmt erscheint.

Eine Gerade G ist parallel zu einer Ebene γ, wenn sie in einer zu γ parallelen Ebene γ' liegt; nun liegt der unendlich weite Punkt von G in der unendlich weiten Geraden von γ, und diese ist identisch mit der unendlich weiten Geraden von γ', also gilt der

VII. Satz: „Wenn eine Gerade G parallel ist zu einer Ebene γ, so liegt der unendlich weite Punkt von G in der unendlich weiten

Geraden von γ, oder diese letztere geht durch jenen Punkt hindurch".

Den Satz kann man auch umkehren: Liegt der unendlich weite Punkt einer Geraden in der unendlich weiten Geraden einer Ebene, so sind beide parallel; denn der genannte Punkt ist der Schnittpunkt der Geraden mit der Ebene und weil er unendlich weit ist, so sind beide parallel.

Alle Ebenen, welche zu einer Geraden parallel sind, sind also zu betrachten als Ebenen, welche durch denselben unendlich weiten Punkt, nämlich durch den unendlich weiten Punkt jener Geraden hindurchgehen; sie gehören dem Parallelstrahlenbündel an, dessen Scheitel jener Punkt ist.

Alle geraden Linien, welche parallel zu einer Ebene sind, hat man zu betrachten als Gerade, welche eine feste Gerade schneiden, nämlich die unendlich weite Gerade jener Ebene.

Durch einen Punkt lässt sich eine Ebene legen parallel zu zwei beliebigen Geraden; es ist die Ebene, welche durch den Punkt und die unendlich weiten Punkte der beiden Geraden (als durch drei Punkte) bestimmt erscheint.

VIII. Satz: „Alle unendlich weiten Punkte und alle unendlich weiten Strahlen, also überhaupt auch alle unendlich weiten Gebilde (als aus solchen Strahlen und Punkten zusammengesetzt), liegen in einer bestimmten, festen unendlich weiten Ebene der sogenannten unendlich weiten Ebene des Raumes".

Man gelangt zu einem Beweise dieses Satzes (abgesehen von den im letzten Artikel entwickelten Gründen), wenn man von der Definition der Ebene als Fläche, welche von jeder Geraden nur in einem Punkte und von jeder Ebene nur in einer Geraden getroffen wird, ausgeht. Der Inbegriff aller unendlich weiten Punkte des Raumes ist in der That ein Flächengebilde, welches von jeder Geraden nur in einem Punkte und von jeder Ebene nur in einer Geraden getroffen wird, da nach Früherem jede Gerade nur einen unendlich weiten Punkt und jede Ebene nur eine unendlich weite Gerade besitzt; dieses Flächengebilde ist daher nothwendigerweise als eine (unendlich weite) Ebene aufzufassen. Noch mehr; man kann nur eine einzige unendlich weite Ebene des Raumes zulassen, denn würde man zwei verschiedene solche annehmen, so würden sie jede Gerade in zwei verschiedenen Punkten und jede Ebene in zwei verschiedenen Geraden treffen, es hätte also eine Gerade zwei unendlich weite Punkte und eine Ebene zwei unendlich weite gerade Linien, was nach Früherem unzulässig ist.

27. Man kann, das Vorhergehende zusammenfassend, die **perspectivische Raumansicht** folgendermaassen aussprechen:

„Alle unendlich weiten Punkte und alle unendlich weiten geraden Linien liegen in einer ganz bestimmten festen Ebene, der unendlich weiten Ebene des Raumes."

„Eine beliebige Gerade trifft diese Ebene in einem Punkte, dem (einzigen) unendlich weiten Punkte dieser Geraden."

„Parallele Gerade schneiden die unendlich weite Ebene und daher auch sich gegenseitig in demselben (unendlich weiten) Punkte."

„Eine beliebige Ebene schneidet die unendlich weite Ebene in einer Geraden, der (einzigen) unendlich weiten Geraden dieser Ebene."

„Parallele Ebenen schneiden die unendlich weite Ebene und daher auch sich gegenseitig in derselben (unendlich weiten) Geraden."

„Eine Ebene und eine Gerade sind parallel, wenn die unendlich weite Gerade der ersteren durch den unendlich weiten Punkt der letzteren hindurchgeht (wenn letzterer auf ersterer liegt)."

„Jedes unendlich weite Gebilde ist in der unendlich weiten Ebene enthalten."

Anmerkung. Von parallelen Geraden sagt man, sie haben dieselbe Richtung; von parallelen Ebenen sagt man, sie haben dieselbe Stellung. Nun haben erstere einen gemeinschaftlichen unendlich weiten Punkt und letztere eine gemeinschaftliche unendlich weite Gerade. Desshalb nennt man wohl auch den unendlich weiten Punkt einer Geraden ihre **Richtung** und die unendlich weite Gerade einer Ebene die **Stellung** der Ebene. Alle Richtungen und alle Stellungen erfüllen die unendlich weite Ebene des Raumes. Eine Gerade und eine Ebene sind parallel, wenn die Richtung der ersteren in der Stellung der letzteren liegt, oder die Stellung durch die Richtung hindurchgeht, kürzer: wenn die Stellung der Ebene und die Richtung der Geraden perspectivische Lage haben.

28. Nachdem wir erkannt haben, dass man die unendlich fernen Elemente ebenso in unsere Betrachtungen und Constructionen einführen kann, wie die im Endlichen gelegenen, ist es wichtig, zu zeigen, wie die unendlich weiten Elemente, also zunächst die unendlich weiten Punkte und Strahlen bestimmt werden können. Die Methode ihrer Bestimmung ist in dem Vorhergehenden gegeben. Einen unendlich weiten Punkt werden wir als Richtung bestimmen, also dadurch, dass wir eine Gerade angeben, als deren unendlich weiter Punkt der zu bestimmende auftritt. Diese Gerade kann dann durch irgend eine zu ihr Parallele ersetzt werden. Soll z. B. der durch die Gerade G bestimmte unendlich weite Punkt g mit einem beliebigen Punkte a verbunden werden, so ist die Verbindungslinie die durch a zu G gelegte parallele Gerade; soll durch den unendlich

weiten Punkt und eine beliebige Gerade L eine Ebene gelegt werden, so ist es die durch L parallel zu G gelegte.

Eine unendlich weite Gerade werden wir ebenso als Stellung bestimmen, indem wir eine Ebene γ angeben, als deren unendlich weite Gerade G die zu bestimmende auftritt; diese Ebene γ kann dann durch irgend eine andere zu ihr parallele ersetzt werden. Um durch einen beliebigen Punkt a und die unendlich weite Gerade G eine Ebene zu legen, hat man nur durch a eine zu γ parallele Ebene zu legen.

Man kann die sämmtlichen unendlich weiten Elemente am einfachsten als die Richtungen der Strahlen und die Stellungen der Ebenen eines räumlichen Bündels mit beliebigem (nicht unendlich weitem) Scheitel bestimmen. Durch jeden Strahl des Bündels wird in der unendlich weiten Ebene ein einziger (unendlich weiter) Punkt, und durch jede Ebene des Bündels wird in der unendlich weiten Ebene eine einzige (unendlich weite) Gerade bestimmt. Und umgekehrt gibt es im Bündel nur einen Strahl von gegebener Richtung und nur eine Ebene von gegebener Stellung.*)

29. Die unendlich weiten Elemente können auch als Träger von Elementengebilden erster und zweiter Ordnung auftreten. Einige Fälle (Parallelstrahlenbündel, respective Büschel und Parallelebenenbüschel) haben wir bereits erwähnt.

a) Es werde der beliebige etwa durch die Gerade O bestimmte unendlich weite Punkt o_∞ als Scheitel eines räumlichen Bündels betrachtet. Alle Strahlen des Bündels sind zu O parallel und ebenso alle Ebenen des Bündels. Zu den letzteren gehört auch die unendlich weite Ebene des Raumes als eine den Scheitel o_∞ enthaltende oder durch ihn gehende Ebene. Jede durch o_∞ gehende in der unendlich weiten Ebene des Raumes enthaltene Gerade ist ein Strahl des Bündels. Alle diese Strahlen bilden ein ebenes Strahlenbüschel in der unendlich weiten Ebene mit o_∞ als Scheitel. Das Parallelbündel enthält somit ein unendlich weites Strahlenbüschel. Lässt man eine Ebene um O (oder um irgend einen Strahl des Bündels) rotiren, so beschreibt die unendlich weite Gerade derselben jenes unendlich weite Strahlenbüschel. Jeder Strahl dieses Büschels ist die Stellung unendlich vieler Ebenen des Bündels, welche ein dem Bündel angehöriges Parallelebenenbüschel constituiren. Es ist klar, dass alle

*) Es sollen die auf den Geraden A, B, C . . . respective liegenden unendlich weiten Punkte mit a_∞, b_∞, c_∞ . . . und die in den Ebenen α, β, γ . . . liegenden unendlich weiten Geraden mit A_∞, B_∞, C_∞ . . . bezeichnet werden.

Strahlenbüschel des Bündels Parallelstrahlenbüschel sind, in den einzelnen Ebenen des Bündels liegend.

b) Eine durch die Ebene ω bestimmte unendlich weite Gerade O_∞ kann zunächst Axe eines Ebenenbüschels sein; dasselbe ist ein Parallelebenenbüschel und die unendlich weite Ebene, weil durch O_∞ gehend, ist auch als eine Ebene des Büschels zu betrachten.

Man kann aber O_∞ auch als Axe einer geraden Punktreihe (einer unendlich weiten Punktreihe) betrachten. Die einzelnen Punkte dieser Reihe sind die Richtungen der in der Ebene ω (oder in einer zu ω parallelen Ebene) enthaltenen Strahlen.

c) Die unendlich weite Ebene des Raumes kann man als Träger eines ebenen (unendlich weiten) Systemes betrachten. Die Punkte dieses Systemes sind die unendlich weiten Punkte der Geraden des Raumes; durch jeden von ihnen ist als Scheitel ein unendlich weites ebenes Strahlenbüschel bestimmt. Die Strahlen dieses ebenen Systemes sind die unendlich weiten Geraden der Ebenen des Raumes und jede von diesen Geraden ist Axe einer unendlich weiten Punktreihe.

Sechstes Kapitel.

Reciprocitätsgesetz und Elementenbestimmung in den Grundgebilden höherer Stufe.

30. Neben oder vielmehr über dem Principe der perspectivischen Raumansicht beherrscht ein anderes wichtiges Gesetz, jenes der Reciprocität oder Dualität (auch Polarität), das Gebiet der geometrischen Forschung.

Den drei Stufen der Elementargebilde entsprechend haben wir auch eine dreifache Geometrie unterschieden; nämlich die Geometrie einer Dimension (Geometrie der Grundgebilde erster Stufe: Punktreihe, Strahlenbüschel, Ebenenbüschel), die Geometrie von zwei Dimensionen (Geometrie der Grundgebilde zweiter Stufe: ebene Geometrie, Geometrie des räumlichen Bündels), und schliesslich die Geometrie dreier Dimensionen (Geometrie des Grundgebildes dritter Stufe, des Raumes).

In der Geometrie der geraden Punktreihe kann nur von Punkten, ihrer gegenseitigen Lage und den Relationen der von ihnen begränzten

Strecken die Rede sein; ebenso in der Geometrie des Strahlenbüschels (Ebenenbüschels) nur von Strahlen (Ebenen) und den von ihnen gebildeten Winkeln.

Anders verhält sich die Sache in den Grundgebilden zweiter Stufe, in denen zweierlei Elemente vorkommen; im ebenen Systeme, Punkte und Strahlen, im räumlichen Bündel, Ebenen und Strahlen.

In diesen Gebilden tritt bereits das Gesetz der Reciprocität auf, und lässt sich dasselbe für die Grundgebilde zweiter Stufe etwa folgendermaassen aussprechen:

„Jedem Satze, jeder Definition, Construction oder Aufgabe entspricht ein anderer Satz eine andere Definition, Construction oder Aufgabe, welche man aus den ersteren erhält, indem man die in dem Grundgebilde vorkommenden Elemente der einen Art durch die der anderen Art und die Operation des Schneidens durch jene des Verbindens (Projicirens) und umgekehrt ersetzt, und zugleich den Begriff der perspectivischen Lage und des Doppelverhältnisses aufrecht erhält.“

Wir geben einige Beispiele und setzen die einander nach dem Gesetze der Reciprocität entsprechenden Sätze, Aufgaben, Constructionen nebeneinander.

A) In der Ebene (Elemente: Strahlen, Punkte).

Zwei Punkte bestimmen einen Strahl, ihre Verbindungsgrade.	Zwei Strahlen bestimmen einen Punkt, ihren Schnittpunkt.
Durch einen Punkt gehen unendlich viele Strahlen, ein Strahlenbüschel bildend.	Auf einem Strahle liegen unendlich viele Punkte, eine gerade Punktreihe bildend.
Ein System von n Punkten mit ihren $\frac{n(n-1)}{2}$ Verbindungslinien bildet ein vollständiges n-Eck.	Ein System von n Strahlen mit ihren $\frac{n(n-1)}{2}$ Schnittpunkten bildet ein vollständiges n-Seit.
Ein vollständiges Viereck hat drei Gegenseitenpaare, welche sich in den drei Diagonalpunkten schneiden. Diese bilden das Diagonaldreieck des vollständigen Vierecks. Durch jede der drei Diagonalecken gehen zwei	Ein vollständiges Vierseit hat drei Gegeneckenpaare, deren Verbindungslinien die drei Diagonalseiten sind. Diese bilden das Diagonaldreiseit des vollständigen Vierseits. Auf jeder der drei Diagonalseiten liegen zwei

Strahlenpaare, *nämlich* zwei Gegenseiten und zwei Seiten des Diagonaldreiecks. Diese zwei Strahlenpaare sind harmonisch. Ebenso entstehen an den Seiten des Vierecks harmonische Punktgruppen u. s. w.

Ein vierstrahliges Büschel wird von jeder Geraden in vier Punkten geschnitten, deren Doppelverhältniss gleich jenem der vier Strahlen ist.

Vier harmonische Strahlen werden von einer Geraden in vier harmonischen Punkten geschnitten.

Punktpaare, nämlich zwei Gegenecken und zwei Ecken des Diagonaldreiseits. Diese zwei Punktpaare sind harmonisch. Ebenso entstehen an den Ecken des Vierseits harmonische Strahlengruppen u. s. w.

Eine vierpunktige Reihe wird aus jedem Punkte in vier Strahlen projicirt, deren Doppelverhältniss gleich ist jenem der vier Punkte.

Vier harmonische Punkte werden von einem Punkte in vier harmonischen Strahlen projicirt.

u. s. w.

B) Im räumlichen Bündel (Elemente: Strahlen, Ebenen).

Zwei Ebenen bestimmen einen Strahl, ihre Schnittgerade.

In einer Ebene liegen unendlich viele Strahlen, ein Strahlenbüschel bildend.

Ein System von n Ebenen mit ihren $\frac{n(n-1)}{2}$ Schnittgeraden bildet ein vollständiges n-Seit im Bündel.

Ein vollständiges Vierseit im Bündel hat drei Gegenkantenpaare, deren Verbindungsebenen das Diagonaldreiseit bilden. In jeder Diagonalseite entsteht ein harmonisches Strahlenbüschel, bestehend aus den beiden Gegenkanten und den beiden Kanten des Diagonaldreiseits.

Ein vierstrahliges Ebenenbüschel wird von jeder Ebene in

Zwei Strahlen bestimmen eine Ebene, ihre Verbindungsebene.

Durch einen Strahl gehen unendlich viele Ebenen, ein Ebenenbüschel bildend.

Ein System von n Strahlen mit ihren $\frac{n(n-1)}{2}$ Verbindungsebenen bildet ein vollständiges n-Kant im Bündel.

Ein vollständiges Vierkant hat drei Gegenebenenpaare, deren Schnittgeraden das Diagonaldreikant bilden. Auf jeder Diagonalkante entsteht ein harmonisches Ebenenbüschel, bestehend aus den beiden Gegenebenen und den beiden Ebenen des Diagonaldreikants.

Ein Büschel von vier Strahlen wird aus jedem Strahle in einem

einem Büschel von vier Strahlen geschnitten, dessen Doppelverhältniss gleich ist jenem des Ebenenbüschels.

Büschel von vier Ebenen projicirt, dessen Doppelverhältniss gleich ist jenem des Strahlenbüschels.

u. s. w.

Um also in der Ebene von einem Satze zu dem reciproken Satze zu übergehen, hat man die Begriffe Punkt und Strahl und ebenso die Operationen des Schneidens und Verbindens zu vertauschen.

Um im Bündel denselben Uebergang durchzuführen, sind die Begriffe Ebene und Strahl und ebenso die Operationen des Schneidens und Verbindens zu vertauschen.

Doppelverhältnissgleichheiten werden durch diesen Uebergang nicht gestört. *)

31. Geht man zu dem Gebilde dritter Stufe, zu dem Raume über, so findet man auch hier ein ähnliches Gesetz, das räumliche Reciprocitäts- (oder Dualitäts-)Gesetz. Im Raume haben wir dreierlei Elemente: Punkte, Strahlen und Ebenen, und da zeigt es sich, dass der Strahl eine eigenthümliche, indifferente Stellung zwischen Punkt und Ebene einnimmt, denn es lässt sich das Reciprocitätsgesetz für den Raum etwa folgendermaassen aussprechen:

„Jedem Satze, jeder Definition, Construction oder Aufgabe entspricht ein anderer Satz, eine andere Definition, Construction oder Aufgabe, welche man aus den ersteren erhält, indem man die Begriffe Punkt und Ebene und ebenso die Operationen des Schneidens und Verbindens (Projicirens) gegenseitig vertauscht, aber den Begriff Strahl auf seinem Platze belässt, und zugleich den Begriff der perspectivischen Lage und des Doppelverhältnisses aufrecht erhält."

---

*) Die Operation des Schneidens und ihre Resultate sind aus der Elementargeometrie bekannt; zwei Ebenen zum Durchschnitt gebracht, geben eine Gerade, eine Ebene mit einer Geraden liefert einen Punkt, zwei Gerade, wenn sie sich überhaupt schneiden, auch einen Punkt. Die Operation des Verbindens wird wohl auch als die des Projicirens bezeichnet und treten nur Punkte und gerade Linien hierbei auf. Zwei Punkte verbunden, liefern eine Gerade, welche man wohl auch als das Resultat des Projicirens eines der beiden Punkte aus dem anderen bezeichnet. Ebenso sagt man, dass sich eine Gerade aus einem Punkte durch eine Ebene und ein Punkt aus einer Geraden ebenfalls durch eine Ebene projicirt; in beiden Fällen ist die Ebene die durch den Punkt und die Gerade hindurchgelegte. Zwei Gerade, die sich schneiden, liefern als Resultat des Verbindens ihre Ebene, in welcher auch jede von ihnen aus der andern projicirt erscheint.

Einige Beispiele mögen dies erläutern:

Zwei *Punkte* bestimmen einen *Strahl*, ihre *Verbindungsgerade*.

Drei *Punkte* bestimmen eine *Ebene*, ihre Verbindungsebene.

Auf einem *Strahl* liegen unendlich viele *Punkte*, eine *Punktreihe* bildend.

Wenn zwei *Strahlen* durch einen *Punkt* gehen, so liegen sie auch in derselben *Ebene*.

Durch einen in einer *Ebene* liegenden *Punkt* lassen sich unendlich viele in der *Ebene* enthaltene *Strahlen* ziehen; alle bilden ein ebenes *Strahlenbüschel*.

Durch einen *Punkt* gehen unendlich viele *Strahlen* und *Ebenen*, ein *räumliches Bündel* bildend.

Alle Ebenen des Bündels, welche durch denselben Strahl gehen, bilden ein *Ebenenbüschel*.

Alle Strahlen des Bündels, welche in einer Ebene liegen, bilden ein *Strahlenbüschel*.

Verbindet man vier auf einem Strahle liegende Punkte mit einem beliebigen Punkte durch vier Strahlen, so haben diese dasselbe *Doppelverhältniss* wie die vier Punkte.

Vier harmonische Ebenen werden von jeder Geraden in vier harmonischen Punkten geschnitten.

Zwei *Ebenen* bestimmen einen *Strahl*, ihre *Schnittgerade*.

Drei *Ebenen* bestimmen einen *Punkt*, ihren Schnittpunkt.

Durch einen *Strahl* gehen unendlich viele *Ebenen*, ein *Ebenenbüschel* bildend.

Wenn zwei *Strahlen* in derselben *Ebene* liegen, so haben sie auch einen gemeinschaftlichen *Punkt*.

In einer durch einen *Punkt* gehenden *Ebene* lassen sich unendlich viele den *Punkt* enthaltende *Strahlen* ziehen; alle bilden ein ebenes *Strahlenbüschel*.

In einer *Ebene* liegen unendlich viele *Strahlen* und *Punkte*, ein *ebenes System* bildend.

Alle Punkte des ebenen Systems, welche auf demselben Strahle liegen, bilden eine gerade *Punktreihe*.

Alle Strahlen des ebenen Systems, welche durch einen Punkt gehen, bilden ein *Strahlenbüschel*.

Schneidet man vier durch einen Strahl gehende Ebenen mit einer beliebigen Ebene in vier Strahlen, so haben diese dasselbe *Doppelverhältniss* wie die vier Ebenen.

Vier harmonische Punkte werden aus jeder Geraden in vier harmonischen Ebenen projicirt.

u. s. w.

Die angeführten Beispiele zeigen, dass im Raume auch die Begriffe „Punktreihe“ und „Ebenenbüschel“ und ebenso „Strahlenbüschel“ und „Strahlenbüschel“ einander nach dem Gesetze der Reciprocität gegenüberstehen.

Im räumlichen Bündel war dagegen dem „Ebenenbüschel“ das „Strahlenbüschel“ und im ebenen Systeme war der „Punktreihe“ das „Strahlenbüschel“ reciprok gegenübergestellt.

32. Wir haben in den ersten Artikeln gezeigt, wie man die Lage der Elemente der Grundgebilde erster Stufe durch geometrische oder numerische Werthe fixiren kann. Die Punkte einer Punktreihe sind bestimmt, wenn man ihre Abstände (Abscissen) von einem festen Punkte oder ihre Theilverhältnisse bezüglich zweier, oder ihre Doppelverhältnisse bezüglich dreier Fundamentalpunkte kennt; ebenso kann man zur Bestimmung der Strahlen eines Strahlenbüschels und der Ebenen eines Ebenenbüschels entweder die Winkel mit einem festen Fundamentalelemente oder die Theil- respective Doppelverhältnisse bezüglich zweier, respective dreier Fundamentalelemente als Bestimmungsgrössen oder Parameter einführen. Jedem Elemente entspricht ein Parameterwerth und jedem Parameterwerth ein Element des Gebildes.

In den Gebilden der zweiten Stufe reicht ein einziger Parameter zur Bestimmung eines Elementes nicht mehr hin; es ist nothwendig, zwei Parameter einzuführen, deren Bedeutung eine je nach der Art der Elementenbestimmung eine verschiedene sein kann.

Der Grundgedanke, auf welchen sich die Elementenbestimmung in den Grundgebilden zweiter Stufe immer zurückführen lässt, besteht in Folgendem:

In einem Grundgebilde zweiter Stufe kommen zweierlei Elemente vor, z. B. im ebenen Systeme Punkte und Strahlen. Um einen Punkt des Systems zu bestimmen, denkt man sich denselben als Schnittpunkt zweier Strahlen, die man der Einfachheit wegen als zwei festen Strahlenbüscheln s, s' angehörig betrachtet. Ist nun z. B. x der Schnittpunkt der den Büscheln s, s' respective angehörigen Strahlen X, X', so kann man die diesen zwei Strahlen in ihren Büscheln entsprechenden Parameterwerthe ξ, ξ' (ob es nun Winkel, Theil- oder Doppelverhältnisse sind, ist gleichgiltig) als die beiden Parameter des Punktes x betrachten; jedem Punkte x entspricht ein Paar der Werthe ξ, ξ', jedem solchen Werthepaar ein Punkt x als Schnitt der diesen Werthen entsprechenden Strahlen X, X'.

Ebenso kann man einen Strahl Y des ebenen Systemes dadurch bestimmen, dass man die Parameter η, η' der Punkte y, y' angibt, welche der Strahl Y in zwei festen Punktreihen O, O' bestimmt.

Wir sind dadurch sofort zu den Coordinatensystemen der Ebene geführt.

Welche Lage man den beiden Hilfsgebilden erster Stufe (s, s' oder O, O') und welche Bedeutung man den Parametern in diesen Gebilden (ξ, ξ' oder η, η') geben wird, das hängt von der Art des Zweckes ab, den man durch die jeweilige Elementenbestimmung verfolgt.

Um z. B. das gewöhnliche ebene Cartesianische Coordinatensystem zu erhalten, denken wir uns zwei feste Punktreihen X, Y (Fig. 15), in denen wir die Abscissen x, y von ihrem gemeinschaftlichen Punkte o aus zählen; die unendlich weiten Punkte der Axen X, Y (Coordinatenaxen), betrachten wir als Scheitel zweier Parallelstrahlenbüschel. Die Lage eines beliebigen Punktes p unseres ebenen Systemes wird vollkommen bestimmt sein, wenn die Lage der durch ihn gehenden Strahlen X', Y' der beiden Parallelstrahlenbüschel bestimmt ist und diese kann man wiederum durch Angabe der Abscissen (Ordinaten) $y = on$, $x = om$ ihrer Schnittpunkte mit X, Y respective bestimmen. Es sind also durch die Werthe x, y zunächst die Punkte m, n auf X, Y, somit auch die Strahlen Y', X' und daher auch deren Schnittpunkt p gegeben. Die Werthe x, y (Abscisse und Ordinate) nennt man die Parallelcoordinaten des Punktes p.

Fig. 15.

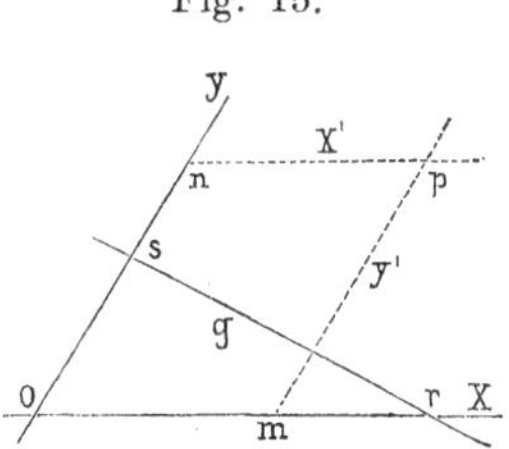

Dieselben zwei festen Punktreihen X, Y (Coordinatenaxen) kann man auch zur Lagenbestimmung der Strahlen des ebenen Systemes verwenden. Um die Lage einer beliebigen Geraden G anzugeben, ist es hinreichend, die Lage der beiden Punkte r, s zu kennen, in denen die Gerade G die beiden Axen schneidet; und dies geschieht wiederum entweder durch Angabe ihrer Abscissen or, os oder durch Angabe der negativen reciproken Werthe $\rho = -\frac{1}{or}$, $\sigma = -\frac{1}{os}$, welche man die Coordinaten der Geraden G nennt.

Aber auch die homogenen Coordinatensysteme kann man aus dem angeführten Bestimmungsprincipe ableiten.

Es sei abc (Fig. 16) ein Dreieck, dessen Seiten respective A, B, C sein mögen und die wir als Fundamentalstrahlen der drei Strahlenbüschel a, b, c betrachten.

Die Lage eines Punktes m des ebenen Systemes wird vollkommen bestimmt sein, wenn man die beiden durch ihn gehenden Strahlen A', B' der Büschel a, b kennt und diese können wiederum durch ihre Theilverhältnisse bestimmt werden. Die Theilverhältnisse von A', B', sowie auch das des nach m von c ausgehenden Strahles C' werden gegeben sein, wenn man die Verhältnisse der von m aus auf die Dreieckseiten A, B, C gefällten Perpendikel p_1, p_2, p_3, d. h. wenn man die Verhältnisse

Fig. 16.

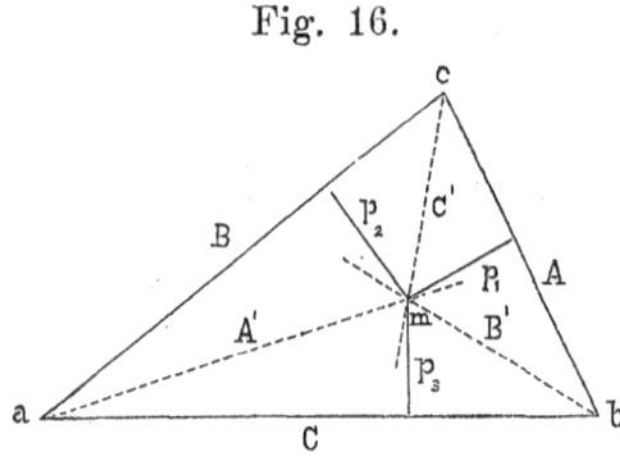

$$p_1 : p_2 : p_3$$

kennt. Denn $p_1 : p_2$ ist das Theilverhältniss von C', $p_2 : p_3$ das von A' und $p_3 : p_1$ das von B' und es genügen auch zwei von ihnen zur Bestimmung von m. Der Punkt m wird auch dann vollständig bestimmt sein, wenn man die Verhältnisse dreier zu p_1, p_2, p_3 nach gewissen Factoren α_1, α_2, α_3 proportionalen Grössen x_1, x_2, x_3 kennt. Wenn also $x_1 = \alpha_1 p_1$, $x_2 = \alpha_2 p_2$, $x_3 = \alpha_3 p_3$ ist und man kennt die Verhältnisse

$$x_1 : x_2 : x_3,$$

so sind offenbar auch (da α_1, α_2, α_3 bekannt sind) die Verhältnisse $p_1 : p_2 : p_3$ gegeben und somit auch die Lage des Punktes m.

Drei solche Werthe, durch deren Verhältnisszahlen $x_1 : x_2 : x_3$ die Lage des Punktes m bestimmt ist, nennt man Coordinaten des Punktes m in Bezug auf das Fundamentaldreieck abc (Dreieckcoordinaten, homogene Coordinaten). Die Verhältnisse $x_1 : x_2 : x_3$ werden offenbar nicht geändert, wenn man statt x_1, x_2, x_3, ρx_1, ρx_2, ρx_3 einsetzt, wo ρ ein ganz beliebiger Factor ist. Man kann dann auch die Werthe ρx_1, ρx_2, ρx_3 als die Coordinaten des Punktes m betrachten.

Bezeichnet man mit l_1, l_2, l_3 die Längen der Seiten A, B, C des Fundamentaldreieckes und mit $\triangle$ seine doppelte Fläche, so ist offenbar

$$\triangle = l_1 p_1 + l_2 p_2 + l_3 p_3$$

oder aber

$$\triangle = l_1 \frac{x_1}{\alpha_1} + l_2 \frac{x_2}{\alpha_2} + l_3 \frac{x_3}{\alpha_3}.$$

Zwischen den Coordinaten x_1, x_2, x_3 eines Punktes besteht also immer eine Relation von der Form

$$a_1 x_1 + a_2 x_2 + a_3 x_3 = \triangle$$

worin a_1, a_2, a_3 und $\triangle$ constante Grössen bedeuten.

Aehnliche Dreieckscoordinaten (oder homogene Coordinaten) kann man auch für die Strahlen des ebenen Systemes einführen. Ist wiederum abc das Fundamentaldreieck, so wird die Lage eines Strahles G bestimmt sein, sobald man jene seiner Punkte kennt, welche auf irgend zwei der drei festen Fundamentalseiten liegen. Sind also a', b', c' die Schnitte von G mit den Seiten A, B, C des Fundamentaldreiecks, so ist G bestimmt, sobald man zwei von diesen drei Punkten kennt. Nun sind aber alle drei Punkte a', b', c' gegeben, sobald man die Verhältnisse $q_1 : q_2 : q_3$ der von den Ecken a, b, c des Fundamentaldreieckes auf G gefällten Perpendikel q_1, q_2, q_3 kennt; denn es ist $q_1 : q_2$ das Theilverhältniss von c' bezüglich ab, $q_2 : q_3$ jenes von a' bezüglich bc und $q_3 : q_1$ das von b' bezüglich ca. Sind β_1, β_2, β_3 wiederum beliebige aber constante Factoren, so wird auch dann noch die Lage von G bestimmt sein, wenn man $\eta_1 = \beta_1 q_1$, $\eta_2 = \beta_2 q_2$, $\eta_3 = \beta_3 q_3$ setzt und die Verhältnisse $\eta_1 : \eta_2 : \eta_3$ angibt, denn aus letzteren folgen unmittelbar auch die Verhältnisse $q_1 : q_2 : q_3$. Drei solche Werthe η_1, η_2, η_3 (oder $\sigma\eta_1$, $\sigma\eta_2$, $\sigma\eta_3$, wo σ ganz beliebig ist) durch deren Verhältnisszahlen $\eta_1 : \eta_2 : \eta_3$ die Lage einer Geraden G bestimmt ist, nennt man die Coordinaten derselben bezüglich des Fundamentaldreieckes abc (Dreieckscoordinaten, homogene Coordinaten).

Aehnliche Parameter kann man für das räumliche Bündel einführen. Um einen Strahl p seiner Lage nach zu bestimmen, denke man sich ein festes Dreikant des Bündels, das Fundamentaldreikant und ziehe die drei Ebenen, welche den Strahl mit den Fundamentalkanten verbinden. Die Theilverhältnisse dieser drei Ebenen werden sich als Verhältnisse $x_1 : x_2 : x_3$ dreier Werthe x_1, x_2, x_3 darstellen lassen, und diese oder ihnen proportionale Werthe pflegt man als die Coordinaten des Strahles X zu bezeichnen.

Ist ξ eine Ebene des Bündels, so wird ihre Lage bestimmt sein, wenn man ihre Schnittgeraden mit den drei Ebenen des Fundamentaldreikants kennt, und die Theilverhältnisse dieser letzteren können wiederum als die Verhältnisse $\eta_1 : \eta_2 : \eta_3$ dreier Werthe η_1, η_2, η_3 dargestellt werden. Diese Werthe η_1, η_2, η_3 oder ihnen proportionale Werthe nennt man die Coordinaten der Ebene ξ bezüglich des Fundamentaldreikants.

Wir haben zur Bestimmung der Elemente in den Grundgebilden zweiter Stufe drei Grössen (x_1, x_2, x_3 respective η_1, η_2, η_3) eingeführt, doch sind es nur scheinbar drei Grössen, in der That nur zwei, nämlich die Verhältnisse zweier zur dritten, wie z. B. $\frac{x_1}{x_3}$, $\frac{x_2}{x_3}$ (oder $\frac{\eta_1}{\eta_3}$, $\frac{\eta_2}{\eta_3}$), denn dies sind die Theilverhältnisse zweier Elemente, durch deren Schnitt oder Verbindung das eigentlich zu bestimmende Element erzeugt wird.

„Es sind somit zur Bestimmung der Elemente in den Grundgebilden zweiter Stufe zwei unabhängige Parameter nothwendig.“

Es bleibt nun noch übrig, zu zeigen, wie die Elemente des Grundgebildes dritter Stufe, des Raumes, durch Parameterwerthe (Coordinaten) bestimmt werden können.

Die einzelnen Punkte des Raumes kann man als Schnittpunkte der Ebenen dreier Ebenenbüschel und die einzelnen Ebenen des Raumes als Verbindungsebenen der Punkte dreier Punktreihen betrachten; hieraus erhellt schon, dass zur Bestimmung der Punkte oder Ebenen drei Parameter, nämlich die Parameter jener Ebenentripel respective Punkttripel nothwendig und hinreichend sein werden.

Die Strahlen des Raumes bestimmt man als Schnittgerade von (je zwei) Ebenen oder als Verbindungsgerade von (je zwei) Punkten; es soll daher nur von Ebenen und Punkten gehandelt werden.

Es seien drei Ebenen als feste (Fundamental- oder Coordinaten-) Ebenen angenommen; X, Y, Z seien ihre Schnittlinien (Axen) und O der Schnittpunkt der letzteren (Anfangspunkt). Die Punkte auf den Axen X, Y, Z werden bestimmt durch ihre Entfernungen x, y, z (Coordinaten), vom Punkte O aus gemessen; die unendlich weiten Geraden der drei Fundamentalebenen betrachten wir als Axen der erwähnten drei Ebenenbüschel und die Geraden X, Y, Z als Axen der erwähnten drei Punktreihen.

Die durch einen Punkt p des Raumes parallel zu den drei Fundamentalebenen gelegten Ebenen gehören den drei Ebenenbüscheln an und schneiden die drei Axen X, Y, Z in drei Punkten, deren Entfernungen von o x, y, z sein mögen.

Durch die Werthe x, y, z sind offenbar die drei zu den Fundamentalebenen parallelen Ebenen und daher auch ihr Schnittpunkt, der Punkt p bestimmt.

Man nennt die Strecken x, y, z die Parallelcoordinaten des Punktes p bezüglich des Coordinatensystemes o, X, Y, Z.

Eine beliebige Ebene π trifft die drei Axen X, Y, Z in drei Punkten r, s, t und es wird die Lage der Ebene bestimmt sein, wenn man die Strecken or, os, ot oder auch, wenn man deren negative reciproke Werthe $\rho = -\frac{1}{or}$, $\sigma = -\frac{1}{os}$, $\tau = -\frac{1}{ot}$ kennt. Diese drei Werte ρ, σ, τ welche die Lage der Ebene π im Raume vollkommen bestimmen, nennt man die Coordinaten der Ebene π bezüglich des Coordinatensystemes o, X, Y, Z.

Nimmt man im Raume ein festes Tetraeder $abcd$ mit den Seitenflächen α, β, γ, δ als Fundamentaltetraeder an, so kann die Lage eines Punktes p auch bestimmt werden, wenn man die Theilverhältnisse der Ebenen angibt, welche durch diesen Punkt und drei nicht in einer Ecke des Tetraeders zusammenstossenden Kanten hindurchgehen. Man kann durch den Punkt p und alle sechs Tetraederkanten Ebenen legen und es werden offenbar die Theilverhältnisse aller dieser Ebenen gegeben durch die Verhältnisse

$$p_1 : p_2 : p_3 : p_4$$

der vier von p aus auf die Tetraederflächen gefällten Perpendikel oder durch die Verhältnisse $x_1 : x_2 : x_3 : x_4$ von vier zu den p proportionalen Grössen $x_1 = k_1 p_1$, $x_2 = k_2 p_2$, $x_3 = k_3 p_3$, $x_4 = k_4 p_4$. Solche vier Grössen x_1, x_2, x_3, x_4 nennt man die tetraedrischen (homogenen) Coordinaten des Punktes p bezüglich $abcd$ als Fundamentaltetraeder.

Dass auch hier statt x_1, x_2, x_3, x_4 für λ als beliebigen Factor λx_1, λx_2, λx_3, λx_4 gesetzt werden kann, ist unmittelbar klar. (Auch hier ist, wie leicht zu zeigen, $a_1 x_1 + a_2 x_2 + a_3 x_3 + a_4 x_4 = \text{Const.}$) Eine Ebene π wird bezüglich desselben Fundamentaltetraeders bestimmt sein, wenn man ihre Schnittpunkte mit drei in einer Ecke zusammenstossenden Kanten des Fundamentaltetraeders kennt. Nun sind aber die Theilverhältnisse der Schnitte der Ebene π mit allen sechs Kanten des Tetraeders gegeben durch die Verhältnisse $q_1 : q_2 : q_3 : q_4$ der vier von den Ecken a, b, c, d auf π gefällten Perpendikel q_1, q_2, q_3, q_4 oder durch die Verhältnisse $\eta_1 : \eta_2 : \eta_3 : \eta_4$ von zu diesen Perpendikeln proportionalen Grössen $\eta_1 = \mu_1 q_1$, $\eta_2 = \mu_2 q_2$, $\eta_3 = \mu_3 q_3$, $\eta_4 = \mu_4 q_4$. Solche vier Grössen η_1, η_2, η_3, η_4, welche die Lage der Ebene π vollkommen bestimmen (oder beliebige Multipla $m\eta_1$, $m\eta_2$, $m\eta_3$, $m\eta_4$ derselben), nennt man die tetraedrischen (homogenen) Coordinaten der Ebene π bezüglich des Fundamental-(Coordinaten-)tetraeders $abcd$.

Anmerkung. Wir haben die Betrachtungen dieses Artikels nur desshalb angestellt, um zu zeigen, dass die Grundgebilde erster Stufe auch als Grundlage der Coordinatengeometrie (analytischen Geometrie) dienen. Die Art der Coordinatenverwendung gehört nicht hierher, sondern in die analytische Geometrie der Ebene (des Bündels) und des Raumes.

Siebentes Kapitel.

Perspectivische Gebilde.

33. „Wenn zwei Grundgebilde nach geometrischen Gesetzen so zusammenhängen, dass einem Elemente des einen Gebildes eine bestimmte Anzahl von Elementen des anderen Gebildes entspricht, und umgekehrt, so sagt man, die beiden Gebilde sind in verwandtschaftlicher Beziehung, sie sind verwandt.“

Denken wir uns z. B. zwei Punktreihen, deren Axen A, A' in der Ebene eines Kreises K liegen; ist x ein Punkt von A und x' ein solcher Punkt von A', dass die Gerade xx' Tangente des Kreises K ist, so mögen die Punkte x, x' als einander entsprechende Punkte betrachtet werden. Es ist so durch den Kreis K eine verwandtschaftliche Beziehung zwischen den beiden Punktreihen A, A' festgesetzt. Da man von einem Punkte zwei Tangenten an K legen kann (welche gleichzeitig reell oder imaginär sind) so entsprechen irgend einem Punkte der einen Reihe zwei (reelle oder imaginäre) Punkte der anderen Reihe. Welchen Punkten der einen Reihe entsprechen zwei zusammenfallende Punkte in der anderen?

34. Schon das gegebene Beispiel zeigt, dass man zwischen zwei Punktreihen (und ebenso zwischen den Gebilden überhaupt) unzählige verschiedene Verwandtschaftsbeziehungen wird aufstellen können, indem man den Kreis durch andere complicirtere Curven ersetzt oder indem man das Wesen der Verwandtschaft selbst ändert.

Die einfachste Verwandtschaft ist die der Perspectivität, und von der soll im Folgenden zunächst gehandelt werden.

Wird eine Punktreihe mit R, ein Strahlenbüschel mit S und ein Ebenenbüschel mit E bezeichnet, so kann perspectivisch sein R mit S, R mit E, R mit R, S mit E, S mit S und schliesslich E mit S. Wir haben also in dieser Hinsicht sechs Fälle zu unterscheiden.

1) Es sei in einer Ebene eine Punktreihe mit der Axe O und ein Strahlenbüschel mit dem ausserhalb O liegenden Scheitel s gegeben. Jeder Strahl X des Büschels bestimmt auf O einen Punkt x, den Schnittpunkt von X mit O und umgekehrt geht durch einen Punkt x der Reihe nur ein Strahl X des Büschels der Verbindungsstrahl von s mit x.

Es ist also je ein Element des einen Gebildes in perspectivischer Lage mit nur einem Elemente des anderen Gebildes. Zwei solche in perspectivischer Lage befindlichen Elemente x, X der beiden Gebilde sollen zwei entsprechende Elemente genannt werden. Dem x entspricht also X und umgekehrt. Von den beiden Gebilden s, O sagt man in Ansehung dieses Entsprechens, dass es zwei perspectivische Gebilde sind. Das Strahlenbüschel s ist mit der Punktreihe O perspectivisch.

Man kann auch die Strahlen X als aus dem Punkte s nach den Punkten x gehende Seh- oder Lichtstrahlen betrachten und sagt daher wohl auch, dass das Büschel s der Schein der Punktreihe O ist. Umgekehrt sind die Punkte x die Schnittpunkte der Strahlen X mit der Axe O und es wird daher die Punktreihe O als der Schnitt des Strahlenbüschels s bezeichnet.

„Ein Strahlenbüschel und eine Punktreihe sind perspectivisch, wenn sie in der Beziehung des Scheines und Schnittes zu einander stehen, d. h. wenn solche Elemente der beiden Gebilde, welche in perspectivischer Lage sind, als einander entsprechende auftreten."

Geht der Strahl X in die zu O parallele Gerade P über (den Parallelstrahl), so rückt x in unendliche Entfernung, x wird der unendlich weite Punkt p_∞ von O.

„Der Parallelstrahl des Büschels und der unendlich weite Punkt der Punktreihe sind zwei einander entsprechende (zugeordnete) Elemente."

Sind A, B, C, D vier beliebige Strahlen des Büschels und a, b, c, d die ihnen entsprechenden Punkte der Reihe (d. h. die durch sie auf O bestimmten Schnitte), so ist nach Art. 16 das Doppelverhältniss $(ABCD)$ gleich dem Doppelverhältniss $(abcd)$, d. h. also:

„Sind ein Strahlenbüschel und eine Punktreihe perspectivisch, so ist das Doppelverhältniss von vier Elementen des einen Gebildes gleich dem der vier entsprechenden Elemente des zweiten Gebildes."

Es versteht sich von selbst, dass die Elemente der beiden Gebilde in derselben Ordnung in beide Doppelverhältnisse eingeführt werden müssen.

Insbesondere gilt auch der Satz:

„Vier harmonischen Elementen des einen Gebildes entsprechen vier harmonische Elemente des andern."

Die Construction einander entsprechender Elemente nennt man die Vervollständigung der beiden Gebilde und lässt sich die betreffende Aufgabe dahin fassen, dass man zu einem Elemente des einen Gebildes das entsprechende (zugeordnete) Element des zweiten Gebildes bestimmen soll.

Die Vervollständigung der in perspectivischer Beziehung stehenden Gebilde s, O ist offenbar eine höchst einfache, da einem beliebigen Strahle X von s dessen Schnittpunkt x mit O entspricht und einem beliebigen Punkte x von O, dessen Verbindungsgerade X mit s.

2) „Ein Ebenenbüschel und eine Punktreihe werden als perspectivisch bezeichnet, wenn sie in der Beziehung des Scheines und Schnittes zu einander stehen, d. h. wenn solche Elemente der beiden Gebilde, welche in perspectivischer Lage sind, als einander entsprechende auftreten.“

Es seien O, O' die beiden (sich nicht schneidenden) Axen respective der Punktreihe und des Ebenenbüschels. Jede durch O' gehende Ebene ξ trifft O in einem Punkte x und umgekehrt geht durch einen Punkt x von O und durch O' nur eine Ebene ξ hindurch. Die Ebene ξ und der Punkt x, welche in perspectivischer Lage sind, sind zwei einander entsprechende Elemente der beiden Gebilde. Wird ξ parallel zu O (die Parallelebene des Büschels), so geht x in den unendlich weiten Punkt von O über. Sind α, β, γ, δ vier beliebige Ebenen des Büschels O' und a, b, c, d die ihnen entsprechenden Punkte der Reihe, d. h. ihre Schnittpunkte mit der Axe O, so ist nach Art. 16 $(\alpha\beta\gamma\delta) = (abcd)$; es ist also auch hier das Doppelverhältniss von vier Elementen des einen Gebildes gleich dem in derselben Ordnung gebildeten Doppelverhältnisse der vier entsprechenden Elemente des zweiten Gebildes. Insbesondere entsprechen vier harmonischen Elementen wiederum vier harmonische Elemente.

Was die Vervollständigung der beiden Gebilde betrifft, so ist sie auch durch die Beziehung der Perspectivität sofort gegeben. Jeder Ebene des Büschels entspricht ihr Schnittpunkt mit O und jedem Punkte von O entspricht die durch ihn und durch O' gelegte Ebene.

3) „Ein Ebenenbüschel und ein Strahlenbüschel nennt man perspectivisch, wenn sie in der Beziehung des Schnittes und Scheines sind, d. h. wenn solche Elemente der beiden Gebilde, die in perspectivischer Lage sind, als einander entsprechende auftreten.“

Ist O' die Axe des Ebenenbüschels und ω die Ebene des Strahlenbüschels, welche O' in s schneiden möge, so werden die einzelnen Ebenen ξ des Ebenenbüschels die Ebene ω in durch s gehenden Strahlen X schneiden.

Jeder Ebene ξ ist der durch sie in ω bestimmte Schnittstrahl X als entsprechendes Element zugeordnet und umgekehrt bestimmt ein beliebiger Strahl X des Büschels s die entsprechende Ebene ξ als Verbindungsebene der sich in s schneidenden Geraden O' und X. Hiedurch ist auch die Vervollständigung der beiden Gebilde erledigt. Nach Art. 16 ist auch hier $(\alpha\beta\gamma\delta) = (ABCD)$, d. h. das Doppelverhältniss von vier Elementen des einen Gebildes ist gleich dem der vier entsprechenden Elemente des anderen. Vier harmonischen Elementen entsprechen wiederum vier harmonische Elemente.

4) „Zwei Punktreihen O, O' (Fig. 17) werden als perspectivisch bezeichnet, wenn sie perspectivisch sind mit einem und demselben Strahlenbüschel s, als dessen Schnitte sie dann erscheinen.“ (Sie liegen also immer in einer und derselben Ebene, in jener des Büschels.) Ein Strahl X von s trifft O in x und O' in x' und es sind also x, x' die zwei Punkte der beiden Reihen, welche mit einem und demselben Strahle X des Büschels perspectivisch liegen; diese beiden Punkte sind nun als einander entsprechende Punkte der beiden perspectivischen Reihen zu betrachten. Es gilt somit der Satz: „Zwei Punktreihen sind perspectivisch, wenn die Verbindungslinien X der einander entsprechenden Punkte x, x' durch einen festen Punkt s hindurchgehen“. Der Punkt s wird das perspectivische Centrum der beiden Reihen genannt. Das Büschel s ist gleichzeitig der Schein für beide Punktreihen. Geht der Strahl X in die Verbindungslinie von s mit dem Schnittpunkte der beiden Axen O, O' über, so fallen die Punkte x, x' in diesem Schnittpunkte übereinander. Dieser Schnittpunkt soll, als zur Reihe O gehörig, mit g bezeichnet werden, und muss, da er als auf O' liegend dem g perspectivisch entspricht, zugleich mit g' bezeichnet werden.

Fig. 17.

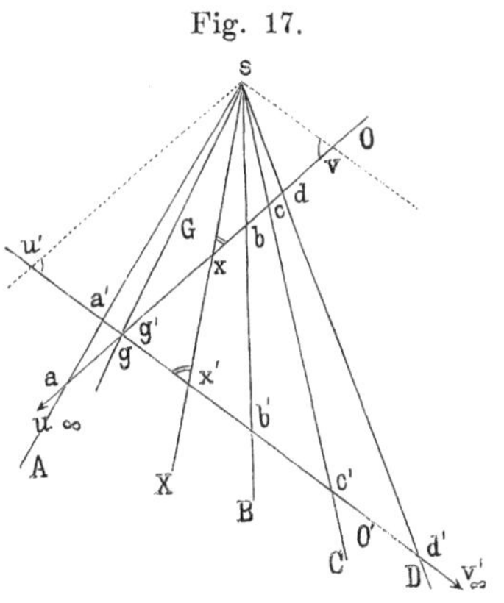

„Wenn zwei Punktreihen perspectivisch sind, so entspricht sich der den beiden Reihen gemeinschaftliche Punkt gg' selbst.“

Sind aa', bb', cc', dd' vier Paar einander entsprechender Punkte, welche etwa durch die Strahlen A, B, C, D des Büschels s auf O, O' bestimmt werden, so ist $(abcd) = (a'b'c'd')$, weil beide

Doppelverhältnisse gleich $(ABCD)$ sind. Also: „Das Doppelverhältniss von vier Punkten der einen Reihe ist gleich jenem der vier entsprechenden Punkte der anderen. Vier harmonischen Punkten entsprechen wiederum vier harmonische Punkte.“

Was die Vervollständigung der beiden Punktreihen, d. h. die Construction einander entsprechender Punkte betrifft, so ist sie auch hier höchst einfach; um zu einem Punkte x der einen Reihe den entsprechenden x' der anderen zu finden, hat man nur $\overline{sx}$ zu ziehen und mit der Axe der zweiten Reihe zum Durchschnitte zu bringen.

Um zu dem unendlich weiten Punkte von O, welchen wir mit u bezeichnen wollen, den entsprechenden u' zu finden, hat man also $\overline{su}$, d. h. durch s eine Parallele zu O zu ziehen, und wird diese O' in u' schneiden; ebenso schneidet die durch s zu O' parallel gezogene Gerade die Axe O im Punkte v, welcher dem unendlich weiten Punkte v' von O' perspectivisch entspricht. Die Punkte u' v, welche den unendlich weiten Punkten u, v' perspectivisch entsprechen, werden die Gegenpunkte der beiden perspectivischen Reihen genannt.

Aus der Aehnlichkeit der Dreiecke $\triangle\, svx$, $\triangle\, u'x's$ folgt:

$$\frac{vx}{sv} = \frac{su'}{u'x'}$$

woraus sich

$$vx \,.\, u'x' = sv \,.\, su' \;\ldots\ldots (1)$$

ergibt. Nun sind sv, su' constante von x, x' unabhängige Strecken, es ist also das Produkt $vx \,.\, u'x'$ constant.

Zu demselben Resultate gelangt man auf Grund der erwähnten Doppelverhältnissgleichheit. Es ist nähmlich nach früherem, wenn aa' ein beliebiges festes Paar entsprechender Punkte bezeichnet

$$(axvu) = (a'x'v'u')$$

oder

$$\frac{av}{xv} : \frac{au}{xu} = \frac{a'v'}{x'v'} : \frac{a'u'}{x'u'}$$

Nun sind aber v' und u unendlich weite Punkte, somit ihre Theilverhältnisse $\frac{a'v'}{x'v'}$, $\frac{au}{xu}$ gleich der positiven Einheit, so dass

$$\frac{av}{xu} : 1 = 1 : \frac{a'u'}{x'u'}$$

oder

$$vx \,.\, u'x' = va \,.\, u'a'$$

somit in der That $vx \,.\, u'x' =$ constant wird.

„Das Produkt der Abstände zweier entsprechender Punkte von den beiden Gegenpunkten ist constant."

5) „Zwei Strahlenbüschel s, s' (Fig. 18) werden als perspectivisch bezeichnet, wenn sie perspectivisch sind mit einer und derselben Punktreihe O, als deren Scheine sie dann auftreten."

Ein Punkt x von O mit s, s' verbunden, liefert zwei Strahlen X, X' der beiden Büschel, welche mit dem Punkte x gleichzeitig perspectivisch liegen; zwei solche Strahlen sind als einander entsprechende Strahlen der beiden Büschel zu betrachten. Wir haben also den Satz: „Zwei Strahlenbüschel sind perspectivisch, wenn die Schnittpunkte x einander entsprechender Strahlen X, X' eine Gerade O erfüllen". Diese Gerade O wird der perspectivische Durchschnitt oder die perspectivische Axe der beiden Strahlenbüschel s, s' genannt. Die Reihe O ist gleichzeitiger Schnitt der beiden Büschel s, s'. Rückt man, wenn beide Büschel in derselben Ebene sind, den Punkt x in den Schnittpunkt g von O und $\overline{ss'}$, so geht sowohl X als auch X' über in die Gerade $\overline{ss'}$, welche offenbar den den beiden Büscheln gemeinschaftlichen Strahl darstellt. Dieser Strahl entspricht sich also selbst, wesshalb er mit G und G' gleichzeitig bezeichnet werden kann.

Fig. 18.

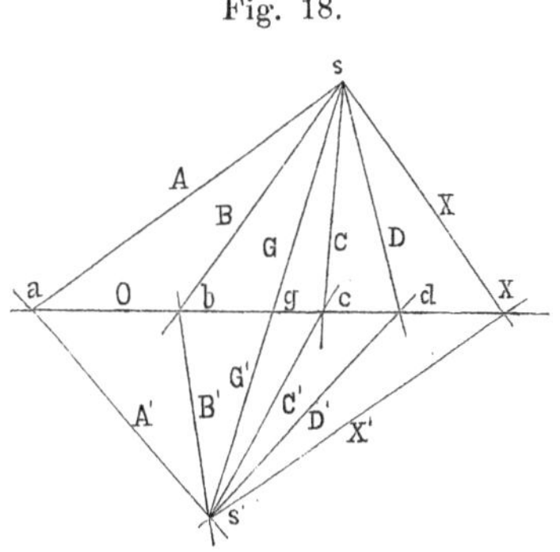

„Wenn zwei Strahlenbüschel perspectivisch und in derselben Ebene enthalten sind, so entspricht der ihnen gemeinschaftliche Strahl sich selbst." Rückt der Punkt x auf O in unendliche Entfernung, so wird sowohl X als auch X' parallel zu O; die beiden zur perspectivischen Axe parallelen Strahlen sind somit auch zwei einander entsprechende Strahlen der beiden perspectivischen Büschel.

Wenn AA', BB', CC', DD' vier Paar entsprechender Strahlen sind, welche sich in den vier auf O liegenden Punkten a, b, c, d durchschneiden, so ist $(ABCD) = (A'B'C'D')$, weil beide diese Doppelverhältnisse auch gleich $(abcd)$ sind. „Das Doppelverhältniss von vier Strahlen des einen Büschels ist somit gleich dem Doppelverhältniss der vier entsprechenden Strahlen des anderen Büschels." „Vier harmonischen Strahlen entsprechen wiederum vier harmonische Strahlen."

Die Vervollständigung der beiden Büschel geschieht mittelst ihres perspectivischen Durchschnittes O; soll zu dem Strahle X des einen Büschels der entsprechende Strahl X' des anderen construirt werden, so hat man nur den Scheitel dieses letzteren Büschels mit dem Schnittpunkte von X und O zu verbinden.

6) „Zwei Ebenenbüschel sind perspectivisch, wenn sie perspectivisch sind mit einem und demselben Strahlenbüschel, als dessen gleichzeitige Scheine sie dann auftreten.“

Da die Axe eines Ebenenbüschels, welches mit einem Strahlenbüschel perspectivisch ist, durch den Scheitel des letzteren hindurchgeht, so haben die Axen zweier perspectivischer Ebenenbüschel einen gemeinschaftlichen Punkt, nämlich den Scheitel des Strahlenbüschels, mit welchem beide perspectivisch sind.

Es sei s dieser Scheitel, O_1, O_2 die beiden durch s gehenden Axen der perspectivischen Ebenenbüschel und ω die Ebene des Strahlenbüschels s (auch durch s gehend). Irgend ein durch s in der Ebene ω gezogene Strahl X liefert sofort zwei einander entsprechende Ebenen der beiden Ebenenbüschel, nämlich die durch O_1 und X gelegte Ebene ξ_1 und die durch O_2 und X gelegte Ebene ξ_2. Hierin liegt auch die Art der Vervollständigung der beiden Büschel; um zu ξ_1 die entsprechende Ebene ξ_2 zu finden, bestimme man den Schnittstrahl X von ξ_1 mit ω und lege durch diesen und durch O_2 die Ebene ξ_2, so ist es die verlangte. Je zwei einander entsprechende Ebenen der beiden Büschel schneiden sich in einem Strahle des Büschels s.

„Zwei Ebenenbüschel sind also perspectivisch, wenn die Schnittlinien einander entsprechender Ebenen ein ebenes Strahlenbüschel bilden“; das letztere wird als der perspectivische Durchschnitt der beiden Ebenenbüschel bezeichnet. Auch ist hier $(\alpha_1\beta_1\gamma_1\delta_1) = (\alpha_2\beta_2\gamma_2\delta_2)$, denn beide Doppelverhältnisse sind gleich $(ABCD)$.

Achtes Kapitel.

Projectivische Gebilde.

35. Wir haben bei den perspectivischen Gebilden erster Stufe Kennzeichen dreierlei Art kennen gelernt und zwar als erstes Kennzeichen das eindeutige Entsprechen der Elemente; einem Elemente des einen Gebildes entspricht ein und nur ein einziges Element des zweiten Gebildes. Als zweites Kennzeichen trat jenes

der Doppelverhältnissgleichheit auf; das Doppelverhältniss von beliebigen vier Elementen des einen Gebildes ist gleich dem (in derselben Reihenfolge gebildeten) Doppelverhältnisse der vier entsprechenden Elemente des anderen Gebildes. Als drittes Kennzeichen erkannten wir gewisse spezielle Lagenbeziehungen der beiden Gebilde; so bei einer Punktreihe und einem mit ihr perspectivischen Strahlen-(Ebenen-)Büschel den Umstand, dass die Punkte der Reihe in den ihnen entsprechenden Strahlen (Ebenen) des Büschels liegen; bei zwei perspectivischen Strahlenbüscheln liegen die Schnittpunkte entsprechender Strahlen in einer festen Geraden (und überdiess entspricht, wenn beide Büschel derselben Ebene angehören, der ihnen gemeinschaftliche Strahl sich selbst). Zwei perspectivische Ebenenbüschel zeichneten sich dadurch aus, dass ihre Axen in einer (sich selbst entsprechenden) beiden gemeinsamen Ebene lagen und die Schnittlinien entsprechender Ebenen ein ebenes Strahlenbüschel bildeten. Zwei perspectivische Punktreihen haben ebenfalls einen (sich selbst entsprechenden) gemeinsamen Punkt aufzuweisen und die Verbindungslinien einander entsprechender Punkte gehen alle durch einen und denselben festen Punkt hindurch. Bei einem Ebenenbüschel und einem mit ihm perspectivischen Strahlenbüschel endlich, gehen die Ebenen durch die ihnen entsprechenden Strahlen hindurch.

Wenn man zwei perspectivische Grundgebilde erster Stufe mit Beibehaltung des ursprünglichen Entsprechens ihrer Elemente aus ihrer Lage in eine neue beliebige Lage überführt, so ist klar, dass die Kennzeichen, welche sich auf die Lage beziehen, aber auch nur diese aufgehoben werden. Hat man z. B. zwei perspectivische Punktreihen auf den Axen O, O' und entsprechen den Punkten $a, b, c, d \dots$ von O perspectivisch die Punkte $a', b', c', d' \dots$ von O', so werden die Strahlen aa', bb', cc' u. s. w. sich alle in einem Punkte s, dem perspectivischen Centrum der beiden Reihen durchschneiden und überdies wird der Schnittpunkt g von O und O' sich selbst als g' zugeordnet sein. Bringt man nun die beiden Punktreihen in eine neue Lage, z. B. dadurch, dass man eine von ihnen beliebig in der Ebene (oder im Raume) verschiebt, so werden immer nach den Punkten $a, b, c \dots$ dieselben früheren (nur jetzt in neuer Lage befindlichen) Punkte $a', b', c' \dots$ entsprechen, es werden aber die Verbindungslinien aa', bb', cc' einander entsprechender Punkte nicht mehr durch denselben Punkt gehen (da sie sich, wenn die Verschiebung im Raume vor sich geht, überhaupt gar nicht schneiden müssen), ebenso wird der beiden Reihen gemeinschaftliche Punkt nicht mehr sich selbst entsprechen, da unter Umständen (wenn O, O' in windschiefe Lage gebracht werden) gar kein Punkt den beiden Reihen gemeinschaftlich ist. Haben die beiden Punktreihen eine solche Lage, so werden sie nicht mehr perspectivisch genannt, sondern projectivisch. Allgemein:

„Werden zwei perspectivische Grundgebilde erster Stufe aus ihrer perspectivischen Lage gebracht, so nennt man sie projectivisch“ (homografische oder collineare Gebilde). *„Es sind also projectivische Gebilde solche, welche man in perspectivische Lage setzen kann.“*

Da zwei projectivische Gebilde nach der Definition nichts anderes als in allgemeinere Lage gebrachte perspectivische Gebilde sind, so gelten, da nur die Lagenbeziehungen der Perspectivität aufgehoben werden, immer noch die folgenden Sätze:

„Sind zwei Gebilde erster Stufe projectivisch, so entspricht einem Elemente des einen Gebildes ein durch dasselbe ganz und unzweideutig bestimmtes Element des anderen Gebildes.“

„In zwei projectivischen Gebilden erster Stufe ist das Doppelverhältniss von vier Elementen des einen Gebildes gleich dem (in derselben Ordnung gebildeten) Doppelverhältnisse der vier entsprechenden Elemente des anderen Gebildes.“

„Insbesondere entsprechen vier harmonischen Elementen des einen Gebildes wieder vier harmonische Elemente des projectivischen Gebildes.“

36. *„Wenn die Elemente zweier Grundgebilde nach irgend einem Gesetze so zusammenhängen, dass jedem Elemente des einen Gebildes ein Element des anderen entspricht (eindeutige Zuordnung) und wenn das Doppelverhältniss von vier Elementen des einen Gebildes gleich ist dem der vier entsprechenden Elemente des anderen,*) so sind beide Gebilde projectivisch, d. h. sie lassen sich in perspectivische Lage bringen.“*

Fig. 19.

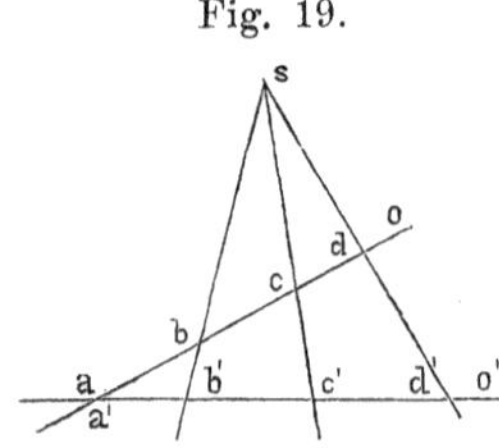

Es seien zunächst zwei Punktreihen O, O' in solcher Beziehung, dass den Punkten $a, b, c, d \ldots.$ von O die Punkte $a', b', c', d' \ldots.$ von O' entsprechen und $(abcd) = (a'b'c'd')$ ist. Legen wir die beiden Punktreihen so in eine Ebene, dass a' mit a zusammenfällt (Fig. 19), und ist s der Schnittpunkt von bb' mit cc', so erkennt man unmittelbar, dass $\overline{dd'}$

*) Wir werden später sehen, dass aus der eindeutigen Zuordnung sofort die Doppelverhältnissgleichheit folgt, so dass die scheinbar verschiedenen zwei angeführten Kriterien thatsächlich identisch sind.

auch durch s hindurchgehen muss; denn zieht man sd und bezeichnet den Schnittpunkt dieser Geraden und O' mit δ, so ist, weil die Punktepaare aa', bb', cc', $d\delta$ auf den vier durch s gehenden Strahlen sa, sb, sc, sd liegen, $(abcd) = (a'b'c'\delta)$; nun ist nach Voraussetzung $(abcd) = (a'b'c'd')$, daher $(a'b'c'\delta) = (a'b'c'd')$ und folglich ist d' mit δ identisch, da zwei verschiedene Punkte mit den drei Punkten a', b', c' nicht einen und denselben Doppelverhältnisswerth liefern können.

Wenn man also zwei projectivische Punktreihen so in eine Ebene legt, dass zwei einander entsprechende Punkte zusammenfallen, so gehen die Verbindungslinien entsprechender Punkte durch einen und denselben Punkt hindurch, die beiden Reihen sind perspectivisch. Oder:

„Projectivische Punktreihen sind perspectivisch, wenn sich ihre Axen schneiden und wenn der Schnittpunkt sich selbst entspricht.“ Oder auch:

„Projectivische Punktreihen sind perspectivisch, wenn die Verbindungslinien dreier Paare entsprechender Punkte sich in einem und demselben Punkte schneiden.“

Zweitens seien gegeben zwei Strahlenbüschel s, s' in solcher Beziehung, dass den Strahlen A, B, C, D . . . . von s die Strahlen A', B', C', D' . . . . von s' entsprechen und zugleich $(ABCD) = (A'B'C'D')$ ist. Wenn wir die beiden Büschel so in eine Ebene legen, dass zwei einander entsprechende Strahlen, z. B. A' und A sich decken, und sind etwa b und c die Schnittpunkte von B mit B' und von C mit C' und O die Verbindungsgerade von b mit c, so ergibt sich sofort, dass auch der Schnittpunkt d von D und D' auf O liegen muss. Denn wird der Schnitt von A (oder A') mit O mit a und der von D mit O mit d bezeichnet, so ist $(ABCD) = (abcd)$; nun ist aber, wenn der Schnitt von D' mit O durch d' bezeichnet wird, auch $(A'B'C'D') = (abcd')$, und weil nach Voraussetzung $(ABCD) = (A'B'C'D')$, so ist auch $(abcd) = (abcd')$. Und es muss also d' mit d identisch sein, d. h. die beiden Strahlen D, D' schneiden O in einem und demselben Punkte. Diess gilt nun von irgend zwei einander entsprechenden Strahlen, so dass die beiden Büschel in der That sich in perspectivischer Lage befinden mit O als Perspectivitätsaxe.

„Zwei projectivische in einer und derselben Ebene liegende Strahlenbüschel sind perspectivisch, wenn zwei einander entsprechende Strahlen zusammenfallen.“ *)

---

*) Liegen die beiden Büschel nicht in derselben Ebene, so bleibt als Kriterium der Perspectivität die Extitenz der perspectivischen Axe O.

Diese beiden Strahlen fallen dann offenbar in die Verbindungslinie $\overline{ss'}$ der beiden Büschelscheitel, welche den, den beiden Büscheln gemeinschaftlichen Strahl darstellt; „es sind also zwei derselben Ebene angehörige projectivische Strahlenbüschel perspectivisch, wenn der den beiden Büscheln gemeinschaftliche Strahl sich selbst entspricht.“ Aus den letzten Betrachtungen folgt überdies:

„Zwei projectivische Strahlenbüschel sind perspectivisch, wenn die Schnittpunkte dreier Paare entsprechender Strahlen in gerader Linie liegen.“

Es seien nun drittens zwei Ebenenbüschel mit den Axen O, O' (Fig. 20) in solcher Beziehung gegeben, dass den Ebenen $\alpha, \beta, \gamma, \delta \ldots$ des Büschels O die Ebenen $\alpha', \beta', \gamma', \delta' \ldots$ des Büschels O' entsprechen und dass auch $(\alpha\beta\gamma\delta) = (\alpha'\beta'\gamma'\delta')$ ist. Wenn wir die beiden Ebenenbüschel in eine solche Lage bringen, dass zwei einander entsprechende Ebenen etwa α und α' zusammenfallen und wenn etwa B und C die Schnittlinien der Ebenenpaare $\beta\beta'$, $\gamma\gamma'$ sind, so werden selbstverständlich, da O und O' in den vereinigten Ebenen $\alpha\alpha'$ liegen, sich also schneiden, auch B und C durch diesen Schnittpunkt hindurchgehen. Die beiden Strahlen B und C bestimmen demnach eine Ebene ω und es lässt sich leicht zeigen, dass die Schnittgeraden der übrigen einander entsprechenden Ebenen der beiden Büschel in dieser Ebene liegen; denn es seien D und D' die Schnitte von δ und δ' mit ω, so ist $(\alpha\beta\gamma\delta) = (ABCD)$ und $(\alpha'\beta'\gamma'\delta') = (ABCD')$, somit auch $(ABCD) = (ABCD')$, woraus die Identität von D und D' folgt. Es liegt also der Schnitt D von δ mit δ' in der Ebene ω und geht durch den Schnittpunkt der beiden Axen O, O'. Da diess von je zwei einander entsprechenden Ebenen der beiden Büschel gilt, so sind die Büschel nach Art. 34, Nr. 6, perspectivisch.

Fig. 20.

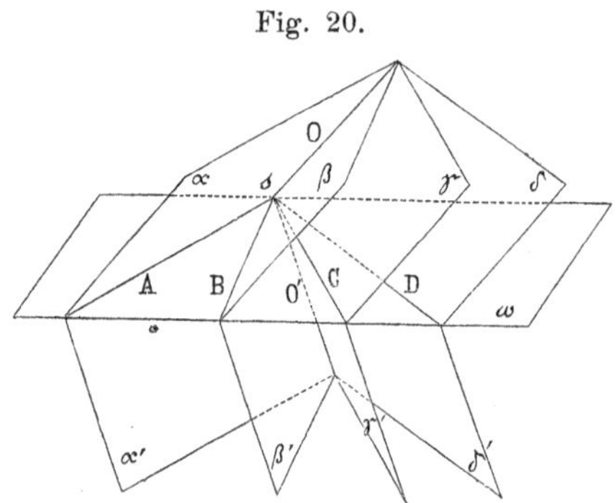

„Zwei projectivische Ebenenbüschel sind perspectivisch, wenn ihre Axen in einer Ebene liegen und wenn diese den beiden Büscheln gemeinschaftliche Ebene sich selbst entspricht“; oder auch:

„Zwei projectivische Ebenenbüschel sind perspectivisch, wenn drei Paar einander entsprechender Ebenen sich in drei Strahlen eines ebenen Strahlenbüschels durchschneiden.“

Ist nun viertens eine Punktreihe O (Fig. 21) und ein Büschel s in projectivischer Beziehung gegeben, also so, dass den Strahlen $A, B, C, D \ldots$ des Büschels die Punkte $a, b, c, d \ldots$ der Reihe entsprechen und zugleich $(ABCD) = (abcd)$ ist, so bringe man, um beide Gebilde in perspectivische Lage zu überführen, dieselben zunächst in eine Ebene und lege durch a, b, c die Geraden A', B', C' parallel zu A, B, C. Die Winkel, welche die drei Geraden A', B', C' mit einander bilden, werden offenbar gleich sein den Winkeln, welche von den Strahlen A, B, C gebildet werden; bezeichnet man mit a', b', c' die Ecken des Dreiseits $A'B'C'$, so wird jeder Punkt des durch die drei Punkte a, b, c' vollkommen bestimmten (umschriebenen) Kreises K die Eigenschaft haben, dass die von ihm nach a, b gehenden Strahlen den Winkel AB (oder seinen Nebenwinkel) mit einander bilden. Ebenso bilden die aus irgend einem Punkte des durch die drei Punkte a, c, b' gehenden Kreises K' nach a und c gehenden Strahlen den Winkel AC (Eigenschaft der Peripheriewinkel). Die beiden Kreise K, K' schneiden sich ausser in a noch in einem Punkte s_1 und die von s_1 nach a, b, c gehenden Strahlen A_1, B_1, C_1 werden also, da $\angle A_1B_1 = \angle AB$, $\angle A_1C_1 = \angle AC$ ist, mit einander dieselben Winkel bilden, wie die Strahlen A, B, C des Büschels s. Man kann also das Büschel s so die Lage ändern lassen, dass der Scheitel s in s_1 und die Strahlen A, B, C auf die Strahlen A_1, B_1, C_1 respective fallen; ist nun D_1 die neue Lage von D und d' der Schnittpunkt von D_1 mit O, so ist, weil A_1, B_1, C_1, D_1 die Strahlen A, B, C, D nur in neuer Lage sind, $(ABCD) = (A_1B_1C_1D_1)$, ferner ist $(ABCD) = (abcd)$ und $(A_1B_1C_1D_1) = (abcd')$, daher auch $(abcd) = (abcd')$, woraus die Identität von d und d' folgt. Es ist somit das Büschel s in eine solche Lage gebracht, dass die Strahlen A, B, C, D durch die ihnen entsprechenden Punkte a, b, c, d der Punktreihe O hindurchgehen. Da das von D und d nachgewiesene für irgend einen Strahl des Büschels und den ihm entsprechenden Punkt der Reihe gilt, so ist also das Büschel s in eine solche Lage s_1 gebracht, dass die Strahlen des Büschels durch die ihnen entsprechenden Punkte der Reihe hindurchgehen; die beiden Gebilde sind somit in perspectivischer Lage. Zugleich ist aus dieser Betrachtung

Fig. 21.

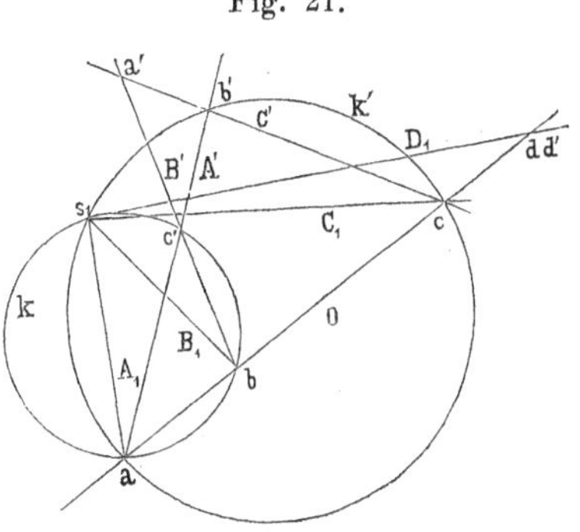

klar: „dass ein Strahlenbüschel mit einer zu ihm projectivischen Punktreihe dann perspectivisch ist, wenn drei Strahlen des Büschels durch die ihnen entsprechenden Punkte der Reihe hindurchgehen.“

Es seien nun eine Punktreihe O und ein Ebenenbüschel O' in projectivischer Beziehung, d. h. so gegeben, dass den Punkten $a, b, c, d \ldots$ von O die Ebenen $\alpha, \beta, \gamma, \delta \ldots$ von O' entsprechen und dass zugleich $(abcd) = (\alpha\beta\gamma\delta)$ ist.

Um die beiden Gebilde in perspectivische Lage zu bringen, d. h. in eine solche Lage, dass die Ebenen des Büschels O' durch die ihnen entsprechenden Punkte der Reihe O hindurchgehen, schneide man das Büschel O' mit einer beliebigen Ebene wodurch ein Strahlenbüschel $ABCD \ldots$ entsteht, welches mit dem Ebenenbüschel perspectivisch ist; es ist nämlich $(\alpha\beta\gamma\delta) = (ABCD)$, daher auch $(ABCD) = (abcd)$ und man wird somit nach dem in diesem Artikel bereits Entwickelten, die Punktreihe $abcd \ldots$ in eine solche Lage bringen können, dass ihre Punkte auf den Strahlen $A, B, C, D \ldots$ respective liegen. Damit wird aber zugleich die perspectivische Lage der Reihe und des Ebenenbüschels hergestellt sein, da dann die Punkte $a, b, c, d \ldots$ auch in den Ebenen $\alpha, \beta, \gamma, \delta$ enthalten sind.

Wenn schliesslich*) ein Ebenenbüschel O (Fig. 22), und ein ihm projectivisches Strahlenbüschel s gegeben sind, so dass also den Ebenen $\alpha, \beta, \gamma, \delta \ldots$ von O die Strahlen $A, B, C, D \ldots$ von s entsprechen und zugleich $(\alpha\beta\gamma\delta) = (ABCD)$ ist, und man will die beiden Gebilde in perspectivische Lage überführen, so lege man durch die Strahlen A und B solche Ebenenpaare, welche den Winkel $\angle\,\alpha\beta$ mit einander bilden; die Schnittlinie derselben wird eine Kegelfläche K (vom zweiten Grade) erfüllen. Ebenso lege man durch A und C Ebenenpaare mit dem Neigungswinkel $\angle\,\alpha\gamma$, so wird der Ort ihrer Schnittlinie eine Kegelfläche K' sein und die beiden Kegelflächen K, K' werden ausser der Kante A noch wenigstens eine zweite gemeinschaftliche Kante O' besitzen, so

Fig. 22.

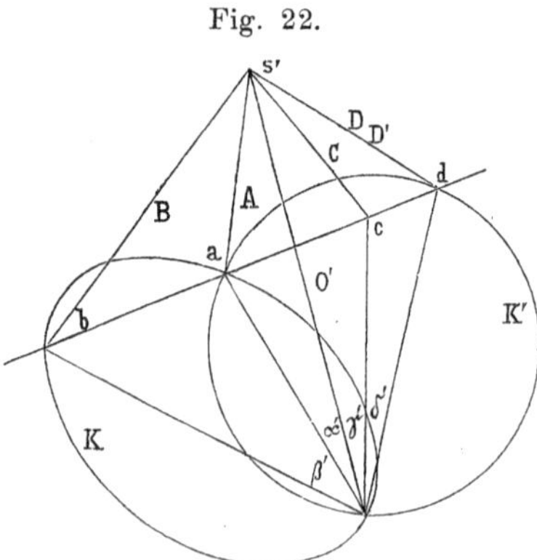

*) Dieser Fall kann von Anfängern übergangen werden, weil in die Betrachtungen auch Kegelflächen zweiten Grades eintreten.

dass dann die durch O' und ABC gelegten Ebenen α', β', γ' miteinander dieselben Winkel bilden werden, wie die Ebenen α, β, γ. Man kann somit das Ebenenbüschel O so im Raume verschieben, dass seine Axe O mit O' und seine Ebenen α, β, γ mit α', β', γ' respective zusammenfallen. Ist nun D' der Schnitt der neuen Lage δ' von δ mit der Ebene des Büschels s, so ist $(\alpha'\beta'\gamma'\delta') = (ABCD')$ und da offenbar $(\alpha'\beta'\gamma'\delta')) = (\alpha\beta\gamma\delta)$ und überdiess nach Voraussetzung auch $(\alpha\beta\gamma\delta) = (ABCD)$, so ist $(ABCD') = (ABCD)$, woraus die Identität von D und D' folgt. Es geht also die Ebene δ in ihrer neuen Lage δ' durch den ihr entsprechenden Strahl D des Strahlenbüschels s. Da dasselbe von jeder anderen Ebene und dem ihr entsprechenden Strahle gilt, so ist das Ebenenbüschel in der neuen Lage so beschaffen, dass seine Ebenen durch die ihnen entsprechenden Strahlen des Strahlenbüschels hindurchgehen. Das Ebenenbüschel und das Strahlenbüschel sind also in perspectivischer Lage.

Durch die Betrachtungen dieses Artikels ist somit der folgende Satz erwiesen:

„*Zwei projectivische Grundgebilde erster Stufe, d. h. zwei Gebilde, welche so zusammenhängen, dass jedem Elemente des einen ein bestimmtes Element des anderen entspricht, und dass das Doppelverhältniss von vier Elementen des einen Gebildes gleich ist dem Doppelverhältniss der vier entsprechenden Elemente des anderen, lassen sich immer in perspectivische Lage überführen.*“

Wir können also in der That je zwei projectivische Grundgebilde erster Stufe als zwei perspectivische aus ihrer perspectivischen Lage gebrachte Grundgebilde betrachten.

37. Es seien G, G', G'' drei Grundgebilde erster Stufe von denen die beiden ersten projectivisch sind mit dem dritten. Es werden also nach dieser Voraussetzung den Elementen a'', b'', c'', d'', e'' .... von G'' die Elemente a', b', c', d', e' .... von G' und die Elemente a, b, c, d, e .... von G entsprechen und überdiess wird $(abcd) = (a''b''c''d'')$ und $(a'b'c'd') = (a''b''c''d'')$ sein. Betrachtet man nun in G und G' je zwei Elemente, wie z. B. a, a', welche demselben Elemente a'' von G'' entsprechen, ebenfalls als einander entsprechende Elemente, so werden offenbar den Elementen a, b, c, d, e .... von G die Elemente a', b', c', d', e' .... von G' entsprechen und es wird auch $(abcd) = (a'b'c'd')$ sein, weil beide diese Doppelverhältnisse gleich sind dem Doppelverhältnisse $(a''b''c''d'')$. Hieraus folgt:

„*Wenn zwei Grundgebilde erster Stufe projectivisch sind mit einem dritten solchen Gebilde, so sind sie auch untereinander projectivisch.*“

Der folgende Satz braucht nach dem eben Gesagten keines speciellen Beweises:

„Hat man eine Reihe von Grundgebilden erster Stufe, von denen das erste projectivisch ist mit dem zweiten, das zweite projectivisch mit dem dritten u. s. w., schliesslich das vorletzte projectivisch mit dem letzten ist, so sind überhaupt je zwei Gebilde der Reihe projectivisch, insbesondere auch das erste mit dem letzten."

Es braucht nicht erwähnt zu werden, dass unter den projectivischen Gebilden auch perspectivische vorkommen können, da wir die perspectivischen Gebilde als projectivische in einer speciellen (der perspectivischen) Lage kennen gelernt haben.

38. „Kennt man drei Paar entsprechender Elemente zweier projectivischen Gebilde, so ist die Projectivität der beiden Gebilde vollkommen bestimmt, d. h. man kann dann zu irgend einem Elemente des einen Gebildes das entsprechende Element des anderen Gebildes construiren." Kürzer:

„Zwei projectivische Gebilde sind durch drei Paar entsprechender Elemente bestimmt."

Denn in der That, sollen zwei Grundgebilde erster Stufe G, G' in projectivische Beziehung gesetzt werden, so ist es hinreichend, drei beliebigen Elementen a, b, c von G drei beliebige Elemente, a', b', c' von G' als entsprechende anzuordnen. Sobald diess einmal geschehen ist, wird jedem vierten Elemente d von G ein durch d vollkommen und unzweideutig bestimmtes Element d' von G' zugeordnet sein, da nach dem Begriffe der Projectivität $(a'b'c'd') = (abcd)$ sein muss. Nun ist aber, sobald d angenommen wird, der Werth $(abcd)$ und daher auch $(a'b'c'd')$ gegeben und da jedem Doppelverhältnisswerth nur ein einziges Element entspricht, (siehe Art. 15), so wird auch d' vollkommen und unzweideutig bestimmt sein. Wenn man also die drei Paar entsprechenden Elemente aa', bb', cc' kennt, so wird man zu den einzelnen Elementen d, e, f . . . allgemein x von G, die entsprechenden Elemente d', e', f' . . . allgemein x' von G' bestimmen können. Diese Operation nennt man die Vervollständigung der beiden projectivischen Gebilde. Es liegt uns also nun die folgende Fundamentalaufgabe vor.

„Von zwei projectivischen Gebilden sind drei Paar entsprechender Elemente gegeben, man soll die Gebilde vervollständigen, d. h. beliebig viele weitere Paare entsprechender Elemente construiren."

Bei der Lösung dieser Aufgabe wird es darauf ankommen, die beiden Gebilde entweder in eine solche Lage zu bringen, dass ihre Vervollständigung keinen Schwierigkeiten unterliegt, und eine solche Lage ist die perspectivische, oder wir werden trachten die Vervollständigung der beiden gegebenen Gebilde auf die Vervollständigung anderer Gebilde zurückzuführen, welch' letztere leicht durchführbar erscheint.

A) Gleichartige Gebilde.

39. Projectivische Punktreihen. Es seien den Punkten a, b, c der Punktreihe A die Punkte a', b', c' der Punktreihe A' als entsprechende zugeordnet. Man kann die Punktreihen sofort in perspectivische Lage bringen, wenn man sie etwa so in eine Ebene legt, dass zwei entsprechende Punkte, z. B. a, a' im Schnittpunkte der beiden Axen zusammenfallen. Zieht man dann die zwei Strahlen bb', cc', so schneiden sie sich im perspectivischen Centrum o der beiden nunmehr perspectivisch liegenden Reihen, und um zu irgend einem Punkte x von A den entsprechenden zu finden, hat man nur $\overline{ox}$ bis zum Durchschnitt mit A' zu ziehen, so ist dieser letztere der gesuchte Punkt x'. Besonders einfach gestaltet sich die Vervollständigung der beiden projectivischen Punktreihen, wenn man eine räumliche Construction zulässt. Sind nämlich die beiden Axen A, A' nicht in einer Ebene, also zwei windschiefe Axen, oder bringt man sie in die windschiefe Lage, so werden auch die drei Strahlen aa', bb', cc' drei windschiefe Strahlen sein. Denken wir uns nun eine Gerade A'' bestimmt, welche die drei Strahlen aa', bb', cc' gleichzeitig schneiden; man kann zu einer solchen Geraden gelangen, wenn man durch einen beliebigen Punkt von $\overline{aa'}$ und durch die beiden anderen Strahlen bb', cc' Ebenen legt, als deren Schnittgerade A'' auftritt. Die durch A'' und die drei Strahlen aa', bb', cc' gelegten Ebenen seien respective α, β, γ; irgend eine vierte Ebene ξ des Ebenenbüschels A'' wird die beiden Axen in zwei Punkten x, x' schneiden, welche offenbar zwei einander entsprechende Punkte sind, da die beiden Doppelverhältnisse $(abcx)$ $(a'b'c'x')$ einander gleich sind, indem jedes von ihnen gleich $(\alpha\beta\gamma\xi)$ ist. Um also zu irgend einem Punkte der einen Reihe den entsprechenden der anderen zu finden, hat man nur durch den ersteren und die Axe A'' eine Ebene zu legen, so schneidet diese die Axe der zweiten Punktreihe in dem gesuchten Punkte. Um die den unendlich weiten Punkten der beiden Reihen entsprechenden Punkte zu finden, hat man ξ durch A'' einmal parallel zu A und das anderemal parallel zu A' zu legen.

40. Von besonderer Wichtigkeit ist die Vervollständigung der beiden projectivischen Punktreihen, wenn sie in einer und derselben Ebene liegen, ohne ihre gegenseitige Lage irgend einer Aenderung zu unterziehen. Wie schon gesagt, gelangt man zu dem gesteckten Ziele, wenn man die beiden Gebilde auf andere, leicht zu vervollständigende (also im Allgemeinen perspectivische) Gebilde reducirt.

Die beiden Reihen A, A' seien (Fig. 23) in ihrer projectivischen Beziehung gegeben, etwa wieder durch drei Paare entsprechender Punkte aa', bb', cc'; dann wird also jedem Punkte der einen

Fig. 23.

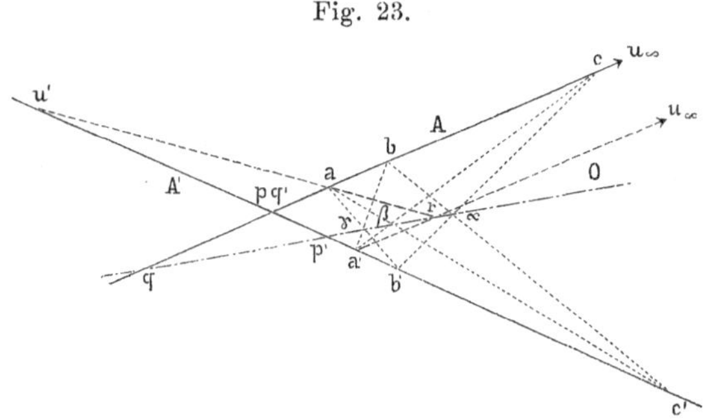

Reihe ein ganz bestimmter Punkt der anderen Reihe zugeordnet sein. Betrachten wir nun den Schnittpunkt der beiden Axen A, A', welcher offenbar als der den beiden Reihen gemeinschaftliche Punkt auftritt und es ist selbstverständlich, dass wir ihn sowohl als Punkt der Reihe $a, b, c \ldots$ auf A, als auch als Punkt der Reihe $a', b', c' \ldots$ auf A' betrachten müssen; im ersten Falle möge er p, im zweiten q' heissen. Dem Punkte p der Reihe A wird auf A' ein bestimmter Punkt p' und dem Punkte q' der Reihe A' wird auf A ein bestimmter Punkt q projectivisch zugeordnet sein. Diese beiden Punkte p', q, welche wir als die dem gemeinsamen Punkte beider Reihen entsprechenden Punkte bezeichnen (je nachdem wir eben den ersteren zu dieser oder jener Punktreihe rechnen) werden von dem Schnittpunkte der Axen A, A' verschieden sein, so lange die beiden Punktreihen zwar als projectivisch, nicht aber als perspectivisch vorausgesetzt werden. Die Gerade $\overline{p'q}$ oder O wird somit eine vollkommen bestimmte Gerade sein; dieselbe spielt, wie sich gleich zeigen wird, eine wichtige Rolle bei der Vervollständigung der beiden Punktreihen, und wird die „Directionsaxe" derselben genannt. Sind nämlich a, b zwei Punkte von A und a', b', die ihnen entsprechenden auf A', so ist nach dem Begriffe der Projectivität $(abpq) =$

$(a'b'p'q')$; verbinden wir nun die vier ersten Punkte mit a' und die vier letzten mit a, so werden auch die beiden vierstrahligen Büschel doppelverhältnissgleich sein, weil nämlich:

$$(abpq) = (\overline{a'a}, \overline{a'b}, \overline{a'p}, \overline{a'q})$$

und

$$(a'b'p'q') = (\overline{aa'}, \overline{ab'}, \overline{ap'}, \overline{aq'})$$

und da

$$(abpq) = (a'b'p'q')$$

ist, so ist auch

$$(\overline{a'a}, \overline{a'b}, \overline{a'p}, \overline{a'q}) = (\overline{aa'}, \overline{ab'}, \overline{ap'}, \overline{aq'}).$$

Es entspricht sich in diesen zwei doppelverhältnissgleichen (projectivischen) Büscheln der gemeinschaftliche Strahl aa' (oder $a'a$) selbst, daher sind beide perspectivisch und es werden daher die Schnittpunkte der drei Strahlenpaare $a'b$, ab'; $a'p$, ap'; $a'q$, aq' in einer Geraden liegen müssen. Nun ist der Schnitt von $a'p$ und ap' der Punkt p', der Schnitt von $a'q$ mit aq' ist q und es ist folglich $\overline{p'q}$ oder O die Gerade, welche auch den Schnittpunkt γ von $a'b$ mit ab' enthalten muss. Damit ist der wichtige Satz erwiesen:

„Sind aa', bb' zwei Paare einander entsprechender Punkte zweier projectivischer Punktreihen, so liegt der Schnittpunkt der Geraden ab', $a'b$ auf der Directionsaxe der beiden Punktreihen, d. h. auf der Geraden O, welche die dem gemeinschaftlichen Punkte pq' entsprechenden Punkte p', q verbindet.“

Hieraus ergibt sich sofort die Lösung der Aufgabe: „Die durch drei Paar entsprechender Punkte aa', bb', cc' gegebenen projectivischen Punktreihen sind zu vervollständigen.“

Man construirt die Schnittpunkte γ, α, β der drei Geradenpaare ab', $a'b$; bc', $b'c$; ca', $c'a$, so liegen dieselben in der Directionsaxe O; hiermit ist zugleich der Satz erwiesen: „Sind a, b, c drei beliebige Punkte einer Geraden A und a', b', c' ebenso drei beliebige Punkte einer zweiten Geraden A', welche mit A in derselben Ebene liegt, so liegen die drei Schnittpunkte γ, α, β der drei Geradenpaare ab', $a'b$; bc', $b'c$; ca', $c'a$ in einer und derselben Geraden.“

Ist nun O construirt und will man zu einem beliebigen Punkte x von A den entsprechenden Punkt x' construiren, so ziehe man (da sich ax' und $a'x$ auf O schneiden müssen) die Gerade $a'x$ bis sie O schneidet, diesen Schnittpunkt verbinde man mit a, so erhält man eine Gerade, welche A' im Punkte x' trifft; ebenso leitet man x aus x' ab und zugleich ist klar, dass man ebenso die Punktpaare bb', cc' .... statt aa' zur Verwendung bringen kann und immer dasselbe Resultat x (respective x') erhalten muss. Insbesondere trifft O die Axen A, A' in den dem Punkte pq' entsprechenden Punkten p', q. Ist etwa u der unendlich weite Punkt von A, so erhält man u', wenn man nach der allgemeinen Construction vorgehend, durch a' eine Parallele zu A legt, bis sie O schneidet und diesen Punkt mit a verbindet, wodurch eine Gerade entsteht, welche A' in u' schneidet. Ebenso ergibt sich der dem unendlich weiten Punkte v' von A' entsprechende Punkt v von A. Die Punkte u', v, welche den unendlich weiten Punkten der Reihen entsprechen, werden, wie schon früher gesagt wurde, die Gegenpunkte der projectivischen Reihen genannt.

Fig. 24.

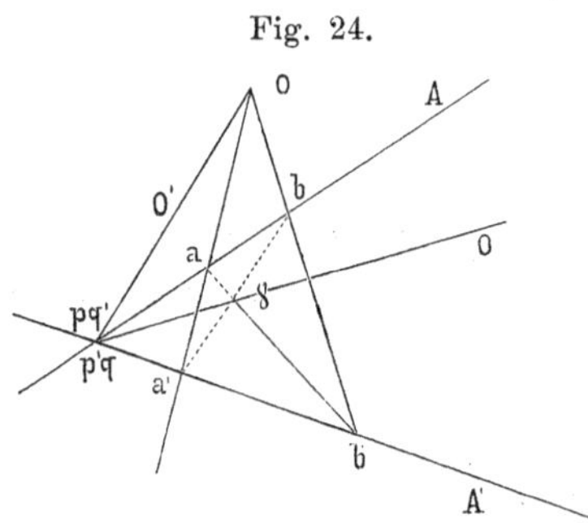

Wenn die beiden Punktreihen nicht nur projectivisch, sondern zugleich in perspectivischer Lage sind, mit o etwa als Perspectivitätscentrum, so fällt p' und q nach pq' und die Directionsaxe O wird scheinbar unbestimmt; denn wie aus dem vollständigen Viereck $aba'b'$ sofort folgt (Fig. 24), liegt der Schnitt γ von ab' und $a'b$ auf dem zu $\overline{po}$ bezüglich AA' harmonisch conjugirten Strahle O, welcher also als Directionsaxe auftritt.

„Die Directionsaxe zweier perspectivischer Punktreihen ist bezüglich der Axen harmonisch conjugirt zu dem durch das Perspectivitätscentrum gehenden Strahle.“

41. Projectivische Strahlenbüschel. Die Scheitel der beiden projectivisch auf einander bezogenen Strahlenbüschel, welche wir als in derselben Ebene liegend annehmen, seien s, s' und den Strahlen A, B, C des Büschels s mögen die Strahlen A' B' C' des Büschels s' zugeordnet sein.

Um die beiden Büschel in perspectivische Lage zu überführen, muss man wieder dafür sorgen, dass das gemeinschaftliche Element sich selbst entspricht. Diess kann dadurch erreicht werden, dass man das eine Strahlenbüschel in der Ebene so seine Lage ändern lässt, dass einer der drei Strahlen, z. B. A' auf den ihm entsprechenden A zu liegen kommt (ohne dass s' mit s zusammenfällt). Die Schnittpunkte der beiden Strahlenpaare BB', CC' liefern mit einander verbunden die Perspectivitätsaxe der beiden Büschel und die weitere Vervollständigung hat keine Schwierigkeiten.

Einfacher und zugleich wichtiger ist die Methode, nach welcher man die Büschel in ihrer Lage belässt, sie aber mit Punktreihen in perspectivische Beziehung versetzt, welche selbst wieder perspectivisch sind.

Nachdem von den beiden Büscheln drei Paar entsprechender Strahlen AA', BB', CC' gegeben sind, ist die gegenseitige projectivische Beziehung vollkommen gegeben, d. h. irgend einem Strahle X von s wird ein durch X vollkommen bestimmter Strahl X' von s' entsprechen, da $(A'B'C'X') = (ABCX)$ sein muss. Die Verbindungslinie $\overline{ss'}$ der beiden Scheitel (Fig. 25) kann man selbstverständlich sowohl als Strahl des Büschels s betrachten und dann soll sie P heissen, als auch als Strahl des Büschels s', in welchem Falle sie Q heissen möge. Dem Strahle P des Büschels s wird nun ein ganz bestimmter Strahl P' des Büschels s', und dem Strahle Q' von s' ein ganz bestimmter Strahl Q von s zugeordnet sein. Es sei o der Schnittpunkt der beiden Strahlen P', Q; dieser Punkt o, welcher bei der Vervollständigung der beiden Büschel eine wichtige Rolle spielt, wird das „Directionscentrum" der beiden Büschel genannt.

Fig. 25.

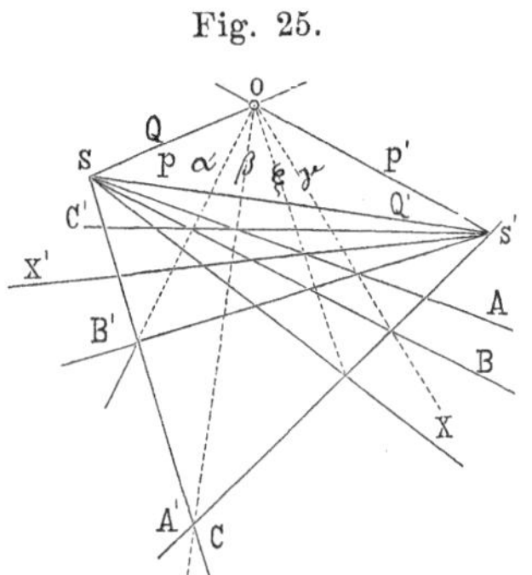

Betrachtet man irgend zwei Strahlenpaare AA', BB', so ist der Projectivität wegen, $(ABPQ) = (A'B'P'Q')$; wenn man nun die vier ersten Strahlen mit A' und die vier letzten mit A zum Durchschnitte bringt, so erhält man zwei vierpunktige und doppelverhältnissgleiche Reihen, nämlich $(A'A, A'B, A'P, A'Q) = (AA', AB', AP', AQ')$. Da nun in denselben der beiden gemeinschaftliche Punkt AA' (oder $A'A$) sich selbst entspricht, so sind die Reihen perspectivisch, d. h. die Verbindungslinien der drei Punktepaare $A'B$, AB'; $A'P$, AP'; $A'Q$, AQ' müssen sich in einem und demselben Punkte schneiden. Nun ist aber die Verbindungslinie von $A'P$ mit AP' offenbar P' und die Verbindungslinie von $A'Q$ mit AQ' ist der Strahl Q, daher ist o der Punkt durch welchen auch die Verbindungslinie von AB' mit $A'B$ hindurchgehen muss; d. h. also:

„Sind AA', BB' zwei Paare einander entsprechender Strahlen zweier projectivischer Strahlenbüschel, so geht die Verbindungslinie des Punktes AB' mit dem Punkte $A'B$ durch das Directionscentrum o der beiden Büschel, d. h. durch den Schnittpunkt der beiden Strahlen P' Q,

welche dem gemeinsamen Strahle PQ' der beiden Büschel projectivisch entsprechen.“

Zur Lösung der

Aufgabe: „Die durch drei Strahlenpaare AA', BB', CC' gegebenen projectivischen Büschel zu vervollständigen“, gelangt man auf Grund des Vorhergehenden sofort, und zwar in folgender Weise. Verbindet man die Punkte (AB') und $(A'B)$, ferner (BC') und $(B'C)$ und schliesslich (CA') und $(A'C)$, so erhält man drei gerade Linien, welche durch das Directionscentrum der beiden Strahlenbüschel hindurchgehen. Damit ist zugleich der Satz bewiesen:

„Sind A, B, C drei beliebige Strahlen eines Büschels s und A', B', C' ebenfalls drei beliebige Strahlen eines Büschels s', welches mit ersterem in einer und derselben Ebene liegt, so gehen die drei Verbindungslinien der drei Punktepaare: (AB'), $(A'B)$; (BC'), $(B'C)$; (CA') $(A'C)$ durch einen und denselben Punkt.“

Ist nun dieser Punkt, das Directionscentrum o construirt, so kann sofort zur Vervollständigung der beiden Büschel geschritten werden. Zunächst sind os', os die beiden Strahlen P', Q, welche dem, beiden Büscheln gemeinschaftlichen Strahle PQ' projectivisch entsprechen.

Um zu irgend einem Strahle von s z. B. zu X den entsprechenden X' zu erhalten, braucht man sich nur gegenwärtig zu halten, dass die Verbindungslinie von AX' mit $A'X$ durch o gehen muss; man wird also den Punkt $A'X$ mit o verbinden, die erhaltene Gerade mit A zum Durchschnitt bringen, so ist die Verbindungslinie dieses Schnittpunktes mit s' der gesuchte Strahl X' von s'. Dass man in derselben Art aus X' den Strahl X' ableiten, und dass man ebenso wie das Strahlenpaar AA' auch BB' oder CC' oder überhaupt irgend ein Paar entsprechender Strahlen zu dieser Construction verwenden kann, ist selbstverständlich. Wie verhält es sich bei perspectivischen Büscheln?

42. Projectivische Ebenenbüschel. Es seien wiederum A, A' die Axen der beiden Ebenenbüschel, deren projectivische Beziehung durch die drei Paar entsprechender Ebenen $\alpha\alpha'$, $\beta\beta'$, $\gamma\gamma'$ gegeben sein mag. Wenn die beiden Axen A, A' sich nicht schneiden (wenn sie windschiefe Gerade sind), so denke man sich die drei Schnittlinien $(\alpha\alpha')$, $(\beta\beta')$, $(\gamma\gamma')$ bestimmt, welche offenbar auch gegenseitig windschiefe Gerade sein werden; es sei nun T irgend eine Gerade, welche diese drei Strahlen gleichzeitig schneidet (man erhält sie ebenso wie in Art. 39) und seien a, b, c die Punkte, welche T mit den drei Linien $(\alpha\alpha')$, $(\beta\beta')$, $(\gamma\gamma')$ gemeinschaftlich hat. Ist

nun x ein beliebiger vierter Punkt von T und $\xi\xi'$ die beiden durch ihn gehenden Ebenen der zwei Ebenenbüschel A, A', so ist offenbar (nach Art. 34) $(\alpha\beta\gamma\xi) = (abcx)$ und auch $(\alpha'\beta'\gamma'\xi) = (abcx)$, daher auch $(\alpha\beta\gamma\xi) = (\alpha'\beta'\gamma'\xi')$ und folglich sind ξ, ξ' zwei einander entsprechende Ebenen der beiden projectivischen Büschel. Um also zu einer Ebene ξ des einen Büschels die entsprechende ξ' zu finden, hat man nur jene Ebene des anderen Büschel zu construiren, welche durch den Schnittpunkt von ξ und T hindurchgeht.

Wenn die beiden Axen A, A' sich schneiden, so lässt sich die letzte Methode nicht mehr verwenden (warum?), doch kann man in ähnlicher Weise wie bei projectivischen Strahlenbüscheln vorgehen. Die beiden Büscheln gemeinsame Ebene (AA') als zum Büschel A gehörig sei μ und als zum Büschel A' gehörig sei sie ν; so werden ihr respective in A' und A zwei ganz bestimmte Ebenen μ', ν entsprechen, welche sich in einem durch den Punkt (AA') gehenden Strahl O schneiden, welchen wir den „Directionsstrahl" der beiden Ebenenbüschel nennen wollen, und welcher bei ihrer Vervollständigung eine wichtige Rolle spielt. Sind nähmlich nun $\alpha\alpha'$, $\beta\beta'$ zwei Paar einander entsprechender Ebenen, so ist $(\mu\nu\alpha\beta) = (\mu'\nu'\alpha'\beta')$; schneiden wir nun das erste vierelementige Ebenenbüschel mit α' und das zweite mit α, so erhalten wir in α, α' zwei vierstrahlige und doppelverhältnissgleiche Strahlenbüschel, nämlich:

$$(\alpha'\mu,\ \alpha'\nu,\ \alpha'\alpha,\ \alpha'\beta) = (\alpha\mu',\ \alpha\nu',\ \alpha\alpha',\ \alpha\beta');$$

der beiden Büscheln gemeinsame Strahl $(\alpha\alpha')$ entspricht sich selbst und da die beiden Büschel einen gemeinsamen Scheitel (AA') haben, so werden entsprechende Strahlen in den Ebenen eines festen Ebenenbüschel liegen, d. h. die drei Ebenen, die man durch die drei Strahlenpaare $\alpha'\mu$, $\alpha\mu'$; $\alpha'\nu$, $\alpha\nu'$; $\alpha\beta'$, $\alpha'\beta$ legen kann, werden durch dieselbe Gerade gehen. Nun ist aber die durch $\alpha'\mu$ und $\alpha\mu'$ gehende Ebene offenbar die Ebene μ' und die durch $\alpha'\nu$ und $\alpha\nu'$ gehende Ebene ist ν, so dass durch den Schnitt von μ' und ν, d. h. durch die Gerade O auch die Ebene gehen muss, welche die beiden Strahlen $\alpha\beta'$ und $\alpha'\beta$ verbindet.

„Sind $\alpha\alpha'$, $\beta\beta'$ zwei Paar entsprechender Ebenen zweier projectivischer Ebenenbüschel mit sich schneidenden Axen, so geht die Ebene, welche die zwei Strahlen $\alpha\beta'$, $\alpha'\beta$ verbindet, durch den Directionsstrahl O der beiden Büschel, d. h. durch den Schnittstrahl der beiden Ebenen μ', ν, welche der den Büscheln gemeinsamen Ebene $\mu\nu'$ entsprechen."

Wenn man also die drei Ebenen construirt, welche durch die drei Strahlenpaare $\alpha\beta'$, $\alpha'\beta$; $\beta\gamma'$, $\beta'\gamma$; $\gamma\alpha'$, $\alpha'\gamma$ bestimmt werden, so gehen sie alle drei durch dieselbe Gerade O (wie lautet der hierin enthaltene Satz?), welche der Directionsstrahl ist. Die durch O gehenden Ebenen $\mu' \nu$ der Büschel entsprechen der gemeinsamen Ebene. Um zu einer Ebene ξ von A die entsprechende zu finden, wird man durch O und den Schnittstrahl von ξ und α' eine Ebene legen und ihren Schnitt mit α bestimmen. Die durch diese Schnittlinie gehende Ebene des Büschels A' ist die gesuchte ξ'; ebenso ergibt sich ξ aus ξ' und ebenso kann man in dieser Construction statt des Ebenenpaares $\alpha\alpha'$ irgend ein Ebenenpaar (Paar entsprechender Ebenen) verwenden. Wo ist der Directionsstrahl bei perspectivischen Ebenenbüscheln?

B) Ungleichartige Gebilde.

43. Sind zwei projectivische Grundgebilde G, G' zu vervollständigen, so pflegt man, wie es auch in dem Vorhergehenden sehr oft geschehen ist, dieselben mit zwei neuen Gebilden G_1, G'_1 respective in perspectivische Beziehung zu setzen, welche dann selbst auch projectivisch sind und durch deren Vervollständigung auch G und G' vervollständigt werden können. Ist z. B. x, ein Element von G, x_1 das ihm in G_1 perspectivisch entsprechende, x'_1 das dem x_1 in G'_1 entsprechende und schliesslich x' das dem x'_1 in G' perspectivisch (oder auch projectivisch zugeordnete), so sind x und x' zwei einander entsprechende Elemente, denn es wird offenbar das Doppelverhältniss von vier x-Elementen gleich sein dem der vier entsprechenden x'-Elemente.

Um z. B. zwei projectivische Strahlenbüschel s, s', welche durch drei Paar entsprechender Strahlen AA', BB', CC' gegeben sind, jedoch nicht in derselben Ebene liegen, zu vervollständigen, ohne die Lage des Büschel zu ändern, kann man das Büschel s mit einer beliebigen Transversale T und s' mit einer beliebigen Transversale T' zum Durchschnitt bringen; hiedurch entstehen zwei Punktreihen, welche unter einander auch projectivisch sind. Die Strahlen A, B, C schneiden T in a, b, c und die Strahlen A', B', C' schneiden T' in a', b', c'; man wird nun aa', bb', cc' als drei Paare entsprechender Punkte der projectivischen Punktreihen T, T' betrachten. Sind dann x, x' zwei weitere einander entsprechende Punkte dieser Reihen, so sind $X = sx$, $X' = s'x'$ zwei einander entsprechende Strahlen der beiden projectivischen Strahlenbüschel; die Vervollständigung der letzteren ergibt sich ohne weiters. Ebenso kann man auch die Vervollständigung ungleichartiger projectivischer Gebilde auf jene gleichartigen Gebilde zurückführen.

a) Eine Punktreihe O sei mit einem Strahlenbüschel s dadurch in projectivische Beziehung gesetzt, dass drei Punkte a, b, c von O, drei Strahlen A, B, C von s zugeordnet sind. Man wird entweder s mit einer Transversale O' in a', b', c'.... schneiden und die beiden projectivischen Punktreihen O, O' vervollständigen, oder man wird die Reihe O aus einem beliebigen Punkte s' durch ein Strahlenbüschel $A'B'C'$.... projiciren und die beiden Büschel s, s' vervollständigen.

b) Eine Punktreihe O sei mit einem Ebenenbüschel A in projectivische Beziehung gesetzt dadurch, dass drei Punkten a, b, c von O, drei Ebenen von α, β, γ von A zugeordnet werden. Man schneidet entweder das Büschel A mit einer Transversale O' und hat dann zwei projectivische Punktreihen O, O' zu vervollständigen, oder man projicirt die Reihe O aus einer beliebigen Axe A' durch Ebenen und hat zwei projectivische Ebenenbüschel A, A' zu vervollständigen.

c) Ein Strahlenbüschel s und ein Ebenenbüschel A sind durch drei Paar entsprechender Elemente in projectivischer Beziehung gegeben, man soll sie vervollständigen. Hier wird man entweder das Ebenenbüschel mit einer Transversalebene zum Durchschnitte bringen oder aber das Strahlenbüschel aus einem beliebigen Punkte projiciren, so hat man im ersten Falle zwei projectivische Strahlenbüschel und im zweiten Falle zwei projectivische Ebenenbüschel zu vervollständigen. Oder aber man schneidet beide Gebilde mit Transversalen und hat es dann mit der Vervollständigung zweier projectivischer Punktreihen zu thun.

Neuntes Kapitel.

Aehnliche und congruente Gebilde.

44. Wenn zwei Punktreihen A, A' in projectivischer Beziehung sind, so werden den unendlich weiten Punkten u, v' derselben zwei Punkte u' v entsprechen, welche wir als die Gegenpunkte bezeichnet haben. Sind nun xx', yy' irgend zwei Paare einander entsprechender Punkte, so ist $(xyuv) = (x'y'u'v')$ oder $\frac{xu}{yu} : \frac{xv}{yv} = \frac{x'u'}{y'u'} : \frac{x'v'}{y'v'}$;

nun ist aber, weil u, v' unendlich weite Punkte von A respective A' sind, $\frac{xu}{yu} = +1$, $\frac{u'v'}{y'v'} = +1$, daher $1 : \frac{xv}{yv} = \frac{x'u'}{y'u'} : 1$ oder $1 = \frac{xv}{yv} \cdot \frac{x'u'}{y'v'}$, was man auch in der Form:

$$vx \cdot u'x' = vy \cdot u'y'$$

schreiben kann. Wir haben demnach den Satz:

„Zwei einander entsprechende Punkte projectivischer Reihen bestimmen mit den Gegenpunkten zwei Strecken von constantem Producte.“ *)

Die projectivische Beziehung ist somit auch gegeben, wenn man die Gegenpunkte v, u' und den Werth k des constanten Productes

$$vx \cdot u'x' = k$$

kennt.

45. Da man drei Paare entsprechender Punkte beliebig wählen kann, so kann man die projectivische Beziehung der beiden Punktreihen A, A' auch so fixiren, dass man zwei beliebigen Punkten a, b von A, zwei beliebige Punkte a', b' von A' und dem unendlich weiten Punkt x von A den unendlich weiten Punkt x' von A' zuordnet. In diesem Falle ist also auch v' mit u' und v mit u identisch.

Wenn xx', yy' zwei beliebige Paare einander entsprechender Punkte der beiden Reihen sind, so ist:

$$(axyu) = (a'x'y'u')$$

oder $\frac{ay}{xy} : \frac{au}{xu} = \frac{a'y'}{x'y'} : \frac{a'u'}{x'u'}$; nun ist jedoch $\frac{au}{xu} = +1, \frac{a'u'}{x'u'} = +1$, daher:

$$\frac{ay}{xy} = \frac{a'y'}{x'y'}.$$

Ebenso ist:

$$\frac{by}{xy} = \frac{b'y'}{x'y'}$$

daher wenn man subtrahirt:

$$\frac{ay - by}{xy} = \frac{a'y' - b'y'}{x'y'}$$

oder:

$$\frac{ab}{xy} = \frac{a'b'}{x'y'}$$

---

*) Folgt auch direkt aus Fig. 23 wenn man in derselben die Gegenpunkte aufsucht.

oder:

$$\frac{xy}{x'y'} = \frac{ab}{a'b'}.$$

„Es ist also das Verhältniss der von zwei Punkten x, y der einen Punktreihe begränzten Strecke zu der von den entsprechenden Punkten der anderen Reihe begränzten Strecke constant.“

Wenn man zwei Strecken, welche von entsprechenden Punkten begränzt werden, als „entsprechende Strecken“ bezeichnet, so gilt für zwei projectivische Punktreihen, deren unendlich weite Punkte auch zwei entsprechende Punkte sind, der Satz: „Entsprechende Strecken stehen in einem constanten Verhältnisse.“

Zwei solche Punktreihen nennt man der auftretenden Proportionalität wegen „zwei ähnliche Punktreihen“. Es ist sofort klar, dass zwei Punktreihen, in denen Proportionalität entsprechender Strecken herrscht, projectivisch ähnliche Punktreihen sind. Denn aus $\frac{xy}{x'y'} = k$ oder $xy = k \cdot x'y'$ folgt sofort $(xyzw) = (x'y'z'w')$, d. h. Gleichheit des Doppelverhältnisses, aber auch der entsprechenden unendlich weiten Punkte, denn für $x'y' = \infty$ wird auch $xy = \infty$.

„Zwei ähnliche projectivische Punktreihen sind in ihrer Beziehung gegeben, wenn man zwei Paare einander entsprechender Punkte kennt.“

Denn zu diesen kommt das Paar der unendlich weiten Punkte als drittes Paar entsprechender Punkte hinzu, wodurch die Projectivität gegeben erscheint; auch kann die Vervollständigung der beiden Punktreihen mittelst der Directionsaxe nach Art. 40 ohne weiters erfolgen.

Aus der Definition zweier projectivisch ähnlicher Punktreihen folgt auch sofort, dass sie zwei proportionale Theilungen darstellen, d. h. wenn man die Strecke ab der einen Punktreihe in beliebig viele gleiche Theile eintheilt, so entsprechen den Theilpunkten die Theilpunkte, welche man erhält, wenn man die entsprechende Strecke $a'b'$ in ebensoviele gleiche Theile theilt.

Wenn der Proportionalitätsfactor $k = \pm 1$ wird, so ist $xy = \pm x'y'$, d. h. zwei entsprechende Strecken sind der absoluten Länge nach einander gleich und stimmen dann entweder auch dem Zeichen nach überein oder haben entgegengesetzte Zeichen. Man kann in diesem Falle immer die eine Punktreihe auf die andere so legen, dass je zwei einander entsprechende Punkte zusammenfallen, und werden aus diesem Grunde zwei solche Punktreihen als **congruente Punktreihen** bezeichnet.

„Zwei congruente Punktreihen sind (jedoch nicht eindeutig) durch Angabe zweier einander entsprechenden Punkte aa' bestimmt.“

Denn um zu einem Punkte x' der einen, den entsprechenden Punkt x' der anderen zu finden, hat man nur $\overline{ax'}$ von a' aus auf die Axe der zweiten Punktreihe aufzutragen. Je nachdem man nun der Strecke $a'x'$ auf der zweiten Punktreihe die eine oder die andere Richtung ertheilt, erhält man zwei Lagen des Punktes x'.

„Zwei congruente projectivische Punktreihen sind in ihrer Beziehung vollkommen bestimmt, wenn man zwei (gleiche) entsprechende Strecken ab, $a'b'$ kennt ($\overline{ab} = \overline{a'b'}$).“

Denn dann hat man wieder $a'x' = ax$ zu machen und überdies dafür zu sorgen, dass x' bezüglich der Strecke $\overline{a'b'}$ dieselbe Lage hat wie x' bezüglich $\overline{ab}$.

46. Die sämmtlichen Strahlen eines Büschels kann man durch Drehung eines Strahles um den Büschelscheitel erhalten; diese Drehung kann nun entweder in dem einen oder in dem direkt entgegengesetzten Sinne erfolgen. Hat man nun zwei projectivische Strahlenbüschel in einer und derselben Ebene und dreht man einen Strahl X des einen Büschels um den Scheitel derselben, so dass er das ganze Büschel durchlauft, so wird der ihm projectivisch entsprechende Strahl X' gleichzeitig das zweite Büschel durchlaufen und je nachdem die beiden Drehungen gleichstimmig oder ungleichstimmig sind, nennt man auch die beiden projectivischen Strahlenbüschel gleichstimmig, respective ungleichstimmig projectivisch.

So sind z. B. zwei perspectivische Strahlenbüschel, deren Scheitel auf einer und derselben Seite der Perspectivitätsaxe liegen, immer gleichstimmig, und solche, deren Scheitel auf verschiedenen Seiten der Perspectivitätsaxe liegen, immer ungleichstimmig projectivisch.

Wenn die Perspectivitätsaxe Σ der beiden Büschel auf der Strecke $\overline{ss'}$ senkrecht steht und sie zugleich halbirt, so folgt aus der Congruenz der beiden Dreiseite $XY\Sigma$, $X'Y'\Sigma$, dass die Winkel XY und $X'Y'$ einander gleich sind. Wenn man zwei Winkel, deren Schenkel entsprechende Strahlen sind, als entsprechende Winkel bezeichnet, so zeichnen sich die beiden perspectivischen Büschel in diesem Falle dadurch aus, dass entsprechende Winkel gleich sind. Wenn man das eine Büschel aus seiner Ebene heraushebt, so kann man es nach einer räumlichen Umdrehung so auf das andere Büschel legen, dass je zwei einander entsprechende Strahlen (wie X und X' oder Y und Y' u. s. w.) übereinander fallen. Man bringt diese Deckung der beiden Büschel einfach dadurch hervor, dass man das eine um Σ um 180^0 so räumlich dreht bis s und s' zusammenfallen. Zwei solche Büschel nennt man zwei congruente (ungleichstimmige) Büschel oder zwei gleichwinkelige Büschel.

Ist die Perspectivitätsaxe der beiden Büschel s, s' die unendlich weite Gerade, so ist $X' \parallel X$, $Y' \parallel Y$ u. s. w., daher sind auch hier die entsprechenden Winkel XY, $X'Y'$ einander gleich, somit die Büschel congruent oder gleichwinkelig und zwar zugleich auch gleichstimmig, denn man sieht sofort, dass einer Drehung von X um s eine gleichstimmige Drehung des zu X parallelen Strahlen X' um s' entspricht. Zur Deckung werden die beiden Büschel in diesem Falle einfach dadurch gebracht, dass man das eine solange parallel zu sich selbst verschiebt, bis sein Scheitel mit jenem des anderen Büschels zusammenfällt.

Aus den letzten Betrachtungen und auf Grund elementargeometrischer Sätze folgt auch unmittelbar, dass die Perspectivitätsaxe perspectivisch gleichstimmig congruenter Strahlenbüschel die unendlich weite Gerade ist, und dass die Axe perspectivisch ungleichstimmig congruenter Strahlenbüschel die von den Scheiteln der Büschel bestimmte Strecke halbirt und auf ihr senkrecht steht.

Fig. 26.

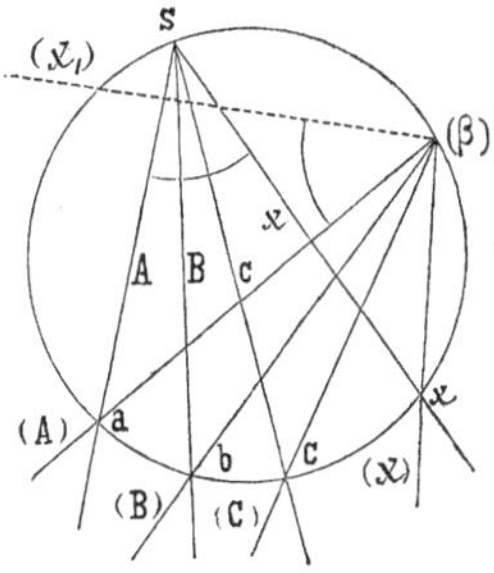

Sieht man von der perspectivischen Lage congruenter Büschel ab, so kann man: *„projectivische congruente oder gleichwinkelige Büschel definiren als solche, in denen Gleichheit entsprechender Winkel herrscht.“* Je nachdem überdies der Drehungssinn in beiden derselbe ist oder nicht werden sie als gleichstimmig oder ungleichstimmig bezeichnet.

„Zwei projectivisch (gleichstimmig oder ungleichstimmig) congruente Büschel sind durch die Scheitel und ein Paar entsprechender Strahlen bestimmt.“

Sind s, (s) (Fig. 26) die beiden Scheitel und A, (A) zwei einander entsprechende Strahlen, so erhält man, wenn die Büschel gleichstimmig congruent sind, zum Strahle X den entsprechenden (X), wenn man den Winkel $\angle AX$ vom Strahle (A) in demselben Drehungssinne aufträgt. Sollen dagegen beide Büschel ungleichstimmig sein, so ist der Winkel AX von (A) im entgegengesetzten Drehungssinne aufzutragen, wodurch man zum Strahle (X_1) gelangt.

Sind a, x die Schnittpunkte der Strahlen A, (A) respective X, (X) in den beiden gleichstimmig congruenten Büscheln, so folgt aus der Winkelgleichheit $\angle asx = \angle a(s)x$ sofort, dass die vier Punkte s, (s), a, x auf einem Kreise K liegen; dieser durch die drei Punkte s, (s), a vollkommen bestimmte Kreis enthält also auch alle Punkte x, wodurch der Satz erwiesen ist:

„Die Schnittpunkte einander entsprechender Strahlen zweier gleichstimmig congruenter Strahlenbüschel erfüllen einen durch die Büschelscheitel hindurchgehenden Kreis.“

Geht man umgekehrt von einem Kreise K aus und wählt auf dessen Peripherie zwei beliebige Punkte s, (s) als Büschelscheitel und betrachtet nun zwei Strahlen $sx = X$, $(s)x = (X)$, welche sich in einem Punkte x von K schneiden, als einander entsprechende, so erhält man, da die Peripheriewinkel AX und $(A)(X)$ gleich sind, zwei congruente und offenbar auch gleichstimmige Büschel.

„Es werden also die sämmtlichen Punkte x eines Kreises K aus irgend zwei festen Punkten s, (s) desselben Kreises durch Strahlenpaare projicirt, welche als Paare entsprechender Strahlen zweier gleichstimmig congruenter Strahlenbüschel auftreten.“

Man kann sich daher zur Vervollständigung zweier gleichstimmig congruenter Büschel auch des Kreises K bedienen, welcher durch die beiden Büschelscheitel s, (s) und den Schnittpunkt a irgend eines Strahlenpaares $A(A)$ bestimmt erscheint.

47. Die eben erwähnte aus der Elementargeometrie bekannte Eigenschaft der Peripheriewinkel liefert ein einfaches Mittel für die Transposition der Strahlenbüschel in der Ebene. Es sei ein Büschel s (Fig. 26) mit den Strahlen $A, B, C \ldots . X \ldots .$ gegeben; man soll das Büschel in der Ebene so verschieben, dass sein Scheitel nach (s) und der Strahl A in die Lage (A) gelangt; in welche Lagen kommen dann die Strahlen $B, C \ldots .$ allgemein X? Ist a der Schnittpunkt von A mit (A) und K der dem Dreiecke $s(s)a$ umschriebene Kreis, so braucht man nur (s) mit den Punkten $b, c \ldots . x$ zu verbinden, in denen K von den Strahlen $B, C \ldots . X$ getroffen wird, so erhält man die neuen Lagen $(B), (C) \ldots . (X)$ der Strahlen $B, C \ldots . X$. Die Richtigkeit der Construction folgt sofort aus der Winkelgleichheit.

Dieselbe Transposition kann man verwenden, um zwei gegebene projectivische Büschel $s(ABC \ldots .)$, $s'(A'B'C' \ldots .)$ dadurch zu vervollständigen, dass man dieselben zwei Büschel in perspectivische Lage bringt. Man lege (Fig. 27) durch s und s' einen beliebigen Kreis K, welcher die Strahlen $A, B, C \ldots .$ in $a, b, c \ldots .$ und die Strahlen $A', B', C' \ldots .$ in $a', b', c' \ldots .$ schneiden möge und transponire nun mittelst dieses Kreises die beiden Büschel, so dass ihre Scheitel wechselweise in zwei entsprechende Punkte, z. B. a, a' fallen und zwar so, dass s nach a' und s' nach a zu liegen kommt, wesshalb die Punkte a', a in der Figur auch mit (s), (s') bezeichnet sind. Die Strahlen A, B, C .... kommen nun in die Lagen $(s)a$, $(s)b$, $(s)c$ oder (A), (B), (C) und die Strahlen A', B', C' kommen nach $(s')a'$, $(s')b'$, $(s')c'$ oder (A'), (B'), (C') zu liegen. Da jedoch in dieser neuen Lage derselben zwei Büschel der gemeinschaftliche Strahl $(s)(s')$ sowohl (A) als auch (A') darstellt, also sich selbst entspricht, so sind die beiden Büschel perspectivisch und entsprechende Strahlen werden sich in Punkten einer festen Geraden schneiden. Wenn β, γ die Schnittpunkte der Strahlenpaare $(B)(B')$, $(C)(C')$ sind, so ist die Verbindungslinie $\beta\gamma$ oder Σ jene feste Gerade, die Perspectivitätsaxe der beiden Büschel (s), (s'). Die Vervollständigung von s, s' unterliegt nun keinen Schwierigkeiten; soll zu dem Strahle X von s der entsprechende construirt werden, so transponiren wir X nach (X), indem wir (s) mit dem Punkte x verbinden, in welchem X den Kreis K trifft; den Schnittpunkt ξ von (X) und Σ verbinden wir mit (s'), was uns den Strahl (X') liefert, welcher K in x' schneiden möge; dann ist X' der Verbindungsstrahl von s mit x'.

Fig. 27.

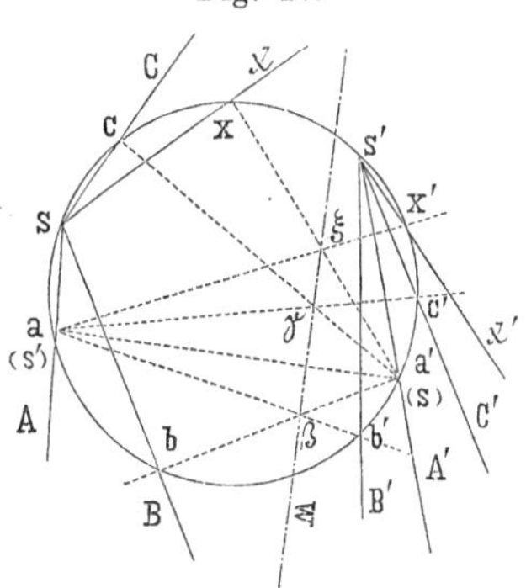

48. Wenn von zwei zu vervollständigenden projectivischen Gebilden das eine ganz in unendlicher Entfernung liegt, also in der unendlich weiten Ebene des Raumes enthalten ist, so kann es nur eine Punktreihe oder ein Strahlenbüschel sein. Bei der Vervollständigung kann man das unendlich weite Gebilde immer durch ein im Endlichen liegendes ersetzen. Ist das unendlich weite Gebilde eine Punktreihe, so wird ihre Axe als die unendlich weite Gerade $A\infty$ einer bestimmten Ebene α auftreten und ihre einzelnen Punkte a_∞, b_∞ .... sind die unendlich weiten Punkte von α, welche man als Richtungen der Strahlen irgend eines in α liegenden ebenen Strahlenbüschels betrachten kann. Wählt man dessen Scheitel s beliebig in α, so werden die durch s gehenden Strahlen A, B .... auf $A\infty$ die Punkte a_∞, b_∞ .... bestimmen und die Punktreihe $A\infty$ ist nun mit dem Büschel s perspectivisch und daher auch mit jenem zweiten Gebilde projectivisch, mit welchem die Reihe $A\infty$ in pro-

jectivischer Beziehung ist. Man wird somit dieses letztere Gebilde und das Büschel s vervollständigen und hat damit zugleich die Reihe $A\infty$ vervollständigt; es wird nämlich irgend einem Elemente des zweiten Gebildes der unendlich weite Punkt des ihm im Büschel s entsprechenden Strahles als entsprechender Punkt zugeordnet sein.

Man kann statt des Hülfsstrahlenbüschels ein Ebenenbüschel verwenden. Wählt man nämlich eine beliebige Gerade A als dessen Axe und legt durch dieselbe und die einzelnen Punkte von $A\infty$ Ebenen α, β . . . ., welche selbstverständlich zu den Strahlen des Büschels s parallel sein werden, so ist die unendlich weite Punktreihe $A\infty$ perspectivisch mit dem Ebenenbüschel A und dieses ist somit projectivisch mit dem zweiten zu $A\infty$ projectivischen Gebilde. Um nun zu irgend einem Elemente dieses zweiten Gebildes den entsprechenden Punkt von $A\infty$ zu erhalten, wird man die jenem Elemente entsprechende Ebene des Büschels A aufsuchen müssen, welche auf $A\infty$ den gesuchten Punkt bestimmt.

Ist von zwei projectivischen Gebilden das eine ein Strahlenbüschel und ganz in unendlicher Entfernung gelegen, also in der unendlich weiten Ebene enthalten, so tritt sein Scheitel s_∞ auf als die Richtung (der unendlich weite Punkt) irgend eines Strahles A und seine Strahlen $A\infty$, $B\infty$ . . . . treten auf als die Stellungen (die unendlich weiten Geraden) von durch A hindurchgehenden Ebenen α, β . . . . Zugleich ist das Strahlenbüschel s_∞ perspectivisch mit dem Ebenenbüschel A und letzteres somit projectivisch mit jenem zweiten Gebilde, mit welchem s_∞ sich in projectivischer Beziehung befindet. Man wird nun bei der Vervollständigung auch hier das Ebenenbüschel A an Stelle des Strahlenbüschel s_∞ setzen, und irgend einem Elemente des zweiten Gebildes wird jener Strahl des Büschels s_∞ entsprechen, welcher als unendlich weite Gerade der jenem Elemente entsprechenden Ebene des Ebenenbüschels A auftritt.

Sind beide projectivische Gebilde ganz in unendlicher Entfernung, so werden sie in derselben Art mit zwei in endlicher Entfernung liegenden Gebilden in perspectivische Beziehung gebracht, also ein unendlich weites Strahlenbüschel mit einem Ebenenbüschel und eine unendlich weite Punktreihe mit einem Ebenen- oder Strahlenbüschel. Die beiden neuen Gebilde sind, weil mit den ursprünglichen perspectivisch, untereinander projectivisch und in endlicher Entfernung gelegen, so dass ihre Vervollständigung nach den früher entwickelten Methoden vor sich gehen kann. Die unendlich weiten

Elemente je zweier entsprechender Elemente dieser Gebilde sind (oder bestimmen) zwei entsprechende Elemente der beiden unendlich weiten projectivischen Gebilde.

Zehntes Kapitel.

Conlocale projectivische Gebilde; Doppelelemente.

49. Wir haben bisher die projectivischen Gebilde als auf verschiedenen Trägern befindlich vorausgesetzt und haben gesehen, dass man mit den Gebilden Ortsveränderungen vornehmen kann, ohne ihre verwandtschaftliche Beziehung, nach welcher jedem Elemente des einen ein Element des andern entspricht und Doppelverhältnissgleichheit herrscht, aufzuheben. Sind die beiden projectivischen Gebilde gleichartig, also zwei Punktreihen, zwei Strahlen- oder Ebenenbüschel, so kann man sie offenbar auch in eine solche Lage bringen, dass sich ihre Träger decken; in diesem Falle nennt man sie conlocale Gebilde oder Gebilde auf demselben Träger.

Bei zwei Punktreihen hat man nur die eine so ihre Lage ändern zu lassen, dass ihre Axe in die Axe der anderen zu liegen kommt; ebenso werden zwei Ebenenbüschel conlocal, wenn ihre Axen in einer Geraden vereinigt werden.

Bei zwei Strahlenbüscheln hat man schliesslich dafür zu sorgen, dass ihre Ebenen und ihre Scheitel zusammenfallen. Wenn zwei gleichartige Gebilde einen gemeinschaftlichen Träger besitzen, so ist jedes Element des Trägers als zu jedem der beiden Gebilde gehörig zu betrachten, also in diesem Sinne doppelt zu zählen. Sind die beiden conlocalen Gebilde G, G' projectivisch und bezeichnet man die Elemente des ersten mit nichtaccentuirten und diejenigen des zweiten mit accentuirten Buchstaben, so werden also den Elementen $a, b, c \dots$ von G die Elemente $a', b', c' \dots$ von G' als entsprechende Elemente zugewiesen sein. Wählt man auf dem gemeinschaftlichen Träger irgend ein Element und betrachtet es als zu G gehörig, so wird dasselbe einen nichtaccentuirten Buchstaben, etwa x erhalten; dasselbe Element gehört jedoch auch dem Gebilde G' an und muss somit auch mit einem accentuirten Buchstaben versehen werden und nachdem es im Allgemeinen als Element von G' nicht dem Elemente x von G entsprechen wird, so müssen wir in Gemässheit der eingeführten Bezeichnung einen von x verschiedenen accentuirten Buchstaben, also etwa y' wählen. Irgend ein Element des gemeinschaftlichen Trägers hat somit seiner doppelten Bedeutung gemäss auch eine doppelte Bezeichnung x und y'; die den Elementen x, y' entsprechenden Elemente x' y werden im allgemeinen zwei von einander und von (xy') verschiedene Elemente sein, da dem Elemente (xy') je nachdem man es als dem einen (als x) oder dem anderen Gebilde (als y') angehörig betrachtet, ein ganz bestimmtes in jedem der beiden Fälle verschiedenes Element x' respective y entsprechen wird.

50. Die Vervollständigung conlocaler projectivischer Gebilde bietet keine Schwierigkeiten dar; wohl kann man die im achten Kapitel entwickelten Methoden der Directionsaxe und des Directionscentrum nicht unmittelbar zur Verwendung bringen, mittelbar jedoch in der Art, dass man von den beiden Gebilden eines (oder beide) die ursprüngliche Lage verändern lässt, wodurch die beiden Gebilde ihre conlocale Lage (aber nicht die projectivische Beziehung) einbüssen, oder aber indem man eines oder beide durch andere mit ihnen perspectivische oder projectivische Gebilde ersetzt. Die Projectivität wird auch bei conlocalen Gebilden durch drei Paare entsprechende Elemente vollkommen bestimmt sein.

a) Es seien auf der gemeinschaftlichen Axe (OO') zwei projectivische Punktreihen durch die drei Punktepaare aa', bb', cc' gegeben. Um sie zu vervollständigen, kann man die eine Reihe aus der ursprünglichen Lage etwa durch eine einfache Parallelverschiebung herausbringen, hierauf mittelst der Directionsaxe die Vervollständigung nach Art. 39 vornehmen und die jeweiligen Resultate (Punkte) durch die entgegengesetzte Parallelverschiebung in die ursprüngliche Lage auf (OO') zurückbringen. Oder aber wähle man zwei mit (OO') in derselben Ebene liegende Punkte s, s' beliebig; verbinde s mit den Punkten $a, b, c \ldots.$ der ersten Reihe, wodurch ein mit ihr perspectivisches Büschel $ABC \ldots.$ entsteht, und ebenso verbinde man s' mit $a'b'c' \ldots.$, wodurch ein mit der zweiten Reihe perspectivisches Büschel $A'B'C' \ldots.$ entstehen wird; die Büschel s, s' sind projectivisch (nach Art. 37) und kann ihre Vervollständigung mittelst des Directionscentrums nach Art. 41 vor sich gehen. Hiedurch ist aber auch die Vervollständigung der beiden conlocalen (coaxialen) Reihen durchgeführt. Ist nämlich x irgend ein Punkt der ersten Reihe, so ist sx oder X der ihm perspectivisch entsprechende Strahl von s, zu dem man mittelst des Directionscentrums der beiden Büschel leicht den projectivisch entsprechenden Strahl

X' von s' auffinden kann; X' trifft (OO') im Punkte x', welcher dem x projectivisch zugeordnet ist. Wären die beiden projectivischen Büschel s, s' ursprünglich gegeben, so treten die conlocalen projectivischen Reihen $abc \ldots$, $a'b'c' \ldots$ als Schnitte der beiden Büschel mit der Transversale (OO') auf.

„Zwei projectivische Strahlenbüschel, welche in derselben Ebene liegen, bestimmen auf jeder Geraden dieser Ebene zwei conlocale projectivische Punktreihen.“

Ebenso sieht man die Richtigkeit des folgenden Satzes ein:

„Zwei projectivische Ebenenbüschel bestimmen auf jeder Geraden des Raumes zwei conlocale projectivische Punktreihen.“

b) Sind in ein und derselben Ebene zwei projectivische conlocale (concentrische) Strahlenbüschel mit dem gemeinschaftlichen Scheitel (ss') durch drei Strahlenpaare AA', BB', CC' gegeben, so kann man auch hier entweder das eine (oder beide) Büschel in neue Lagen überführen (durch Parallelverschiebung oder Drehung) und hierauf die Vervollständigung mittelst des Directionscentrums vornehmen, wobei eine Zurückführung der construirten Strahlen in ihre ursprüngliche Lage nothwendig wird, oder aber man schneide die beiden Büschel mit zwei beliebigen Transversalen O, O' in den beiden Punktreihen $abc \ldots$, $a'b'c' \ldots$ respective, welche nach bekannten Grundsätzen projectivisch sein müssen und mittelst der Directionsaxe vervollständigt werden können, wodurch auch die beiden conlocalen Büschel vervollständigt erscheinen. Um nämlich zu irgend einem Strahle X den entsprechenden zu finden, wird man zu dem Punkte x, in dem X die Axe O trifft, den projectivisch entsprechenden Punkt x' auf O' aufsuchen, so ist dann der Strahl $s'x'$ der gesuchte X'.

Auch hier kann man sofort die Sätze als eines Beweises nicht bedürftig anführen:

„Zwei in derselben Ebene befindliche projectivische Punktreihen werden aus jedem Punkte dieser Ebene durch zwei concentrische projectivische Strahlenbüschel projicirt.“

„Zwei coaxiale projectivische Ebenenbüschel werden von jeder Ebene in zwei concentrischen projectivischen Strahlenbüscheln geschnitten.“

c) Wenn schliesslich die projectivische Beziehung zweier Ebenenbüschel mit gemeinschaftlicher Axe (OO') (conlocale oder coaxiale Ebenenbüschel) durch die Ebenenpaare $\alpha\alpha'$, $\beta\beta'$, $\gamma\gamma'$ gegeben ist und man die Büschel vervollständigen soll, so hat man auch hier entweder die Büschel in neue Lagen zu bringen und dann nach Art. 42

vorzugehen oder aber man schneidet die beiden Büschel mit zwei (etwa derselben Ebene angehörigen) Transversalen A, A' in zwei Punktreihen abc ...., $a'b'c'$ .... respective, welche der Projectivität der Büschel wegen auch projectivisch sein werden und durch deren Vervollständigung genau so wie in *a)* und *b)* die beiden Ebenenbüschel vervollständigt erscheinen.

Auch hier haben wir die beiden unmittelbar klaren Sätze:

„Zwei im Raume beliebig liegende projectivische Punktreihen werden aus jeder Geraden (Axe) des Raumes durch zwei coaxiale projectivische Ebenenbüschel projicirt.“

„Zwei beliebig im Raume gelegene projectivische Strahlenbüschel werden aus jedem Punkte der Verbindungslinie ihrer Scheitel durch zwei coaxiale projectivische Ebenenbüschel projicirt.“

Wenn beide Strahlenbüschel einen gemeinschaftlichen Scheitel haben, so werden sie aus jedem Punkte des Raumes in zwei coaxialen projectivischen Ebenenbüschel projicirt.

51. Die im Vorhergehenden angeführten Vervollständigungsmethoden conlocaler Gebilde entsprechen der Natur der Aufgabe, welche vom ersten Grade ist (da bei der Vervollständigung immer ein einziger Punkt, eine einzige Ebene oder ein einziger Strahl als gesucht in Frage steht) und sich daher mittelst eines einzigen Lineals lösen lassen muss. Wir werden im Folgenden eine andere Methode der Vervollständigung conlocaler projectivischer Gebilde entwickeln, welche zwar nicht mehr eine rein lineare genannt werden kann, welche uns jedoch die Lösung einer der wichtigsten Fragen über projectivische Gebilde liefern wird.

Es ist in Art. 49 gezeigt worden, dass einem Elemente (xy') zweier conlocal-projectivischer Gebilde zwei Elemente entsprechen; nämlich das Element x', wenn man das erste Element x als zum nicht accentuirten (ersten) Gebilde gehörig betrachtet, und ein Element y, wenn man das erste Element y' als zum accentuirten (zweiten) Gebilde gehörig betrachtet. Man kann nun die Frage aufwerfen, ob und wievielmal es geschehen kann, dass ein Element mit dem ihm entsprechenden zusammenfällt, wodurch ein sich selbst entsprechendes Element (ein den beiden conlocalen Gebilden gemeinsames Element, ein Doppelelement) entsteht.

Nachdem man für die Bestimmung der projectivischen Beziehung zweier Gebilde drei Elementenpaare aa', bb', cc' beliebig wählen kann, so kann man auf dem gemeinsamen Träger der beiden conlocalen projectivischen Gebilde diese drei die Beziehung bestimmenden Paare auch so wählen, dass a' identisch mit a wird, dagegen b', c' von b, c respective verschieden bleiben, oder dass a' mit a und b' mit b identisch wird, dagegen c' von c verschieden bleibt, oder schliesslich auch so, dass a', b', c' der Reihe nach mit a, b, c identisch werden. Im ersten Falle ist (aa') ein Doppelelement, im zweiten Falle sind (aa') und (bb') Doppelelemente und im dritten Falle sind (aa'), (bb') und (cc') Doppelelemente der conlocalen projectivischen Gebilde. Was den letzten Fall betrifft, so zeigt man leicht, dass jedes Element der conlocalen Gebilde sich selbst entsprechen muss; denn wenn x, x' zwei weitere entsprechende Elemente sind, so muss der Projectivität wegen $(a'b'c'x') = (abcx)$ sein; oder aber, da a', b', c' mit a, b, c identisch sind, hat man $(abcx') = (abcx)$, und es muss daher auch x' mit x identisch sein, weil sonst zwei von einander verschiedene Elemente x', x mit demselben Elemente gleiches Doppelverhältniss geben würden, was nach Art. 7 unmöglich ist. In der That lässt sich, wenn man die Theilverhältnisse von c, x, x' bezüglich ab respective mit γ, ξ, ξ' bezeichnet, die letzte Gleichung auch schreiben $\gamma : \xi' = \gamma : \xi$, woraus $\xi' = \xi$ folgt; es hat somit das Element x' bezüglich ab dasselbe Theilverhältniss wie das Element x, muss also mit demselben nach Art. 7 identisch sein.

„Wenn zwei conlocale projectivische Gebilde drei Doppelelemente besitzen, so ist jedes Element ein Doppelelement, d. h. jedes Element der beiden Gebilde entspricht sich selbst. Die beiden Gebilde sind identisch."

„Zwei conlocale projectivische Gebilde können, soferne sie nicht identisch sind, höchstens zwei Doppelelemente besitzen."

Sind a, b die beiden Doppelelemente und xx', yy' irgend zwei Paare entsprechender Elemente, so ist $(abxy) = (abx'y')$, oder wenn man mit ξ, η, ξ', η' die Theilverhältnisse von x, y, x', y' bezüglich ab bezeichnet: $\frac{\xi}{\eta} = \frac{\xi'}{\eta'}$, oder $\frac{\xi}{\xi'} = \frac{\eta}{\eta'}$, oder $(abxx') = (abyy')$. Es ist also der Werth des Doppelverhältnisses, welches irgend zwei entsprechende Elemente x, x' mit den beiden Doppelelementen bestimmen, gleich dem Werthe des Doppelverhältnisses, welches irgend zwei andere entsprechende Elemente mit den beiden Doppelelementen bestimmen, oder mit anderen Worten:

„Das Doppelverhältniss, welches irgend zwei entsprechende Elemente conlocaler mit zwei Doppelelementen versehener projectivischer Gebilde mit diesen beiden Doppelelementen bestimmen, hat einen constanten Werth: $(abxx') = k$."

„Wenn zwei conlocale projectivische Gebilde ein Doppelelement besitzen, so besitzen sie immer noch ein zweites Doppelelement.“ Der Beweis ist in den folgenden Artikeln enthalten.

52. Conlocale Punktreihen. Es seien auf der gemeinschaftlichen Axe (OO') (Fig. 28) zwei projectivische Punktreihen gegeben, durch das sich selbst entsprechende Element (aa') (Doppelpunkt) und die beiden Punktpaare bb', cc'. Nimmt man auf einer beliebig durch (aa') gelegten Geraden (AA') zwei willkürliche Punkte s, s' an und projicirt man die Reihe $abc \ldots.$ aus s im Büschel $ABC \ldots.$ und die Reihe $a'b'c' \ldots.$ aus s' im Büschel $A'B'C' \ldots.$, so erhält man zwei projectivische Büschel, welche überdies perspectivisch sind, weil der ihnen gemeinschaftliche Strahl $\overline{ss'}$ oder AA' sich selbst entspricht; die Perspectivitätsaxe S ist die Verbindungsgerade des Schnittpunktes von B und B' mit dem Schnittpunkte von C und C' und kann nun vortheilhaft zur Vervollständigung der beiden Reihen verwendet werden, nachdem zwei solche Strahlen X, X' der Büschel s, s', welche sich in einem Punkte von S schneiden, die Axe OO' in zwei einander entsprechenden Punkten x, x' treffen müssen.

Fig. 28.

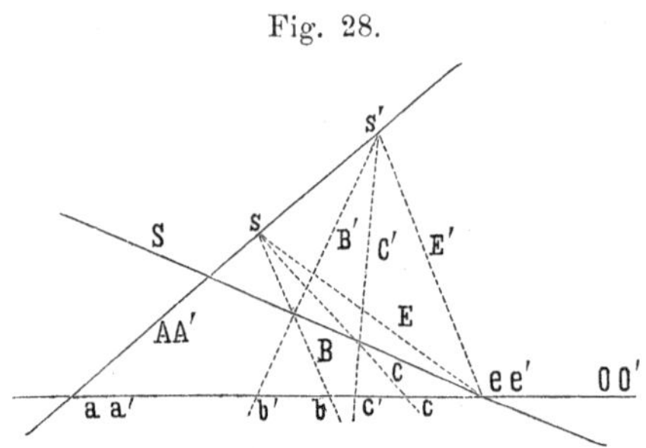

Die Strahlen E, E', welche von s und s' nach dem Schnittpunkte der Axe (OO') mit der Geraden S gehen, sind auch zwei entsprechende Strahlen der beiden perspectivischen Büschel und werden somit (O, O') in zwei entsprechenden Punkten e, e' der conlocalen Reihen treffen; diese Punkte e, e' fallen jedoch offenbar in dem Schnittpunkte von S mit (OO') zusammen und stellen somit den zweiten ausser (aa') auftretenden Doppelpunkt der beiden conlocalen Reihen vor. Nebenbei ist hiermit auch der folgende Satz bewiesen:

„Projicirt man zwei conlocale projectivische Punktreihen aus zwei Punkten, welche mit einem Doppelpunkte der Punktreihen in gerader Linie liegen, so erhält man zwei perspectivische Strahlenbüschel, deren Perspectivitätsaxe durch den zweiten Doppelpunkt der beiden Reihen hindurchgeht.“

Wenn die Projectivität der beiden conlocalen Punktreihen durch die beiden Doppelpunkte (aa'), (ee') und ein Punktepaar b, b' gegeben ist so kann die Vervollständigung in derselben Art erfolgen, da man für die Axe S zwei Punkte erhält, nämlich (e, e') (wenn man ss' mit (aa') in gerader Linie annimmt) und den Schnittpunkt von sb mit $s'b'$.

53. Nachdem man die beiden Doppelpunkte (aa'), (ee') und ein weiteres Paar entsprechender Punkte beliebig wählen kann, so kann man die beiden Doppelpunkte (aa') (ee') in einen einzigen Punkt (ee') zusammenfallen lassen, wodurch die beiden conlocalen projectivischen Punktreihen den besonderen Charakter annehmen, dass ihre beiden Doppelpunkte zusammenfallen. Stellt nun Fig. 29 (ee') das Paar zusammenfallender Doppelpunkte dar und ist b, b' ein Paar entsprechender Punkte der auf (OO') befindlichen conlocalen Punktreihen, so hat man auch hier ss' beliebig auf irgend einer durch (ee') hindurchgehenden geraden Linie anzunehmen und erhält für die Perspectivitätsaxe S der beiden Büschel zwei Punkte, nämlich (e, e') und den Schnittpunkt von sb mit $s'b'$ so dass die Vervollständigung der beiden Reihen dieselbe bleibt wie im allgemeinen Falle. Wählt man einen von den zwei Punkten s, s' in unendlicher Entfernung, so findet man durch einfache Betrachtung der auftretenden ähnlichen Dreiecke, dass in diesem Falle das Verhältniss $\frac{\overline{ex} \cdot \overline{ex'}}{\overline{xx'}}$ constant ist.

Fig. 29.

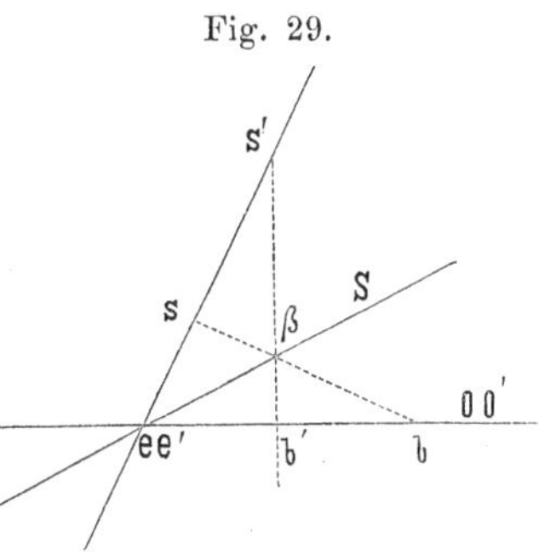

„Wenn zwei conlocale projectivische Punktreihen, zwei zusammenfallende Doppelpunkte besitzen, so ist die Entfernung zweier entsprechender Punkte in constantem Verhältniss zu dem Producte aus den Entfernungen derselben Punkte von den vereinigten Doppelpunkten."

Liegt der eine der beiden Doppelpunkte, etwa (ee'), in unendlicher Entfernung auf (OO') (Fig. 30), so wird die Achse S parallel zu (OO'). Bezeichnet man mit m den festen Schnittpunkt von S mit ss' und sind x, x' irgend zwei entsprechende Punkte, so dass sich die Strahlen sx, $s'x'$ in einem Punkte ξ von S schneiden, so folgt aus der Aehnlichkeit der auftretenden Dreiecke:

Fig. 30.

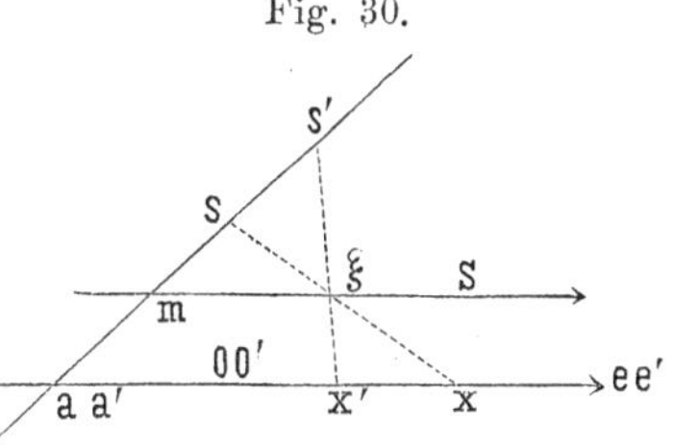

$$\frac{ax}{m\xi} = \frac{sa}{sm}, \quad \frac{m\xi}{ax'} = \frac{s'm}{s'a}$$

woraus durch Multiplication folgt:

$$\frac{ax}{ax'} = \frac{sa}{s'a} \cdot \frac{s'm}{sm},$$

somit ist

$$\frac{ax}{ax'} = \text{constant}.$$

Wenn wir diese Gleichung in der Form $\frac{ax}{a'x'} = \text{constant}$ schreiben, so gibt sie uns ein schon bekanntes Resultat; denn die beiden Punktreihen sind in diesem Falle ähnlich, da dem unendlich weiten Punkt e der einen, der unendlich weite Punkt e' der anderen entspricht, und daher müssen die entsprechenden Strecken ax, $a'x'$ ein constantes Verhältniss besitzen. Schreibt man dieselbe Gleichung in der Form $\frac{xa}{x'a} = \text{constant}$, so liefert sie den Satz:

„Haben zwei conlocale projectivische Punktreihen einen unendlich weiten Doppelpunkt, so besitzt der andere Doppelpunkt in Bezug auf alle Paare entsprechender Punkte ein constantes Theilverhältniss.“

Man gelangt zu denselben Resultaten, wenn man die beiden Scheitel s, s' auf einer durch den unendlich weiten Doppelpunkt hindurchgehenden, also zu (OO') parallelen Geraden annimmt.

Schliesslich kann der Fall eintreten, dass die beiden Doppelpunkte in dem unendlich weiten Punkte von (OO') vereinigt sind. In diesem Falle (Fig. 31) ist nicht nur S, sondern auch die Gerade ss' parallel zu (OO'). Sind nun xx', yy' zwei beliebige Paare entsprechender Punkte, so dass sich sx und $s'x'$ in einem Punkte ξ von S und sy und $s'y'$ in einem Punkte η von S schneiden, so folgt aus dem Umstande, dass die Strecken xx' und yy' zu der festen Strecke ss' in demselben constanten Verhältnisse stehen, die Gleichheit dieser Strecken, $xx' = yy'$, und sofort auch $xy = x'y'$ folgt; die beiden Punktreihen sind folglich congruent.

Fig. 31.

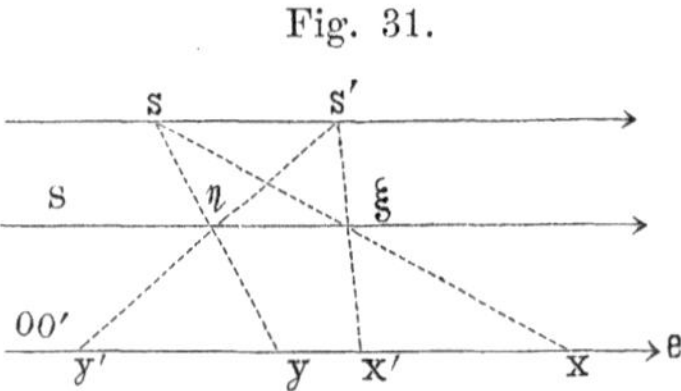

„Zwei conlocale projectivische Punktreihen, welche zwei in unendlicher Entfernung vereinigte Doppelelemente besitzen, sind zwei congruente Punktreihen.“

54. Stellen wir uns nun die Aufgabe, zu untersuchen, ob und wie viele Doppelelemente zwei gegebene conlocal-projectivische Punktreihen besitzen. Die Projectivität der beiden Reihen sei durch

drei Paar entsprechender Punkte gegeben, und denken wir uns die Gegenpunkte der beiden Reihen aufgesucht. Der unendlich weite Punkt der gemeinschaftlichen Axe, als zur Punktreihe O gehörig, möge u heissen, und u' sei der ihm projectivisch entsprechende Punkt; derselbe unendlich weite Punkt, als zu O' gehörig, möge mit v' bezeichnet werden und der ihm projectivisch entsprechende sei v; so sind u' und v die Gegenpunkte, und wenn xx' irgend ein Paar entsprechender Punkte darstellen, so ist nach Art. 44 das Product $\overline{vx} \cdot \overline{u'x'}$ constant, also etwa:

$$\overline{vx} \cdot \overline{u'x'} = k \; \ldots \; (1).$$

Bedeutet o den Halbirungspunkt der Strecke vu', so ist $vo = ou'$ und ebenso hat man für jede Lage der Punkte

$$vx = vo + ox = ox + vo$$
$$u'x' = u'o + ox' = ox' - vo,$$

wodurch (1) übergeht in:

$$(ox + vo)(ox' - vo) = k$$

oder

$$ox \cdot ox' + vo\,(ox' - ox) = \overline{vo}^2 + k \; \ldots \; (1').$$

In einem Doppelpunkte fällt x' mit x zusammen und das wird eintreten, wenn $ox' = ox$ wird; man hat somit nach (1') für die Doppelpunkte die quadratische Gleichung

$$\overline{ox}^2 = \overline{vo}^2 + k,$$

woraus

$$ox = \pm \sqrt{\overline{vo}^2 + k}$$

folgt. Wir erhalten somit zwei Doppelpunkte, indem wir die Strecke $\sqrt{\overline{vo}^2 + k}$ beiderseits von o aus auf die Axe (OO') auftragen. Ist k positiv oder negativ, aber im letzteren Falle dem absoluten Werthe nach kleiner als $\overline{vo}^2$, so ist der Werth der Quadratwurzel reell und die beiden Doppelpunkte sind ebenfalls reelle, auf der Axe (OO') in gleicher Entfernung gelegene Punkte; ist hingegen k negativ und dem absoluten Werthe nach grösser, als $\overline{vo}^2$, so wird die Quadratwurzel imaginär und die beiden Doppelpunkte existiren nicht mehr als eigentliche Punkte der Axe (OO'). Aber trotzdem werden wir auch in diesem Falle sagen, dass die beiden Punktreihen zwei, jedoch imaginäre Doppelpunkte besitzen, welche auf der Axe (OO') von o aus beiderseits in der Entfernung $\sqrt{\overline{vo}^2 + k}$ liegen, so dass o in beiden Fällen als der Halbirungspunkt der Strecke der beiden Doppelpunkte auftritt. Der Uebergangsfall tritt ein, wenn $\overline{vo}^2 + k = o$ wird oder also $k = -\overline{vo}^2$; in diesem Falle vereinigen sich die beiden Doppelpunkte im Punkte o und die Gleichung (1) geht über in:

$$\overline{vx} \,.\, \overline{u'x'} = -\left(\frac{\overline{vu'}}{2}\right)^2$$

„Zwei conlocale projectivische Punktreihen besitzen immer zwei reelle imaginäre oder zusammenfallende Doppelpunkte. Die von ihnen begränzte Strecke hat mit der von den beiden Gegenpunkten begränzten Strecke einen gemeinschaftlichen Halbirungspunkt.“

„Wenn die beiden Doppelpunkte zweier conlocaler projectivischer Punktreihen zusammenfallen, so vereinigen sie sich in dem Halbirungspunkte der von den Gegenpunkten begränzten Strecke, und je zwei entsprechende Punkte bestimmen mit den Gegenpunkten zwei Strecken, welche entgegengesetzte Richtung haben und zum absoluten Producte das Quadrat der halben Entfernung der beiden Gegenpunkte geben.“

55. Conlocale Strahlenbüschel. Genau so wie in Art. 52 zeigt man, dass zwei concentrische projectivische Strahlenbüschel, welche einen Doppelstrahl besitzen, auch noch einen zweiten Doppelstrahl besitzen müssen. In der That, wenn (ss') der gemeinschaftliche Scheitel der beiden Büschel ist (Fig. 32), und wenn (AA') ein sich selbst entsprechender Strahl ist, und wenn ferner zwei weitere Paare BB', CC' entsprechender Strahlen gegeben sind, so kann man die beiden Büschel ss' mit zwei durch einen beliebigen Punkt (aa') von (AA') hindurchgehende Transversalen S, S' respective zum Schnitte bringen. Das Büschel $ABC\ldots$ bestimmt auf S die mit ihm perspectivische Reihe $abc\ldots$ und das Büschel $A'B'C'\ldots$ bestimmt auf S' die mit ihm perspectivische Reihe $a'b'c'\ldots$, welche beide Reihen der Projectivität der Büschel wegen ebenfalls projectivisch sein werden. Sie sind überdies auch perspectivisch, weil der ihnen gemeinschaftliche Punkt (aa') sich selbst entspricht. Das Perspectivitätscentrum o ergibt sich als Schnittpunkt der Geraden bb', cc' und kann nun zur Vervollständigung der beiden Büschel verwendet werden, nachdem zwei Punkte x, x' auf S, S', respective, welche in einem durch o gehenden Strahle liegen, mit (ss') verbunden, zwei entsprechende Strahlen X, X' der beiden Büschel liefern. Die Gerade, welche (ss') mit o verbindet, bestimmt auf S und S' ebenfalls zwei entsprechende Punkte e, e' der projectivischen Punktreihen, welche mit (ss') durch die Strahlen E, E' verbunden, zwei entsprechende

Fig. 32.

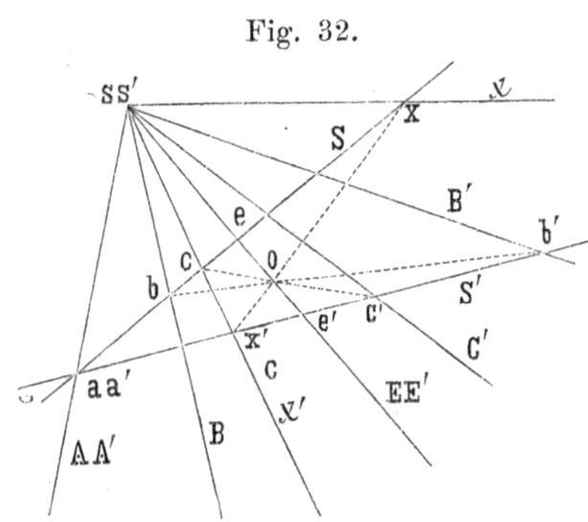

Strahlen der beiden concentrischen Büschel liefern. Nun fallen aber offenbar die Strahlen E, E' in der Geraden $\overline{so}$ zusammen und stellen folglich einen zweiten sich selbst entsprechenden Strahl, einen Doppelstrahl der beiden Büschel dar.

„Wenn man zwei concentrische, projectivische Strahlenbüschel mit zwei Transversalen schneidet, welche durch denselben Punkt eines Doppelstrahles der beiden Büschel hindurch gehen, so erhält man zwei perspectivische Punktreihen, deren Perspectivitätscentrum auf dem zweiten Doppelstrahle der beiden Büschel gelegen ist.“

Wenn die Projectivität der beiden concentrischen Büschel gegeben ist, durch die beiden Doppelelemente (AA') (EE') und ein weiteres Paar entsprechender Strahlen B, B', so hat man wiederum durch einen beliebigen Punkt (aa') von (AA') zwei willkürliche Transversalen S, S' zu legen, welche von B, B' respective in b, b' geschnitten werden; dann ist der Schnittpunkt o von (EE') mit $\overline{bb'}$ das Perspectivitätscentrum der beiden Reihen auf S, S'. Es ist selbstverständlich, dass man in der Construction die Rollen der Strahlen (AA') und (EE') vertauschen kann.

Denken wir uns die Punkte b, b' so auf B, B' gewählt, dass (Fig. 33) bb' parallel zu (EE') wird, und legen wir durch b, b die Geraden S, S' parallel zu (AA'), so dass (aa') der unendlich weite Punkt von (AA') und o der unendlich weite Punkt von (EE') wird. Irgend eine durch o, d. h. parallel zu (EE') gezogene Gerade wird S, S' in zwei Punkten x, x' schneiden, welche, mit (ss') verbunden, zwei entsprechende Strahlen X, X' der projectivischen Büschel liefern. Bezeichnet man mit ξ den Schnittpunkt von $\overline{xx'}$ und (AA'), ferner mit n, n die festen Schnittpunkte von S, S' mit (EE'), so ergibt sich aus den entstehenden Dreiecken sofort:

Fig. 33.

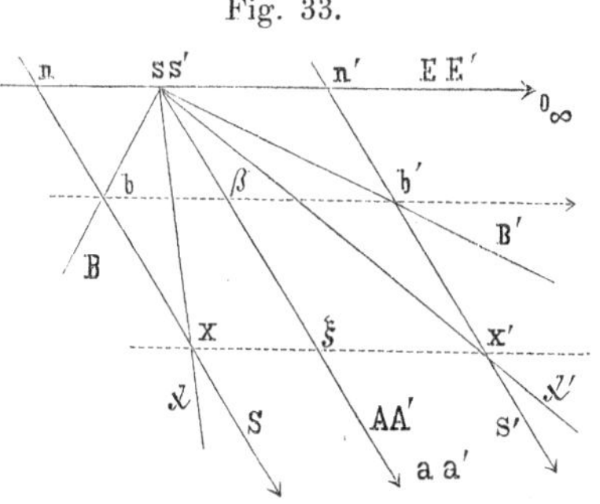

$$\frac{\sin AX}{\sin EX} = \frac{sn}{s\xi}, \quad \frac{\sin AX'}{\sin EX'} = \frac{sn'}{s\xi},$$

woraus durch Division folgt:

$$\frac{\sin AX}{\sin EX} : \frac{\sin AX'}{\sin EX'} = \frac{sn}{sn'} = \text{const.}$$

Oder aber $(AEXX')$ = constant, wodurch wiederum der allgemein schon erwiesene Satz von der Unveränderlichkeit des Doppelverhältnisses, welches zwei entsprechende Elemente X, X' mit den beiden Doppelelementen A, E bestimmen, speciell für concentrische, projectivische Strahlenbüschel erwiesen ist.

Wenn die beiden Doppelstrahlen A, E aufeinander senkrecht stehen, so ist $\sin EX = \cos AX$, $\sin EX' = \cos AX$ und folglich ist:

$$\frac{tg\, AX}{tg\, AX'} = \text{const.}$$

„Wenn zwei concentrische, projectivische Strahlenbüschel zwei auf einander senkrechte Doppelstrahlen besitzen, so bilden irgend zwei entsprechende Strahlen mit jedem Doppelstrahle Winkel, deren goniometrische Tangenten ein constantes Verhältniss besitzen.“

Man kann die beiden beliebig wählbaren Doppelstrahlen (AA'), (EE') in einen Strahl zusammenfallen lassen; dann wird die projectivische Beziehung der beiden Büschel vollkommen bestimmt sein, wenn man ausser den in A vereinigten Doppelstrahlen noch ein Paar entsprechender Strahlen B, B' annimmt. Die beiden Transversalen S, S' legt man beliebig wieder durch irgend einen Punkt a von A, sie bestimmen auf R, R' die Punkte b, b', deren Verbindungslinie A im Punkte o treffen wird. Die Vervollständigung bleibt dieselbe wie im allgemeinen Falle.

Fig. 34.

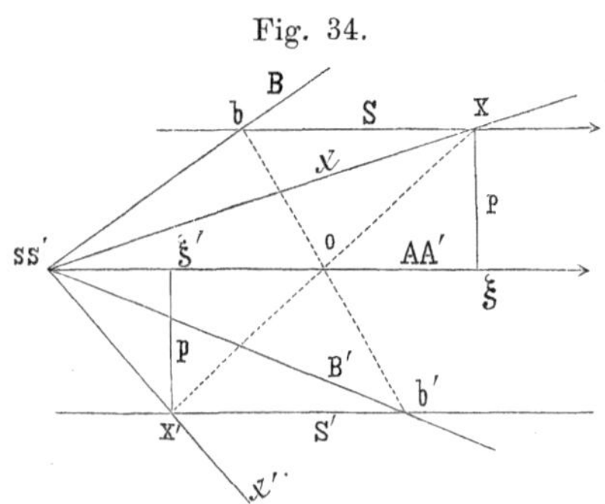

Zieht man die Transversalen S, S' (Fig. 34) parallel zu den in A vereinigten Doppelstrahlen und auf beiden Seiten in gleicher Entfernung p von A, so liefert die Verbindungslinie der Punkte (SB), $(S'B')$ auf A den Punkt o; irgend eine durch o gezogene Gerade trifft S, S' in x, x', welche Punkte, mit s verbunden, zwei entsprechende Strahlen X, X' liefern. Bezeichnet man mit ξ, ξ' die Fusspunkte der von x, x' auf A gefällten Perpendikel, so ist offenbar $\overline{\xi' o} = \overline{o\xi}$; ferner hat man:

$$cotg\, AX = \frac{\overline{s\xi}}{p} = \frac{\overline{so} + \overline{o\xi}}{p}$$

$$cotg\, AX' = \frac{\overline{\xi' s}}{p} = \frac{\overline{\xi' o} - \overline{so}}{p} = \frac{\overline{o\xi} - \overline{so}}{p}$$

somit ist:

$$cotg\, AX - cotg\, AX' = \frac{2\,.\, so}{p} = \text{const.}$$

„Wenn zwei concentrische projectivische Strahlenbüschel zwei zusammenfallende Doppelstrahlen besitzen, so bilden irgend zwei entsprechende Strahlen mit dem doppelten Doppelstrahle zwei Winkel, deren Cotangenten eine constante Differenz besitzen.“

Wenn man zwei concentrische, projectivische Strahlenbüschel (ss'), deren Beziehung etwas durch drei Paar entsprechender Strahlen AA', BB, CC' gegeben ist, mit einer beliebigen Transversale O schneidet, so entstehen auf derselben zwei conlocale projectivische Punktreihen; die drei Strahlenpaare bestimmen auf O drei Paare entsprechender Punkte aa', bb', cc' und irgend ein weiteres Paar entsprechender Strahlen X, X' wird O in einem Paare entsprechender Punkte x, x' durchschneiden. Umgekehrt erhält man zwei entsprechende Strahlen X, X' der concentrischen Büschel, wenn man zwei entsprechende Punkte x, x' der conlocalen Reihen auf O mit dem gemeinschaftlichen Büschelscheitel (ss') verbindet. Es wird also insbesondere auch jeder sich selbst entsprechende Punkt der beiden conlocalen Punktreihen (Doppelpunkt) mit (ss') verbunden, einen sich selbst entsprechenden Strahl (Doppelstrahl) der beiden concentrischen Büschel liefern. Da nun die beiden Punktreihen immer zwei reelle, imaginäre oder zusammenfallende Doppelpunkte besitzen, so folgt hieraus.

„Zwei concentrische, projectivische Strahlenbüschel besitzen immer zwei reelle, imaginäre oder zusammenfallende Doppelstrahlen.“

56. Conlocale Ebenenbüschel. Wenn zwei projectivische Ebenenbüschel eine gemeinschaftliche Axe (OO') besitzen, so sind sie conlocal oder coaxial. Ihre Beziehung ist durch drei Paar entsprechender Ebenen $\alpha\alpha'$, $\beta\beta'$, $\gamma\gamma'$ fixirt und man kann sie vervollständigen, wenn man sie durch die Operation des Schnittes mit einer Transversalgeraden oder Transversalebene auf zwei conlocale, projectivische Punktreihen, respective Strahlenbüschel reducirt. Durch entsprechende Punkte, respective Strahlen der beiden letzten Gebilde gehen entsprechende Ebenen der Ebenenbüschel hindurch. Insbesondere liefern die Doppelelemente der Punktreihen, respective Strahlenbüschel, die durch sie hindurchgehenden Doppelelemente (sich selbst entsprechenden Elemente) der beiden Ebenenbüschel.

Wir können somit den Satz aussprechen:

„Zwei coaxiale, projectivische Ebenenbüschel besitzen immer zwei reelle, imaginäre oder zusammenfallende Doppelebenen (sich selbst entsprechende Ebenen).“

Wenn man die beiden Ebenenbüschel mit einer Ebene ω schneidet, welche auf der gemeinschaftlichen Axe senkrecht steht, so entstehen zwei concentrisch-projectivische Strahlenbüschel, in denen der von irgend zwei Strahlen gebildete Winkel zugleich der von den durch sie hindurchgehenden Ebenen gebildete Winkel ist. Hieraus folgt, dass die über Winkelrelationen bei projectivischen, conlocalen Strahlenbüscheln bewiesenen Sätze sofort auch für conlocale Ebenenbüschel Geltung haben. Wenn also α eine von den zwei Doppelebenen ist, und wenn die beiden Doppelebenen auf einander senkrecht stehen, so ist

$$\frac{tg\ \alpha\xi}{tg\ \alpha\xi'} = \text{const.};$$

und wenn die beiden Doppelebenen in α zusammenfallen, so ist

$$cotg\ \alpha\xi - cotg\ \alpha\xi' = \text{const.}$$

Die letzten Ergebnisse zusammengefasst, liefern das allgemeine Theorem:

„Zwei conlocale projectivische Gebilde besitzen immer zwei reelle, imaginäre oder zusammenfallende Doppelelemente. Zwei entsprechende Elemente der beiden Gebilde bestimmen mit den beiden Doppelelementen ein Doppelverhältniss von constantem Werthe. Wenn man aus den zwei conlocalen, projectivischen Gebilden durch die Operation des Schneidens oder des Projicirens zwei neue Gebilde ableitet, so erhält man abermals zwei conlocale projectivische Gebilde, deren entsprechende Elemente die Schnitte, respective Scheine entsprechender Elemente und deren Doppelelemente die Schnitte, respective Scheine der Doppelelemente der beiden ursprünglichen Gebilde sind.“

Fig. 35.

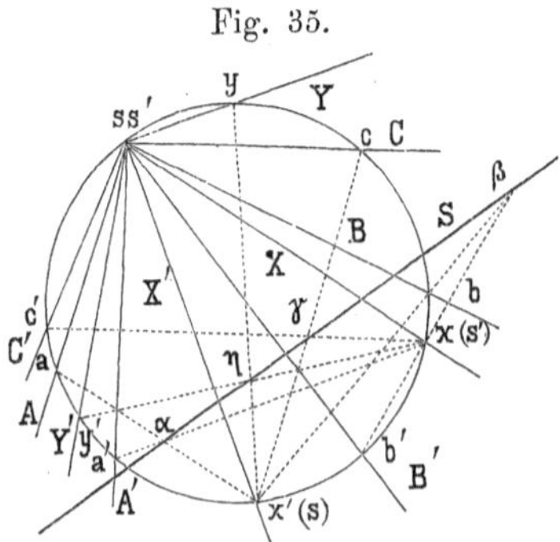

57. Construction der Doppelelemente conlocaler projectivischer Gebilde.

a) Strahlenbüschel. Es sei ss' der gemeinschaftliche Scheitel der beiden concentrischen, projectivischen Strahlenbüschel (Fig. 35), deren Beziehung durch Angabe oder Annahme der drei Strahlenpaare AA', BB', CC' bestimmt sein möge. Ferner seien XX', YY' zwei weitere beliebige

Paare entsprechender Strahlen der beiden Büschel. Man erhält eine einfache Methode der Vervollständigung beider Büschel, wenn man die in Art. 47 entwickelte Transposition derselben zur Verwendung bringt. Ein beliebiger, durch den gemeinschaftlichen Scheitel ss' hindurchgehender Kreis K möge von den Strahlen AA', BB', CC', XX', YY' . . . in den Punkten aa', bb', cc', xx', yy' . . . geschnitten werden; dann kann man das Büschel s (respective s') mittelst des Kreises sofort in eine neue Lage bringen, wenn man seinen neuen Scheitel (s) (respective (s')) beliebig auf der Peripherie von K annimmt, und mit den Punkten a, b, c, x, y . . . (respective a', b', c', x', y' . . .) verbindet, wodurch man die neuen Lagen der Strahlen A, B . . . (respective A', B' . . .) erhält (vergleiche Art. 47).

Wir wollen beide Büschel einer solchen Lagenveränderung unterwerfen und die neuen Scheitel (s), (s') insbesondere so wählen, dass die beiden Büschel in der neuen Lage gleich perspectivisch werden. Dazu genügt, die von zwei einander entsprechenden Strahlen auf dem festen Kreise K bestimmten zwei Punkte wechselweise als Scheitel (s), (s') für die neuen Büschellagen anzunehmen. Es möge also (s) nach x' und (s') nach x verlegt werden; die Strahlen A, B, C, X, Y . . . kommen in die neuen Lagen $\overline{(s)a} = (A)$, $(s)b = (B)$, $(s)c = (C)$, $(s)x = (X)$, $(s)y = (Y)$ . . . und die entsprechenden Strahlen A', B', C', X', Y' . . . kommen in die neuen Lagen $(s')a' = (A')$, $(s')b' = (B')$, $(s')c' = (C')$, $(s')x' = (X')$, $(s')y' = (Y')$ . . .

Nun sind aber in der neuen Lage die beiden Büschel in der That perspectivisch, nachdem der beiden Büscheln gemeinschaftliche Strahl $(s)(s')$ oder xx' zugleich (X), als auch (X') ist und sich daher selbst entspricht. Die Schnittpunkte der Strahlenpaare $(A)(A')$, $(B)(B)$, $(C)(C')$, $(Y)(Y')$ . . . werden somit die perspectivische Axe S der beiden Büschel erfüllen, welche Gerade nun zur Vervollständigung der beiden Büschel in der neuen perspectivischen Lage und dadurch auch in der ursprünglichen, concentrischen Lage verwendet werden kann. Verbindet man nämlich einen beliebigen Punkt ξ von S mit (s) und (s'), so erhält man zwei entsprechende Strahlen $(Z)(Z')$ der perspectivischen Büschel, welche K in zwei Punkten z, z' schneiden, die, mit s, s' verbunden, die zwei einander projectivisch entsprechenden Strahlen Z, Z' der concentrischen Büschel liefern.

Die Gerade S wird den Kreis K entweder in zwei reellen Punkten ε, φ schneiden, oder sie wird ihn berühren (dann liegen ε, φ unendlich nahe beisammen auf der Peripherie von K), oder aber sie wird mit K keinen reellen Punkt gemeinschaftlich haben; im letzten Falle wollen wir, dem Gebrauche der analytischen Geometrie gemäss sagen, dass die Gerade S mit dem Kreise zwei imaginäre Punkte ε, φ gemeinschaftlich hat. Die Geraden, welche $(s)(s')$ mit einem dieser Punkte, z. B. mit ε verbinden*), sind auch zwei einander entsprechende Strahlen $(E)(E')$ der beiden perspectivischen Büschel $(s)(s')$, und wenn man die Schnittpunkte e, e' dieser Strahlen und des Kreises K mit s, s' verbindet, so erhält man zwei einander entsprechende Strahlen E, E' der beiden concentrischen Büschel. Nun fallen jedoch die Punkte e, e' mit ε zusammen, und folglich fallen auch die Strahlen E, E' in der Verbindungslinie des Punktes ss' mit dem Punkte ee' zusammen, d. h. der Strahl EE' der concentrischen Büschel ss', welcher nach dem Schnittpunkte ee' der Geraden S und des Kreises gerichtet ist, ist ein Doppelstrahl der beiden Büschel; ebenso ist der Strahl FF', welcher ss' mit dem zweiten Schnittpunkte φ oder ff' der Geraden S und des Kreises K verbindet, ein Doppelstrahl der beiden Büschel ss'. Man erhält somit die Doppelstrahlen der beiden concentrischen, projectivischen Büschel als jene Strahlen, welche durch die Schnittpunkte des Kreises K mit der Geraden S hindurchgehen. Zugleich ist, weil S den Kreis K in zwei reellen, zusammenfallenden oder imaginären Punkten schneidet, hiermit wieder nachgewiesen, dass zwei concentrische projectivische Büschel immer zwei reelle, zusammenfallende oder imaginäre Doppelstrahlen besitzen. Reel sind die Doppelstrahlen, wenn S den Kreis K in reellen Punkten schneidet, imaginär sind sie, wenn S ganz ausserhalb K liegt, und sie fallen zusammen, wenn S eine Tangente des Kreises K ist.

Zur Bestimmung der Geraden S haben wir eine Reihe von Punkten erhalten, nämlich die Schnittpunkte der Strahlenpaare $(A)(A')$, $(B)(B')$, $(C)(C')$, $(Y)(Y')$; das letzte Strahlenpaar, dessen Schnittpunkt auch auf S liegt, ist offenbar das Geradenpaar $\overline{xy'}$, $\overline{x'y}$, und da S die Verbindungsgerade der beiden Punkte ε, φ ist, so haben wir den folgenden wichtigen Satz:

„Wenn E, F die beiden Doppelstrahlen und XX', YY' irgend zwei Paare entsprechender Strahlen zweier concentrisch-projectivischer Strahlenbüschel sind, und wenn irgend ein durch den gemeinschaftlichen Büschelscheitel hindurchgehender Kreis von diesen Strahlen der Reihe nach in den Punkten ε, φ, x, x', y, y' geschnitten wird, so liegt der Schnittpunkt der beiden wechselweisen Verbindungslinien $\overline{xy'}$, $\overline{x'y}$ auf der Geraden $\overline{\varepsilon\varphi}$."

Hiermit ist ein einfaches und symmetrisch anwendbares Mittel gegeben, zur Construction der beiden Doppelstrahlen zweier con-

*) Bezüglich der Punkte ε, φ vervollständige sich der Leser die Fig. 35.

centrisch-projectivischer Büschel, deren Beziehung durch drei Strahlenpaare AA', BB', CC' gegeben ist. Man lege durch den Büschelscheitel einen beliebigen Kreis K, welcher die Strahlen der Reihe nach in den Punkten aa', bb', cc' schneiden wird; die drei Paare wechselweiser Verbindungslinien dieser Punkte, nämlich: ab', $a'b$; bc', $b'c$; ca', $c'a$ liefern drei Schnittpunkte, welche auf einer Geraden S liegen müssen. Diese Gerade trifft K in zwei Punkten ε, φ, die, mit dem Büschelscheitel verbunden, die beiden gesuchten Doppelstrahlen E, F liefern.

Zugleich ist eine Methode zur Vervollständigung der beiden Büschel gegeben; denn zwei entsprechende Strahlen X, X' müssen K in zwei solchen Punkten $x'x$ treffen, dass sich die Geraden $a'x$ und ax' in einem Punkte α von S schneiden. Ebenso müssen sich $b'x$ und bx' oder $c'x$ und cx', allgemein yx' und $y'x$ in einem Punkte von S durchschneiden. Um also zu X z. B. den entsprechenden Strahl zu finden, hat man den Punkt x, welchen X auf K bestimmt, mit irgend einem accentuirten Punkte von K, z. B. mit a' zu verbinden; diese Gerade xa' trifft S in einem Punkte α, welcher mit dem entsprechenden nicht accentuirten Punkte, also hier mit a zu verbinden ist, wodurch eine Gerade entsteht, welche K in x' trifft; der durch x' gehende Strahl X' ist der gesuchte. Ebenso leitet man X aus X' ab.

Je nachdem die Gerade S den Kreis K trifft oder nicht schneidet, sind die Doppelstrahlen E, F reell oder imaginär; berühren sich K und S, so fallen beide Doppelstrahlen E, F zusammen und selbstverständlich in jenen Strahl, welcher durch den Berührungspunkt der Tangente S hindurchgeht.

Anmerkung. Durch die vorhergehenden Betrachtungen ist zugleich ein Satz über beliebige sechs Punkte eines Kreises mitbewiesen, welchen wir später auch für allgemeine Curven zweiter Ordnung, als den Satz von Pascal begründet finden werden. Da die sechs Strahlen AA', BB', CC' der concentrischen Büschel beliebig gewählt werden können, so kann man offenbar auch zuerst den Kreis K und auf ihm die sechs Punkte a, a', b, b', c, c', sowie den gemeinschaftlichen Büschelscheitel ss' beliebig wählen, und es werden (für jede Lage von ss' auf der Kreisperipherie) die drei Schnittpunkte der Geradenpaare ab', $a'b$; bc', $b'c$; ca', $c'a$ auf einer und derselben Geraden S liegen. Wir haben somit den Satz:

„Wählt man auf der Peripherie eines Kreises drei beliebige Punktepaare aa', bb', cc', so liegen die drei Schnittpunkte der drei Geradenpaare ab', $a'b$; bc', $b'c$; ca', $c'a$ auf einer und derselben Geraden S."

Man kann denselben Satz auch in der folgenden Form aussprechen:

„Wenn die sechs Ecken eines einfachen Sechseckes auf der Peripherie eines Kreises liegen (d. h. wenn dasselbe dem Kreise eingeschrieben ist), so schneiden sich die drei Gegenseitenpaare des Sechseckes in drei Punkten, welche auf einer und derselben Geraden liegen."

Sind nämlich 1, 2, 3, 4, 5, 6 die sechs Ecken eines dem Kreise K eingeschriebenen einfachen Sechseckes, so sind 12 und 45 zwei Gegenseiten, 23 und 56 ebenfalls, und schliesslich auch 34 und 61. Die Richtigkeit des obigen Satzes erkennt man aus dem vorhergehenden Satze einfach, indem man die Punkte 1, 2, 3, 4, 5, 6 der Reihe nach als die Punkte a, b', c, a', b, c' betrachtet.

b) Punktreihen und Ebenenbüschel. Wenn auf einer gemeinschaftlichen Axe (OO') zwei projectivische Punktreihen durch drei Paar entsprechender Punkte aa', bb', cc' gegeben sind und man soll ihre Doppelpunkte construiren, so kann man die Aufgabe auf concentrische Strahlenbüschel zurückführen. Projicirt man die beiden Punktreihen aus einem beliebigen Punkte s, so erhält man zwei concentrische, projectivische Strahlenbüschel, in denen sa, sa'; sb, sb'; sc, sc' als drei Paar entsprechender Strahlen AA', BB', CC' auftreten. Bestimmt man nun die beiden Doppelstrahlen E, F mittelst des Hilfskreises K in der oben angegebenen Weise, so werden diese die Axe (OO') in den beiden sich selbst entsprechenden Punkten e, f, d. h. in den Doppelpunkten der beiden conlocalen Reihen schneiden.

Hat man ferner zwei projectivische coaxiale Ebenenbüschel, gegeben durch drei Ebenenpaare $\alpha\alpha'$, $\beta\beta'$, $\gamma\gamma'$ und schneidet man dieselben mit einer beliebigen Transversalebene, so erhält man drei Strahlenpaare AA', BB', CC' der concentrischen, projectivischen Strahlenbüschel, welche als Schnitt der Ebenenbüschel entstehen. Die durch die Doppelstrahlen E, F der Strahlenbüschel hindurchgehenden Ebenen der Ebenenbüschel sind die Doppelelemente derselben (vergleiche den Schluss von Art. 56).

Fig. 36.

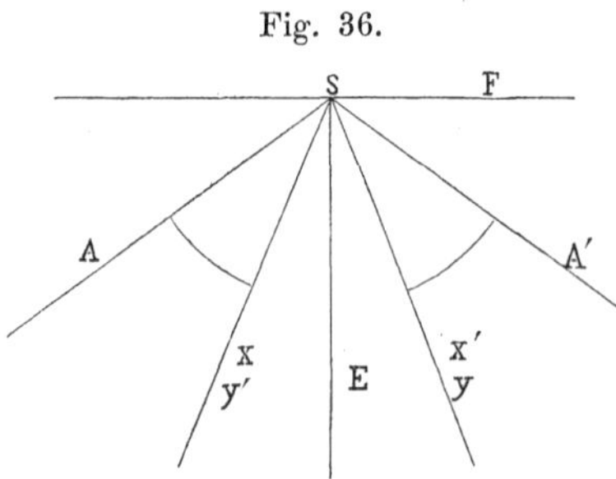

58. Zwei congruente Strahlenbüschel sind, wie in Art. 46 dargethan worden ist, vollkommen bestimmt, wenn man ein Paar entsprechender Strahlen AA' kennt und überdiess weiss, ob die beiden Büschel gleich- oder ungleichstimmig sind.

a) Ungleichstimmig congruente, conlocale Strahlenbüschel. Haben die beiden ungleichstimmig congruenten Büschel einen gemeinschaftlichen Scheitel s (beide in derselben Ebene liegend) (Fig. 36), und sind A, A' zwei entsprechende Strahlen, so erhält man zu einem Strahle X den entsprechenden, wenn man den Winkel AX von A' aus in entgegengesetztem Sinne aufträgt, d. h. $\angle A'X' = -\angle AX$ macht. Hieraus folgt sofort, dass die Halbirungsstrahlen E, F des Winkels AA', welche zugleich Halbirungsstrahlen aller Winkel XX' sind, die sich selbst entsprechenden Strahlen oder also die Doppelstrahlen der beiden concentrischen Büschel darstellen:

„Die von den entsprechenden Strahlen zweier conlocaler, ungleichstimmig-congruenter Büschel gebildeten Winkel haben zwei gemeinschaftliche Halbirungsstrahlen, welche zugleich als Doppelstrahlen der beiden Büschel auftreten."

Die beiden Büschel haben überdies auch eine andere bemerkenswerthe Eigenschaft. Betrachtet man nämlich den Strahl X' als zum ersten Büschel gehörig und bezeichnet man ihn demgemäss etwa mit Y, so wird man den entsprechenden Y' finden, wenn man wieder $\angle A'Y' = -\angle AY$ macht; da nun auch $\angle AX' = -\angle A'X$ oder also $\angle AY = -\angle A'X$, so fällt Y' mit X zusammen. Es entspricht somit dem Strahle X, ob man ihn zu dem einen oder zu dem anderen Büschel rechnet, immer der Strahl X'.

„Die einander entsprechenden Strahlen conlocaler, ungleichstimmig-congruenter Strahlenbüschel entsprechen sich vertauschungsfähig, d. h. irgend einem Strahle entspricht, ob man ihn zu dem einen oder dem andern Büschel rechnet, immer ein einziger Strahl."

b) Gleichstimmig-congruente, conlocale Strahlenbüschel. Sind die beiden conlocalen Strahlenbüschel gleichstimmig congruent, so erhält man den dem Strahle X entsprechenden Strahl X', wenn man den Winkel AX von A' aus in gleichem Sinne aufträgt (Fig. 37), also $\angle A'X' = \angle AX$ macht. Es wird offenbar $\angle XX' = \angle AA'$ sein, d. h.: Der von zwei entsprechenden Strahlen gleichstimmig-congruenter conlocaler Büschel gebildete Winkel hat einen constanten Werth." Man wird somit die verschiedenen Paare einander entsprechender Strahlen XX' erhalten, wenn man den constanten Winkel AA' um den Scheitel s herumdreht.

Fig. 37.

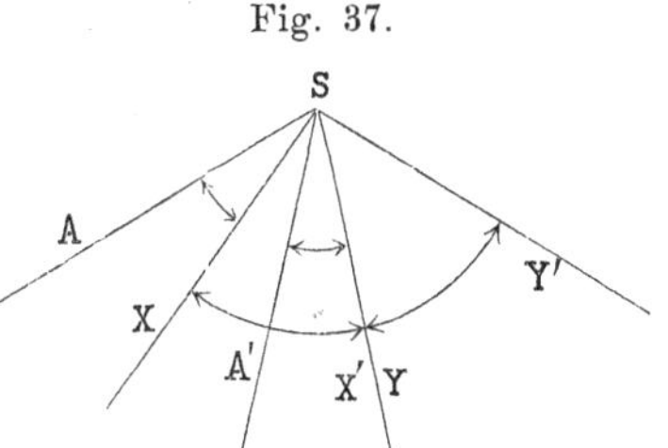

„Zwei gleichstimmig-congruente conlocale Strahlenbüschel entstehen durch Drehung eines Winkels von constantem Werthe um dessen Scheitel." Die Schenkel jeder Lage des Winkels sind zwei entsprechende Strahlen der beiden Büschel.

Zu dem Strahle X', welcher dem X entspricht, gelangt man auch durch Auftragen des Winkels AA' von X im selben Sinne; wenn man den Strahl X' zum ersten Büschel rechnet und mit Y bezeichnet, so erhält man den ihm entsprechenden Strahl Y', wenn man den constanten Winkel AA' von X' aus in demselben Sinne aufträgt. Es wird Y' im Allgemeinen ein von X verschiedener Strahl sein, so dass jedem Strahle $(X'Y)$, je nachdem man ihn zu dem einen oder dem andern Büschel rechnet, zwei von einander verschiedene Strahlen XY' entsprechen, welche mit $(X'Y)$ zu beiden Seiten den Winkel AA' einschliessen. Nur in dem Falle, dass der constante Winkelwerth $AA' = 90^0$ wird, fällt X mit Y' zusammen, da beide Strahlen auf dem Strahle $(X'Y)$ senkrecht stehen müssen; wir erhalten hier wieder zwei conlocale Büschel mit vertauschungsfähig entsprechenden Strahlen, ein Fall, den wir später ausführlicher werden betrachten müssen.

„Durch Drehung eines rechten Winkels um seinen Scheitel in seiner Ebene entstehen zwei conlocale, gleichstimmig-congruente Büschel, deren Strahlen sich vertauschungsfähig entsprechen; d. h. jedem Strahle entspricht, ob man ihn zu dem einen oder dem andern Büschel rechnet, immer derselbe (auf ihm senkrecht stehende) Strahl.“

59. Die Doppelstrahlen conlocaler, gleichstimmig-congruenter Büschel müssen imaginär sein, da jeder Strahl mit dem ihm entsprechenden einen constanten Winkel ψ einschliesst, und es daher für keinen reellen Strahl geschehen kann, dass er mit dem ihm entsprechenden zusammenfalle; nur für $\psi = o$ oder $\psi = 180$ (allgemein für $\psi = \pm n\ 180$) wird jeder Strahl mit dem ihm entsprechenden zusammenfallen und die beiden Büschel sind identisch.

Construirt man an zwei verschiedenen Scheiteln s, s_1 derselben Ebene (oder in zwei parallelen Ebenen) conlocale gleichstimmig congruente Strahlenbüschel, welche demselben Werthe des constanten Winkels ψ entsprechen, so wird offenbar je ein Strahlenpaar der Büschel s parallel sein zu e i n e m Strahlenpaar der Büschel s_1. Denn sind X, X' zwei entsprechende Strahlen der Büschel s, d. h. zwei Strahlen, welche den Winkel ψ einschliessen, so werden die durch s_1 zu ihnen parallel gezogenen Strahlen X_1, X'_1 denselben Winkel ψ mit einander bilden, also in der That auch zwei entsprechende Strahlen der Büschel s_1 sein. Es werden somit die durch s_1 zu den sich selbst entsprechenden (imaginären) Strahlen E, F der Büschel s parallel gezogenen (imaginären) Geraden E_1, F_1 die sich selbst entsprechenden Strahlen der Büschel s_1 sein. Die Doppelstrahlen der beiden Büschelpaare sind also paarweise parallel: $E_1 \| E$, $F_1 \| F$.

Oder: „Wenn man zwei gleiche Winkel (beide gleich ψ) in einer und derselben Ebene (oder in zwei parallelen Ebenen) um ihre Scheitel rotiren lässt, so beschreiben ihre Schenkelpaare conlocale, gleichstimmig-congruente Büschelpaare, und es ist der unendlich weite Punkt eines jeden (imaginären) Doppelstrahles des einen Büschelpaares zugleich der unendlich weite Punkt eines der (imaginären) Doppelstrahlen des andern Büschelpaares."

Um die Doppelstrahlen conlocaler, gleichstimmig-congruenter Strahlenbüschel direct auch als imaginäre Strahlen zu erkennen, brauchen wir nur die allgemeine Bestimmungsmethode der Doppelstrahlen auf diesen speciellen Fall anzuwenden. Durch den gemeinschaftlichen Scheitel s legen wir einen beliebigen Kreis K, welcher die zwei beliebigen Paare entsprechender Strahlen XX', YY' in den Punkten xx', yy' schneiden möge. Für die Gerade S, durch deren Schnittpunkte mit dem Kreise die Doppelstrahlen hindurchgehen, erhalten wir den Punkt, in welchem sich xy' und $x'y$ schneiden. Da nun $\angle xsx' = \angle ysy' = \psi$ *), so ist auch Bogen xx' gleich dem Bogen yy', und daher ist xy' parallel zu $x'y$, und der Schnittpunkt beider Geraden fällt auf die unendlich weite Gerade der Ebene der beiden Büschel, und zwar geschieht dies für irgend zwei Paar entsprechender Strahlen XX', YY'. Es ist somit S die unendlich weite Gerade der Ebene der beiden Büschel und die Doppelstrahlen derselben haben wir somit als jene Geraden E, F zu betrachten, welche den Scheitel s mit den beiden (selbstverständlich imaginären) Schnittpunkten ε, φ der unendlich weiten Geraden S und des Kreises K verbinden. Denkt man sich an demselben Scheitel s und unter Benützung desselben Kreises K verschiedene conlocale gleichstimmig congruente Büschel, wie sie den sämmtlichen verschiedenen Werthen des Winkels ψ entsprechen, so wird die Gerade S unverändert, die unendlich weite Gerade bleiben und wir haben somit die Punkte ε, φ und demgemäss auch die Doppelstrahlen E, F als fest und unveränderlich, von dem Werthe des Winkels ψ unabhängig zu betrachten. Es haben somit alle die congruent-gleichstimmigen Büschelpaare am Scheitel s, welche den verschiedenen Werthen von ψ entsprechen, zwei gemeinschaftliche (imaginäre) Doppelstrahlen, und da die Doppelstrahlen für verschiedene Lagen des Scheitels s in derselben Ebene (oder in parallelen Ebenen) nach dem letzten Satze parallel bleiben, so haben wir den Satz:

---

*) Die Figur möge sich der Leser selbst entwerfen.

„Die beiden (imaginären) Doppelstrahlen E, F der sämmtlichen in einer und derselben Ebene (oder in parallelen Ebenen) befindlichen conlocalen congruent-gleichstimmigen Büschel haben zwei feste unveränderliche (imaginäre) Richtungen, d. h. sie gehen alle durch zwei feste (imaginäre) unendlich weite Punkte ε, φ.“

60. Die unendlich weiten imaginären Kreispunkte. Wir haben im Vorhergehenden die unendlich weiten Punkte ε, φ der Doppelstrahlen concentrischer Strahlenbüschel s als die Schnittpunkte der unendlich weiten Geraden S mit (irgend) einem durch den Scheitel s hindurchgehenden Kreise kennen gelernt. Nachdem nun diese zwei Punkte ε, φ dem letzten Satze gemäss für alle in der Ebene (oder in parallelen Ebenen) enthaltenen concentrischen gleichstimmig-congruenten Strahlenbüschel fest bleiben, so sind wir genöthigt, die (imaginären) unendlich weiten Punkte aller Kreise, welche in einer Ebene (oder in parallelen Ebenen) liegen, als dieselben zwei festen Punkte ε, φ zu betrachten. In der That kann man, wenn ein beliebiger Kreis K in der Ebene verzeichnet ist, einen beliebigen Punkt auf dessen Peripherie als gemeinschaftlichen Scheitel zweier gleichstimmig-congruenter Strahlenbüschel mit beliebigem Winkel ψ annehmen und es werden die unendlich weiten Punkte der Doppelstrahlen E, F der beiden Büschel als die Schnittpunkte ε, φ des Kreises K mit der unendlich weiten Geraden S der Ebene der Büschel auftreten, wenn man sich die Bestimmung der Doppelstrahlen mittelst des Kreises K durchgeführt denkt.

Wird sind so zu dem folgenden wichtigen Satze gelangt:

„Alle Kreise, welche in einer Ebene (oder in parallelen Ebenen) liegen, schneiden die unendlich weite Gerade dieser Ebene (dieser Ebenen) in denselben zwei festen imaginären Punkten. Diese beiden Punkte sind die unendlich weiten Punkte der Doppelstrahlen aller in der Ebene (in den Ebenen) liegenden concentrischen gleichstimmig-congruenten Strahlenbüschel.“

Diese beiden, auf der unendlich weiten Geraden auftretenden Punkte, welche allen Kreisen der betreffenden Ebene (Ebenen) gemeinschaftlich sind, und welche für die Geometrie von grosser Wichtigkeit sind, nennt man die beiden „imaginären unendlich weiten Kreispunkte“.

Denkt man sich um jeden Punkt einer Ebene als Scheitel einen Winkel von constantem Werthe ψ herumgedreht, so entstehen concentrische gleichstimmig-congruente Büschel, deren Doppelstrahlen E, F durch die imaginären unendlich weiten Kreispunkte ε, φ der Ebene hindurchgehen.

Die beiden Schenkel X, X' des Winkels ψ in irgend einer Lage sind zwei entsprechende Strahlen der beiden Büschel und es ist nach Art. 51 das Doppelverhältniss $(EFXX')$ constant. Wenn man die unendlich weiten Punkte der Strahlen XX' mit xx' bezeichnet, so ist $(EFXX') = (\varepsilon\varphi xx')$ und daher ist auch $(\varepsilon\varphi xx') =$ constant. Wenn also y, y' die unendlich weiten Punkte der Schenkel Y, Y' des Winkels ψ in irgend einer anderen Lage sind, so wird $(\varepsilon\varphi yy') = (\varepsilon\varphi xx')$, d. h.: „Die unendlich weiten Punkte der Schenkel aller Winkel einer Ebene (oder parallelen Ebenen), welche denselben Werth ψ besitzen, bestimmen mit den unendlich weiten imaginären Kreispunkten dieser Ebene (Ebenen) ein Doppelverhältniss von constantem Werthe".

61. Es sei s der Scheitel der beiden conlocalen gleichstimmig-congruenten Büschel, X, X' zwei entsprechende Strahlen und ψ der von ihnen gebildete constante Winkel; ξ, ξ' seien die veränderlichen Winkel, welche die Strahlen X, X' mit irgend einer in der Ebene der Büschel etwa durch deren Scheitel gezogenen festen Axe bilden, dann ist

$$\xi - \xi' = \psi = \text{const.}$$

Hieraus folgt:

$$tg\,(\xi - \xi') = tg\,\psi$$

oder:

$$tg\xi - tg\xi' = tg\psi\,(1 + tg\xi tg\xi').$$

Dies ist die Relation zwischen den goniometrischen Tangenten der Winkel, welche zwei entsprechende Strahlen mit der festen Axe bilden. Die Doppelstrahlen, d. h. die sich selbst entsprechenden Strahlen erhalten wir, wenn wir in der letzten Gleichung $tg\xi' = tg\xi$ setzen; dies gibt:

$$o = tg\psi\,(1 + tg^2\xi)$$

oder:

$$1 + tg^2\xi = o$$

somit:

$$tg\xi = \pm\sqrt{-1} = \pm\,i.$$

Die beiden Doppelstrahlen bilden somit mit der festen Axe (d. h. mit jeder Geraden der Ebene) Winkel, deren goniometrische Tangente $+\,i$, respective $-\,i$ ist. Nennen wir die Doppelstrahlen E, F und ihre mit der festen Axe gebildeten Winkel ε, φ so ist $tg\,\varepsilon = +\,i$, $tg\,\varphi = -\,i$. Zwei entsprechende Strahlen X, X' bilden mit den beiden Doppelstrahlen E, F ein Doppelverhältniss, dessen Werth δ sein möge, d. h.:

$$\delta = (EFXX')$$

oder aber:

$$\delta = \frac{\sin EX}{\sin FX} : \frac{\sin EX'}{\sin FX'}$$

führt man die Winkel ε, φ, ξ, ξ' ein, so wird:

$$\delta = \frac{\sin (\xi - \varepsilon)}{\sin (\xi - \varphi)} : \frac{\sin (\xi' - \varepsilon)}{\sin (\xi' - \varphi)}$$

oder wenn man die Sinus der Differenzen entwickelt und durch Division die goniometrischen Tangenten einführt:

$$\delta = \frac{(tg\xi - tg\varepsilon)}{(tg\xi - tg\varphi)} : \frac{(tg\xi' - tg\varepsilon)}{(tg\xi' - tg\varphi)}$$

oder also, $tg\varepsilon = + i$, $tg\varphi = - i$ gesetzt:

$$\delta = \frac{tg\xi - i}{tg\xi + i} : \frac{tg\xi' - i}{tg\xi' + i}$$

$$\delta = \frac{tg\xi tg\xi' + i\,(tg\xi - tg\xi') + 1}{tg\xi tg\xi' - i\,(tg\xi - tg\xi') + 1}$$

$$\delta = \frac{1 + i\,tg(\xi - \xi')}{1 - i\,tg(\xi - \xi')}$$

$$\delta = \frac{1 + i\,tg\psi}{1 - i\,tg\psi} = \frac{\cos\psi + i\sin\psi}{\cos\psi - i\sin\psi} = \frac{e^{+i\psi}}{e^{-i\psi}}$$

oder schliesslich:

$$\delta = e^{+2i\psi} = (EFXX')$$

und hieraus:

$$\angle XX' = \psi = \frac{1}{2i} \log nat\, \delta = \frac{\log nat\,(EFXX')}{2i}.$$

„Wenn zwei Strahlen den Winkel ψ einschliessen, so bestimmen sie mit den aus ihrem Schnittpunkte nach den unendlich weiten imaginären Kreispunkten gehenden Strahlen ein Doppelverhältniss, dessen Werth gleich $e^{+2i\psi}$ ist.“

Mit Rücksicht auf die Schlussbetrachtungen des vorhergehenden Artikels kann man denselben Satz auch folgendermassen aussprechen:

„Die unendlich weiten Punkte der Schenkel eines Winkels ψ bestimmen mit den beiden imaginären unendlich weiten Kreispunkten der Winkelebene ein Doppelverhältniss, dessen Werth $e^{+2i\psi}$ ist.“

Bringt man δ in die Form:

$$\delta = \frac{1 + i\,tg\,\psi}{1 - i\,tg\,\psi} = \frac{cotg\,\psi + i}{cotg\,\psi - i}$$

so ergibt sich für $\psi = 90^0$ oder $cotg\,\psi = 0$:

$$\delta = -1.$$

Wenn also $X' \perp X$, so sind die vier Strahlen E, F, X, X' harmonisch:

„Zwei aufeinander senkrechtstehende Strahlen sind harmonisch conjugirt in Bezug auf die beiden imaginären Strahlen, welche aus ihrem Schnittpunkte nach den imaginären unendlich weiten Kreispunkten ihrer Ebene gerichtet sind; oder: die unendlich weiten Punkte der Schenkel eines rechten Winkels sind harmonisch conjugirt, bezüglich der unendlich weiten imaginären Kreispunkte der Winkelebene.“

Hiedurch ist die Construction auf einander senkrechter Strahlen als ein specieller Fall der Construction harmonischer Elemente charakterisirt.

62. Der unendlich weite imaginäre Kugelkreis. Jede in der unendlich weiten Ebene liegende Gerade S ist Axe eines Parallelebenenbüschels und die sämmtlichen in den Ebenen dieses Büschels liegenden Kreise schneiden S in denselben zwei imaginären Kreispunkten, welche allen den Ebenen des Büschels gemeinschaftlich sind. Es enthält somit jede unendlich weite Gerade zwei und nur zwei imaginäre Kreispunkte.

Betrachtet man gleichzeitig mit dem Parallelebenenbüschel, dessen Axe die unendlich weite Gerade S ist, die sämmtlichen Kugelflächen des Raumes, so schneiden diese die Ebenen jenes Büschels in den sämmtlichen diesen Ebenen angehörigen Kreisen. Die letzteren, welche auf den Kugelflächen liegen, werden alle von S in denselben zwei imaginären Punkten getroffen, welche somit auch die Schnittpunkte von S mit den sämmtlichen Kugelflächen des Raumes sein werden.

„Es wird also jede unendlich weite Gerade von den sämmtlichen Kugelflächen des Raumes in demselben zwei imaginären (Kreis-) Punkten geschnitten.“

Diese Schnittpunkte gehören aber offenbar gleichzeitig allen Kugelflächen des Raumes und der unendlich weiten Ebene an, es sind folglich Punkte der (imaginären) Schnittcurven der Kugelflächen mit der unendlich weiten Ebene, und alle diese Schnittcurven müssen in eine einzige zusammenfallen (identisch sein), weil auf jeder beliebigen unendlich weiten geraden dieselben zwei Punkte allen Kugelflächen gemeinschaftlich sind. Wir sind folglich gezwungen „die sämmtlichen Kugelflächen des Raumes als Flächen zu betrachten, welche die unendlich weite Ebene in einer und derselben (imaginären) Curve durchschneiden.“

Nachdem man den ebenen Schnitt einer Kugelfläche als Kreis bezeichnet, so wollen wir dieselbe Bezeichnung auch auf den Fall ausdehnen, wenn die Ebene mit der Kugelfläche keine reellen Punkte gemeinschaftlich hat. Jede Ebene wird also eine Kugelfläche in einem Kreise durchschneiden (mit ihr einen Kreis gemeinschaftlich haben), welcher entweder reell oder imaginär ist. Den Uebergangsfall bilden die Berührungsebenen der Kugelfläche, welche mit ihr nur einen einzigen Punkt (einen Kreis von unendlich kleinem Radius) gemeinschaftlich haben. Wir werden also auch die gemeinschaftliche Curve aller Kugelflächen mit der unendlich weiten Ebene als Kreis bezeichnen und zwar nennt man diese Curve den „unendlich weiten imaginären Kreis" oder den „unendlich weiten Kugelkreis."

„Alle Kugelflächen des Ramus schneiden die unendlich weite Ebene in einem und demselben imaginären Kreise."

Es gibt somit in der unendlich weiten Ebene einen einzigen (imaginären) Kreis durch welchen alle Kugelflächen hindurchgehen und welcher somit als Schnittlinie aller Kugelflächen auftritt. (Je zwei Kugelflächen schneiden sich ausserdem in einem zweiten reellen oder imaginären Kreise, welcher in ihrer Chordalebene gelegen ist.)

„Der in der unendlich weiten Ebene gelegene imaginäre Kugelkreis enthält die imaginären Kreispunkte, welche auf den einzelnen unendlich weiten Geraden gelegen sind, so zwar, dass man die auf einer unendlich weiten Geraden gelegenen imaginären Kreispunkte betrachten kann, als die Schnittpunkte dieser Geraden mit dem unendlich weiten Kugelkreise."

Dies folgt unmittelbar aus dem Vorangehenden. Ebenso erkennt man: „dass die imaginären unendlich weiten Kreispunkte einer Ebene nichts anderes sind als ihre beiden Schnittpunkte mit dem unendlich weiten Kugelkreise."

Die Bedeutung des unendlich weiten Kreises für die Geometrie des Raumes werden wir erst später erkennen.

63. Projectivische Eigenschaften des Kreises. Wir haben schon früher (in Art. 46) gezeigt, dass man mittelst eines Kreises K unendlich viele gleichstimmig-congruente Strahlenbüschel herstellen könne; projicirt man nämlich die einzelnen Punkte der Peripherie aus zwei beliebigen festen Punkten derselben, so erhält man der Gleichheit der Peripheriewinkel wegen entsprechende Strahlen zweier gleichstimmig-congruenter Büschel und wir haben weiter gesehen wie vortheilhaft man diese Thatsache zur Vervollständigung concentrischer-projectivischer Strahlenbüschel, insbesondere aber zur

Construction ihrer Doppelstrahlen verwenden könne. Wenn wir momentan von der Congruenz der beiden Büschel, deren Scheitel auf der Peripherie liegen und deren entsprechende Strahlen sich in Punkten der Peripherie schneiden, absehen, so stehen wir vor der so vortheilhaft verwendbaren Thatsache, dass sich die Peripheriepunkte aus zweien von ihnen in entsprechenden Strahlen projectivischer Büschel projiciren, und es entsteht die Frage, ob eine ähnliche Relation nicht auch für die Tangenten des Kreises giltig ist und sich eventuell zur Vervollständigung conlocaler projectivischer Punktreihen verwenden lässt. Dem ist in der That so, wie im folgenden gezeigt werden soll.

Fig. 38.

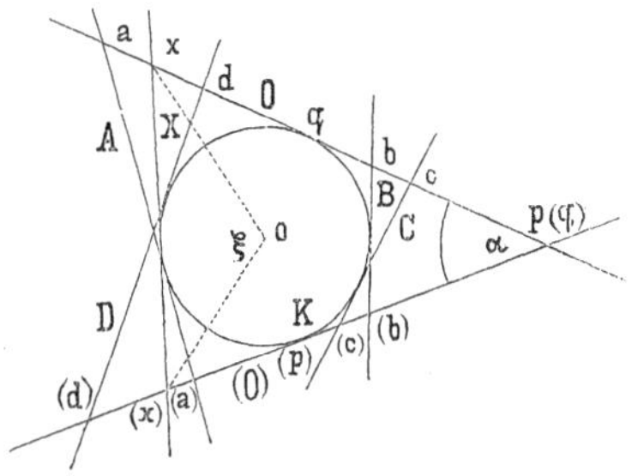

Es sei (Fig. 38) K ein beliebiger fester Kreis, o sein Mittelpunkt und $O, (O)$ seien zwei beliebige feste Tangenten, X dagegen eine bewegliche Tangente des Kreises, und $x, (x)$ ihre beweglichen Schnittpunkte mit $O, (O)$.

Es sei p der Schnittpunkt von O und (O) und α der innere von diesen beiden Geraden gebildete Winkel, ferner sei ξ der Winkel $xo(x)$. Da der vom Schnittpunkte zweier Tangenten nach dem Kreismittelpunkte gezogene Strahl mit den beiden Tangenten gleiche Winkel einschliesst, so haben wir im Dreieck $xp(x)$:

$$\alpha + 2\angle\, ox(x) + 2\angle\, o(x)x = 180^0$$

und im Dreieck $xo(x)$ ist ebenso

$$\xi + \angle\, ox(x) + \angle\, o(x)x = 180^0.$$

Multiplizirt man die zweite Gleichung mit 2 und subtrahirt man, so ergibt sich:

$$2\xi - \alpha = 180^0$$

oder aber

$$\xi = 90^0 + \frac{\alpha}{2}.$$

Es ist somit der Winkel ξ oder aber $\angle\, xo(x)$ constant. Wenn also die bewegliche Tangente X längs des Kreises hingleitet, so dreht sich der constante Winkel $xo(x)$ um den Kreismittelpunkt und folglich sind die beiden Strahlen ox, $o(x)$ entsprechende Strahlen in zwei concentrischen gleichstimmig-congruenten Büscheln und da $x, (x)$ die Schnittpunkte dieser Strahlen mit den festen Axen $O, (O)$

sind, so sind $x, (x)$ entsprechende Punkte projectivischer Punktreihen. Wir haben also den Satz:

„Die sämmtlichen Tangenten eines Kreises bestimmen auf irgend zwei von denselben zwei projectivische Punktreihen, deren entsprechende Punkte vom Kreismittelpunkte aus durch gleichstimmig-congruente Büschel projicirt werden.“

Sind also $a(a)$, $b(b)$, $c(c)$, $d(d)$ die Schnittpunkte, welche beliebige vier Kreistangenten A, B, C, D auf zwei beliebige Kreistangenten $O, (O)$ bestimmen, so ist $((a)(b)(c)(d)) = (abcd)$. Wenn man mit q und (p) die Berührungspunkte der beiden Axen $O, (O)$ mit dem Kreise bezeichnet, so ist offenbar

$$\angle po(p) = \angle poq = 90^0 - \frac{\angle \alpha}{2},$$

und die Nebenwinkel haben den Werth $90^0 + \frac{\alpha}{2}$, und es sind somit p und (p) entsprechende Punkte und ebenso, wenn man p zugleich mit (q) bezeichnet, sind q und (q) entsprechende Punkte der beiden projectivischen Punktreihen und folglich ist die Gerade $(p)q$, welche die Berührungspunkte von O, (O) verbindet, die Directionsaxe der beiden Punktreihen.

„Dem gemeinschaftlichen Punkte der beiden Reihen entsprechen die Berührungspunkte ihrer Axen mit dem Kreise K.“

Dies sieht man auch unmittelbar ein, wenn man die bewegliche Tangente einmal unendlich nahe gegen O und das anderemal unendlich nahe gegen (O) rücken lässt. Im ersten Falle rückt x gegen q und (x) gegen (q), und im zweiten rückt (x) gegen (p) und x gegen p bis zum Zusammenfallen.

64. Den eben bewiesenen Satz kann man dazu benützen, um zu einer gegebenen Punktreihe auf einer beliebigen Geraden mittelst eines Kreises sofort eine projectivische Punktreihe herzustellen; man hat nur einen Kreis zu wählen, welcher die Axe der gegebenen und die Gerade, auf welcher die neue Punktreihe entstehen soll, berührt, und hat dann von den einzelnen Punkten der gegebenen Punktreihe an ihn Tangenten zu legen, so treffen sie die zweite Gerade in den ihnen projectivisch entsprechenden Punkten. Wir haben früher gezeigt, wie man die Doppelpunkte conlocaler projectivischer Reihen bestimmen kann, indem man die Doppelstrahlen zweier mit den Reihen projectivischer concentrischer Strahlenbüschel aufsucht (siehe Art. 57), und wollen nun darthun, wie man die eben bewiesene projectivische Tangenteneigenschaft des Kreises zu einer directen Lösung derselben Aufgabe verwenden kann.

Es seien (Fig. 39) auf der gemeinschaftlichen Axe OO' zwei projectivische Punktreihen gegeben; e, f seien die Doppelpunkte und xx', yy' irgend zwei Paare entsprechender Punkte derselben. Ferner sei K ein die gemeinschaftliche Axe berührender, sonst beliebiger Kreis, und XX', YY' seien die an denselben aus den Punkten xx', yy' gelegten Tangenten. Die Punkte e, f entsprechen sich als e', f' selbst und daher mögen consequenterWeise die aus ihnen an K gelegten Tangenten mit EE', FF' respective bezeichnet werden. Denken wir uns nun die Gerade X' als Axe (O) einer mittelst des Kreises in der oben auseinandergesetzten Weise zur Punktreihe O in projectivische Beziehung gesetzten Punktreihe, und ebenso X als Axe (O'), einer mit O' durch K in projectivische Beziehung gesetzten Punktreihe. Die aus den vier Punkten e, f, x, y, an K gelegten Tangenten E, F, X, Y schneiden (O) in den ihnen projectivisch entsprechenden Punkten (e), (f), (x), (y) und die aus e', f', x', y' an K gelegten Tangenten treffen (O') in den diesen Punkten projectivisch entsprechenden Punkten (e'), (f'), (x'), (y'). Da die Punktreihen O, O' projectivisch sind, so sind auch die neuen Punktreihen (O), (O') projectivisch, aber zugleich auch perspectivisch, da der ihnen gemeinschaftliche Punkt (x), (x') sich selbst entspricht. Es müssen also die drei Geraden, welche (e), (f), (y) mit (e'), (f'), (y') respective verbinden, durch einen und denselben Punkt hindurchgehen. Nun ist $\overline{(e)\,(e')}$ die Tangente EE' und $\overline{(f)\,(f')}$, die Tangente FF' und es muss daher die Gerade $\overline{(y)\,(y')}$ durch den Schnittpunkt von E und F hindurchgehen. Diese Gerade verbindet jedoch offenbar den Schnittpunkt (y') von X und Y' mit dem Schnittpunkt (y) von X' und Y, und es ist somit der folgende Satz nachgewiesen:

Fig. 39.

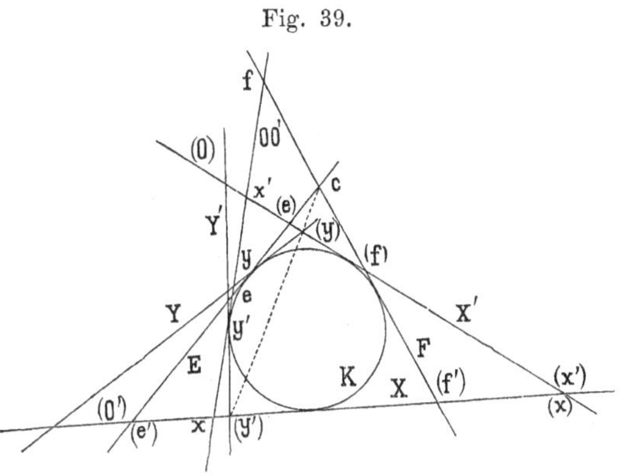

„Wenn e, f die Doppelpunkte und xx', yy' irgend zwei Paare entsprechender Punkte conlocaler projectivischer Reihen sind, und wenn E, F, XX', YY' die aus diesen Punkten an irgend einen die Axe der Punktreihen berührenden Kreis gelegten Tangenten sind, so geht die Verbindungsgerade des Schnittpunktes von X und Y'

mit dem Schnittpunkte von X' und Y durch den Schnittpunkt von E und F."

Dieser Satz liefert ein einfaches Mittel zur Construction der Doppelpunkte zweier conlocaler projectivischer Reihen, deren Projectivität durch drei Paare entsprechender Punkte aa', bb', cc' auf der gemeinschaftlichen Axe OO' gegeben ist. Nimmt man einen beliebigen Kreis K an, welcher die Axe OO' berührt und legt an ihn aus jenen drei Punktepaaren die drei Tangentenpaare AA', BB', CC' so hat man nur die drei Paare wechselweiser Schnittpunkte zu verbinden, nämlich den Punkt (AB') mit $(A'B)$, (BC') mit $(B'C)$ und (CA') mit $(C'A)$ so erhält man drei gerade Linien, welche sich in einem Punkte s schneiden müssen; die von s aus an K gelegten zwei Tangenten E, F treffen die Axe OO' in den beiden Doppelpunkten e, f. Je nachdem s ausserhalb oder innerhalb der Kreisperipherie liegt, werden die Tangenten E, F und demgemäss auch die Doppelpunkte e, f reell oder imaginär sein. Liegt s auf K, so fallen E, F und demgemäss auch die beiden Doppelpunkte e, f zusammen.

Zugleich ist ein Mittel zur Vervollständigung der beiden Punktreihen gegeben; da nämlich die Gerade, welche den Punkt $(A'X)$ mit dem Punkte (AX') verbindet durch s hindurchgehen muss, so hat man, um zum Punkte x den entsprechenden Punkt x' zu finden, von x aus an K die Tangente X zu legen, den Schnittpunkt von A' und X, von s aus auf A zu projiciren und aus dem erhaltenen Punkte an K die Tangente X' zu legen, welche OO' in dem gesuchten Punkte x' treffen wird. Es ist selbstverständlich, dass man statt AA' ebenso das Tangentenpaar BB' oder CC' oder überhaupt ein Paar von Tangenten, welche durch zwei entsprechende Punkte der conlocalen Reihen hindurchgehen, benützen kann.

Wenn ein Kreis K und drei beliebige Paare AA', BB', CC' seiner Tangenten gegeben sind, so kann man sie als durch drei Paar entsprechender Punkte conlocaler projectivischer Reihen, deren Axe auch Tangente von K ist, hindurchgehend betrachten, da man eine beliebige Tangente OO' von K mit jenen drei Tangentenpaaren zum Durchschnitt bringen und die auf OO' entstehenden Punkte aa', bb' cc' als die drei Punktepaare der conlocalen Reihen auf OO' betrachten kann. Es ist demnach durch das Vorhergehende der Satz bewiesen:

„Sind AA', BB' CC' drei beliebige Tangentenpaare eines Kreises, so gehen die drei Verbindungslinien ihrer wechselweisen Schnittpunkte durch einen und denselben Punkt s hindurch; es sind dies die drei Geraden: jene welche den Punkt (AB') mit $(A'B)$, jene welche

(BC') mit $(B'C)$ und jene welche (CA') mit $(C'A)$ verbindet.“ (Vergl. Art. 57.) Denselben Satz kann man auch folgendermassen aussprechen:

„Wenn einem Kreise ein beliebiges einfaches Sechsseit umschrieben ist (so dass also seine Seiten Tangenten des Kreises sind), so schneiden sich die Verbindungslinien der drei Gegeneckenpaare in einem und demselben Punkte.“

Sind nämlich *I, II, III, IV, V, VI* die aufeinanderfolgenden Seiten eines dem K umschriebenen Sechsseits so besitzt das Sechsseit die folgenden drei Gegeneckenpaare:

Der Schnittpunkt von *I* und *II*, und jener von *IV* und *V*;
„ „ „ *II* „ *III*, „ „ „ *V* „ *VI*;
„ „ „ *III* „ *IV*, „ „ „ *VI* „ *I*.

Dass der ausgesprochene (letzte) Satz indentisch ist mit dem bewiesenen vorletzten Satze erkennt man sofort, wenn man die Seiten *I, II, III, IV, V, VI* der Reihe nach als die Tangenten AB' CA' BC' der vorangehenden Betrachtungen ansieht.

Eilftes Kapitel.

Der Kreis.

65. Doppelverhältniss von vier Punkten und vier Tangenten eines Kreises.

Sind a, b, c, d irgend vier Punkte eines Kreises K und verbindet man sie mit einem beliebigen fünften Punkte s desselben Kreises, so erhält man vier Strahlen A, B, C, D, deren Doppelverhältniss $(ABCD)$ einen nur von der Lage der vier Punkte a, b, c, d auf der Kreisperipherie abhängigen Werth besitzt, dagegen von der Lage des Punktes s auf der Kreisperipherie ganz unabhängig ist. In der That sind die Winkelwerthe sac, sbc, sad, sbd oder also $\sphericalangle AC$, BC, AD, BD von der Lage von s unabhängig, da es Peripheriewinkel über den festen Bögen ac, bc, ad, bd sind; es wird also auch $(ABCD)$ d. i. $\frac{\sin AC}{\sin BC} : \frac{\sin AD}{\sin BD}$ von der Lage des Punktes s unabhängig sein. Diesen von der Lage des Punktes s unabhängigen, einzig und allein von der Lage der vier Peripheriepunkte abhängigen Werth des Doppelverhältnisses $(ABCD)$ nennt man das Doppelverhältniss der vier Punkte a, b, c, d, und bezeichnet ihn auch mit dem Symbol $(abcd)$.

Wenn somit A, B, C, D die vier Strahlen sind, welche die vier Peripheriepunkte a, b, c, d mit einem beliebigen fünften Punkte s der Peripherie verbinden, so ist $(abcd) = (ABCD)$.

Vier Punkte der Peripherie, deren Doppelverhältniss gleich ist der negativen Einheit, werden vier harmonische Punkte genannt. Es liefern somit vier harmonische Punkte eines Kreises mit einem beliebigen fünften Punkte s desselben Kreises verbunden, vier harmonische Strahlen.

Es seien a, b, c, d vier harmonische Punkte des Kreises K, welche somit aus einem beliebigen Punkte s des Kreises durch vier harmonische Strahlen A, B, C, D und aus einem anderen Kreispunkte s' durch vier harmonische Strahlen A', B', C', D' projicirt werden. Lässt man nun s auf der Kreisperipherie unendlich nahe zu a und s' unendlich nahe zu b rücken, so wird sa oder A die Kreistangente in a (Fig. 40) und $s'b$ oder B' die Kreistangente in b; ferner wird offenbar A' identisch mit B (weil beide Strahlen in $\overline{ab}$ zusammenfallen) und CC', DD' schneiden sich respective in c und d. Da die beiden Büschel s, s' harmonisch sind, so ist:

Fig. 40.

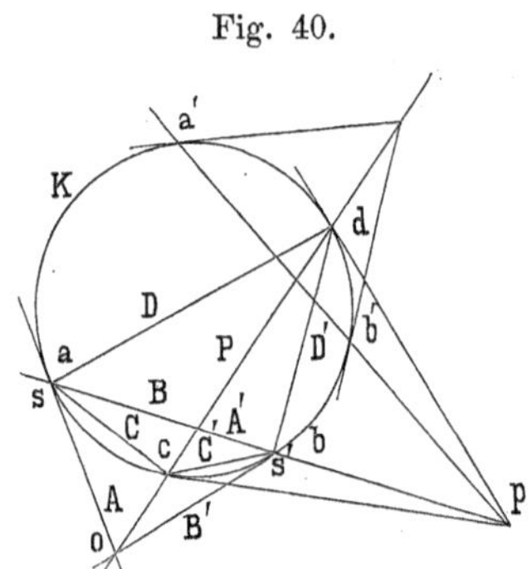

$$(ABCD) = (A'B'C'D') = -1.$$

Nun ist nach Art. 14:

$$(BACD) = \frac{1}{(ABCD)} = \frac{1}{-1} = -1,$$

daher ist auch:

$$(A'B'C'D') = (BACD).$$

Es entsprechen somit den Strahlen A', B', C', D' des Büschels s' nach dem Gesetze der Doppelverhältnissgleichheit, d. h. Projectivität der Reihe nach die Strahlen A, B, C, D des Büschels s; da jedoch die beiden entsprechenden Strahlen A' und B in dem gemeinschaftlichen Strahle der beiden Büschel vereinigt sind, dieser gemeinschaftliche Strahl somit sich selbst entspricht, so sind die beiden Büschel perspectivisch und es müssen somit die Schnittpunkte der drei übrigen Strahlenpaare $B'A$, CC', DD' in einer Geraden liegen. Wenn man den Schnittpunkt der beiden Kreistangenten B', A mit o bezeichnet, so muss also derselbe mit den Punkten c und d in einer Geraden liegen.

„Sind a, b, c, d irgend vier harmonische Punkte eines Kreises, so zwar, dass ab von c und d harmonisch getrennt sind, so schneiden sich die Tangenten von a und b in einem Punkte, welcher mit c und d in gerader Linie liegt.

Da auch die Punkte c, d von a und b harmonisch getrennt werden, so muss der Schnittpunkt der Kreistangenten in c und d mit den beiden Punkten a und b in gerader Linie liegen.

„Wenn also zwei Punktepaare eines Kreises harmonisch sind, so geht die Verbindungslinie eines Paares durch den Schnittpunkt der Tangenten des anderen Paares hindurch.“

Wenn man vier beliebige Tangenten A, B, C, D eines Kreises K mit einer beliebigen fünften Tangente O desselben Kreises zum Durchschnitte bringt, so entstehen auf letzterer vier Punkte a, b, c, d, deren Doppelverhältniss $(abcd)$ nur von der Lage der vier Tangenten A, B, C, D, keineswegs aber von jener der Tangente O abhängt, somit für alle Lagen von O constanten Werth behält. In der That bestimmen die sämmtlichen Tangenten eines Kreises auf irgend zwei von ihnen, zwei projectivische Punktreihen (Art. 63). Wenn man also A, B, C, D mit einer anderen ganz beliebigen Tangente O' von K zum Durchschnitte bringt, so entstehen auf O' vier Punkte a', b', c', d', welche den Punkten a, b, c, d von O der Reihe nach projectivisch entsprechen. Es ist also $(abcd) = (a'b'c'd')$, womit die obige Behauptung von der Unveränderlichkeit des Wertes $(abcd)$ für vier feste Tangenten A, B, C, D erwiesen ist. Diesen nur von der Lage der vier Kreistangenten A, B, C, D abhängigen Werth $(abcd)$ bezeichnet man als das Doppelverhältniss der vier Tangenten mit $(ABCD)$.

Man hat somit unter dem Doppelverhältniss von vier Tangenten eines Kreises den Werth des Doppelverhältnisses der vier Punkte zu verstehen, welche jene vier Tangenten auf einer beliebigen fünften Tangente desselben Kreises bestimmen.

Wenn $(ABCD) = -1$ ist, so nennt man die vier Tangenten harmonisch; und zwar wird jedes der beiden Tangentenpaare AB, CD von dem anderen harmonisch getrennt. Da in diesem Falle auch $(abcd) = -1$ ist, so bestimmen also vier harmonische Tangenten eines Kreises auf jeder fünften Tangente desselben Kreises vier harmonische Punkte.

Es seien (Fig. 41) A, B, C, D vier harmonische Tangenten eines Kreises K; jede andere Tangente wird von ihnen in vier harmonischen Punkten geschnitten. Bringt man A, B, C, D mit der

Tangente O zum Schnitte, welche unendlich nahe zu A ist (mit A zusammenfällt) so entstehen die vier harmonischen Punkte a, b, c, d von denen a in den Berührungspunkt von A zu liegen kommt; wenn man ebenso A, B, C, D mit einer zu B unendlich nahen (mit B zusammenfallenden) Tangente O' schneidet, so entstehen auf O' (respective B) vier harmonische Punkte a', b', c', d' von denen b' in dem Berührungspunkt von B zu suchen ist. Wir haben nun:

Fig. 41.

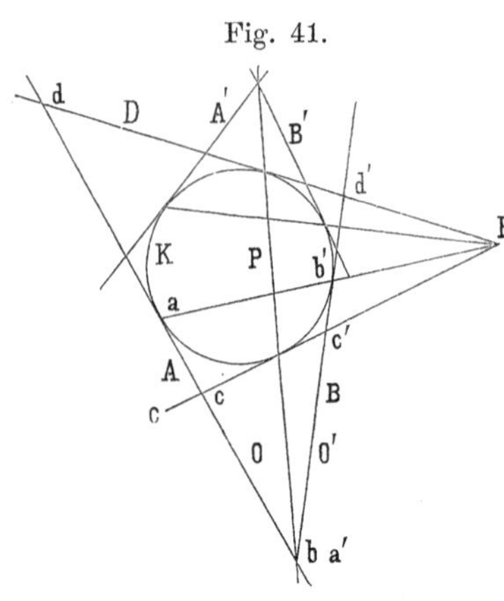

$$(abcd) = (a'b'c'd') = -1.$$

Da aber nach Art. 14:

$$(bacd) = \frac{1}{(abcd)} = \frac{1}{-1} = -1$$

ist, so hat man:

$$(a'b'c'd') = (bacd)$$

so dass den Punkten a' b' c' d' projectivisch die Punkte b, a, c, d der Reihe nach entsprechen. Nun vereinigt aber der den beiden Axen O, O' (respective A, B') gemeinschaftliche Punkt zwei einander entsprechende Punkte, nämlich a' und b, so dass beiden Punktreihen das Merkmal der Perspectivität anhaftet. Es müssen somit die drei Geraden $b'a$, $c'c$, $d'd$, welche die drei übrigen Paare entsprechender Punkte verbinden, sich in einem und demselben Punkte durchschneiden, d. h. die Gerade $b'a$, welche die Berührungspunkte von B und A verbindet, muss durch den Schnittpunkt von $c'c$, $d'd$ d. h. durch den Schnittpunkt der Tangenten C, D hindurchgehen.

„Wenn also zwei Tangentenpaare eines Kreises harmonisch sind, so liegt der Schnittpunkt des einen Paares auf der Verbindungslinie der Berührungspunkte des anderen Paares.“

Selbstverständlich wird nämlich auch die Verbindungslinie der Berührungspunkte von C und D durch den Schnittpunkt von A und B hindurchgehen müssen.

Da die Verbindungslinie der beiden Punkte a, b' durch den Schnittpunkt von C und D hindurchgeht, so ergibt sich nach früherem (Fig. 40) sofort „dass die Berührungspunkte von vier harmonischen Tangenten auch vier harmonische Punkte sind, und umgekehrt sind die Tangenten harmonischer Punkte auch harmonisch.“

Wenn das Tangentenpaar AB durch das Tangentenpaar CD harmonisch getrennt wird so liegt der Schnittpunkt CD auf der

Verbindungslinie der Berührungspunkte von A und B; zugleich wird aber dann auch CD durch AB harmonisch getrennt, so dass der Schnittpunkt AB auch auf der Verbindungslinie der Berührungspunkte von C und D liegen muss:

„Wenn der Schnittpunkt zweier Tangenten auf der Verbindungslinie der Berührungspunkte zweier anderer Tangenten, so liegt auch der Schnittpunkt der letzteren auf der Verbindungslinie der Berührungspunkte der ersteren“;

oder:

„Wenn die Verbindungslinie zweier Punkte des Kreises durch den Schnittpunkt der Tangenten zweier anderer Punkte hindurchgeht, so geht auch die Verbindungslinie der letzteren durch den Schnittpunkt der Tangenten der ersteren hindurch.“

Der vorvorletzte Satz ist nur ein specieller Fall des allgemeinen Satzes:

„Das Doppelverhältniss von vier Punkten eines Kreises ist immer gleich dem Doppelverhältniss der vier Tangenten, welche den Kreis in jenen Punkten berühren; und umgekehrt ist das Doppelverhältniss von vier Tangenten gleich dem Doppelverhältniss der vier zugehörigen Berührungspunkte.“

Die vier beliebigen Tangenten des Kreises K seien A, B, C, D und a, b, c, d ihre Berührungspunkte; irgend eine Tangente O wird von den vier ersten in vier Punkten a', b', c', d' geschnitten und es ist dann $(ABCD) = (a'b'c'd')$; irgend ein Punkt s von K mit a, b, c, d verbunden gibt vier Strahlen A', B', C', D' und es ist $(abcd) = (A'B'C'D')$. Denken wir uns nun O unendlich nahe zu A gerückt, so wird a' mit a zusammenfallen; projiciren wir nun die vier Punkte a', b', c' d' aus dem Mittelpunkte des Kreises, so erhalten wir vier Strahlen A'', B'', C'', D'' und es wird $(A''B''C''D'') = (a'b'c'd')$. Nun sind offenbar die Winkel $A''C''$, $A''D''$, $B''C''$, $B''D''$ halb so gross als die über den Bögen ac, ad, bc, bd stehenden Centriwinkel, und daher genau so gross wie die über denselben Bögen stehenden Peripheriewinkel $A'C'$, $A'D'$, $B'C'$, $B'D'$ und somit ist

$$(A'B'C'D') = (A''B''C''D'')$$

und daher auch

$$(abcd) = (ABCD)$$

wie behauptet wurde. (Die Figur möge der Leser selbst entwerfen.)

66. In den Betrachtungen des letzten Artikels sind auch die Constructionen der vierten harmonischen Elemente an Kreisen mitenthalten.

Um zu den drei Punkten *a, b, c* eines Kreises (Fig. 40) den vierten harmonischen *d* zu erhalten, kann man den Schnittpunkt *o* der Tangenten von *a, b* aufsuchen und ihn mit *c* verbinden; die Gerade *oc* trifft dann *K* in *d*. Oder, man bringt $\overline{ab}$ mit der Tangente von *c* zum Durchschnitte und legt aus dem Schnittpunkte an *K* die zweite Tangente, welche den Kreis in *d* berührt. Schliesslich könnte man auch, wenn *s* irgend ein Punkt von *K* ist, zu den Strahlen *sa, sb, sc* den vierten harmonischen aufsuchen.

Ebenso ergibt sich aus den Relationen der (Fig. 41) die Construction der zu drei Tangenten *A, B, C* vierten harmonischen Tangente *D*.

Soll zu zwei Punktepaaren *ab, a′b′* (Figur 40) des Kreises *K* jenes Punktepaar *c, d* gefunden werden, welches beide gleichzeitig harmonisch trennt, so hat man nur zu bedenken, dass die Tangenten von *c* und *d* sich nach früherem in einem Punkte schneiden müssen, welcher sowohl auf der Geraden *ab* als auch auf *a′b′* gelegen ist. Wenn man somit *ab* mit *a′b′* zum Durchschnitte bringt und aus dem Schnittpunkte an den Kreis *K* die beiden Tangenten legt, so sind ihre Berührungspunkte die gesuchten Punkte *c, d*. Je nachdem der Schnittpunkt von *ab* und *a′b′* ausserhalb oder innerhalb des Kreises liegt, werden die beiden durch ihn hindurchgehenden Kreistangenten und demgemäss auch die beiden Punkte *c, d* reell oder imaginär sein. Der Schnittpunkt von *ab* mit *a′b′* wird offenbar dann ausserhalb *K* liegen, wenn die Punkte des einen Paares nicht durch jene des anderen Paares getrennt sind, d. h. wenn man auf der Kreisperipherie von einem Punkte eines Paares zu dem anderen Punkte desselben Paares gelangen kann, ohne die Punkte des anderen Paares durchlaufen zu müssen. Wenn dagegen die Punkte des einen Paares beiderseits von je einem Punkte des anderen Paares von einander getrennt erscheinen, wird der Schnittpunkt von *ab* mit *a′b′* immer innerhalb der Kreisperipherie liegen.

Bemerkenswerth ist, dass die Gerade *cd* unter allen Umständen, also auch dann, wenn *c* und *d* nicht reell sind, doch reell bleibt; denn weil *cd* mit *ab* und auch mit *a′b′* harmonisch ist, so muss *cd* durch den Schnittpunkt der Tangenten von *a* und *b* und ebenso durch jenen der Tangenten von *a′* und *b′* hindurchgehen, und ist somit die immer reelle Verbindungslinie dieser beiden immer reellen Schnittpunkte.

Verbindet man die drei Punktpaare *ab, a′b′, cd* mit einem beliebigen Punkte des Kreises *K*, so erhält man drei Strahlenpaare, von denen das dritte, das erste und das zweite gleichzeitig harmonisch trennt. Sind nun umgekehrt zwei Strahlenpaare AB, $A'B'$ eines ebenen Strahlenbüschels gegeben und soll man jenes Strahlenpaar CD finden, welches die beiden ersteren gleichzeitig harmonisch trennt, so hat man nur durch den Büschelscheitel einen Kreis K zu legen, welcher von AB, $A'B'$ in ab, $a'b'$ respective geschnitten wird, leitet nun aus ab, $a'b'$ in obiger Weise cd auf K ab und verbindet diese beiden Punkte mit dem Büschelscheitel, wodurch man das fragliche Strahlenpaar CD erhält.

Das letztere wird dann reell sein, wenn die Strahlen des einen gegebenen Paares durch jene des anderen nicht getrennt sind; sind die Strahlen eines (und dann auch des anderen) der beiden Paare durch die Strahlen des anderen getrennt, so ist das Strahlenpaar imaginär.

Soll das Tangentenpaar CD construirt werden, welches zwei gegebene Tangentenpaare AB, $A'B'$ (Fig. 41) gleichzeitig harmonisch trennt, so kann es nach Früherem folgendermassen geschehen. Da die Berührungspunkte von C und D mit dem Schnittpunkte von A und B, und ebenso mit dem Schnittpunkte von A' und B' in gerader Linie liegen müssen, so wird man einfach den Punkt (AB) mit dem Punkt $(A'B')$ durch die Gerade P verbinden, welche K in den Berührungspunkten von C und D treffen wird. Diese Punkte und demgemäss auch die Tangenten C, D werden reell sein, wenn die Tangenten des einen gegebenen Paares durch die Tangenten des anderen nicht getrennt erscheinen.

Sind jedoch die beiden gegebenen Tangentenpaare durch einander gegenseitig getrennt, so wird die Gerade P den Kreis K nicht in reellen Punkten schneiden und das Tangentenpaar CD ist imaginär. Schneidet man die drei Tangentenpaare AB, $A'B'$, CD mit einer beliebigen Tangente von K, so entstehen auf dieser drei Punktepaare ab, $a'b'$, cd, von denen das letzte die beiden ersten harmonisch trennt.

Sind umgekehrt auf einer Geraden zwei Punktepaare ab, $a'b'$ gegeben und soll man jenes Punktepaar cd aufsuchen, welches die beiden ersteren gleichzeitig harmonisch trennt, so kann dies mittelst irgend eines die Gerade berührenden Kreises K folgendermassen geschehen. Aus den Punktepaaren ab, $a'b'$ legt man an K die Tangentenpaare AB, $A'B'$ und construirt zu diesen das gemeinschaftliche harmonische Paar CD, so sind dessen Schnittpunkte c, d mit der gegebenen Geraden die gesuchten zwei Punkte, welche reell sein werden, wenn die Punktepaare ab, $a'b'$ nicht getrennt sind, und imaginär, wenn die Punktepaare getrennt sind.

Auch hier wäre zu bemerken, dass der Schnittpunkt p der beiden Tangenten C, D immer reell ist; denn weil $(ABCD) = -1$ ist, so muss p auf der Verbindungslinie der Berührungspunkte von A und B liegen, und weil auch $(A'B'CD) = -1$ ist, so muss p auf der Verbindungslinie der Berührungspunkte von A' und B' liegen und ist daher als Schnittpunkt zweier reeller Geraden immer reell.

Es ist selbstverständlich, dass man das gemeinschaftliche harmonische Ebenenpaar zu zwei Ebenenpaaren eines Ebenenbüschels leicht wird finden können, indem man die Aufgabe durch die Operation des Schnittes mit einer Ebene oder einer Geraden auf den Fall des Strahlenbüschels oder der Punktreihe zurückführt. Fassen wir die Ergebnisse der letzten Betrachtungen zusammen, so können wir sagen:

„Zu zwei Elementenpaaren eines Grundgebildes erster Stufe gibt es ein einziges Elementenpaar, welches beide harmonisch trennt; dasselbe ist reell, wenn die Elemente des einen gegebenen Paares durch die Elemente des anderen nicht getrennt erscheinen, und imaginär, wenn die Elemente des einen Paares jene des anderen von einander trennen."

67. Polareigenschaften des Kreises. Legt man durch einen beliebigen Punkt p an einen Kreis K die beiden Tangenten C, D und verbindet deren Berührungspunkte c, d, so erhält man eine Gerade P, welche die **Polare** des Punktes p bezüglich des Kreises K genannt wird; p heisst der Pol von P und wird aus P offenbar abgeleitet als Schnittpunkt der beiden Tangenten C, D, die man an K in seinen Schnittpunkten c, d mit P legen kann. Wenn m der Mittelpunkt und r der Radius des Kreises ist, so ist, wie aus der Fig. 42 sofort hervorgeht, $P \perp pm$ und hat man für die Entfernung $\overline{mq}$ der Polare vom Kreismittelpunkte:

Fig. 42.

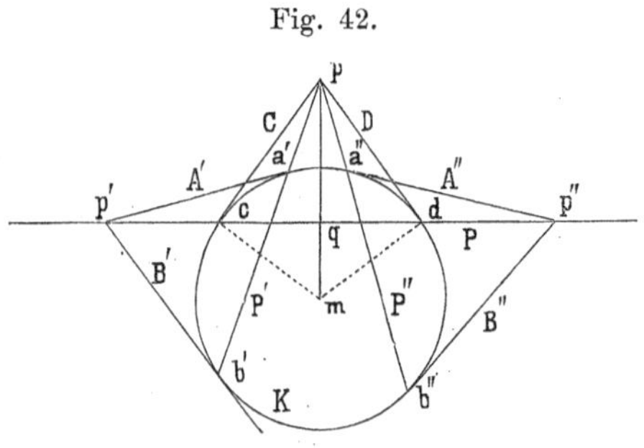

$$\overline{mq} = \frac{r^2}{\overline{mp}}.$$

Rückt der Pol p zur Kreisperipherie, d. h. nähert sich $\overline{mp}$ dem Werthe r, so nähert sich auch $\overline{mq}$ demselben Werthe und für $mp = r$ wird $mq = r$, die Polare P wird zur Tangente des Kreises im Punkte p. Zugleich fallen auch die beiden Tangenten C, D mit P und die beiden Punkte c, d mit p zusammen.

In obiger Art ist jedem Punkte der Ebene eine Gerade, seine Polare, und jeder Geraden ein Punkt, ihr Pol zugeordnet, und ist nur noch zu zeigen, dass dieselbe Zuordnung besteht, wenn der Punkt p innerhalb des Kreises liegt oder die Gerade P sich ganz ausserhalb des Kreises erstreckt. Im ersten Falle sind die beiden durch p gehenden Tangenten C, D und im zweiten die Schnittpunkte c, d von K mit P imaginär. Trotzdem bleibt, wie sich aus den Betrachtungen des letzten Artikels ergibt, im ersten Falle die Gerade P und im zweiten Falle der Punkt p reell.

Wählt man auf der Geraden P, gleichgiltig ob ihre Schnittpunkte c, d mit K und demgemäss auch deren Tangenten C, D reell oder imaginär sind, zwei beliebige Punkte p', p'' so, dass diese ausserhalb des Kreises K liegen, so wird man durch p' ein reelles Tangentenpaar $A'B'$ und durch p'' ein reelles Tangentenpaar $A''B''$ an K legen können; $a'b'$, $a''b''$ respective seien die Berührungspunkte dieser Tangenten, und P', P'' seien die reellen Verbindungslinien von a' mit b', respective von a'' mit b''. Dann sind P', P'' nichts anderes als die Polaren von p', p''. Betrachtet man nun $A'B$, $A' B'$ als zwei Tangentenpaare des Kreises, zu denen man das gemeinschaftlich harmonische Tangentenpaar aufsuchen soll, so ist dieses nach dem vorhergehenden Artikel kein anderes als C, D, und der Schnittpunkt von C und D ist nach denselben Betrachtungen der immer reelle Schnittpunkt p von P' mit P''. Es gehört somit zu jeder reellen Geraden P ein reeller Punkt p als deren Pol.

Genau so zeigt man, dass zu jedem reellen Punkte p, ob er ausserhalb oder innerhalb der Kreisperipherie ist, eine reelle Gerade P als Polare gehört. Legt man nämlich durch p zwei beliebige Transversalen P', P'', jedoch so, dass sie den Kreis in den reellen Punktepaaren $a'b'$, $a''b''$ schneiden, und bestimmt dasjenige Punktepaar cd auf K, welches die beiden ersten gleichzeitig harmonisch trennt, so ist es kein anderes als das Paar der Berührungspunkte cd, der beiden von p aus an K gelegten Tangenten, dessen Verbindungslinie P sich nach Art. 66 als die immer reelle Gerade ergibt, welche den Schnittpunkt p' der in $a'b'$ an K gelegten Tangenten $A'B'$ mit dem Schnittpunkte p'' der in $a''\,b''$ an K gelegten Tangenten A'', B'' verbindet.

„Der Kreis K vermittelt somit eine solche Verwandtschaft (Beziehung) zwischen den Punkten und Geraden seiner Ebene, dass jedem Punkte als Pol eine Gerade als Polare zugeordnet erscheint; die Polaren der Peripheriepunkte sind ihre Tangenten.“

Für den Fall, dass der Pol p ausserhalb des Kreises liegt, sieht man unmittelbar, dass die Polare P senkrecht steht auf der

Verbindungslinie des Poles p mit dem Kreismittelpunkte m, und dass ihre Entfernung $\overline{mq}$ vom Mittelpunkte gegeben ist durch $\overline{mp} \cdot \overline{mq} = r^2$, wenn r den Radius des Kreises bedeutet. Dass dasselbe auch für den Fall eines inneren Poles gilt, lässt sich folgendermassen zeigen:

Es sei P (Fig. 43) eine Gerade, welche ganz ausserhalb des Kreises K liegt; legt man aus einem beliebigen Punkte p' derselben an K die beiden Tangenten und verbindet ihre Berührungspunkte, so ergibt sich die Polare P' von p', welche P in p'' schneiden möge. Da die beiden von p'' aus an K gelegten Tangenten mit den erstgenannten ein harmonisches System bilden (nach Art. 66), so muss die Verbindungslinie der Berührungspunkte der von p'' an K gelegten Tangenten, d. h. die Polare P'' von p'' durch p' hindurchgehen. Der Schnittpunkt p von P' und P'' ist nach den Auseinandersetzungen dieses Artikels der Pol von P (als Schnittpunkt der Verbindungslinien der Berührungspunkte zweier aus Punkten von P an K gelegten Tangentenpaare).

Fig. 43.

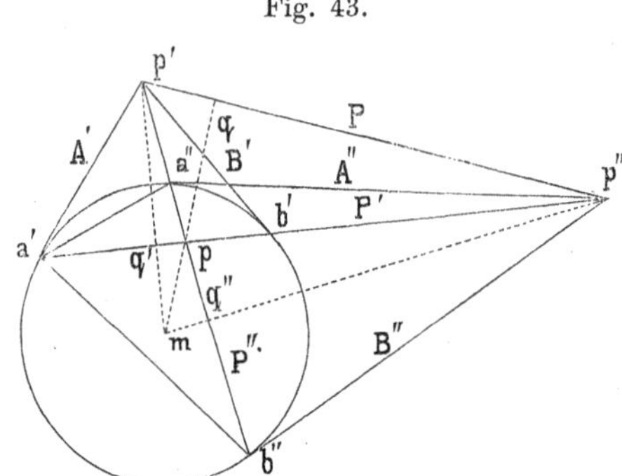

Nun ist $mp' \perp P'$, $mp'' \perp P''$, somit ist p der Höhenschnittpunkt im Dreiecke $mp'p''$ und daher ist auch $P \perp mp$. Sind q, q', q'' die Fusspunkte der von m auf P, P', P'' gefällten Perpendikel, so hat man bekanntlich

$$mp \cdot mq = mp' \cdot mq' = mp'' \cdot mq'' = r^2.$$

Es ist also nicht nur $P \perp mp$, sondern auch $mp \cdot mq = r^2$, sowie in dem Falle eines ausserhalb der Kreisperipherie liegenden Poles.

68. „Liegt ein Punkt p'' auf der Polare P' eines Punktes p', so liegt auch umgekehrt p' auf der Polare P'' von p''; zwei solche Punkte, von denen also jeder auf der Polare des anderen liegt, nennt man zwei c o n j u g i r t e P o l e (oder Punkte) des Kreises K.“

Denn wenn p'' auf P' liegt, so ist p'' mit den Berührungspunkten der beiden von p' aus an K gelegten Tangenten in gerader Linie, und es wird demgemäss (Art. 65) auch p' mit den Berührungspunkten der aus p'' an K gelegten Tangenten in einer Geraden liegen, welches offenbar die Polare P'' von p'' ist.

Den letzten Satz kann man offenbar auch so aussprechen: „Enthält die Polare P' eines Punktes p' den Pol p'' einer zweiten Geraden P'', so enthält P'' auch den Pol p' von P'. Zwei solche Strahlen wie P', P'', von denen jeder durch den Pol des anderen hindurchgeht, nennt man zwei conjugirte Polaren (oder Strahlen) in Bezug auf den Kreis K."

Oder in anderer Form:

„Wenn ein Punkt eine feste Gerade P durchläuft, so dreht sich seine Polare um einen festen Punkt p, nämlich den Pol von P."

„Dreht sich eine Gerade um einen festen Punkt p, so beschreibt ihr Pol eine feste Gerade P, nämlich die Polare von p." Daher gelten auch die Sätze:

„Der Pol einer Geraden ist der Schnittpunkt der Polaren irgend zweier auf der Geraden liegenden Punkte."

„Die Polare eines Punktes ist die Verbindungslinie der Pole irgend zweier durch den Punkt gehenden Geraden."

„Die Polaren conjugirter Pole sind conjugirte Polaren und umgekehrt."

„Die zu einem Punkte conjugirten Pole erfüllen eine Gerade, nämlich die Polare jenes Punktes."

„Die zu einer Geraden conjugirten Polaren laufen alle durch einen Punkt, nämlich durch den Pol jener Geraden."

Die Richtigkeit dieser Sätze folgt unmittelbar aus den Definitionen und bedarf keiner Beweisführung.

„Je zwei conjugirte Pole werden durch die Kreisperipherie von einander harmonisch getrennt, d. h. ihre Verbindungslinie schneidet den Kreis in zwei Punkten, welche mit ihnen ein harmonisches System bilden."

„Je zwei conjugirte Polaren werden durch den Kreis von einander harmonisch getrennt, d. h. sie bilden mit den beiden aus ihrem Schnittpunkte an den Kreis gehenden Tangenten ein harmonisches System."

In der That, wenn p und p' zwei conjugirte Pole mit den Polaren P, P' sind, so enthält P den Punkt p' und P' den Punkt p, und P, P' sind ebenso zwei conjugirte Polaren, deren Schnittpunkt p'' nach Früherem der Pol der Verbindungslinie P'' von p und p' sein wird.

Es seien nun (Fig. 43) $a'b'$, $a''b''$ respective die Schnittpunktepaare der Geraden P', P'' mit dem Kreise und $A'B'$, $A''B''$ deren Tangenten, welche sich in p', respective p'' schneiden müssen. Dann sind a', b', a'', b'' vier harmonische Punkte des Kreises, welche aus jedem

Punkte s der Peripherie durch vier harmonische Strahlen projicirt werden. Lassen wir s etwa mit a' unendlich nahe zusammenrücken, so geht der Strahl sa' in die Tangente A' von a' über und sb' wird P', so dass wir am Scheitel a' die vier harmonischen Strahlen A', P', $a'a''$, $a'b''$ erhalten, welche die Gerade P'' in den vier ebenfalls harmonischen Punkten p', p, a'' b'' treffen. Es bilden somit die beiden conjugirten Pole p, p' und die Schnittpunkte a'', b'' ihrer Verbindungslinie mit dem Kreise zwei Paar harmonischer Punkte. Die vier harmonischen Punkte p', p, a'', b'' werden aus dem Punkte p'' durch die vier Strahlen P, P', A'', B'' projicirt, welche also auch harmonisch sind, wodurch der zweite der beiden letzten Sätze erwiesen ist.

Auf Grund der beiden letzten Sätze kann man definiren: „die Polare eines Punktes als den Ort der zu dem Punkte bezüglich des Kreises harmonisch conjugirten Punkte“ und „den Pol einer Geraden als den Schnittpunkt der zu ihr bezüglich des Kreises harmonisch conjugirten Polaren“.

Legt man nämlich durch einen festen Punkt p' gerade Linien P'', welche den Kreis in den Punktepaaren a'', b'' treffen, und construirt man zum Punkte p' auf jeder der Geraden P'' den bezüglich $a''b''$ harmonisch conjugirten Punkt p, so erfüllen alle Punkte p die Polare P' des Punktes p'; und legt man durch die einzelnen Punkte p'' einer festen Geraden P' an den Kreis die Tangentenpaare A'', B'' und construirt die zu P'' bezüglich dieser Paare harmonisch conjugirten Strahlen P, so laufen sie alle durch den Pol p' der Geraden P'.

Ein Dreieck wie $\triangle p, p' p''$ in Fig. 43, in welchem jede Ecke der Pol der gegenüberliegenden Seite ist und in welchem daher je zwei Ecken conjugirte Pole und je zwei Seiten conjugirte Polaren sind, wird ein bezüglich des Kreises K sich selbst conjugirtes Dreieck genannt. Da die Verbindungslinie des Poles mit dem Kreismittelpunkte auf der Polare senkrecht steht, „so ist der Mittelpunkt des Kreises der Höhenschnittpunkt in jedem sich selbst conjugirten Dreiecke“.

Jeder Punkt p in der Ebene des Kreises ist Scheitel unendlich vieler sich selbst conjugirter Dreiecke, welche seine Polare P zur gemeinschaftlichen Seite haben, und umgekehrt ist eine Gerade P die Seite für unendlich viele solche Dreiecke, welche den Pol p der Geraden P zur gemeinschaftlichen Ecke besitzen.

Denn um zu einem sich selbst conjugirten Dreiecke zu gelangen, kann man eine seiner Ecken in einen beliebigen Punkt p

der Ebene verlegen; ist P die Polare von p und sind p', p'' irgend zwei auf P liegende conjugirte Pole, so ist $\triangle p, p', p''$ ein sich selbst conjugirtes Dreieck, da pp' die Polare P'' von p'' und pp'' die Polare P' von p' ist. Ebenso kann man von P ausgehen und zwei durch deren Pol gehende conjugirte Polaren P', P'' aufsuchen, so ist $\triangle PP'P''$ offenbar sich selbst conjugirt. Hält man p und demgemäss auch P fest und sind a, b die Schnittpunkte von P mit K und AB deren selbstverständlich durch p hindurchgehenden Tangenten, so folgt aus Früherem, dass die sämmtlichen Eckenpaare p', p'' der sich selbst conjugirten Dreiecke, welche p als gemeinschaftlichen Scheitel besitzen, das Punktepaar a, b harmonisch trennen, und ebenso bilden die Seitenpaare P', P'' mit dem Tangentenpaare AB harmonische Systeme.

69. Kreisvierecke und Kreisvierseite, Mittelpunkt und Durchmesser.

„Wenn die vier Ecken eines vollständigen Viereckes in der Peripherie eines Kreises liegen, so ist das Diagonaldreieck ein sich selbst conjugirtes Dreieck.“

Es seien a, b, c, d vier beliebige Punkte des Kreises K (Fig. 44) und p, p', p'' die Diagonalecken des vollständigen Viereckes $abcd$, sowie sie auf den Seiten ab, ac, ad liegen, und P, P', P'' seien die Seiten des Dreieckes $pp'p''$, sowie sie den Ecken der Reihe nach gegenüberliegen. Dann ist P offenbar die Polare von p; denn wenn man mit q und r die Schnittpunkte von P mit ab und cd bezeichnet, so folgt aus den harmonischen Eigenschaften des vollständigen Viereckes (siehe Art. 19); dass $(abpq) = -1$ und $(cdpr) = -1$ ist, d. h. es sind r und q conjugirte Pole zu p und somit ist rq die Polare von p. Ebenso ist P' die Polare von p' und P'' jene von p''.

Fig. 44.

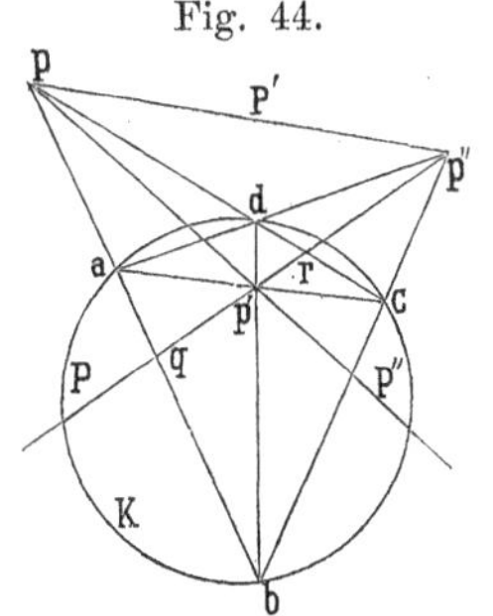

„Wenn die vier Seiten eines vollständigen Vierseits Tangenten eines Kreises sind, so ist das Diagonaldreiseit ein bezüglich des Kreises sich selbst conjugirtes Dreiseit.“

Es seien A, B, C, D vier beliebige Tangenten des Kreises K (Fig. 45) und P, P', P'' die Diagonalseiten des vollständigen Vierseits $ABCD$, wie sie durch die Ecken AB, AC, AD hindurchgehen, und p, p', p'' seien die Ecken des Diagonaldreiseits, wie sie den Seiten P, P', P'' der Reihe nach gegenüberliegen. Wenn man mit Q, R die Verbindungslinien von p mit den Punkten AB und CD

bezeichnet, so folgt aus den harmonischen Eigenschaften des vollständigen Vierseits $(ABPQ) = -1$ $(CDPR) = -1$, d. h. es sind R und Q conjugirte Strahlen zu P bezüglich des Kreises und demgemäss ist der Schnittpunkt p der Pol von P; ebenso ist p' Pol von P' und p'' Pol von P''.

Fig. 45.

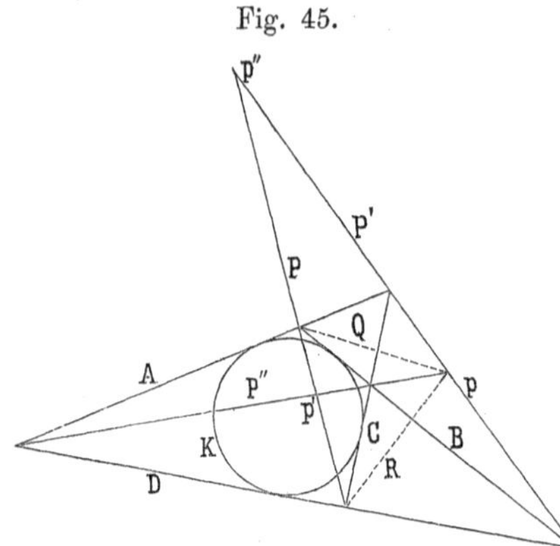

Die eben bewiesenen Eigenschaften bieten ein einfaches Mittel zur Lösung der Aufgaben: „die Polare eines gegebenen Punktes oder den Pol einer gegebenen Geraden zu construiren". Soll die Polare P von p bestimmt werden, so lege man durch p zwei beliebige Transversalen, jedoch so, dass sie den Kreis in zwei reellen Punktepaaren ab, cd treffen; bestimmt man nun den Schnittpunkt p' von ac mit bd, und ebenso den Schnittpunkt p'' von ad und bc, so ist die Gerade $p'p''$, die gesuchte Polare P von p.

Soll der Pol einer Geraden P bestimmt werden, so wähle man auf ihr zwei beliebige Punkte, jedoch so, dass durch sie die reellen Tangentenpaare AB, CD an den Kreis gelegt werden können; verbindet man nun den Punkt AC mit BC, und den Punkt AD mit BC, so erhält man zwei Gerade P', P'', welche sich in dem gesuchten Pole p von P durchschneiden. Uebrigens erhält man die Polare eines beliebigen Punktes nach den Sätzen des vorhergehenden Artikels auch dadurch, dass man die Pole irgend zweier durch ihn hindurchgehenden geraden Linien verbindet, und den Pol einer beliebigen Geraden als den Schnittpunkt der Polaren irgend zweier ihrer Punkte.

Fällt p mit dem Mittelpunkte des Kreises zusammen, so werden zwei durch p hindurchgehende beliebige Transversalen ab und cd zwei beliebige Durchmesser des Kreises und $abcd$ wird ein Rechteck, so dass p' der unendlich weite Punkt von ac und bd, und p'' der unendlich weite Punkt von ad und bc wird. Die Gerade $p'p''$ oder P wird somit zur unendlich weiten Geraden der Ebene:

„Die Polare des Mittelpunktes ist die unendlich weite Gerade der Kreisebene."

Das sich selbst conjugirte Dreieck $pp'p''$ hat in diesem Falle zwei unendlich weite Ecken $(p'p'')$ und eine unendlich weite Seite (P); die beiden anderen Seiten pp', pp'' oder $P''P'$ sind die durch den

Mittelpunkt p zu den Seiten des Rechteckes *abcd* parallel gezogenen Geraden, d. h. zwei zu einander senkrechte Durchmesser. Lässt man etwa *ab* fest und dreht *cd* um p, so erhält man offenbar die sämmtlichen Paare zu einander senkrechter Durchmesser. „Es bilden somit je zwei zu einander senkrechte Kreisdurchmesser mit der unendlich weiten Geraden ein sich selbst conjugirtes Dreieck“ oder: „Die Polare eines unendlich weiten Punktes ist jener Kreisdurchmesser, welcher senkrecht steht zu dem nach dem unendlich weiten Punkte gerichteten Durchmesser.“

Ebenso erkennt man, dass je zwei zu einander senkrechte Durchmesser als conjugirte Strahlen und die unendlich weiten Punkte je zweier zu einander senkrechten Geraden als conjugirte Punkte des Kreises zu betrachten sind.

Da die Polare den Kreis in den Berührungspunkten der beiden vom Pole aus an den Kreis gelegten Tangenten schneidet, so erkennen wir, „dass die beiden (imaginären) durch den Mittelpunkt des Kreises gehenden Tangenten den Kreis in seinen beiden unendlich weiten Punkten berühren“.

„Da alle Kreise einer Ebene als durch dieselben zwei imaginären Punkte der unendlich weiten Geraden hindurchgehend zu betrachten sind (vergl. Art. 60), so muss man offenbar alle concentrischen Kreise der Ebene als solche betrachten, die in jenen zwei Punkten gemeinschaftliche Tangenten besitzen (sich in diesen Punkten gegenseitig berühren). Diese beiden gemeinschaftlichen Tangenten sind nach Obigem die (imaginären) Verbindungslinien des gemeinschaftlichen Mittelpunktes mit den allen Kreisen gemeinschaftlichen (imaginären) unendlich weiten Punkten.“

Wenn wir mit p den Mittelpunkt eines Kreises K und mit ii' die unendlich weiten imaginären Kreispunkte seiner Ebene bezeichnen (welche also nicht nur K, sondern allen Kreisen der Ebene angehören), so sind pi, pi' die Tangenten von K in i und i'. Zwei beliebige durch p gehende, auf einander senkrechte gerade Linien $P'P''$ bilden mit der unendlich weiten Geraden P ein sich selbst conjugirtes Dreieck, und es sind $P'P''$ zwei durch p gehende conjugirte Strahlen bezüglich K und sind folglich nach Früherem harmonisch conjugirt bezüglich der beiden durch p gehenden Kreistangenten pi, pi'. Wenn wir nun vom Kreise K absehen, so sind also die vier Geraden P', P'', pi, pi' immer harmonisch; die beiden ersten sind senkrecht zu einander, und die beiden letzten verbinden den Schnittpunkt der ersteren mit den beiden imaginären Kreispunkten ihrer Ebene. Wir haben somit den Satz:

„Zwei auf einander senkrechte gerade Linien einer Ebene bilden mit den beiden aus ihrem Schnittpunkte nach den imaginären Kreispunkten ihrer Ebene gehenden (imaginären) Strahlen ein harmonisches System."

Oder: „Wenn zwei Strahlen einer Ebene senkrecht auf einander sind, so bilden ihre unendlich weiten Punkte mit den unendlich weiten imaginären Kreispunkten ein harmonisches System."

Hieraus ergibt sich eine vom Begriffe des rechten Winkels unabhängige Definition auf einander senkrecht stehender geraden Linien als solcher, deren unendlich weite Punkte harmonisch conjugirt sind bezüglich der unendlich weiten imaginären Kreispunkte ihrer Ebene.

Hiedurch ist auch die Construction der durch einen gegebenen Punkt gehenden Geraden P', welche zu einer gegebenen Geraden P'' senkrecht ist, zurückgeführt auf die Operation des Verbindens jenes Punktes mit dem unendlich weiten Punkte, welcher harmonisch conjugirt ist zu dem unendlich weiten Punkte von P'' bezüglich der beiden imaginären Kreispunkte.

In der Geometrie des Raumes gilt eine ähnliche Auffassung der auf einander senkrechten Strahlen und Ebenen, nur tritt an Stelle eines einzigen festen imaginären Punktepaares eine feste imaginäre Curve zweiter Ordnung (Art. 62).

Zwölftes Kapitel.

Die Involutionen.

70. Schneidet man zwei projectivische Strahlenbüschel s, s' mit einer Geraden O, so entstehen auf derselben zwei projectivische conlocale Punktreihen (Art. 49 und 50). Je zwei einander entsprechende Strahlen X, X' der beiden Büschel schneiden O in zwei einander entsprechenden Punkten x, x' der conlocalen Reihen. Jeden Punkt von O muss man als zu der einen und der anderen Reihe gehörig betrachten; wird er im ersten Falle mit x und im zweiten Falle mit y' bezeichnet, so wird ihm im ersten Falle der Punkt x' und im zweiten Falle ein Punkt y entsprechen, den man erhält als Schnittpunkt von O mit dem Strahle Y des Büschels s, welcher dem Strahle $s'y'$ oder Y' des Büschels s projectivisch entspricht.

„Wenn die Transversale O durch das Directionscentrum O der beiden Büschel hindurchgeht, so haben die auf ihr entstehenden zwei projectivischen conlocalen Punktreihen die bemerkenswerthe Eigenschaft, dass irgend einem Punkte von O, ob man ihn zu der einen oder zu der anderen Punktreihe rechnet, ein und derselbe Punkt projectivisch entspricht.“

Wenn man also zu einem Punkte x den entsprechenden x' aufsucht und zu demselben Punkte x, indem man ihn als zur zweiten Punktreihe gehörig mit y' bezeichnet, den entsprechenden Punkt y bestimmt, so soll y mit x' identisch sein; es folgt diese Eigenschaft sofort aus der in Art. 41 entwickelten Eigenschaft des Directionscentrums zweier Büschel. Ist nämlich O eine durch o (Fig. 46) hindurchgehende Gerade und x, x' die beiden Schnittpunkte derselben mit dem Strahlenpaare X, X' der beiden projectivischen Büschel s, s', und soll nun zu dem Punkte x, indem man ihn zur zweiten Punktreihe rechnet und etwa mit y' bezeichnet, der entsprechende Punkt y gefunden werden, so hat man zu dem Strahle Y', welcher s' mit y' verbindet, den entsprechenden Strahl Y zu finden, welcher O in y treffen wird. Da nun die Verbindungslinie der Punkte (XY'), $(X'Y)$ durch o gehen muss, so ist diese Verbindungslinie offenbar O selbst und daher ist x' der Punkt $(X'Y)$, somit ist sx' der Strahl Y und somit ist schliesslich x' zugleich der Punkt y.

Fig. 46.

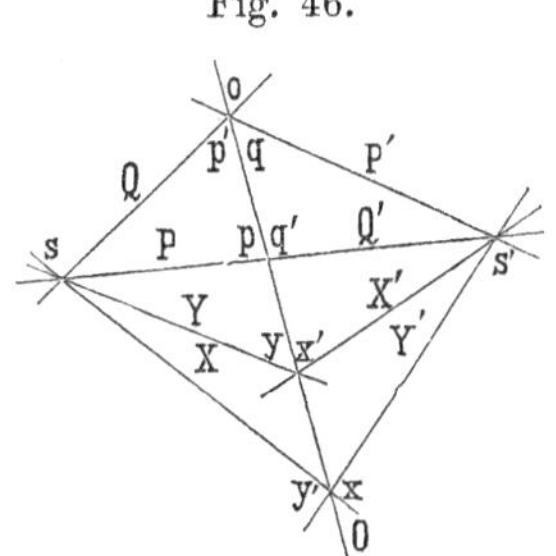

„Wenn in zwei conlocalen projectivischen Punktreihen e i n Punktepaar vorkommt, dessen Punkte sich v e r t a u s c h u n g s f ä h i g entsprechen, so also, dass jedem der beiden Punkte, ob man ihn zu der einen oder zu der anderen Punktreihe rechnet, immer der andere als entsprechender zugeordnet ist, so gilt diese Vertauschungsfähigkeit für alle Paare einander entsprechender Punkte, d. h. es wird dann jedem Punkte, ob man ihn zu der einen oder der anderen Punktreihe rechnet, derselbe andere Punkt entsprechen.“

Es sei O die Axe der beiden projectivischen Punktreihen (Fig. 46) und x, x' das Paar der vertauschungsfähig sich entsprechenden Punkte, so dass also x zugleich y' wird, wenn man x' zur anderen Punktreihe rechnet und mit y bezeichnet. Betrachten wir irgend einen Punkt o von O als zur Punktreihe der nicht accentuirten Punkte gerechnet, möge er mit q und als zur anderen Punktreihe gerechnet, möge er mit p' bezeichnet werden. Dem q entspricht projectivisch ein bestimmter Punkt q', und wir haben nur nachzuweisen, dass p mit q' identisch ist. Es sei durch q' eine beliebige Gerade Q' gezogen und s, s' seien zwei beliebige Punkte derselben. Wenn wir die Punktreihe xyq ... aus s projiciren, so ergibt sich ein Strahlenbüschel XYQ..., und wenn die Punktreihe $x'y'q'p'$... aus s' projicirt wird, so ergibt sich ein mit dem ersten projectivisches Strahlenbüschel $X'Y'Q'P'$... (Art. 37). Da die Gerade O die Verbindungslinie der Punkte (XY'), $(X'Y)$ ist, so muss auf ihr das Directionscentrum der beiden Büschel liegen, und da Q' der den beiden Büscheln gemeinschaftliche Strahl ist, so muss dasselbe auch auf Q liegen, ist somit der Punkt o. Es sind somit auch $s'o$ oder P' und ss' oder P zwei entsprechende Strahlen der beiden Büschel (Art. 41) und folglich sind die Schnittpunkte p' p dieser Strahlen mit O zwei entsprechende Punkte der beiden Reihen; es ist jedoch offenbar nicht nur p' identisch mit q, sondern auch p identisch mit q', wodurch unsere Behauptung erwiesen ist.

„Von zwei Punktreihen, welche die eben betrachtete besondere conlocale Lage haben, sagen wir, sie seien in vertauschungsfähiger oder involutorischer Lage, oder sie bilden eine Punktinvolution auf der Geraden O."

Wenn zwei conlocale projectivische Punktreihen eine Involution bilden, so ist es überflüssig, sie von einander unterscheiden zu wollen, da jedem Punkte (xy'), ob man ihn zu der einen oder der anderen Reihe rechnet, derselbe Punkt $(x'y)$ entspricht, so dass die doppelte Bezeichnung der Punkte fallen gelassen werden kann und es genügen wird, zwei einander entsprechende, ein Paar der Involution bildende Punkte mit x, x' zu bezeichnen, wobei es ganz gleichgiltig ist, welchen Punkt des Paares man mit x und welchen man mit x' bezeichnet.

Man sieht auch sofort, dass die Involution aus unendlich vielen Paaren xx' besteht, von denen jedes vollkommen bestimmt erscheint, wenn man einen seiner Punkte, z. B. x, kennt; denn der andere Punkt x' ist ihm als entsprechender in der besonderen vertauschungsfähig-projectivischen Weise zugeordnet.

Aus den obigen Betrachtungen folgen auch sofort die Sätze:

„Jede Gerade O, welche durch das Directionscentrum o zweier projectivischen Büschel s, s' hindurchgeht, wird von denselben in Punktepaare einer Involution geschnitten."

Zugleich sind die durch o gehenden Geraden die einzigen, auf denen durch die beiden Büschel vertauschungsfähig liegende (involutorische) Punktreihen bestimmt werden, denn man erkennt sofort, dass auch der folgende Satz gilt:

„Wenn man zwei involutorisch liegende Punktreihen aus zwei beliebigen Punkten s, s', welche mit der Axe O der Punktreihen in einer Ebene liegen, projicirt, so erhält man zwei projectivische Strahlenbüschel, deren Directionscentrum o auf der Axe O gelegen ist."

In der That ergibt sich der Punkt o als jener Punkt, welcher in der Involution auf O dem Schnittpunkte von O mit der Geraden ss' als entsprechender zugeordnet ist.

71. „Wenn zwei conlocale projectivische Punktreihen eine Involution bilden, so werden die beiden Doppelpunkte der projectivischen Punktreihen, welche man auch als die Doppelpunkte der Involution bezeichnet, von jedem Paar entsprechender Punkte harmonisch getrennt."

Ist (ee') der eine der beiden sich selbst entsprechenden Punkte der involutorischen Reihen auf O und x, x' ein beliebiges Punktepaar der Involution (die einfache Figur kann der Leser selbst entwerfen), und sind ferner s, s' zwei mit (ee') in gerader Linie liegende Punkte, so werden sich die beiden Punktreihen aus s, s' in perspectivischen Strahlenbüscheln projiciren (Art. 52), deren Perspectivitätsaxe S durch den zweiten sich selbst entsprechenden Punkt ff' hindurchgeht. Es sind nun sx, $s'x'$ zwei entsprechende Strahlen der beiden Büschel und ihr Schnittpunkt m somit ein Punkt von S; der Vertauschungsfähigkeit von x, x' wegen sind jedoch auch sx' und $s'x$ zwei entsprechende Strahlen und ihr Schnittpunkt m' verbunden mit m liefert somit die Axe S, welche O in dem zweiten Doppelpunkte ff' trifft. Nun folgt aber aus den harmonischen Eigenschaften des vollständigen Viereckes $mm'xx'$ sofort, dass $(efxx') = -1$, wodurch der obige Satz bewiesen erscheint.

Wenn somit e, f die Doppelpunkte der Involution sind, so entspricht irgend einem Punkte x jener Punkt x', welcher zu x in Bezug auf das Punktepaar e, f harmonisch conjugirt ist.

„Die Punktepaare einer Involution stellen sich somit dar als alle solchen, welche ein festes Punktepaar — das Paar der Doppelpunkte — harmonisch trennen."

Je zwei entsprechende Elemente conlocaler projectivischer Gebilde bestimmen mit den beiden Doppelelementen ein Doppelverhältniss von constantem Werthe (Art. 51). Wenn also dieser constante Werth für zwei conlocale projectivische Reihen gleich wird der negativen Einheit, so bilden die beiden Reihen eine Involution.

Insbesondere entspricht dem unendlich weiten Punkte u'_∞ der Geraden O der Halbirungspunkt u der Strecke ef; der Punkt u wird als der Centralpunkt der Involution bezeichnet.

Wenn der eine Doppelpunkt (ee') der unendlich weite Punkt der Axe O wird (zugleich ist hier der unendlich weite Punkt zum Centralpunkt geworden), so wird das Viereck $mm'xx'$ der letzten Betrachtung zu einem Parallelogramm und S dessen zweite Diagonale und somit ff' der Halbirungspunkt der Strecke xx':

„Eine Punktinvolution mit unendlich weitem Doppelpunkte besteht aus den sämmtlichen Punktepaaren, welche einen gemeinschaftlichen Halbirungspunkt besitzen; dieser letztere ist zugleich der zweite Doppelpunkt der Involution.“

72. „Die projectivische Beziehung zweier involutorischer Punktreihen ist durch zwei Paare entsprechender Punkte vollkommen bestimmt.“

Sind aa', bb' zwei Paare entsprechender Punkte, so entspricht dem Punkte a', wenn man ihn als Punkt c betrachtet, der Punkt a als c', so dass durch die drei Punktepaare aa', bb', cc' die Projectivität festgesetzt erscheint und zugleich ist durch die Vertauschungsfähigkeit der Punkte des Paares aa' auch die Vertauschungsfähigkeit in allen übrigen Punktepaaren bedingt (Art. 70).

Die beiden Doppelpunkte e, f werden von allen Punktepaaren, also insbesondere von aa' und bb' gleichzeitig harmonisch getrennt und können nach Art. 66 construirt werden, wenn man durch aa', bb' an irgend einen die Axe O berührenden Kreis die Tangenten AA', BB' legt, den Punkt (AA') mit dem Punkte (BB') verbindet und in den zwei Punkten, in denen diese Verbindungslinie den Kreis schneidet, an diesen die Tangenten E, F legt, welche O in e, f treffen werden. Aus den Betrachtungen desselben Artikels folgt überdies:

„Wenn die Doppelpunkte der Involution reell sind, so liegen die Punkte irgend eines Paares entweder beide innerhalb oder beide ausserhalb der von den Punkten eines anderen Paares begrenzten Strecke und umgekehrt; liegt dagegen nur der eine Punkt eines Paares innerhalb der von einem zweiten Paare begrenzten Strecke, so sind die beiden Doppelpunkte imaginär und umgehrt.“

Da der Centralpunkt mit dem unendlich weiten Punkte und ebenso jeder Doppelpunkt ein Paar darstellen, so erkennt man sofort, dass die Involution auch dann vollkommen bestimmt ist, wenn man die beiden Doppelpunkte, oder wenn man einen Doppelpunkt und ein Punktepaar, oder wenn man den Centralpunkt und ein Punktepaar, oder wenn man den Centralpunkt und einen Doppelpunkt kennt.

73. „Die drei Gegenseitenpaare eines vollständigen ebenen Vierecks schneiden jede Transversale in drei Punktepaaren einer Involution."

Es seien s, s', s'', s''' (Fig. 47) die vier Ecken des Viereckes, O eine beliebige Transversale, welche von den Seiten ss', ss'', ss''' in a, b, c und von den Gegenseiten in a', b', c' geschnitten wird. Betrachten wir die Involution, welche durch die zwei Punktepaare bb', cc' bestimmt erscheint, und projiciren wir je zwei entsprechende Punkte derselben aus den beiden Scheiteln s, s'; dadurch ergeben sich (Art. 70) zwei projectivische Strahlenbüschel, deren Directionscentrum auf O liegen muss. Nun sind sb, $s'b'$ oder B, B' zwei entsprechende Strahlen der beiden Büschel und ebenso sc, $s'c'$ oder CC', so dass das Directionscentrum auf der Geraden $s''s'''$, welche (BC') mit $(B'C)$ verbindet, liegen muss, d. h. es ist a' das Directionscentrum. Da nun nach Art. 70 in der Involution, welche die beiden Büschel auf der durch das Directionscentrum gehenden Transversale O bestimmen, dieses Directionscentrum a' mit dem auf dem gemeinschaftlichen Strahle beider Büschel liegenden Punkte, und das ist a, ein Paar bildet, so ist die obige Behauptung, dass aa', bb', cc' drei Paare einer und derselben Involution sind, nachgewiesen.

Fig. 47.

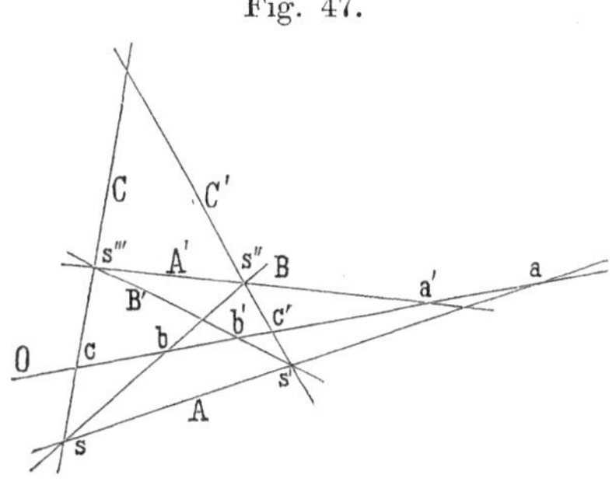

Der eben bewiesene Satz über die involutorischen Eigenschaften eines vollständigen Vierecks liefert die einfachste Methode zur Lösung der

Aufgabe: Es ist die durch zwei Paar entsprechender Punkte bb', cc' auf einer Geraden O bestimmte Involution zu vervollständigen, d. h. es ist der einem beliebigen Punkte a entsprechende Punkt a' aufzusuchen. Man wird auf einer beliebig durch a gezogenen Geraden zwei Punkte s, s' willkürlich wählen, sb mit $s'c'$ in s'' und sc mit $s'b'$ in s''' zum Durchschnitt bringen und hierauf $s''s'''$ ziehen; diese Gerade trifft O in dem gesuchten Punkte a' (Fig. 47). Bestimmt man in derselben Art den Punkt, welcher dem unendlich weiten Punkte von O entspricht, so hat man den Centralpunkt der durch die beiden Punktepaare bb', cc' bestimmten Involution gefunden.

74. Es soll (Fig. 48) auf der Geraden O der Centralpunkt u der Involution gefunden werden, welche durch die beiden Punktepaare aa', xx' bestimmt erscheint. Der Centralpunkt u entspricht dem unendlich weiten Punkte u' von O. Legt man durch a und x zwei Parallele A, X, und durch a', x' zwei Parallele A', X', so gehen die ersten durch einen unendlich weiten Punkt s und die beiden letzten durch einen unendlich weiten Punkt s', und die beiden Punkte s, s' liegen mit u' in einer Geraden, nämlich in der unendlich weiten Geraden der Ebene. Bringt man somit A mit X' in m, und A' mit X in m' zum Durchschnitt, so wird die Gerade mm' die Gerade O im Centralpunkt u schneiden. Aus der Aehnlichkeit der Dreiecke $\triangle uma \sim \triangle um'x$ folgt: $\frac{um}{um'} = \frac{ua}{ux}$, und aus den ähnlichen Dreiecken $\triangle umx' \sim \triangle um'a'$ folgt: $\frac{um}{um'} = \frac{ux'}{ua'}$; es ist somit $\frac{ux'}{ua'} = \frac{ua}{ux}$, oder also:

Fig. 48.

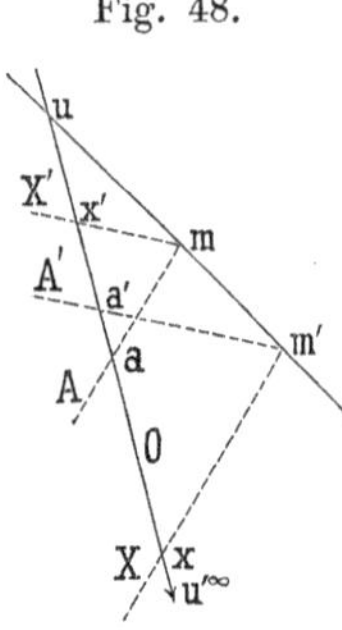

$$ux \,.\, ux' = ua \,.\, ua',$$

d. h. das Product $ux \,.\, ux'$ hat einen constanten Werth:

„Je zwei entsprechende Punkte einer Involution bestimmen mit dem Centralpunkte zwei Strecken, deren Product constant ist.“

Wenn die beiden einander entsprechenden Punkte x, x' zusammenfallen, so entsteht ein Doppelpunkt der Involution; dies geschieht also, wenn $ux' = ux$ oder $\overline{ux}^2 = \overline{ua} \,.\, \overline{ua'}$ wird, woraus sich für die Entfernung der beiden Doppelpunkte vom Centralpunkte u ergibt:

$$ux = \pm \sqrt{\overline{ua} \,.\, \overline{ua'}}.$$

Macht man also $\overline{ue} = + \sqrt{\overline{ua} \,.\, \overline{ua'}}$ und $uf = - \sqrt{\overline{ua} \,.\, \overline{ua'}}$, so sind e, f die beiden Doppelpunkte der Involution. Die beiden Doppelpunkte sind reell, wenn das Product $\overline{ua} \,.\, \overline{ua'}$ positiv ist, d. h. wenn u ausserhalb der Strecke $\overline{aa'}$ liegt; ist dagegen u ein innerer Punkt der Strecke $\overline{aa'}$, so sind die Strecken ua und ua' entgegengesetzt bezeichnet und ihr Product negativ und somit die Doppelpunkte imaginär.

Wenn also eine Involution reelle Doppelpunkte besitzt, so ist der Centralpunkt für alle durch entsprechende Punkte begrenzte Strecken ein äusserer Punkt; und wenn die Doppelpunkte imaginär sind, so ist er für alle solchen Strecken ein innerer Punkt. Eigentlich ist diese Eigenschaft nur ein specieller Fall der Lagenbeziehung zweier durch entsprechende Punkte begrenzten Strecken, wie sie in Art. 72 besprochen wurde; man hat nur das eine Punktepaar zu ersetzen durch den unendlich weiten und den Centralpunkt.

75. Wenn die Transversale O, welche von den drei Gegenseitenpaaren eines vollständigen Viereckes in drei Punktepaaren einer Involution geschnitten wird, durch den Schnittpunkt zweier Gegenseiten (eine Diagonalecke) hindurchgeht, so wird dieser Punkt offenbar als Doppelpunkt der Involution auftreten, da er die Schnittpunkte der Transversale mit zwei Gegenseiten in sich vereinigt. Ist die Transversale die Verbindungslinie zweier Diagonalecken des Viereckes (Seite des Diagonaldreieckes), so werden diese Diagonalecken als Doppelpunkte auftreten und daher von dem Punktepaar, welches in den beiden durch die dritte Diagonalecke hindurchgehenden Gegenseiten liegt, harmonisch getrennt sein. Hiedurch gelangt man wieder zu den harmonischen Eigenschaften des vollständigen Viereckes, welche sich so als specieller Fall der involutarischen Eigenschaften ergeben.

Legt man durch einen Punkt p gerade Linien, welche zwei feste Gerade AA' in den Punkten aa' treffen, und construirt den zu p bezüglich aa' harmonisch conjugirten Punkt p', so dass also $(aa'pp') = -1$ ist, so werden alle Punkte p' eine durch den Schnittpunkt von A und A' hindurchgehende Gerade P erfüllen, welche man als die Polare des Punktes p bezüglich des Geradenpaares AA' bezeichnet. In der That, ist s der Schnittpunkt von A und A' und construirt man zu dem Strahle P', welcher s mit p verbindet, den bezüglich AA' harmonisch conjugirten Strahl P, so wird jede durch p gehende Gerade die drei Strahlen $AA'P'$ in drei Punkten $aa'p'$ so schneiden, dass $(aa'pp') = -1$ ist. Es ist somit P der Ort der vierten harmonischen Punkte p'. Zugleich sieht man, dass, wenn $(AA'PP') = -1$ ist, jeder Punkt, welcher auf einer der beiden Geraden PP' liegt, die andere zur Polare bezüglich AA' hat. Ebenso ist die Polare eines Punktes, der auf einer der Geraden AA' liegt, bezüglich PP' die andere der beiden ersten Geraden.

„Die drei Polaren eines beliebigen Punktes p bezüglich der drei Gegenseitenpaare eines vollständigen Viereckes schneiden sich in einem und demselben Punkte p', dessen Polaren wieder durch p hindurchgehen."

Es seien AA', BB', CC' die drei Gegenseitenpaare des vollständigen Viereckes und $P_a P_b$ die Polaren eines Punktes p bezüglich der Geradenpaare AA', BB', und p' der Schnittpunkt dieser Polaren.

Die Gerade O, welche p mit p' verbindet, wird von den drei Gegenseitenpaaren in drei Punktepaaren aa', bb', cc' einer Involution geschnitten, für welche pp' offenbar die Doppelpunkte sind, da sie sowohl das Punktepaar aa', als auch bb' harmonisch trennen (weil p' auf P_a und P_b liegt). Es sind somit auch $pp'cc'$ vier harmonische Punkte und somit wird die Polare P_c von p bezüglich CC' auch durch p' hindurchgehen müssen. Man sieht auch sofort ein, dass die Polaren von p' sich in p schneiden müssen.

Aus dieser Betrachtung folgt zugleich:

„Die beiden Doppelpunkte der Involution, welcher die drei Schnittpunktepaare einer Transversale mit den drei Gegenseitenpaaren eines vollständigen Viereckes angehören, sind die zwei einzigen auf der Transversale liegenden Punkte pp' von der Beschaffenheit, dass die Polaren des einen bezüglich der drei Gegenseitenpaare durch den anderen hindurchgehen."

76. „Wenn man zwei in einer Ebene liegende projectivische Punktreihen aus einem Punkte ihrer Directionsaxe projicirt, so erhält man zwei concentrische projectivische Strahlenbüschel, deren Strahlen sich **vertauschungsfähig** entsprechen, d. h. irgend einem Strahle entspricht, ob man ihn zu dem einen oder zu dem anderen Büschel rechnet, ein und derselbe Strahl. Von zwei solchen projectivischen concentrischen Büscheln sagen wir, sie seien in **vertauschungsfähiger** oder **involutorischer Lage** oder sie bilden eine **Strahleninvolution**."

Fig. 49.

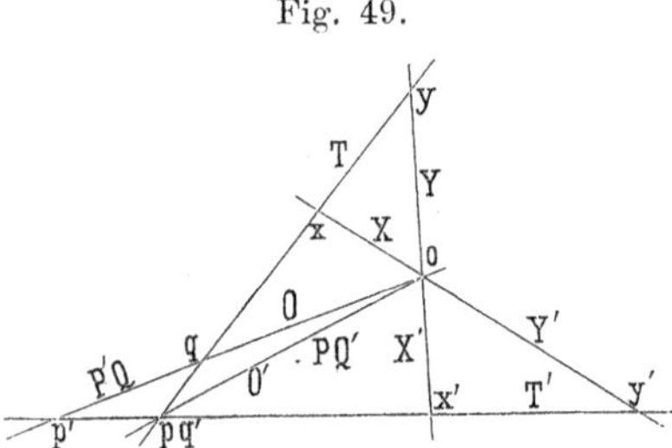

Es seien (Fig. 49) TT' die als Axen der beiden projectivischen Punktreihen auftretenden Geraden und O sei die Directionsaxe, d. h. die Gerade, welche die Punkte $p'q$ verbindet, die dem gemeinschaftlichen Punkte beider Axen entsprechen. Projicirt man die beiden Punktreihen aus einem beliebigen Punkte o von O, so liefern je zwei entsprechende Punkte xx' der beiden Reihen zwei einander entsprechende Strahlen XX' der entstehenden concentrischen projectivischen Büschel. Nun bringt es die Natur der Directionsaxe mit sich, dass die Schnittpunkte von ox und ox' mit T' und T wieder zwei entsprechende Punkte $y'y$ der beiden Punktreihen sind (Art. 40), so dass die Strahlen XX' auch als oy' und oy zwei entsprechende Strahlen $Y'Y$ darstellen. Wenn man also ox als zum ersten Büschel gerechnet mit X und als zum zweiten Büschel gerechnet mit Y'

bezeichnet, so entspricht ihm in beiden Fällen derselbe Strahl ox' als X' und als Y, wodurch der ausgesprochene Satz bewiesen erscheint. Die Directionsaxe stellt den Strahl Q (oder P') dar und es entspricht ihr der Strahl Q' (oder P), welcher o mit dem Schnittpunkte der beiden Axen verbindet.

„Wenn sich in zwei concentrisch projectivischen Strahlenbüscheln die Strahlen eines Paares vertauschungsfähig (involutorisch) entsprechen, d. h. wenn dem einen Strahl, ob man ihn zu dem einen oder dem anderen Büschel rechnet, immer der andere Strahl als entsprechender zugeordnet erscheint, so gilt die Vertauschungsfähigkeit für alle Paare entsprechender Strahlen und die beiden Büschel bilden eine Involution.“

Es sei (Fig. 49) o der Scheitel der beiden projectivischen Büschel und XX' das Paar vertauschungsfähig sich entsprechender Strahlen, so dass man X als Y' und X' als Y betrachten kann. Irgend einem Strahle wird, wenn wir ihn als P zum ersten Büschel rechnen, ein ganz bestimmter Strahl P' im zweiten Büschel entsprechen und wir haben nun nachzuweisen, dass, wenn man P als Strahl des zweiten Büschels, etwa als Q' betrachtet, ihm derselbe frühere Strahl P' als entsprechender Strahl Q zugeordnet ist. Zu dem Behufe legen wir durch einen beliebigen Punkt von (PQ') zwei beliebigen Transversalen TT' und schneiden die erste mit dem Büschel $XYP\ldots$ in einer Punktreihe $xyp\ldots$ und die zweite mit dem Büschel $X'Y'P'Q'\ldots$ in der Punktreihe $x'y'p'q'\ldots$ Die beiden Punktreihen werden nach einem früheren Satze auch projectivisch sein und da o als Schnittpunkt von xy' mit $x'y$ auftritt und da p' der dem gemeinschaftlichen Punkte p entsprechende Punkt ist, so ist op' oder P' die Directionsaxe O der beiden Punktreihen und wird daher T in dem Punkte q schneiden, so dass der Strahl oq oder Q wirklich mit P' identisch ist, was zu beweisen war.

Es ist offenbar auch bei den involutorischen Strahlenbüscheln überflüssig, dieselben von einander unterscheiden zu wollen, da es der Natur der involutorischen Lage entsprechend ganz gleichgiltig ist, ob man einen Strahl als X zu dem einen oder als Y' zu dem anderen Büschel rechnet, da ihm in beiden Fällen ein und derselbe Strahl X' ($= Y$) entspricht. Die in involutorischer Lage befindlichen Strahlenbüschel bestehen aus unendlich vielen Paaren XX' einander entsprechender Strahlen, von denen jedes vollständig bestimmt ist, sobald man einen seiner Strahlen, z. B. X, kennt, weil der andere X' als der zu X entsprechender Strahl mitgegeben erscheint.

Die Resultate der letzten Betrachtungen können nun etwa folgendermassen ausgesprochen werden:

„Zwei projectivische Punktreihen werden aus jedem Punkte ihrer Directionsaxe in einer Strahleninvolution projicirt."

„Wenn zwei concentrische projectivische Strahlenbüschel eine Involution bilden, so schneiden sie irgend zwei Transversalen TT' in zwei projectivischen Punktreihen, deren Directionsaxe O durch den Scheitel der beiden Strahlenbüschel hindurchgeht."

Und zwar ist (Fig. 49) die Directionsaxe jener Strahl der Büschel, welcher dem durch den Schnittpunkt der beiden Transversalen TT' hindurchgehenden Strahle entspricht. Daraus folgt, dass die Punkte der Directionsaxe die einzigen Punkte sind, aus denen die beiden projectivischen Punktreihen durch Strahleninvolutionen projicirt werden.

77. „Die beiden Doppelstrahlen zweier involutorisch liegender projectivischer Strahlenbüschel werden von jedem Paar entsprechender Strahlen harmonisch getrennt."

Es sei o der Scheitel (EE'), der eine sich selbst entsprechende Strahl (Doppelstrahl) der beiden involutorisch liegenden Strahlenbüschel und XX' ein Paar entsprechender Strahlen derselben, so dass man der Vertauschungsfähigkeit wegen X als Y' und X' als Y betrachten kann.

Irgend zwei durch einen beliebigen Punkt (ee') von (EE') hindurchgehende Transversalen TT' (die Figur möge der Leser selbst entwerfen) werden von den beiden Strahlenbüscheln $EXY \ldots$ $E'X'Y' \ldots$ in zwei Punktreihen $exy \ldots e'x'y' \ldots$ geschnitten, welche projectivisch und überdies perspectivisch sind, da der beiden Axen gemeinschaftliche Punkt (ee') sich selbst entspricht. Das Perspectivitätscentrum s der beiden Punktreihen liegt (Art. 55) auf dem zweiten Doppelstrahl (FF') der beiden Büschel. Nun ergibt sich s als Schnittpunkt von xx' mit yy' und aus dem vollständigen Vierseit $XX'TT'$ folgt sofort, dass XX' harmonisch conjugirt sind bezüglich (EE') und $\overline{os}$ oder (FF'), d. h. es ist $(EFXX') = -1$.

Wenn also EF die Doppelstrahlen der Involution sind, so entspricht irgend einem Strahle X jener Strahl X', welcher zu X bezüglich EF harmonisch conjugirt ist.

„Die sämmtlichen Paare entsprechender Strahlen einer Involution stellen sich somit dar als jene sämmtlichen Strahlenpaare XX', welche ein und dasselbe Strahlenpaar EF harmonisch trennen; letzteres ist das Paar der sich selbst entsprechenden Strahlen (Doppelstrahlen)."

Es ergibt sich somit die Strahleninvolution als specieller Fall conlocaler projectivischer Strahlenbüschel, deren charakteristisches Doppelverhältniss (das constante Doppelverhältniss, welches irgend zwei entsprechende Strahlen mit den beiden Doppelstrahlen bestimmen [Art. 51]) gleich ist der negativen Einheit.

Da die Winkelhalbirenden der Strahlen *EF* in Bezug auf diese Strahlen ebenfalls harmonisch conjugirt sind (Art. 10), so bilden sie auch ein Paar entsprechender Strahlen der Involution.

„Die zwei Strahlen *HH'*, welche die von den Doppelstrahlen *EF* gebildeten Winkel halbiren, sind auch zwei entsprechende Strahlen der Involution."

Die beiden Strahlen *HH'* stehen auf einander senkrecht, weil der von ihnen eingeschlossene Winkel sich als Summe der Hälften zweier Nebenwinkel darstellt; wir werden später sehen, dass *HH'* das einzige Strahlenpaar der Involution ist, welches einen rechten Winkel bildet.

Wenn die beiden Doppelstrahlen *EF* auf einander senkrecht stehen, so wird man den zu einem Strahle *X* entsprechenden Strahl *X'* als jenen erhalten, welcher mit *E* (oder mit *F*) denselben Winkel bildet wie *X*. Denn dann werden *EF* als Halbirungsstrahlen des Winkels *XX'* auftreten und die beiden Strahlenpaare *EFXX'* sind somit harmonisch.

„Wenn die Doppelstrahlen einer Involution auf einander senkrecht stehen, so bilden je zwei einander entsprechende Strahlen mit dem einen Doppelstrahl beiderseits gleiche Winkel und ebenso mit dem anderen. Alle Strahlenpaare haben ein gemeinschaftliches Paar von Winkelhalbirenden und diese sind eben die beiden Doppelstrahlen."

78. „Die projectivische Beziehung zweier involutorischer Strahlenbüschel ist durch zwei Paare entsprechender Strahlen vollkommen bestimmt."

Sind *AA'*, *BB'* zwei Paare entsprechender Strahlen, so kann man der Vertauschungsfähigkeit wegen *A'* als *C* und *A* dann als *C'* betrachten, und es wird nun durch die drei Strahlenpaare *AA'*, *BB'*, *CC'* die Projectivität vollständig bestimmt sein und zugleich ist durch die Vertauschungsfähigkeit der Strahlen *AA'* auch jene aller übrigen einander entsprechender Strahlen bedingt (Art. 76).

Die beiden Doppelstrahlen *EF* der durch *AA'*, *BB'* bestimmten Involution ergeben sich als die zwei Strahlen, welche sowohl von *AA'* als auch von *BB'* harmonisch getrennt werden und können nach Art. 66 leicht construirt werden. Legt man durch den Scheitel *o* der Strahleninvolution einen beliebigen Kreis, welcher von AA' BB' in aa', bb' geschnitten wird, und construirt man aus dem Schnittpunkte von aa' mit bb' an den Kreis die beiden Tangenten, so werden ihre Berührungspunkte mit o verbunden, die beiden Doppelstrahlen EF liefern.

Aus den Betrachtungen desselben Artikels folgt überdies:

„Wenn die Doppelstrahlen EF reell sind, so sind die Strahlen irgend eines Paares in Bezug auf die Strahlen irgend eines anderen Paaren entweder beide äussere oder beide innere Strahlen; sind die Doppelstrahlen EF imaginär, so werden die Strahlen eines jeden Paares von den Strahlen eines jeden anderen Paares beiderseits von einander getrennt.“

79. Die meisten Resultate der letzten Artikel können aus den Sätzen über Punktinvolutionen abgeleitet werden auf Grund der folgenden einfachen und wichtigen Beziehung:

„Wenn man aus zwei conlocalen projectivischen, in vertauschungsfähiger Lage befindlichen Gebilden (also aus einer Involution) durch die Operation des Schneidens oder jene des Projicirens zwei neue conlocale projectivische Gebilde ableitet, so sind dieselben auch in vertauschungsfähiger Lage (bilden ebenfalls eine Involution).“

Denn sind z. B. zwei concentrische projectivische Strahlenbüschel gegeben, so werden sie (Art. 50) jede beliebige Gerade ihrer Ebene in zwei coaxialen projectivischen Punktreihen schneiden, so dass je zwei entsprechende Strahlen XX' auf der Geraden zwei entsprechende Punkte xx' bestimmen; wenn nun XX' sich vertauschungsfähig entsprechen, so kann man X' als Y und X als Y' betrachten, man wird also auch x' als y und x als y' betrachten können, d. h. die Punkte xx' entsprechen sich dann auch vertauschungsfähig. Umgekehrt folgt aus der Vertauschungsfähigkeit von x und x' jene von X und X'. Wir haben somit den Satz:

„Jede Strahleninvolution wird von jeder Geraden ihrer Ebene in einer Punktinvolution geschnitten und jede Punktinvolution wird aus jedem Punkte durch eine Strahleninvolution projicirt. Jedes Paar entsprechender Strahlen geht durch ein Paar entsprechender Punkte und umgekehrt, und insbesondere gehen aber die Doppelstrahlen durch die Doppelpunkte oder letztere liegen auf den ersteren.“

Man kann somit aus den Eigenschaften der Punktinvolution, indem man letztere aus einem beliebigen Punkte projicirt, Eigenschaften der entstehenden Strahleninvolution ableiten oder umgekehrt.

Wenn man die Punkte zweier conlocaler vertauschungsfähig projectivischer Punktreihen aus einer beliebigen Axe des Raumes durch Ebenen projicirt, oder wenn man die Strahlen zweier conlocaler vertauschungsfähig projectivischer Strahlenbüschel aus einem beliebigen Punkte des Raumes durch Ebenen projicirt, so erhält man zwei coaxiale projectivische Ebenenbüschel, welche offenbar ebenfalls in vertauschungsfähiger Lage sein werden, so zwar, dass jeder Ebene, ob man sie zu dem einen oder dem anderen der beiden Büschel rechnet, immer dieselbe andere Ebene projectivisch entsprechen wird. Denn je zwei entsprechende Ebenen $\xi\xi'$ gehen durch zwei entsprechende Punkte xx' der Reihen, (respective zwei Strahlen XX' der Büschel); und nachdem sich xx' auch als $y'y$ (oder XX' als $Y'Y$) entsprechen, werden sich auch die Ebenen $\xi\xi'$ als $\eta'\eta$, respective entsprechen, so dass aus der Vertauschungsfähigkeit der beiden ursprünglichen Gebilde auch jene der Ebenenbüschel folgt. Zwei solche Ebenenbüschel werden als in involutorischer Lage oder als eine Ebeneninvolution bezeichnet. Da man offenbar aus zwei solchen Ebenenbüscheln durch den Schnitt mit einer Geraden eine Punktinvolution und durch den Schnitt mit einer Ebene eine Strahleninvolution ableiten wird, so gelten die für Punkt- und Strahleninvolutionen bewiesenen Sätze auch sofort für Ebeneninvolutionen. So vor allem die Sätze:

„Aus der Vertauschungsfähigkeit der Elemente eines Ebenenpaares folgt auch jene der Elemente aller Paare."

„Die Ebeneninvolution ist vollkommen bestimmt durch zwei Paar entsprechender Ebenen $\alpha\alpha'$, $\beta\beta'$."

„Die Ebeneninvolution besitzt zwei Doppelebenen (sich selbst entsprechende Ebenen) ε, φ, welche von jedem Paar entsprechender Ebenen $\xi\xi'$ harmonisch getrennt werden, $(\varepsilon\varphi\xi\xi') = -1$."

„Die Ebenen, welche die Winkel von ε und φ halbiren, bilden auch ein Paar der Involution."

„Wenn die Doppelebenen auf einander senkrecht stehen, so bilden je zwei einander entsprechende Ebenen mit der einen Doppelebene beiderseits gleiche Winkel und ebenso mit der anderen; alle Ebenenpaare haben in diesem Falle ein gemeinschaftliches winkelhalbirendes Ebenenpaar und dieses ist das Paar der beiden Doppelebenen."

Fassen wir die Resultate der Betrachtungen dieses Artikels zusammen, so haben wir den Satz:

„Wenn zwei conlocale projectivische Gebilde eine Involution bilden, so bilden auch je zwei mit ihnen perspectivische und conlocale

Gebilde eine Involution. Jedem Elementenpaar der einen Involution entspricht perspectivisch ein Elementenpaar der anderen, und insbesondere entspricht jedem Doppelelemente der einen ein Doppelelement der anderen."

Wenn man also z. B. eine Punktinvolution aus einem beliebigen Punkte durch Strahlen, oder aus einer beliebigen Axe durch Ebenen auf eine zweite Gerade projicirt, so erhält man wieder eine Involution von Punkten u. s. w.

Zwei solche durch die Perspectivität zusammenhängende Involutionen werden als zwei perspectivische Involutionen bezeichnet.

Die drei Gegenseitenpaare eines vollständigen Viereckes schneiden jede, also auch die unendlich weite Gerade, in drei Punktepaaren einer Involution, welche, mit irgend einem Punkte verbunden, drei Strahlenpaare einer Strahleninvolution liefern werden, d. h.:

„Legt man durch einen beliebigen Punkt Parallele zu den drei Gegenseitenpaaren eines vollständigen Viereckes, so erhält man drei Strahlenpaare einer Involution."

80. „Die drei Strahlenpaare, welche irgend einen in der Ebene eines vollständigen Vierseits gelegenen Punkt mit den drei Gegeneckenpaaren des Vierseits verbinden, sind drei Strahlenpaare einer Involution."

Fig. 50.

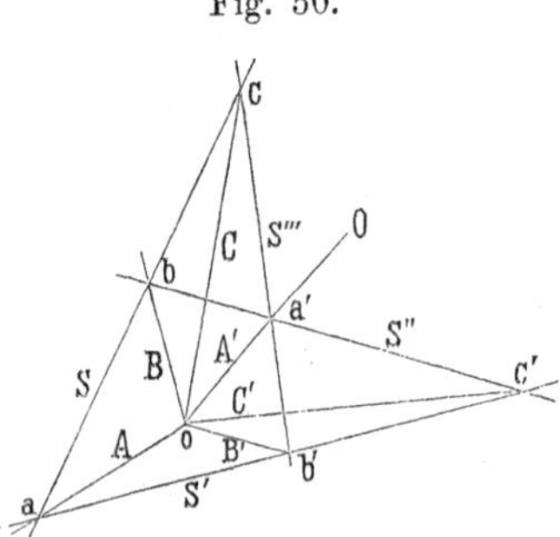

Es seien (Fig. 50) $SS'S''S'''$ die vier Seiten des Vierseits, abc die auf S liegenden drei Ecken SS', SS'', SS''' und $a'b'c'$ deren Gegenecken; ferner sei o ein beliebiger Punkt der Ebene, welcher, mit den drei Gegeneckenpaaren aa', bb', cc' verbunden, die Strahlenpaare AA', BB', CC' liefert. Betrachten wir die Involution, welche durch die zwei Strahlenpaare BB', CC' bestimmt erscheint und schneiden wir je zwei entsprechende Strahlen derselben mit den beiden Transversalen SS', so ergeben sich (Art. 76) auf S, S' zwei projectivische Punktreihen, deren Directionsaxe O durch o hindurchgehen muss. Da nun den Strahlen B, C, welche S in b, c schneiden, die Strahlen B', C', welche S' in b', c' schneiden, als involutorisch entsprechende zugeordnet sind, so entsprechen den Punkten bc auf S die Punkte $b'c'$ auf S' projectivisch und O muss somit durch den Schnittpunkt von bc' mit $b'c$, d. h. durch a' hindurchgehen; es ist somit oa' oder A' die Directionsaxe O der beiden

Punktreihen. Dieser entspricht jedoch (Art. 76) der nach dem Schnittpunkte der beiden Axen SS', d. h. nach a gerichtete Strahl A involutorisch, womit nachgewiesen ist, dass wirklich AA' ein Strahlenpaar der Involution ist, welche durch BB', CC' bestimmt erscheint.

Aufgabe. Eine Strahleninvolution mit dem Scheitel o ist durch zwei Strahlenpaare BB', CC' gegeben; man soll den einem beliebigen Strahle A entsprechenden Strahl A' construiren.

Durch einen beliebigen Punkt a von A (Fig. 50) lege man zwei willkürliche Transversalen SS', welche BB' in bb' und CC' in cc' schneiden mögen; die Geraden bc', $b'c$ werden sich in einem Punkte a' schneiden, welcher, mit o verbunden, den gesuchten Strahl A' liefert, denn in der That sind die drei Strahlenpaare nach den der Gegeneckenpaare eines vollständigen Vierseits gerichtet.

Da jede Strahleninvolution von einer beliebigen Geraden in einer Punktinvolution geschnitten wird, so gilt offenbar auch der Satz:

„Projicirt man die drei Gegeneckenpaare eines vollständigen Vierseits auf eine beliebige Gerade, so erhält man drei Punktepaare einer Involution."

Wenn der Punkt, aus welchem projicirt wird, in unendlicher Entfernung liegt, so erscheinen durch die drei Gegeneckenpaare zu einander parallele Gerade gezogen, welche auf jeder Geraden drei Punktepaare einer Involution bestimmen.

81. Fällt der Punkt o auf eine Seite des Diagonaldreiseits des vollständigen Vierseits, z. B. auf aa', so tritt diese Diagonalseite als Doppelstrahl der Involution auf, welche durch die nach den beiden anderen Gegeneckenpaaren bb', cc' gerichtete Strahlenpaare bestimmt erscheint, da in diesem Falle sowohl A als auch A' mit aa' zusammenfällt. Wird o eine Ecke des Diagonaldreiseits, so tritt jede der sich in o schneidenden Diagonalseiten als Doppelstrahl der Involution auf und es werden somit diese beiden Diagonalseiten von den durch ihren Schnittpunkt gehenden, nach den auf der dritten Diagonalseite gelegenen Gegenecken des Vierseits gerichteten Strahlen harmonisch getrennt; so gelangt man zu den harmonischen Eigenschaften des vollständigen Vierseits, als zu einem besonderen Falle der involutorischen Eigenschaften desselben.

Wenn man jeden Punkt einer festen Geraden P mit einem festen Punktepaar aa' durch das Strahlenpaar AA' verbindet und zu P bezüglich AA' den harmonischen Strahl P' aufsucht, so gehen alle Strahlen P' durch einen festen Punkt p der Geraden aa' hindurch, welchen man als den Pol der Geraden P bezüglich des Punktepaares aa' bezeichnet. Dieser Punkt p ist offenbar harmonisch conjugirt bezüglich aa' zu dem Punkte p', in welchem P die Gerade aa' trifft, da aus $(aa'pp') = -1$ sofort auch $(AA'P'P) = -1$ folgt. Man sieht sofort, dass jede durch p' gehende Gerade p zum Pole hat und jede durch p gehende Gerade den Punkt p'. Der Pol der unendlich weiten Geraden ist der Halbirungspunkt der Strecke $\overline{aa'}$.

„Construirt man die drei Pole einer Geraden P bezüglich der drei Gegeneckenpaare eines vollständigen Vierseits, so liegen sie auf einer und derselben Geraden P', deren Pole wieder auf P liegen."

Es seien aa, bb', cc' die drei Gegeneckenpaare des Vierseits und $p_a p_b$ die Pole einer beliebigen Geraden P bezüglich der beiden Punktepaare aa', bb', und P' sei die Verbindungslinie von p_a mit p_b und o der Schnittpunkt von P mit P'. Die von o aus nach den drei Punktepaaren aa', bb', cc' gerichteten Strahlenpaare AA' BB', CC' gehören einer Involution an, deren Doppelstrahlen PP' sind. Denn weil p_a der Pol von P bezüglich aa' ist, so ist $(AA'PP') = -1$ und weil p_b der Pol von P bezüglich bb' ist, ist auch $(BB'PP') = -1$, so dass PP' gleichzeitig die beiden Strahlenpaare AA', BB' harmonisch trennen und daher die Doppelstrahlen der durch AA', BB' bestimmten Involution sind. Da nun derselben Involution auch das Paar CC' angehört, so ist auch $(CC'PP') = -1$, und somit wird P' die Gerade cc' in dem Pole p_c von P bezüglich cc' schneiden. Es liegen also $p_a p_b p_c$ alle auf P'. Man sieht auch sofort, dass die Pole von P' auf P liegen müssen (es sind die Schnittpunkte von P mit aa', bb', cc'). Zugleich ist der Satz mitbewiesen:

„Durch einen Punkt o gehen nur zwei Gerade PP' von der Beschaffenheit, dass die Pole der einen bezüglich der Gegeneckenpaare eines vollständigen Vierseits auf der anderen gelegen sind; es sind dies die beiden Doppelstrahlen jener Involution, welcher die drei von o nach den Gegeneckenpaaren des Vierseits gehenden Strahlenpaare angehören."

Lässt man P mit der unendlich weiten Geraden der Ebene zusammenfallen, so werden $p_a p_b p_c$ die Halbirungspunkte der Strecken $\overline{aa'}$, $\overline{bb'}$, $\overline{cc'}$, d. h.:

„Die Halbirungspunkte der von den drei Gegeneckenpaaren eines vollständigen Vierseits begrenzten Strecken liegen auf einer und derselben Geraden" (vergl. Art. 21).

82. Den im Art. 74 entwickelten metrischen Eigenschaften des Centralpunktes einer Punktinvolution entsprechen ähnliche Relationen in der Strahleninvolution, welche in Verbindung mit gewissen Eigenschaften der Punktinvolutionen entwickelt werden sollen.

Es sei (Fig. 51) u der Centralpunkt einer auf T befindlichen Punktinvolution und aa', xx' irgend zwei Paare der Involution, welche durch u und aa' bestimmt erscheint (Art. 72); zwischen aa', xx' und u besteht dann die Relation:

$$ux \,.\, ux' = ua \,.\, ua'.$$

Denkt man sich nun durch einen beliebigen Punkt s der Ebene und die einzelnen Punktepaare xx' Kreise K_x gelegt, so werden sie die Gerade us in einem und demselben Punkte schneiden müssen; denn bestimmt man auf us den Punkt t, so dass

$$us \,.\, ut = ua \,.\, ua' \text{ oder } ut = \frac{ua \,.\, ua'}{us},$$

so wird der Punkt t auch auf jedem der Kreise K_x liegen müssen, weil dann auch $ux \,.\, ux' = us \,.\, ut$ ist.

„Die Kreise K_x, welche man durch die einzelnen Punktepaare einer Involution und durch einen beliebigen Punkt s hindurchlegt, gehen auch alle durch einen und denselben zweiten Punkt t hindurch, welcher mit s und mit dem Centralpunkt der Involution in gerader Linie liegt."

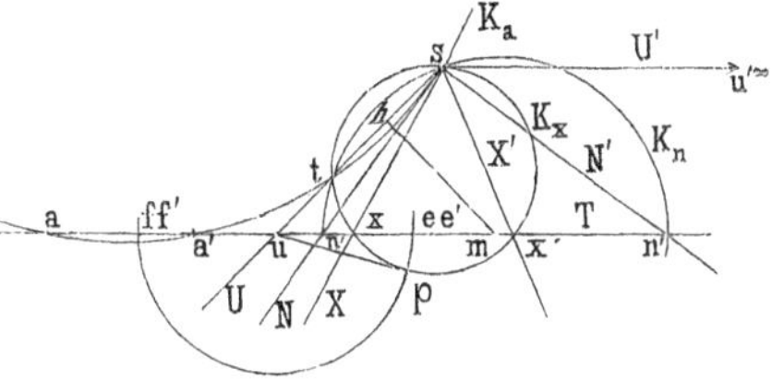

Fig. 51.

Hieraus folgt auch:

„Die durch dieselben zwei Punkte hindurchgehenden Kreise schneiden jede Gerade ihrer Ebene in Punktepaaren einer Involution; der Centralpunkt derselben liegt auf der Verbindungslinie jener zwei Punkte."

Sind nämlich s, t (Fig. 51) die beiden Punkte, durch welche die Kreise $K_a\, K_x \ldots$ hindurchgehen, und sind $aa', xx' \ldots$ die Schnittpunktepaare dieser Kreise mit irgend einer Transversale T, welche von $\overline{st}$ in u geschnitten wird, so ist:

$$ua \,.\, ua' = ux \,.\, ux' = \ldots,$$

denn jedes dieser Producte ist gleich $us \,.\, ut$.

Ist eine Punktinvolution auf T durch zwei Punktepaare aa', xx' bestimmt, und legt man durch a und a' einen beliebigen Kreis K_a und ebenso durch xx' einen Kreis K_x, welcher K_a in den reellen Punkten s, t schneidet, so wird nach Obigem die Gerade $\overline{st}$ den Träger T im Centralpunkt u schneiden, und den zu einem Punkt y entsprechenden Punkt y' findet man als den zweiten Schnittpunkt von T mit dem durch s, t und y hindurchgehenden Kreis K_y. Um die Doppelpunkte der Involution zu erhalten, braucht man nur jene durch s und t hindurchgehenden Kreise aufzusuchen, welche T berühren; jeder solche Kreis berührt T in einem Doppelpunkte der Involution, weil dieser Berührungspunkt die beiden Schnittpunkte des Kreises mit T, also zwei entsprechende Punkte der Involution in sich vereinigt. Diese berührenden Kreise sind reell, wenn s und t auf derselben Seite von T liegen, und man erhält die Entfernung des Berührungspunktes vom Punkte u, wenn man von u aus an irgend einen der durch st gehenden Kreise, z. B. an K_x, die Tangente up legt; es ist $\overline{up}^2 = ux \,.\, ux' = ua \,.\, ua' = \ldots$

Wenn man also up von u aus auf T beiderseits aufträgt, so erhält man jene Punkte e, f, welche sich involutorisch selbst entsprechen, die beiden Doppelpunkte. Sind s, t durch T von einander getrennt, so gibt es keinen reellen Kreis, welcher durch s und t geht und T berührt; die beiden Doppelpunkte sind in diesem Falle imaginär.

83. Wird eine Strahleninvolution mit einer beliebigen Transversale geschnitten, so entsteht eine Punktinvolution auf der letzteren. Es sei (Fig. 51) s der Scheitel der Strahleninvolution und XX' irgend ein Paar entsprechender Strahlen, welche eine beliebige Transversale T in dem Punktepaar xx' schneiden mögen; alle Paare xx' bilden auf T eine Punktinvolution. Dem zu T parallelen Strahle U' wird ein bestimmter Strahl U der Strahleninvolution entsprechen und es wird offenbar der Schnittpunkt u von U mit T der Centralpunkt der auf T entstehenden Punktinvolution sein, da er mit dem unendlich weiten Punkte u' von T ein Paar der Involution bildet. Legt man also durch jedes Punktepaar xx' und den Scheitel s einen Kreis K_x, so werden alle diese Kreise K_x die Gerade su oder U in ein und demselben Punkte t schneiden müssen. Die Mittelpunkte aller dieser Kreise liegen auf der im Halbirungspunkte h der Strecke st auf dieser errichteten Senkrechten, welche T in m schneiden möge; jener Kreis K_n, welcher durch s, t hindurchgeht und m zum Mittelpunkte hat, wird T in einem Punktepaar nn' schneiden, welches, mit s verbunden, ein Paar auf einander senkrecht stehender entsprechender Strahlen NN' liefert. Dass dieses Paar NN' das einzige Paar einander entsprechender Strahlen ist, welche auf einander senkrecht stehen, folgt daraus, weil der Kreis K_n der einzige durch s und t gehende Kreis ist, dessen Mittelpunkt auf T liegt. Man nennt das Strahlenpaar NN' das rechtwinklige Strahlenpaar der Involution.

„Eine Strahleninvolution besitzt nur ein einziges rechtwinkliges Strahlenpaar; wir haben in Art. 77 gesehen, dass dasselbe aus der Winkelhalbirenden der beiden Doppelstrahlen EF besteht.“

Da man von einer Involution zwei Paare entsprechender Strahlen beliebig wählen kann, so wird man auch die Schenkel NN', AA' zweier rechter Winkel mit gemeinschaftlichem Scheitel s als die Involution bestimmend betrachten können. In diesem Falle liegt der Mittelpunkt des Kreises K_n und des Kreises K_a auf der Geraden T, so dass dieselbe (Fig. 52) die Mittelpunkte aller der Kreise K_x enthalten muss; in der That ist auch t in diesem Falle ein Punkt, welcher in der von s aus auf T gefällten Senkrechten von T ebenso weit entfernt liegt wie s. Es wird somit jeder Kreis K_x die Gerade T in einem Punktepaar xx' schneiden, welches einen Durchmesser von K_x begrenzt und daher am Scheitel s einen rechten Winkel bestimmt, d. h. es wird $X' \perp X$ sein.

Fig. 52.

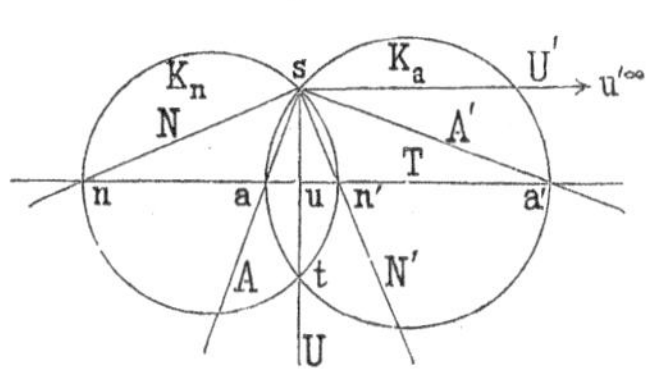

„Wenn also eine Strahleninvolution zwei Paar rechtwinkliger Strahlen besitzt, so sind alle Strahlenpaare der Involution rechtwinklig, so dass irgend einem Strahle der zu ihm rechtwinklige als entsprechender zugewiesen ist.“

Oder: „Wenn sich ein rechter Winkel in seiner Ebene um seinen Scheitel herumdreht, so beschreibt sein Schenkelpaar als Paar entsprechender Strahlen eine Involution (besonderer Art).“

Man nennt deshalb eine solche Involution, in welcher jeder Strahl mit seinem entsprechenden rechte Winkel bildet, eine Involution rechter Winkel oder eine rechtwinklige Involution.

Wir haben in Art. 61 gesehen, dass man je zwei zu einander senkrechte Gerade zu betrachten hat als harmonisch conjugirt bezüglich der aus ihrem Schnittpunkte nach den unendlich weiten imaginären Kreispunkten ihrer Ebene gerichteten imaginären Strahlen; hieraus folgt sofort:

„Die imaginären Doppelstrahlen EF einer rechtwinkligen Strahleninvolution verbinden den Scheitel s der Involution mit den unendlich weiten imaginären Kreispunkten ihrer Ebene.“

Denn diese zwei (imaginären) Strahlen werden von jedem Strahlenpaare der rechtwinkligen Involution harmonisch getrennt.

„Wenn eine Punktinvolution zwei imaginäre Doppelpunkte besitzt, so gibt es in jeder durch ihre Axe hindurchgehenden Ebene zwei reelle Punkte, aus welchen die Punktinvolution durch rechtwinklige Strahleninvolutionen projicirt wird. Die Scheitel aller solchen Strahleninvolutionen erfüllen einen Kreis, dessen Ebene durch den Centralpunkt der Punktinvolution hindurchgeht und zur Axe derselben senkrecht steht.“

Sind (Fig. 52) aa', nn' irgend zwei Punktepaare der Involution auf T, so wird jedes durch das andere getrennt erscheinen, so dass die beiden über $\overline{aa'}$ und $\overline{nn'}$ als Durchmesser in derselben Ebene beschriebenen Kreise $K_a K_n$ sich in zwei reellen, in einer zu T senkrechten Geraden liegenden, von T beiderseits gleichweit entfernten Punkten s, t schneiden werden. Projicirt man die Involution aus einem dieser beiden Punkte, z. B. aus s, so wird man eine Strahleninvolution erhalten, welche rechtwinklig sein muss, da sie die beiden rechtwinkligen Strahlenpaare sa, sa'; sn, sn' enthält; dasselbe gilt von t. Offenbar sind auch s und t die einzigen Punkte der Ebene, aus denen sich die Punktinvolution durch eine rechtwinklige Strahleninvolution projicirt. Dreht man die Ebene um T, so werden die beiden Punkte s, t einen Kreis beschreiben, dessen Ebene senkrecht zu T ist, dessen Mittelpunkt auf T liegt und dessen Durchmesser $\overline{st}$ ist.

Die imaginären Doppelstrahlen EF der Involution, deren Scheitel s ist, verbinden den Punkt s mit den imaginären Kreispunkten ii' der Ebene und schneiden T in den imaginären Doppelpunkten ef der Punktinvolution; ebenso verbinden die imaginären Doppelstrahlen $E'F'$ der Strahleninvolution t den Scheitel A mit ii' und schneiden T in ef.

„Wenn man also irgend zwei Punkte st der Ebene mit den imaginären Kreispunkten ii' dieser Ebene verbindet, so erhält man vier imaginäre Gerade $EFE'F'$, welche sich ausser in $stii'$ noch in zwei imaginären Punkten ef schneiden, deren Verbindungslinie T reell ist, auf st senkrecht steht und die Entfernung $\overline{st}$ halbirt. Die Punkte e, f sind die Doppelpunkte der Involution, welche auf T von den rechtwinkligen Strahleninvolutionen, deren Scheitel s, t sind, bestimmt wird.“

84. Aus dem Satze, dass eine Strahleninvolution, welche zwei rechtwinklige Paare besitzt, aus lauter solchen Paaren besteht, folgt sofort:

„Wenn aa', bb', cc' die drei Gegeneckenpaare eines vollständigen Vierseits sind, so schneiden sich die drei Kreise, welche die Strecken aa', bb', cc' zu Durchmessern haben, in denselben zwei Punkten.“

Denn sind K_a, K_b, K_c diese Kreise und pp' die Schnittpunkte von K_a mit K_b, so muss jeder dieser Punkte auch auf K_c liegen;

denn die von p aus nach aa', bb', cc' gerichteten Strahlen AA', BB', CC' gehören einer Involution an und da $A' \perp A$, $B' \perp B$ ist, muss auch $C' \perp C$ sein, d. h. $\angle\ cpc'$ ist ein rechter Winkel und somit wird der über cc' beschriebene Kreis K_c durch p hindurchgehen müssen; dasselbe gilt natürlich von p'.

Aus dem eben bewiesenen Satze kann man wieder zu dem schon zweimal entwickelten Satze (Art. 21 und Art. 81) zurückkehren, da die Halbirungspunkte der Strecken $\overline{aa'}$, $\overline{bb'}$, $\overline{cc'}$ als Mittelpunkte der Kreise K_a K_b K_c in der Geraden liegen müssen, die man auf $\overline{pp'}$ im Halbirungspunkte dieser Strecke senkrecht errichten kann.

Im Artikel 79 ist gezeigt worden, dass die durch einen Punkt zu den drei Gegenseitenpaaren eines vollständigen Vierecks parallel gezogenen drei Strahlenpaare einer Involution angehören. Wenn also zwei von ihnen rechtwinklig sind, so muss auch das dritte rechtwinklig sein, d. h.:

„Wenn zwei Seiten eines vollständigen Vierecks auf ihren Gegenseiten senkrecht stehen, so stehen auch die beiden noch übrig bleibenden Gegenseiten auf einander senkrecht.“

Betrachtet man irgend drei nicht durch dieselbe Ecke hindurchgehende Seiten eines solchen Viereckes, so bilden sie ein Dreieck, dessen Ecken zugleich Ecken des Viereckes sind und dessen drei Höhenperpendikel die übrigen Seiten des Viereckes sind und sich in dem Höhenschnittpunkt als der vierten Ecke des Viereckes durchschneiden.

85. „Zwei entsprechende Strahlen XX' einer Strahleninvolution bestimmen mit jedem der beiden rechtwinkligen Strahlen NN' zwei Winkel, deren goniometrische Tangenten ein constantes Product besitzen.“

Es seien NN' die auf einander senkrechten Strahlen, welche zugleich ein Paar der Involution bilden. Irgend eine zu N' parallele Gerade T wird von der Strahleninvolution, deren Scheitel s sein möge, in einer Punktinvolution geschnitten, für welche der auf N liegende Punkt n offenbar der Centralpunkt u ist. Wenn also xx' die Schnittpunkte von T mit XX' sind, so ist nach Art. 74 $ux \,.\, ux'$ constant, also etwa:

$$ux \,.\, ux' = k.$$

Nimmt man $\overline{su} = 1$, so wird $ux = tgNX$ und $ux' = tgNX'$, und es ist somit:

$$tgNX \,.\, tgNX' = k,$$

wie zu beweisen war. Dass $tgN'X' . tgN'X'$ gleich ist dem reciproken Werthe dieser Constanten ist klar, da $tgN'X = \frac{1}{tgNX}$ und $tgN'X' = \frac{1}{tgNX'}$, also:

$$tgN'X . tgN'X' = \frac{1}{k}.$$

Die sich selbst entsprechenden Strahlen erhält man, wenn man X' mit X zusammenfallen lässt; dies gibt $tg^2NX = k$ oder $tgNX = \pm \sqrt{k}$, also sind die Doppelstrahlen E, F gegeben durch

$$tgNE = + \sqrt{k} \qquad tgNF = - \sqrt{k}.$$

Sie sind reell, wenn k positiv, und imaginär, wenn k negativ ist. Da $tgNF = - tgNE$, so sehen wir wieder, dass N der Halbirungsstrahl des Winkel EF ist, und N' dann jener des Nebenwinkels.

Ist die Involution eine rechtwinklige, so ist $X' \perp X$, somit $\angle NX' = \angle NX + 90^0$ und $tgNX' = - \frac{1}{tgNX}$ oder: $tgNX . tgNX' = -1$; es ist somit für eine rechtwinklige Strahleninvolution $k = -1$. Die imaginären Doppelstrahlen E, F dieser Involution sind also charakterisirt durch $tgNE = + \sqrt{-1}$, $tgNF = - \sqrt{-1}$.

„Die einen Punkt s mit den imaginären Kreispunkten der Ebene verbindenden Geraden bilden mit irgend einer durch den Punkt gehenden Geraden (und somit auch mit irgend einer Geraden ihrer Ebene) zwei Winkel, deren goniometrische Tangenten die Werthe $+ \sqrt{-1}$, $- \sqrt{-1}$ besitzen."

86. „Legt man durch den Scheitel s einer Strahleninvolution einen beliebigen Kreis K, so schneiden die Strahlenpaare XX', YY' . . . der Strahleninvolution diesen Kreis in Punktepaaren xx', yy' . . ., deren Verbindungslinien alle durch denselben Punkt p hindurchgehen und deren wechselweise Schnittpunkte $(xy', x'y)$ . . . auf einer festen Geraden P liegen. Die Schnittpunkte ef des Kreises mit den Doppelstrahlen liegen auf P und ihre Tangenten gehen durch p. Die Kreistangenten zweier auf entsprechenden Strahlen liegender Punkte xx' schneiden sich in Punkten von P und irgend eine Gerade der Ebene, welche den Kreis in zwei Punkten xy schneidet, trifft die Gerade, welche die Punkte $x'y'$ verbindet, in einem Punkte von P."

Sind EF die beiden Doppelstrahlen, XX', YY' irgend zwei Strahlenpaare der Involution, deren Scheitel s sein mag (Fig. 53), und sind e, f, xx', yy' die Schnittpunkte dieser Strahlen mit irgend einem durch s hindurchgehenden Kreise K, so muss, da $(EFXX')$ $= -1$ ist und daher $efxx'$ vier harmonische Punkte des Kreises sind, die Gerade xx' durch den Schnittpunkt p der in e und f an K gelegten Tangenten hindurchgehen (Art. 65); und aus demselben Grunde müssen sich die Tangenten der Punkte x, x' in einem Punkte ξ schneiden, welcher auf der Verbindungslinie P der Punkte e, f gelegen ist. Da XX', YY' zwei Paar entsprechender Strahlen der concentrisch-projectivischen Büschel sind, welche EF zu Doppelstrahlen haben, so muss nach Art. 57 der Schnittpunkt p' der wechselseitigen Verbindungslinien xy', $x'y$ auf P liegen. Da jedoch die beiden Strahlen XX' sich vertauschungsfähig entsprechen, so dass man X' als Z' und dann X als Z', und daher auch x' als z und x als z' betrachten kann, und da wieder $z'y$ und zy' sich in einem Punkte von P schneiden müssen, so ist hiemit nachgewiesen, dass die Geraden xy und $x'y'$ sich in einem Punkte p'' von P schneiden müssen.

Fig. 53.

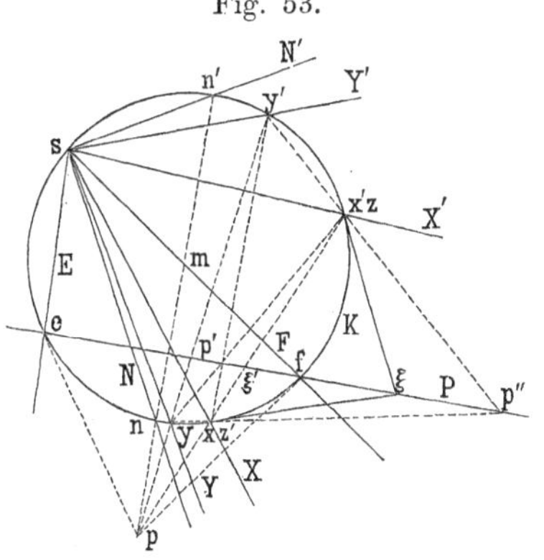

Die Gerade pm, welche p mit dem Kreismittelpunkte m verbindet, schneidet K in zwei Punkten nn', welche, mit s verbunden, offenbar das einzige rechtwinklige Strahlenpaar NN' der Involution liefern.

Wenn ausser dem Strahlenpaare NN' noch ein zweites rechtwinkliges Strahlenpaar $N_1 N_1'$ existirt, so ist nicht nur nn' ein Kreisdurchmesser, sondern auch $n_1 n_1'$, und folglich fällt in diesem Falle p mit m zusammen; es ist dann jede der Geraden xx' ein Durchmesser, folglich X' immer auf X senkrecht. Wenn die Doppelstrahlen EF auf einander senkrecht stehen, so sind ef Endpunkte eines Durchmessers, folglich p ein unendlich weiter Punkt. Dann sind ef offenbar immer die Halbirungspunkte der beiden von x und x' begrenzten Bögen, so dass die Winkel, welche X und X' mit E bilden, einander gleich sein müssen, und ebenso die Winkel, welche X, X' mit F einschliessen; E, F sind die beiden Halbirungslinien aller von entsprechenden Strahlen XX' gebildeten Winkel.

Den am Eingang des Artikels stehenden Satz kann man offenbar auch so aussprechen:

„Wenn man die Punktepaare xx', welche die durch einen festen Punkt p gehenden Strahlen auf einem festen Kreise K bestimmen, mit einem beliebigen Punkte s der Kreisperipherie durch Strahlenpaare XX' verbindet, so bilden alle diese Strahlenpaare eine Involution; ihre Doppelstrahlen gehen durch die Berührungspunkte e, f u. s. w."

Dadurch ist zugleich mit der in Art. 78 angeführten Construction der Doppelstrahlen eine einfache Methode der Vervollständigung einer durch zwei Strahlenpaare XX', YY' bestimmten Involution gegeben. Man legt K durch s; K wird von XX', YY' in xx', yy' geschnitten; die Geraden xx', yy' bestimmen ihren Schnittpunkt p und zugleich schneidet die der Ecke p gegenüberliegende Seite $p'p''$ des Diagonaldreieckes des Viereckes $xx'yy'$ den Kreis in e, f, welche Punkte, mit s verbunden, die Doppelstrahlen EF liefern. Soll zu einem Strahle A der entsprechende A' aufgefunden werden, so hat man den Schnittpunkt a von A und K mit p zu verbinden; pa trifft K zum zweitenmale in a', und sa' ist der gesuchte Strahl A'. Die Gerade pm liefert überdies auch das rechtwinklige Strahlenpaar NN' der Involution.

87. „Ist K irgend ein die Axe T einer Punktinvolution berührender Kreis und legt man durch die einzelnen Punktepaare xx', yy' . . . der Involution an K die Tangentenpaare XX', YY' . . ., so liegen die Schnittpunkte (XX') (YY') . . . auf einer und derselben festen Geraden P, welche K in den Berührungspunkten der durch die Doppelpunkte ef der Involution hindurchgehenden Tangenten EF schneidet. Die Verbindungslinien der Berührungspunkte der durch entsprechende Punkte xx' hindurchgehenden Tangenten XX' gehen alle durch denselben festen Punkt p, nämlich durch den Schnittpunkt der Tangenten EF. Ebenso schneiden sich in diesem Punkte die Verbindungslinien der wechselweisen Schnittpunkte (XY') $(X'Y)$ je zweier Tangentenpaare, welche durch zwei Punktepaare der Involution hindurchgehen, und schliesslich auch die Verbindungslinien der Punktepaare (XY), $(X'Y')$."

Weil $(efxx') = -1$, so ist auch $(EFXX') = -1$ (vergl. Art. 65), folglich muss der Schnittpunkt von X und X' auf der Verbindungslinie P der Berührungspunkte der Tangenten EF liegen (Fig. 54) und ebenso muss der Schnittpunkt p von E und F auf der Verbindungslinie der Berührungspunkte von X und X' liegen (Art. 65). Da xx', yy' zwei Punktepaare der projectivisch-vertauschungsfähigen Punktreihen sind, für welche ef die Doppelpunkte sind, so muss nach Art. 64 die Verbindungslinie der Punkte (XY') $X'Y)$ durch p gehen und der Vertauschungsfähigkeit wegen (da man YY' als $Z'Z$ betrachten kann) muss auch die Verbindungslinie von (XY) mit $(X'Y')$ durch p hindurchgehen.

Soll also eine durch zwei Punktepaare xx', yy' bestimmte Involution auf der Axe T (Fig. 54) vervollständigt werden, so kann ein die Gerade T berührender, sonst willkürlicher Kreis K benützt werden; die durch xx', yy' an K gehenden Tangenten XX', YY' bestimmen zwei Punkte (XX') (YY'), deren Verbindungslinie P den Kreis in zwei Punkten schneidet, deren Tangenten EF auf T die beiden Doppelpunkte e, f der Involution bestimmen. Soll zu einem Punkte a von T der involutorisch entsprechende construirt werden, so hat man durch a an K die Tangente A zu legen, durch den Schnittpunkt von A und P an K die Tangente A' zu ziehen, so wird A' die Axe T in a' schneiden. Offenbar gilt auch der Satz:

Fig. 54.

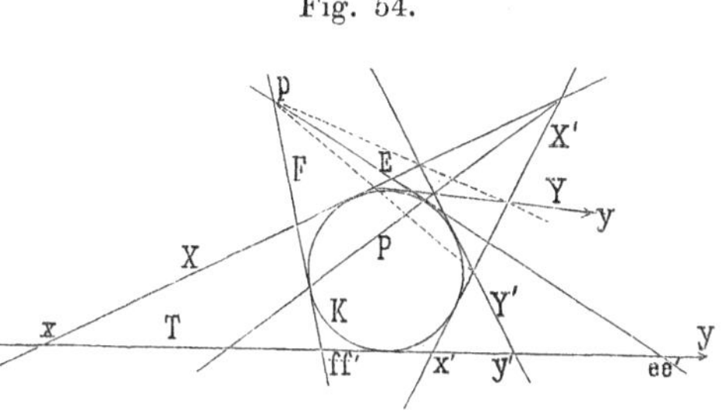

„Die Tangentenpaare XX', welche man durch die einzelnen Punkte einer festen Geraden P an einen festen Kreis K legen kann, schneiden jede Tangente T desselben Kreises in Punktepaaren xx' einer Involution."

88. Es möge bemerkt werden, dass man die zwei Hauptsätze über die Involutionen direct und allgemein nachweisen kann und zwar in folgender Art:

„Wenn zwei projectivische gleichartige Gebilde erster Stufe conlocal sind und wenn in einem Paar entsprechender Elemente Vertauschungsfähigkeit herrscht, so herrscht in jedem Paar entsprechender Elemente Vertauschungsfähigkeit, d. h. irgend einem Elemente entspricht, ob man es zu dem einen oder zu dem anderen Gebilde rechnet, ein und dasselbe andere Element. Die beiden Gebilde stellen eine Involution dar."

Beweis: Es seien $abc \ldots x \ldots$ beliebige Elemente des einen Gebildes und $a'b'c' \ldots x' \ldots$ die ihnen entsprechenden Elemente des anderen, und aa' sei etwa das Paar, in welchem nach Voraussetzung Vertauschungsfähigkeit herrscht, d. h. es soll, wenn man a' als m betrachtet, a das entsprechende Element m' sein. Dies die Voraussetzung. Zu beweisen ist, dass dann dasselbe für ein beliebiges Paar xx' gilt, d. h. wenn man x' als y betrachtet, so soll bewiesen werden, dass y' mit x identisch ist. Nun hat man, weil den Elementen $amxy$ die Elemente $a'm'x'y'$ projectivisch entsprechen, $(amxy) = (a'm'x'y')$, oder, da m mit a', m' mit a und y mit x' identisch ist, $(aa'xx') = (a'ax'y')$. Nun ist nach Art. 14: $(aa'xx') = (a'ax'x)$, folglich hat man $(a'ax'x) = (a'ax'y)$, so dass, da x und y' mit denselben drei Elementen $a'ax$ dasselbe Doppelverhältniss liefern, die Elemente x und y' identisch sein müssen (Art. 51).

„Je zwei entsprechende Elemente xx' einer Involution sind harmonisch conjugirt in Bezug auf die beiden Doppelelemente."

Wenn ef die Doppelelemente oder die sich selbst entsprechenden Elemente conlocaler projectivischer Gebilde sind, und wenn xx', yy' irgend zwei Paar entsprechender Elemente darstellen, so ist $(efyy') = (efxx')$ (Art. 51). Bilden nun die beiden projectivischen Gebilde eine Involution, so wird, wenn y mit x' identisch wird, auch y' mit x identisch werden, so dass also $(efx'x) = (efxx')$ ist. Nun ist (Art. 14) $(efx'x) = \frac{1}{(efxx')}$, somit $[(efxx')]^2 = 1$, und daher, weil nicht $(efxx') = +1$ sein kann (denn dann würde x' mit x identisch sein), so muss $(efxx') = -1$ sein, was zu beweisen war.

89. Wir haben schon in Art. 79 die Entstehung einer Ebeneninvolution kennen gelernt und es wird auch keinen Schwierigkeiten unterliegen, eine durch zwei Paar entsprechender Ebenen $\alpha\alpha'$, $\beta\beta'$ bestimmte Ebeneninvolution zu vervollständigen. Schneidet man die Involution mit einer beliebigen Axe, so entsteht eine Punktinvolution, welche durch zwei Punktepaare aa', bb' (die auf $\alpha\alpha'$, $\beta\beta'$ liegenden) bestimmt erscheint. Schneidet man die Ebeneninvolution mit einer beliebigen Ebene ω, so entsteht eine Strahleninvolution, welche durch die in $\alpha\alpha'$, $\beta\beta'$ liegenden Strahlenpaare AA', BB' bestimmt erscheint. Um nun zur Ebene ξ die entsprechende Ebene zu erhalten, wird man ihren Schnitt x mit der beliebig gewählten Axe oder ihren Schnitt X mit ω bestimmen, construirt den zu x (zu X) entsprechenden Punkt x' (Strahl X') und bestimmt nun die durch x' (respective X') gehende Ebene ξ', so ist dies die gesuchte. Die beiden Ebenen ε, φ, welche durch die Doppelpunkte ef der Punktinvolution (durch die Doppelstrahlen EF der Strahleninvolution) hindurchgehen, sind die Doppelebenen der Ebeneninvolution.

Man kann jedoch auch ganz unabhängig die Theorie der Ebeneninvolution entwickeln, wenn man von der Vervollständigung der projectivischen Gebilde im räumlichen Bündel ausgeht.

Sind in einem räumlichen Bündel zwei projectivische Strahlenbüschel (in verschiedenen Ebenen) gegeben, so werden sich die Ebenen (XY'), $(X'Y)$, welche zwei beliebige Paare entsprechender Strahlen wechselweise verbinden, in Geraden schneiden, die in einer festen Ebene ω des Bündels, in der Directionsebene der beiden

Strahlenbüschel liegen. Die Directionsebene verbindet diejenigen zwei Strahlen P', Q, welche dem gemeinschaftlichen Strahle PQ' der beiden Büschel projectivisch entsprechen. Man überzeugt sich von der Richtigkeit des Satzes, wenn man die beiden Büschel aus zwei entsprechenden Strahlen XX' wechselweise durch Ebenenbüschel projicirt; diese Ebenenbüschel müssen perspectivisch sein, weil die beiden gemeinschaftliche Ebene (XX') sich selbst entspricht, und leicht sieht man ein, dass die Ebene ω der perspectivische Durchschnitt der beiden Ebenenbüschel ist, so dass die Schnittlinie der Ebenen (XY'), $(X'Y)$ in ω liegen muss.

Wenn man die beiden projectivischen Strahlenbüschel aus einem beliebigen Strahl O des Bündels durch Ebenen projicirt, so erhält man zwei coaxiale projectivische Ebenenbüschel, welche zwei reelle, imaginäre oder zusammenfallende Doppelebenen (sich selbst entsprechende Ebenen) $\varepsilon\varphi$ besitzen werden. Wenn O in der Directionsebene ω enthalten ist, so werden die beiden coaxialen Ebenenbüschel in vertauschungsfähiger Beziehung sein, d. h. sie werden eine Ebeneninvolution bilden.

Sind im Bündel zwei projectivische Ebenenbüschel gegeben, so werden die Ebenen, welche die wechselseitigen Schnittlinien $(\xi\eta')$ $(\xi'\eta)$ zweier Paare entsprechender Ebenen $\xi\xi'$, $\eta\eta'$ verbinden alle durch einen festen Strahl O des Bündels, durch den Directionsstrahl (Directionsaxe) der beiden Ebenenbüschel hindurchgehen. Auch hier sieht man, dass die beiden Strahlenbüschel, welche man aus den Ebenenbüscheln durch zwei entsprechende Ebenen $\xi\xi'$ herausschneidet, perspectivisch sein müssen, weil der gemeinschaftliche Strahl $(\xi\xi')$ sich selbst entspricht; je zwei entsprechende Strahlen beider Büschel werden in Ebenen liegen, die durch einen Strahl O des Bündels hindurchgehen, welcher auch als Schnittstrahl der beiden Ebenen der Büschel, welche der gemeinschaftlichen Ebene entsprechen, auftritt und daher fest ist, so dass jede die Geraden $(\xi\eta')$, $(\xi'\eta)$ verbindende Ebene durch ihn hindurchgehen muss.

Die beiden projectivischen Ebenenbüschel schneiden jede Ebene des Bündels in zwei concentrischen projectivischen Strahlenbüscheln, welche zu einer Involution werden, wenn die schneidende Ebene durch den Directionsstrahl der beiden Ebenenbüschel hindurchgeht.

Ebenso wie in der Ebene beweist man im Bündel die Sätze:

„Die drei Gegenebenenpaare eines vollständigen Vierkants im Bündel schneiden jede Ebene des Bündels in drei Strahlenpaaren einer Involution; hieraus folgt, dass jede Gerade des Raumes von den drei Gegenebenenpaaren in drei Punktepaaren einer Involution geschnitten wird."

„Die drei Gegenkantenpaare eines vollständigen Vierflachs im Bündel bestimmen mit jedem Strahle des Bündels (und daher auch mit jedem Punkte des Raumes) drei Ebenenpaare einer Involution."

Diese beiden Sätze können zur Vervollständigung der Ebenen- und Strahleninvolutionen im Bündel verwendet werden.

Uebrigens kann man die Resultate über die Punkt- und Strahleninvolutionen einer Ebene sofort übertragen auf Strahlen- und Ebeneninvolutionen im Bündel, indem man das ebene System durch Projection aus einem Punkte in ein räumliches Bündel verwandelt.

90. Da zwei projectivische, in derselben Ebene liegende Punktreihen aus jedem Punkte der Directionsaxe in einer Strahleninvolution projicirt erscheinen (Art. 76), so werden sie aus jeder Geraden, welche die Directionsaxe schneidet, ohne in der Ebene der beiden Punktreihen zu liegen, in einer Ebeneninvolution projicirt.

Wenn zwei projectivische Punktreihen zwei beliebig im Raume gelegene Axen TT' besitzen, so können sie offenbar aus keinem Punkte des Raumes in zwei concentrischen und in derselben Ebene liegenden Strahlenbüscheln projicirt werden; dagegen werden sie aus jeder beliebigen Geraden O des Raumes in zwei coaxialen projectivischen Ebenenbüscheln projicirt, und man kann die Frage aufstellen, wann dieselben zu einer Ebeneninvolution werden.

Wenn $\xi\xi'$, $\eta\eta'$ irgend zwei Ebenenpaare der beiden coaxialen Ebenenbüschel sind, welche durch die beiden Punktepaare xx', yy' der beiden projectivischen Reihen hindurchgehen, so wird Involution eintreten, wenn durch das Zusammenfallen von η mit ξ' auch η' mit ξ zusammenfällt, denn dann entsprechen sich die Ebenen $\xi\xi'$ vertauschungsfähig und die coaxialen Ebenenbüschel werden zu einer Involution. In diesem Falle liegen offenbar die Punkte x und y' in der Ebene ξ und x' und y in der Ebene ξ', so dass die Axe O der Ebeneninvolution die Geraden xy' und $x'y$ schneidet. Man sieht auch sofort umgekehrt ein:

„Zwei projectivische Punktreihen mit sich nicht schneidenden Axen werden aus jeder Geraden O, welche die beiden wechselweisen Verbindungslinien xy', $x'y$ zweier Paare entsprechender Punkte xx', yy' schneidet, in einer Ebeneninvolution projicirt."

Hieraus folgt, dass durch einen beliebigen Punkt p des Raumes unendlich viele solcher Axen O hindurchgehen, ein ebenes Strahlenbüschel bildend; denn durch p kann man eine einzige Gerade legen, welche die Axen TT' der Punktreihen gleichzeitig schneidet; es ist die Schnittgerade der Ebenen (pT) (pT'). Sind nun xy' die Punkte, in denen diese Gerade die Axen TT' respective schneidet und sind $x'y$ die ihnen projectivisch entsprechenden Punkte, so wird jede durch p gehende und die Gerade $x'y$ schneidende Gerade O die Eigenschaft haben, dass aus ihr die beiden Punktreihen in einer Ebeneninvolution projicirt erscheinen. Ebenso liegen in irgend einer Ebene ω des Raumes unendlich viele solcher Geraden O, ein Strahlenbüschel bildend; denn sind $x'y$ die Schnittpunkte von ω mit TT' und xy' die ihnen projectivisch entsprechenden Punkte, so wird jede durch den Schnittpunkt von ω mit xy' in ω gezogene Gerade O die obige Eigenschaft besitzen, da sie gleichzeitig die beiden Geraden xy' und $x'y$ schneidet.

Wenn sich auf den Axen TT' zwei projectivische Ebenenbüschel befinden, so findet man in derselben Art, dass solche gerade Linien O, welche gleichzeitig die beiden wechselweisen Schnittlinien $(\xi\eta')$ $(\xi'\eta)$ zweier Paare entsprechender Ebenen $\xi\xi'$, $\eta\eta'$ schneiden, von den beiden Ebenenbüscheln in zwei eine Involution bildenden coaxialen projectivischen Punktreihen geschnitten werden.

Die Schnitte der beiden Ebenenbüschel mit windschiefen Axen mit einer beliebigen Ebene sind immer zwei nicht concentrische Strahlenbüschel, so dass durch das Schneiden mit einer Ebene nie eine Strahleninvolution entstehen kann.

Wenn schliesslich zwei Strahlenbüschel in beliebiger Lage im Raume und in projectivischer Beziehung gegeben sind, so sieht man sofort, dass nur auf der Schnittlinie ihrer beiden Ebenen durch die Büschel coaxiale projectivische Punktreihen, und nur auf der Verbindungslinie ihrer Scheitel coaxiale projectivische Ebenenbüschel bestimmt werden, welche conlocalen Gebilde im Allgemeinen keine Involution bilden werden.

91. Nachdem eine Involution durch zwei Elementenpaare bestimmt erscheint, so zwar, dass dann irgend einem Elemente ein durch dasselbe vollkommen bestimmtes Element entspricht, so existiren zwischen drei einer und derselben Involution angehörigen Elementenpaaren Relationen, welche wir in verschiedenen Formen bereits kennen gelernt haben und welche nun in übersichtlicher Form zusammengestellt werden sollen.

Wenn aa', bb', cc' drei Elementenpaare einer und derselben Involution sind, so muss durch sie als Paare entsprechender Elemente eine vertauschungsfähige Projectivität festgestellt sein, d. h. wenn man aa', bb', cc' als drei paar entsprechender Elemente projectivischer (conlocaler) Gebilde auffasst, so muss irgend einem Elemente x ein und dasselbe Element x' entsprechen, ob man x zu dem einen oder dem anderen Gebilde rechnet, d. h. wenn man x als y' betrachtet, so muss y mit x' identisch sein; wenn man also x mit a' zusammenfallen lässt, so muss x' mit a zusammenfallen; es muss also sein

$$(aa'bc) = (a'ab'c') \ldots (1).$$

Diese Gleichung ist auch hinreichend zur Charakterisirung des Umstandes, dass aa', bb', cc' drei Elementenpaare einer Involution sind; denn durch die Doppelverhältnissgleichheit wird die Projectivität ausgedrückt und aus der Vertauschungsfähigkeit der Elemente des Paares aa' folgt die Vertauschungsfähigkeit in allen Paaren (Art. 88).

„Drei Elementenpaare gehören einer Involution an (sind in Involution), wenn das Doppelverhältniss von beliebigen vier der sechs Elemente gleich ist dem in derselben Art gebildeten Doppelverhältniss der mit ihnen gepaarten Elemente.“

Bezeichnet man mit $\beta\gamma$ $\beta'\gamma'$ die Theilverhältnisse von bc $b'c'$ bezüglich des Elementenpaares aa', so ist, da man (1) auch in die Form $(aa'bc) = \frac{1}{(aa'b'c')}$ oder $(aa'bc) \cdot (aa'b'c') = 1$ bringen kann, $\frac{\beta}{\gamma} \cdot \frac{\beta'}{\gamma'} = 1$ folglich $\gamma\gamma' = \beta\beta'$, d. h.:

„Das Product der Theilverhältnisse zweier entsprechender Elemente bezüglich eines Elementenpaares der Involution ist constant.“

Wenn c' mit c zusammenfällt, wodurch ein Doppelelement der Involution entsteht, so wird auch $\gamma' = \gamma$, somit $\gamma^2 = \beta\beta'$, und es sind also $+\sqrt{\beta\beta'}$ und $-\sqrt{\beta\beta'}$ die Theilverhältnisse der beiden Doppelelemente bezüglich irgend eines Paares entsprechender Elemente aa', wenn $\beta\beta'$ die Theilverhältnisse irgend eines anderen Paares entsprechender Elemente bezüglich aa' sind.

„Die Summe der Theilverhältnisse zweier entsprechender Elemente in Bezug auf die Doppelelemente der Involution ist gleich Null.“

Denn zwei entsprechende Elemente bb' sind in Bezug auf die beiden Doppelelemente harmonisch conjugirt, folglich ist $\beta' = -\beta$ oder $\beta + \beta' = 0$.

Aus der Gleichung (1) folgt noch eine Reihe anderer Gleichungen, von denen jede so wie (1) die Involution der drei Elementenpaare ausdrückt. Wenn man in (1) bb' und dann cc' an die Stelle von aa' setzt, so ergibt sich:

$$(bb'ac) = (b'ba'c'), \ (cc'ab) = (c'ca'b').$$

Schreibt man die Gleichung (1) in der Form

$$(abca') = (a'b'c'a),$$

so ist für Punktinvolutionen

$$\frac{ac}{bc} : \frac{aa'}{ba'} = \frac{a'c'}{b'c'} : \frac{a'a}{b'a}.$$

Bildet man das Product der inneren und der äusseren Glieder, dividirt beiderseits mit $aa' = -a'a$ und führt man schliesslich $-c'b'$, $-c'a'$, $-ab'$ statt $b'c'$, $a'c'$, $b'a$ der Reihe nach ein, so erhält man

$$\frac{ac}{bc} \cdot \frac{ba'}{c'a'} \cdot \frac{c'b'}{ab'} = +1 \ldots (2).$$

Aus der Gleichung $(abc'a') = (a'b'ca)$ folgt in derselben Weise:

$$\frac{ac'}{bc'} \cdot \frac{ba'}{ca'} \cdot \frac{cb'}{ab'} = +1 \ldots (3).$$

Für Strahlen- und Ebeneninvolutionen gelten selbstverständlich die ähnlichen Relationen, welche man erhält, wenn man in (2) und (3) grosse lateinische, respective kleine griechische Buchstaben schreibt und überall das Zeichen *sin* vorsetzt, also:

$$\left.\begin{aligned} \frac{\sin AC}{\sin BC} \cdot \frac{\sin BA'}{\sin C'A'} \cdot \frac{\sin C'B'}{\sin AB'} &= +1 \\ \frac{\sin \alpha\gamma}{\sin \beta\gamma} \cdot \frac{\sin \beta\alpha'}{\sin \gamma'\alpha'} \cdot \frac{\sin \gamma'\beta'}{\sin \alpha\beta'} &= +1 \end{aligned}\right\} (2)$$

$$\left.\begin{aligned} \frac{\sin AC'}{\sin BC'} \cdot \frac{\sin BA'}{\sin CA'} \cdot \frac{\sin CB'}{\sin AB'} &= +1 \\ \frac{\sin \alpha\beta'}{\sin \beta\gamma'} \cdot \frac{\sin \beta\alpha'}{\sin \gamma\alpha'} \cdot \frac{\sin \gamma\beta'}{\sin \alpha\beta'} &= +1 \end{aligned}\right\} (3)$$

Sowohl die Gleichungen (2) als auch (3) drücken den folgenden Satz aus:

„Wenn drei Elementenpaare aa', bb', cc' einer Involution angehören, und man wählt aus jedem Paare irgend eines der beiden Elemente und betrachtet die gewählten Elemente in cyclischer Vertauschung als Fundamentalelemente zur Bestimmung von Theilverhältnissen (vergl. Art. 8), so ist das Product der Theilverhältnisse der übrigen drei Elemente bezüglich jener drei Fundamentalelementenpaare gleich der positiven Einheit."

So sind z. B. in (3) die Elemente abc als Fundamentalelemente gewählt, und es ist das Theilverhältniss von c' bezüglich ab, jenes von a' bezüglich bc und schliesslich das von b' bezüglich ca gebildet in derselben Art wie im Satze von Carnot und Ceva bezüglich der drei Ecken oder Seiten eines Dreiecks (vergl. Art. 20).

In (2) sind abc' als Fundamentalelemente gewählt und es sind die Theilverhältnisse von c, a', b' bezüglich ab, bc, $c'a$ respective gebildet.

Man sieht sofort, dass nun eine ganze Reihe von Relationen aufgestellt werden kann, von denen jede die Involution der drei Elementenpaare aa', bb', cc' ausdrückt und welche sämmtlich mit (2) respective (3) wesentlich identisch sind. Nimmt man z. B. aus den drei Punktepaaren die Punkte $a'b'c'$ zur Bildung der Fundamentalelementenpaare, so ist nach (2) oder (3): $\frac{a'c}{b'c} \cdot \frac{b'a}{c'a} \cdot \frac{c'b}{a'b} = +1$. Nimmt man $a'b'c$, so wird nach demselben Satze: $\frac{a'c'}{b'c'} \cdot \frac{b'a}{ca} \cdot \frac{cb}{a'b} = +1$ u. s. w.; ebenso für Strahlen- und Ebenenbüschel.

92. Die in den Artikeln 73 und 80 bewiesenen involutorischen Eigenschaften vollständiger Vierecke und Vierseite lassen sich auf Grund der letzten, die Involution zum Ausdruck bringenden Relationen auch folgendermassen beweisen. Sind $ss's''s'''$ die vier Ecken eines Viereckes (vergl. Fig. 47) und abc die Schnitte einer Transversale O mit den durch s gehenden Seiten und $a'b'c'$ die Schnitte von O mit deren Gegenseiten, und ist o der Schnittpunkt von ss'' mit $s's'''$, so hat man unmittelbar die folgenden Doppelverhältnissgleichheiten:

$$(abcb') = (sa,\, sb,\, sc,\, sb') = (s'os'''b') = (s''s',\, s''o,\, s''s''',\, s''b') = (c'ba'b').$$

Da aber $(c'ba'b') = (a'b'c'b)$, so ist $(abcb') = (a'b'c'b)$, und somit sind aa', bb', cc' drei Punktepaare einer Involution. Man braucht in diesen Gleichungen statt $ab \ldots ss' \ldots$ nur $AB \ldots SS' \ldots$ zu schreiben, um sofort auch den Beweis der involutorischen Eigenschaften des vollständigen Vierseits (respective Vierkants oder Vierflachs im räumlichen Bündel) zu erhalten.

93. „Wenn sich auf einem Träger zwei gleichartige Involutionen befinden, so gibt es ein Elementenpaar, welches gleichzeitig beiden Involutionen angehört.“

Denn die eine Involution besteht aus den sämmtlichen Elementenpaaren xx', welche das Paar der Doppelelemente ef harmonisch trennen; und ebenso besteht die andere Involution aus den Paaren yy', welche ihr Doppelelementenpaar $e'f'$ harmonisch trennen. Nun gibt es immer ein (reelles oder imaginäres) Elementenpaar hh', welches sowohl ef als auch $e'f'$ harmonisch trennt (Art. 66), und welches also beiden Involutionen gleichzeitig angehört. Es ist dies offenbar das Paar der Doppelelemente jener Involution, welche durch die zwei Elementenpaare ef, $e'f'$ bestimmt erscheint.

Man erkennt auch sofort die Richtigkeit des folgenden Satzes:

„Wenn die Doppelelementenpaare dreier oder mehrerer gleichartiger conlocaler Involutionen als Elementenpaare einer und derselben Involution angehören, so besitzen alle jene Involutionen ein gemeinschaftliches Elementenpaar; es ist dies das Paar der Doppelelemente der letztgenannten Involution."

„Wenn ef die Doppelelemente und xx', yy' irgend zwei Elementenpaare einer Involution sind, so gehören die drei Elementenpaare ef, xy, $x'y'$ einer Involution an und ebenso die drei Paare ef, xy', $x'y$."

Bezeichnet man mit $\xi\xi'\eta\eta'$ die Theilverhältnisse der Elemente $xx'yy'$ bezüglich des Elementenpaares ef, so ist $\xi' = -\xi$, $\eta' = -\eta$, daher ist $\xi'\eta' = \xi\eta$ und ebenso $\xi'\eta = \xi\eta'$ und damit ist nach Art. 91 (pag. 168) der obige Satz bewiesen.

Dreizehntes Kapitel.

Allgemeinere Auffassung der Projectivität.

94. „Wenn zwei Grundgebilde erster Stufe G, G' durch irgend welche Beziehungen zwischen ihren Elementen in eine solche Verwandtschaft gesetzt erscheinen, dass irgend einem Elemente x des einen Gebildes G ein durch x vollkommen und unzweideutig bestimmtes, also einziges Element x' von G' als entsprechendes zugewiesen erscheint, oder mit anderen Worten, wenn die Verwandtschaft zwischen den beiden Grundgebilden erster Stufe eine eindeutige ist, so sind die Gebilde projectivisch, d. h. es ist das Doppelverhältniss von irgend vier Elementen des einen Gebildes gleich dem Doppelverhältniss der vier ihnen entsprechenden Elemente des anderen Gebildes."

Wenn wir im Gebilde G zur Bestimmung des Elementes x einen eindeutigen Parameter ξ in Verwendung setzen, d. h. also eine variable Grösse, welche für jede Lage von x in G nur einen ganz bestimmten und die Lage von x auch ganz (eindeutig) bestimmenden Werth erhält, und wenn wir auch in G' zur Bestimmung von x' einen ebenso beschaffenen Parameter ξ' einführen, so folgt aus der eindeutigen vorausgesetzten Beziehung zwischen x und x' eine ähnliche eindeutige Beziehung zwischen ξ und ξ'; da nämlich jedem Werthe ξ ein einziges x, jedem x ein einziges x' und jedem x' ein einziges ξ' und umgekehrt entspricht, so erkennt man sofort, dass zwischen den zwei variablen Grössen eine solche Beziehung stattfinden wird, dass jedem Werthe ξ ein einziger Werth von ξ' entsprechen wird und umgekehrt. Denken wir uns die Beziehung zwischen ξ, ξ' durch eine Gleichung ausgedrückt, so muss also dieselbe so beschaffen sein, dass für jeden Werth, den man für eine der beiden Grössen beliebig wählt, nur ein einziger ganz und unzweideutig bestimmter Werth der anderen Grösse aus der Gleichung fliesst. Die Gleichung muss somit erstens algebraisch sein und darf zweitens keine der beiden Grössen in einem höheren Grade als im ersten enthalten und wird folglich allgemein die Form

$$a\xi\xi' + b\xi + c\xi' + d = o \ldots (1)$$

besitzen, worin a, b, c, d constante Coefficienten darstellen. Sind die beiden Gebilde GG' Punktreihen, so kann man als eindeutige Paramenter die von beliebigen auf G respective G' gelegenen Anfangspunkten oo' nach dem Princip der Zeichen $(+, -)$ gezählten Abscissen einführen, also $\xi = ox$, $\xi' = o'x'$ setzen. Oder, wenn op zwei beliebige feste Punkte von G, und $o'p'$ ebenso zwei beliebige feste Punkte von G' sind, so können die Theilverhältnisse $\xi = \frac{ox}{px}$, $\xi' = \frac{o'x'}{p'x'}$ verwendet werden; oder aber wenn noch qq' zwei weitere beliebige feste Punkte von G respective G' sind, so kann man die Doppelverhältnisse $\xi = (opxq)$, $\xi' = (o'p'x'q')$ als eindeutige Parameter einführen. In derselben Art können Theilverhältnisse oder Doppelverhältnisse $\left(\frac{\sin OX}{\sin PX}, (OPXQ)\right)$ als eindeutige Parameter in Strahlen- oder Ebenenbüscheln auftreten.

Die von zwei Punkten x, y einer Punktreihe begrenzte Strecke xy drückt sich durch die Abscissen ox, oy aus der Gleichung $xy + yo + ox = o$ in der Form

$$xy = oy - ox \ldots (2)$$

aus, so dass also das Doppelverhältniss von vier Punkten $xyzw$ die Form

$$(xyzw) = \frac{xz}{yz} : \frac{xw}{yw} = \frac{oz - ox}{oz - oy} : \frac{ow - ox}{ow - oy} \ldots (3)$$

erhält. Sind also $\xi\eta\zeta\omega$ die von irgend einem Anfangspunkte gezählten Abscissen der Punkte $xyzw$ einer Punktreihe, so ist

$$(xyzw) = \frac{\zeta-\xi}{\zeta-\eta} : \frac{\omega-\xi}{\omega-\eta} \ldots (4)$$

Besteht nun zwischen den Abscissen der Punkte zweier Punktreihen GG' die Relation (1), so entspricht irgend einem Werthe ξ der aus (1) fliessende Werth

$$\xi' = -\frac{b\xi+d}{a\xi+c} \ldots (1')$$

und umgekehrt ist

$$\xi = -\frac{c\xi'+d}{a\xi'+b} \ldots (1'')$$

jener Werth von ξ, der dem Werthe ξ' entspricht.

Sind nun ebenso $\eta\eta', \zeta\zeta', \omega\omega'$ drei weitere Paare nach der Gleichung (1) zusammengehöriger Werthe, so ist

$$\eta' = -\frac{b\eta+d}{a\eta+c},\ \zeta' = -\frac{b\zeta+d}{a\zeta+c},\ \omega' = -\frac{b\omega+d}{a\omega+c}.$$

Hieraus folgt:

$$\zeta'-\xi' = (\zeta-\xi)\frac{ad-bc}{(a\zeta+c)(a\xi+c)},\ \zeta'-\eta' = (\zeta-\eta)\frac{ad-bc}{(a\zeta+c)(a\eta+c)},$$

daher ist:

$$\frac{\zeta'-\xi'}{\zeta'-\eta'} = \frac{\zeta-\xi}{\zeta-\eta} \cdot \frac{a\eta+c}{a\xi+c}$$

und ebenso wenn man $\zeta\zeta'$ durch $\omega\omega'$ respective ersetzt:

$$\frac{\omega'-\xi'}{\omega'-\eta'} = \frac{\omega-\xi}{\omega-\eta} \cdot \frac{a\eta+c}{a\xi+c}$$

und durch Division der beiden letzten Gleichungen ergibt sich:

$$\frac{\zeta'-\xi'}{\zeta'-\eta'} : \frac{\omega'-\xi'}{\omega'-\eta'} = \frac{\zeta-\xi}{\zeta-\eta} : \frac{\omega-\xi}{\omega-\eta} \ldots (5)$$

oder nach (4):

$$(x'y'z'w') = (xyzw) \ldots (5').$$

Es ist also das Doppelverhältniss der vier Punkte $x'y'z'w'$ gleich dem Doppelverhältniss der vier entsprechenden Punkte $xyzw$.

Die oben durchgeführte Rechnung zeigt, dass auch, abgesehen von der geometrischen Bedeutung der Grössen $\xi\xi'\ldots$, aus der Gleichung (1) die Gleichung (5) folgt, wenn $\xi\xi'$, $\eta\eta'$, $\zeta\zeta'$, $\omega\omega'$

irgend vier Paare einander nach der Gleichung (1) entsprechender Werthe sind.

Wenn $\xi\xi'$ nicht die Abscissen von xx', sondern die Theilverhältnisse von xx' bezüglich der festen Punktepaare op, $o'p'$ sind, so ist $\xi = \frac{ox}{px} = \frac{ox}{po + ox}$, woraus $ox = \frac{po \cdot \xi}{1 - \xi}$ folgt und ebenso $oz = \frac{po \cdot \zeta}{1 - \zeta}$, so dass $xz = oz - ox = po \cdot \frac{(\zeta - \xi)}{(1 - \zeta)(1 - \xi)}$ wird. Das Doppelverhältniss $(xyzw)$ erhält somit den Werth:

$$(xyzw) = \frac{xz}{yz} : \frac{xw}{yw} = \frac{\frac{po \cdot (\zeta - \xi)}{(1 - \zeta)(1 - \xi)}}{\frac{po \cdot (\zeta - \eta)}{(1 - \zeta)(1 - \eta)}} : \frac{\frac{po \cdot (\omega - \xi)}{(1 - \omega)(1 - \xi)}}{\frac{po \cdot (\omega - \eta)}{(1 - \omega)(1 - \eta)}}$$

oder also $(xyzw) = \frac{\zeta - \xi}{\zeta - \eta} : \frac{\omega - \xi}{\omega - \eta}$, genau so wie in (4). Dieselbe Gleichung bleibt auch dann bestehen, wenn ξ das Doppelverhältniss $(opxq)$ ist; denn dieses ist der Werth $\frac{ox}{px} : \frac{oq}{pq}$ und die letzte Gleichung bleibt ungeändert, wenn man alle Zähler und Nenner der rechten Seite mit dem Verhältniss $\frac{oq}{pq}$ dividirt.

„Wenn also zur Bestimmung der Punkte einer Punktreihe entweder die Abscissen von einem festen Anfangspunkt gerechnet, oder die Theilverhältnisse bezüglich eines festen Punktepaares, oder die Doppelverhältnisse bezüglich dreier fester Punkte als bestimmende Parameter eingeführt werden, und wenn ξ, η, ζ, ω die Werthe dieses Parameters für vier Punkte $xyzw$ sind, so ist das Doppelverhältniss $(xyzw) = \frac{\zeta - \xi}{\zeta - \eta} : \frac{\omega - \xi}{\omega - \eta}$."

Oder ganz allgemein:

„Sind $\xi\eta\zeta\omega$ die Werthe irgend eines eindeutigen Parameters, welche vier Punkten $xyzw$ einer Punktreihe entsprechen, so ist $(xyzw) = \frac{\zeta - \xi}{\zeta - \eta} : \frac{\omega - \xi}{\omega - \eta}$."

Denn bezeichnet man mit ξ den Werth des Parameters, welcher dem Punkte x entspricht, und mit ξ' die Abscisse desselben Punktes in Bezug auf einen beliebigen festen Anfangspunkt, so muss zwischen $\xi\xi'$, da jedem Werthe von ξ ein einziger Punkt x und somit auch ein einziger Werth von ξ', und auch umgekehrt jedem ξ' ein x und daher ein ξ entspricht, eine Gleichung von der Form (1) bestehen, aus welcher die Relation (5) folgt, deren linke Seite nichts anderes als $(xyzw)$ ist.

95. Durch die letzten Betrachtungen erscheint der am Eingang des Artikels 94 ausgesprochene Satz für zwei Punktreihen nachgewiesen. Denn aus dem eindeutigen Entsprechen ihrer Punkte folgt die Relation (1) zwischen den eindeutigen Parametern $\xi\xi'$ entsprechender Punkte und hieraus die Relation (5), welche nichts anderes als die Doppelverhältnissgleichheit zwischen zwei entsprechenden vierpunktigen Gruppen ausdrückt.

Dasselbe gilt jedoch, wenn die beiden in eindeutiger Beziehung stehenden Gebilde GG' nicht Punktreihen sind.

Ist zunächst G eine Punktreihe und G' ein Strahlen- oder Ebenenbüschel, so schneide man G' mit einer beliebigen Transversale T'; hiedurch entsteht auf T eine mit G' perspectivische Punktreihe, welche mit G offenbar in eindeutiger Beziehung ist, denn jeder Punkt von T' bestimmt eindeutig das durch ihn gehende Element von G' und daher auch den diesem letzteren entsprechenden Punkt von G, und ebenso wird jeder Punkt von G e i n Element von G' und daher auch e i n e n Punkt von T' bestimmen, nämlich jenen der in dem Elemente von G' enthaltenen Punkt von T. Es sind also G und T' zwei projectivische Punktreihen, und da T' und G' perspectivisch sind, so sind auch G und G' projectivisch.

Wenn GG' entweder zwei Strahlenbüschel oder zwei Ebenenbüschel sind, oder wenn das eine Gebilde ein Strahlen- und das andere ein Ebenenbüschel ist, so schneide man wieder G und G' mit zwei Transversalen TT', wodurch auf letzteren zwei Punktreihen in eindeutiger Beziehung entstehen, wenn man nämlich zwei solche Punkte von TT', welche in zwei einander entsprechenden Elementen von GG' liegen, als einander entsprechende bezeichnet. Aus der Eindeutigkeit der Beziehung zwischen T und T' folgt die Projectivität dieser Punktreihen, und da G mit T und G' mit T' perspectivisch ist, so sind auch G und G' zwei projectivische Gebilde. Damit ist der Satz des Artikels 94 ganz allgemein bewiesen.

96. Die Relation der beiden Gebilde, welche wir als die eindeutige definirt und als die projectivische Beziehung kennen gelernt haben, ist vollkommen bestimmt, wenn die Gleichung (1) die V e r w a n d t s c h a f t s g l e i c h u n g gegeben und die geometrische Bedeutung der veränderlichen Parameter $\xi\xi'$ bekannt ist, d. h. wenn man die Coefficienten der Gleichung (1) respective die drei Werthe $\frac{b}{a}, \frac{c}{a}, \frac{d}{a}$ kennt

und wenn man z. B. weiss, dass $\xi\xi'$ die Theilverhältnisse der einander entsprechenden Elemente xx' in Bezug auf gegebene Fundamentalelementenpaare op, $o'p'$ respective sind.

Hieraus folgt wieder der in Art. 38 entwickelte Satz, „dass die Beziehung der beiden eindeutigen (projectivischen) Gebilde vollkommen gegeben ist, wenn man drei Paare einander entsprechender Elemente kennt".

Denn wählt man yzw beliebig in G und $y'z'w'$ beliebig in G' als jenen entsprechend, und wählt man ausser dem in G respective G' zwei ganz beliebige Elementenpaare op, $m'n'$, so werden yzw bezüglich op ganz bestimmte Theilverhältnisse $\eta\zeta\omega$ und $y'z'w'$ bezüglich $m'n'$ ganz bestimmte Theilverhältnisse $\eta'\zeta'\omega'$ besitzen, und wir haben nun nach (1) zur Bestimmung der drei Verhältnisse $\frac{b}{a}, \frac{c}{a}, \frac{d}{a}$ die drei Gleichungen

$$\eta\eta' + \frac{b}{a}\eta + \frac{c}{a}\eta' + \frac{d}{a} = o$$

$$\zeta\zeta' + \frac{b}{a}\zeta + \frac{c}{a}\zeta' + \frac{d}{a} = o$$

$$\omega\omega' + \frac{b}{a}\omega + \frac{c}{a}\omega' + \frac{d}{a} = o,$$

aus denen sich die Werthe $\frac{b}{a}, \frac{c}{a}, \frac{d}{a}$ eindeutig ergeben, wodurch, wenn man sie in $\xi\xi' + \frac{b}{a}\xi + \frac{c}{a}\xi' + \frac{d}{a} = o$ einsetzt, die Beziehung zwischen den beiden Gebilden bestimmt erscheint; natürlich ist dann ξ das Theilverhältniss von x bezüglich op und ξ' jenes von x' bezüglich $m'n'$, und xx' sind zwei einander entsprechende Elemente, wenn $\xi\xi'$ der letzten Gleichung Genüge leisten*).

97. „Wenn zwei Grundgebilde $G'G''$ mit einem dritten Grundgebilde G in eindeutiger (projectivischer) Beziehung sind, so sind sie auch gegenseitig in derselben Beziehung."

Hiebei sollen, wenn dem Elemente x von G die Elemente $x'x''$ in $G'G''$ respective entsprechen, diese Elemente $x'x''$ als einander

*) Wenn man aus den letzten vier Gleichungen die drei Grössen $\frac{b}{a}, \frac{c}{a}, \frac{d}{a}$ eliminirt, so erhält man die Relation zwischen den Parametern $\xi\xi'$, $\eta\eta'$, $\zeta\zeta'$ $\omega\omega'$ von vier Paaren projectivischer Elemente zweier Grundgebilde erster Stufe. Das Resultat der Elimination (welches man in Determinantenform sofort hinschreiben kann, muss sich auf die Form (5) bringen lassen, welche die Beziehung (Doppelverhältnissgleichheit) zwischen vier Elementenpaaren ausdrücken.

in G' und G'' entsprechende betrachtet werden. Die Richtigkeit des Satzes leuchtet unmittelbar ein aus der Natur der zwischen G' und G einerseits und G und G'' andererseits bestehenden Verwandtschaft.

Dasselbe bestätigen die Verwandtschaftsgleichungen; die eindeutige Beziehung zwischen G und G' wird durch eine Gleichung:

$$a\xi\xi' + b\xi + c\xi' + d = o \ldots (1)$$

und die Beziehung zwischen G und G'' durch eine Gleichung von derselben Form, nur mit anderen Coefficientenwerthen versehen, ausgedrückt:

$$a'\xi\xi'' + b'\xi + c'\xi'' + d' = o.$$

Eliminirt man aus beiden ξ, indem man ξ aus der ersten berechnet und in die zweite einsetzt, so ergibt sich nach einfacher Reduction:

$$(ac' - ca')\,\xi'\xi'' + (ad' - cb')\,\xi' + (bc' - da')\,\xi'' + (bd' - db') = o$$

als Relation zwischen ξ' und ξ''; diese Gleichung hat offenbar wieder die Form (1).

Endlich erkennt man auch sofort, dass in einer Reihe von Grundgebilden erster Stufe, von denen jedes mit dem vorhergehenden und mit dem nachfolgenden Gebilde in eindeutiger (projectivischer) Beziehung ist, auch das erste Gebilde mit dem letzten und irgend eines mit irgend einem in derselben eindeutigen Beziehung steht (vergl. Art. 37).

98. Aus der Gleichung (1) folgt unmittelbar:

$$\xi' = -\frac{b\xi + d}{a\xi + c} = -\frac{b + \frac{d}{\xi}}{a + \frac{c}{\xi}} \ldots (1')$$

$$\xi = -\frac{c\xi' + d}{a\xi' + b} = -\frac{c + \frac{d}{\xi'}}{a + \frac{b}{\xi'}} \ldots (1'');$$

für $\xi = o$ wird $\xi' = -\frac{d}{c}$, für $\xi = \pm\infty$ wird $\xi' = -\frac{b}{a}$;

für $\xi' = o$ wird $\xi = -\frac{d}{b}$, für $\xi' = \pm\infty$ wird $\xi = -\frac{c}{a}$.

Es entsprechen somit den Werthen o, $\pm\infty$, $-\frac{d}{b}$, $-\frac{c}{a}$ von ξ der Reihe nach die Werthe $-\frac{d}{c}$, $-\frac{b}{a}$, o, $\pm\infty$ von ξ'.

Schreibt man die Gleichung (1) in der Form:

$$\left(\xi + \frac{c}{a}\right)\left(\xi' + \frac{b}{a}\right) = \frac{bc - ad}{a^2} \ldots (1''')$$

und bedenkt, dass $\xi + \frac{c}{a} = \xi - \left(-\frac{c}{a}\right)$, $\xi' + \frac{b}{a} = \xi' - \left(-\frac{b}{a}\right)$ ist, und dass $-\frac{c}{a}$, $-\frac{b}{a}$ die Werthe von ξ, ξ' sind, welchen die Werthe $\pm\infty$ von $\xi'\xi$ respective entsprechen, so drückt (1‴) den Satz aus:

„Je zwei nach (1) zusammengehörige (entsprechende) Werthe bestimmen mit den Werthen, deren entsprechende unendlich gross sind, Differenzen, deren Product constant ist.“ (Vergl. Art. 44).

α) Wenn $d = o$ ist, so hat die Verwandtschaftsgleichung die Form:

$$a\xi\xi' + b\xi + c\xi' = o,$$

und da hier $-\frac{d}{b} = -\frac{d}{c} = o$ wird, so sind die beiden Elemente in GG', deren Parameterwerthe gleich Null sind, zwei einander entsprechende Elemente.

β) Wenn $a = o$ ist, so lautet die Gleichung:

$$b\xi + c\xi' + d = o$$

oder:

$$\xi' = -\frac{b}{c}\xi - \frac{d}{c} = b'\xi + d'.$$

Hier wird $-\frac{b}{a} = \infty$, $-\frac{c}{a} = \infty$, so dass in diesem Falle die Elemente mit unendlich grossen Parameterwerthen als zwei entsprechende auftreten.

αβ) Wenn $d = o$, $a = o$ ist, so hat die Gleichung die Form:

$$b\xi + c\xi' = o$$

oder:

$$\xi' = -\frac{b}{c}\xi = b'.\xi.$$

In diesem Falle bilden die den Parameterwerthen o, o entsprechenden Elemente ein Paar und ebenso bilden die den Parameterwerthen ∞, ∞ entsprechenden ein Paar.

Wird in diesem Falle überdies $b' = +1$, so wird $\xi' = \xi$, so dass dann die Parameterwerthe entsprechender Elemente gleich sind. Offenbar wird $b' = +1$, wenn es einmal geschieht, dass $\xi' = \xi$ wird, weil $b' = \frac{\xi'}{\xi}$ ist.

„Wenn man also in zwei Grundgebilden erster Stufe beliebige eindeutige Parameter $\xi\xi'$ einführt und wenn man solche zwei Elemente, welche demselben Parameterwerthe entsprechen, als einander entsprechende Elemente betrachtet, so sind hiedurch die beiden Gebilde in projectivische Beziehung gesetzt.“

γ) Wenn $b = o$ wird, also die Gleichung die Form

$$a\xi\xi' + c\xi' + d = o$$

erhält, so wird $-\frac{d}{b} = \pm\infty$, $-\frac{b}{a} = o$, d. h. dem Elemente von G, welchem der Parameterwerth $\pm\infty$ zukommt, entspricht dasjenige Element von G', welchem der Parameterwerth o zukommt.

δ) Wird $c = o$, also die Gleichung von der Form $a\xi\xi' + b\xi + d = o$, so gilt das Umgekehrte. Denn dann wird $-\frac{c}{a} = o$, $-\frac{d}{c} = \pm\infty$, so dass also dem Elemente von G, welchem der Werth o zukommt, jenes mit dem Werthe $\pm\infty$ in G' entspricht.

$\gamma\delta$) Wird $b = o$ und $c = o$, so geht die Gleichung über in:

$$a\xi\xi' + d = o$$

oder:

$$\xi\xi' = -\frac{d}{a} = d'.$$

In diesem Falle entsprechen die Elemente mit den Parameterwerthen Null den Elementen mit den Parameterwerthen $\pm\infty$.

Wenn die beiden Gebilde zwei Punktreihen sind und $\xi\xi'$ die Abscissen der einander entsprechenden Punkte xx' von zwei festen Anfangspunkten bedeuten, so sind $-\frac{b}{a}$, $-\frac{c}{a}$ die Abscissen der Gegenpunkte (vergl. Art. 44), welche den unendlich weiten Punkten der Punktreihen entsprechen. Die Relation (1‴) drückt den Satz aus, dass die Gegenpunkte mit je zwei entsprechenden Punkten zwei Strecken von constantem Producte bestimmen. Man kann unmittelbar aus (1) resp. (1′) (1″) zu ihr gelangen, wenn man bedenkt, dass die Entfernungen $\xi\xi'$ von den Gegenpunkten in einer solchen Relation stehen müssen, dass den Werthen $\xi = o$ $\xi' = o$ die Werthe $\xi' = \infty$

$\xi = \infty$ entsprechen müssen; dies gibt sofort $b = o$ $c = o$ oder also $\xi\xi' = -\frac{d}{a} = \text{const.}$

Wenn die beiden Punktreihen projectivisch ähnlich sind (vergl. Art. 45), so entspricht dem unendlich weiten Punkt der einen der unendlich weite Punkt der anderen, es wird also, wenn wieder $\xi\xi'$ Abscissen sind, $\xi' = \infty$ für $\xi = \infty$ oder $a = o$, daher die Verwandtschaftsgleichung $b\xi + c\xi' + d = o$. Für ein anderes Punktepaar $\overline{yy'}$ ist $b\eta + c\eta' + d = o$, daher $b(\eta - \xi) + c(\eta' - \xi') = o$ oder $b \,.\, \overline{xy} + c \,.\, \overline{x'y'} = o$ oder $\frac{\overline{x'y'}}{\overline{xy}} = -\frac{c}{b} = \text{const.}$ (l. c.).

Ist überdies $-\frac{c}{b} = \pm 1$, so sind $\overline{xy}$ und $\overline{x'y'}$ gleiche Strecken und die beiden Punktreihen congruent, und zwar gleichstimmig für $-\frac{c}{b} = +1$ oder $b = -c$ und ungleichstimmig für $-\frac{c}{b} = -1$ oder $b = c$.

Es ist also die Verwandtschaftsgleichung projectivisch ähnlicher Punktreihen

$$b\xi + c\xi' + d = o,$$

congruenter gleichstimmiger Punktreihen

$$b\xi - b\xi' + d = o$$

oder

$$\xi - \xi' = \text{const.} = d',$$

congruenter ungleichstimmiger Punktreihen

$$\xi + \xi' = d'.$$

Wenn überdies die beiden Anfangspunkte, von denen aus die Abscissen $\xi\xi'$ gezählt werden, auch zwei entsprechende Punkte sind, so wird in allen den letzten drei Fällen $d = o$, weil $\xi = o$ $\xi' = o$ dann auch zwei entsprechende Werthe sind, und die Gleichungen lauten dann:

$\xi' = a' \,.\, \xi$ (ähnliche Punktreihen),
$\xi' = \xi$ (congruente gleichstimmige Punktreihen),
$\xi' = -\xi$ (congruente ungleichstimmige Punktreihen).

98. Sind die beiden eindeutigen (projectivischen) Gebilde GG' gleichartig und auf demselben Träger befindlich (conlocal), so kann man den bestimmenden Parametern $\xi\xi'$ die nämliche geometrische Bedeutung geben, also $\xi\xi'$ als Abscissen von einem und demselben Anfangspunkte, oder allgemein als Theilverhältnisse in Bezug auf dasselbe Elementenpaar betrachten, d. h. als zwei Parameterwerthe,

welche für ein und dasselbe Element des gemeinschaftlichen Trägers einander gleich sind.

Man wird dann offenbar die sich selbst entsprechenden Elemente (die Doppelelemente) erhalten, wenn man in der Verwandtschaftsgleichung (1) $\xi' = \xi$ setzt; dies liefert

$$a\xi^2 + (b + c)\,\xi + d = o \ldots (6)$$

als jene quadratische Gleichung, deren zwei Wurzeln die Parameterwerthe der beiden Doppelelemente sind. Diese Doppelelemente sind reell, zusammenfallend oder imaginär, je nachdem

$$(b + c)^2 - 4\,ad \gtreqless o$$

ist. Die Parameter $\varepsilon\varphi$ der beiden Doppelelemente ef sind:

$$\left.\begin{aligned} \varepsilon &= \frac{-(b+c)+\sqrt{(b+c)^2-4ad}}{2\,a} = \frac{-2\,d}{(b+c)+\sqrt{(b+c)^2-4ad}} \\ \varphi &= \frac{-(b+c)-\sqrt{(b+c)^2-4ad}}{2\,a} = \frac{-2\,d}{(b+c)-\sqrt{(b+c)^2-4ad}} \end{aligned}\right\}\ldots (6').$$

Das Doppelverhältniss $(efxx')$, welches irgend zwei entsprechende Elemente xx' mit den beiden Doppelelementen ef bestimmen, hat nach (4) den Werth:

$$(efxx') = \frac{\varepsilon - \xi}{\varphi - \xi} : \frac{\varepsilon - \xi'}{\varphi - \xi'} = \frac{\varepsilon\varphi + \xi\xi' - \varphi\xi - \varepsilon\xi'}{\varepsilon\varphi + \xi\xi' - \varepsilon\xi - \varphi\xi'},$$

oder wenn man nach (6) $\varepsilon\varphi = \frac{d}{a}$ und nach (1) $\xi\xi' = -\frac{b\xi + c\xi' + d}{a}$ setzt, so wird

$$(efxx') = \frac{\left(\varphi + \frac{b}{a}\right)\xi + \left(\varepsilon + \frac{c}{a}\right)\xi'}{\left(\varepsilon + \frac{b}{a}\right)\xi + \left(\varphi + \frac{c}{a}\right)\xi'}$$

Nun ist aber

$$-\left(\varepsilon + \frac{c}{a}\right) = +\left(\varphi + \frac{b}{a}\right) = \frac{(b-c) - \sqrt{(b+c)^2 - 4ad}}{2\,a}$$

$$-\left(\varphi + \frac{c}{a}\right) = +\left(\varepsilon + \frac{b}{a}\right) = \frac{(b-c) + \sqrt{(b+c)^2 - 4ad}}{2\,a},$$

somit wird

$$(efxx') = \frac{(b-c) - \sqrt{(b+c)^2 - 4ad}}{(b-c) + \sqrt{(b+c)^2 - 4ad}} \ldots (7).$$

Dieser Doppelverhältnisswerth ist somit constant (vergl. Art. 51).

α) Wenn die beiden Doppelelemente zusammenfallen und man einen solchen Parameter einführt, dass den zusammenfallenden Doppelelementen der Werth Null des Parameters entspricht, so wird die Gleichung (6) zwei verschwindende Wurzeln (beide $= o$) besitzen müssen, d. h. es muss in diesem Falle $b + c = o$ oder $c = -b$ und $d = o$ sein, so dass die Verwandtschaftsgleichung die Form erhält:

$$a\xi\xi' + b(\xi - \xi') = o$$

oder:

$$\frac{1}{\xi'} - \frac{1}{\xi} = -\frac{a}{b} = \text{const.}$$

β) Wählt man die geometrische Bedeutung des Parameters, so dass sein Werth für die beiden zusammenfallenden Doppelelemente ∞ wird, so muss (6) zwei unendlich grosse Wurzeln, oder die Gleichung für den reciproken Werth $a + (b + c)\frac{1}{\xi} + d \cdot \left(\frac{1}{\xi}\right)^2 = o$ zwei der Null gleiche Wurzeln besitzen, d. h. es muss $a = o$, $b + c = o$ oder $c = -b$ sein. Dies gibt für die Verwandtschaftsgleichung die Form:

$$b(\xi - \xi') + d = o$$

oder

$$\xi - \xi' = -\frac{d}{a} = \text{const.}$$

γ) Sind die beiden Doppelelemente reell und von einander verschieden und hat der Parameter eine solche Bedeutung, dass er für das eine Doppelelement, z. B. für e, gleich Null wird, so muss die Wurzel ε von (6) verschwinden, d. h. es muss $d = o$ sein; die zweite Wurzel erhält dann den Werth $\varphi = -\left(\frac{b + c}{a}\right)$, und die Verwandtschaftsgleichung lautet:

$$a\xi\xi' + b\xi + c\xi' = o.$$

δ) Wird die Parameterbedeutung so gewählt, dass das eine Doppelelement, z. B. f, den Parameterwerth ∞ erhält, so muss die eine Wurzel von (6) unendlich gross werden, d. h. es muss $a = o$ sein; die andere Wurzel erhält den Werth $\varepsilon = -\frac{d}{b + c}$, und die Verwandtschaftsgleichung die Form:

$$b\xi + c\xi' + d = o.$$

$\gamma\delta$) Entspricht dem einen Doppelelemente e der Parameterwerth $\varepsilon = o$ und dem anderen Doppelelemente f der Werth $\varphi = \infty$, so ist $a = o$, $d = o$, und die Verwandtschaftsgleichung erhält die Form:

$$b\xi + c\xi' = o \text{ oder } \xi' = -\frac{b}{c}\xi = b'\xi.$$

Die Parameter entsprechender Elemente sind also in diesem Falle in einem constanten Verhältnisse. Als Parameter im Falle (α) kann z. B. das Theilverhältniss bezüglich e, o betrachtet werden, wenn e die zusammenfallenden Doppelelemente und o irgend ein Element darstellt; in β) kann ebenso das Theilverhältniss bezüglich o, e als ξ eingeführt werden; in γ) das Theilverhältniss bezüglich eo, in δ) jenes bezüglich o, f und in $\gamma\delta$) das Theilverhältniss bezüglich e, f.

Der Werth des Doppelverhältnisses $(efxx')$ wird in α) und β) gleich der positiven Einheit und in γ), δ) und $\gamma\delta$) gleich $-\frac{c}{b}$.

99. Wird $b = c$, so erhält die Verwandtschaftsgleichung die Form:

$$a\xi\xi' + b(\xi + \xi') + d = o \ldots (8)$$

und der constante Werth des Doppelverhältnisses $(efxx')$ wird gleich der negativen Einheit (Gleichung 7), so dass also die beiden Doppelelemente ef von jedem Paar entsprechender Elemente xx' der conlocalen projectivischen Gebilde harmonisch getrennt wird. Die beiden Gebilde stellen somit eine Involution dar (vergl. Art. 88), und die Gleichung (8) stellt somit, wenn sie sich auf conlocale gleichartige Gebilde bezieht und wenn $\xi\xi'$ dieselbe geometrische Bedeutung haben, eine involutorische Beziehung dar. Die Vertauschungsfähigkeit zwischen je zwei entsprechenden Elementen folgt aus der symmetrischen Form von (8), welche ungeändert bleibt, wenn man ξ mit ξ' vertauscht.

Aus der Vertauschungsfähigkeit eines Elementenpaares folgt sofort die Vertauschungsfähigkeit aller anderen, weil sich hieraus die Gleichheit von b und c, also die symmetrische Form von (1) ergibt. Ist aa' das vertauschungsfähige Paar und $\alpha\alpha'$ die Parameterwerthe von aa', so ist nicht nur

$$a\alpha\alpha' + b\alpha + c\alpha' + d = o,$$

sondern es ist auch, da man a mit a', oder also in der Verwandtschaftsgleichung α mit α' vertauschen kann:

$$a\alpha'\alpha + b\alpha' + c\alpha + d = o;$$

bildet man die Differenz der beiden Gleichungen, so erhält man:

$$(b - c)\alpha + (c - b)\alpha' = o$$

oder

$$(b - c)(\alpha - \alpha') = o,$$

woraus, da α von α' verschieden ist,

$$b = c,$$

und daher die Form (8) der Verwandtschaftsgleichung folgt.

Die Parameterwerthe ε, φ der Doppelelemente der durch (8) dargestellten Involution sind die Wurzeln der Gleichung

$$a\xi^2 + 2b\xi + d = o \ldots (9),$$

welche man erhält, wenn man in (8) $\xi' = \xi$ setzt; hieraus oder aus (6') folgt:

$$\left.\begin{aligned} \varepsilon &= \frac{-b + \sqrt{b^2 - ad}}{a} = \frac{-d}{b + \sqrt{b^2 - ad}} \\ \varphi &= \frac{-b - \sqrt{b^2 - ad}}{a} = \frac{-d}{b - \sqrt{b^2 - ad}} \end{aligned}\right\} \ldots (9').$$

Aus (8) folgt $(\varepsilon + \varphi) = -\frac{2b}{a}$, $\varepsilon\varphi = \frac{d}{a}$ oder aber $b = -\frac{a(\varepsilon + \varphi)}{2}$ $d = a\varepsilon\varphi$, was, in (8) eingesetzt, die Relation

$$\xi\xi' - \frac{1}{2}(\xi + \xi')(\varepsilon + \varphi) + \varepsilon\varphi = o \ldots (10)$$

liefert, welche ausdrückt, dass das Elementenpaar, dessen Parameterwerthe $\xi\xi'$ sind, der Involution angehört, deren Doppelelementen die Parameterwerthe $\varepsilon\varphi$ entsprechen, oder mit anderen Worten: „die Gleichung (10) drückt aus, dass $\xi\xi'$, $\varepsilon\varphi$ die Parameterwerthe zweier harmonischer Elementenpaare xx', ef sind“.

Da in der „Involutionsgleichung“ (8) nur zwei constante Grössen vorkommen, etwa $\frac{b}{a}$, $\frac{d}{a}$, so ist die Beziehung, welche (8) darstellt, vollkommen bestimmt, wenn man zwei Paare entsprechender Elemente kennt; sind diese etwa yy' zz', und $\eta\eta'$, $\zeta\zeta'$ ihre Parameter, so ergeben sich die Werthe von $\frac{b}{a}$, $\frac{d}{a}$ durch Auflösung der beiden linearen Gleichungen

$$\eta\eta' + \frac{b}{a}(\eta + \eta') + \frac{d}{a} = o$$

$$\zeta\zeta' + \frac{b}{a}(\zeta + \zeta') + \frac{d}{a} = o.$$

Setzt man die aus diesen beiden Gleichungen fliessenden Werthe von $\frac{b}{a}$ und $\frac{d}{a}$ in (8) ein, so erhält man eine Relation zwischen den drei Werthepaaren $\xi\xi'$, $\eta\eta'$, $\zeta\zeta'$, welche anzeigt, dass die ihnen entsprechenden drei Elementenpaare einer und derselben Involution angehören.

100. Um das zu zwei Elementenpaaren xx', yy' eines Gebildes gleichzeitig harmonisch conjugirte Paar ef zu finden, hat man nach (10) die beiden Bedingungsgleichungen:

$$\varepsilon\varphi - \frac{1}{2}(\varepsilon + \varphi)(\xi + \xi') + \xi\xi' = o$$

$$\varepsilon\varphi - \frac{1}{2}(\varepsilon + \varphi)(\eta + \eta') + \eta\eta' = o$$

nach ε und φ aufzulösen. Hieraus folgt:

$$\varepsilon + \varphi = \frac{2(\xi\xi' - \eta\eta')}{(\xi + \xi') - (\eta + \eta')}$$

$$\varepsilon \,.\, \varphi = \frac{\xi\xi'(\eta + \eta') - \eta\eta'(\xi + \xi')}{(\xi + \xi') - (\eta + \eta')}$$

so dass also die Parameter ε, φ des zu xx', yy' gleichzeitig harmonischen Elementenpaares die Wurzeln der Gleichung:

$$[(\xi + \xi') - (\eta + \eta')]\,u^2 - 2\,[\xi\xi' - \eta\eta']\,u + [\xi\xi'(\eta + \eta') - \eta\eta'(\xi + \xi')] = o \;\ldots\; (11)$$

sind; zugleich liefert die Lösung dieser quadratischen Gleichung die Parameter der Doppelelemente der durch die beiden Paare $\xi\xi'$, $\eta\eta'$ bestimmten Involution. Wenn man mit $\zeta\zeta'$ irgend ein Paar der durch die beiden Paare $\xi\xi'$, $\eta\eta'$ bestimmten Involution bezeichnet, und wenn man bemerkt, dass $\zeta\zeta'$ der Gleichung (10):

$$\zeta\zeta' - \frac{1}{2}(\zeta + \zeta')(\varepsilon + \varphi) + \varepsilon\varphi = o$$

genügen müssen, in welche man die letztbestimmten Werthe für $\varepsilon\varphi$ und $(\varepsilon + \varphi)$ einsetzen kann, so ergibt sich nach einfacher Umstellung als Bedingung für drei Paare einer Involution die Gleichung:

$$(\xi + \xi')(\eta\eta' - \zeta\zeta') + (\eta + \eta')(\zeta\zeta' - \xi\xi') + (\zeta + \zeta')(\xi\xi' - \eta\eta') = o \ldots (12).$$

101. Wenn die beiden Elemente, denen die Parameterwerthe o, ∞ zukommen, ein Paar entsprechender Elemente der Involution bilden, so muss nach der Involutionsgleichung (8) für $\xi = o$ der Werth ξ' unendlich gross werden; nun ist für $\xi = o$ $b\xi' + d = o$

oder $\xi' = -\frac{d}{b}$; es muss also $b = o$ sein, so dass die Involutionsgleichung die Form $a\xi\xi' + d = o$ oder $\xi\xi' =$ const. erhält. Ist $\eta\eta'$ irgend ein anderes Paar zusammengehöriger Werthe, so hat man in diesem Falle (vergl. Art. 91):

$$\eta\eta' = \xi\xi' \ldots (13).$$

Zu demselben Resultate gelangt man auf Grund der Gleichung (11). Denn wenn $o\ \infty$ die Parameter eines Paares entsprechender Elemente zz' sind, so wird, weil $(zz'ef) = -1$ ist, $\varphi = -\varepsilon$ sein müssen. (Man denke sich als Parameter das Theilverhältniss bezüglich zz' eingeführt, so ist für je zwei zu zz' harmonisch conjugirte Elemente, also insbesondere auch für e, f, $\varphi = -\varepsilon$.)

Es muss also die Gleichung (11) zwei Wurzeln aufweisen, deren Summe gleich Null ist, d. h. es muss der Coefficient von u verschwinden oder also es muss $\eta\eta' = \xi\xi'$ sein. Ebenso ergibt sich dieselbe Relation aus (12), wenn man, nachdem durch ζ' dividirt worden ist, $\zeta = o$ $\zeta' = \infty$ setzt.

Ist das Element, welchem der Parameterwerth Null entspricht, ein Doppelelement der Involution, so wird eine Wurzel der Gleichung (11) gleich Null sein, d. h. es ist

$$\xi\xi'(\eta + \eta') = \eta\eta'(\xi + \xi')$$

oder wenn man mit dem Producte $\zeta\xi'\eta\eta'$ beiderseits dividirt:

$$\frac{1}{\eta} + \frac{1}{\eta'} = \frac{1}{\xi} + \frac{1}{\xi'} \ldots (14).$$

Ist das dem Parameterwerth ∞ entsprechende Element ein Doppelelement der Involution, so muss die aus (11) durch Division mit u^2 sich ergebende Gleichung für $\left(\frac{1}{u}\right)$ eine verschwindende Wurzel haben, woraus das Verschwinden der Coefficienten von u^2 in (11) folgt; also:

$$\eta + \eta' = \xi + \xi' \ldots (15).$$

Kommen den beiden Doppelelementen ef die Parameterwerthe o, ∞ zu, so werden sich die Parameter zweier bezüglich ef harmonisch conjugirter Elemente nur durch das Vorzeichen unterscheiden. (Man braucht nur wieder das Theilverhältniss bezüglich ef als den veränderlichen Parameter zu betrachten.) Es ist also in diesem Falle $\xi' = -\xi$ oder

$$\xi + \xi' = o \ldots (16).$$

Zu denselben Resultaten gelangt man auch direct von der Involutionsgleichung ausgehend. Schreibt man dieselbe einmal in der ursprünglichen Form $a\xi\xi' + b(\xi + \xi') + c = o$ und dann in der Form $a + b\left(\frac{1}{\xi} + \frac{1}{\xi'}\right) + c \cdot \frac{1}{\xi} \cdot \frac{1}{\xi'} = o$, oder $a\xi + b\left(1 + \frac{\xi}{\xi'}\right) + c \cdot \frac{1}{\xi'} = o$, so erhält man für den Fall, dass o, ∞ ein Paar entsprechender Werthe sind, aus der dritten Form, wenn man $\xi = o$, $\xi' = \infty$ setzt, sofort $b = o$, oder also $a\xi\xi' + d = o$, oder $\xi\xi' = -\frac{d}{a}$, oder wenn man die Constante $-\frac{d}{a}$ mit k bezeichnet:

$$\xi\xi' = k \ldots (13'),$$

woraus sofort $\xi\xi' = \eta\eta'$ folgt (13).

Ist das Element mit dem Parameterwerth o ein Doppelelement, so muss die Involutionsgleichung für $\xi = o$ und $\xi' = o$ erfüllt sein; das gibt, in die ursprüngliche Form gesetzt, $c = o$ oder $a\xi\xi' + b(\xi + \xi') = o$, woraus $\frac{1}{\xi} + \frac{1}{\xi'} = -\frac{a}{b}$ oder

$$\frac{1}{\xi} + \frac{1}{\xi'} = k \ldots (14')$$

folgt, woraus man wieder $\frac{1}{\eta} + \frac{1}{\eta'} = \frac{1}{\xi} + \frac{1}{\xi'}$ (14) ableitet.

Ist das Element mit dem Parameterwerth ∞ ein Doppelelement, so muss die Gleichung für $\xi = \infty$ $\xi' = \infty$ erfüllt sein; dies gibt, in die zweite Form eingesetzt, $a = o$ oder $b(\xi + \xi') + d = o$, d. h. $\xi + \xi' = -\frac{d}{b}$ oder

$$\xi + \xi' = k \ldots (15'),$$

also auch $\eta + \eta' = \xi + \xi'$ (15).

Sind schliesslich o, ∞ die Parameter der beiden Doppelelemente, so liefert die erste Form der Involutionsgleichung, wenn man $\xi = o$ $\xi' = o$ setzt, $d = o$, und die zweite Form, wenn man $\xi = \infty$ $\xi' = \infty$ setzt, $a = o$; daher lautet die Gleichung $b(\xi + \xi') = o$ oder

$$\xi + \xi' = o \ldots (16).$$

Letzterer Fall ist offenbar der Fall (15) für $k = o$.

Wenn wir das Element, welchem der Parameter Null zukommt, als das Nullelement und jenes mit dem Parameter ∞ als das Unendlichkeitselement bezeichnen, so haben wir also das folgende Resultat:

„Eine Involution, in welcher das Nullelement mit dem Unendlichkeitselement ein Paar entsprechender Elemente darstellt, hat zur Involutionsgleichung:

$$\xi\xi' = k \ldots \text{(vergl. Art. 74, 85 und 91).}$$

Ist das Nullelement ein Doppelelement, so lautet die Gleichung:

$$\frac{1}{\xi} + \frac{1}{\xi'} = k;$$

ist das Unendlichkeitselement ein Doppelelement, so lautet die Gleichung:

$$\xi + \xi' = k,$$

und wenn die Doppelelemente mit dem Null- und Unendlichkeitselemente zusammenfallen, so lautet die Gleichung:

$$\xi + \xi' = o \ldots \text{(vergl. Art. 91).“}$$

Da man die Doppelelemente für $\xi' = \xi$ erhält, so erkennt man sofort, dass die Doppelelemente im ersten Falle die Parameterwerthe $+\sqrt{k}, -\sqrt{k}$ besitzen; dass im zweiten Fall ausser dem Nullelement noch das Element mit dem Parameterwerth $\frac{2}{k}$ als Doppelelement, und im dritten Falle ausser dem Unendlichkeitselement noch das Element mit dem Parameterwerth $\frac{k}{2}$ als Doppelelement auftritt.

102. Wenn die Doppelelemente der durch

$$a\xi\xi' + b(\xi + \xi') + d = o \ldots (1)$$

dargestellten Involution, welche aus der quadratischen Gleichung

$$a\xi^2 + 2b\xi + d = o \ldots (6)$$

fliessen, zusammenfallen, so muss $b^2 = ad$ oder $b = \sqrt{a} . \sqrt{d}$ sein, so dass die Involutionsgleichung (1) auch in der Form

$$(\xi\sqrt{a} + \sqrt{d})(\xi'\sqrt{a} + \sqrt{d}) = o$$

geschrieben werden kann. Diese Gleichung wird erfüllt, wenn man für eine der beiden Grössen $\xi\xi'$ einen ganz beliebigen Werth wählt und die andere gleich $-\frac{\sqrt{d}}{\sqrt{a}}$ macht. Es bildet also irgend ein Element des Gebildes mit dem Element, dessen Parameter den Werth $-\frac{\sqrt{d}}{\sqrt{a}}$ besitzt, ein Paar der Involution. Nun liefert (6) für $b^2 = ad$ die zwei gleichen Wurzeln $\xi = -\frac{b}{a} = -\frac{\sqrt{ad}}{a} = -\frac{\sqrt{d}}{\sqrt{a}}$; es ist also $-\frac{\sqrt{d}}{\sqrt{a}}$ der Parameterwerth der beiden zusammenfallenden Doppelelemente:

„Wenn die beiden Doppelelemente einer Involution in eines zusammenfallen, so bildet dieses mit jedem beliebigen anderen Elemente ein Paar der Involution, d. h. die Involution zerfällt in jenes feste Element, welches die beiden Doppelelemente in sich vereinigt, und in die einzelnen Elemente des betreffenden Gebildes.“

103. „Wenn die Coefficienten einer quadratischen Gleichung mit einer Unbekannten einen veränderlichen Factor im ersten Grade enthalten, so sind die Wurzelpaare die Parameter von Elementenpaaren einer Involution, d. h. es besteht zwischen ihnen eine Relation der Form (1).“

Bezeichnet man die Unbekannte mit t und den veränderlichen Factor mit λ, so werden die Coefficienten der Gleichung die Form $A + \lambda A' \ldots$ und die Gleichung daher die Form:

$$(A + \lambda A')\, t^2 + (B + \lambda B')\, t + (C + \lambda C') = o \ldots (17)$$

oder:

$$(At^2 + Bt + C) + \lambda\, (A't^2 + B't + C') = o \ldots (17)$$

besitzen.

Wenn man die beiden Wurzeln dieser Gleichung mit $\xi\xi'$ bezeichnet und als Werthe eines eindeutigen Parameters betrachtet, so werden ihnen in einem eindeutigen Gebilde zwei Elemente xx' entsprechen, so zwar, dass jedem Werthe von λ die beiden Wurzeln $\xi\xi'$ und daher das Elementenpaar xx' entspricht. Wird ein Element x beliebig gewählt und kommt ihm der Parameterwerth ξ zu, so gibt es nur einen einzigen Werth von λ, welcher die quadratische Gleichung (17) so liefert, dass ξ eine der beiden Wurzeln ist. In der That hat man nur den bekannten Werth von ξ in (17) an die Stelle von t einzuführen und λ aus den resultirenden Gleichungen zu bestimmen.

Nach den bekannten Relationen zwischen den Wurzeln und Coefficienten einer quadratischen Gleichung hat man, da $\xi\xi'$ die Wurzeln von (17) sind:

$$\left.\begin{aligned} \xi + \xi' &= -\frac{B + \lambda B'}{A + \lambda A'} \\ \xi\xi' &= \frac{C + \lambda C'}{A + \lambda A'} \end{aligned}\right\} \ldots (17').$$

Bestimmt man aus einer dieser beiden Gleichungen λ und setzt den Werth in die andere statt λ ein, so ergibt sich nach einfacher Rechnung:

$$(AB'-A'B)\,\xi\xi'+(AC'-A'C)(\xi+\xi')+(BC'-B'C)=o\ldots(17''),$$

eine Relation zwischen $\xi\xi'$, welche der Form nach mit (1) identisch ist, und wodurch also der ausgesprochene Satz bewiesen erscheint.

Wenn man also zu den sämmtlichen Wurzelpaaren, welche den sämmtlichen Werthen von λ entsprechen und aus (17) folgen, die ihnen als Parametern entsprechenden Elemente eines Grundgebildes erster Stufe aufsucht, so gehören alle so erhaltenen Elementenpaare einer quadratischen Involution an.

Setzt man $\lambda = o$, so geht (17) über in $At^2 + Bt + C = o$, und wenn man (17) durch λ dividirt und dann λ unendlich gross werden lässt, so geht (17) über in $A't + B't^2 + C' = o$.

Die Wurzelpaare dieser beiden quadratischen Gleichungen sind also ebenfalls Parameter zweier Elementenpaare der Involution.

Wenn man sich erinnert, dass eine Involution durch zwei Paar entsprechender Elemente bestimmt ist und wenn man die Parameter dieser beiden Paare als Wurzeln der beiden quadratischen Gleichungen

$$At^2 + Bt + C = o$$
$$A't^2 + B't + C' = o$$

betrachtet, so folgt aus den eben durchgeführten Betrachtungen, dass irgend ein Paar der durch diese beiden Paare bestimmten Involution dargestellt ist durch

$$(At^2 + Bt + C) + \lambda\,(A't^2 + B't + C') = o,$$

worin λ irgend einen beliebigen (veränderlichen) Werth darstellt.

Die Parameter der Doppelelemente folgen aus der quadratischen Gleichung:

$$(AB'-A'B)\,\xi^2 + 2\,(AC'-A'C)\,\xi + (BC'-B'C) = o,$$

welche aus (17″) hervorgeht, wenn $\xi' = \xi$ gesetzt wird.

Um die Werthe von λ zu erhalten, welche die aus den Doppelelementen bestehenden Paare liefern (jedes Doppelelement ist, weil es zwei einander entsprechende Elemente in sich vereinigt, als Paar der Involution zu betrachten), hat man nur (17) nach t aufzulösen; dies gibt:

$$t = \frac{-(B+\lambda B') \pm \sqrt{(B+\lambda B')^2 - 4\,(A+\lambda A')\,(C+\lambda C')}}{2\,(A+\lambda A')}$$

von welchen zwei Werthen der eine als ξ und der andere als ξ' zu betrachten ist, und hat nun auszudrücken, dass diese Werthe einander gleich werden, was dann geschieht, wenn die in t auftretende Quadratwurzel verschwindet, d. h. wenn

$$(B + \lambda B')^2 - 4(A + \lambda A')(C + \lambda C') = o$$

wird.

104. Als eindeutigen Parameter in einem Strahlen- (oder Ebenen-) büschel kann das Theilverhältniss ξ bezüglich irgend eines Paares fester Elemente p, o gewählt werden, also $\xi = \frac{sin\, px}{sin\, ox}$; wählt man $o \perp p$, so wird $sin\, ox = cos\, px$ und somit $\xi = tgpx$, wobei p irgend ein festes Element des Büschels ist und x jenes Element, dem der Parameter ξ zukommt. Hat man zwei conlocale gleichwinkelige und gleichstimmige Büschel (vergl. Art. 58) und sind xx' irgend zwei einander entsprechende Elemente, so ist der Winkel, den x' mit x bildet, constant, also etwa gleich α; da nun $\sphericalangle xx' = \sphericalangle px' - \sphericalangle px$ oder also $\sphericalangle px' - \sphericalangle px = \alpha$, so ist $\frac{tgpx' - tgpx}{1 + tgpx \,.\, tgpx'} = tg\,\alpha$ oder $\frac{\xi' - \xi}{1 + \xi\xi'} = tg\alpha$, woraus weiter

$$\xi\xi' + cotg\,\alpha \,.\, (\xi - \xi') + 1 = o \; \ldots \; (19)$$

folgt, eine Gleichung, welche, wie zu erwarten ist, die Form (1) besitzt. Für die Doppelelemente der Projectivität erhalten wir, wenn $\xi' = \xi$ gesetzt wird, die Gleichung:

$$\xi^2 + 1 = o \; \ldots \; (20)$$

oder:

$$\xi = \pm \sqrt{-1} \; \ldots \; (20'),$$

also zwei (imaginäre) Werthe, welche von dem constanten Winkel α, durch dessen Drehung um den Scheitel (die Axe) des Büschels die conlocalen Büschel entstehen, ganz unabhängig ist.

„Alle conlocalen gleichwinkeligen und gleichstimmigen Büschel, welche durch Drehung eines beliebigen constanten Winkels entstehen, haben dieselben zwei imaginären Doppelelemente."

Für $\alpha = 90^0$ oder $cotg\,\alpha = o$ ergibt sich aus (18):

$$\xi\xi' + 1 = o,$$

eine Gleichung von der Form (8), welche einer Involution entspricht, und zwar erhalten wir hier eine Involution von rechten Winkeln (vergl. Art. 83). Die Doppelstrahlen einer rechtwinkeligen Strahleninvolution verbinden (Art. 83) den Scheitel mit den imaginären unendlich weiten Kreispunkten der betreffenden Ebene. Ist die Involution aus Ebenen zusammengesetzt und schneidet man sie mit einer zur Axe des Ebenenbüschels senkrechten Ebene, so entsteht in letzterer eine rechtwinkelige Strahleninvolution, deren Doppelstrahlen in den Doppelebenen der Ebeneninvolution liegen, so dass also die letzteren durch die unendlich weiten Kreispunkte jener senkrechten Ebene hindurchgehen.

Diese imaginären Doppelelemente der rechtwinkeligen Involutionen sind also nach obigem zugleich die Doppelstrahlen aller der projectivischen Büschel, welche durch Drehung eines constanten Winkels um den Träger der Involution entstehen.

Dreht sich der constante Winkel α um einen Scheitel in einer Ebene oder als Flächenwinkel um eine Axe im Raume, so entstehen zwei projectivische conlocale Büschel, deren Verwandtschaft durch die Gleichung (19) dargestellt ist*). Der Werth des constanten Doppelverhältnisses, welchen irgend zwei einander entsprechende Elemente xx' mit den beiden Doppelelementen ef bestimmen, ergibt sich aus der Gleichung (7), wenn man $a = d = 1$ und $b = -c = cotg\,\alpha$ setzt, in der Form:

$$(efxx') = \frac{cotg\,\alpha - \sqrt{-1}}{cotg\,\alpha + \sqrt{-1}}$$

oder wenn man $cotg\,\alpha = \frac{cos\,\alpha}{sin\,\alpha}$ setzt:

$$(efxx') = \frac{cos\,\alpha - sin\,\alpha\sqrt{-1}}{cos\,\alpha + sin\,\alpha\sqrt{-1}} = \frac{e^{-\alpha\sqrt{-1}}}{e^{\alpha\sqrt{-1}}}$$

oder:

$$(efxx') = e^{-2\alpha\sqrt{-1}} \quad \ldots (21),$$

wobei e die Basis des natürlichen Logarithmensystems bedeutet. Aus (21) folgt, wenn man zu den Logarithmen zurückkehrt:

$$\alpha = \frac{-\,log.\,nat.\,(efxx')}{2\sqrt{-1}} \quad \ldots (21')$$

oder da $(efxx') = \frac{1}{(efx'x)}$

$$\alpha = \frac{log.\,nat.\,(efx'x)}{2\sqrt{-1}} \quad \ldots (21'').$$

In diesen Formeln (vergl. Art. 61) sind xx' entweder zwei sich schneidende Gerade, α ihr Winkel, ef die Verbindungslinien ihres Schnittpunktes mit den unendlich weiten Kreispunkten ihrer Ebene, oder es sind xx' zwei Ebenen, α ihr Winkel und ef die

*) Die folgende Betrachtung dieses Artikels kann der Anfänger übergehen.

Ebenen, welche ihre Schnittlinie (xx') mit den unendlich weiten Kreispunkten der zu dieser Schnittlinie senkrechten Ebene verbinden.

105. Wenn auf einem und demselben Träger zwei von einander unabhängige Projectivitäten auftreten, eine zwischen den Gebilden GG' gegeben durch die Verwandtschaftsgleichung:

$$a\xi\xi' + b\xi + c\xi' + d = o,$$

und eine zwischen den Gebilden $G_1 G_1'$, gegeben durch die Gleichung:

$$a_1\xi_1\xi_1' + b_1\xi_1 + c_1\xi_1' + d_1 = o,$$

so kann man nach solchen Elementenpaaren fragen, welche zwei einander entsprechende Elemente der beiden projectivischen Gebilde GG' und gleichzeitig ebenso zwei einander entsprechende Elemente der Gebilde $G_1 G_1'$ darstellen; selbstverständlich alle vier Gebilde als gleichartig vorausgesetzt.

Je zwei entsprechende Elemente von GG' seien xx' und $\xi\xi'$ ihre Parameterwerthe, welche der ersten Gleichung Genüge leisten, und $x_1 x_1'$ seien zwei entsprechende Elemente der Gebilde $G_1 G_1'$, deren Parameter $\xi_1 \xi_1'$ der anderen Gleichung Genüge leisten müssen.

Die geometrische Bedeutung der Parameter $\xi\xi'\xi_1\xi_1'$ sei eine und dieselbe, d. h. es mögen diese veränderlichen Grössen etwa die Theilverhältnisse der Elmente $xx'x_1x_1'$ in Bezug auf ein und dasselbe Paar von Fundamental- (Grund-) Elementen bedeuten.

Bedeutet nun xx' ein Elementenpaar, welches in beiden Projectivitäten auftritt, und sind $\xi\xi'$ die zugehörigen Parameterwerthe, so müssen letztere den beiden Verwandtschaftsgleichungen Genüge leisten, und da können nun zwei von einander verschiedene Fälle eintreten:

α) Dem x von G entspricht x' von G' und dem x von G_1 entspricht x' von G_1', so dass zwischen $\xi\xi'$ die Relationen:

$$\left.\begin{aligned} a\xi\xi' + b\xi + c\xi' + d &= o \\ a_1\xi\xi' + b_1\xi + c_1\xi' + d_1 &= o \end{aligned}\right\} \dots (\alpha)$$

bestehen werden.

β) Dem x von G entspricht das x' von G' und dem x von G_1' entspricht das x' von G_1 so dass die beiden Gleichungen:

$$\left.\begin{aligned} a\xi\xi' + b\xi + c\xi' + d &= o \\ a_1\xi'\xi + b_1\xi' + c_1\xi + d_1 &= o \end{aligned}\right\} \dots (\beta)$$

erfüllt sein müssen.

Man sieht sofort, dass von den beiden Fällen α) β) jeder aus dem anderen hervorgeht, wenn man entweder b mit c oder b_1 mit c_1 vertauscht.

Löst man die Gleichungen α) nach ξ und ξ' auf, indem man die eine der beiden Grössen aus der einen Gleichung bestimmt und in die andere einsetzt, so erhält man für jede dieser Grössen eine quadratische Gleichung, so dass es also zwei Elementenpaare von der Art α) gibt, welche den beiden Projectivitäten gemeinschaftlich sind. Ebenso liefert das System β) in derselben Art zwei solche Elementenpaare. Man könnte die ersten beiden Paare als von der ersten Art (α) und die beiden letzteren als von der zweiten Art (β) bezeichnen.

„Wenn zwei gleichartige Projectivitäten (mit derselben Elementengattung) conlocal sind, so gibt es zwei Elementenpaare der einen und zwei Elementenpaare der anderen Art, welche beiden Projectivitäten gemeinschaftlich sind."

Dass von einer und derselben Art höchstens zwei gemeinschaftliche Elementenpaare vorkommen können, hätten wir gleich im Vorhinein behaupten dürfen, da durch drei Elementenpaare eine einzige Projectivität vollkommen bestimmt erscheint.

Aus den Gleichungen α) folgen für die Parameter $\xi\xi'$ der Elemente der gemeinschaftlichen Paare erster Art die quadratischen Gleichungen:

$$\left.\begin{aligned}(ab_1-a_1b)\,\xi^2+(ad_1-a_1d+cb_1-c_1b)\,\xi+(cd_1-c_1d)=o\\(ac_1-a_1c)\,\xi'^2+(ad_1-a_1d-cb_1+c_1b)\,\xi'+(bd_1-b_1d)=o\end{aligned}\right\}\ldots(\alpha'),$$

und aus den Gleichungen β) erhält man ebenso (oder durch einfache Vertauschung von b mit c oder von b_1 mit c_1):

$$\left.\begin{aligned}(ab_1-a_1c)\,\xi^2+(ad_1-a_1d+bb_1-cc_1)\,\xi+(bd_1-c_1d)=o\\(ac_1-a_1b)\,\xi'^2+(ad_1-a_1d-bb_1+cc_1)\,\xi'+(cd_1-b_1d)=o\end{aligned}\right\}\ldots(\beta').$$

Wenn die eine der beiden Projectivitäten in eine Involution übergeht, so werden die beiden Arten α) β) der gemeinschaftlichen Elementenpaare identisch. In der That haben wir gesehen, dass die Gleichungen α) aus β) oder umgekehrt entstehen, wenn man b mit c oder b_1 mit c_1 (und allenfalls ξ mit ξ') vertauscht. Diese Vertauschung wird somit ohne Einfluss bleiben, d. h. keine Veränderung hervorbringen, wenn entweder $b=c$ oder $b_1=c_1$ ist.

In der That gehen auch die Gleichungen (β') in die Gleichungen (α') über, wenn $b=c$ oder $b_1=c_1$ wird. Wir könnten ebenso aus der Vertauschungsfähigkeit, die in einer Involution herrscht, schliessen, dass die Fälle β) mit α) identisch werden, wenn die eine der beiden Projectivitäten zur Involution wird. Wird die zweite Projectivität zur Involution, so sind die beiden Verwandtschaftsgleichungen:

$$a\xi\xi' + b\xi + c\xi' + d = o$$
$$a_1\xi\xi' + b_1(\xi + \xi') + d_1 = o$$

und die Parameter der beiden gemeinschaftlichen Elementenpaare folgen aus:

$$(ab_1 - a_1 b)\,\xi^2 + [ad_1 - a_1 d + b_1(c - b)]\,\xi + (cd_1 - b_1 d) = o$$
$$(ab_1 - a_1 c)\,\xi'^2 + [ad_1 - a_1 d - b_1(c - b)]\,\xi' + (bd_1 - b_1 d) = o$$

„Wenn eine Projectivität gleichartig und conlocal ist mit einer Involution, so gibt es zwei Elementenpaare, welche beiden gemeinschaftlich sind.“

Wenn auch die erste Projectivität zu einer Involution wird, so erhalten wir ein beiden Involutionen gemeinschaftliches Elementenpaar (vergl. Art. 93) und in der That werden die beiden letzten Gleichungen identisch, wenn $b = c$ wird, so dass die Wurzeln der Gleichung:

$$(ab_1 - a_1 b)\,\xi^2 + (ad_1 - a_1 d)\,\xi + (bd_1 - b_1 d) = o$$

die Parameter der Elemente jenes Paares darstellen, welches den beiden durch

$$a\xi\xi' + b(\xi + \xi') + d = o$$
$$a_1\xi\xi' + b_1(\xi + \xi') + d_1 = o$$

dargestellten Involutionen gemeinschaftlich ist.

Zu derselben quadratischen Gleichung gelangt man, wenn man aus den beiden letzten Gleichungen $\xi\xi'$ und $\xi + \xi'$ durch die Coefficienten $abd\,a_1 b_1 d_1$ bestimmt und die Gleichung aufstellt, deren Wurzeln ξ und ξ' sind.

106. Wie aus der Gleichung (6), Art. 98 sofort hervorgeht, sind die Parameter der Doppelelemente der Projectivität

$$a\xi\xi' + b\xi + c\xi' + d = o$$

nur von den Werthen $\frac{b+c}{a}$, $\frac{d}{a}$ abhängig, und es werden also alle conlocalen Projectivitäten, dieselbe constante Bedeutung des Parameters vorausgesetzt, für welche $\frac{b+c}{a}$, $\frac{d}{a}$ dieselben Werthe besitzen, auch gemeinschaftliche Doppelelemente haben. Die nothwendigen und hinreichenden Bedingungen also, dass die beiden conlocalen, durch

$$a\xi\xi' + b\xi + c\xi' + d = o$$
$$a_1\xi\xi' + b_1\xi + c_1\xi' + d_1 = o$$

dargestellten Projectivitäten gemeinsame Doppelelemente besitzen, sind: $\frac{d_1}{a_1} = \frac{d}{a}$, $\frac{b_1 + c_1}{a_1} = \frac{b + c}{a}$.

Macht man $b_1 = c_1$, also $\frac{2b_1}{a_1} = \frac{b + c}{a}$ oder $b_1 = \frac{a_1(b + c)}{2a}$, so wird die zweite Projectivität zu einer Involution, und da $d_1 = a_1 \frac{d}{a}$ ist, so ergibt sich als Involutionsgleichung:

$$a_1\xi\xi' + \frac{a_1(b+c)}{2a}(\xi + \xi') + a_1\frac{d}{a} = o$$

oder:

$$a\xi\xi' + \left(\frac{b + c}{2}\right)(\xi + \xi') + d = o.$$

„Die Involution, welche mit der Projectivität:

$$a\xi\xi' + b\xi + c\xi' + d = o$$

gemeinsame Doppelelemente besitzt, hat zur Gleichung:

$$a\xi\xi' + \left(\frac{b + c}{2}\right)(\xi + \xi') + d = o.\text{“}$$

107. „Die Doppelelementenpaare aller Projectivitäten, welche zwei gemeinschaftliche Paare entsprechender Elemente besitzen, bilden eine Involution.“

Es seien mm', nn' die beiden Paare entsprechender Elemente; durch dieselben ist die Projectivität noch nicht bestimmt und wird es erst dann, und zwar vollständig, wenn man ein beliebiges drittes Paar entsprechender Elemente wählt. Man wird also statt dieses dritten Paares auch ein sich selbst entsprechendes Element, ein Doppelelement e wählen können, und es wird durch mm', nn' und e (e' ist identisch mit e) die Projectivität vollkommen bestimmt sein und somit auch das andere Doppelelement f derselben. In dieser Art ist durch e das Element f vollkommen und eindeutig bestimmt und ebenso entspricht, wenn man f als erstes Doppelelement gewählt denkt, diesem das Element e als zweites, so dass also die Beziehung zwischen e, f eindeutig und vertauschungsfähig, d. h. eine Involution ist.

Man bezeichne mit $\mu\mu'$, $\nu\nu'$, $\varepsilon\varphi$ die Parameter von mm', nn', ef und die Projectivitätsgleichung sei:

$$a\xi\xi' + b\xi + c\xi' + d = o,$$

worin *abcd* noch variable Coefficienten sind, so ist die Gleichung für die Doppelelemente:

$$a\xi^2 + (b + c)\,\xi + d = o,$$

und da $\mu\mu'$, $\nu\nu'$ entsprechenden Elementen und $\varepsilon\varphi$ den Doppelelementen als Parameter zukommen, so hat man:

$$a\mu\mu' + b\mu + c\mu' + d = o$$
$$a\nu\nu' + b\nu + \varepsilon\nu' + d = o$$
$$\varepsilon\varphi = \frac{d}{a},\ \varepsilon + \varphi = -\frac{b+c}{a}.$$

Multiplicirt man die erste Gleichung mit ν', die zweite mit μ und addirt, so ergibt sich:

$$a\mu\nu'(\mu' + \nu) + b\mu(\nu + \nu') + c\nu'(\mu + \mu') + d(\mu + \nu') = o;$$

multiplicirt man die erste Gleichung mit ν und die zweite mit μ' und addirt, so erhält man:

$$a\mu'\nu(\mu + \nu') + b\nu(\mu + \mu') + c\mu'(\nu + \nu') + d(\nu + \mu') = o.$$

Subtrahirt man die vorletzte Gleichung von der letzten, so ist:

$$(\mu + \nu')(a\mu'\nu - d) + (\nu + \mu')(d - a\mu\nu') + (b + c)(\nu\mu' - \mu\nu') = o,$$

oder wenn, nach Division mit a, $\frac{d}{a} = \varepsilon\varphi$ und $\frac{b+c}{a} = -(\varepsilon + \varphi)$ gesetzt wird:

$$(\mu + \nu')(\mu'\nu - \varepsilon\varphi) + (\nu + \mu')(\varepsilon\varphi - \mu\nu') + (\varepsilon + \varphi)(\mu\nu' - \nu\mu') = o,$$

eine Gleichung, welche mit der Gleichung (12) identisch wird, wenn man statt $\mu\nu'$ die Buchstaben $\xi\xi'$, ebenso $\eta\eta'$ statt $\nu\mu'$ und $\xi\xi'$ statt $\varepsilon\varphi$ schreibt. Nachdem nun die Gleichung (12) sagt, dass die drei Parameterwerthepaare $\xi\xi'$, $\eta\eta'$, $\zeta\zeta'$ drei Elementenpaaren einer Involution angehören, so ist nachgewiesen, dass die drei Elementenpaare *mn'*, *m'n*, *ef* Paare einer Involution sind.

„Wenn also *ef* die Doppelelemente einer Projectivität sind, in welcher *mm'*, *nn'* zwei Paare entsprechender Elemente darstellen, so gehören die drei Elementenpaare *mn'*, *m'n*, *ef* einer Involution an, so dass also alle die Doppelelementenpaare *ef* der durch die beiden Paare *mn'*, *m'n* bestimmten Involution angehören."

Man gelangt auch direct zu demselben Resultate, wenn man nach Art. 52 zu dem Doppelelement *e* das zweite Doppelelement *f* aufsucht. Denkt man sich die Projectivität als eine projectivische Beziehung zweier Punktreihen auf einer und derselben Axe und sind mm', nn' zwei Paar entsprechender Punkte und e ein Doppelpunkt, so hat man, um den zweiten Doppelpunkt f zu finden, auf irgend einer durch e gezogenen Geraden zwei beliebige Scheitel ss' zu wählen, sm mit $s'm'$ in s'' und sn mit $s'n'$ in s''' zum Durchschnitte zu bringen und die beiden Punkte $s''s'''$ zu verbinden; die Gerade $s''s'''$ trifft die Axe in dem gesuchten zweiten Doppelpunkte f. Nun sind aber mn', $m'n$, ef die Schnittpunktepaare der Axe mit den drei Gegenseitenpaaren des vollständigen Viereckes $ss's''s'''$ und gehören daher einer Involution an.

Vierzehntes Kapitel.

Cyklische Projectivität.

108. „Wenn zwei conlocale projectivische Gebilde GG' reelle Doppelelemente ef besitzen und man construirt zu irgend einem Elemente x von G das entsprechende x' von G', betrachtet nun x' als zu G gehörig und construirt das zu x' entsprechende Element x'' von G' und so fort, so nähert man sich immer mehr und mehr dem einen der beiden Doppelelemente. Führt man dieselbe Construction umgekehrt aus, indem man jedes Element als zu G' gehörig betrachtet, und zu ihm das Entsprechende in G aufsucht, zu diesem wieder das entsprechende in G und so fort, so nähert man sich immer mehr und mehr dem anderen Doppelelemente.“

Führt man einen Parameter ξ so ein, dass den Doppelelementen die Werthe o, ∞ von ξ entsprechen, so hat die Verwandtschaftsgleichung nach Art. 98 ($\gamma\delta$) die Form:

$$\xi' = b'\xi,$$

wobei b' der Werth des Doppelverhältnisses $(efx'x)$ ist.

Bildet man nun die Reihe von Elementen $xx'x''$ . . ., von denen jedem, wenn man es zu G rechnet, das unmittelbar nachfolgende in G' entspricht und sind $\xi\xi'\xi''$ . . . ihre Parameter, so hat man

$$\xi' = b'\xi,\ \xi'' = b'\xi' = b'^2\xi,\ \xi''' = b'\xi'' = b'^3\xi\ \ldots,$$

so dass also die Parameter der auf einander folgenden Elemente die Werthe

$$\xi,\ b'\xi,\ b'^2\xi,\ b'^3\xi,\ b'^4\xi\ \ldots\ b'^n\xi$$

besitzen, wenn man die Construction n-mal nach einander durchführt, wodurch der letzte Punkt als $(n+1)$-ter die Reihe abschliesst.

Entwickelt man die Reihe im entgegengesetzten Sinne, indem man zu x', als zu G' gehörig, das in G entsprechende Element aufsucht, so ist sein Parameter nach obiger Gleichung der Werth $\frac{\xi'}{b'}$; construirt man zu dem erhaltenen Elemente, indem man es wieder zu G' rechnet, in G das entsprechende, so wird sein Parameter den Werth $\frac{\xi'}{b'} : b'$ oder $\frac{\xi'}{b'^2}$ erhalten u. s. f. Man sieht sofort, dass man, von x' ausgehend, eine Elementenreihe mit den Parametern

$$\xi' \frac{\xi'}{b'}, \frac{\xi'}{b'^2}, \frac{\xi'}{b'^3}, \frac{\xi'}{b'^4} \dots \frac{\xi'}{b'^m}$$

erhält, wenn man die Construction nach einander m-mal durchführt.

Der Werth b' ist nun von der Einheit verschieden, denn wäre $b' = +1$, so ist also $(efx'x) = +1$, daher müsste jedes Element x' mit dem entsprechenden x identisch sein, so dass beide Gebilde conlocal congruent und in congruenter Lage wären; für $b' = -1$ wären $efx'x$ immer vier harmonische Elemente und die Gebilde würden eine Involution darstellen. Beide Fälle und auch den der zusammenfallenden Doppelelemente, für welchen Fall auch $b' = +1$ wäre, wollen wir ausscheiden. Es ist also b' grösser oder kleiner als die Einheit und daher wachsen die Glieder der einen Parameterreihe ins Unendliche und die der anderen Reihe werden immer kleiner und kleiner, sich Null nähernd. Die Elemente der ersten Reihe werden sich also immer mehr und mehr dem Doppelelemente nähern, dessen Parameter ∞ ist, und die Elemente der anderen Reihe immer mehr und mehr dem Doppelelemente, dessen Parameter gleich Null ist. (Wenn z. B. $b' > 1$ ist, so wachsen die Glieder der Reihe $\xi, b'\xi, b'^2\xi \dots$ ins Unendliche und die Glieder der Reihe $\xi', \frac{\xi'}{b'}, \frac{\xi'}{b'^2} \dots$ nähern sich dem Werthe Null; für $b' < 1$ tritt das Umgekehrte ein. Auf das Zeichen von b' kommt es bei dieser Betrachtung offenbar nicht an.)

Betrachten wir insbesondere die Projectivität, welche durch die Gleichung

$$\xi\xi' + c\xi' - d = o$$

dargestellt ist und deren Doppelelemente aus der Gleichung

$$\xi^2 + c\xi - d = o$$

folgen und daher die Parameterwerthe haben:

$$\varepsilon = -\frac{c}{2} \pm \sqrt{\frac{c^2}{4} + d}, \quad \varphi = -\frac{c}{2} \mp \sqrt{\frac{c^2}{4} + d},$$

und setzen wir voraus, dass diese Doppelelemente reell sind, d. h. also, dass $\sqrt{\frac{c^2}{4} + d}$ reell ist.

Aus der Verwandtschaftsgleichung folgt:

$$\xi' = \frac{d}{c + \xi},$$

daher ist:

$$\xi'' = \frac{d}{c + \xi'} = \frac{d}{c + \cfrac{d}{c + \xi}}, \quad \xi''' = \frac{d}{c + \xi''} = \frac{d}{c + \cfrac{d}{c + \cfrac{d}{c + \xi}}}$$

u. s. f. Wenn man also den Kettenbruch, der sich ergibt, ins Unendliche fortsetzt, so nähert man sich einem der beiden Werthe ε, φ.

Aus der Verwandtschaftsgleichung folgt ebenso:

$$\xi = -c + \frac{d}{\xi'};$$

wenn man also die Reihe in entgegengesetztem Sinne entwickelt, so wird der nächste Parameter den Werth haben:

$$-c + \frac{d}{\xi}, \text{ oder } -c + \frac{d}{-c + \cfrac{d}{\xi'}}, \text{ oder } -c - \frac{d}{c - \cfrac{d}{\xi'}};$$

der dritte Parameter wird den Werth haben:

$$-c + \frac{d}{-c - \cfrac{d}{c - \cfrac{d}{\xi'}}}, \text{ oder } -c - \frac{d}{c + \cfrac{d}{c - \cfrac{d}{\xi'}}}$$

u. s. f. Wenn man also den Kettenbruch $-c - \cfrac{d}{c + \cfrac{d}{c + \cfrac{d}{c + \ldots}}}$ fortsetzt, so wird man sich dem anderen der beiden Werthe $\varepsilon \varphi$ nähern.

Wir haben also die folgenden zwei Gleichungen:

$$\varepsilon = -\frac{c}{2} \pm \sqrt{\frac{c^2}{4} + d} = \cfrac{d}{c + \cfrac{d}{c + \cfrac{d}{c + \ldots\ in\ inf.}}}$$

$$\varphi = -\frac{c}{2} \mp \sqrt{\frac{c^2}{4} + d} = -c - \cfrac{d}{c + \cfrac{d}{c + \cfrac{d}{c + \ldots\ in\ inf.}}},$$

folglich nach Subtraction und Division durch 2:

$$\pm \sqrt{\frac{c^2}{4} + d} = \cfrac{d}{c + \cfrac{d}{c + \cfrac{d}{c + \ldots\ in\ inf.}}},$$

welche Formel immer giltig bleibt, wenn $\sqrt{\frac{c^2}{4} + d}$ reell ist. Der zu Anfang dieses Artikels ausgesprochene Satz gilt jedoch auch in dem Falle zusammenfallender Doppelelemente. Denn in diesem Falle hat die Verwandtschaftsgleichung nach Art. 98, β) die Form:

$$b(\xi - \xi') + d = o,$$

oder wenn $\frac{d}{b} = k$ gesetzt wird:

$$\xi' = k + \xi.$$

Denn Doppelelementen entspricht der Parameterwerth ∞.

Es ist also die Reihe der Parameterwerthe von $xx'x'' \ldots$ die folgende:

$$\xi,\ k + \xi,\ 2k + \xi,\ 3k + \xi \cdots,$$

also eine arithmetische Progression, deren Glieder immer ins Unendliche wachsen, so dass sich die Reihe der Elemente immer dem Elemente nähert, dessen Parameter ∞ ist, d. h. den beiden vereinigten Doppelelementen. Dasselbe gilt offenbar von der in entgegengesetztem Sinne verfolgten Reihe $\xi',\ \xi' - k,\ \xi' - 2k,\ \xi' - 3k \ldots$

109. Sind zwei projectivische Gebilde gleichartig und conlocal und ef ihre beiden Doppelelemente, und geht man von irgend einem Elemente x_1 aus, construirt das ihm entsprechende Element x_2 des zweiten Gebildes, zählt nun x_2 zum ersten Gebilde und construirt das ihm entsprechende x_3 im zweiten Gebilde u. s. w., so ergibt sich eine Elementenreihe $x_1 x_2 x_3 \ldots x_{n+1}$ von der Art, dass jedem

Elemente, wenn man es zum ersten Gebilde rechnet, das unmittelbar nachfolgende Element im zweiten Gebilde projectivisch entspricht.

Betrachtet man x_{n+1} als dem x_1 entsprechend, so erhält man wieder zwei conlocale projectivische Gebilde, denn die Elemente x_1 sind projectivisch mit den Elementen x_2, diese mit x_3 u. s. w. und x_n schliesslich mit x_{n+1}, so dass also x_1 auch mit x_{n+1} in projectivischer Beziehung ist.

Die Doppelelemente ef der ursprünglichen Projectivität sind zugleich Doppelelemente für die zwischen x_1 und x_{n+1} bestehende Projectivität; dies folgt einfach daraus, dass jedes der beiden Doppelelemente immer sich selbst entspricht; wenn also x_1 in e z. B. fällt, so ist auch x_2, x_3 . . . x_n x_{n+1} in e enthalten.

Wir haben im letzten Artikel gesehen, dass man sich im Falle reeller Doppelelemente $e_1 f_1$ immer mehr und mehr den beiden Doppelelementen nähert, wenn man die Reihe $x_1 x_2$ . . . x_{n+1} in einer und in der anderen Richtung ins Unendliche fortsetzt.

„Wenn es einmal geschieht, dass ein Element der Reihe $x_1 x_2$ . . . mit dem Ausgangselement zusammenfällt, so geschieht dies immer und für jedes Ausgangselement."

Wenn z. B. das n-te Element x_{n+1}, welches dem x_1 entspricht, mit x_1 zusammenfällt, so hat die zwischen x_1 und x_{n+1} bestehende Projectivität ausser den beiden Doppelelementen ef noch ein drittes Element, nämlich jenes, in welchem sich x_{n+1} mit x_1 einmal vereinigt hat; dann ist aber jedes Element für diese Projectivität ein Doppelelement (Art. 51), d. h. wenn man von einem beliebigen Elemente x_1 ausgeht, so wird man als $(n+1)$-tes Element in der Reihe $x_1 x_2$ . . . wieder das Element x_1 antreffen. Man sieht nun sofort, dass dieselben n-Elemente $x_1 x_2$ . . . x_n zum Vorschein kommen, wenn man irgend ein Element dieser Gruppe als Ausgangselement annimmt und in der einen oder der anderen Richtung die entsprechenden Elemente aufsucht. In dieser Art bestimmt jedes Element eine in sich geschlossene Gruppe von n-Elementen, unter welchen es als gleichberechtigtes Individuum auftritt und welche Gruppe durch jedes der in ihr auftretenden Elemente unzweideutig bestimmt erscheint.

„Wir nennen in diesem Falle die Projectivität eine cyklische Projectivität mit n-elementigen Gruppen."

Ist $n = 2$, d. h. fällt x_3 mit x_1 zusammen, so hat man vertauschungsfähige Projectivität zwischen x_1 und x_2 oder also eine Involution von Elementenpaaren.

Für $n = 3$ besteht jede Gruppe aus drei Elementen $x_1 x_2 x_3$, welche sich der Reihe nach projectivisch entsprechen; ebenso sind in derselben Gruppe, wenn man von x_2, respective x_3 ausgeht, $x_2 x_3 x_1$, $x_3 x_1 x_2$ auf einander folgende entsprechende Elemente.

Wenn man bei Aufsuchung der entsprechenden Elemente in derselben Projectivität vom zweiten Gebilde zum ersten übergeht, so sind $x_3 x_2 x_1$, $x_2 x_1 x_3$, $x_1 x_3 x_2$ Tripel von auf einander folgenden sich entsprechenden Elementen.

Man kann also, da so die sämmtlichen sechs Permutationen der drei Elemente $x_1 x_3 x_3$ erschöpft sind, ohne dass sich die Projectivität ändern würde, jedes der drei Elemente als Ausgangselement, jedes als zweites und jedes als drittes Element betrachten. Da eine projectivische Beziehung durch drei Elementenpaare vollkommen bestimmt ist, so haben wir den Satz:

„Eine cyklische Projectivität mit dreielementigen Gruppen (Tripeln) ist durch eine solche Gruppe vollkommen und unzweideutig bestimmt.“

Sind $x_1 x_2 x_3$ die drei Elemente der Gruppe, so ist die cyklische Projectivität bestimmt durch die drei Elementenpaare, die man erhält, wenn man den Elementen $x_1 x_2 x_3$ der Reihe nach die Elemente $x_2 x_3 x_1$ projectivisch entsprechen lässt.

Für $n = 4$ kann man eine Gruppe, welche also aus vier Elementen bestehen wird, nicht beliebig annehmen.

110. Zunächst erkennt man leicht, dass für $n = 4$ die ersten und dritten und ebenso die zweiten und vierten Elemente in allen Gruppen Paare einer und derselben Involution bilden, welche die Doppelelemente der cyklischen Projectivität zu Doppelelementen besitzt, und später werden wir erkennen, dass auch jede Gruppe aus vier harmonischen Elementen besteht, wobei das erste Element dem dritten und das zweite dem vierten conjugirt erscheint.

Ist nämlich $x_1 x_2 x_3 x_4$ eine Gruppe und jedes Element derselben durch Projectivität aus dem vorhergehenden, und x_1 schliesslich aus x_4 abgeleitet, und betrachtet man das Element x_3 als dem Elemente x_1 entsprechend, so ergibt sich eine Projectivität (Art. 109), welche aber in eine Involution übergeht, da sich $x_1 x_3$ vertauschungsfähig entsprechen, denn man gelangt von x_1 über x_2 oder über x_4 genau so zu x_3, wie von x_3 über x_4 oder x_2 zu x_1; in derselben Art, d. h. in derselben Involution, entsprechen sich auch x_2 und x_4. Allgemein:

„Wenn n den Divisor r enthält, so ist in jeder cyklischen Projectivität mit n-elementigen Gruppen auch eine cyklische Projectivität mit r-elementigen Gruppen enthalten.“

Man braucht nur von den Elementen x_1, $x_{1+\frac{n}{r}}$, $x_{1+\frac{2n}{r}}$, ... jedes dem vorhergehenden entsprechen lassen, so wird man bis zum Elemente x_{1+n}, d. h. zum Ausgangselemente x_1 zurückkommen. Es ist klar, dass jede Gruppe der cyklischen Projectivität mit n-elementigen Gruppen $\frac{n}{r}$ Gruppen der cyklischen Projectivität mit r-elementigen Gruppen enthält.

Wenn $n = 2r$, so wird jede Gruppe $x_1 \ldots x_n$ aus r Paaren einer Involution bestehen und aus zwei Gruppen einer cyklischen Projectivität mit r-elementigen Gruppen u. s. w., und alle diese cyklischen Projectivitäten, respective die Involution, haben dieselben zwei Doppelelemente ef.

Dass die Doppelelemente der cyklischen Projectivitäten, welche aus lauter reelle Elemente enthaltenden Gruppen bestehen, imaginär sein müssen, folgt aus Art. 108, sowie aus den folgenden Betrachtungen.

111. Sind ef die Doppelelemente und b' das charakteristische Doppelverhältniss der Projectivität, $x_1 x_2$ zwei entsprechende Elemente und $\xi_1 \xi_2$ deren Theilverhältnisse, bezüglich ef als Fundamentalelemente, so ist $(efx_1x_2) = b'$ oder $\xi_1 : \xi_2 = b'$, somit $\xi_2 = \frac{\xi_1}{b'}$; ist nun ξ_{n+1} das Theilverhältniss von x_{n+1} bezüglich ef, so wird wie in Art. 108 $\xi_{n+1} = \frac{\xi'}{b'^n}$, und soll x_{n+1} mit x_1 identisch werden, so muss $\xi_{n+1} = \xi_1$, oder also $b'^n = +1$, oder $b' = \sqrt[n]{+1}$ sein.

Die sämmtlichen n Werthe von $\sqrt[n]{+1}$ erhält man, wenn in $(cos \frac{2k\pi}{n} + sin \frac{2k\pi}{n} . \sqrt{-1})$ statt k der Reihe nach die Werthe $1, 2, 3, \ldots n$ gesetzt werden. Setzt man

$$cos \frac{2\pi}{n} + sin \frac{2\pi}{n} . \sqrt{-1} = \mu,$$

so sind $\mu \mu^2 \mu^3 \ldots \mu^n$ die n Werthe von $\sqrt[n]{+1}$, wobei $\mu^n = +1$ und für ein gerades n $\mu^{\frac{n}{2}} = -1$ ist. Die Parameterwerthe von $x_1 x_2 \ldots x_n$ stellen sich dar in der Form $\xi_1, \frac{\xi_1}{\mu}, \frac{\xi_2}{\mu^2}, \frac{\xi_1}{\mu^3}, \ldots \frac{\xi_1}{\mu^{n-1}}$; oder: $\mu^n \xi_1$, $\mu^{n-1}\xi_1, \mu^{n-2}\xi_1 \ldots \mu\xi_1$. Das Doppelverhältniss (efx_kx_l) ist der Werth $\xi_k : \xi_l$, also gleich $\mu^{n-k+1} : \mu^{n-l+1} = \mu^{l-k}$:

$$(efx_k x_l) = \mu^{l-k} = cos \frac{2(l-k)\pi}{n} + sin \frac{2(l-k)\pi}{n} . \sqrt{-1}.$$

Wir bemerken überdies, dass nach Art. 14 $(efx_k x_l) = (x_k x_l ef)$.

„Irgend zwei einer Gruppe angehörigen Elemente einer cyklischen Projectivität mit n-elementigen Gruppen bestimmen mit den beiden Doppelelementen ein Doppelverhältniss, dessen Werth gleich ist einer n-ten Wurzel aus der positiven Einheit."

112. Für eine cyklische Projectivität mit vierelementigen Gruppen ist $n = 4$, die vier vierten Wurzeln aus der positiven Einheit sind: $+1$, $+\sqrt{-1}$, -1, $-\sqrt{-1}$; die Parameter einer Elementengruppe (hier ein Quadrupel) sind somit:

$$\xi_1,\ \xi_2 = \xi_1 \sqrt{-1},\ \xi_3 = -\xi_1,\ \xi_4 = -\xi_1 \sqrt{-1},$$

so dass also x_1 und x_3 bezüglich ef harmonisch sind, und ebenso ξ_2 und ξ_4 (Art. 10). Bildet man nach Art. 94 das Doppelverhältniss:

$$(x_1 x_3 x_2 x_4) = \frac{\xi_2 - \xi_1}{\xi_2 - \xi_3} : \frac{\xi_4 - \xi_1}{\xi_4 - \xi_3},$$

so ergibt sich sofort $(x_1 x_3 x_2 x_4) = -1$.

„Es ist also bei einer cyklischen Projectivität mit vierelementigen Gruppen jede Gruppe aus vier harmonischen Elementen zusammengesetzt, und zwar ist das erste dem dritten harmonisch conjugirt bezüglich des zweiten und vierten (oder umgekehrt)."

Während man also zur Bestimmung einer cyklischen Projectivität mit dreielementigen Gruppen eine Gruppe beliebig wählen kann, muss bei einer cyklischen Projectivität die Gruppe aus vier harmonischen Elementen bestehen.

Sind nun $abcd$ vier beliebige, eine harmonische Gruppe bildende Elemente, und zwar a zu b und c zu d conjugirt, so braucht man nur irgend eines der vier Elemente, z. B. a als x_1, dann das hierzu conjugirte, also b als x_3 und das übrig bleibende Paar cd als x_2 und x_4 zu betrachten, und zwar ist es gleichgiltig, ob man c als x_2 oder als x_4 betrachtet, weil dies nur den Sinn ändert, in welchem die Gruppe $x_1 x_2 x_3 x_4$ durchlaufen erscheint (einmal als $acbd$ und das anderemal als $adbc$). Dasjenige Elementenpaar e, f, welches die beiden Paare ab, cd gleichzeitig harmonisch trennt, stellt die beiden Doppelelemente der cyklischen Projectivität dar:

„Durch eine harmonische Gruppe von vier Elementen ist eine cyklische Projectivität mit vierelementigen Gruppen vollkommen bestimmt."

Da durch ein Tripel abc von Elementen drei harmonische Gruppen bestimmt erscheinen, je nachdem man das vierte Element d, als zu a oder zu b oder zu c harmonisch conjugirt, wählt, „so sind auch durch ein Tripel von Elementen, welche einer und derselben Gruppe angehören sollen, drei von einander verschiedene cyklische Projectivitäten mit vierelementigen Gruppen bestimmt."

„Die cyklische Projectivität mit n-elementigen Gruppen ist vollkommen bestimmt, wenn man ihre Doppelelemente (von denen jedes eine ganze Gruppe vertritt) kennt."

Denn wenn man irgend ein Element als das k-te in einer Gruppe betrachtet, so ist das l-te Element derselben Gruppe dadurch vollkommen bestimmt, dass das Doppelverhältniss $(efx_k x_l)$ den Werth $\cos\frac{2(l-k)\pi}{n} + \sin\frac{2(l-k)\pi}{n} . \sqrt{-1}$ haben muss; nimmt man $k = 1$ und l der Reihe nach gleich $2, 3, \ldots n$ an, so erkennt man, dass sich aus dem Elemente x_1 die ganze Gruppe ableiten lässt.

„Wenn die beiden Doppelelemente ef reell sind, so enthält jede Gruppe für ein ungerades n nur ein einziges reelles Element und für ein gerades n nur zwei reelle Elemente, welche e, f harmonisch trennen."

Denn soll bei reellen e, f aus dem reellen x_k ein reelles x_l sich ableiten lassen, so muss $(efx_k x_l)$ reell sein, d. h. es muss $\sin\frac{2(l-k)\pi}{n}$ verschwinden, also $\frac{2(l-k)}{n}$ entweder gleich Null oder gleich der Einheit sein; im ersten Falle ist $l = k$, d. h. x_k ist das einzige reelle Element der Gruppe und im zweiten Falle ist $2(l-k) = n$, daher n eine gerade Zahl und $l = k + \frac{n}{2}$, somit sind x_k und $x_{k+\frac{n}{2}}$ die einzigen zwei reellen Elemente der Gruppe. Dass sie mit e, f ein harmonisches System bilden, folgt aus: $(efx_k x_l) = \cos\pi = -1$.

„Wenn also eine cyklische Projectivität Gruppen mit lauter reellen Elementen enthält, so sind die beiden Doppelelemente nothwendigerweise imaginär."

Weil $(efx_k x_l) = (x_k x_l ef)$, so hat man den Satz:

„Wenn zwei Elemente $x_k x_l$ als k-tes und l-tes Element in einer und derselben Gruppe einer cyklischen Projectivität mit n-elementigen Gruppen, welche e, f zu Doppelelementen hat, vorkommen, so sind auch e, f k-tes und l-tes Element einer Gruppe einer cyklischen Projectivität mit n-elementigen Gruppen, welche $x_k x_l$ zu Doppelelementen hat."

113. „Die n-strahligen Gruppen, welche den vollen Winkel um einen Punkt s in n gleiche Theile theilen, gehören einer cyklischen Projectivität mit n-elementigen Gruppen an, deren Doppel-

strahlen E, F nach den imaginären, unendlich weiten Kreispunkten gerichtet sind.“

Bezeichnet man den n-ten Theil des vollen Winkels mit α, also $\alpha = \frac{2\pi}{n}\left(= \frac{360^0}{n}\right)$, und betrachtet man die concentrischen gleichstimmig-congruenten Büschel, welche durch Drehung des constanten Winkels α um den Scheitel s entstehen (siehe Art. 58, b), so entspricht irgend einem Strahle X_1 ein Strahl X_2, welcher mit X_1 den Winkel α bildet; kommt X_1 in die Lage X_2, so wird X_2 nach X_3 kommen und X_3 wird mit X_2 abermals den Winkel α bilden u. s. w. Entwickelt man also die Strahlenreihe $X_1 X_2 \ldots X_{n+1}$, so wird jeder Strahl mit dem vorhergehenden (und dem nachfolgenden) den Winkel α bilden, und weil $n\alpha = 360^0$, so wird X_{n+1} mit X_1 zusammenfallen, wodurch der cyklische Charakter der Projectivität bewiesen ist.

Dass die beiden Doppelelemente nach den imaginären unendlich weiten Kreispunkten gerichtet sind, folgt aus Art. 104.

114. Es sei eine cyklische Projectivität mit dreielementigen Gruppen gegeben durch eine solche Gruppe, deren Elementen die Parameterwerthe $\xi_1 \xi_2 \xi_3$ entsprechen mögen. Die Verwandtschaftsgleichung einer Projectivität ist (Art. 94):

$$a\xi\xi' + b\xi + c\xi' + d = o$$

und muss in diesem Falle erfüllt sein, wenn man statt ξ, ξ' der Reihe nach $\xi_1 \xi_2$, $\xi_2 \xi_3$, $\xi_3 \xi_1$ setzt, d. h. wir haben die drei Gleichungen:

$$\left.\begin{aligned} a\xi_1\xi_2 + b\xi_1 + c\xi_2 + d = o \\ a\xi_2\xi_3 + b\xi_2 + c\xi_3 + d = o \\ a\xi_3\xi_1 + b\xi_3 + c\xi_1 + d = o \end{aligned}\right\} \ldots (22),$$

aus welchen sich die Werthe von $\frac{a}{d}, \frac{b}{d}, \frac{c}{d}$ durch $\xi_1 \xi_2 \xi_3$ ausdrücken lassen. Setzt man der Abkürzung wegen

$$\left.\begin{aligned} \xi_1 + \xi_2 + \xi_3 = s_1 \\ \xi_1\xi_2 + \xi_2\xi_3 + \xi_3\xi_1 = s_2 \\ \xi_1\xi_2\xi_3 = s_3 \end{aligned}\right\} \ldots (23),$$

so erhält man, wenn die Gleichungen (22) addirt werden:

$$as_2 + (b + c)\, s_1 + 3d = o \ldots (24).$$

Multiplicirt man (22) der Reihe nach mit ξ_3, ξ_1, ξ_2 und addirt, so ergibt sich:

$$3as_3 + (b + c)\, s_2 + ds_1 = o \ldots (24')$$

und aus (24) und 24′) erhält man durch Auflösung nach $\frac{a}{d}$ und $\frac{b+c}{d}$ die Werthe:

$$\left.\begin{aligned} \frac{a}{d} &= \frac{3s_2 - s_1^2}{3s_1 s_3 - s_2^2} \\ \frac{b+c}{d} &= \frac{s_1 s_2 - 9s_3}{3s_1 s_3 - s_2^2} \end{aligned}\right\} \ldots (25).$$

Zu demselben Werthe von $\frac{a}{d}$ gelangt man durch directe Auflösung der Gleichungen (22) nach $\frac{a}{d}, \frac{b}{d}, \frac{c}{a}$, und es ergeben sich für die letzteren Grössen die Werthe:

$$\left.\begin{aligned} \frac{b}{d} &= \frac{\xi_1^2 \xi_2 + \xi_2^2 \xi_3 + \xi_3^2 \xi_1 - 3s_3}{3s_1 s_3 - s_2^2} \\ \frac{c}{d} &= \frac{\xi_1 \xi_2^2 + \xi_2 \xi_3^2 + \xi_3 \xi_1^2 - 3s_3}{3s_1 s_3 - s_2^2} \end{aligned}\right\} \ldots (25').$$

Die cyklische Projectivität ist somit dargestellt durch die Verwandtschaftsgleichung:

$$(3s_2 - s_1^2)\xi\xi' + (\xi_1^2\xi_2 + \xi_2^2\xi_3 + \xi_3^2\xi_1 - 3s_3)\xi + (\xi_1\xi_2^2 + \xi_2\xi_3^2 + \xi_3\xi_1^2 - 3s_3)\xi' + (3s_1 s_3 - s_2^2) = o \ldots (26).$$

Die Doppelelemente der Projectivität sind die Wurzeln der Gleichung $a\xi^2 + (b + c)\,\xi + d = o$, oder also der Gleichung:

$$(3s_2 - s_1^2)\,\xi^2 + (s_1 s_2 - 9s_3)\,\xi + (3s_1 s_3 - s_2^2) = o \ldots (27).$$

Wenn in dem Tripel $x_1\, x_2\, x_3$ zwei Elemente, z. B. x_2 und x_3 zusammenfallen, so wird $\xi_3 = \xi_2$, und eine leichte Rechnung zeigt, dass in diesem Falle $3s_2 - s_1^2 = -(\xi_1 - \xi_2)^2$, $(3s_1 s_3 - s_2^2) = -\xi_2^2 \times (\xi_1 - \xi)^2$ wird; die Coefficienten von ξ, respective ξ' in (26) erhalten beide den Werth $\xi_2\,(\xi_1 - \xi_2)^2$, so dass (26) übergeht in:

$$-(\xi_1 - \xi_2)^2\,[\xi\xi' - \xi_2\,(\xi + \xi') + \xi_2^2] = o$$

oder:

$$-(\xi_1 - \xi_2)^2\,(\xi - \xi_2)\,(\xi' - \xi_2) = o,$$

welche Gleichung erfüllt wird, wenn man von den zwei Werthen $\xi\xi'$ den einen willkürlich lässt und den anderen gleich ξ_2 setzt; die Projectivität geht somit über in die einzelnen Elemente x als entsprechende desselben festen Elementes x_2.

Wenn alle drei Elemente $x_1\, x_2\, x_3$ zusammenfallen, so wird $\xi_1 = \xi_2 = \xi_3$, und es verschwindet jeder der Coefficienten der

Gleichung (26), so dass dieselbe für zwei ganz beliebige Werthe $\xi\xi'$ erfüllt erscheint. Die cyklische Projectivität wird in diesem Falle unbestimmt, da man irgend zwei Elemente als entsprechende betrachten kann.

Anmerkung. Der Gleichung $\xi^n = \lambda$ genügen n Werthe von ξ, welche, wenn man mit $\sqrt[n]{\lambda}$ den absoluten Werth der n-ten Wurzel aus λ und mit μ die imaginäre n-te Wurzel $\left(\cos\frac{2\pi}{n} + \sin\frac{2\pi}{n}\sqrt{-1}\right)$ bezeichnet, die Form haben $\sqrt[n]{\lambda}$, $\mu\,.\,\sqrt[n]{\lambda}$, $\mu^2\,.\,\sqrt[n]{\lambda}\,\ldots\,\mu^{n-1}\sqrt[n]{\lambda}$. Es sind dies somit die Parameter der Elemente einer Gruppe einer cyklischen Projectivität, deren Doppelelemente die Parameter o, ∞ besitzen (Art. 111). Wenn man also λ alle möglichen Werthe durchlaufen lässt, so stellen die aus

$$\xi^n = \lambda$$

fliessenden n-elementigen Gruppen eine cyklische Projectivität dar.

Fünfzehntes Kapitel.

Harmonische Mittelpunkte eines Tripels.

115. Sind auf einer Geraden zwei feste Punkte a, b gegeben, so entspricht irgend einem Punkte p der Geraden ein bestimmter, zu p bezüglich ab harmonisch conjugirter Punkt m; die Harmonität wird ausgedrückt dadurch, dass die Theilverhältnisse von a und b bezüglich m, p einander gleich und entgegengesetzt bezeichnet sind (Art. 10), also durch: $\frac{ma}{pa} = -\frac{mb}{pb}$ oder:

$$\frac{ma}{pa} + \frac{mb}{pb} = o \ldots (1).$$

Setzt man statt ma, mb, respective die Werthe $mp + pa$, $mp + pb$, so geht die Gleichung über in:

$$\frac{mp}{pa} + \frac{mp}{pb} + 2 = o$$

oder:

$$\frac{1}{pa} + \frac{1}{pb} = \frac{2}{pm} \ldots (2).$$

Fällt p mit a zusammen, so fällt auch m in a, denn aus $pa = o$ folgt $\frac{1}{pa} = \infty$, daher auch $\frac{2}{pm} = \infty$, somit $pm = o$; ebenso vereinigen sich p und m gleichzeitig in b (vergl. Art. 10). Wenn a mit b zusammenfällt, so ist auch m mit a und b vereinigt, denn aus $pa = pb$ folgt $\frac{2}{pm} = \frac{2}{pa}$ oder $pm = pa$.

Fällt a mit b und p zusammen, so folgt, da $pm = \frac{2 \cdot pa \cdot pb}{pa + pb}$ für $pa = pb = o$, dass $pm = \frac{o}{o}$, also unbestimmt wird, was übrigens auch durch Umkehrung des Letztgesagten folgt, da auch p der zu m harmonisch conjugirte Punkt ist.

Hat man ebenso drei beliebige Punkte a, b, c der Geraden und einen Punkt p, so gibt es zu diesem nur einen Punkt m, welcher der Gleichung $\frac{ma}{pa} + \frac{mb}{pb} + \frac{mc}{pc} = o$ Genüge leistet, da man letztere, wenn $ma = mp + pa$, $mb = mp + pb$ u. s. w. gesetzt wird, wieder in der Form

$$\frac{1}{pa} + \frac{1}{pb} + \frac{1}{pc} = \frac{3}{pm} \dots (3)$$

schreiben kann, woraus sich die Strecke pm unzweideutig ergibt.

„Hat man allgemein ein System von beliebig vielen Punkten $abc \dots kl$ und einen weitern Punkt p einer Geraden, so ist durch die Relation

$$\frac{ma}{pa} + \frac{mb}{pb} + \frac{mc}{pc} + \dots \frac{mk}{pk} + \frac{ml}{pl} = o \dots (4),$$

welche man als eine Verallgemeinerung der harmonischen Relation (1) auffassen kann, ein einziger Punkt m als dem Punkte p bezüglich des Systems $abc \dots kl$ entsprechend vollkommen und unzweideutig bestimmt. Man nennt m den harmonischen Mittelpunkt ersten Grades des Punktsystems $abc \dots kl$ bezüglich p als Pol."

Die letzte Gleichung, welche man symbolisch auch in der Form

$$\sum_{x=a}^{x=l} \frac{mx}{px} = o$$

schreiben kann, übergeht, wenn man $mx = mp + px$ setzt, in die Gleichung:

$$\left(\frac{mp}{pa} + 1\right) + \left(\frac{mp}{pb} + 1\right) + \left(\frac{mp}{pc} + 1\right) \dots \left(\frac{mp}{pl} + 1\right) = o,$$

oder wenn mit ν die Zahl der Punkte $abc\ldots kl$ bezeichnet wird:

$$\frac{mp}{pa}+\frac{mp}{pb}+\frac{mp}{pc}+\ldots\frac{mp}{pl}+\nu=o,$$

oder:

$$mp\left(\frac{1}{pa}+\frac{1}{pb}+\frac{1}{pc}+\ldots\frac{1}{pl}\right)=-\nu,$$

oder wenn man durch mp dividirt und $mp=-pm$ setzt:

$$\frac{1}{pa}+\frac{1}{pb}+\frac{1}{pc}+\ldots\frac{1}{pl}=\frac{\nu}{pm}\ldots(5),$$

oder:

$$\frac{\nu}{pm}=\sum_{x=a}^{x=l}\frac{1}{px}\ldots(5').$$

Da sich aus dieser Gleichung die Strecke pm unzweideutig ergibt, so ist also durch das System $abc\ldots l$ und den Pol p auch der harmonische Mittelpunkt m vollkommen und unzweideutig gegeben.

„Wenn der Pol p mit einem Punkte des Systems zusammenfällt, so fällt auch der harmonische Mittelpunkt m mit diesem Punkte zusammen.“

Es sei i irgend einer der Punkte des Systems; fällt p mit i zusammen, so wird $pi=o$, daher $\frac{1}{pi}=\infty$, somit die Summe $\sum\frac{1}{px}=\infty$, daher ist $\frac{\nu}{pm}=\infty$, oder $pm=o$, d. h. m fällt mit p oder also mit i zusammen, da p mit i identisch ist.

„Die Ordnung der Punkte des Systems ist bei der Bestimmung des zu einem Pole p gehörigen Mittelpunktes m gleichgiltig.“

Dies folgt sofort daraus, dass die Ordnung der Summanden auf eine Summe (5, 5′) ohne Einfluss ist.

116. Die Relation (4) lässt eine weitere Verallgemeinerung zu; gemäss der Relation (4) ist der Punkt m so bestimmt worden, dass die Summe der Theilverhältnisse der Punkte des Systems $abc\ldots kl$ bezüglich der Punkte mp als der Fundamentalpunkte verschwindet. Macht man einen Schritt weiter, so kann nach einem Punkte m gefragt werden, für welchen die Summe der Amben jener Theilverhältnisse verschwindet, für welchen also:

$$\frac{ma}{pa}\cdot\frac{mb}{pb}+\frac{ma}{pa}\cdot\frac{mc}{pc}+\ldots\frac{mb}{pb}\cdot\frac{mc}{pc}+\ldots\frac{mk}{pk}\cdot\frac{ml}{pl}=o\ldots(6),$$

oder symbolisch:

$$\sum \frac{mx}{px} \cdot \frac{my}{py} = o \ldots (6')$$

ist. Setzt man wieder $ma = mp + pa$ oder $ma = pa - pm$, $mb = pb - pm$, ... allgemein $mx = px - pm$, so geht (6) über in:

$$\left(1 - \frac{pm}{pa}\right)\left(1 - \frac{pm}{pb}\right) + \left(1 - \frac{pm}{pa}\right)\left(1 - \frac{pm}{pc}\right) + \ldots \left(1 - \frac{pm}{pk}\right)\left(1 - \frac{pm}{pl}\right) = o$$

oder symbolisch:

$$\sum \left(1 - \frac{pm}{px}\right)\left(1 - \frac{pm}{py}\right) = o.$$

Dividirt man die linke und rechte Seite durch $\overline{pm}^2$, so ergibt sich:

$$\left(\frac{1}{pm} - \frac{1}{pa}\right)\left(\frac{1}{pm} - \frac{1}{pb}\right) + \ldots \left(\frac{1}{pm} - \frac{1}{pk}\right)\left(\frac{1}{pm} - \frac{1}{pl}\right) = o$$

oder symbolisch:

$$\sum \left(\frac{1}{pm} - \frac{1}{px}\right)\left(\frac{1}{pm} - \frac{1}{py}\right) = o,$$

oder wenn man die angezeigten Operationen wirklich durchführt und mit ν die Zahl der Punkte $abc \ldots kl$ bezeichnet, so dass die Zahl ihrer Amben $\frac{\nu(\nu - 1)}{2}$ wird:

$$\sum \left(\left[\frac{1}{pm}\right]^2 - \left(\frac{1}{px} + \frac{1}{py}\right)\left[\frac{1}{pm}\right] + \frac{1}{px} \cdot \frac{1}{py}\right) = o,$$

d. h.:

$$\frac{\nu(\nu - 1)}{2}\left[\frac{1}{pm}\right]^2 - (\nu - 1)\left(\frac{1}{pa} + \frac{1}{pb} + \frac{1}{pc} + \ldots\right)\left[\frac{1}{pm}\right]$$
$$+ \left(\frac{1}{pa} \cdot \frac{1}{pb} + \frac{1}{pa} \cdot \frac{1}{pc} + \ldots \frac{1}{pk} \cdot \frac{1}{pl}\right) = o \ldots (6'')$$

oder symbolisch:

$$\frac{\nu(\nu - 1)}{2}\left[\frac{1}{pm}\right]^2 - (\nu - 1)\left[\frac{1}{pm}\right] \sum \frac{1}{px} + \sum \frac{1}{px} \cdot \frac{1}{py} = o \ldots (6''').$$

Dies ist für $\frac{1}{pm}$ eine quadratische Gleichung, welche zwei Werthe für $\frac{1}{pm}$ und somit auch zwei Werthe für pm, d. h. zwei Lagen für m liefert. Die beiden Punkte m, welche aus der letzten Gleichung folgen, werden als die harmonischen Mittelpunkte zweiten Grades des Systems $abc \ldots kl$ für den Punkt p als Pol bezeichnet.

Besteht das System aus drei Punkten abc (aus einem Tripel von Punkten), so hat man für den harmonischen Mittelpunkt ersten Grades m_1 die Relation:

$$\frac{3}{pm_1} = \frac{1}{pa} + \frac{1}{pb} + \frac{1}{pc};$$

wenn die drei Punkte abc zusammenfallen, so wird $pb = pc = pa$, somit $\frac{3}{pm_1} = \frac{1}{pa} + \frac{1}{pa} + \frac{1}{pa} = \frac{3}{pa}$, daher $pm_1 = pa$, so dass auch der harmonische Mittelpunkt ersten Grades mit a zusammenfällt. Wenn jedoch der Pol p mit den zusammenfallenden Punkten abc übereinfällt, so wird m_1 unbestimmt, denn aus der Gleichung $pm_1 = \frac{3 \,.\, pa \,.\, pb \,.\, pc}{pa \,.\, pb + pb \,.\, pc + pc \,.\, pa}$ folgt für $pa = o$, $pb = o$, $pc = o$ der Werth $pm_1 = \frac{o}{o}$.

„Ist m_1 der harmonische Mittelpunkt (ersten Grades) für das Punktepaar $a_1 a_2$ und den Pol p, so ist m_1 zugleich der harmonische Mittelpunkt ersten Grades für das Tripel $a_1 a_2 m_1$ und denselben Pol p."

Denn aus $\frac{2}{pm_1} = \frac{1}{pa_1} + \frac{1}{pa_2}$ folgt durch beiderseitiges Hinzufügen von $\frac{1}{pm_1}$ sofort $\frac{3}{pm_1} = \frac{1}{pa_1} + \frac{1}{pa_2} + \frac{1}{pm_1}$.

Die quadratische Gleichung, welche die beiden harmonischen Mittelpunkte zweiten Grades für den Pol p liefert, lautet für ein Tripel:

$$3 \,.\left[\frac{1}{pm}\right]^2 - 2 \,.\left[\frac{1}{pm}\right] \cdot \left(\frac{1}{pa} + \frac{1}{pb} + \frac{1}{pc}\right) + \left(\frac{1}{pa} \cdot \frac{1}{pb} + \frac{1}{pb} \cdot \frac{1}{pc} + \frac{1}{pc} \cdot \frac{1}{pa}\right) = o \ldots (7),$$

und wenn man die beiden aus ihr fliessenden harmonischen Mittelpunkte zweiten Grades mit $m'm''$ bezeichnet, so sind $\frac{1}{pm'}$, $\frac{1}{pm''}$ die Wurzeln der letzten Gleichung und somit hat man:

$$\left.\begin{aligned} \frac{1}{pm'} + \frac{1}{pm''} &= \frac{2}{3}\left(\frac{1}{pa} + \frac{1}{pb} + \frac{1}{pc}\right) \\ \frac{1}{pm'} \cdot \frac{1}{pm''} &= \frac{1}{3} \cdot \left(\frac{1}{pa} \cdot \frac{1}{pb} + \frac{1}{pb} \cdot \frac{1}{pc} + \frac{1}{pc} \cdot \frac{1}{pa}\right) \end{aligned}\right\} \ldots (7').$$

Bezeichnet man nun mit m_1 den harmonischen Mittelpunkt ersten Grades von abc bezüglich desselben Poles p und mit μ den harmonischen Mittelpunkt ersten Grades für das Punktepaar $m'm''$ bezüglich desselben Poles p, so ist nach Früherem (2, 3):

$$\frac{3}{pm_1} = \frac{1}{pa} + \frac{1}{pb} + \frac{1}{pc}$$

$$\frac{2}{p\mu} = \frac{1}{pm'} + \frac{1}{pm''},$$

somit ist (7') $\frac{2}{p\mu} = \frac{2}{3}\left(\frac{1}{pa} + \frac{1}{pb} + \frac{1}{bc}\right)$ oder also $\frac{2}{p\mu} = \frac{2}{3} \cdot \frac{3}{pm_1}$, d. h. $p\mu = pm_1$, und es fällt daher der Punkt μ zusammen mit dem Punkte m_1:

„Sind $m'm''$ die harmonischen Mittelpunkte zweiten Grades des Tripels abc bezüglich eines Poles p, so fällt der harmonische Mittelpunkt m_1 ersten Grades von abc zusammen mit dem harmonischen Mittelpunkt ersten Grades von $m'm''$ bezüglich desselben Poles."

Es ist also m_1 der zu p bezüglich $m'm''$ harmonisch conjugirte Punkt.

Die Gleichung (7), welche die beiden harmonischen Mittelpunkte zweiten Grades für das Tripel abc und den Pol p liefert, ist aus der Relation (6) entstanden, welche für den Fall von nur drei Punkten abc die Form annimmt:

$$\frac{ma}{pa} \cdot \frac{mb}{pb} + \frac{mb}{pb} \cdot \frac{mc}{pc} + \frac{mc}{pc} \cdot \frac{ma}{pa} = o \ldots (7''),$$

und jeder der beiden Punkte $m'm''$, welche dieser Gleichung genügen, ist ein harmonischer Mittelpunkt zweiten Grades von abc bezüglich p als Pol.

Multiplicirt man die Gleichung (7'') mit $pa \,.\, pb \,.\, pc$ und dividirt man gleichzeitig durch $ma \,.\, mb \,.\, mc$, so geht sie über in:

$$\frac{pc}{mc} + \frac{pa}{ma} + \frac{pb}{mb} = o$$

oder also:

$$\frac{pa}{ma} + \frac{pb}{mb} + \frac{pc}{mc} = o \ldots (7''').$$

Diese Form derselben Gleichung sagt jedoch nach (4) aus, dass der Punkt p der harmonische Mittelpunkt ersten Grades für das System abc bezüglich m als Pol ist. (Man hat nur in (4) die Punkte p, m, also auch ihre Bedeutung gegenseitig zu vertauschen.)

Wir haben somit den Satz:

„Wenn m ein harmonischer Mittelpunkt zweiten Grades für das Tripel abc und den Pol p ist, so ist p der harmonische Mittelpunkt ersten Grades für dasselbe Tripel abc und den Pol m.“

Die Gleichungen (7‴) oder (7″) oder (7) drücken also aus, dass m ein harmonischer Mittelpunkt zweiten Grades für p als Pol, und p der harmonische Mittelpunkt ersten Grades für m als Pol ist.

Multiplicirt man die Gleichung (7) mit $\overline{pm}^2$ und mit $pa \,.\, pb \,.\, pc$, so erhält sie die Form:

$$\overline{pm}^2\,(pa + pb + pc) - 2 \,.\, pm\,(pa \,.\, pb + pb \,.\, pc + pc \,.\, pa) + 3 \,.\, pa \,.\, pb \,.\, pc = o \ldots (8).$$

„Wenn der Pol p mit einem der drei Punkte abc zusammenfällt, so fällt auch einer der harmonischen Mittelpunkte zweiten Grades mit diesem Punkte zusammen und der zweite Mittelpunkt ist zu diesem Punkte harmonisch conjugirt bezüglich der beiden anderen Punkte des Tripels.“

In der That, fällt p z. B. mit c zusammen, so wird $pc = o$ und die letzte Gleichung geht über in:

$$\overline{pm}^2\,(pa + pb) - 2\,pm\,(pa \,.\, pb) = o,$$

deren Wurzeln:

$$pm' = o \,.\, pm'' = \frac{2 \,.\, pa \,.\, pb}{pa + pb}$$

sind. Es ist also m' identisch mit p, d. h. mit c, und da $\frac{2}{pm''} = \frac{1}{pa} + \frac{1}{pb}$, so ist m'' zu p, d. h. zu c harmonisch conjugirt bezüglich ab.

Wenn man also mit $a'b'c'$ die zu abc bezüglich der Paare bc, ca, ab harmonisch conjugirten Punkte bezeichnet, so sind aa', bb', cc' die Paare der harmonischen Mittelpunkte zweiten Grades, welche den Polen abc entsprechen, und zwar für das Tripel abc.

Man sieht sofort, dass aa', bb', cc' zugleich harmonische Mittelpunktepaare des Tripels $a'b'c'$ für a', b', c' als Pole sind.

117. Wenn in dem Tripel abc zwei Punkte, z. B. b und c zusammenfallen, so ist $pb = pc$, das Tripel ist abb und die Gleichung (8) lässt sich schreiben:

$$\overline{pm}^2\,(pa + 2\,pb) - 2\,pm\,(2\,pa\,pb + pb^2) + 3\,pa \,.\, pb^2 = o \ldots (8'),$$

und man sieht sofort, dass $pm = pb$ eine Wurzel derselben ist; in der That kann man die letzte Gleichung in der Form

$$(pm - pb)\,(pm\,(pa + 2\,pb) - 3\,pa \,.\, pb) = o \ldots (8'')$$

schreiben, woraus als Wurzeln die Werthe

$$\left.\begin{array}{r} pm' = pb \\ pm'' = \dfrac{3\,pa\,.\,pb}{pa + 2\,pb} \end{array}\right\} \ldots (8''')$$

fliessen; es fällt somit der eine Punkt m' auch mit b und c zusammen, d. h.:

„Wenn von den drei Punkten abc zwei zusammenfallen, so fällt mit ihnen immer auch einer der beiden harmonischen Mittelpunkte zweiten Grades zusammen."

„Wenn alle drei Punkte abc zusammenfallen, so fallen mit ihnen die beiden harmonischen Mittelpunkte zweiten Grades zusammen."

Denn wenn $pa = pb = pc$ wird, so ist nach (8'''), wenn $pa = pb$ gesetzt wird, $pm'' = \dfrac{3\,pb^2}{3\,pb} = pb$; es fällt also auch m'' mit abc zusammen.

Aus der Gleichung (8''') folgt, wenn man sie in der Form $\dfrac{3}{pm''} = \dfrac{1}{pb} + \dfrac{2}{pa}$ schreibt, dass m'' der harmonische Mittelpunkt ersten Grades für das Tripel aab und für den Pol p ist.

Aus denselben Gleichungen (8''') folgt ferner, dass, wenn der Pol mit a zusammenfällt, auch m'' mit a zusammenfallen muss, da aus $pa = o$ auch $pm'' = o$ folgt; und wenn p mit b und c zusammenfällt, so fällt nicht nur m', sondern auch m'' mit (bc) zusammen, da aus $pb = o$ auch $pm'' = o$ folgt.

Sind endlich die drei Punkte abc und der Pol p vereinigt, so werden beide harmonischen Mittelpunkte unbestimmt, denn in diesem Falle ist $pa = pb = pc = o$, somit verschwinden die Coefficienten der quadratischen Gleichung (8) und diese wird also durch jeden Werth von pm erfüllt, d. h. man kann jeden Punkt der Geraden als harmonischen Mittelpunkt zweiten Grades betrachten.

118. Bezieht man die Punkte $abcpm$ auf einen und denselben Anfangspunkt o, so ist in die Gleichung (8), welche die Beziehung zwischen einem Pole p und dem harmonischen Mittelpunkte zweiten Grades m und zwischen einem Pole m und dem harmonischen Mittelpunkte ersten Grades p ausdrückt, zu setzen $pa = oa - op$, $pb = ob - op$, $pc = oc - op$, $pm = om - op$, wodurch die Gleichung die Form annimmt:

$$\begin{aligned}(om - op)^2\,[oa + ob + oc - 3\,op] - 2\,(om - op)\,[oa\,.\,ob + ob\,.\,oc + oc\,.\,oa \\ - 2\,op\,(oa + ob + oc) + 3\,op^2] + 3\,[oa\,.\,ob\,.\,oc - op\,(oa\,.\,ob + ob\,.\,oc + oc\,.\,oa) \\ + op^2\,(oa + ob + oc) - op^3] = o.\end{aligned}$$

Setzt man der Abkürzung wegen $oa + ob + oc = s_1$, $oa \,.\, ob + ob \,.\, oc + oc \,.\, oa = s_2$, $oa \,.\, ob \,.\, oc = s_3$, so ergibt sich nach einfacher Rechnung:

$$(s_1 - 3 \,.\, \overline{op})\, \overline{om}^2 - 2\,(s_2 - s_1 \,.\, \overline{op})\, \overline{om} + (3\, s_3 - s_2 \,.\, \overline{op}) = o \ldots (9)$$

$$(s_1 \,.\, \overline{om}^2 - 2\, s_2 \,.\, \overline{om} + 3\, s_3) - \overline{op}\,(3\, \overline{om}^2 - 2\, s_1 \,.\, \overline{om} + s_2) = o \ldots (9').$$

„Die sämmtlichen Paare $m'm''$ der harmonischen Mittelpunkte zweiten Grades, welche den einzelnen Polen p entsprechen, bilden eine Punktinvolution.“

Dies folgt entweder aus (9'), welche Gleichung, mit (17, Kap. XIII) verglichen, sofort zeigt, dass die Paare $m'm''$ eine Involution bilden, oder aber aus der uns bekannten Beziehung zwischen Pol und Mittelpunkt. Wählt man m' beliebig, so ist hiedurch der zugehörige Pol p vollkommen und eindeutig bestimmt als der dem Punkte m', wenn man ihn als Pol betrachtet, entsprechende harmonische Mittelpunkt ersten Grades; durch p ist aber das Paar $m'm''$ gegeben, somit m'' bestimmt.

Man sieht also, dass ein Paar $m'm''$ vollkommen gegeben ist, wenn man ein Element desselben kennt (Involution). Nach dem Vorgange des Artikels (103) erhält man als die Verwandtschaftsgleichung der Involution der harmonischen Mittelpunkte zweiten Grades (wenn man in [17, Kap. XIII] $t = \overline{om}$, $\lambda = -\overline{op}$, $\xi' = \overline{om}'$, $\xi'' = \overline{om}''$ u. s. w. setzt):

$$2\,(3\, s_2 - s_1^2)\, \overline{om}' \,.\, \overline{om}'' + (s_1\, s_2 - 9\, s_3)\,(\overline{om}' + \overline{om}'') + 2\,(3\, s_1\, s_3 - s_2^2) = o \ldots (10).$$

Die Doppelelemente dieser Involution fliessen aus der Gleichung:

$$(3\, s_2 - s_1^2)\, \overline{om}^2 + (s_1\, s_2 - 9\, s_3)\, \overline{om} + (3\, s_1\, s_3 - s_2^2) = o \ldots (11),$$

die man erhält, wenn in (10) $\overline{om}'' = \overline{om}'$ gesetzt wird, und es sind dies somit nach Art. 114 (27) die Doppelpunkte der durch abc bestimmten cyklischen Projectivität.

Mit Rücksicht auf das am Schlusse des Artikels 116 Gesagte erhalten wir also folgendes Resultat:

„Construirt man zu abc die bezüglich bc, ca, ab harmonisch conjugirten Punkte $a'b'c'$, so gehören die drei Punktepaare aa' bb' cc' einer Involution an, deren Doppelelemente die Doppelpunkte der durch das Tripel abc und der durch das Tripel $a'b'c'$ bestimmten cyklischen Projectivitäten*) sind. Je zwei einander entsprechende Elemente dieser Involution sind die zwei harmonischen Mittelpunkte

*) Diese beiden cyklischen Projectivitäten sind identisch, weil sie dieselben Doppelpunkte haben.

zweiten Grades für einen bestimmten Pol und für das Tripel abc und ebenso für einen bestimmten Pol und das Tripel $a'b'c'$; diese beiden Pole bilden auch ein Paar der Involution."

119. Es seien $m'm''$ die harmonischen Mittelpunkte zweiten Grades für das Tripel abc und den Pol p, so ist nach (9):

$$om' + om'' = \frac{2(s_2 - s_1 \, . \, op)}{s_1 - 3 \, . \, op}$$

$$om' \, . \, om'' = \frac{3 s_3 - s_2 \, . \, op}{s_1 - 3 \, . \, op}.$$

Nun sei m der harmonische Mittelpunkt ersten Grades für das System $m'm''$ und einen beliebigen Pol q, so ist:

$$\frac{2}{qm} = \frac{1}{qm'} + \frac{1}{qm''},$$

oder wenn $qm = om - oq$, $qm' = om' - oq$, $qm'' = om'' - oq$ gesetzt wird und nach einfacher Rechnung:

$$om = \frac{2 \, . \, om' \, . \, om'' - oq\,(om' + om'')}{om' + om'' - 2 \, . \, oq},$$

und setzt man für $om' + om''$, $om' \, . \, om''$ die obigen Werthe, so ergibt sich:

$$om = \frac{3 s_3 - s_2\,(op + oq) + s_1 \, . \, op \, . \, oq}{s_2 - s_1\,(op + oq) - 3 \, . \, op \, . \, oq},$$

ein Ausdruck, in welchem op und oq symmetrisch vorkommen und welcher sich also nicht ändert, wenn p mit q vertauscht wird, d. h.:

„Sind $m'm''$ die harmonischen Mittelpunkte zweiten Grades für den Pol p und etwa $n'n''$ jene für den Pol q und für dasselbe Tripel abc, so ist der zu q bezüglich $m'm''$ harmonisch conjugirte Punkt m (harmonischer Mittelpunkt ersten Grades für $m'm''$ und den Pol q) zugleich zu p harmonisch conjugirt bezüglich $n'n''$ (harmonischer Mittelpunkt ersten Grades für $n'n''$ und den Pol p)."

120. Die ähnlichen Betrachtungen, welche für die harmonischen Mittelpunkte eines Punktetripels durchgeführt wurden, gelten für die harmonischen Axen eines Strahlentripels.

Sind ABC irgend drei Strahlen eines ebenen Strahlenbüschels mit dem Scheitel s und ist P ein weiterer Strahl, der Polarstrahl desselben Büschels, so wird jener Strahl des Büschels s, M, welcher der Bedingung:

$$\frac{\sin MA}{\sin PA} + \frac{\sin MB}{\sin PB} + \frac{\sin MC}{\sin PC} = o \; . \; . \; . \; (12)$$

genügt, als die harmonische Axe ersten Grades für das Strahlentripel ABC und den Polarstrahl P bezeichnet, und die beiden Strahlen $M'M''$ des Büschels s, welche die Bedingung:

$$\frac{sin\,MA}{sin\,PA}\cdot\frac{sin\,MB}{sin\,PB}+\frac{sin\,MB}{sin\,PB}\cdot\frac{sin\,MC}{sin\,PC}+\frac{sin\,MC}{sin\,PC}\cdot\frac{sin\,MA}{sin\,PA}=o\ldots(13)$$

erfüllen, sind die harmonischen Axen zweiten Grades für das Tripel ABC und den Polarstrahl P.

Schneiden wir das Büschel $ABCPM$ mit einer beliebigen Transversale T in den Punkten a, b, c, p, m, so ergibt sich wie in Art. 16 durch Vergleichung der Dreiecksflächen $\triangle mas\,\triangle pas$ die Relation:

$$\frac{sin\,MA}{sin\,PA}=\frac{ma}{pa}\cdot\frac{sp}{sm}$$

und ebenso:

$$\frac{sin\,MB}{sin\,PB}=\frac{mb}{pb}\cdot\frac{sp}{sm}$$

$$\frac{sin\,MC}{sin\,PC}=\frac{mc}{pc}\cdot\frac{sp}{sm}.$$

Setzt man diese Werthe in (12, 13) und kürzt mit $\frac{sp}{sm}$, respective mit $\left(\frac{sp}{sm}\right)^2$, so gehen die Gleichungen über in jene (4, 6), welche ausdrücken, dass m der harmonische Mittelpunkt ersten, respective zweiten Grades für das Tripel abc und den Pol p ist.

Wir erhalten somit die harmonischen Axen eines Strahlentripels ABC bezüglich eines Polarstrahles P, wenn wir $ABCP$ mit einer beliebigen Transversale T in $abcp$ schneiden, zu p als Pol die harmonischen Mittelpunkte des Tripels abc aufsuchen und diese mit dem Scheitel des betreffenden Strahlenbüschels verbinden.

„Es ergeben sich somit durch die Operation des Schneidens aus den harmonischen Axen die harmonischen Mittelpunkte und daher umgekehrt durch die Operation des Verbindens aus den harmonischen Mittelpunkten die harmonischen Axen."

Hieraus folgt auch unmittelbar, dass alle Sätze, welche für die harmonischen Mittelpunkte bewiesen wurden, auch für die harmonischen Axen Geltung behalten.

121. „Die nothwendige und hinreichende Bedingung dafür, dass die vier aus der biquadratischen Gleichung:

$$a\xi^4+4b\xi^3+6c\xi^2+4d\xi+e=o\ldots(14)$$

fliessenden Werthe, als Parameterwerthe aufgefasst, vier harmonischen Elementen entsprechen, lautet:

$$ace + 2bcd - ad^2 - eb^2 - c^3 = o \ldots (15)."$$

Wenn wir die Wurzeln der Gleichung (14) mit $\xi_1 \xi_2 \xi_3 \xi_4$ bezeichnen und als Parameter der Elemente $x_1 x_2 x_3 x_4$ betrachten, so werden diese harmonisch sein, wenn einer der drei Grundwerthe ihrer Doppelverhältnisse gleich ist der negativen Einheit (Art. 14), d. h. es muss eine der drei Gleichungen:

$$(x_1 x_2 x_3 x_4) + 1 = o, \ (x_1 x_3 x_4 x_2) + 1 = o, \ (x_1 x_4 x_2 x_3) + 1 = o$$

erfüllt sein, was dann geschehen wird, wenn das Product der drei linkerhand stehenden Ausdrücke verschwindet. Setzt man in die erste der drei Gleichungen statt $(x_1 x_2 x_3 x_4)$ den Werth $\frac{\xi_3 - \xi_1}{\xi_3 - \xi_2} : \frac{\xi_4 - \xi_1}{\xi_4 - \xi_2}$ und die ähnlichen Ausdrücke in die beiden anderen Gleichungen, so ergibt sich mit Rücksicht auf die zwischen den Wurzeln der biquadratischen Gleichung und ihren Coefficienten bestehenden Relationen*) aus den drei Gleichungen:

$$a(\xi_1 \xi_2 + \xi_3 \xi_4) - 2c = o$$
$$a(\xi_1 \xi_3 + \xi_4 \xi_2) - 2c = o$$
$$a(\xi_1 \xi_4 + \xi_2 \xi_3) - 2c = o,$$

und das Product der linken Seiten dieser drei Gleichungen geht mit Rücksicht auf dieselben Relationen über in das linke Glied von (15).

122. „Die nothwendige und hinreichende Bedingung, dass die aus (14) fliessenden vier Elemente ein äquianharmonisches System bilden (Art. 14), ist:

$$ae - 4bd + 3c^2 = o \ldots (16)."$$

Denn hierzu ist nur nothwendig, dass zwei der Grundwerthe der Doppelverhältnisse einander gleich werden, also:

$$(x_1 x_2 x_3 x_4) = (x_1 x_3 x_4 x_2)$$

---

*)
$$\xi_1 + \xi_2 + \xi_3 + \xi_4 = -\frac{4b}{a}$$
$$\xi_1 \xi_2 + \xi_1 \xi_3 + \xi_1 \xi_4 + \xi_2 \xi_3 + \xi_2 \xi_4 + \xi_3 \xi_4 = \frac{6c}{a}$$
$$\xi_1 \xi_2 \xi_3 + \xi_1 \xi_2 \xi_4 + \xi_1 \xi_3 \xi_4 + \xi_2 \xi_3 \xi_4 = -\frac{4d}{a}$$
$$\xi_1 \xi_2 \xi_3 \xi_4 = \frac{e}{a}.$$

oder:

$$\frac{\xi_3-\xi_1}{\xi_3-\xi_2}:\frac{\xi_4-\xi_1}{\xi_4-\xi_2}=\frac{\xi_4-\xi_1}{\xi_4-\xi_3}:\frac{\xi_2-\xi_1}{\xi_2-\xi_3}$$

oder:

$$(\xi_2-\xi_1)(\xi_3-\xi_1)(\xi_4-\xi_2)(\xi_4-\xi_3)+(\xi_2-\xi_3)^2(\xi_4-\xi_1)^2=o.$$

Entwickelt man die linke Seite, so wird sie bezüglich $\xi_1 \xi_2 \xi_3 \xi_4$ symmetrisch und geht mit Rücksicht auf die zwischen den Wurzeln und Coefficienten von (14) geltenden Relationen über in die linke Seite von (16).

Soll zu drei Elementen $x_2 x_3 x_4$ das vierte äquianharmonische x_1 gefunden werden, so muss $(x_1 x_2 x_3 x_4) = (x_1 x_3 x_4 x_2)$ sein, d. h. das Element x_1 muss sich selbst entsprechen in der projectivischen Beziehung, in welcher der Reihe nach den Elementen $x_2 x_3 x_4$ die Elemente $x_3 x_4 x_2$ entsprechen; diese Beziehung ist somit die durch das Tripel $x_2 x_3 x_4$ bestimmte cyklische Projectivität (Art. 109) und x_1 ein Doppelelement derselben.

„Die Doppelelemente der durch ein Tripel bestimmten cyklischen Projectivität sind jene zwei Elemente, welche mit den Elementen des Tripels äquianharmonische Systeme bilden.“

Sechzehntes Kapitel.

Rechnungsoperationen mit Theilverhältnissen (Strecken).

123. „Wenn die Ecken eines ebenen einfachen Polygons der Reihe nach abwechselnd auf zwei festen Geraden A, B liegen und man bringt irgend eine Transversale T, welche A, B in a, b respective treffen möge, mit den sämmtlichen Seiten des Polygons zum Durchschnitt und nimmt das Theilverhältniss eines jeden Schnittpunktes in Bezug auf a, b als Fundamentalpunkte, so ist das Product der Theilverhältnisse der durch die ungeradstelligen Seiten entstehenden Schnittpunkte gleich dem Product der Theilverhältnisse der durch die geradstelligen Seiten entstehenden Schnittpunkte.“

Ebenso der reciproke Satz:

„Wenn die Seiten eines ebenen einfachen Polygons der Reihe nach abwechselnd durch zwei feste Punkte a, b hindurchgehen und man projicirt ihre Ecken aus einem beliebigen Punkte t der Ebene, aus welchem sich a, b in den Strahlen A, B projiciren mögen, und nimmt das Theilverhältniss eines jeden Strahles bezüglich A, B als Fundamentalstrahlen, so ist das Product der Theilverhältnisse der durch die ungeradstelligen Ecken des Polygons gehenden Strahlen gleich dem Producte der Theilverhältnisse der durch die geradstelligen Ecken gehenden Strahlen.“

Selbstverständlich können sich die beiden ausgesprochenen Sätze nur auf Polygone mit geraden Ecken- und Seitenanzahlen beziehen. Sind $1, 2, 3, \ldots 2n-1, 2n$ die Ecken und I, II, III, ... $2N-1, 2N$ die Seiten $\overline{12}, \overline{23}, \overline{34}, \ldots$ eines einfachen Polygons; sind ferner $x_1 x_2 \ldots x_{2n}$ die Schnittpunkte von I, II, ... $2N$ mit einer beliebigen Transversale T und $X_1 X_2 X_3 \ldots X_{2n}$ die Verbindungslinien von $1, 2, 3, \ldots 2n$ mit einem beliebigen Punkte t der Ebene des Polygons, so ist, wenn $1, 3, 5, \ldots 2n-1$ auf einer Geraden A und $2, 4, 6, \ldots 2n$ auf einer Geraden B liegen:

$$\frac{ax_1}{bx_1} \cdot \frac{ax_3}{bx_3} \cdot \frac{ax_5}{bx_5} \cdots \frac{ax_{2n-1}}{bx_{2n-1}} = \frac{ax_2}{bx_2} \cdot \frac{ax_4}{bx_4} \cdot \frac{ax_6}{bx_6} \cdots \frac{ax_{2n}}{bx_{2n}},$$

wobei a, b die Schnittpunkte von T mit AB sind; wenn dagegen I, III, V, ... durch einen Punkt a, und II, IV, VI, ... durch einen Punkt b hindurchgehen, so ist:

$$\frac{\sin AX_1}{\sin BX_1} \cdot \frac{\sin AX_3}{\sin BX_3} \cdot \frac{\sin AX_5}{\sin BX_5} \cdots \frac{\sin AX_{2n-1}}{\sin BX_{2n-1}} = \frac{\sin AX_2}{\sin BX_2} \cdot \frac{\sin AX_4}{\sin BX_4} \cdots \frac{\sin AX_{2n}}{\sin BX_{2n}}$$

wobei A, B die Verbindungsstrahlen von t mit a und b sind. Setzen wir der Kürze wegen $\frac{ax_i}{bx_i} = \xi_i$ und $\frac{\sin AX_i}{\sin BX_i} = \xi'_i$.

Fig. 55.

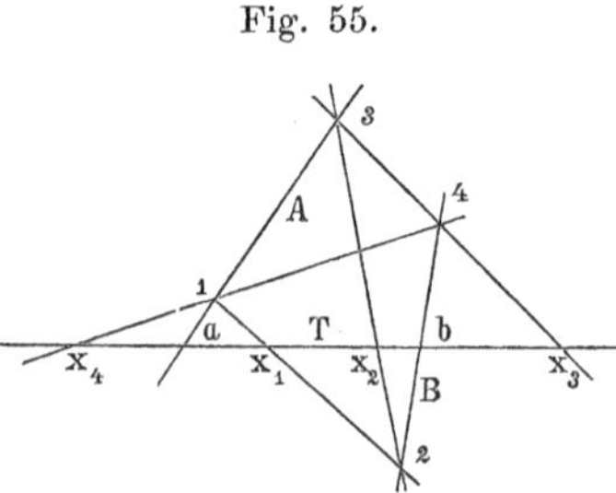

Wenn wir es mit einem Viereck 1234 zu thun haben, welches den Geraden A, B eingeschrieben ist (Fig. 55), so dass 1 und 3 auf A und 2 und 4 auf B liegen, und wir schneiden dasselbe mit einer Transversale T, so bestimmen die Seiten 12, 23, 34, 41 auf T der Reihe nach die Punkte $x_1 x_2 x_3 x_4$ und A, B schneiden T in a, b; es sind nun nach Art. 73 $ab, x_1 x_3, x_2 x_4$ drei Punktepaare einer Involution auf T, somit wird nach Art. 101 $\xi_1 \xi_3 = \xi_2 \xi_4$ sein.

Nehmen wir nun an, der erste Satz dieses Artikels gelte für ein den Geraden A, B eingeschriebenes $2n$-Eck, und fügen wir nun zu dessen Ecken noch einen beliebigen Punkt $(2n+1)$ auf A und einen beliebigen Punkt $(2n+2)$ auf B hinzu, so dass wir nun ein den Geraden A, B eingeschriebenes $2(n+1)$-Eck vor uns haben.

Wenn wir den Schnittpunkt von T mit der Geraden, welche den Punkt $2n$ mit dem Punkte 1 verbindet, mit x'_{2n} und sein Theilverhältniss bezüglich ab mit ξ'_{2n} bezeichnen, so haben wir für das $2n$-Eck $1\,2\,3\ldots$ nach Voraussetzung:

$$\xi_1\,\xi_3\,\xi_5\ldots\xi_{2n-1}=\xi_2\,\xi_4\,\xi_6\ldots\xi_{2n-2}\,\xi'_{2n}$$

und für das Viereck $2n$, $2n+1$, $2n+2$, 1, haben wir nach Bewiesenem:

$$\xi'_{2n}\cdot\xi_{2n+1}=\xi_{2n}\cdot\xi_{2n+2},$$

so dass durch Multiplication der beiden letzten Gleichungen und nach Kürzung mit ξ'_{2n} die Gleichung:

$$\xi_1\,\xi_3\,\xi_5\ldots\xi_{2n+1}=\xi_2\,\xi_4\,\xi_6\ldots\xi_{2n+2}$$

zum Vorschein kommt; es gilt also der Satz auch für ein $(2n+2)$-Eck, und da er für ein Viereck nachgewiesen wurde, so gilt er für ein Sechseck, Achteck, Zehneck u. s. w., also ganz allgemein.

Der Beweis des zweiten Satzes kann, vom Vierseit ausgehend, ebenso von m auf $m+1$ bewiesen werden, und es kann somit seine Entwicklung füglich hier unterbleiben.

124. Die Sätze des letzten Artikels liefern uns ein einfaches Mittel zur Multiplication von Theilverhältnissen, welche sich in einem Grundgebilde erster Stufe auf dasselbe Fundamentalelementenpaar beziehen. Sind die Fundamentalelemente und weitere m Elemente gegeben und soll das Product ihrer m Theilverhältnisse in ein anderes verwandelt werden, so kann man $m-1$ Factoren des letzteren Productes beliebig wählen und den letzten (m-ten) Factor desselben in obiger Weise bestimmen.

Wenn z. B. auf der Geraden T die Fundamentalpunkte a, b und weitere m Punkte $y_1\,y_2\,y_3\ldots y_m$ gegeben sind, und man soll das Product ihrer Theilverhältnisse $\eta_1\,\eta_2\,\eta_3\ldots\eta_m$ in ein anderes Product $\zeta_1\,\zeta_2\,\zeta_3\ldots\zeta_{m-1}\,\zeta_m$ verwandeln, so kann man die Factoren $\zeta_1\,\zeta_2\,\zeta_3\ldots\zeta_{m-1}$, respective die ihnen als Theilverhältnisse entsprechenden Punkte $z_1\,z_2\ldots z_{m-1}$ beliebig auf T wählen $\left(\eta_i=\frac{ay_i}{by_i},\ \zeta_i=\frac{az_i}{bz_i}\right)$, und hat man ζ_m, respective z_m so zu finden, dass

$$\zeta_1\,\zeta_2\,\zeta_3\ldots\zeta_{m-1}\,\zeta_m=\eta_1\,\eta_2\,\eta_3\ldots\eta_m$$

wird. Zu dem Behufe betrachte man die Punkte $y_1\,y_2\ldots y_m$ in einer beliebigen Aufeinanderfolge als die Punkte $x_1\,x_3\,x_5\ldots x_{2n-1}$

und die Punkte $z_1 z_2 z_3 \ldots z_{m-1}$ in einer beliebigen Aufeinanderfolge als die Punkte $x_2 x_4 x_6 \ldots x_{2n-2}$; ziehe nun durch a eine beliebige Gerade A und durch b eine beliebige Gerade B (in derselben Ebene). Wählt man nun auf A einen beliebigen Punkt 1, schneidet nun B mit $\overline{1x_1}$ in 2, dann A mit $\overline{2x_2}$ in 3, B mit $3x_3$ in 4 u. s. w. und schliesslich B mit $\overline{(2n-1)x_{2n-1}}$ in $2n$, so wird die Schlussgerade, welche $2n$ mit 1 verbindet, die Axe T in einem Punkte x_{2n} oder z_m schneiden, für welchen nach dem ersten Satze des vorhergehenden Artikels:

$$\zeta_1 \zeta_2 \zeta_3 \ldots \zeta_{m-1} \zeta_m = \eta_1 \eta_2 \eta_3 \ldots \eta_m$$

sein wird. Man wird selbstverständlich immer zu demselben Punkte z_m gelangen, in welcher Aufeinanderfolge man auch die Punkte y_i als $x_1 x_3 x_5 \ldots$ und die Punkte $z_1 z_2 \ldots$ als $x_2 x_4 x_6 \ldots$ betrachtet.

Um jenen Punkt z_m zu finden, dessen Theilverhältniss ζ_m dem Producte der Theilverhältnisse $\eta_1 \eta_2 \ldots \eta_m$ der gegebenen m Punkte $y_1 y_2 \ldots y_m$ gleich ist, hat man nur die Punkte $z_1 z_2 \ldots z_{m-1}$ in den unendlich weiten Punkt von T oder in den Halbirungspunkt der Strecke ab zu verlegen, so wird im ersten Falle (da $\zeta_1 = \zeta_2 = \ldots \zeta_{m-1} = +1$):

$$\zeta_m = \eta_1 \cdot \eta_2 \ldots \eta_m$$

und im zweiten Falle (da $\zeta_1 = \zeta_2 = \ldots \zeta_{m-1} = -1$):

$$\zeta_m = (-1)^{m-1} \cdot \eta_1 \cdot \eta_2 \ldots \eta_m,$$

so dass für ein gerades m der zu ζ_m bezüglich ab harmonisch conjugirte Punkt jener ist, welchem das Product $\eta_1 \cdot \eta_2 \ldots \eta_m$ als Theilverhältniss zukommt. (Die Geraden 23, 45, 67, ... sind im ersten Falle parallel zu T und im zweiten Falle gehen sie alle durch den Halbirungspunkt von ab.)

Man wird ebenso zu dem Producte $\pm \eta_1 \eta_2 \ldots \eta_m$ gelangen, wenn man von den Punkten $z_1 z_2 \ldots z_{m-1}$ beliebig viele in den Halbirungspunkt von ab und die anderen in den unendlich weiten Punkt von T verlegt.

Wenn man die Punkte $y_1 y_2 y_3 \ldots y_m$ alle in einem Punkte y zusammenfallen lässt, und ebenso die Punkte $z_1 z_2 \ldots z_{m-1}$ alle im unendlich weiten Punkte von T oder im Halbirungspunkte von ab, so erhält man wegen $\eta_1 = \eta_2 = \eta_3 = \ldots \eta_m = \eta$ im ersten Falle (da $\zeta_1 = \zeta_2 = \ldots \zeta_{m-1} = +1$):

$$\zeta_m = \eta^m$$

und im zweiten Falle (da $\zeta_1 = \zeta_2 = \ldots \zeta_{m-1} = -1$):

$$\zeta_m = (-1)^{m-1} \cdot \eta^m.$$

Der Punkt z_m besitzt somit ein Theilverhältniss, dessen Werth gleich ist der m-ten Potenz des Theilverhältnisses des Punktes y. So ist in Fig. 56 jener Punkt z_3 aufgesucht, dessen Theilverhältniss gleich ist der dritten Potenz des Theilverhältnisses des Punktes y, und zwar ist die Construction für unendlich weite Punkte $z_1\, z_2$ durchgeführt.

Fig. 56.

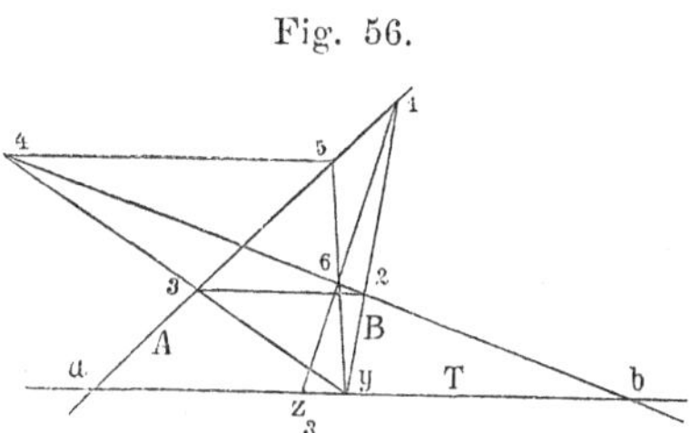

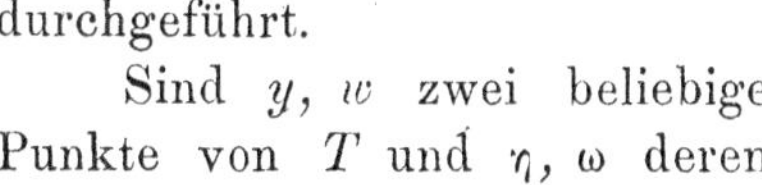

Sind y, w zwei beliebige Punkte von T und η, ω deren Theilverhältnisse bezüglich a, b, und soll ein Punkt z gefunden werden, dessen Theilverhältniss $\zeta = \frac{\eta^k}{\omega^{k'}}$ ist, so muss $\zeta \,.\, \omega^{k'} = \eta^k$ sein; ist nun $k' + 1 > k$, so denke man sich die letzte Gleichung in der Form geschrieben:

$$\zeta \,.\, \omega^{k'} = \eta^k \,.\, \underbrace{(+1)\,(+1) \ldots (+1)}_{(k'+1-k)\text{-mal}}$$

und sieht nun sofort, dass man zu dem Punkte z, respective z_m gelangt, wenn man die Punkte $z_1\, z_2 \ldots z_{m-1}$ alle im Punkte w ($m = k' + 1$), und von den Punkten $y_1\, y_2 \ldots y_m$ beliebige k in y und die übrigen $k' + 1 - k$ in dem unendlich weiten Punkte von T zusammenfallen lässt. Ist dagegen $k' + 1 < k$, so kann die Gleichung $\zeta \,.\, \omega^{k'} = \eta^k$ in der Form:

$$\zeta \,.\, \omega^{k'} \,.\, \underbrace{(+1)\,(+1) \ldots (+1)}_{(k-k'-1)\text{-mal}} = \eta^k$$

geschrieben werden, und man wird z, respective z_m erhalten ($m = k$), wenn man alle Punkte $y_1\, y_2 \ldots y_m$ in y und von den Punkten $z_1\, z_2 \ldots z_{m-1}$ beliebige k' in w und die übrigen $(k - k' - 1)$ im unendlich weiten Punkte von T zusammenfallen lässt. So ist in Fig. 57 der Punkt z construirt, dessen Theilverhältniss $\zeta = \frac{\eta^2}{\omega^3}$ ist, wobei η, ω die Theilverhältnisse der Punkte y und w darstellen.

Fig. 57.

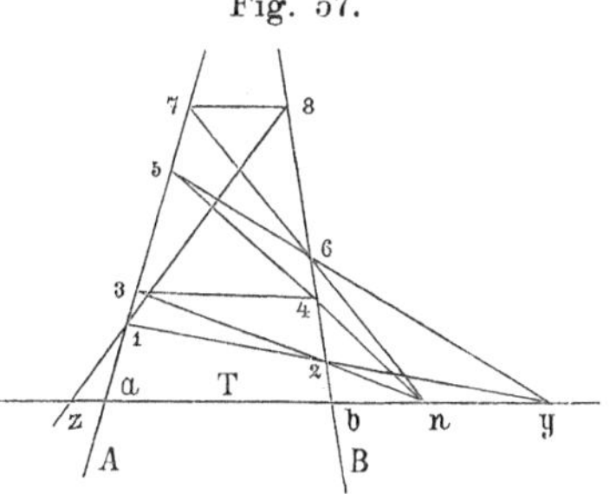

In derselben Art können, gestützt auf den zweiten Satz des 122. Artikels, beliebige Theilverhältnisse in einem Strahlenbüschel

(Ebenenbüschel) multiplicirt, dividirt und potenzirt werden; die Durchführung überlassen wir in diesem Falle dem Leser.

125. „Wenn die Transversale T, welche von den Seiten des dem Geradenpaar A, B eingeschriebenen $2n$-Ecks $1\,2\,3\,4 \ldots 2n$ in den Punkten $x_1\, x_2 \ldots x_{2n}$ geschnitten wird, parallel ist zu einer der beiden Geraden, so bestimmt ihr Schnittpunkt mit der zweiten Geraden mit den ungeradstelligen Punkten $x_1\, x_3\, x_5 \ldots$ Strecken, deren Product gleich ist jenem der Strecken, welches derselbe Punkt mit den geradstelligen Punkten $x_2 x_4 x_6 \ldots$ bestimmt."

Wenn also T etwa zu B parallel ist, so wird:

$$\overline{ax_1} \cdot \overline{ax_3} \cdot \overline{ax_5} \ldots \overline{ax_{2n-1}} = \overline{ax_2} \cdot \overline{ax_4} \cdot \overline{ax_6} \ldots \overline{ax_{2n}},$$

wobei a der Schnittpunkt von T mit A ist. (Der Punkt b ist in unendlicher Entfernung auf T.)

Für ein Viereck $1\,2\,3\,4$ erkennt man die Richtigkeit sofort; denn a ist als dem unendlich weiten Punkte b entsprechend der Centralpunkt einer Involution, welcher $x_1\, x_3$, $x_2\, x_4$ als Paare angehören, somit ist nach Art. 101:

$$\overline{ax_1} \cdot \overline{ax_3} = \overline{ax_2} \cdot \overline{ax_4}.$$

Und nun kann man, so wie im Art. 123, den Beweis von m auf $m + 1$ führen. Angenommen, der Satz gelte für ein $2n$-Eck $1\,2\,3 \ldots 2n$, so ist:

$$\overline{ax_1} \cdot \overline{ax_3} \cdot \overline{ax_5} \ldots \overline{ax_{2n-1}} = \overline{ax_2} \cdot \overline{ax_4} \ldots \overline{ax_{2n-2}} \cdot \overline{ax'_{2n}};$$

hierbei ist x'_{2n} der Schnittpunkt von T mit der Geraden, welche $2n$ mit 1 verbindet. Aber für das Viereck $2n$, $2n + 1$, $2n + 2$, 1 gilt nach Bewiesenem:

$$\overline{ax'_{2n}} \cdot \overline{ax_{2n+1}} = \overline{ax_{2n}} \cdot \overline{ax_{2n+2}},$$

so dass sich durch Multiplication der beiden letzten Gleichungen sofort:

$$\overline{ax_1} \cdot \overline{ax_3} \ldots \overline{ax_{2n+1}} = \overline{ax_2} \cdot \overline{ax_4} \ldots \overline{ax_{2n+2}}$$

ergibt.

Dieser Satz liefert ein einfaches Mittel zur Multiplication von Strecken einer Geraden T mit gemeinschaftlichem Anfangspunkt a.

Um das Product von m gegebenen Strecken auf T, ay_1, ay_2, $\ldots ay_m$ mit dem gemeinschaftlichen Anfangspunkte a in ein anderes Product von ebenso vielen Strecken az_1, az_2, $\ldots az_m$ mit demselben Anfangspunkte a zu verwandeln, kann man die Endpunkte $z_1\, z_2 \ldots z_{m-1}$ aller mit Ausnahme eines einzigen beliebig auf T wählen und erhält den Endpunkt z_m der letzten nach Obigem in folgender Weise.

Durch a werde eine beliebige Gerade A und parallel zu T eine zweite beliebige Gerade B gelegt; die Punkte $y_1 y_2 \ldots y_m$ betrachte man in beliebiger Aufeinanderfolge als $x_1 x_3 x_5 \ldots x_{2n-1}$ und die Punkte $z_1 z_2 z_3 \ldots z_{m-1}$ in beliebiger Aufeinanderfolge als $x_2 x_4 x_6 \ldots x_{2n-2}$ und z_m als x_{2n}. Verbindet man einen beliebigen Punkt 1 von A mit x_1, so wird B von $\overline{1x_1}$ in 2 geschnitten, A von $\overline{2x_2}$ in 3, B von $\overline{3x_3}$ in 4, A von $\overline{4x_4}$ in 5 u. s. w., bis man schliesslich zum Punkte $2n$ kommt, in welchem B von $\overline{(2n-1)\,x_{2n-1}}$ geschnitten wird; die Gerade, welche $2n$ mit 1 verbindet, trifft T im Punkte x_{2n}, respective z_m, so dass nach dem bewiesenen Satze:

$$\overline{az_1} \,.\, \overline{az_2} \ldots \overline{az_m} = \overline{ay_1} \,.\, \overline{ay_2} \ldots \overline{ay_m}.$$

Ist eine Längeneinheit gegeben und wird dieselbe von a aus auf T aufgetragen bis zum Punkte e, so dass also $\overline{ae} = +1$ ist, und lässt man die Punkte $z_1, z_2, z_3 \ldots z_{m-1}$ alle im Punkte e zusammenfallen, so wird:

$$\overline{az_m} = \overline{ay_1} \,.\, \overline{ay_2} \,.\, \overline{ay_3} \ldots \overline{ay_m}.$$

Wenn man überdies die Punkte $y_1 y_2 \ldots y_m$ alle in einem Punkte y zusammenfallen lässt, so wird:

$$\overline{az_m} = \overline{ay}^m.$$

Nach dieser Methode ist in Fig. 58 der Werth $\overline{az_4} = \overline{ay}^4$ construirt unter Zugrundelegung der Streckeneinheit $\overline{ae}$. Es wird nun nicht schwer fallen, Werthe von der Form $\frac{\overline{ay}^k}{\overline{aw}^{k'}}$ zu construiren, in derselben Art wie in Art. 124.

Fig. 58.

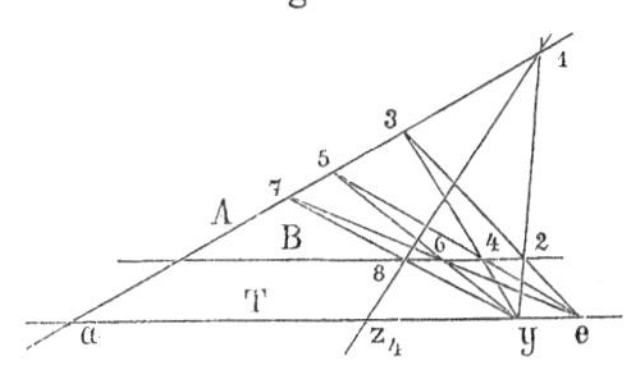

In ähnlicher Weise wird man nach Art. 123, zweiter Satz, Polygone, deren Seiten abwechselnd durch zwei auf den Schenkeln eines rechten Winkels gehen, dazu benützen können, um die Multiplication (Division) und das Potenziren von goniometrischen Tangenten $tgAY_1$, $tgAY_2, \ldots$ durchzuführen.

126. „Ist ein einfaches ebenes $2n$-Eck einem Paar nichtparalleler Geraden AB eingeschrieben, so wird jede durch den Schnittpunkt o der beiden Geraden A, B hindurchgehende Transversale T von den ungeradstelligen Seiten in Punkten geschnitten, für welche die Summe ihrer reciproken Abstände von o gleich ist der Summe der reciproken Abstände der Schnittpunkte von T mit den geradstelligen Seiten des Polygons vom Punkte o."

Es seien $x_1\, x_2 \ldots x_{2n}$ die Schnittpunkte einer durch den Punkt (AB) oder o hindurchgehenden Transversale mit den auf einander folgenden Seiten eines dem Geradenpaare AB eingeschriebenen $2n$-Ecks (dessen Ecken also abwechselnd auf A und B liegen); ferner sei o' ein zweiter beliebiger Punkt von T, so wollen wir zunächst zeigen, dass:

$$\frac{o'x_1}{ox_1} + \frac{o'x_3}{ox_3} + \frac{o'x_5}{ox_5} + \ldots \frac{o'x_{2n-1}}{ox_{2n-1}} = \frac{o'x_2}{ox_2} + \frac{o'x_4}{ox_4} + \frac{o'x_6}{ox_6} + \ldots \frac{o'x_{2n}}{ox_{2n}}$$

sein muss, und zwar zeigen wir dies wieder zunächst für ein dem Geradenpaar eingeschriebenes Viereck 1234.

Die drei Gegenseitenpaare desselben, zu welchen auch A, B gehören, bestimmen auf T eine Involution, welche in o einen Doppelpunkt hat; diesem gehört bezüglich $o'o$ das Theilverhältniss ∞ an, so dass also nach Art. 101, da $x_1 x_3$, $x_2 x_4$ offenbar zwei weitere Paare entsprechender Punkte dieser Involution sind,

$$\frac{o'x_1}{ox_1} + \frac{o'x_3}{ox_3} = \frac{o'x_2}{ox_2} + \frac{o'x_4}{ox_4}$$

sein wird. Nehmen wir nun an, der ausgesprochene Satz gelte für ein $2n$-Eck $1\,2\,3 \ldots 2n$, welches dem Geradenpaar A, B eingeschrieben ist, so ist, wenn man mit x'_{2n} den Schnittpunkt von T mit der Geraden, die die Ecke $2n$ mit der Ecke 1 verbindet, bezeichnet:

$$\frac{o\,x_1}{ox_1} + \frac{o'x_3}{ox_3} + \ldots \frac{o'x_{2n-1}}{ox_{2n-1}} = \frac{o'x_2}{ox_2} + \frac{o'x_4}{ox_4} + \ldots \frac{o'x'_{2n}}{ox'_{2n}}.$$

Ergänzt man nun das $2n$-Eck zu einem $2n+2$-Eck, so gilt für das einfache Viereck $2n$, $2n+1$, $2n+2$, 1 die Gleichung:

$$\frac{o'x'_{2n}}{ox'_{2n}} + \frac{o'x_{2n+1}}{ox_{2n+1}} = \frac{o'x_{2n}}{ox_{2n}} + \frac{o'x_{2n+2}}{ox_{2n+2}},$$

woraus durch Addition und beiderseitige Hinweglassung von $\frac{o'x'_{2n}}{ox'_{2n}}$ folgt:

$$\frac{o'x_1}{ox_1} + \ldots \frac{o'x_{2n+1}}{ox_{2n+1}} = \frac{o'x_2}{ox_2} + \ldots \frac{o'x_{2n+2}}{ox_{2n+2}},$$

wodurch der Satz von m auf $m+1$ also allgemein bewiesen erscheint, da er für ein Viereck giltig ist.

Setzt man nun in der letzten Gleichung für jeden der Adenden $\frac{o'x}{ox}$ den äquivalenten Werth $\frac{o'o + ox}{ox} = \frac{o'o}{ox} + 1$, so ergibt sich nach Hinweglassung der beiderseits auftretenden Zahl n und nach Abkürzung mit $\overline{o'o}$ die Gleichung:

$$\frac{1}{ox_1} + \frac{1}{ox_3} + \frac{1}{ox_5} + \dots \frac{1}{ox_{2n-1}} = \frac{1}{ox_2} + \frac{1}{ox_4} + \frac{1}{ox_6} + \dots \frac{1}{ox_{2n}},$$

wie zu beweisen war.

Hat man andererseits ein $2n$-Eck, dessen Seiten abwechselnd durch zwei feste Punkte ab hindurchgehen, und projicirt man die auf einander folgenden Polygonecken aus irgend einem Punkte t der Verbindungsgeraden O der beiden Punkte a, b, und sind $X_1\, X_2 \dots X_{2n}$ die entstehenden Projectionsstrahlen und O' irgend ein durch t gehender Strahl, so ist ebenso:

$$\frac{\sin O'X_1}{\sin OX_1} + \frac{\sin O'X_3}{\sin OX_3} + \dots \frac{\sin O'X_{2n-1}}{\sin OX_{2n-1}} = \frac{\sin O'X_2}{\sin OX_2} + \frac{\sin O'X_4}{\sin OX_4} + \dots \frac{\sin O'X_{2n}}{\sin OX_{2n}}$$

und wenn man $O' \perp O$ macht, so wird:

$$\operatorname{cotg} OX_1 + \operatorname{cotg} OX_3 + \dots \operatorname{cotg} OX_{2n-1} = \operatorname{cotg} OX_2 + \operatorname{cotg} OX_4 + \dots \operatorname{cotg} OX_{2n}.$$

Es wird nun ein Leichtes sein, die Summe von m reciproken Strecken in eine andere solche Summe zu verwandeln, von welcher man $(m - 1)$ Adenden noch willkürlich nehmen kann; will man die Summe der m reciproken Strecken:

$$\frac{1}{oy_1} + \frac{1}{oy_2} + \frac{1}{oy_3} + \dots \frac{1}{oy_m}$$

in eine einzige reciproke Strecke $\frac{1}{oz_m}$ verwandeln, also so, dass

$$\frac{1}{oy_1} + \frac{1}{oy_2} + \frac{1}{oy_3} + \dots \frac{1}{oy_m} = \frac{1}{oz_m}$$

wird, so lege man durch o die beiden beliebigen Geraden A, B, betrachte die Punkte $y_1\, y_2 \dots y_m$ in beliebiger Aufeinanderfolge als $x_1\, x_3\, x_5 \dots x_{2n-1}$ und verlege die Punkte $x_2\, x_4\, x_6 \dots x_{2n-2}$ alle in den unendlich weiten Punkt von T, während x_{2n} der gesuchte Punkt z_m sein wird. Verbindet man nun irgend einen beliebigen Punkt 1 von A mit x_1, schneidet B mit $\overline{1x_1}$ in 2, A mit $2x_2$ in 3 u. s. w., so gelangt man schliesslich zu einem Punkte $2n$ auf B, welcher, mit 1 verbunden, eine Gerade liefert, die von T in z_m geschnitten wird; denn wegen $ox_2 = ox_4 = ox_6 = \dots ox_{2n-2} = \infty$ ist $\frac{1}{ox_2} = \frac{1}{ox_4} = \dots = o$ und somit $\frac{1}{oy_1} + \frac{1}{oy_3} + \dots \frac{1}{oy_m} = \frac{1}{oz_m}$; die Geraden

23, 45, 67 u. s. w. sind in diesem Falle parallel zu T, mit Ausnahme der letzten $\overline{2n, 1}$, welche T in z_m schneidet.

Wenn man den harmonischen Mittelpunkt ersten Grades für das Punktesystem $y_1 y_2 y_3 \ldots y_m$ und für den Pol o mit h bezeichnet, so ist (Art. 115):

$$\frac{m}{oh} = \frac{1}{oy_1} + \frac{1}{oy_2} + \frac{1}{oy_3} + \ldots \frac{1}{oy_m} = \frac{1}{oz_m},$$

folglich $oh = m \, . \, oz_m$. Construirt man also nach der eben entwickelten Methode z_m und macht $oh = m \, . \, oz_m$, so ist h der harmonische Mittelpunkt ersten Grades für den Pol o und das System $y_1 y_2 y_3 \ldots y_m$.

127. „Ist ein einfaches $2n$-Eck einem parallelen Geradenpaar $A // B$ eingeschrieben, so wird irgend eine zu den Geraden A, B parallele Transversale T von den ungeradstelligen Seiten in Punkten geschnitten, deren Abstände von irgend einem Punkte o der Geraden T eine Summe liefern, welche gleich ist der Summe der Abstände der durch die geradstelligen Seiten auf T bestimmten Schnitte von demselben Punkte o."

Für ein Viereck 1234 erhalten wir auf einer zu A und B parallelen Geraden T eine Involution mit unendlich weitem Doppelpunkte, so dass nach Art. 101:

$$\overline{ox_1} + \overline{ox_3} = \overline{ox_2} + \overline{ox_4}$$

sein muss; wird nun wieder der Satz für ein $2n$-Eck als wahr vorausgesetzt, so ist:

$$\overline{ox_1} + \overline{ox_3} + \ldots \overline{ox_{2n-1}} = \overline{ox_2} + \overline{ox_4} + \ldots \overline{ox'_{2n}},$$

wobei x'_{2n} den Schnitt von T mit $\overline{2n, 1}$ darstellt; für das Viereck $2n, 2n+1, 2n+2, 1$ ist nun:

$$\overline{ox'_{2n}} + \overline{ox_{2n+1}} = \overline{ox_{2n}} + \overline{ox_{2n+2}},$$

folglich durch Addition und Ausscheidung von $\overline{ox'_{2n}}$:

$$\overline{ox_1} + \overline{ox_3} + \ldots \overline{ox_{2n+1}} = \overline{ox_2} + \overline{ox_4} + \ldots ox_{2n+2},$$

wodurch der Satz wieder von m auf $(m+1)$ bewiesen erscheint. Uebrigens sieht man auch die Richtigkeit der letzten Gleichung unmittelbar ein, da sie sich auch als Folge der bekannten Relation $\overline{13} + \overline{35} + \overline{57} + \ldots + \overline{(2n+1)\,1} = o$ ergibt, welche Relation bekanntlich für eine ganz beliebige Lage der n Punkte $1, 3, 5, \ldots (2n+1)$ giltig ist. Auch ist sofort einleuchtend, wie man die eben bewiesene Beziehung verwenden kann, um beliebig viele Strecken mit gemeinschaftlichem Anfangspunkt zu addiren.

Um die Summe $\overline{oy_1} + \overline{oy_2} + \ldots \overline{oy_m}$ zu bilden, ziehe man zu T zwei Parallele A, B, lasse die Punkte $y_1\, y_2 \ldots y_m$ in beliebiger Aufeinanderfolge als die Punkte $x_1\, x_3\, x_5 \ldots x_{2n-1}$ gelten, verlege die Punkte $x_2\, x_4\, x_6 \ldots x_{2n-2}$ in den Punkt o und x_{2n} in z_m, so wird wegen $\overline{ox_2} = \overline{ox_4} = \ldots \overline{ox_{2n-2}} = o$ die Gleichung gelten:

$$\overline{oy_1} + \overline{oy_2} + \overline{oy_3} + \ldots \overline{oy_m} = \overline{oz_m},$$

und zum Punkte z_m, respective x_{2n} gelangt man, wenn man auf A einen beliebigen Punkt 1 wählt, B mit $\overline{1x}$ in 2, A mit $\overline{2x_2}$ in 3, B mit $\overline{3x_3}$ in 4 schneidet u. s. w., bis man zu dem Punkte $2n$ auf B gelangt, welcher, mit 1 verbunden, eine Gerade liefert, die die Transversale in x_{2n}, respective z_m schneidet.

Druck von Adolf Holzhausen in Wien,
k. k. Hof- und Universitäts-Buchdrucker.

DIE ELEMENTE

DER

PROJECTIVISCHEN GEOMETRIE

VON

DR. EMIL WEYR

O. Ö. PROFESSOR AN DER K. K. UNIVERSITÄT IN WIEN.

ZWEITES HEFT.

THEORIE DER CURVEN ZWEITER ORDNUNG UND ZWEITER CLASSE.

MIT 19 HOLZSCHNITTEN.

WIEN, 1887.

WILHELM BRAUMÜLLER

K. K. HOF- UND UNIVERSITÄTSBUCHHÄNDLER.

VORWORT.

Das vorliegende zweite Heft enthält die Theorie der Kegelschnitte und die Theorie der Büschel und Reihen von Kegelschnitten nur soweit letztere innigst mit dem Theoreme von Desargues zusammenhängt. Auf Netze ist hier nicht eingegangen worden. Die Berufungen auf das erste Heft sind mit I und den Artikelnummern bezeichnet.

INHALTSVERZEICHNISS.

Einleitung.

Curven und Flächen.

I. Kapitel.

Die Curven zweiter Ordnung als Erzeugnisse projectivischer Strahlenbüschel.

II. Kapitel.

Das eingeschriebene einfache Sechseck oder Sechsseit.

III. Kapitel.

Die Curven zweiter Classe als Erzeugnisse projectivischer Punktreihen.

IV. Kapitel.

Das umgeschriebene einfache Sechsseit oder Sechseck.

V. Kapitel.

Die Polareigenschaften der Kegelschnitte.

VI. Kapitel.

Projectivische Punkt- und Tangentensysteme an Kegelschnitten.

VII. Kapitel.

Gemeinschaftliche Elemente zweier Kegelschnitte.

VIII. Kapitel.

Die Durchmesser und Axen der Kegelschnitte.

IX. Kapitel.

Die Brennpunkte der Kegelschnitte.

Berichtigungen.

Seite 25 Zeile 15 von oben: PP' statt BB'.
„ 25 „ 22 und 23 von oben: vertausche „letzteren" und „ersteren".
„ 26 „ 5 von oben: m statt m'.
„ 26 „ 12 „ „ $XYX'Y'$ statt $xyx'y'$.
„ 34 „ 11 „ „ BB' statt AA' und CC' statt BB'.
„ 34 „ 12 „ „ b statt a.
„ 35 „ 6 „ „ X', X statt X, X'.
„ 41 „ 20 „ „ $\overline{45}$, $\overline{61}$, $\overline{23}$ statt $\overline{23}$, $\overline{45}$, $\overline{61}$.
„ 48 „ 6, 9, 15, 17, 20 von unten: E statt Y und E' statt Y'.
„ 53 „ 1 bis 4 von oben: q statt p und p' statt q'.
„ 57 „ 17 von unten: Werth statt Flächeninhalt.
„ 62 „ 17 von oben: $(VI\,I)$, $(II\,III)$ statt $(V\,VI)$, $(VI\,I)$.
„ 63 „ 3 „ „ D statt C und C statt D.
„ 72 „ 17 „ „ $(B\,C)$ statt $(B\,C')$.
„ 77 „ 7 „ „ Tangente P.
„ 79 „ 19 „ „ die Polare statt den Pol.
„ 83 „ 6 „ unten: ein sich statt ein in sich.
„ 98 „ 7 „ „ Σ' statt Σ.
„ 106 „ 5 „ „ Doppelelemente statt Elemente.
„ 109 „ 7 „ oben: K statt K'.
„ 109 „ 22 „ „ Gerade S statt Gerade K.
„ 112 „ 16 „ unten: punkten statt strahlen.
„ 118 „ 14 „ „ α statt x.
„ 120 „ 10 „ oben: $b \equiv b'$ statt $a \equiv b'$.
„ 125 „ 11 „ „ $a \equiv b'_1$ statt $a' \equiv b_1$.
„ 127 „ 12 „ „ vollen statt reellen.
„ 135 „ 15, 16 von oben: a, b statt a', b'.
„ 135 „ 21 von oben: $\overline{a_1 b_1}$ statt $\overline{ab}$.
„ 142 „ 9 „ „ γ, γ' statt γ, γ.
„ 145 „ 1 „ unten: $\overline{ff'}$ statt $\overline{e'f'}$.
„ 148 „ 18 „ „ (I, Art. 14) statt Art. 14.
„ 148 „ 20 „ „ by statt ay.
„ 151 „ 19 „ oben: gegebenen statt beliebigen.
„ 158 „ 1, 3 von unten: a_1, b_1, c_1 statt a, b, c.
„ 160 „ 18 von oben: K statt K_1.
„ 176 „ 5 „ „ irgend zwei statt irgend.
„ 177 „ 8 „ „ $\overline{oy}\,.\,\overline{oy'}$ statt $\overline{oy}\,.\,\overline{oy}$.
„ 179 „ 10 „ „ $\overline{to^2} + \overline{xt}\,.\,\overline{ty}$ statt $\overline{to^2} + \overline{xt} + \overline{ty}$.

Seite 179 Zeile 4 von unten: Halbdurchmesser statt Durchmesser.
„ 179 „ 6 „ „ a^2 statt α^2.
„ 180 „ 11 „ oben: Halbdurchmesser statt Durchmesser.
„ 180 „ 11 „ „ rechtwinkligen gleichschenkligen statt rechtwinkligen.
„ 188 „ 14 „ „ dem Ellipsenpunkte statt den Ellipsenpunkten.
„ 190 „ 1, 4, 5, 7, 10 von unten: $\overline{t'x'}$ statt $\overline{t\,x'}$.
„ 190 „ 19 von unten: zweier statt zwei.
„ 191 „ 1 „ oben: $\overline{t'x'}$ statt $\overline{t\,x'}$.
„ 192 „ 17 „ „ — statt + und + statt —.
„ 193 „ 3 „ unten: jene Senkrechte statt $o\,f$.
„ 200 „ 10 „ „ $\overline{f_1 A}$ statt $\overline{f_1 A_1}$.
„ 208 „ 2 „ oben: Punkte d, d_1 statt Punkte.
„ 211 „ 15 „ unten: unter statt zu.
„ 217 „ 10 „ oben: T'_1 statt T'.
„ 222 „ 12 und 14 von oben: D statt G.
„ 46 Fig. 5: setze zur Geraden $p'q$ den Buchstaben O, zur Geraden $x\,x'$ den Buchstaben X, zu $y\,y'$ den Buchstaben Y und die Ziffer IV, zur Geraden $o'\,t_1$ den Buchstaben X_1, zur Geraden $e\,e'$ den Buchstaben E; der Schnittpunkt von II und III heisst nicht f, sondern f'. Der Schnittpunkt von $e\,e'$ mit $y\,y'$ ist mit h zu bezeichnen. Es ist die Gerade zu ziehen, welche den Punkt z mit dem Schnittpunkte von $x\,x'$ und $y\,y'$ verbindet, und ist dieselbe mit N zu bezeichnen.
„ 54 „ 6: die Gerade Oo'' ist mit O' zu bezeichnen und die zu ihr Parallele heisst H.
„ 63 „ 8: statt VI ist III und zu C ist VI zu setzen; zu p ist β zu setzen; der Schnittpunkt von B mit D ist mit x und der Schnittpunkt von $a\,d$ mit $b\,c$ ist mit r zu bezeichnen. Zur Geraden $a\,b$ ist δ zu setzen. Die Schnittpunkte der Curve mit der Geraden P sind mit t, t', und deren Tangenten, die sich im Punkte p schneiden, sind zu ziehen und mit T, T' zu bezeichnen.
„ 183 „ 11: die Schnittpunkte von $q\,q'$ mit $o\,x$ und $o\,y$ sind mit ξ, η zu bezeichnen, und die durch t zu $o\,q$ Parallele schneidet $o\,q'$ in m'.
„ 200 „ 14: der Schnittpunkt von T mit $f\,q$ ist mit m zu bezeichnen.

EINLEITUNG.

Curven und Flächen.

1. Den Inbegriff der sämmtlichen Lagen eines sich im Raume bewegenden Punktes bezeichnen wir als eine Linie. Die Bewegung des Punktes und die dadurch erzeugte Linie wird stetig genannt, wenn jeder Lage des Punktes eine unmittelbar benachbarte (unendlich nahe) vorangeht und eine unmittelbar benachbarte (unendlich nahe) nachfolgt.

Wenn der sich bewegende Punkt während eines endlichen Zeitintervalles seine Bewegungsrichtung nicht ändert, so entsteht ein endlicher Theil einer Geraden, eine Strecke.

Durchläuft der Punkt eine Reihe von Strecken, so dass der Endpunkt einer jeden derselben zugleich der Anfangspunkt der unmittelbar folgenden ist, so entsteht eine geradlinig gebrochene Linie, ein Polygon; ist der Endpunkt der letzten Strecke zugleich der Anfangspunkt der ersten, so ist das Polygon geschlossen, sonst nicht geschlossen. Die einzelnen Strecken sind Seiten, ihre Anfangs- und Endpunkte sind Ecken des Polygons. Die Winkel des Polygons haben je zwei Nachbarseiten zu Schenkeln. Wenn der sich bewegende Punkt die aufeinander folgenden Seiten (den Umfang des Polygons) stetig durchläuft, so bleibt seine Bewegungsrichtung, während er eine Seite durchläuft, unverändert; diese Richtung ändert sich plötzlich, sprungweise (unstetig), wenn der Punkt in die nächste Seite übergeht. Als Maass dieses Sprunges kann der Nebenwinkel des von den beiden Seiten eingeschlossenen Winkels angesehen werden.

Aendert sich die Bewegungsrichtung beim Uebergange von jeder Seite zu der folgenden nur um unendlich Weniges, so geht diese Aenderung der Bewegungsrichtung nicht mehr sprungweise, sondern stetig vor sich. Bleiben hierbei die Längen der Seiten endlich, so beschreibt der Punkt eine von einer geraden Linie im endlichen Raume nur unendlich wenig verschiedene gebrochene Linie.

Werden bei stetiger Veränderung der Bewegungsrichtung die Längen der durchlaufenen Strecken (Seiten) unendlich klein, so ist die Bewegung des Punktes eine derartige, dass er in jedem Momente seine Bewegungsrichtung ändert. Es entsteht bei dieser Bewegung eine krumme Linie oder Curve.

2. Gelangt ein die Curve C beschreibender Punkt aus der Lage a in eine andere Lage b, so hat er den Curvenbogen ab beschrieben; derselbe Curvenbogen kann von einem auf der Curve sich bewegenden Punkte, der in b seine Bewegung beginnt und in a endet, beschrieben gedacht werden, und würde dann als der Bogen ba zu bezeichnen sein. Die Strecke $\overline{ab} = -\overline{ba}$ wird als die dem Curvenbogen entsprechende Sehne, die unbegrenzte Gerade ab als Secante der Curve bezeichnet. [Will man insbesondere andeuten, dass die Gerade ab zwei Punkte mit der Curve gemeinsam hat, so kann man sie als eine zweipunktige Secante oder Bisecante bezeichnen, zum Unterschiede von den einpunktigen Secanten, d. i. Geraden, welche nur einen Punkt a mit der Curve gemeinschaftlich haben, oder den drei-, vier- .... n-punktigen Secanten (Trisecanten, Quadrisecanten), d. i. Geraden, welche drei, vier, ... n Punkte mit der Curve gemeinschaftlich haben.]

Ist x ein dem Curvenbogen ab angehöriger Punkt, so wird der bewegliche Punkt bei seiner Bewegung von a gegen b in x eine Bewegungsrichtung haben, welche (im Allgemeinen) direct entgegengesetzt sein wird der Bewegungsrichtung, welche der den Bogen in der Richtung von b nach a beschreibende Punkt in derselben Lage x besitzt. Sind m_a, m_b zwei solche Punkte, dass der bewegliche Punkt bei der Bewegung von a gegen b in x die durch die Richtung der Strecke $\overline{xm_b}$, und bei der entgegengesetzten Bewegung von b nach a in x die durch die Richtung der Strecke $\overline{xm_a}$ bestimmte Bewegungsrichtung besitzt, so müssen, weil die beiden Richtungen direct entgegengesetzt sind, die Punkte m_a, x, m_b in gerader Linie liegen, und zwar liegt x zwischen m_a und m_b. Die Gerade, welche diese drei Punkte enthält, wird als die Tangente der Curve C im Punkte x bezeichnet.

Wenn sich ein Punkt längs der Strecke $\overline{m_a m_b}$ von m_a nach m_b so bewegt, dass er in demselben Augenblicke wie der den Bogen ab durchlaufende Punkt in x anlangt, so haben die beiden Punkte in

x momentan dieselbe Bewegungsrichtung, d. h. sie legen gleichzeitig ein in der Geraden $\overline{m_a m_b}$ und in der Curve liegendes (unendlich kleines) Wegelement zurück, um sich hierauf wieder zu trennen und ihre von einander verschiedenen Wege auf $\overline{m_a m_b}$, respective auf Bogen ab fortzusetzen. Die beiden Bahnen $\overline{m_a m_b}$ und Bogen ab berühren sich im Punkte x. Daher wird auch $\overline{m_a m_b}$ als die Berührungsgerade (Tangente) des Punktes x und dieser als der Berührungspunkt von $\overline{m_a m_b}$ und C bezeichnet.

Verbindet man den Curvenpunkt x mit einem zweiten Punkte y der Curve durch eine Gerade, so wird die Bewegungsrichtung eines sich auf dieser Verbindungsgeraden xy von x gegen y bewegenden Punktes umsoweniger von einer der beiden (einander direct entgegengesetzten) Bewegungsrichtungen, die ein den Bogen ab von a nach b oder von b nach a durchlaufender Punkt in x hat, unterscheiden, je näher der Punkt y dem Punkte x gebracht wird.

„Wenn sich also der Punkt y auf der Curve von der einen oder der anderen Seite dem Punkte x nähert, so nähert sich die Bisecante xy (um x sich drehend) immer mehr der Tangente T_x der Curve im Punkte x.“

Man kann also die Tangente von x als die Grenzlage betrachten, welcher sich die Secante xy nähert, wenn y auf der Curve unendlich nahe zum Punkte x rückt.

Rückt y unendlich nahe zu x, so wird xy unendlich nahe zu T_x rücken und man kann somit in allen Fällen, wo eine Gerade durch eine mit ihr unendlich nahe Gerade ersetzt werden darf, die Tangente T_x eines Punktes als die Verbindungsgerade desselben mit einem seiner beiden unendlich nahen Nachbarpunkte y betrachten.

„Eine Gerade, welche mit einer Curve an einer Stelle zwei unendlich nahe Punkte gemeinsam hat, ist (im Allgemeinen) Tangente der Curve und berührt sie an jener Stelle (in jenem Punkte).“

Der Punkt, welcher den Curvenbogen ab beschreibt, möge die unmittelbar aufeinander folgenden Lagen $x_0, x, x_1, x_2, x_3 \ldots.$ durchlaufen, so dass je zwei aufeinander folgende Punkte in dieser Reihe zu einander unendlich nahe Punkte sind und jeder Punkt von seinen zwei unendlich nahen Nachbarpunkten eingeschlossen erscheint. Wenn man die Gerade xx_1 als Tangente T_x von x betrachtet, so ist $x_0 x$ als Tangente T_{x_0} von x_0, und sind $x_1 x_2, x_2 x_3 \ldots.$ als die Tangenten $T_{x_1}, T_{x_2} \ldots.$ von $x_1, x_2 \ldots.$ anzusehen; wir haben so die unmittelbar aufeinander folgenden Tangenten $T_{x_0}, T_x, T_{x_1},$

T_{x_2} . . . ., von denen die beiden ersten den Punkt x, die zweite und dritte den Punkt x_1, die dritte und vierte den Punkt x_2 u. s. w. gemeinschaftlich haben.

„Jeder Punkt der Curve erscheint so als der zwei unmittelbar aufeinanderfolgenden Tangenten gemeinsame Punkt, als der Schnittpunkt zweier unendlich naher Tangenten der Curve.“

Den unendlich wenig von Null verschiedenen (unendlich kleinen) Winkel, den die Tangente T_x des Punktes x mit der unendlich nahen Tangente T_{x_1} des Punktes x_1 einschliesst, nennt man den Contingenzwinkel der Curve im Punkte x.

3. Lässt man, während der bewegliche Punkt x die Curve beschreibt, dessen Tangente T_x an der Bewegung theilnehmen, so gleitet dieselbe längs der Curve hin. Wenn der bewegliche Punkt der Reihe nach in die Lagen x_0, x, x_1, x_2 . . . . kommt, so gelangt seine Tangente der Reihe nach in die Lagen T_{x_0}, T_x, T_{x_1}, T_{x_2} . . . ., und in allen diesen Lagen wird sie von der Curve berührt; die Curve ist die Enveloppe (Einhüllende) aller ihrer Tangenten T_{x_0}, T_x, T_{x_1}, T_{x_2} . . . .

In dieser Art kann jede Curve auch durch Bewegung einer Geraden (als Enveloppe einer Geraden) erzeugt werden, wenn nur die Bewegung in der Art vor sich geht, dass je zwei unmittelbar aufeinander folgende Lagen der beweglichen Geraden einen Punkt gemeinschaftlich haben, sich schneiden. Alle diese, den Nachbarlagen der Geraden gemeinsamen Punkte erfüllen eine Curve, deren Tangenten durch die bewegliche Gerade in ihren sämmtlichen Lagen dargestellt erscheinen.

Je nachdem man sich eine Curve durch Bewegung eines Punktes oder Strahles (der Tangente) erzeugt denkt, nennt man sie eine Punkt- oder Strahlencurve (Tangentencurve).

4. Sowie wir die Tangente T_x eines Punktes x der Curve C als jene unter den durch x gehenden, nach den übrigen Curvenpunkten y gerichteten Secanten xy kennen lernten, welche sich in x der Curve am engsten anschliesst, sie in x berührt, so können wir in folgender Art zu einer Ebene gelangen, welche sich unter allen durch x gehenden Ebenen der Curve C in x am engsten anschliesst. Die durch x gehenden Ebenen und Strahlen bilden ein räumliches Bündel (I. Art. 2); unter allen Strahlen des Bündels gibt es eine einfach unendliche Anzahl, welche der Curve ausser in x noch in einem zweiten Punkte y begegnen (schneiden); ihre Gesammtheit erhält man, wenn man die Gerade xy fortwährend durch den festen Punkt x der Curve hindurch gehen lässt, während der Punkt y die Curve durchläuft. Es dreht

sich hierbei die Gerade um x und gleitet längs der Curve hin; einmal kommt sie während ihrer Bewegung auch in die Lage der Tangente T_x von x.

Irgend eine Ebene des Bündels kann man erhalten, wenn man durch x und irgend zwei andere Punkte y, z der Curve eine Ebene legt; die drei Punkte x, y, z sind der Curve und der Ebene gemeinschaftlich, es sind Schnittpunkte der Curve mit der Ebene, welche die drei Geraden xy, yz, zx enthält.

Lässt man x und z fest, während sich y auf C dem Punkte x unendlich nähert, so dreht sich die Ebene xyz um die Gerade xz, und da die Gerade xy die Tangente T_x von x zur Grenzlage hat, so wird die Ebene xyz immer mehr und bis zum Unendlichnaherücken der Ebene zustreben, welche den Punkt z mit der Tangente T_x verbindet. Unter allen Ebenen, welche durch x und z hindurchgehen, ist diese Ebene (zT_x) diejenige, welche sich in x der Curve am engsten anschliesst, sie berührt. Eine solche Ebene (zT_x) wird als eine Tangentialebene der Curve im Punkte x bezeichnet. Lässt man z die Curve durchlaufen, so dreht sich die Ebene (zT_x) um T_x, ein Ebenenbüschel beschreibend.

„In jedem Punkte x einer Curve C können unendlich viele Tangentialebenen, welche C in x berühren, construirt werden; es sind die Ebenen des Büschels, welches die im Punkte x die Curve berührende Tangente T_x zur Axe hat."

Wenn sich der Punkt z auf der Curve ebenfalls gegen den Punkt x bewegt, so wird sich die Tangentialebene (zT_x) um T_x drehen und von einer bestimmten Grenzlage τ_x umsoweniger verschieden sein, je näher z dem Punkte x gerückt wird. Fällt endlich z mit x zusammen, so wird die Ebene (zT_x) diese Grenzlage τ_x erreichen, in welcher sie offenbar jene unter den sämmtlichen in x berührenden Tangentialebenen darstellt, die sich der Curve C im Punkte x am engsten anschliesst, anschmiegt. Diese Ebene τ_x wird als die Schmiegungsebene, Krümmungsebene oder Osculationsebene der Curve im Punkte x bezeichnet; der Punkt x ist der Berührungspunkt der Schmiegungsebene τ_x.

Jede der Tangentialebenen (zT_x) hat mit der Curve den Punkt z und die beiden unendlich nahen Punkte x, y, als deren Verbindungsgerade die Tangente T_x erscheint, gemeinschaftlich; fällt auch z mit x, y zusammen, so geht (zT_x) in die Schmiegungsebene τ_x über.

„Eine Schmiegungsebene τ_x der Curve C hat an der Berührungsstelle x mit der Curve drei unendlich nahe Punkte gemeinschaftlich."

„Die Schmiegungsebene kann aufgefasst werden als die durch drei unendlich nahe Curvenpunkte hindurchgehende Ebene.“

Sind x, y, z die drei unendlich nahen Punkte, welche der Schmiegungsebene τ_x und der Curve C gemeinsam sind, so enthält diese Ebene auch die beiden Geraden $\overline{xy}$, $\overline{yz}$, d. h. sie enthält ausser der Tangente $\overline{xy}$, d. i. T_x des Punktes x, auch die Tangente $\overline{yz}$, d. i. T_y des Punktes y.

„Eine Schmiegungsebene enthält zwei unendlich nahe Tangenten der Curve.“

„Die Schmiegungsebene kann aufgefasst werden als die durch zwei unendlich nahe Curventangenten hindurchgehende (sie verbindende) Ebene.“

Zu der Schmiegungsebene τ_x des Punktes x gelangten wir, indem die Punkte y, z mit dem Punkte x zum Zusammenfallen gebracht wurden. Dies kann auch bewerkstelligt werden, wenn man zunächst z mit y zusammenfallen lässt; die Ebene xyz ist dann die durch x und die Tangente T_y von y gehende Ebene (oder die Ebene, welche durch die beiden unendlich nahen Geraden xy, xz bestimmt erscheint). Lässt man nun y sich dem Punkte x nähern, so dreht sich seine Tangentialebene (xT_y) um x und nähert sich immer mehr der Lage τ_x, so dass die Schmiegungsebene τ_x als Grenzlage der Ebene (xT_y) aufgefasst werden kann für den Fall, dass sich y unendlich dem Punkte x nähert.

Gelangt der den Curvenbogen ab beschreibende Punkt der Reihe nach in die unmittelbar aufeinanderfolgenden Lagen x_0 x, x_1, x_2, x_3, x_4 . . . ., von welchen Punkten jeder von seinen zwei unendlich nahen Nachbarpunkten eingeschlossen erscheint, so sind die Ebenen x_0xx_1, xx_1x_2, $x_1x_2x_3$, $x_2x_3x_4$, ... die Schmiegungsebenen τ_{x_0}, τ_x, τ_{x_1}, τ_{x_2} . . . . der Punkte x_0, x, x_1, x_2 . . . .

Jeder der Curvenpunkte erscheint als drei unmittelbar aufeinanderfolgenden Schmiegungsebenen gemeinschaftlich, als ihr Schnittpunkt; so gehört x_1 den drei Ebenen τ_{x_0}, τ_x, τ_{x_1} an, x_2 gehört den drei Ebenen τ_x, τ_{x_1}, τ_{x_2} an, u. s. w.

„Jeder Punkt der Curve erscheint als der drei unmittelbar aufeinanderfolgenden Schmiegungsebenen gemeinschaftliche Punkt, als der Schnittpunkt dreier unendlich nahen Schmiegungsebenen.“

Die Schmiegungsebene τ_{x_0} enthält die beiden Geraden x_0x, xx_1, d. h. die Tangenten T_{x_0}, T_x der Punkte x_0, x; ferner enthält τ_x die Geraden xx_1, x_1x_2, d. h. die Tangenten T_x, T_{x_1} der Punkte x, x_1. Es ist somit die Tangente T_x eine den beiden Ebenen τ_{x_0}, τ_x gemeinsame Gerade, ihre Schnittgerade. Ebenso erkennt man, dass T_{x_1} die Schnittlinie von τ_x, τ_{x_1}; T_{x_2} die Schnittlinie von τ_{x_1}, τ_{x_2} ist, u. s. w.

„Jede Tangente der Curve erscheint als die zwei unmittelbar aufeinanderfolgenden Schmiegungsebenen gemeinschaftliche Gerade, als die Schnittlinie zweier unendlich naher Schmiegungsebenen.“

Den unendlich kleinen Winkel, den die Schmiegungsebene τ_x (des Punktes x) mit der unendlich nahen Schmiegungsebene τ_{x_1} (des unendlich nahen Punktes x_1) bildet, nennt man den Torsionswinkel der Curve (im Punkte x).

5. Lässt man, während der bewegliche Punkt x die Curve beschreibt, seine Schmiegungsebene τ_x an der Bewegung theilnehmen, so wird sie der Reihe nach die unmittelbar aufeinanderfolgenden (zu einander unendlich nahen) Lagen $\tau_x, \tau_{x_1}, \tau_{x_2}, \tau_{x_3} \ldots$ annehmen; je zwei aufeinanderfolgende Lagen der Ebene haben eine Tangente, und je drei aufeinanderfolgende Lagen der Ebene haben einen Punkt der Curve gemeinschaftlich.

In dieser Art kann die Curve durch stetige Bewegung einer Ebene τ_x erzeugt werden; je zwei unmittelbar aufeinanderfolgende Lagen der Ebene liefern eine Schnittgerade, und alle diese Schnittgeraden sind Tangenten der Curve; je drei unmittelbar aufeinanderfolgende Lagen der Ebene liefern einen Schnittpunkt, und alle diese Schnittpunkte sind die Punkte der Curve. Da das die Curve erzeugende Element die sich bewegende Ebene ist, so wird die so erzeugte Curve als Ebenencurve bezeichnet.

Man erkennt sofort, dass sich die beiden Erzeugungsarten der Curve durch Punktbewegung und Ebenenbewegung nach dem räumlichen Reciprocitätsgesetze gegenüberstehen (I. Art. 31):

Wenn sich ein Punkt stetig im Raume bewegt, so stellen seine einzelnen Lagen die Punkte einer Curve dar.	Wenn sich eine Ebene stetig im Raume bewegt, so stellen ihre einzelnen Lagen die Schmiegungsebenen einer Curve dar.
Die Verbindungsgerade zweier unendlich naher Punkte der Curve ist eine Tangente der Curve.	Die Schnittgerade zweier unendlich naher Schmiegungsebenen der Curve ist eine Tangente der Curve.
Die Verbindungsebene von drei unendlich nahen Punkten der Curve ist eine Schmiegungsebene der Curve.	Der Schnittpunkt von drei unendlich nahen Schmiegungsebenen der Curve ist ein Punkt der Curve.

Während durch jede stetige Bewegung eines Punktes oder einer Ebene eine Curve (als Punkt-, respective Ebenencurve) entsteht, ist die Bewegung eines Strahles, wenn eine Curve erzeugt werden soll, an die Bedingung geknüpft, dass sich je zwei unmittelbar aufeinander folgende Lagen des sich bewegenden Strahles schneiden müssen.

Wenn sich ein Strahl im Raume so bewegt, dass je zwei unendlich nahe Lagen einen Punkt gemeinsam haben, so stellen alle seine Lagen die Tangenten einer Curve dar.

Wenn sich ein Strahl im Raume so bewegt, dass je zwei unendlich nahe Lagen einer Ebene angehören, so stellen alle seine Lagen die Tangenten einer Curve dar.

Diese beiden sich reciprok gegenüberstehenden Erzeugungsarten einer Curve als Strahlencurve sind offenbar identisch, da zwei Gerade, welche einen Punkt gemeinsam haben, auch einer Ebene angehören, und umgekehrt.

Aus den letzten Betrachtungen erkennt man, dass nach dem räumlichen Reciprocitätsgesetze den Punkten die Schmiegungsebenen und den Tangenten wieder die Tangenten gegenübertreten. Der Tangente, welche in einem Punkte berührt, mit ihm perspectivisch ist, entspricht die Tangente, welche in einer Schmiegungsebene gelegen ist, mit ihr perspectivisch liegt. Einer Bisecante, d. h. dem Strahle, welcher mit zwei Punkten a, b der Curve zugleich perspectivisch liegt, wird reciprok gegenübergesetzt sein die Schnittlinie zweier Schmiegungsebenen α, β, d. h. die Gerade, welche mit zwei Schmiegungsebenen gleichzeitig perspectivisch liegt. Solche Geraden hat man auch als Axen der Curve bezeichnet, so dass also den Bisecanten die Axen reciprok gegenüberstehen.

Jede Tangente ist nicht nur Verbindungsgerade zweier (unendlich naher) Punkte der Curve, sondern auch Schnittgerade zweier (unendlich naher) Schmiegungsebenen; jede Tangente ist also sowohl als Bisecante als auch als Axe der Curve aufzufassen.

6. Wenn sich eine Curve C im Raume stetig bewegt, so dass also jeder Lage von C eine unendlich benachbarte Lage vorangeht und eine eben solche nachfolgt, wobei überdies die Curve C in Gestalt und Grösse entweder unveränderlich oder aber stetig veränderlich sein kann, so entsteht jenes geometrische Gebilde, welches man als eine Fläche F bezeichnet, und welches durch die Gesammtheit der Punkte, welche auf allen den Curven C gelegen sind, dargestellt ist.

Jede der Curven C ist als der Fläche F angehörig, als auf ihr gelegen anzusehen. Ausser den Curven C kann man unendlich viele andere auf F gelegene Curven C' betrachten; man braucht nur einen beweglichen Punkt zu verfolgen, welcher die unmittelbar aufeinanderfolgenden Lagen von C in der Art durchläuft, dass er von jeder der Curven C zu der unmittelbar folgenden Curve C übergeht. Das ursprüngliche Curvensystem C kann man so auf unendlich viele Arten durch andere Curvensysteme C' ersetzen, wenn man nur dafür sorgt, dass jede Curve C' zwei sie einschliessende unendlich benachbarte Curven C' besitzt.

Sind x, y irgend zwei der Fläche F angehörige Punkte und C irgend eine durch x und y hindurchgehende, ebenfalls der Fläche angehörige Curve, so ist die Gerade xy sowohl für F als auch für C eine Secante. Bewegt sich nun y auf C unendlich nahe zu x, so wird sich xy immer mehr der Tangente T_x nähern, welche C in x berührt, und welche als die Verbindungsgerade von x mit seinem auf C gelegenen unendlich nahen Nachbarpunkte aufgefasst werden kann; sie hat somit auch mit der Fläche zwei unendlich nahe Punkte gemeinschaftlich und wird daher auch als eine Tangente der Fläche im Punkte x, welcher ihr Berührungspunkt heisst, bezeichnet. Ist C' eine von C verschiedene, durch x, y gehende, auf F gelegene Curve, so wird sich xy der in x an C' gelegten Tangente T_x' nähern, wenn y auf C' gegen x rückt u. s. w.

„*Man kann somit an eine Fläche in einem ihrer Punkte unendlich viele sie daselbst berührende Tangenten construiren; es sind die Tangenten der verschiedenen durch den Punkt x auf der Fläche gezogenen Curven C, C' . . . .*"

Wir denken uns durch den Punkt x auf F zwei beliebige Curven C, C' gezogen und es seien y, y' zwei Punkte, von denen der erste der Curve C und der zweite der Curve C' angehört; endlich sei C'' irgend eine auf F durch y und y' gezogene Curve, und T_x, T_x' seien die Tangenten, welche C, respective C' in x berühren. Wir ziehen die Geraden xy, xy', yy' und betrachten die Ebene des Dreieckes xyy', während sich C'' auf der Fläche so bewegt, dass y und y' auf C, respective C' dem Punkte x unendlich nahe rücken. Da sich hierbei xy immer mehr der Tangente T_x und xy' der Tangente T_x' nähert, so wird sich die Ebene des Dreieckes xyy', welche die Seite yy' desselben enthält, immer mehr und bis zum Zusammenfallen der durch T_x und T_x' bestimmten Ebene Θ_x nähern. Da jedoch hierbei y und y' auf C'' unendlich nahe und bis zum Zusammenfallen mit einander und mit x rücken, so nähert sich die Gerade yy' immer mehr der Tangente T_x'' einer dritten auf der Fläche F durch x gezogenen Curve C_1''. Die durchgeführte Betrachtung lehrt, dass die drei Tangenten T_x, T_x', T_x'', welche man in x an irgend drei auf F durch x gezogene Curven C, C', C_1'' legen kann, in einer und derselben Ebene Θ_x enthalten sind. Ersetzt man

C_1'' durch die anderen auf F durch x gezogenen Curven, so haben wir den Satz:

„Die sämmtlichen Tangenten T_x, T_x', T_x'', T_x''' ...., welche eine Fläche F in einem ihrer Punkte berühren, sind (im Allgemeinen) alle in einer und derselben Ebene Θ_x enthalten und bilden somit in der Ebene Θ_x ein Strahlenbüschel, dessen Scheitel x ist. Die Ebene Θ_x wird als die Tangentialebene oder Berührungsebene der Fläche im Punkte x, welcher der Berührungspunkt genannt wird, bezeichnet."

Man erhält somit die Tangentialebene Θ_x von F in x, wenn man in x an irgend zwei auf der Fläche gezogene Curven die Tangenten legt und beide durch die Ebene Θ_x verbindet.

Es seien x, y irgend zwei Punkte der Fläche F und Θ_x, Θ_y deren Tangentialebenen, welche sich in der Geraden A schneiden mögen. Jede durch x in Θ_x gezogene Gerade ist Tangente von F in x; einer solchen T_x nähert sich die Gerade xy, wenn y in bestimmter Art auf der Fläche unendlich nahe zum Punkt x rückt. Hierbei rückt auch Θ_y unendlich nahe zu Θ_x, und A wird sich in Θ_x immer mehr dem Punkte x nähern, und wenn y mit x und daher Θ_y mit Θ_x zusammenfällt, wird A in eine bestimmte Gerade T_x' übergehen, welche in Θ_x liegt und durch x hindurchgeht, somit ebenfalls Tangente von F in x ist.

„So treten die Tangenten einer Fläche nicht nur als die Verbindungsgeraden unendlich naher Punkte der Fläche auf, sondern auch als Schnittgeraden unendlich naher Tangentialebenen."

Man kann also in Uebereinstimmung mit dem räumlichen Reciprocitätsgesetze den Punkten, welche eine Fläche erfüllen, die Tangentialebenen, welche eine Fläche berühren (umhüllen), reciprok entgegenstellen.

„Jede Fläche tritt dann als Punktfläche (Ortsfläche) oder Ebenenfläche (Umhüllungsfläche) auf, je nachdem man sie als die Gesammtheit der in ihr liegenden Punkte oder als Gesammtheit der sie berührenden Ebenen auffasst."

Sowie man eine auf der Fläche gelegene (in der Fläche enthaltene) Ortscurve erhält, wenn sich ein der Fläche angehöriger Punkt, ohne aufzuhören ein Punkt der Fläche zu sein, stetig bewegt, so erhält man eine der Fläche umschriebene (sie einhüllende) Ebenencurve, wenn sich eine Tangentialebene der Fläche, ohne aufzuhören eine solche zu sein, stetig bewegt.

Der Entstehung der Fläche als Punktfläche durch stetige Bewegung einer sich stetig verändernden Punktcurve entspricht reciprok die Entstehung der Fläche als Ebenenfläche durch stetige Bewegung einer sich stetig ändernden Ebenencurve.

Anmerkung. Die obige Betrachtung lehrt, dass sich die Tangentialebene Θ_x eines Punktes x unendlich wenig um eine bestimmte Tangente T_x' dieses Punktes dreht, wenn er um unendlich Weniges auf einer anderen Tangente T_x fortrückt; T_x' ist durch T_x eindeutig bestimmt. Zwei solche Tangenten werden als conjugirte Tangenten der Fläche bezeichnet, und kann man zeigen, dass die Paare conjugirter Tangenten einer Fläche in einem ihrer Punkte x eine quadratische Strahleninvolution in der Tangentialebene Θ_x des Punktes bilden. Wenn sich der Punkt x auf T_x' um unendlich Weniges fortbewegt, so dreht sich Θ_x wieder um T_x um unendlich Weniges.

7. Wenn die sich bewegende Linie C, durch deren Bewegung die Fläche entsteht, eine Gerade ist, so wird die erzeugte Fläche eine geradlinige Fläche oder Strahlenfläche oder Regelfläche genannt. Die einzelnen Lagen der Geraden C werden als die Erzeugenden oder Geraden (Strahlen) der Strahlenfläche bezeichnet.

Im Allgemeinen werden sich je zwei unmittelbar aufeinanderfolgende Lagen der Geraden C nicht schneiden, sie werden windschief sein; die Fläche F wird dann als eine windschiefe Strahlen- oder Regelfläche bezeichnet.

Wenn sich jedoch die Gerade C so bewegt, dass je zwei aufeinanderfolgende Lagen sich schneiden, so durchläuft C nach Art. 5 die Tangentenlagen einer bestimmten Curve Γ. Die Fläche F ist somit in diesem Falle die von den sämmtlichen Tangenten einer Curve Γ erfüllte Fläche, die Tangentenfläche von Γ. Eine solche Fläche wird auch als eine entwickelbare oder developpable Fläche bezeichnet. Die Curve Γ nennt man die Rückkehrcurve oder Rückkehrkante (arrête de rebroussement) der Developpablen F.

„Jede Schmiegungsebene der Rückkehrkante Γ ist eine Tangentialebene der Developpablen F und berührt dieselbe längs der Tangente von Γ, die sie enthält."

Denn es enthält ja jede Schmiegungsebene τ von Γ zwei unendlich nahe Tangenten C, C' dieser Curve, d. h. zwei unendlich nahe Erzeugende der Fläche F. Die beiden unendlich nahen Punkte x, x', in denen C, C' von irgend einer in τ gezogenen Geraden T geschnitten werden, sind zwei Schnittpunkte von T mit F, so dass jede in τ gezogene Gerade als Verbindungslinie der beiden unendlich nahen Punkte x, x' der Fläche, d. h. als Tangente von F im Punkte x zu betrachten ist.

Die sämmtlichen Tangenten von F, welche diese Fläche in einem Punkte x von C berühren, sind somit die durch x in τ

gezogenen Strahlen; es ist also τ die Tangentialebene von F in jedem Punkte von C, so dass τ die Fläche F längs der ganzen Geraden C berührt.

Je zwei unendlich nahen Erzeugenden C, C' der developpablen Fläche F begrenzen in der Schmiegungsebene τ von Γ, in welcher sie enthalten sind, einen unendlich langen und unendlich schmalen ebenen Winkelstreifen, welcher als auf der Fläche F liegend betrachtet werden kann. So erscheint die Fläche aus unendlich vielen solchen Elementarstreifen zusammengesetzt und sie kann somit aufgerollt, in eine Ebene entwickelt werden, wenn man den Streifen CC' um C' dreht (um den Torsionswinkel der Rückkehrcurve Γ), bis er in die Ebene des Streifens $C'C''$ fällt; dann dreht man diese Ebene mit beiden Streifen um C'', bis sie in die Ebene des Streifens $C''C'''$ fällt, dreht diese sammt den drei in ihr schon liegenden Streifen um C''', bis sie in die Ebene des Streifens $C'''C''''$ fällt, u. s. w. So kann man die Fläche F endlich ganz in eine Ebene ausbreiten; daher der Name der Fläche F als einer entwickelbaren Fläche. Die Entstehung der entwickelbaren Fläche ist identisch mit jener einer Strahlencurve (Art. 5), welche als Rückkehrcurve der Fläche auftritt. Aber auch die Entstehung einer Curve als Punktcurve oder Ebenencurve führt sofort zur zugehörigen entwickelbaren Fläche, wenn man jene Strahlen aufsucht, welche gleichzeitig mit je zwei unendlich nahen Lagen des die Punktcurve erzeugenden Punktes, respective mit zwei solchen Lagen der die Ebenencurve erzeugenden Ebene perspectivisch liegen.

8. Im vorhergehenden Artikel haben wir den innigen Zusammenhang zwischen den Curven und den entwickelbaren Flächen kennen gelernt; jede Curve ist die Rückkehrcurve einer solchen Fläche, deren Erzeugenden die Tangenten und deren Berührungsebenen die Schmiegungsebenen jener Curve sind, und umgekehrt liefert jede Developpable eine Curve, ihre Rückkehrcurve, d. i. den Ort der Schnittpunkte der unmittelbar aufeinanderfolgenden Erzeugenden der Fläche.

Wenn eine Gerade C bei ihrer stetigen Bewegung fortwährend mit einem festen Punkte s perspectivisch ist, d. h. durch s hindurchgeht, so entsteht eine entwickelbare Fläche, da sich je zwei Nachbarlagen von C in s durchschneiden, welcher Punkt ja allen Lagen von C angehört. Eine solche Fläche wird als eine Kegelfläche oder kurz als ein Kegel bezeichnet.

Der Punkt s wird der Scheitel oder Mittelpunkt des Kegels genannt; derselbe ist der gemeinschaftliche Schnittpunkt aller Erzeugenden C des Kegels. Die durch je zwei unmittelbar aufeinanderfolgenden Erzeugenden C, C' gelegte Ebene wird ebenfalls durch den Scheitel s hindurchgehen müssen, d. h. *„alle Tangentialebenen der Kegelfläche haben den Kegelscheitel gemeinschaftlich"*.

Wenn der Scheitel s ein unendlich weiter Punkt ist, so sind alle Erzeugenden untereinander parallel; ein Kegel mit unendlich weitem Scheitel wird als ein Cylinder (Cylinderfläche) bezeichnet.

Ein auf der den Kegel beschreibenden Erzeugenden C sich stetig bewegender Punkt x wird eine Curve L durchlaufen, welche auf der Kegelfläche gelegen ist. Die Erzeugenden des Kegels sind die Verbindungsgeraden seines Scheitels s mit den Punkten x von L, so dass eine Gerade, welche sich um s dreht und längs der Curve L hingleitet (dieselbe fortwährend schneidend), die Kegelfläche beschreiben wird.

In Hinsicht auf diese Entstehungsart des Kegels wird die Curve L als eine Leitcurve des Kegels (Cylinders) bezeichnet.

Man erkennt sofort, dass der Kegel (Cylinder) gegeben ist, wenn man eine Leitcurve L und den Scheitel s (die Richtung der parallelen Cylindererzeugenden) kennt. Sind C, C' zwei unendlich nahe Erzeugende des Kegels und x, x' die auf ihnen gelegenen Punkte der Leitcurve L, so ist die Gerade xx', d. i. die Tangente von L in x, in der Ebene CC', d. h. in der den Kegel längs C berührenden Tangentialebene enthalten. Man erhält somit die Tangentialebenen des Kegels (Cylinders), als die Ebenen, welche seinen Scheitel mit den Tangenten der Leitcurve verbinden; die Berührungserzeugenden verbinden den Scheitel mit den Berührungspunkten der Tangenten von L.

„Die Rückkehrcurve einer Kegelfläche reducirt sich auf einen einzelnen Punkt, den Scheitel s."

In der That ist s der Schnittpunkt von je zwei unmittelbar aufeinanderfolgenden Erzeugenden der (entwickelbaren) Kegelfläche, so dass s alle die unendlich vielen Punkte der Rückkehrcurve in sich vereinigt.

„Die Schmiegungsebenen der Rückkehrcurve einer Kegelfläche sind die Tangentialebenen der Fläche."

Denn die Schmiegungsebenen der Rückkehrcurve einer entwickelbaren Fläche sind die Ebenen, welche durch je zwei unendlich nahe Erzeugenden C, C' der Fläche hindurchgehen. Da diese Erzeugenden die Tangenten der Rückkehrcurve darstellen, so *„sind die Erzeugenden einer Kegelfläche als die Tangenten ihrer auf den ein-*

zigen Punkt s, den Scheitel, sich reducirenden Rückkehrcurve zu betrachten."

„Wenn sich eine Ebene bei der Erzeugung einer Ebenencurve so bewegt, dass sie mit einem festen Punkte s perspectivisch bleibt, d. h. fortwährend durch s hindurchgeht, so umhüllt sie eine Kegelfläche; die einzelnen Lagen der sich um s drehenden Ebene, d. i. die Schmiegungsebenen der erzeugten Ebenencurve sind die Tangentialebenen des Kegels; als die Tangenten der erzeugten Ebenencurve sind die Erzeugenden des Kegels anzusehen. Wenn man die erzeugte Curve als Punktcurve auffassen will, so reducirt sie sich auf den Punkt s, welcher alle Punkte der Curve in sich vereinigt."

In der That gehen ja die Schnittlinien der unmittelbar aufeinanderfolgenden Lagen der beweglichen Ebene durch den Punkt *s* hindurch und erfüllen somit eine Kegelfläche u. s. w.

So können wir die Kegel als besondere Fälle von Ebenencurven betrachten; nämlich als solche Ebenencurven, welche sich, wenn man sie als Punktcurven auffasst, auf einen einzigen Punkt reduciren.

9. Um jene Gebilde zu erhalten, welche den Kegeln nach dem räumlichen Reciprocitätsgesetze entsprechen, haben wir eine solche stetige Bewegung einer Geraden C zu betrachten, bei welcher dieselbe fortwährend mit einer festen Ebene σ perspectivisch, d. h. in σ gelegen bleibt. Diese Ebene enthält dann selbstverständlich auch alle die Punkte, welche als Schnittpunkte je zweier unmittelbar aufeinanderfolgenden Lagen der Geraden C auftreten, d. h. in σ liegen alle Punkte der Rückkehrcurve Γ jener developpablen Fläche, als deren Erzeugende die einzelnen Lagen der sich in der Ebene σ bewegenden Geraden C aufzufassen sind. Die Ebene σ, welche die sämmtlichen Lagen von C enthält, stellt somit die sämmtlichen Tangentialebenen der entwickelbaren Fläche und die sämmtlichen Schmiegungsebenen der Rückkehrcure Γ dar. Eine Curve, deren sämmtliche Punkte und daher auch sämmtliche Tangenten einer und derselben Ebene σ angehören, bezeichnet man als eine Plancurve oder ebene Curve oder einfach gekrümmte Curve zum Unterschiede von den Raumcurven oder doppelt gekrümmten oder gewundenen Curven, deren Punkte nicht einer und derselben Ebene angehören; sie wird als Punktcurve erzeugt, wenn der sich bewegende Punkt fortwährend in einer festen Ebene σ zu bleiben gezwungen ist, und als Strahlencurve, wenn der sich bewegende Strahl einer festen Ebene angehört; als Ebenencurve reducirt sie sich auf eine einzige Ebene, die Ebene σ, welcher sie

angehört. Die Erzeugenden der developpablen Fläche, welche eine Plancurve zur Rückkehrcurve hat, liegen alle, weil es ja die Tangenten der Curve sind, in einer Ebene, nämlich in σ.

„*In solcher Weise erkennen wir, dass dem Kegel reciprok die Plancurve entspricht; dem Scheitel, den Erzeugenden, den Tangentialebenen des Kegels entsprechen die Ebene, die Tangenten und die Punkte der Plancurve.*"

„*Fasst man eine Plancurve als Ebenencurve auf, so reducirt sie sich auf die Ebene, in welcher alle ihre Punkte gelegen sind und in welcher sich alle Schmiegungsebenen der Curven vereinigen.*"

„*Der Torsionswinkel einer Plancurve ist in allen ihren Punkten gleich Null.*"

Der Entstehung der auf dem Kegel gelegenen Punktcurven entspricht reciprok die Entstehung der einer Plancurve umschriebenen Ebenencurven; dreht sich nämlich eine Ebene ξ stetig um die unsere Plancurve als deren Tangente beschreibende Gerade C, so wird durch ξ eine Ebenencurve beschrieben, deren Schmiegungsebenen (das sind die einzelnen Lagen von ξ) durch die Tangenten der Plancurve hindurchgehen und welche also in diesem Sinne der Plancurve umschrieben ist.

„*Den auf den Erzeugenden eines Kegels gelegenen Punkten entsprechen reciprok die durch die Tangenten einer Plancurve hindurchgehenden Ebenen.*"

„*Den auf einem Kegel gelegenen Punktcurven entsprechen reciprok die der Plancurve umschriebenen Ebenencurven (Developpablen).*"

Endlich bemerken wir:

„*Den in den Tangentialebenen eines Kegels gelegenen Strahlen (den Tangenten des Kegels als Fläche betrachtet) entsprechen reciprok die durch die Punkte einer Plancurve nach beliebigen Richtungen des Raumes gezogenen Strahlen.*"

Wenn man die Plancurven als krumme Gebilde im ebenen System bezeichnet, so entsprechen ihnen die Kegel als krumme Gebilde im räumlichen Bündel; und sowie im ebenen System ein eigenes und ebenso im Bündel ein eigenes Reciprocitätsgesetz gilt (I., Art. 30), welche beide vom räumlichen Reciprocitätsgesetz beherrscht werden, so können wir bei den ebenen Curven und bei den Kegeln zweierlei Elemente betrachten, welche sich reciprok gegenüberstehen.

In der Ebene.

Ein sich stetig bewegender Punkt beschreibt eine (ebene) Curve; die Verbindungsgerade je zweier unmittelbar aufeinanderfolgenden Punkte ist eine Tangente der Curve; der Schnittpunkt je zweier unmittelbar aufeinanderfolgenden Tangenten ist ein Punkt der Curve.

Eine sich stetig bewegende Gerade beschreibt (umhüllt) eine (ebene) Curve, deren Tangente sie ist; der Schnittpunkt je zweier unmittelbar aufeinanderfolgenden Lagen der Geraden ist ein Punkt der Curve; die Verbindungsgerade je zweier unmittelbar aufeinanderfolgenden Punkte ist eine Tangente der Curve.

Es entsprechen somit in der Ebene den Punkt- (oder Orts-) Curven die Strahlen- (Tangenten-) Curven oder Enveloppen. Den Punkten und Tangenten der Punktcurven entsprechen die Tangenten und Punkte der Tangentencurven. Jede Plancurve kann, je nachdem sie als von einem Punkte oder einer Tangente beschrieben gedacht wird, als Punktcurve oder als Tangentencurve aufgefasst werden.

Im Bündel.

Eine sich stetig bewegende Ebene beschreibt (umhüllt) einen Kegel; die Schnittgerade je zweier unmittelbar aufeinanderfolgenden Ebenen ist eine Erzeugende des Kegels; die Verbindungsebene je zweier unmittelbar aufeinanderfolgenden Erzeugenden ist eine Ebene (Tangentialebene) des Kegels.

Ein sich stetig bewegender Strahl beschreibt einen Kegel, dessen Erzeugende er ist; die Verbindungsebene je zweier unmittelbar aufeinanderfolgenden Erzeugenden ist eine Tangentialebene des Kegels; die Schnittgerade je zweier unmittelbar aufeinanderfolgenden Tangentialebenen ist eine Erzeugende des Kegels.

Im Bündel entspricht somit einem Strahlenkegel (als Gesammtheit der Erzeugenden) reciprok ein Ebenenkegel (als Gesammtheit [Enveloppe] aller Tangentialebenen). Den Erzeugenden und Tangentialebenen eines Strahlenkegels entsprechen die Tangentialebenen und Erzeugenden eines Ebenenkegels.

Jeden Kegel kann man sowohl als Strahlenkegel, als auch als Ebenenkegel auffassen.

10. Punkte, Ebenen und Tangenten, welche zwei Curven, zwei Flächen oder einer Curve und einer Fläche gemeinsam sind, werden als gemeinschaftliche Punkte (Schnittpunkte), gemeinschaftliche

Ebenen (gemeinschaftliche Schmiegungs- oder Tangentialebenen), gemeinschaftliche Tangenten bezeichnet. Wenn zwei beliebige von einander unabhängige Curven C, C' gegeben sind, so wird der die eine von ihnen beschreibende Punkt im Allgemeinen nie ein Punkt der anderen werden, d. h.

„Zwei Curven haben im Allgemeinen keine gemeinsamen Punkte (keine Schnittpunkte)."

Ebenso wenn man die Curven als Tangenten- oder Ebenencurven betrachtet:

„Zwei Curven haben im Allgemeinen keine gemeinsamen Tangenten und keine gemeinschaftlichen Schmiegungsebenen."

Wird eine Curve mit einer Fläche in Verbindung gebracht, so kann es im Allgemeinen geschehen, dass der die Curve beschreibende Punkt in einzelnen von einander verschiedenen Lagen zugleich ein Punkt der Fläche wird, und dass ebenso die die Curve beschreibende Schmiegungsebene und Tangente in gewissen Lagen Berührungsebene, respective Tangente der Fläche wird.

„Eine Curve kann mit einer Fläche im Allgemeinen einzelne Punkte (Schnittpunkte) und Tangenten gemeinschaftlich haben und ebenso können im Allgemeinen einzelne Schmiegungsebenen der Curve zugleich Tangentialebenen der Fläche sein."

Wenn eine Curve einer Fläche als Punktcurve angehört, so sind alle ihre Punkte zugleich Punkte der Fläche; und wenn die Curve der Fläche als Ebenencurve umschrieben ist, so sind alle ihre Schmiegungsebenen zugleich Tangentialebenen der Fläche. Denkt man sich von zwei Flächen die eine durch Bewegung einer Curve erzeugt, so werden die dieser Curve und der zweiten Fläche gemeinsamen Punkte Curven beschreiben, deren alle Punkte beiden Flächen gemeinsam sind. Ebenso reciprok: Wird die eine Fläche von einer veränderlichen Ebenencurve beschrieben (umhüllt), so werden die Schmiegungsebenen dieser Curve, welche zugleich Tangentialebenen der anderen Fläche sind, Ebenencurven beschreiben, deren sämmtliche Schmiegungsebenen beiden Flächen als Tangentialebenen angehören.

„Zwei Flächen können im Allgemeinen Punktcurven (Schnittcurven) und (gemeinschaftlich umschriebene) Ebenencurven miteinander gemeinsam haben."

Fügt man zu den betrachteten zwei Flächen noch eine dritte hinzu, so wird diese mit der Schnittcurve (mit der gemeinschaftlich umschriebenen Ebenencurve) der beiden ersten gewisse Punkte (Ebenen) gemeinsam haben können (nach Früherem); diese Punkte

(Ebenen) sind dann allen drei Flächen als ihre Schnittpunkte (ihre Tangentialebenen) gemeinschaftlich.

„Drei Flächen können im Allgemeinen einzelne Punkte und Tangentialebenen gemeinsam haben."

Die entwickelbare Fläche, welche von den Tangenten einer Curve erfüllt ist, wird von einer zweiten Curve im Allgemeinen in einzelnen Punkten geschnitten werden können; d. h.:

„Von den Tangenten einer Curve können im Allgemeinen einzelne eine zweite Curve schneiden."

˙11. Die einfachste Punktcurve ist eine Gerade, welche entsteht, wenn der bewegliche Punkt seine Bewegungsrichtung nicht verändert. Als einfachste Ebenencurve entsteht eine Gerade, wenn die stetige Bewegung der die Curve erzeugenden Ebene in einer Drehung dieser Ebene um eine in der Ebene gelegene Gerade besteht. Wird eine Gerade als Curve aufgefasst, so fällt sie mit allen ihren Tangenten zusammen, während man jede durch sie gelegte Ebene als Schmiegungsebene betrachten kann.

So ergibt sich eine gerade Punktreihe zusammen mit einem mit ihr coaxialen Ebenenbüschel als die einfachste Curve, deren sämmtliche Tangenten in eine zusammenfallen: in die Axe jener beiden reciproken Grundgebilde erster Stufe. Die einfachsten Flächen erhalten wir durch die einfachsten continuirlichen Bewegungen des Strahles, wenn wir ihn einmal als Punktcurve und dann als Ebenencurve betrachten. Diese einfachsten Bewegungen sind jene, bei denen der Strahl fortwährend perspectivisch bleibt mit einer festen Ebene oder mit einem festen Punkte. Wenn wir im ersten Falle den beweglichen Strahl als Punktcurve auffassen und Büschel beschreiben lassen, so erhalten wir die Gesammtheit der Punkte in der festen Ebene als die erzeugte Punktfläche; würden wir den Strahl in diesem Falle als Ebenencurve auffassen, so erhalten wir die sämmtlichen Ebenen des Raumes als keine eigentliche Ebenenfläche, sondern den ganzen Ebenenraum. Wird der sich um einen festen Punkt stetig drehende Strahl als Ebenencurve aufgefasst, so erhält man, wenn man ihn Strahlenbüschel beschreiben lässt, die Gesammtheit der durch den festen Punkt gehenden Ebenen als Ebenenfläche; würden wir hierbei den Strahl als Punktcurve auffassen, so erhielten wir alle Punkte des Raumes, den ganzen Punktraum, als keine eigentliche Punktfläche.

So stellen sich die Ebene (oder das ebene System) und der Punkt (oder das räumliche Bündel) als die einfachsten Flächen dar.

Die Ebene als Punktfläche ist die Gesammtheit der in ihr gelegenen Punkte. Alle in ihr gezogenen Geraden sind als Tangenten der Fläche aufzufassen, jeder Punkt der Ebene ist der Scheitel für ein solches Tangentenstrahlenbüschel. Die Ebene vereinigt in sich alle Tangentialebenen; deren Berührungspunkte sind die einzelnen Punkte der Ebene. Der Punkt als Ebenenfläche ist durch die Gesammtheit der durch ihn gehenden Ebenen dargestellt, welche als Tangentialebenen der Fläche aufzufassen sind. Die sämmtlichen durch den Punkt gehenden Strahlen (von denen jeder als Schnittgerade zweier unendlich nahen von den Tangentialebenen aufgefasst werden kann) stellen die Tangenten der Fläche dar; in jeder der Tangentialebenen liegt ein Büschel solcher Tangenten, deren Scheitel der feste Punkt ist. Dieser Punkt ist somit als der Berührungspunkt aller Tangentialebenen der Fläche aufzufassen, und die sämmtlichen Punkte der Fläche sind in dem festen Punkte vereinigt.

Das ebene Strahlenbüschel endlich stellt die einfachste Strahlen- (Tangenten-) Curve dar; dieselbe entsteht, wenn die stetige Bewegung des Strahles darin besteht, dass er sich um einen festen Punkt dreht und dabei in einer festen Ebene verbleibt. Der Scheitel des Büschels vereinigt in sich die sämmtlichen Punkte, und die Ebene des Büschels vereinigt in sich die sämmtlichen Schmiegungsebenen dieser Strahlencurve; die Strahlen des Büschels sind als die Tangenten der Curve aufzufassen.

Zwei von den eben betrachteten einfachsten Curven- oder Flächengebilden können, wenn sie überhaupt einzelne gemeinsame Elemente aufweisen, nur ein einziges gemeinschaftliches Element besitzen, wenn sie von einander verschieden sind; haben sie jedoch Curven gemeinsam, so sind es wieder solche der einfachsten Art.

Zwei Gerade als Punkt- (Ebenen-) Curven aufgefasst, haben im Allgemeinen keinen Punkt (Ebene) gemeinschaftlich; wenn jedoch die beiden Geraden einer Ebene angehören (durch einen Punkt gehen), so besitzen sie einen Schnittpunkt (eine durch beide gehende Verbindungsebene).

Eine Gerade und eine Ebene als Punktgebilde haben einen Punkt gemeinsam; eine Gerade (als Ebenencurve) hat mit einem Punkt (als Ebenenfläche) eine Ebene, die Verbindungsebene, gemeinschaftlich.

Zwei Ebenen als Punktflächen besitzen eine Gerade (ihre Schnittgerade) gemeinschaftlich; zwei Punkte (als Ebenenflächen) besitzen eine Gerade, ihre Verbindungslinie, (als Ebenencurve) gemeinschaftlich.

Drei Ebenen als Punktflächen haben einen Punkt gemeinsam.

Drei Punkte als Ebenenflächen haben eine Ebene, ihre Verbindungsebene, gemeinsam.

Von den Strahlen eines als Tangentencurve aufgefassten Strahlenbüschels begegnet im Allgemeinen einer einer beliebigen Geraden (als Punktcurve aufgefasst).

Man pflegt diese einfachsten Curven und Flächen als lineare Gebilde, oder als vom ersten Grade zu bezeichnen.

12. Diejenigen Curven und Flächengattungen, bei denen die Anzahl der einzelnen Elemente, welche sie mit beliebigen Curven oder Flächen ersten Grades gemeinschaftlich haben, endlich ist, werden als algebraische bezeichnet.

Bei einer algebraischen Fläche unterscheidet man zwei charakteristische Zahlen: die Ordnung und die Classe. Die Ordnung ist die höchste Anzahl von Punkten, welche die Fläche mit irgend einer Geraden gemeinschaftlich hat; die Classe ist die höchste Anzahl von Tangentialebenen, welche durch irgend eine Gerade hindurchgehen.

Die Ebene ist somit eine Fläche erster Ordnung und nullter Classe.

Der Punkt (als Ebenenfläche) ist eine Fläche erster Classe und nullter Ordnung.

Ist x irgend ein auf der Erzeugenden X gelegene Punkt einer Regelfläche, so muss die Tangentialebene Θ_x des Punktes x die Erzeugende X enthalten; denn Θ_x enthält die Tangenten der durch x auf der Fläche gezogenen Curven, unter welchen auch X als Tangente von X in x vorkommt. Wenn sich x auf X fortbewegt, so wird Θ_x im Allgemeinen die Lage ändern, aber hierbei immer durch X hindurchgehen; Θ_x wird somit um X sich drehend ein Ebenenbüschel beschreiben.

„Bei einer algebraischen (windschiefen) Regelfläche ist die Classe gleich der Ordnung.“

Denn die Schnittpunkte x der Fläche mit irgend einer Geraden G sind jene Punkte, in denen G von Erzeugenden X der Fläche getroffen wird, und da die Ebenen, welche G mit solchen Erzeugenden X verbinden, durch G gehende Tangentialebenen der Fläche sind, so ist die Zahl der auf G gelegenen Flächenpunkte gleich der Zahl der durch G gehenden Tangentialebenen.

Wenn die Regelfläche nicht allgemeiner Natur (windschief) sondern entwickelbar ist, so ist Θ_x eine allen Punkten x einer Erzeugenden X gemeinsame Tangentialebene und jede in Θ_x gezogene Gerade ist eine Flächentangente (Art. 7). Man wird somit durch eine Gerade G nur dann an die Fläche eine eigentliche Tangentialebene legen können, wenn die Gerade eine Tangente der Fläche ist.

Bei einer algebraischen Curve unterscheidet man drei charakteristische Zahlen: die Ordnung, welcher reciprok die Classe gegenübersteht, und dann den Rang. Die Ordnung ist die höchste Anzahl von Punkten, welche die Curve mit einer Ebene gemeinschaftlich hat; die Classe ist die höchste Anzahl von Schmiegungsebenen der Curve, welche durch einen Punkt hindurchgehen; der Rang ist die höchste Anzahl von Tangenten der Curve, welche eine Gerade schneiden.

Der Rang der Curve ist somit zugleich die Ordnung ihrer Tangentenfläche; denn jede eine Gerade schneidende Tangente der Curve schneidet diese Gerade in einem der Tangentenfläche angehörigen Punkte.

Die Schnittpunkte einer Plancurve mit einer Ebene sind offenbar ihre Schnittpunkte mit der Geraden, welche ihre Ebene mit der schneidenden Ebene gemeinsam hat; und die Tangenten der Plancurve, welche eine beliebige Gerade schneiden, gehen doch durch den Punkt, in welchem diese Gerade von der Ebene der Curve getroffen wird.

Unter der Ordnung einer Plancurve kann somit auch verstanden werden die höchste Anzahl der Punkte, welche die Curve mit einer Geraden ihrer Ebene gemeinsam hat. Der Rang der Plancurve, d. i. die höchste Zahl der durch einen Punkt ihrer Ebene gehenden Tangenten der Curve, wird jedoch gewöhnlich als Classe der Plancurve bezeichnet, dem entgegen, dass die eigentliche Classenzahl der Plancurven Null ist, da durch einen beliebigen Punkt des Raumes keine Schmiegungsebene der Curve hindurchgeht, da sie ja alle in der Ebene der Curve vereinigt sind.

Die durch einen Punkt des Raumes gehenden Schmiegungsebenen einer durch einen Kegel dargestellten Raumcurve, d. i. die durch einen Punkt gehenden Tangentialebenen eines Kegels sind offenbar diejenigen Tangentialebenen, welche man durch die Verbindungsgerade des Punktes mit dem Kegelscheitel legen kann; und die eine beliebige Gerade schneidenden Tangenten einer solchen Curve, d. h. die Erzeugenden des Kegels, welche diese Gerade schneiden, sind offenbar Erzeugende, welche in der Ebene liegen, die den Scheitel mit jener Geraden verbindet.

Unter der Classe eines Kegels kann somit auch verstanden werden die höchste Zahl seiner Tangentialebenen, welche durch eine seinen Scheitel enthaltende Gerade gehen. Der Rang des Kegels,

d. i. die Zahl der in einer seinen Scheitel enthaltenden Ebene gelegenen Erzeugenden, wird jedoch gewöhnlich als **Ordnung des Kegels** bezeichnet, dem entgegen, dass diese Ordnung, wenn man den Kegel als Punktcurve aufzufassen nicht aufhört, gleich Null zu setzen wäre, da ja alle Punkte dieser Curve im Scheitel vereinigt sind und somit keiner in einer beliebigen Ebene gelegen sein wird.

Erstes Kapitel.

Die Curven zweiter Ordnung als Erzeugnisse projectivischer Strahlenbüschel.

13. Sind zwei projectivische Strahlenbüschel in einer und derselben Ebene gelegen, so kann man den Schnittpunkt x (Fig. 1) zweier entsprechenden Strahlen X, X' verfolgen, während sich diese

Fig. 1.

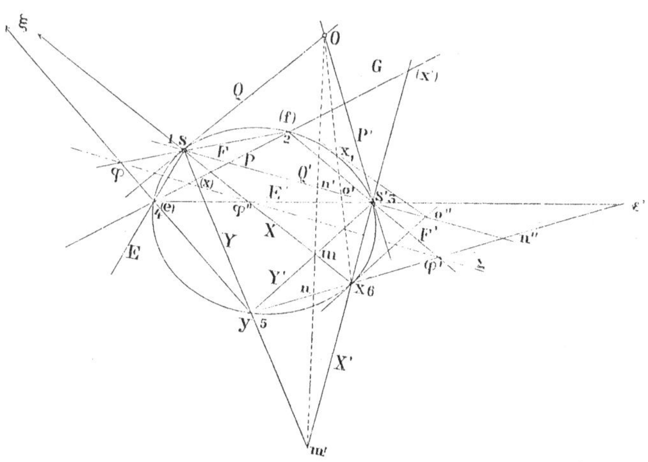

Strahlen um die Scheitel s, s' der beiden Büschel herumdrehen. Man erkennt sofort, dass der Punkt x eine Linie, und zwar eine gesetzmässige Linie beschreiben wird, da er ja bei seiner Bewegung an die Bedingung (das Gesetz) geknüpft ist, der Schnittpunkt entsprechender Strahlen der beiden Büschel zu sein. Diese Curve, welche als Ort von x auftritt, sie heisse K, bezeichnen wir als das Erzeugniss der beiden projectivischen Büschel.

Die beiden Scheitel s, s' gehören der Curve K an; denn werden mit P', Q die beiden dem gemeinschaftlichen Strahle $ss' \equiv P \equiv Q'$ entsprechenden Strahlen bezeichnet, so ist s der Schnittpunkt von Q mit Q' und s' der Schnittpunkt von P mit P', so dass jeder der beiden Scheitel als Schnittpunkt zweier entsprechenden Strahlen einen Punkt von K darstellt. Wenn der Punkt x die Curve K beschreibt, so drehen sich die beiden Strahlen $sx \equiv X$, $s'x \equiv X'$ um die festen Scheitel s, s' und stellen zwei durch diese Punkte hindurchgehende Secanten von K dar; lässt man nun den Strahl X dem Strahe Q unendlich nahe rücken, so wird auch X' dem Strahle Q' unendlich nahe rücken, und es wird somit der Schnittpunkt x von X und X' unendlich nahe rücken zu dem Schnittpunkte s von Q und Q', so dass also die Grenzlage Q den Punkt s mit dem unendlich nahe gerückten Punkt x verbindet und somit die Curve K im Punkte s berührt. Ebenso erkennt man P' als Tangente von K in s', wenn x auf K unendlich nahe zu s' gerückt wird (was dadurch erzielt wird, dass X' unendlich nahe zu P' und demgemäss X unendlich nahe zu P rückt).

14. Es sei G eine beliebige Gerade in der Ebene der beiden Büschel und (x), (x') seien die Schnittpunkte von G mit X, X'; wenn x die Curve K durchläuft, so bewegen sich die zwei Punkte (x), (x') auf G als einander entsprechende Punkte zweier projectivischen Punktreihen, weil die Reihe der Punkte (x) perspectivisch ist mit dem Büschel der Strahlen X, dieses projectivisch mit dem Büschel der Strahlen X' und dieses perspectivisch mit der Reihe der Punkte (x'). Somit sind auch die beiden Punktreihen auf G projectivisch (I., Art. 37). Um sich bei ähnlichen Betrachtungen in der Folge kürzer fassen zu können, soll das zwischen die Symbole zweier Gebilde gesetzte Zeichen $\barwedge$ ihre Projectivität und das geklammerte Zeichen $(\barwedge)$ ihre Perspectivität bezeichnen. Die Beziehungen zwischen den eben betrachteten Gebilden kann man dann symbolisch so darstellen: „Reihe (x) $(\barwedge)$ Büschel $X \barwedge$ Büschel X' $(\barwedge)$ Reihe (x')“, somit auch „Reihe $(x) \barwedge$ Reihe (x')“.

Wenn der die Curve K beschreibende Punkt x in die Gerade G zu liegen kommt, es geschehe dies im Punkte e, welcher als Schnittpunkt der Strahlen E, E' erscheint, so vereinigen sich in e die beiden Punkte (e), (e'), so dass also jeder Schnittpunkt von K mit G ein Doppelpunkt der auf G auftretenden projectivischen Punktreihen ist. Da umgekehrt jeder solche Doppelpunkt $(e) \equiv (e')$ zwei entsprechende sich auf G schneidende Strahlen E, E' der beiden Büschel und somit einen auf G gelegenen Punkt e der Curve liefert, und da die beiden projectivischen Reihen immer zwei reelle, oder zwei zusammenfallende oder zwei imaginäre Doppelpunkte e, f besitzen (I., Art. 54), so erkennt man, dass die Curve K von jeder Geraden ihrer Ebene in zwei Punkten getroffen wird, welche gleichzeitig reell oder imaginär sind, oder aber zusammenfallen. Die Curve K ist somit von der zweiten Ordnung.

Sind die beiden Schnittpunkte e, f reell, so wird G als eine eigentliche Secante und die Strecke $\overline{ef}$ als Sehne bezeichnet; sind e, f imaginär, so ist G eine uneigentliche oder ideelle Secante, respective Sehne, und wenn e und f auf G zusammenfallen, so erscheint G als Verbindungsgerade zweier unendlich nahen Punkte, d. h. als Tangente von K. Die beiden projectivischen Strahlenbüschel bestimmen somit auf jeder Tangente ihres Erzeugnisses K zwei projectivische Punktreihen mit zusammenfallenden Doppelpunkten.

Da der Halbirungspunkt der Strecke $\overline{ef}$ der beiden Doppelpunkte zugleich der Halbirungspunkt der von den beiden immer reellen Gegenpunkten begrenzten Strecke ist (I., Art. 54), so ist der Halbirungspunkt der Sehne ef immer reell, auch dann, wenn die Punkte e, f imaginär sind, wenn sie nur als die Schnittpunkte von K mit einer reellen Geraden G definirt sind.

15. Ersetzt man die Gerade G insbesondere durch die unendlich weite Gerade G_∞ der Ebene, so wird man in derselben Art auf G_∞ zwei durch die Büschel s, s' bestimmte projectivische Reihen mit zwei Doppelpunkten e_∞, f_∞ erhalten. Unsere Curve K besitzt somit zwei unendlich weite Punkte, welche entweder gleichzeitig reell oder imaginär sind oder zusammenfallen. Im ersten Falle muss sich die Curve in zwei von einander verschiedenen Richtungen (gegen e_∞ und f_∞) in das Unendliche erstrecken; im zweiten Falle besitzt die Curve keinen reellen Punkt in unendlicher Entfernung, und sie wird somit ihrer ganzen Ausdehnung nach im Endlichen liegen, und im dritten Falle hat man die unendlich weite Gerade G_∞ als eine Tangente der Curve zu betrachten, welche somit nur in einer einzigen Richtung ihrem Berührungspunkte mit der unendlich weiten Geraden zustrebt, d. h. sich nur in einer einzigen Richtung in das Unendliche erstrecken wird. Wir führen schon jetzt für diese drei Arten der Curve K der Reihe nach die Namen Hyperbel, Ellipse und Parabel ein, und werden wir später in der Lage sein, zu beweisen, dass diese Curven identisch sind mit den so benannten Linien der Elementargeometrie.

16. Die Curve K ist vollkommen und unzweideutig bestimmt, wenn man ausser den, als Scheitel s, s' auftretenden zwei Curven-

punkten noch beliebige drei weitere Curvenpunkte a, b, c kennt, da diese mit s, s' verbunden drei Paare einander entsprechender Strahlen AA', BB', CC' der beiden Büschel liefern und so die projectivische Beziehung bestimmen. Werden nun nach I., Art. 41 die beiden Büschel vervollständigt, so kann man beliebig viele Paare entsprechender Strahlen X, X' und so beliebig viele Punkte x von K in linearer Weise construiren. Das Directionscentrum o der beiden projectivischen Büschel, mit s und s' verbunden, liefert die dem gemeinschaftlichen Strahle entsprechenden Strahlen Q, P', d. h. die Tangenten von K in s, s'. Man erkennt sofort, dass K auch bestimmt ist, wenn man die vier Punkte s, s', a, b und die Tangente in einem der beiden ersten, z. B. in s kennt; denn dann sind die drei Strahlenpaare AA', BB', QQ' gegeben. Ebenso ist K bestimmt, wenn man die drei Punkte s, s', a und die Tangenten Q, P' der beiden ersten kennt, da wieder drei Strahlenpaare AA', BB', QQ' gegeben erscheinen.

Die Schnittpunkte e, f von K mit irgend einer Geraden G wird man nach I., Art. 64 aus den drei Paaren entsprechender Punkte der auf G durch die beiden Büschel s, s' bestimmten projectivischen Punktreihen (als deren Doppelpunkte) aufzusuchen haben. Zieht man durch einen beliebigen Punkt p (den man zur Vereinfachung auch nach s oder s' verlegen kann) Parallele $A_1A'_1$, $B_1B'_1$, $C_1C'_1$ zu AA', BB', CC', so verbinden diese letzteren den Punkt p mit den Punkten $(a_\infty)(a'_\infty)$, $(b_\infty)(b'_\infty)$, $(c_\infty)(c'_\infty)$, in denen die ersteren die unendlich weite Gerade G_∞ schneiden; es werden somit die Doppelstrahlen E_1, F_1 der durch die drei ersteren Strahlenpaare bestimmten Projectivität die Gerade G_∞ in ihren Schnittpunkten mit K treffen, d. h. die unendlich weiten Punkte e_∞, f_∞ von E_1, F_1 sind zugleich die unendlich weiten Punkte von K. Es geben somit die beiden Strahlen E_1, F_1, welche nach I., Art. 57, zu construiren sind, die beiden Richtungen an, in denen sich die Curve K in das Unendliche erstreckt. Die Curve wird daher als Hyperbel, Ellipse oder Parabel zu bezeichnen sein, je nachdem E_1, F_1 reell, imaginär oder zusammenfallend sind.

17. Sowie der Curvenpunkt x als Schnitt der beiden entsprechenden Strahlen X, X' entsteht, so entsteht auch ein beliebiger zweiter Punkt y der Curve als Schnitt der entsprechenden Strahlen Y, Y'; nach I., Art. 41 geht die Gerade mm', welche den Schnitt m von X und Y' mit dem Schnitte m' von X' und Y verbindet, durch das Directionscentrum o. Für das vollständige Viereck $xymm'$ sind s, s' zwei Diagonalecken und ist der Schnittpunkt n von xy mit mm' die dritte Diagonalecke. Jeder Punkt der Curve besitzt auf

jeder Seite einen unendlich nahen Nachbarpunkt auf der Curve; denn, geht X in dem einen oder dem anderen Drehungssinne in einen unendlich nahen Strahl Y über, so wird die Gerade mm', welche o mit dem Punkte $(X'Y)$ oder m' verbindet, eine zu ox unendlich nahe Lage einnehmen, so dass auch der Schnittpunkt m' dieser Geraden mit X unendlich nahe bei x und daher die Gerade $s'm$ oder Y' unendlich nahe bei X' liegt. Es wird somit der Schnittpunkt y der beiden Strahlen Y, Y', welche den Strahlen X, X' unendlich genähert sind, unendlich nahe dem Schnittpunkte x dieser letzteren sein. Die Curve K verlauft somit im Endlichen in stetiger Weise.

Sind n', n'' die Schnittpunkte der Geraden ss' mit den beiden Geraden mm', xy, so folgt aus dem Vierseite $xyx'y'$, dass die Punktpaare $ss', n'n''$ harmonisch sind (I., Art. 19); wird nun y ein zu x unendlich naher Punkt, oder mit anderen Worten: fällt y mit x zusammen, so geht xy in die Tangente T_x von x, und n'' in deren Schnittpunkt o'' mit ss' über, und da die Gerade mm' mit ox identisch wird, so geht n' in den Schnitt o' von ss' mit ox über, und wir haben somit $(ss'o'o'') = -1$.

Um also die Tangente T_x irgend eines Curvenpunktes x zu erhalten, schneide man ss' mit ox in o' und construire zu o' den bezüglich ss' harmonisch conjugirten Punkt o'', so ist xo'' die gesuchte Tangente. Hieraus folgt, dass die Tangente des Punktes x_1, in welchem die Gerade ox die Curve zum zweiten Male trifft, ebenfalls durch o'' gehen muss.

Wenn sich also eine durch o gehende Sehne xx_1 um den Punkt o dreht, so durchlauft der Schnittpunkt o'' der beiden in ihren Endpunkten an K gelegten Tangenten die Gerade ss'; zugleich erkennt man, dass durch jeden auf ss' gelegenen Punkt o'' nur zwei Tangenten an K gelegt werden können, und dass die Verbindungsgerade ihrer Berührungspunkte durch o (Pol der Sehne ss') gehen müsse.

Aus der Harmonität der Punkte $s, s', o'\ o''$ folgt überdies, dass die Tangente T_x eines Curvenpunktes x der zu xo bezüglich der Strahlen xs, xs' harmonisch conjugirte Strahl ist.

18. In I., Art. 70 wurde gezeigt, dass zwei projectivische Büschel auf jeder durch das Directionscentrum gehenden Geraden und nur auf solchen eine Punktinvolution bestimmen. Da nun x, x_1 die Doppelpunkte der auf der Geraden xx_1 durch die Büschel bestimmten projectivischen Punktreihen sind, und da diese Reihen, weil xx_1 durch o geht, eine Involution bilden, und da ferner o, o', als auf zwei entsprechenden Strahlen Q, Q' liegend, entsprechende Punkte dieser Involution sind, so ist $(xx_1oo') = -1$, d. h. die durch

o gehenden Sehnen xx_1 erscheinen harmonisch getrennt durch o und den auf ss' gelegenen Punkt o'; oder: die zu o in Bezug auf die Endpunktepaare xx_1 der durch o gehenden Sehnen harmonisch conjugirten Punkte o' erfüllen die Gerade ss'.

19. Es seien e, f, x, y irgend vier Punkte von K, welche der Reihe nach als Schnitte der Paare entsprechender Strahlen EE', FF', XX', YY' entstanden sind, so dass also $(EFXY) = (E'F'X'Y')$. Schneiden wir die Gerade ey mit den vier ersten Strahlen, so ergeben sich vier Punkte e, φ, ξ, y so, dass $(e\varphi\xi y) = (EFXY)$, und wenn die vier accentuirten Strahlen mit der Geraden xy zum Schnitt gebracht werden, so entstehen die vier Punkte ε', φ', x, y so, dass $(\varepsilon'\varphi'xy) = (E'F'X'Y')$, und es ist somit $(e\varphi\xi y) = (\varepsilon'\varphi'xy)$, und daher müssen die Geraden $e\varepsilon'$ oder E', $\varphi\varphi'$ und ξx oder X durch einen und denselben Punkt φ'' hindurchgehen, oder mit anderen Worten: der Schnittpunkt φ'' von E' und X liegt auf der Verbindungsgeraden Σ der beiden Punkte φ und φ'.

Hält man die Punkte e, f und y fest, lässt hingegen x die Curve K durchlaufen, so beschreiben die Strahlen X, X' die beiden projectivischen Büschel s, s', der Punkt φ'' beschreibt auf E' eine mit dem Büschel s perspectivische Reihe, und da sich die Gerade Σ um den festen Schnittpunkt φ von ey und F dreht, so beschreiben die Punkte φ'' und φ' auf E', respective F' zwei perspectivische Punktreihen; endlich dreht sich der Strahl yx um den festen Punkt y und beschreibt ein Büschel, welches perspectivisch ist mit der auf F' von φ' beschriebenen Reihe. Es ist somit das Strahlenbüschel, welches yx beschreibt, perspectivisch mit der Reihe, welche φ' auf F' beschreibt, diese ist perspectivisch mit der Reihe, welche φ'' auf E' beschreibt, und diese ist perspectivisch mit dem Büschel, welches der Strahl X beschreibt; es ist somit das Strahlenbüschel, welches man erhält, wenn man die einzelnen Punkte x von K mit irgend einem Punkte y von K verbindet, projectivisch mit dem Büschel der Strahlen sx oder X und somit auch projectivisch mit dem Büschel der Strahlen $s'x$ oder X'. Wenn man also dieselben Punkte x von K einmal aus dem festen Punkte y und einmal aus einem zweiten festen Curvenpunkte z projicirt, so erhält man zwei Strahlen yx, zx, welche, wenn x die Curve beschreibt, um y und z sich drehend, als einander entsprechende Strahlen zwei projectivische Strahlenbüschel beschreiben werden; denn jedes dieser Strahlenbüschel ist projectivisch mit dem Strahlenbüschel, welches der Strahl sx (oder $s'x$) beschreibt, und daher sind sie auch gegenseitig in projectivischer Beziehung. Es werden also die sämmtlichen Punkte x von K aus irgend zwei beliebigen unter ihnen y, z durch einander entsprechende Strahlen yx, zx zweier projectivischer Büschel projicirt, so dass die Curve K auch als Erzeugniss dieser beiden neuen projectivischen Büschel betrachtet werden kann. Die beiden Scheitel s, s' der ursprünglich die Curve erzeugenden Büschel erscheinen dadurch allen übrigen Curvenpunkten gleichgestellt, da man sie durch irgend zwei andere y, z ersetzen kann. Das Resultat der durchgeführten Betrachtungen kann man in folgende Form bringen:

„Entsprechende Strahlen zweier projectivischen in derselben Ebene gelegenen Strahlenbüschel schneiden sich in Punkten einer Curve zweiter Ordnung, welche durch die beiden Scheitel hindurchgeht und in denselben die dem gemeinschaftlichen Strahle entsprechenden Strahlen zu Tangenten hat. Dieselbe Curve kann man auf unendlich viele Arten durch zwei andere projectivische Büschel erzeugen; man kann zu dem Behufe irgend zwei Punkte der Curve zu Scheiteln wählen und hat dann je zwei in einem Punkte der Curve sich schneidende Strahlen als einander entsprechende zu betrachten.“

20. Aber auch umgekehrt gilt der Satz:

„Jede ebene Curve zweiter Ordnung kann auf unendlich viele Arten als das Erzeugniss zweier projectivischen Strahlenbüschel betrachtet werden, wenn man deren Scheitel in zwei beliebige Punkte der Curve verlegt und je zwei sich in einem Curvenpunkte schneidende Strahlen als einander entsprechende betrachtet.“

Sind nämlich s, s' irgend zwei einer Curve zweiter Ordnung K angehörige feste Punkte und X, X' ihre zwei Verbindungsstrahlen mit einem variablen Punkte x von K, so folgt, wenn man X, X' als zwei einander entsprechende Strahlen der Büschel s, s' betrachtet, aus der Definition einer Curve zweiter Ordnung sofort die Eindeutigkeit der Beziehung, d. h. die Projectivität der beiden Büschel (I, Art. 94), als deren Erzeugniss dann K auftritt. In der That wird jeder durch s gelegte Strahl X die Curve ausser in s noch in einem einzigen weiteren Punkte x schneiden, welcher, mit s' verbunden, den einzigen dem X entsprechenden Strahl X' liefert; und umgekehrt entspricht jedem X' ein einziges X. Lässt man x auf K unendlich nahe zu s, respective s' rücken, so zeigt eine einfache Ueberlegung, dass dem gemeinschaftlichen Strahle $\overline{ss'}$ die in den Scheiteln s, respective s' an K gelegten Tangenten entsprechen.

21. Man kann von einer Curve zweiter Ordnung K verlangen, dass sie durch einen beliebig gewählten Punkt hindurchgehe, und kann diesen Punkt als den Scheitel des einen Büschels s betrachten; ebenso kann ein zweiter beliebig gewählter Punkt, durch welchen K

hindurchgehen soll, als Scheitel des anderen Büschels s' angesehen werden. Nachdem nun jeder weitere Punkt, durch welchen K hindurchgehen soll, mit s und s' verbunden, zwei entsprechende Strahlen der beiden Büschel und somit auch die Ebene der Curve bestimmt, und nachdem andererseits durch drei Paare entsprechender Strahlen die projectivische Beziehung und somit dann auch die Curve K festgelegt erscheint, so wird man ausser s, s' noch drei weitere mit s, s' in einer Ebene liegende Punkte beliebig wählen und von K verlangen können, dass sie durch die sämmtlichen fünf Punkte hindurchgehe; dann wird aber K vollkommen und unzweideutig bestimmt sein:

„Durch fünf beliebig in einer Ebene gewählte Punkte lässt sich eine Curve zweiter Ordnung legen, welche durch diese Punkte auch eindeutig bestimmt ist. Zwei Curven zweiter Ordnung, welche fünf Punkte gemeinschaftlich haben, sind somit identisch, fallen Punkt für Punkt zusammen.“

Wählt man unter den fünf Punkten irgend zwei als die Scheitel s, s' der beiden projectivischen Büschel, so liefern die drei übrigen Punkte a, b, c mit s, s' verbunden drei Paare entsprechender Strahlen AA', BB', CC' der beiden projectivischen Büschel, durch deren Vervollständigung die Curve in linearer Weise als Ort der Schnittpunkte entsprechender Strahlen construirt werden kann. Wären vier Punkte s, s', a, b und in einem derselben, etwa in s, die Tangente Q der Curve gegeben, so hat man, wenn ss' mit Q' bezeichnet wird, wieder drei Paare entsprechender Strahlen, AA', BB', QQ' gegeben, und können somit die beiden projectivischen Büschel vervollständigt und dadurch auch die Curve zweiter Ordnung construirt werden, welche durch s, s', a, b hindurchgeht und in s die Gerade Q berührt. Endlich erscheint die Projectivität der beiden Büschel s, s' und dadurch auch die Curve gegeben, wenn man drei Punkte s, s', a kennt, durch welche die Curve hindurchgehen soll, und ausserdem ihre Tangenten Q, P' in zwei von diesen Punkten, etwa in s und s'; denn, wird die Gerade ss' mit Q' und P bezeichnet, so hat man wieder drei Strahlenpaare AA', PP', QQ' der beiden projectivischen Büschel s, s', welche die Curve erzeugen.

Man wird ferner in allen diesen Fällen in der früher angedeuteten Weise die beiden Schnittpunkte der Curve mit irgend einer beliebigen Geraden als Doppelpunkte projectivischer Punktreihen construiren, und wird insbesondere die beiden unendlich weiten Punkte der Curve, respective die beiden Richtungen auffinden können, in denen sich die Curve (falls sie reell sind) in das Unendliche erstreckt. Durch diese letztere Construction wird entschieden, ob die Curve als eine Hyperbel, Ellipse oder Parabel zu bezeichnen ist. (Vergl. Art. 15.) Dadurch erscheinen die Aufgaben gelöst:

„Die durch fünf beliebig in einer Ebene gewählte Punkte hindurchgehende Curve zweiter Ordnung ist zu construiren."

„Es ist die Curve zweiter Ordnung zu construiren, welche durch vier gegebene Punkte geht und in einem von ihnen eine gegebene Gerade berührt."

„Es ist die Curve zweiter Ordnung zu construiren, welche durch drei gegebene Punkte geht und in zwei von ihnen je eine gegebene Gerade berührt."

„Es sind die beiden Schnittpunkte einer durch fünf gegebene Punkte hindurchgehenden Curve zweiter Ordnung mit einer beliebigen Geraden zu construiren."

„Es sind die beiden unendlich weiten Punkte einer durch fünf Punkte bestimmten Curve zweiter Ordnung aufzufinden."

Während die ersten drei Aufgaben mittelst eines Lineals allein gelöst werden können, indem das Ziehen von Geraden hinreicht, um beliebig viele Punkte der Curve zu construiren, sind die beiden letzten Aufgaben (von denen die zweite nur als besonderer Fall der vorletzten anzusehen ist) quadratisch, da man zu ihrer Lösung eines Kreises bedarf.

Wenn jedoch von den zwei Schnittpunkten einer Geraden mit der Curve K der eine gegeben ist, so kann der zweite in linearer Weise construirt werden, indem man den bekannten Schnittpunkt als Scheitel des einen der beiden Strahlenbüschel, die Gerade als Strahl dieses Büschels betrachtet, und im zweiten Büschel den entsprechenden aufsucht, welcher die Gerade in dem fraglichen zweiten Schnittpunkte treffen wird. Die Aufgabe: *„Man soll den zweiten Schnittpunkt einer durch fünf gegebene Punkte hindurchgehenden Curve zweiter Ordnung mit einer durch einen der gegebenen Punkte hindurchgelegten Geraden finden"*, ist somit im Vorhergehenden auf lineare Weise gelöst, und ist daher ebenfalls eine Aufgabe des ersten Grades (linear).

Nachdem man irgend zwei unter den fünf eine Curve zweiter Ordnung bestimmenden Punkten zu Scheiteln ss' der beiden projectivischen Büschel machen kann, und nachdem die Verbindungsgeraden des Directionscentrums o mit s, s' die Curventangenten sind, welche die Curve in s, respective s' berühren, so ist in den vorhergehenden Betrachtungen die lineare Lösung der Aufgabe enthalten:

„In einem der fünf eine Curve zweiter Ordnung bestimmenden Punkte die Tangente der Curve zu construiren.“

Man wird den betreffenden Punkt zum Scheitel des einen der projectivischen Büschel zu machen haben und ihn mit dem Directionscentrum verbinden.

22. Wir haben erkannt, dass die beiden ursprünglichen Büschelscheitel s, s' durch zwei beliebige andere Punkte der Curve ersetzt werden können, so dass also die in Art. 18 betrachtete Sehne $\overline{ss'}$ als eine beliebige Curvensehne angesehen werden kann. Hieraus folgt mit Rücksicht auf Art. 17 dass durch einen beliebigen Punkt o'' der Ebene, wenn sich durch ihn überhaupt Tangenten an die Curve zweiter Ordnung legen lassen, zwei, und nur zwei solche Tangenten hindurchgehen werden. Denn verbindet man o'' mit irgend einem Curvenpunkte s, so wird die Gerade $o''s$ die Curve zum zweiten Male in einem Punkte s' schneiden, und nun müssen die Berührungspunkte der durch o'' gehenden Tangenten auf einer durch den Pol o der Sehne $\overline{ss'}$ hindurchgehenden Geraden liegen, so dass ihre Zahl gleich zwei ist. Wir werden später sehen, dass die Curve zweiter Ordnung in der That von der zweiten Classe ist.

Wenn man den Schnittpunkt o der in den Endpunkten einer Sehne ss' an die Curve gelegten Tangenten als den Pol der Sehne und diese umgekehrt als die Polare von o bezeichnet, so hat man nach Art. 17 die allgemein giltigen Sätze:

„Wenn eine Sehne xx_1 durch den Pol o einer zweiten Sehne ss' hindurchgeht, so geht diese zweite Sehne ss' auch durch den Pol o'' der ersten Sehne xx_1.“

Oder:

„Wenn eine durch den Pol o einer zweiten Sehne ss' hindurchgehende Sehne xx_1 sich um diesen Punkt o dreht, so beschreibt ihr Pol o'' jene zweite Sehne ss'.“

Ebenso folgt aus Art. 18:

„Jede durch den Pol o einer Sehne ss' hindurchgehende Sehne xx_1 erscheint durch den Pol o und ihren Schnittpunkt o' mit ss' harmonisch getrennt, d. h. es ist $(xx_1oo') = -1$.“

Oder:

„Jeder Punkt o' einer Sehne ss' erscheint durch die Curve vom Pole o der Sehne harmonisch getrennt.“

Oder:

„Jede Sehne ss' erscheint als der Ort der Punkte o', welche von dem Pole o der Sehne auf den durch o gehenden Sehnen xx_1 durch deren Endpunktpaare harmonisch getrennt erscheinen.“

Irgend vier durch o hindurchgehende Sehnen $\overline{xx_1}$, (Fig. 1) schneiden ss' in vier Punkten o', welche dasselbe Doppelverhältniss wie jene Sehnen besitzen; das Doppelverhältniss der vier Punkte o' ist jedoch gleich dem Doppelverhältnisse der vier entsprechenden Punkte o'', welche als Pole jener vier Sehnen xx_1, auftreten. Denn weil o' der Schnittpunkt der durch o'' gehenden Sehne ss' mit der Polare von o'' ist, so ist $(ss' o' o'') = -1$, und somit entsprechen den Punkten o' involutorisch die Punkte o'' und zwar in jener Involution, welche s und s' zu Doppelpunkten besitzt. Somit gilt der Satz:

„Das Doppelverhältniss von irgend vier durch den Pol o einer beliebigen Sehne ss' hindurchgehenden Sehnen xx_1 ist gleich dem Doppelverhältniss ihrer vier auf jener Sehne ss' gelegenen Pole o''.“

Rückt der Punkt s' auf der Curve unendlich nahe zum Punkt s, so wird die Länge der Sehne $\overline{ss'}$ unendlich klein, die Gerade ss' wird zur Tangente der Curve im Punkte o und zugleich rückt die Tangente von s' unendlich nahe zur Tangente von s, so dass der Schnittpunkt o dieser beiden unendlich nahen Tangenten unendlich nahe zum Punkte s rückt. Hieraus folgt:

„Der Pol einer Curventangente (wenn man sie als Sehne von verschwindender Länge betrachtet) ist der zugehörige Berührungspunkt.“

23. Unter den eine Curve zweiter Ordnung bestimmenden fünf Punkten können auch unendlich weite vorkommen, und bleibt die in Art. 21 angeführte Construction weiterer Curvenpunkte und deren Tangenten unverändert.

Werden in der Ebene beliebige vier Punkte und eine Gerade G gewählt, so kann man nach jener Curve zweiter Ordnung fragen, welche durch jene vier Punkte und durch den unendlich weiten Punkt von G hindurchgeht. Nennt man die vier ersteren Punkte s, s', a, b und bezeichnet man den unendlich weiten Punkt von G mit c_∞, so werden die Strahlen C, C' die durch s, respective s' zu G gezogenen Parallelen sein. Bewegt sich ein Punkt auf der Curve gegen den unendlich weiten Punkt c_∞, so wird seine Tangente einer gewissen Grenzlage zustreben, welche man als die Tangente dieses unendlich weiten Punktes c_∞ anzusehen hat. Eine solche Tangente, deren Berührungspunkt in unendlicher Entfernung liegt, wird als eine Asymptote der Curve bezeichnet. Da die Curve zwei reelle, imaginäre oder zusammenfallende unendlich weite Punkte besitzt, *„so hat eine Curve zweiter Ordnung zwei reelle Asymptoten (Hyperbel), oder keine reelle Asymptote (zwei imaginäre Asymptoten, Ellipse), oder die beiden Asymptoten fallen in der unendlich weiten Geraden zusammen, wenn diese eine Tangente der Curve ist (Parabel).“*

Die Tangente von c_∞, d. i. also eine Asymptote von K, wird man wie im allgemeinen Falle erhalten, indem man zu dem Punkte o', in welchem ss' von oc_∞, d. h. von der durch o zu G Parallelen geschnitten wird, den bezüglich s, s' harmonisch conjugirten Punkt o'' aufsucht und mit c_∞ verbindet; es ist also die durch o'' zu G parallel gezogene Gerade die Asymptote, welche K in c_∞ berührt.

24. Man kann auch den einen der beiden Scheitel in den unendlich weiten Punkt verlegen. Bezeichnet man die vier im Endlichen liegenden Punkte mit a, b, c, s und den unendlich weiten Punkt von G mit s'_∞, so werden die Strahlen A', B', C' die durch a, b, c zu G parallel gezogenen Geraden sein, und da die Geraden os, os' die Curve in s, respective s' berühren, so ist die durch o zu G parallel gezogene Gerade die Asymptote von K, welche in s'_∞ die Curve berührt.

Durch die Gerade G ist die eine Richtung (Asymptotenrichtung) angegeben, in welcher sich die Curve in das Unendliche erstreckt, und man kann sofort die zweite Asymptotenrichtung construiren, wenn man sich die Frage nach dem zweiten unendlich weiten Punkt der Curve stellt. Dieser Punkt, er heisse u_∞, ist der zweite Schnittpunkt der Curve mit der unendlich weiten Geraden U'_∞, welche einen Strahl des Parallelstrahlenbüschels s'_∞ darstellt. Man hat also nur den Strahl U des Büschels s zu construiren, welcher projectivisch dem Strahle U'_∞ entspricht, so ist u_∞ der unendlich weite Punkt von U, und somit gibt U die zweite Asymptotenrichtung an. Aus der allgemeinen Construction der Tangente irgend eines Curvenpunktes folgt sofort, dass die Tangente in u_∞, d. h. die zweite Asymptote der Curve, jene zu U parallel gezogene Gerade ist, welche, auf entgegengesetzter Seite von U liegend, von U dieselbe Entfernung hat wie der Punkt o.

Es erscheint somit die Aufgabe gelöst:

„Es ist eine Curve zweiter Ordnung (Hyperbel) zu construiren, welche durch vier Punkte geht und eine gegebene Asymptotenrichtung besitzt. Weiter sind zu construiren: Die zweite Asymptotenrichtung, sowie die beiden Asymptoten selbst.“

Der Schnittpunkt der beiden Asymptoten ist der Pol der unendlich weiten Sehne $s'_\infty u_\infty$, und es wird somit jede durch ihn gehende Sehne xx_1 in ihm halbirt erscheinen, weil er bezüglich xx_1 harmonisch conjugirt ist zu dem auf $\overline{s'_\infty u_\infty}$, also in unendlicher Entfernung liegenden Punkt.

„Der Schnittpunkt der beiden Asymptoten halbirt somit jede durch ihn gehende Curvensehne. Er wird aus diesem Grunde der Mittelpunkt der Curve genannt.“

Die vier Punkte in der letzten Aufgabe können ersetzt werden durch drei Punkte, wenn man auch noch die Tangenten eines derselben kennt, oder durch zwei Punkte, wenn deren Tangenten ebenfalls gegeben sind.

25. *„Soll eine Curve zweiter Ordnung construirt werden, welche durch drei gegebene Punkte hindurchgehen und zu zwei gegebenen Geraden G, G' parallele Asymptoten besitzen soll“*, so wird man entweder zwei von den drei Punkten als s, s', den dritten als a und die unendlich weiten Punkte von G, G' als b, c betrachten und erhält wieder drei Strahlenpaare AA', BB', CC' für die projectivischen Büschel, wobei $A \| A' \| G$ und $B \| B' \| G'$ ist; oder aber man vertauscht s mit a und wird ein Parallelstrahlenbüschel erhalten, oder endlich, man wählt die unendlich weiten Punkte von G, G' zu Scheiteln s, s' der beiden projectivischen Büschel, welche Parallelstrahlenbüschel werden, und zieht durch die drei Punkte a, b, c die Strahlen A, B, C parallel zu G und A', B', C' parallel zu G'. Hier ist das Directionscentrum o, d. h. der Schnittpunkt der Geraden $\overline{(AB')(A'B)}$, $\overline{(AC')(A'C)}$, $\overline{(BC')(B'C)}$ (I., Art. 41) der Mittelpunkt der Curve, da die durch o zu G und G' gezogenen Parallelen in s, s' die Curve berühren und somit Asymptoten der Curve sind. Die drei im Endlichen liegenden Punkte können ersetzt werden durch zwei Punkte, wenn auch noch die Tangente eines derselben gegeben ist, oder durch zwei Punkte, wenn jedoch eine der Asymptoten nicht nur der Richtung, sondern auch ihrer Lage nach gegeben ist, oder durch eine Asymptote und einen Punkt nebst dessen Tangente, oder endlich kann die Aufgabe gestellt werden:

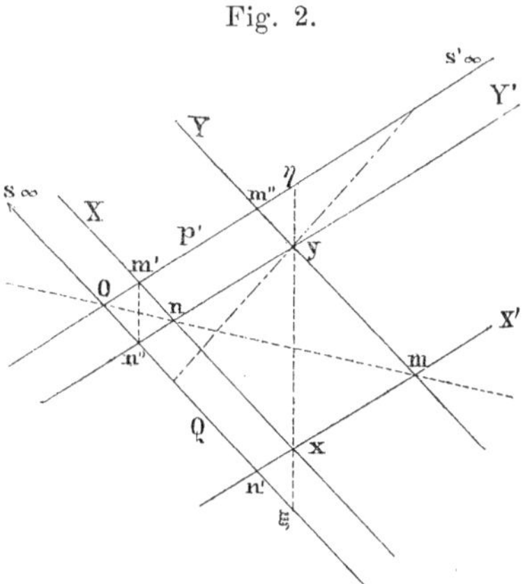

Fig. 2.

26. *„Es ist eine Curve zweiter Ordnung zu construiren, welche zwei gegebene gerade Linien P' Q zu Asymptoten hat (d. h. jede derselben in unendlicher Entfernung berührt) und durch einen gegebenen Punkt x hindurchgeht“* (Fig. 2).

Betrachtet man die unendlich weiten Punkte s_∞, s'_∞ von Q, P' als Scheitel der beiden Strahlenbüschel, so ist der Schnittpunkt o von Q und P' das Directionscentrum und die durch x zu Q, respective P' parallel gezogenen Strahlen X, X' sind einander entsprechende Strahlen. Zu einem beliebigen zu Q parallelen Strahle Y erhält man den entsprechenden Y', wenn man den Schnittpunkt m von Y und X' mit o verbindet, om mit X in n zum Durchschnitte bringt und durch n zu P' die Parallele Y' zieht; Y und Y' schneiden sich in einem neuen Punkte y der Curve. Man wird somit beliebig viele Punkte y der Curve erhalten, wenn man X, X' mit den durch o gehenden Strahlen in m, respective n schneidet und durch diese Punkte die Strahlen Y', respective Y zu P', Q parallel zieht und zum Durchschnitte in y bringt. Sind m', m'' die Schnittpunkte von P' mit X und Y und n', n'' die Schnittpunkte von Q mit X' und Y' und ξ, η die Schnittpunkte von $\overline{xy}$ mit Q und P', so folgt aus der Winkelgleichheit und da $xn' = m'o$, $ym'' = n''o$, dass $\triangle\, \eta\, y\, m'' \cong \triangle\, m'\, n''\, o \cong x\, \xi\, n'$, so dass also $\eta\, y = x\, \xi$ ist, und die zwei Strecken $\overline{xy}$, $\overline{\xi\eta}$ haben somit einen gemeinschaftlichen Halbirungspunkt. Da x, y zwei beliebige Punkte der Curve sind, so gilt der Satz:

„Der Mittelpunkt irgend einer Sehne $\overline{xy}$ ist zugleich der Mittelpunkt jener Strecke $\overline{\xi\eta}$, welche durch die beiden Asymptoten auf der Geraden xy abgeschnitten erscheint."

Geht die Sehne $\overline{xy}$ durch den Punkt o, so vereinigt dieser Punkt ξ mit η und wir erhalten wieder den Satz, dass der Mittelpunkt o alle durch ihn gehenden Sehnen halbirt. Wird dagegen die Gerade xy eine Tangente, so fallen die Punkte x, y in ihrem Berührungspunkte zusammen, so dass derselbe auch der Halbirungspunkt von $\overline{\xi\eta}$ sein wird, d. h.:

„Die Strecke, welche auf einer Tangente durch die beiden Asymptoten abgeschnitten wird, erscheint durch den Berührungspunkt der Tangente halbirt."

Der vorletzte Satz liefert eine auf Streckenabtragungen beruhende Construction der Curve, wenn ihre Asymptoten und ein Punkt x der Curve bekannt sind. Man hat nach diesem Satze durch x beliebige Gerade zu ziehen, welche die Asymptoten in ξ, η schneiden mögen, und hat auf diesen Geraden die Punkte y so zu bestimmen, dass $\overline{\xi x} = \overline{y\eta}$ wird, wodurch man einzelne und beliebig viele Punkte y der Curve erhalten kann.

Aus der Aehnlichkeit der Dreiecke $\triangle\, o\, n\, n''$, $\triangle\, o\, m\, n'$ folgt $\frac{o\, n''}{n''\, n} = \frac{o\, n'}{n'\, m}$ oder $\frac{o\, n''}{o\, m'} = \frac{o\, n'}{o\, m''}$, somit ist $\overline{o\, m''} \,.\, \overline{o\, n''} = \overline{o\, m'} \,.\, \overline{o\, n'}$. Denkt man sich die beiden Asymptoten als Coordinatenaxen, so sind $om'' = u$, $on'' = v$ die Parallelcoordinaten des variablen Curvenpunktes y, und es ist nach der entwickelten Relation $u \,.\, v = $ constant, die Gleichung der Curve in diesem Coordinatensysteme. Die

Tangente des Punktes y bestimmt auf den beiden Asymptoten, vom Mittelpunkte o aus gerechnet, zwei Abschnitte U, V, und da y der Halbirungspunkt der zwischen den Asymptoten enthaltenen Strecke der Tangente ist, so wird $U = 2u$, $V = 2v$ sein, und da nun das Product $u . v$ constant ist, so wird auch das Product $U . V$ für alle Curventangenten einen constanten Werth besitzen. (Potenz der Hyperbel.) Wenn man das halbe Product $U . V$ mit dem Sinus des von den Asymptoten eingeschlossenen Winkels multiplicirt, erhält man den Flächeninhalt des von den Asymptoten und der Tangente gebildeten Dreiseits, d. h.

„Der Flächeninhalt des von den Asymptoten und einer variablen Curventangente gebildeten Dreiseits ist constant.“

Das Product aus $u . v$ in denselben Sinus ist der Flächeninhalt des Parallelogrammes $o\, m''y\, n''$, d. h.:

„Der Flächeninhalt des Parallelogrammes, welches von den Asymptoten und den zu ihnen durch einen variablen Curvenpunkt gezogenen Parallelen gebildet wird, ist constant.“

27. *„Soll eine Curve zweiter Ordnung construirt werden, welche durch drei gegebene Punkte hindurchgeht und die unendlich weite Gerade in einem gegebenen Punkte berührt“* (Parabel), so wird der letzte Punkt s'_∞ als der unendlich weite Punkt einer gegebenen Geraden G bestimmt erscheinen. Wählt man unter den drei ersten Punkten den Scheitel s beliebig, so liefern die beiden anderen a, b mit s verbunden zwei Strahlen A, B, denen in dem Parallelstrahlenbüschel s'_∞ die durch diese Punkte a, b zu G gezogenen Parallelen A', B' entsprechen. Dem gemeinsamen Strahle $\overline{ss'_\infty}$ ($\| G$) entspricht die Tangente von s'_∞, d. h. die unendlich weite Gerade, welche somit das Directionscentrum enthalten muss; dieses Centrum ist daher der unendlich weite Punkt der Geraden, welche den Schnittpunkt von A und B' mit jenem von A' und B verbindet; u. s. w.

28. Wir haben die Curve zweiter Ordnung als den Ort eines Punktes kennen gelernt, welcher zwei entsprechenden Strahlen zweier projectivischen Büschel gemeinschaftlich ist; erkannten, dass eine solche Curve durch fünf beliebige unter ihren Punkten vollkommen und unzweideutig bestimmt ist, und konnten eine Methode zur Construction der durch fünf Punkte einer Ebene bestimmten Curve entwickeln.

Wählt man von den fünf die Curve bestimmenden Punkten drei, etwa a, b, c, als auf einer und derselben Geraden liegend, und verlegt die Scheitel s, s' der beiden die Curve erzeugenden Büschel in die beiden anderen Punkte, so werden die beiden Büschel perspectivisch sein, da sich drei Paare entsprechender Strahlen in drei Punkten (a, b, c) einer Geraden schneiden (I., Art. 36.).

Jeder Punkt x dieser Geraden mit s und s' verbunden liefert ein Paar entsprechender Strahlen und erscheint somit als deren Schnittpunkt, d. h. als ein Punkt der durch a, b, c, s, s' bestimmten Curve zweiter Ordnung. Da sich der den beiden Büscheln gemeinschaftliche Strahl ss' selbst entspricht, d. h. zwei entsprechende Strahlen in sich vereinigt, so ist jeder auf $\overline{ss'}$ gelegene Punkt diesen beiden entsprechenden Strahlen gemeinschaftlich und muss somit als der Curve angehörig betrachtet werden. Man gelangt zu demselben Resultate, wenn man die beiden Scheitel s, s' in zwei von den drei in gerader Linie gelegenen Punkten verlegt und die übrigen drei als a, b, c betrachtet, wobei etwa c auch auf der Geraden $\overline{ss'}$ liegen möge. Die beiden Büschel sind hier wieder perspectivisch, weil die zwei einander entsprechenden Strahlen $sc, s'c$ zusammenfallen; es ist somit $\overline{ab}$ die Perspectivitätsaxe, deren sämmtliche Punkte als Schnitte entsprechender Strahlen, d. h. als Punkte der durch s, s', a, b, c bestimmten Curve zweiter Ordnung auftreten. Die der Curve angehörigen Punkte vertheilen sich somit auf zwei Gerade: diejenige, welche drei von den fünf Punkten enthält, und die Verbindungsgerade der beiden übrigen. In der That stellen zwei Gerade, in einer Ebene liegend, zusammen als Ort aufgefasst, eine Curve zweiter Ordnung dar, da dieser Ort mit einer beliebigen Geraden zwei Punkte gemeinsam hat, nämlich ihre Schnittpunkte mit den beiden den Ort darstellenden Geraden. Eine solche durch ein Geradenpaar dargestellte Curve zweiter Ordnung wird als eine uneigentliche oder zerfallende oder degenerirte Curve zweiter Ordnung bezeichnet. Der Schnittpunkt der beiden Geraden wird als der Doppelpunkt dieser Curve bezeichnet; die beiden Schnittpunkte der Curve mit einer durch ihn gehenden Geraden sind in ihm vereinigt.

Durch diese Betrachtungen ist zugleich der wichtige Satz bewiesen:

„Eine Gerade, welche mit einer Curve zweiter Ordnung drei Punkte gemeinschaftlich hat, hat alle ihre Punkte mit der Curve gemeinschaftlich, indem sie einen Bestandtheil derselben bildet. Der andere Bestandtheil wird durch eine zweite Gerade dargestellt."

Zwei parallele Gerade stellen eine Curve zweiter Ordnung mit unendlich weitem Doppelpunkte vor.

Aus Obigem geht weiter hervor, dass eine Curve zweiter Ordnung durch fünf Punkte, von denen vier in einer Geraden liegen, nicht bestimmt ist, da man jene Gerade mit einer beliebigen sie schneidenden, durch den fünften Punkt gehenden Geraden zusammen als eine durch die fünf Punkte gehende Curve zu betrachten hat.

Ebenso ist durch fünf in gerader Linie gelegene Punkte eine Curve zweiter Ordnung nicht bestimmt, da diese Gerade mit jeder anderen sie schneidenden Geraden eine solche Curve darstellt. Werden solche Geraden, welche von einer Curve zweiter Ordnung in zwei unendlich nahen Punkten geschnitten erscheinen, als Tangenten der Curve definirt, so hat man bei einer degenerirten Curve die sämmtlichen in ihrer Ebene durch den Doppelpunkt gezogenen Geraden als deren Tangenten zu betrachten. Endlich können die beiden eine zerfallende Curve zweiter Ordnung darstellenden Geraden zusammenfallen, und die Curve wird von einer Doppelgeraden repräsentirt; jeder Punkt dieser Doppelgeraden ist als den beiden in ihr zusammenfallenden die Curve bildenden Geraden gemeinschaftlich, als Doppelpunkt der Curve zu betrachten, und kann man in diesem Falle in gewisser Hinsicht jede in der Ebene der Curve gezogene Gerade als Tangente derselben betrachten.

Zweites Kapitel.

Das eingeschriebene einfache Sechseck (Sechsseit).

29. *„In jedem einer Curve zweiter Ordnung eingeschriebenen einfachen Sechsecke (d. h. in einem einfachen Sechsecke, dessen sechs Ecken Punkte einer Curve zweiter Ordnung sind) schneiden sich die drei Paare von Gegenseiten in drei Punkten, welche in einer und derselben Geraden liegen."*

Dieser nach seinem Entdecker, Blasius Pascal, benannte Satz erscheint durch die an Fig. 1 geknüpften Betrachtungen erwiesen. Sind nämlich 1, 2, 3, 4, 5, 6 irgend sechs einer und derselben Curve zweiter Ordnung angehörige Punkte, welche durch die sechs ersten (arabischen) Ziffern in derselben Ordnung bezeichnet wurden, in welcher sie aufeinanderfolgend verbunden die sechs Seiten 12, 23, 34, 45, 56, 61 des eingeschriebenen Sechseckes liefern, so bezeichnet man je zwei Seiten, welche beiderseits durch je zwei andere getrennt erscheinen, als zwei Gegenseiten; es sind also Gegenseiten: 12 und 45, 23 und 56, 34 und 61. Wird nun der

Schnittpunkt von 12 und 45 mit III, jener von 23 und 56 mit IV und endlich jener von 34 und 61 mit V bezeichnet,[1]) so liegen nach dem Pascal'schen Satze die drei Punkte III, IV, V in einer und derselben Geraden Σ, welche man die Pascallinie des Sechseckes 123456 nennt. In der That, betrachtet man die Punkte 1, 2, 3, 4, 5, 6 der Reihe nach als die Punkte s, f, s', e, y, x in Fig. 1, so werden die Punkte *III, IV, V* der Reihe nach mit φ, φ', φ'' in dieser Figur identisch. Diese drei Punkte liegen jedoch nach den dortigen Betrachtungen in einer und derselben Geraden Σ; und nachdem man in Fig. 1 die Punkte s, s', e, f, x, y als beliebige sechs Punkte einer Curve zweiter Ordnung ansehen kann (siehe Art. 15), so erscheint hiedurch der Pascal'sche Satz allgemein bewiesen.

Es möge hier daran erinnert werden, dass dieser Satz nicht nur für den Kreis (I., Art. 57), sondern auch für den durch ein Geradenpaar dargestellten Kegelschnitt (I., Art. 40) schon früher bewiesen wurde. Ebenso erkennt man, dass der Satz umkehrbar ist; hat nämlich ein einfaches Sechseck die Eigenschaft, dass sich seine drei Gegenseitenpaare in drei Punkten einer Geraden schneiden, so liegen seine sechs Ecken auf einer und derselben Curve zweiter Ordnung. Denn aus der Annahme, dass die drei Punkte *III* $(=\varphi)$, *IV* $(=\varphi')$, *V* $(=\varphi'')$ in einer und derselben Geraden Σ liegen (Fig. 1), folgt die Doppelverhältnissgleichheit der zwei vierstrahligen Büschel (12, 14, 15, 16) und (32, 34, 35, 36), woraus wieder folgt, dass die sechs Punkte 1, 2, 3, 4, 5, 6 auf einer und derselben Curve zweiter Ordnung liegen (Art. 19).

30. Durch den Pascal'schen Satz wird die Construction der durch irgend fünf beliebig gegebene Punkte hindurchgehenden Curve zweiter Ordnung vollkommen symmetrisch, indem es nicht mehr nöthig ist, zwei von den fünf Punkten dadurch, dass man sie zu Scheiteln der projectivischen Büschel machen würde, vor den an-

---

[1]) Wir haben diese Bezeichnung benutzt, um in einfacher Weise jeden Augenblick das Schema der drei Gegenseitenpaare und ihrer drei Schnittpunkte entwickeln zu können. Fängt man mit der Ecke 1 an, so erhält man zu 12 die Gegenseite, wenn man mit Uebergehung der folgenden Ziffer 3 die beiden nachfolgenden 4, 5 nebeneinander setzt; der Schnittpunkt von 12, 45 heisst dann III. Zu 23 erhält man, 4 übergehend, die Gegenseite 56, welche 23 in IV schneidet, und zu 34 ergibt sich, nach Auslassung von 5, die Gegenseite 61, welche 34 in V schneidet. Das Schema kann nun so aufgestellt werden:

12 und 45 schneiden sich in III
23 „ 56 „ „ „ IV
34 „ 61 „ „ „ V

Die Punkte III, IV, V liegen auf einer und derselben Geraden Σ.

deren in gewisser Art auszuzeichnen. Bezeichnet man (Fig. 3) die gegebenen fünf Punkte in irgend einer Aufeinanderfolge mit den Ziffern 1, 2, 3, 4, 5, so kann man jeden weiteren Punkt der Curve als die Ecke 6 des ihr eingeschriebenen einfachen Sechseckes 1 2 3 4 5 6 betrachten. Die Pascallinie Σ muss durch den Punkt *III* gehen, in welchem sich 12 und 45 schneiden, und wird somit, während der Punkt 6 die Curve durchlauft, um *III* sich drehend, ein Strahlenbüschel beschreiben. Zieht man also durch *III* eine beliebige Gerade Σ, so kann dieselbe als die zu einem Punkte 6 gehörige Pascallinie betrachtet und dieser Punkt leicht aufgefunden werden. Es werden nämlich *IV* und *V* die Schnittpunkte von Σ mit $\overline{23}$, respective $\overline{34}$ sein, und die Geraden $\overline{IV5}$ und $\overline{V1}$ schneiden sich in dem gesuchten Punkte 6. Solche der Curve angehörige Punkte 6 kann man beliebig viele construiren, wenn man die Lage der durch *III* hindurchgehenden Geraden Σ verändert; und zwar hat man ein- für allemal die vier festen Geraden 12, 23, 34, 45, und ferner für jeden neu zu construirenden Curvenpunkt die drei variablen Geraden: Σ (durch *III*), $\overline{IV5}$ und $\overline{V1}$ zu ziehen.

Fig. 3.

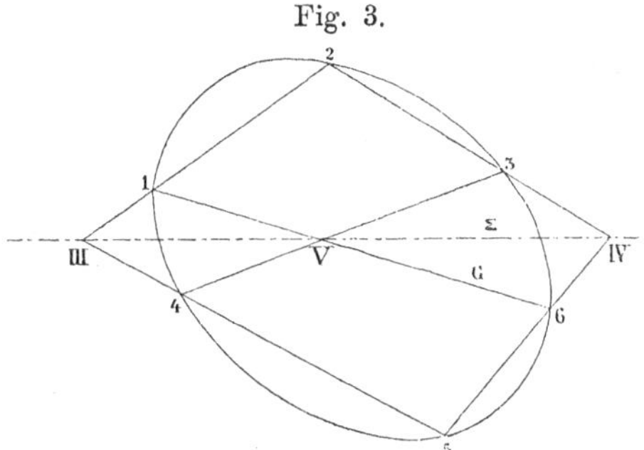

Ist durch einen von den fünf die Curve bestimmenden Punkten eine Gerade G gezogen, und soll man ihren zweiten Schnittpunkt mit der Curve aufsuchen, so bezeichne man den Punkt, durch welchen die Gerade G gezogen erscheint, etwa mit 1 und den gesuchten zweiten Schnittpunkt dieser Geraden und der Curve mit 6; so tritt G als $\overline{61}$ auf, und ihr Schnitt mit $\overline{34}$ ist *V*, welcher mit *III* verbunden Σ liefert; diese letztere schneidet nun $\overline{23}$ in *IV*, welcher Punkt mit 5 verbunden eine Gerade liefert, die mit G in 6 zusammentreffen muss.

31. Rückt der Punkt 6 auf der Curve unendlich nahe zum Punkte 5, so geht $\overline{56}$ in die Curventangente T_5 des Punktes 5 über und die Gerade $\overline{61}$ geht über in $\overline{51}$. Ist also 1 2 3 4 5 irgend ein der Curve eingeschriebenes Fünfeck und T_5 die Tangente im Punkte 5, so schneiden sich $\overline{12}$ und $\overline{45}$ in *III*, $\overline{23}$ und T_5 in *IV* und $\overline{34}$ mit $\overline{51}$ in *V*, und diese drei Punkte *III*, *IV*, *V* liegen auf einer Geraden Σ. Hat man also in einem der fünf die Curve bestimmenden Punkte die Curventangente zu construiren, so bezeichne man ihn etwa mit

5, bringe $\overline{12}$ mit $\overline{45}$ in *III*, $\overline{34}$ mit $\overline{51}$ in *V* zum Durchschnitte, ziehe dann die Gerade Σ, welche *III* und *V* verbindet, bestimme ihren Schnitt *IV* mit $\overline{23}$, so ist die Gerade T_5, welche *IV* mit 5 verbindet, die gesuchte Curventangente.

Man erkennt sofort, dass man zwei Punkte der Curve, deren Verbindungsgerade als eine der sechs Seiten eines Pascal'schen Sechseckes auftreten und benützt oder construirt werden soll, mit zwei aufeinanderfolgenden unter den Ziffern 1 2 3 4 5 6 zu bezeichnen hat, wobei auf 6 wieder 1 als folgende Ziffer anzusehen ist.

Es möge dem Leser empfohlen sein, die in den Artikeln (21 bis 27) mittelst projectivischer Büschel behandelten Aufgaben auf Grund des Pascal'schen Satzes zur Lösung zu bringen.

32. „*Ist einer Curve zweiter Ordnung ein Dreieck eingeschrieben, so schneiden seine Seiten die Tangenten der respectiven Gegenecken in drei Punkten einer Geraden.*“

In der That, ist *a, b, c* irgend ein der Curve zweiter Ordnung eingeschriebenes Dreieck und sind *A, B, C* die Tangenten in den Ecken desselben, und denkt man sich von den sechs Ecken eines Sechseckes 1 und 2 in *a*, 3 und 4 in *b*, 5 und 6 in *c* vereinigt, so sind $\overline{12}$, $\overline{34}$, $\overline{56}$ die Tangenten *A, B, C*, und $\overline{23}$, $\overline{45}$, $\overline{61}$ sind die Dreieckseiten *bc, ca, ab*, welche also jene Tangenten der Reihe nach in den drei auf einer Geraden Σ gelegenen Punkten *III, IV, V* schneiden werden.

Hieraus ergibt sich die Construction der Tangente *C* eines Punktes *c*, wenn man die Tangenten *A, B* zweier anderer Punkte *a, b* kennt; man hat nur *A, B* mit *bc*, respective *ac* in *III, V* zum Durchschnitte zu bringen und den Punkt *c* mit dem Schnittpunkte *IV* von $\overline{ab}$ und $\overline{III\,V}$ zu verbinden. Werden *a, b* die unendlich weiten Punkte der Curve, so ist $\overline{ab}$ die unendlich weite Gerade und *A, B* sind die Asymptoten der Curve, und *C* wird parallel zur Diagonale des Parallelogrammes, welches die Asymptoten *A, B* zu Seiten und *c* zu einer Ecke hat. (Siehe Art. 26.)

33. Einen besonders wichtigen, weil an Folgerungen fruchtbaren Fall erhält man, wenn man von den sechs Ecken eines Pascal'schen Sechseckes zwei in einem Punkte und zwei weitere in einem anderen Punkte zusammenfallen lässt.

Es sei (Fig. 4) *abcd* irgend ein der Curve zweiter Ordnung *K* eingeschriebenes Viereck; *p, q, r* seien die Diagonalecken desselben, so wie sie auf den Seiten *ab, ac, ad* liegen, und *P, Q, R* seien die Seiten des Diagonaldreieckes *pqr*, wie sie diesen Ecken der Reihe nach gegenüberliegen. Wir denken uns von den sechs Ecken eines Pascal'schen Sechseckes die Ecken 1, 2 in a, 4 und 5 in b vereinigt und legen 3 nach c und 6 nach d. Die Geraden $\overline{12}$, $\overline{45}$, welche sich in III schneiden, sind die Tangenten A, B der Curve in a, b; ferner fällt IV nach q und V nach r, so dass die Pascallinie Σ, welche III enthält, identisch ist mit P. Wenn man also in den Punkten a, b, c, d an K die Tangenten A, B, C, D legt (welche das dem eingeschriebenen Vierecke $abcd$ entsprechende umschriebene [oder Tangenten-] Vierseit $ABCD$ bilden), so liegt der Schnittpunkt (III) zweier Tangenten (A, B) auf einer Seite des Diagonaldreieckes pqr, und zwar auf jener (P), welche der mit den beiden Berührungspunkten (a, b) in gerader Linie gelegenen Diagonalecke (p) gegenüberliegt. Aus diesem Grunde wird auch der Schnittpunkt der Tangenten C, D auf P liegen, während der Schnittpunkt von A und C, sowie jener von B und D auf Q, und endlich der von A und D, sowie jener von B und C auf R gelegen sein werden. Die Geraden P, Q, R verbinden also je zwei Gegenecken des vollständigen Vierseits A, B, C, D und bilden somit das Diagonaldreiseit desselben. Wir gelangen so zu dem Satze:

Fig. 4.

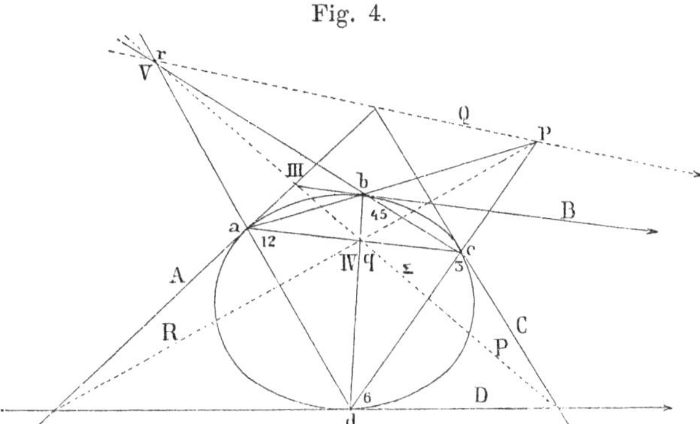

„*Das Diagonaldreieck eines einer Curve zweiter Ordnung eingeschriebenen Viereckes ist identisch mit dem Diagonaldreiseit des zugehörigen umschriebenen Vierseits.*“

34. Wenn wir uns die Curve K, auf ihr die drei Punkte a, b, c und somit auch deren Tangenten A, B, C fest, dagegen den Punkt d und somit auch dessen Tangente D auf K variabel denken, so bleibt die Gerade ac, sowie der Schnitt III von A und B fest, dagegen beschreibt der Strahl bd oder X ein Strahlenbüschel mit dem Scheitel b, der Schnittpunkt x von D mit C beschreibt eine Punktreihe auf C und die Gerade P beschreibt ein Strahlenbüschel mit dem Scheitel III, während der Schnittpunkt q von P und X auf der festen Geraden ac fortrückt. Es ist somit das Büschel der Strahlen X perspectivisch mit dem Büschel der Strahlen P und dieses wieder perspectivisch

mit der Reihe der Punkte x auf C; daher ist das Büschel der Strahlen X projectivisch mit der Reihe der Punkte x. Hiedurch erscheint der wichtige Satz bewiesen:

„*Die sämmtlichen Punkte (d) einer Curve zweiter Ordnung bestimmen, mit irgend einem unter ihnen (b) verbunden, ein Büschel von Strahlen (X), welches projectivisch ist mit der Reihe der Punkte (x), in denen ihre Tangenten irgend eine unter diesen Tangenten (C) schneiden.*“

„*Es ist somit das Doppelverhältniss der vier Punkte, in denen eine Tangente von vier anderen geschnitten wird, immer gleich dem Doppelverhältnisse der vier Strahlen, welche die Berührungspunkte jener vier Tangenten mit irgend einem beliebigen fünften Punkte der Curve verbinden.*“

Ersetzt man nun die Tangente C durch eine beliebige andere feste Tangente C' unserer Curve, so wird der Schnittpunkt x' der variablen Tangente D mit C' auf dieser letzteren eine Punktreihe beschreiben, welche mit dem Büschel derselben Strahlen X und somit auch mit der ersten Reihe der Punkte x auf C projectivisch ist.

„*Eine variable Tangente (D) einer Curve zweiter Ordnung K schneidet somit irgend zwei feste Tangenten (C, C') derselben Curve in einander entsprechenden Punkten (x, x') projectivischer Punktreihen.*“

Oder mit anderen Worten:

„*Die sämmtlichen Tangenten einer Curve zweiter Ordnung bestimmen auf irgend zwei unter ihnen, also auf allen, untereinander projectivische Punktreihen.*“

35. Verbindet man je zwei Punkte x, x', in denen die variable Curventangente D die beiden festen Tangenten C, C' schneidet, mit einem beliebig festen Punkte o durch Strahlen ξ, ξ', so erhält man am Punkte o zwei concentrische projectivische Strahlenbüschel, welche zwei (reelle, imaginäre oder zusammenfallende) Doppelstrahlen $E \equiv E'$, $F \equiv F'$ besitzen werden. Jeder solche Doppelstrahl, z. B. E, kann nur dadurch entstehen, dass zwei einander entsprechende Punkte e, e' der projectivischen Punktreihen auf C, C' mit o in derselben Geraden E liegen, welche somit eine durch o gehende Tangente der Curve darstellt; ebenso ist F eine zweite durch o gehende Tangente, und da die projectivischen Büschel immer zwei und nur zwei Doppelstrahlen besitzen, so ist bewiesen:

„*Durch einen beliebigen Punkt der Ebene lassen sich an eine Curve zweiter Ordnung zwei (reelle, imaginäre oder zusammenfallende) Tangenten legen; d. h. jede Curve zweiter Ordnung ist eine Curve zweiter Classe.*“

Fallen die beiden durch einen Punkt gehenden Curventangenten zusammen, so tritt derselbe als Schnittpunkt dieser (unendlich nahen) Tangenten auf und ist somit ein der Curve angehöriger Punkt.

Punkte, durch welche reelle Tangenten an die Curve gelegt werden können, werden in Bezug auf die Curve äussere Punkte genannt; sind die durch einen Punkt gehenden Tangenten imaginär, so heisst er ein innerer. Die Punkte der Curve, von denen jeder als der Schnittpunkt zweier zusammenfallenden Tangenten auftritt, bilden somit den Uebergang von den äusseren zu den inneren Punkten.

Lässt man den Punkt, durch welchen die beiden Tangenten an die Curve gelegt werden sollen, auf irgend einer Geraden ins Unendliche rücken, so hat man sofort den Satz:

„*Zu jeder in der Ebene einer Curve zweiter Ordnung gelegenen Geraden sind zwei (reelle, imaginäre oder zusammenfallende) Tangenten parallel.*"

Im dritten Falle stellen, wie man sofort sieht, die beiden zusammenfallenden Tangenten eine Asymptote der Curve dar, weil ja ihr Schnittpunkt, der in diesem Falle zum Berührungspunkte wird, in unendlicher Entfernung liegt.

Drittes Kapitel.

Die Curven zweiter Classe als Erzeugnisse projectivischer Punktreihen.

36. Sind in einer und derselben Ebene zwei projectivische Punktreihen mit den Axen T, T' gegeben und verbindet man jeden Punkt x von T mit dem ihm entsprechenden Punkt x' von T' durch eine Gerade X, so wird man unendlich viele solche Gerade X erhalten, welche man alle als Tangenten einer Curve K betrachten kann. Denkt man sich nämlich T vom Punkte x stetig durchlaufen, so wird auch x' stetig die Gerade T' beschreiben und somit wird auch X eine stetige Bewegung in der Ebene ausführen; je zwei aufeinander folgende Lagen von X werden sich in einem Punkte schneiden, und man erhält so, der stetigen Bewegung von X entsprechend, ein Continuum von Punkten, von denen jeder beiderseits je einen unendlich nahen Nachbarpunkt besitzt, mit welchem er durch eine

Lage der variablen Geraden X verbunden erscheint. Jenes Punktcontinuum stellt somit eine Curve dar, für welche die einzelnen Lagen von X die Tangenten sind. Diese Curve (Tangentencurve) wird als die Umhüllende (Enveloppe) der beweglichen Geraden X bezeichnet. Je zwei unendlich nahe Lagen von X schneiden sich in einem Punkte der Curve, dem Berührungspunkte von X. Dem gemeinschaftlichen Punkte p, q' von T und T' entsprechen zwei Punkte, q auf T und p' auf T', deren Verbindungsgerade O die Directionsaxe der beiden Punktreihen ist. (Vergl. I, Art. 40.) Die Axen T, T' der beiden Punktreihen gehören auch zu den Tangenten der Umhüllenden K, da sie als Verbindungsgerade $\overline{qq'}$, respective $\overline{pp'}$ entsprechender Punkte auftreten. Rückt der Punkt x unendlich nahe zu q, so wird x' unendlich nahe zu q' und X somit unendlich nahe zu T rücken, so dass also der Punkt q als der Schnittpunkt der Tangente $\overline{qq'}$ oder T mit der ihr unendlich nahen Tangente, d. h. als Berührungspunkt von T auftritt. Ebenso ist p' der Berührungspunkt von T' mit der Umhüllenden K.

37. Verbindet man je zwei entsprechende Punkte x x' der beiden projectivischen Reihen mit einem beliebigen festen Punkte m der Curvenebene durch die Strahlen ξ, ξ', so erhält man zwei projectivische, concentrische Strahlenbüschel, da aus: Büschel (ξ) ($\overline{\wedge}$) Reihe (x) $\overline{\wedge}$ Reihe (x') ($\overline{\wedge}$) Büschel (ξ') die Relation Büschel (ξ) $\overline{\wedge}$ Büschel (ξ') folgt. Die beiden Büschel besitzen zwei Doppelstrahlen $E \equiv E'$, $F \equiv F'$, von denen jeder, z. B. E, offenbar nur dadurch entstehen kann, dass zwei entsprechende Punkte e e' mit m in gerader Linie liegen. Es ist somit ein solcher Doppelstrahl eine durch m gehende Tangente der Curve, und umgekehrt.

Somit gehen durch jeden Punkt der Ebene zwei (reelle, imaginäre oder zusammenfallende) Tangenten der Curve, d. h. die Enveloppe der Verbindungslinien $\overline{xx'}$ ist eine Curve zweiter Classe. Zugleich erkennen wir die durch einen Punkt m gehenden Tangenten als die Doppelstrahlen der concentrischen Büschel, die man erhält, wenn man die beiden Punktreihen aus m projicirt. Fallen die durch m gehenden Tangenten zusammen (rücken sie unendlich nahe zu einander), so wird m als Schnitt zweier unendlich naher Lagen von X ein Punkt der Umhüllenden. Umgekehrt rücken die durch einen Punkt der Umhüllenden gehenden Tangenten unendlich nahe zu einander, denn die eine verbindet den Punkt mit dem einerseitigen, die andere mit dem anderseitigen Nachbarpunkte.

Die Punkte der Umhüllenden trennen somit solche Punkte, durch welche reelle Tangenten an die Curve gehen (äussere Punkte), von solchen Punkten (innere Punkte), durch welche keine reellen Tangenten an K gelegt werden können.

38. Die Umhüllende K ist vollkommen bestimmt durch die als Axen der projectivischen Punktreihen auftretenden Tangenten T, T' und durch weitere drei Tangenten A, B, C, da die drei Punktepaare aa', bb', cc', in denen A, B, C die Axen T, respective T' schneiden, die Projectivität der beiden Reihen vollständig bestimmen (I, Art. 38).

Werden nach I, Art. 40 die beiden Reihen vervollständigt, so kann man beliebig viele Paare entsprechender Punkte xx', und durch deren Verbindung beliebig viele Tangenten X der Curve K bestimmen. Die Directionsaxe O der beiden Reihen schneidet die Axen T, T' in deren Berührungspunkten mit der Curve. Man erkennt sofort, dass K auch bestimmt ist, wenn man $TT'AB$ und den Berührungspunkt von T oder T' kennt; oder wenn $TT'A$ und die Berührungspunkte von T und T' bekannt sind. Um die durch einen beliebigen Punkt m gehenden Tangenten zu erhalten, wird man m mit aa', bb', cc' durch die Strahlenpaare $\alpha\alpha'$, $\beta\beta'$, $\gamma\gamma'$ verbinden und nach I, Art. 57 die Doppelstrahlen E, F der durch die drei Strahlenpaare bestimmten projectivischen Büschel construiren; diese Doppelstrahlen sind die gesuchten zwei Tangenten.

39. Es seien (Fig. 5) X, Y irgend zwei Tangenten von K, von denen die erstere die Punkte xx' und die letztere die Punkte yy' verbindet; die Gerade M, welche x mit y' verbindet, wird (siehe I, Art. 40) die Gerade M', welche x' mit y verbindet, in einem auf der Directionsaxe O gelegenen Punkte z schneiden. Wenn y unendlich nahe zu x rückt, so wird M' unendlich nahe zu M und daher auch y' unendlich nahe zu x' und somit Y unendlich nahe zu X rücken, woraus sich die Stetigkeit der Bewegung der variablen Tangente X ergibt. Das vollständige Vierseit $XYMM'$ hat T, T' und die Gerade N, welche z mit dem Schnittpunkte von X und Y verbindet, zu Diagonalseiten. Verbindet man den Schnittpunkt o von T und T' mit den Schnittpunkten von Y und X und M, M', so ergeben sich zwei

Fig. 5.

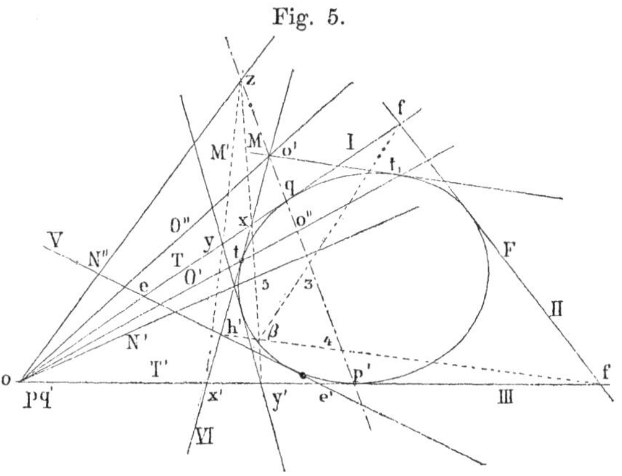

Strahlen N', N'', welche, den harmonischen Eigenschaften des vollständigen Vierseits gemäss (I, Art. 19), bezüglich T, T' harmonisch conjugirt sind, d. h. es ist $(TT'N'N'') = -1$.

Rückt nun Y unendlich nahe zu X, so schneiden sich beide im Berührungspunkte t von X, und die Gerade N', welche in O' übergeht, verbindet den Punkt o mit dem Berührungspunkte t von X, während, weil z in den Schnittpunkt o' von O mit X übergeht, die zu N' harmonische Gerade N'' als Gerade O'' nach dem Schnittpunkte o' von O mit X gerichtet ist. Um also den Berührungspunkt irgend einer Tangente X zu erhalten, hat man den Schnittpunkt o' von X und O mit dem Schnitt o von T und T' zu verbinden, und zu dieser Verbindungsgeraden O'' den bezüglich TT' harmonisch conjugirten Strahl O' aufzusuchen, welcher X in dem gesuchten Berührungspunkte t schneidet. Dieser Berührungspunkt ist also harmonisch conjugirt zu o' bezüglich x, x', da aus $(TT'O'O'') = -1$ auch $(x x' t o') = -1$ folgt.

Durch den Punkt o' geht ausser X noch eine zweite Tangente X_1 von K hindurch, da K von der zweiten Classe ist; und es muss der Berührungspunkt t_1 von X_1 auf demselben durch o gehenden Strahle O' liegen, weil zu O'' bezüglich T, T' nur der eine Strahl O' harmonisch conjugirt ist. Hieraus erkennt man, dass jede durch o gehende Gerade O' die Curve K in zwei, und nur in zwei Punkten t, t_1 schneidet, weil durch den auf O'' und O gelegenen Punkt o' zwei, und nur zwei Tangenten an K gehen und ihre Berührungspunkte auf O' liegen müssen.

Aus den durchgeführten Betrachtungen folgt ausserdem sofort: „Wenn sich der Punkt o' auf O fortbewegt, so dreht sich die Verbindungsgerade O' der Berührungspunkte $t\,t_1$ der beiden durch o' an K gehenden Tangenten um den Punkt o, durch welchen sie fortwährend hindurchgeht."

40. Nach I, Art. 76 bilden die beiden Büschel, die man erhält, wenn zwei projectivische Punktreihen T, T' aus irgend einem Punkte o' ihrer Directionsaxe O projicirt werden, eine Involution; nun sind die durch o' gehenden Tangenten X, X_1 die Doppelstrahlen der Büschel und O, O'' stellen ein Paar entsprechender Strahlen dar, weil sie o' mit den entsprechenden Punkten q, q' (respective p', p) verbinden. In der Involution ist jedoch (I, Art. 77) das Doppelverhältniss $(XX_1\,O\,O'') = -1$. Es erscheinen somit die durch die einzelnen Punkte o' von O an die Curve gehenden Tangentenpaare X, X_1 harmonisch getrennt durch O und die nach dem Punkte o gerichteten Strahlen O''. Es erscheint somit der Punkt o als der gemeinschaft-

liche Durchschnittspunkt (die Enveloppe) der zu O bezüglich der aus den einzelnen Punkten o' von O an K gelegten Tangentenpaare X, X_1 harmonisch conjugirten Strahlen.

41. Es seien $XYEF$ irgend vier Tangenten von K, welche als Verbindungsgeraden der vier Paare xx', yy', ee', ff' entsprechender Punkte der projectivischen Punktreihen entstanden sind, so dass also $(efxy) = (e'f'x'y')$; es seien weiter h, h' die Schnittpunkte von E mit Y und X. Projicirt man $efxy$ aus h und $e'f'x'y'$ aus h', so erhält man zwei doppelverhältnissgleiche Büschel: $(he, hf, hx, hy) = (h'e', h'f', h'x', h'y')$; weil jedoch der Strahl hh' die beiden entsprechenden Strahlen he und $h'e'$ in sich vereinigt, so müssen sich die drei übrigen Paare in drei Punkten einer Geraden treffen. Nun ist x der Schnitt von hx und $h'x'$ und y' der Schnitt von hy und $h'y'$, so dass also auf der Geraden xy' auch der Schnittpunkt β von hf und $h'f'$ liegen muss. Hält man nun die Tangenten E, F und Y fest, lässt dagegen X als variable Tangente längs der Curve K gleiten, so beschreibt x die Punktreihe auf T, $\overline{y'x}$ dreht sich um den festen Punkt y' und β beschreibt eine Punktreihe auf der festen Geraden hf, während der durch den Punkt β gehende Strahl $f'h'$ sich um den festen Punkt f' dreht und der Schnittpunkt h' der variablen Tangente X mit der festen Tangente Y auf dieser letzteren eine Punktreihe beschreibt; es ist also Reihe (x) $(\overline{\wedge})$ Büschel $\overline{(y'x)}$ $(\overline{\wedge})$ Reihe (β) $(\overline{\wedge})$ Büschel $\overline{(f'\beta)}$ $(\overline{\wedge})$ Reihe (h') und somit auch Reihe (x) $\overline{\wedge}$ Reihe (h'). Wird irgend eine andere als fest gewählte Tangente Y' von K mit der variablen Tangente X zum Durchschnitte h'' gebracht, so wird, während X alle Lagen beschreibt, h'' auf Y' eine Punktreihe durchlaufen, und es wird auch Reihe (h'') $\overline{\wedge}$ Reihe (x), so dass Reihe (h') $\overline{\wedge}$ Reihe (h'') ist. Die sämmtlichen Tangenten X von K stellen sich somit nicht nur als die Verbindungsgeraden entsprechender Punkte x, x' der ursprünglichen zwei projectivischen Punktreihen, sondern auch als Verbindungsgeraden entsprechender Punkte h', h'' projectivischer Punktreihen auf irgend zwei beliebigen Tangenten Y, Y' der Curve dar. Dadurch erscheinen die beiden ursprünglichen Axen T, T' allen anderen Curventangenten gleichgestellt, da man sie durch zwei beliebige andere Tangenten Y, Y' ersetzen kann.

Die sämmtlichen Tangenten von K bestimmen somit auf irgend zwei beliebigen von ihnen einander entsprechende Punkte projectivischer Punktreihen.

Man kann die Resultate der letzten Betrachtungen so zusammenfassen:

„*Die Verbindungsgeraden entsprechender Punkte zweier in einer Ebene gelegenen projectivischen Punktreihen umhüllen als Tangenten eine Curve zweiter Classe, welche auch die Axen der beiden Punktreihen zu Tangenten hat und diese letzteren in den dem gemeinschaftlichen Punkte entsprechenden Punkten berührt. Dieselbe Curve kann man auf unendlich viele Arten durch zwei andere projectivische Punktreihen erzeugen; man kann zu dem Behufe irgend zwei Tangenten der Curve zu Axen der Punktreihen wählen und hat dann je zwei auf einer und derselben Curventangente gelegene Punkte dieser Reihen als einander entsprechende zu betrachten.*“

42. Geht man von der Definition einer Curve K zweiter Classe aus, als einer Curve, an welche durch jeden Punkt der Ebene zwei, und nur zwei Tangenten gelegt werden können, und wählt man irgend zwei feste Tangenten T, T' von K zu Axen von Punktreihen, deren entsprechende Punkte x, x' als die Schnittpunkte von T, T' mit den variablen Curventangenten X auftreten, so erkennt man sofort die eindeutige Beziehung zwischen den entsprechenden Punkten x, x'; in der That wird man durch irgend einen auf T gewählten Punkt x ausser der Tangente T nach der Definition von K nur noch eine zweite mit x variable Tangente X an K legen können, welche T' in dem einzigen dem x entsprechenden Punkte x' schneidet, und umgekehrt entspricht jedem x' auf T' nur ein x auf T. Aus der Eindeutigkeit der Beziehung zwischen x, x' folgt jedoch (I, Art. 94) die Projectivität der Punktreihen auf T und T'. Wir haben somit den Satz:

„*Jede ebene Curve zweiter Classe kann auf unendlich viele Arten als das Erzeugniss zweier projectivischen Punktreihen betrachtet werden, wenn man deren Axen in zwei beliebige Tangenten der Curve legt und je zwei auf einer dritten Curventangente gelegene Punkte derselben als einander entsprechende betrachtet.*“

43. Um eine Curve zweiter Classe K durch eine hinreichende Anzahl von Tangenten derselben zu bestimmen, gehe man von einer beliebigen Geraden T aus und verlange von der zu bestimmenden Curve K, sie solle T zur Tangente haben; man kann sofort T als Axe für eine der beiden projectivischen Punktreihen wählen, als deren Erzeugniss die fragliche Curve aufgefasst werden kann. Eine zweite beliebig gewählte Tangente T' kann als Axe der anderen Punktreihe dienen, und K wird sofort bestimmt sein, sobald man die Projectivität der Punktreihen, d. h. sobald man drei Paare entsprechender Punkte kennt. Da nun jede Tangente der Curve auf T, T' zwei entsprechende Punkte der beiden Reihen bestimmt,

so wird man ausser T, T' noch drei weitere Tangenten A, B, C beliebig wählen können. Diese treffen T in a, b, c und T' in a', b', c' und nun ist durch die drei Punktpaare aa', bb', cc' die Projectivität der beiden Reihen und somit auch die Curve K zweiter Classe als deren Erzeugniss vollkommen und eindeutig bestimmt:

„Fünf beliebig in einer Ebene gewählte Geraden bestimmen als Tangenten einer Curve zweiter Classe diese Curve vollständig und eindeutig; d. h. es gibt nur eine einzige Curve zweiter Classe, welche fünf beliebige gerade Linien einer Ebene berührt.“

Zwei Curven zweiter Classe, welche fünf Tangenten gemeinschaftlich haben, sind somit identisch, d. h. sie fallen Tangente für Tangente und daher auch Punkt für Punkt zusammen.

Indem man zwei von diesen fünf Geraden zu Axen T, T' der Punktreihen macht, für welche sich durch die drei übrigen Tangenten A, B, C drei Paare entsprechender Punkte aa', bb', cc' ergeben, kann man unter Zuhilfenahme der Directionsaxe O beliebig viele weitere Tangenten X sammt deren Berührungspunkten t nach Art. 39 construiren. Die Directionsaxe O schneidet T, T' in deren Berührungspunkten mit der Curve. Die Doppelstrahlen der Büschel, in welchen sich die Punktreihen T, T' aus einem beliebigen Punkte m projiciren, sind die durch m gehenden zwei Tangenten der Curve.

Wären nur vier Tangenten und der Berührungspunkt einer von ihnen gegeben, so ist die Curve auch vollkommen bestimmt; wählt man die Tangente, deren Berührungspunkt bekannt ist, als Axe, etwa T, und sind die übrigen drei Tangenten T', A, B, so bestimmen A, B auf T, T' die zwei Punktpaare aa', bb', zu welchen noch ein drittes Punktepaar hinzutritt, da dem Schnittpunkte q' von T' mit T der Berührungspunkt q von T entspricht. Die Projectivität ist bestimmt und somit auch die Curve. In der That hat man ja nicht vier, sondern wieder fünf Tangenten der Curve gegeben vor sich; denn denkt man sich T unendlich wenig um q gedreht, so erhält man eine neue, nämlich die der T unendlich nahe Tangente.

Ebenso ist die Curve vollkommen bestimmt und es können ihre Tangenten leicht construirt werden, wenn man drei Tangenten und die Berührungspunkte zweier kennt; letztere seien T, T', mit dem Schnittpunkte pq' und den Berührungspunkten q, p' respective, und die dritte Tangente sei A. Diese letztere schneidet T, T' in a, a', und wir haben wieder drei Paare entsprechender Punkte der beiden projectivischen Reihen aa', pp', qq'. Hier ist auch schon die Directionsaxe O, d. i. $\overline{p'q}$ unmittelbar bekannt.

Durch die letzten Ausführungen erscheinen die folgenden Aufgaben gelöst:

„Die durch fünf Tangenten gegebene Curve zweiter Classe ist zu construiren, d. h. es sind beliebig viele andere Tangenten derselben nebst deren Berührungspunkten aufzusuchen.“

„Es soll die Curve zweiter Classe construirt werden, welche vier gegebene Geraden, und zwar eine von ihnen in einem gegebenen Punkte berührt.“

„Es soll die Curve zweiter Classe construirt werden, welche drei gegebene Geraden und zwei davon in gegebenen Punkten berührt.“

„Es sollen die beiden durch einen gegebenen Punkt an eine durch fünf Tangenten bestimmte Curve zweiter Classe gehenden, oder die zu einer gegebenen Geraden parallelen Tangenten construirt werden.“

Die ersten drei von diesen Aufgaben können mittelst des Lineals allein, d. h. durch Ziehen von geraden Linien allein gelöst werden, sie sind lineare Aufgaben; dagegen ist die letzte Aufgabe quadratisch, es genügt nicht mehr das Lineal allein zu ihrer Lösung, man muss vielmehr (I, Art. 57) zu einer complicirteren Curve, als die Gerade ist, nämlich zum Kreise Zuflucht nehmen.

Wählt man unter den fünf eine Curve zweiter Classe bestimmenden Tangenten zwei zu Axen T, T' der projectivischen Punktreihen, so werden diese von der Directionsaxe in ihren Berührungspunkten geschnitten; und um die zweite durch irgend einen Punkt x der Axe T gehende Curventangente zu finden, hat man nur den dem x entsprechenden Punkt x' aufzusuchen und mit x zu verbinden.

Es erscheinen somit in linearer Weise auch die beiden folgenden Aufgaben gelöst:

„Eine Curve zweiter Classe ist durch irgend fünf ihrer Tangenten bestimmt; man soll den Berührungspunkt irgend einer unter diesen Tangenten construiren.“

„Durch einen auf einer von fünf gegebenen Tangenten einer Curve zweiter Classe gelegenen Punkt ist die zweite Tangente der Curve zu ziehen.“

44. Nachdem die beiden ursprünglichen Axen T, T' der die Curve zweiter Classe K erzeugenden projectivischen Punktreihen durch irgend zwei andere Curventangenten ersetzt werden können, so kann man ihren Schnittpunkt o als den Durchschnittspunkt irgend zweier Tangenten von K betrachten. Hieraus folgt mit Rücksicht auf das in Art. 39 Gesagte, dass die Curve zweiter Classe von jeder Geraden O', von der sie überhaupt geschnitten wird, in zwei und nur in zwei Punkten geschnitten werden kann; denn

bringt man O' mit irgend einer Curventangente T zum Durchschnitte in o, so wird durch o eine zweite Curventangente T' hindurchgehen, und die auf O' gelegenen Curvenpunkte sind nach Art. 39 die Berührungspunkte der durch einen Punkt von O an die Curve gelegten Tangenten, wenn O die Verbindungsgerade der Berührungspunkte von T und T' ist. In der That werden wir auch später beweisen, dass jede Curve zweiter Classe von der zweiten Ordnung ist.

Wenn wir auch hier wie bei den Curven zweiter Ordnung die Verbindungsgerade O der Berührungspunkte der beiden durch einen Punkt o gehenden Tangenten als die Polare von o und diesen Punkt als Pol von O bezeichnen, so kann man auf Grund der Artikel 39, 40 die folgenden Sätze für die Curven zweiter Classe als bewiesen betrachten:

„Wenn ein Punkt o' auf der Polare O eines zweiten Punktes o gelegen ist, so ist dieser zweite Punkt o auch auf der Polare O' des ersten Punktes o' gelegen."

Oder:

„Bewegt sich ein Punkt o' auf der Polare O eines zweiten Punktes o, so dreht sich seine Polare O' um den Punkt o herum, indem sie fortwährend durch diesen Punkt o hindurchgeht."

Ferner:

„Die durch einen Punkt o' der Polare O eines Punktes o an die Curve gehenden zwei Tangenten X, X_1 erscheinen harmonisch getrennt durch diese Polare O und den nach dem Pole o gerichteten Strahl O''."

Der Pol o von O erscheint als Enveloppe der zu O bezüglich der Tangentenpaare X, X_1 harmonisch conjugirten Strahlen O''.

Aus der Harmonität der vier Strahlen T, T', O', O'' folgt die Harmonität der vier Punkte p', q, o'', o' (Fig. 5) und aus der Harmonität der vier Strahlen X, X_1, O, O'' folgt die Harmonität der vier Punkte t, t_1, o'', o.

Betrachtet man nun irgend vier Lagen der durch o gehenden Geraden O', so wird ihr Doppelverhältniss gleich sein jenem der vier Punkte o'', und dieses ist wieder gleich dem Doppelverhältniss der vier Punkte o', weil ja die Punkte o'', o' einander involutorisch zugeordnet sind, indem sie das feste Punktepaar p', q harmonisch trennen. Es ist somit das Doppelverhältniss der vier Geraden O' gleich dem Doppelverhältniss der vier zugehörigen Punkte o', und umgekehrt:

„Das Doppelverhältniss von irgend vier auf der Polare O eines Punktes o gelegenen Punkten o' ist gleich dem Doppelverhältniss der vier durch o gehenden Polaren O' dieser Punkte o'."

Rückt der Punkt o' auf O gegen den Berührungspunkt p von T, so wird wegen $(pq'o'o'') = -1$ auch o'' gegen p, und somit O' gegen T rücken; fällt endlich o' in den Curvenpunkt p, so fällt seine Polare O' mit der Tangente T von p zusammen:

„Die Polare eines der Curve angehörigen Punktes ist die Tangente der Curve in diesem Punkte.“

45. Man kann von einer zu bestimmenden Curve zweiter Classe verlangen, dass sie die unendlich weite Gerade der Ebene zur Tangente habe; eine solche Curve wird durch Angabe von vier beliebigen Tangenten vollkommen bestimmt sein, weil die unendlich weite Gerade als fünfte Tangente hinzutritt. Die Construction weiterer Tangenten aus den vier im Endlichen gegebenen wird nach Art. 38 keine Schwierigkeit bereiten. Wählt man zwei von den vier Tangenten als Axen T, T', sind die beiden übrigen A und B und C_∞ die unendlich weite Gerade, so erhält man auf T, T' drei Punktepaare aa', bb', $c_\infty c'_\infty$, von denen das letzte aus den unendlich weiten Punkten von T, T' besteht. Die beiden projectivischen Reihen sind somit ähnliche Punktreihen. (I, Art. 45.) Umgekehrt erkennt man sofort, dass das Erzeugniss zweier ähnlichen in derselben Ebene gelegener Punktreihen eine Curve zweiter Classe ist, welche die unendlich weite Gerade berührt, sie zur Tangente hat. Diese Curve zweiter Classe, welche die unendlich weite Gerade berührt, d. h. in zwei zusammenfallenden Punkten schneidet, ist, wie wir später sehen werden, die Parabel, und wenn wir diese Benennung schon jetzt in Verwendung bringen, so können wir sagen:

„Projectivisch ähnliche conplanere Punktreihen erzeugen eine Parabel.“

„Eine Parabel ist durch vier von ihren im Endlichen liegenden Tangenten bestimmt.“

„Jedem Vierseit kann man eine Parabel einschreiben.“

„Die sämmtlichen Tangenten einer Parabel bestimmen auf irgend zwei unter ihnen projectivisch ähnliche Punktreihen, d. h. proportionale Theilungen.“ (I, Art. 35.)

Da durch jeden Punkt der Ebene zwei Tangenten unserer Curve zweiter Classe hindurchgehen, und da durch jeden Punkt der unendlich weiten Geraden diese als eine Tangente der Parabel hindurchgeht, so wird ausser ihr nur eine einzige von der unendlich weiten Geraden verschiedene, also im Endlichen liegende Tangente durch einen unendlich weiten Punkt zur Parabel gelegt werden können:

„Parallel zu einer Geraden (d. h. durch deren unendlich weiten Punkt) kann an eine Parabel immer eine, aber nur eine Tangente gezogen werden“, indem die zweite von der unendlich weiten Geraden vertreten ist.

Diese einzige Tangente fällt selbst auch ganz in unendliche Entfernung, wenn die Gerade nach dem unendlich weiten Punkt der Parabel gerichtet ist, da die durch einen Curvenpunkt gehenden Tangenten beide mit dessen Tangente zusammenfallen.

Bestimmt man die Directionsaxe O, indem man die Geraden ac'_∞, $a'c_\infty$, d. h. die durch a und a' zu T', T respective parallel gezogenen Geraden zum Durchschnitt bringt, und ebenso die durch b, b' zu T', T respective parallel gezogenen, so erhält man zwei Punkte, deren Verbindungsgerade die Directionsaxe O ist, und die auch den Schnittpunkt von ab' mit $a'b$ enthalten wird. Die Gerade O schneidet T, T' in deren Berührungspunkten q, p' respective.

Um den Berührungspunkt der Curve mit der unendlich weiten Geraden zu erhalten, könnte man diese mit einer zweiten Tangente zu Axen für die Punktreihen wählen und wieder die Directionsaxe mittelst der wechselweisen Verbindungslinien aufsuchen; der unendlich weite Punkt der Directionsaxe wäre der gesuchte, so dass die Directionsaxe in diesem Falle die Richtung angibt, in welcher sich die Curve ins Unendliche erstreckt.

Man kann jedoch auch bei der getroffenen Wahl der beiden Axen T, T'' bleiben (Fig. 6). Um den Berührungspunkt von C_∞ zu erhalten, hat man nach Art. 39 O mit C_∞ zum Durchschnitte o'_∞ zu bringen, zu diesem Punkte, und das ist der unendlich weite Punkt von O, hat man bezüglich q, p' den harmonisch conjugirten Punkt o'', d. h. den Halbirungspunkt der Sehne $\overline{qp'}$ aufzusuchen und ihn mit dem Schnittpunkte o von TT'' zu verbinden; die Gerade $\overline{oo''}$ oder O' schneidet C_∞ in deren Berührungspunkt. Es ist also der unendlich weite Punkt t_∞ von O' der gesuchte Punkt. Dies gibt den Satz:

Fig. 6.

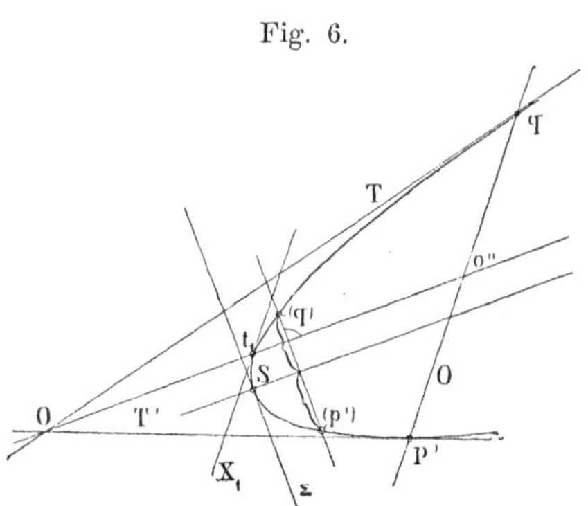

„Verbindet man den Halbirungspunkt o'' irgend einer Parabelsehne $\overline{qp'}$ mit dem Schnittpunkte o der in ihren Endpunkten an die Parabel gelegten Tangenten, so erhält man eine Gerade O' von con-

stanter Richtung, da sie, wie man auch die Sehne wählen mag, nach dem unendlich weiten Punkte gerichtet ist, in welchem die Parabel die unendlich weite Gerade berührt."

Durch den Punkt o'_∞, d. h. parallel zu O, wird man an die Parabel eine Tangente X_1 legen können, deren Berührungspunkt t_1 mit t_∞ und o in gerader Linie, d. h. in O' liegen muss; da überdies nach Art. 39 $(o o'' t_1 t_\infty) = -1$, so ist t_1 der Halbirungspunkt von $\overline{oo''}$:

„*Verbindet man den Schnittpunkt o zweier Parabeltangenten T, T' mit dem Halbirungspunkte o'' der von den Berührungspunkten der Tangenten begrenzten Sehne $\overline{qp'}$, so erhält man eine Strecke, in deren Halbirungspunkte t_1 die Parabel eine zur Sehne $\overline{qp'}$ parallele Gerade X_1 berührt."*

Denkt man sich die Sehne qp' bei unveränderter Richtung, also parallel zu sich verschoben, so bleibt o'_∞, daher auch X_1, daher auch $t_1 t_\infty$ oder O' fest, und diese feste Gerade O' enthält den Halbirungspunkt o'' einer jeden der parallelen Sehnen $\overline{qp'}$:

„*Die Mittelpunkte einer Schaar paralleler Sehnen einer Parabel liegen auf einer nach dem unendlich weiten Punkte der Parabel gerichteten Geraden."*

Diese Gerade O' ist die Polare des Punktes o'_∞ (siehe Art. 44) und wird als Ort der Mittelpunkte der zu $\overline{qp'}$ parallelen Sehnen Durchmesser der Parabel genannt. Zu jeder Schaar paralleler Sehnen gehört ein solcher Durchmesser, welcher als zu der Sehnenschaar conjugirt bezeichnet wird.

„*Alle Durchmesser der Parabel sind unter einander parallel"*, da sie ja alle nach demselben unendlich weiten Punkte t_∞ gerichtet sind, in welchem die Parabel von der unendlich weiten Geraden berührt wird.

Jeder Durchmesser O' schneidet die Parabel ausser in deren unendlich weitem Punkte t_∞ noch in einem zweiten Punkte t_1, dessen Tangente X_1 parallel ist zu jenen Sehnen $\overline{qp'}$, zu denen der Durchmesser conjugirt ist. Hieraus folgt:

„*Sowie zu jeder Schaar von parallelen Sehnen ein Durchmesser conjugirt ist, so ist zu jedem Durchmesser eine Schaar paralleler Sehnen conjugirt."*

Denn ihre Richtung ist eindeutig bestimmt durch die Richtung der Tangente der Parabel in ihrem Schnittpunkte t_1 mit dem Durchmesser O'.

„*Unter den sämmtlichen Parallelsehnenschaaren gibt es eine, welche auf ihrem conjugirten Durchmesser senkrecht steht."*

Das ist offenbar jene einzige Sehnenschaar $(q)(p')$, welche auf allen Durchmessern und daher insbesondere auch auf dem ihr conjugirten Durchmesser H senkrecht steht.

Da dieser eine Durchmesser H die sämmtlichen zu ihm senkrechten Sehnen $\overline{(q)(p')}$ halbirt, so ist er eine Symmetrieaxe der Curve, indem er sie in zwei congruente, zu beiden Seiten von H symmetrisch gelegene Hälften theilt; er wird deshalb als der Hauptdurchmesser oder die Axe der Parabel bezeichnet.

Der im Endlichen gelegene Schnittpunkt S der Parabel mit diesem Hauptdurchmesser wird als der Scheitel, und dessen Tangente Σ, welche zur conjugirten Sehnenschaar parallel und daher zur Axe H senkrecht ist, wird als die Scheiteltangente bezeichnet.

Es möge dem Leser überlassen bleiben, weitere Tangenten der Parabel aufzusuchen, wenn von derselben gegeben sind:

a) Drei Tangenten und die Richtung der Durchmesser, oder
b) drei Tangenten und der Berührungspunkt einer derselben, oder
c) zwei Tangenten mit ihren Berührungspunkten. (Vergl. Art. 43.)

46. Werden zur Bestimmung einer Curve zweiter Classe fünf Tangenten beliebig gewählt, so wird dieselbe die unendlich weite Gerade nicht mehr zur Tangente besitzen, d. h. keine Parabel sein. Und hier können wieder zwei Fälle eintreten: entweder hat die unendlich weite Gerade mit der Curve reelle Punkte gemeinschaftlich, und dann gibt es deren zwei (Art. 44); oder die Curve hat mit der unendlich weiten Geraden keinen reellen Punkt gemeinschaftlich und liegt somit ihrer ganzen Ausdehnung nach im Endlichen, während sie sich im ersten Falle in zwei verschiedenen Richtungen, nämlich gegen ihre beiden unendlich weiten Punkte hin ins Unendliche erstreckt. Wir werden später sehen, dass die Curve im ersten Falle eine Hyperbel und im zweiten eine Ellipse ist, und wollen diese Benennungen schon jetzt, vorgreifend verwenden.

Auch hier werden wir eine Tangente, deren Berührungspunkt in unendlicher Entfernung liegt, als Asymptote bezeichnen, und erkennen sofort, dass die Curve in jedem der folgenden Fälle bestimmt ist und beliebig viele Tangenten derselben construirt werden können. (Vergl. Art. 43.)

a) *„Es ist eine Hyperbel aus einer Asymptote und aus drei Tangenten zu construiren."*

b) *„Es ist eine Hyperbel aus den beiden Asymptoten und einer Tangente zu construiren."*

Sind T, T' (Fig. 7) die beiden Asymptoten und A die gegebene Tangente der Curve, so betrachte man T, T' als Axen der beiden Punktreihen. Die Directionsaxe O_∞ ist hier die unendlich weite Gerade, weil sie die unendlich weiten Berührungspunkte $q_\infty p'_\infty$ von T, T' verbindet; A schneidet T, T' in a, a', und wenn X eine weitere Tangente der Curve sein soll, so müssen ihre Schnittpunkte x, x' mit T, T' eine solche Lage haben, dass sich ax' und $a'x$ in einem Punkte von O_∞ schneiden, d. h. ax' und $a'x$ müssen parallel sein. Zieht man also durch a, a' irgend zwei Parallele bis zu deren Schnittpunkten x', x mit T', T, so ist $\overline{xx'}$ eine neue Tangente der Curve. Aus der Aehnlichkeit der Dreiecke $\triangle\, aox' \sim \triangle\, xoa'$ folgt

Fig. 7.

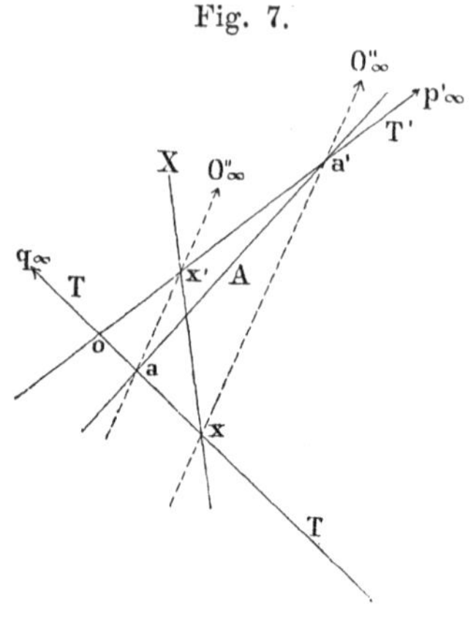

$\frac{ox}{oa} = \frac{oa'}{ox'}$, oder $\overline{ox} . \overline{ox'} = \overline{oa} . \overline{oa'}$, d. h.:

„Die Tangenten der Hyperbel bestimmen auf den Asymptoten vom Schnittpunkte derselben an gerechnet zwei Strecken, deren Product constant ist.“ (Vergl. Art. 26.)

Der Flächeninhalt des Dreieckes xox', welches aus den beiden Asymptoten und einer variablen Tangente gebildet ist, hat somit constanten Flächeninhalt. (Art. 26.) Aus der in Art. 39 gegebenen Construction des Berührungspunktes folgt, dass der Berührungspunkt t der Tangente xx' die Strecke $\overline{xx'}$ halbirt. (Vergl. Art. 26.)

47. Da man fünf Tangenten einer Curve zweiter Classe K beliebig wählen kann, so können drei von ihnen als durch einen und denselben Punkt s gehend angenommen werden, während die vierte und fünfte beliebig gelegen sein sollen. Wählt man diese zwei letzteren zu Axen T, T' und heissen die drei durch s gehenden Tangenten A, B, C, so bestimmen sie auf T, T' die drei Paare entsprechender Punkte aa', bb', cc' der projectivischen Punktreihen, welche in diesem Falle (I, Art. 36) perspectivisch sind, weil die Verbindungsgeraden A, B, C dreier Punktepaare durch einen und denselben Punkt s hindurchgehen. Es werden somit je zwei entsprechende Punkte x, x' eine durch s gehende Verbindungsgerade X liefern, so dass also die sämmtlichen durch s gehenden Strahlen X als die Tangenten der Curve K auftreten. Nachdem wir jedoch als Tangenten von K alle jene Geraden definirt haben, von denen jede zwei

entsprechende Punkte der beiden projectivischen Reihen enthält, so muss man zu den durch s gehenden, also ein Büschel bildenden Tangenten X noch ein zweites Büschel solcher Tangenten hinzufügen. Da nämlich die beiden Punktreihen T, T' perspectivisch sind, so entspricht sich der ihnen gemeinschaftliche Punkt p selbst, so dass er auch als p' auftritt, und jede durch ihn hindurchgehende Gerade enthält nun die beiden entsprechenden Punkte p, p' und ist somit als Tangente von K zu betrachten. Wir haben somit die Strahlen durch s und die Strahlen durch p als Tangenten unserer Curve zweiter Classe zu betrachten, und diese beiden Punkte, als die Enveloppen aller dieser Tangenten, treten an die Stelle der Curve K, welche keine eigentliche, sondern eine sogenannte degenerirte, in zwei Punkte zerfallende Curve zweiter Classe ist (Punktepaar). Wir können also jedes Punktepaar s, p als eine (uneigentliche) Curve zweiter Classe betrachten, wenn wir die Strahlen der beiden Büschel, deren Scheitel die Punkte des Paares sind, als Tangenten der Curve ansehen; in der That gehen auch durch einen beliebigen Punkt m der Ebene zwei und nur zwei solche Strahlen, nämlich ms und mp hindurch.

Zu demselben Resultate gelangt man, wenn zwei von den durch s gehenden Tangenten zu Axen T, T' genommen werden, während die übrigen A, B, C sind, wobei etwa C noch als dritte durch den Schnittpunkt s von T, T' hindurchgehen möge; von den drei Punktepaaren aa', bb', cc', welche A, B, C auf T, T' bestimmen, ist cc' in s vereinigt, so dass beide Punktreihen perspectivisch sind mit dem Schnittpunkte p von A, B als Perspectivitätscentrum; und wieder stellt jede durch p gehende Gerade die Verbindungsgerade X zweier entsprechender Punkte x, x' dar, aber auch jede durch s gehende Gerade ist eine solche Verbindungsgerade, da sie c und c' enthält, welche Punkte in s vereinigt sind.

„*Wenn also von den Tangenten einer Curve zweiter Classe drei durch einen und denselben Punkt* s *hindurchgehen, so ist jede durch diesen Punkt gehende Gerade als Tangente der Curve zu betrachten, und die sämmtlichen Tangenten der Curve sind durch die Strahlen des Strahlenbüschels* s *und durch die Strahlen eines zweiten Strahlenbüschels* p *dargestellt. Die Curve zweiter Classe ist in ein Punktepaar übergegangen.*“

„*Die durch einen beliebigen Punkt* m *gehenden Tangenten sind die zwei durch diesen Punkt gehenden Strahlen* $\overline{sm}$, $\overline{pm}$ *der beiden Tangentenstrahlenbüschel, mit* s *und* p *als Berührungspunkten.*“

Liegt der Punkt m auf der Geraden $\overline{sp}$, so fallen die beiden durch ihn gehenden Tangenten $\overline{ms}$, $\overline{mp}$ in dieser Geraden zusammen, wobei sowohl s als auch p als Berührungspunkt auftritt. Es ist somit die Gerade $\overline{sp}$ als Tangente mit zwei Berührungspunkten, als Doppeltangente der degenerirten Curve zweiter Classe zu betrachten.

Fallen überdies die beiden Punkte p, s zusammen, so ist die degenerirte Curve zweiter Classe durch einen Doppelpunkt p dargestellt und jede durch p gehende Gerade stellt eine Doppeltangente dar. (Vergl. Art. 28.)

Viertes Kapitel.

Das umgeschriebene einfache Sechsseit (Sechseck).

48. *„In jedem einer Curve zweiter Classe umgeschriebenen einfachen Sechsseit (d. h. in einem einfachen Sechsseit, dessen sechs Seiten Tangenten einer Curve zweiter Classe sind) gehen die drei Verbindungsgeraden der drei Paare von Gegenecken durch einen und denselben Punkt.“*

Dieser dem Pascal'schen Satze nach dem Reciprocitätsgesetze (I, Art. 30) entsprechende Satz wurde zuerst von Brianchon ausgesprochen und wird oft als der Brianchon'sche Satz bezeichnet; die Betrachtungen, welche in Art. 41 an die Fig. 5 geknüpft worden sind, enthalten den Beweis dieses Satzes.

Es seien I, II, III, IV, V, VI sechs einer und derselben Curve zweiter Classe angehörige Tangenten, welche in derselben Ordnung mit den sechs ersten (römischen) Ziffern bezeichnet werden, in welcher sie aufeinanderfolgend zum Durchschnitt gebracht werden, so erhält man ein einfaches, der Curve umschriebenes Sechsseit (Sechseck) mit den Ecken $(I\,II)$, $(II\,III)$, $(III\,IV)$, $(IV\,V)$, $(V\,VI)$, $(VI\,I)$. In diesem Sechsseite hat jede Ecke eine zweite zur Gegenecke, wenn man je zwei Ecken als Gegenecken bezeichnet, welche beiderseits durch je zwei Nachbarecken getrennt erscheinen. Es sind somit $(I\,II)$ und $(IV\,V)$ Gegenecken; ebenso $(II\,III)$ und $(V\,VI)$ und endlich auch $(III\,IV)$ und $(VI\,I)$. Man entwickelt das Schema der drei Gegeneckenpaare in derselben Art wie in Art. 29 für ein Pascal-sches Sechseck das Schema der Gegenseitenpaare. Die Verbindungsgerade von $(I\,II)$ mit $(IV\,V)$ soll 3, jene von $(II\,III)$ und $(V\,VI)$

soll 4, und die von (*III IV*) und (*VI I*) soll 5 genannt werden. Dann schneiden sich die drei Geraden 3, 4, 5 in einem und demselben Punkte β, welcher als der Brianchon'sche Punkt des Sechsseits *I II* . . . *VI* bezeichnet wird.

In der That waren in Fig. 5 die sechs Tangenten *TFT'YEX* beliebige sechs Tangenten der Curve zweiter Classe *K*, denen wir die Ziffern *I*, *II*, *III*, *IV*, *V*, *VI* ertheilen; die Punkte f und h sind dann die beiden Gegenecken (*I II*) und (*IV V*), die Punkte f' und h' sind die Gegenecken (*II III*) und (*V VI*), und die Punkte y' und x sind die Gegenecken (*III IV*) und (*VI I*), so dass die Geraden fh, $f'h'$, $y'x$, welche sich nach den bei Fig. 5 durchgeführten Betrachtungen in einem und demselben Punkte β schneiden, mit den Geraden 3, 4, 5 identisch sind. So erscheint der Brianchon'sche Satz in Art. 41 allgemein bewiesen. In (I, Art. 64) wurde derselbe Satz für den Kreis und in (I, Art. 41) für eine durch ein Punktepaar dargestellte Curve zweiter Classe bewiesen.

Der Brianchon'sche Satz ist, wie sofort zu sehen ist, auch umkehrbar; d. h. wenn ein einfaches Sechsseit die Eigenschaft hat, dass die drei Verbindungsgeraden seiner Gegeneckenpaare sich in demselben Punkte schneiden, so berühren seine sechs Seiten eine und dieselbe Curve zweiter Classe. Denn, gehen (Fig. 5) in dem Sechsseite *I II* . . . *VI* die Geraden 3, 4, 5 durch denselben Punkt β hindurch, so folgt hieraus die Doppelverhältnissgleichheit der beiden vierpunktigen Reihen $(efxy) = (e'f'x'y')$, woraus weiter hervorgeht, dass *TT'EFXY* sechs Tangenten einer und derselben Curve zweiter Classe sind.

49. Bei der in Art. 38 gegebenen Construction einer Curve zweiter Classe aus fünf Tangenten derselben wurden zwei von diesen Tangenten dadurch ausgezeichnet, dass sie zu Axen *T*, *T'* der beiden projectivischen Punktreihen gewählt wurden, während alle übrigen Tangenten als Verbindungslinien entsprechender Punkte dieser Reihen auftraten. Der Brianchon'sche Satz erlaubt es, diese Construction vollkommen symmetrisch zu machen. Bezeichnet man nämlich die gegebenen fünf Tangenten in irgend einer Aufeinanderfolge mit *I*, *II*, *III*, *IV*, *V*, so kann jede weitere Tangente der Curve als sechste Seite *VI* eines umschriebenen Sechsseits betrachtet werden. Der Brianchon'sche Punkt β liegt auf der Geraden 3, welche den Schnittpunkt von *I* und *II* mit dem Schnittpunkte von *IV* und *V* verbindet (Fig. 5), und es wird dieser Punkt β, wenn *VI* alle Lagen der einzelnen Tangenten der Curve durchlauft, auf der Geraden 3 fortrücken und diese ganze Gerade beschreiben.

Man kann also umgekehrt von irgend einem beliebigen Punkte β von 3 ausgehen, ihn als den Brianchon'schen Punkt betrachten und die zugehörige Tangente *VI* aufsuchen. Man hat nur 4 und 5 zu ziehen, d. h. β mit dem Schnittpunkt von *II* und *III* und ebenso mit dem Schnittpunkt von *III* und *IV* zu verbinden, und dann hat man die Gerade *VI* zu ziehen, welche durch den Schnittpunkt von 4 mit *V* und durch den Schnittpunkt von 5 mit *I* hindurchgeht. Die Gerade *VI* ist die sechste Seite des Sechsseits, welches β zum Brianchon'schen Punkt besitzt; d. h. *VI* ist eine weitere Tangente der Curve. Lässt man β auf 3 fortrücken, so kann man beliebig viele Lagen der Tangente *VI* in linearer Weise construiren. Und zwar hat man ein- für allemal die feste Gerade 3 zu ziehen und für jede Lage von β auf 3 die drei variablen Geraden 4, 5, *VI*. Ist auf einer der fünf gegebenen Tangenten, welche dann *V* heissen soll, ein Punkt (h') gegeben und soll die zweite durch diesen Punkt gehende Curventangente *VI* construirt werden, so hat man nur 4 zu ziehen als Verbindungsgerade von h' mit dem Schnittpunkte von *II* und *III* und man erhält β als Schnittpunkt von 4 mit 3; verbindet man β mit dem Schnittpunkt von *III* und *IV*, so ergibt sich 5, welche Gerade *I* in einem Punkte x schneidet, der, mit h' verbunden, *VI* liefert.

Wenn die Tangente *VI* unendlich nahe zur Tangente *V* rückt, so wird der Punkt (*V VI*) der Berührungspunkt von *V*, und der Punkt (*VI I*) geht in (*V I*) über.

Ist also der Curve zweiter Classe ein beliebiges Fünfseit *I*, *II*, *III*, *IV*, *V* umgeschrieben, so schneidet die Gerade $\overline{(I\,II)\,(IV\,V)}$ die Gerade $\overline{(III\,IV)\,(V\,I)}$ in einem Punkte β, durch welchen auch die Verbindungsgerade des Punktes (*II III*) mit dem Berührungspunkte von *V* hindurchgehen muss. Dies gibt eine einfache lineare Construction des Berührungspunktes irgend einer von fünf gegebenen Tangenten einer Curve zweiter Classe. Soll eine Curve zweiter Classe construirt werden, welche vier gegebene Gerade und eine von ihnen in einem gegebenen Punkte berührt (Art. 43), so kann diese letztere, als durch das Zusammenfallen von *I* und *II* entstanden, mit diesen Ziffern gleichzeitig bezeichnet werden, wobei dann der Punkt (*I II*) der Berührungspunkt dieser Tangente ist. Die Construction bleibt im Uebrigen ganz dieselbe wie vorhin.

Wenn die zu construirende Curve drei gegebene Gerade, und zwar zwei von ihnen in gegebenen Punkten berühren soll, so betrachte man die eine der beiden letzteren als *I* und *II*, so dass der Punkt (*I II*) ihr Berührungspunkt ist; ebenso sei die zweite mit *IV* und V bezeichnet, so dass ihr gegebener Berührungspunkt den Punkt $(IV\ V)$ darstellt, und die dritte Tangente wird als III einzuführen sein. Die Construction weiterer Tangenten bleibt wie im allgemeinen Fall. Nebenbei bemerken wir, dass in diesem letzten Falle die Construction identisch wird mit der in Art. 43 behandelten, bei welcher die zwei Tangenten mit gegebenen Berührungspunkten als Axen für projectivische Punktreihen auftreten.

50. *„Ist einer Curve zweiter Classe ein Dreiseit umgeschrieben, so schneiden sich die drei Verbindungsgeraden seiner Ecken mit den Berührungspunkten der Gegenseiten in einem und demselben Punkte."*

Sind nämlich A, B, C drei Tangenten der Curve und a, b, c deren Berührungspunkte, so kann man das Dreiseit ABC als ein Brianchon'sches Sechsseit betrachten, wenn man A mit I und II, B mit III und IV, und C mit V und VI bezeichnet. Dann sind a, b, c der Reihe nach die Punkte $(I\,II)$, $(III\,IV)$, $(V\,VI)$, während die Ecken (BC), (CA), (AB) des Dreiseits die Punkte $(IV\ V)$, $(V\,VI)$, $(VI\,I)$ darstellen, so dass die Geraden 3, 4, 5, welche sich in einem Punkte β schneiden, in der That die Verbindungsgeraden der Ecken des Dreiseits mit den Berührungspunkten der Gegenseiten sind.

Wenn also die zwei Tangenten A, B und deren Berührungspunkte a, b gegeben sind, und wenn der Berührungspunkt c einer dritten Tangente C gefunden werden soll, so verbinde man a mit dem Punkte (BC) und b mit dem Punkte (AC); das gibt zwei Gerade, welche sich in β schneiden. Die Gerade, welche β mit dem Schnittpunkt von A und B verbindet, trifft C in c.

Werden A und B die Asymptoten, so erhält man den Satz (Art. 46) über das Halbiren der zwischen ihnen enthaltenen Strecke einer Hyperbeltangente durch den Berührungspunkt. Wird C die unendlich weite Gerade, so erhält man den in Art. 45 bewiesenen Satz über die Parabeldurchmesser.

Dem Leser möge die Lösung der in Art. 43 behandelten Aufgaben unter Zugrundelegung des Brianchon'schen Satzes empfohlen sein.

51. Es sei A, B, C, D irgend ein der Curve zweiter Classe umschriebenes Vierseit (Fig. 8) und a, b, c, d das von den Berührungspunkten seiner Seiten gebildete (das zugehörige eingeschriebene) Viereck. P, Q, R seien die Diagonalseiten des Tangentenvierseits, wie sie der Reihe nach durch die Schnittpunkte von A mit B, C und D respective hindurchgehen, und p, q, r seien die Ecken des von PQR gebildeten Diagonaldreiseits, wie sie der Reihe

nach seinen Seiten gegenüber liegen. Wenn wir das Brianchon-sche Sechsseit betrachten, von dessen Seiten *I* und *II* mit *A*, und *IV* und *V* mit *B* zusammenfallen, während *III* mit *C* und *VI* mit *D* identisch wird, so wird, da die Punkte (*I II*), (*IV V*) durch *a*, *b* respective dargestellt erscheinen, 3 die Gerade *ab* sein, während 4 identisch mit *R*, 5 mit *Q* und somit β mit *p* identisch wird. Die Gerade 3, d. h. die Verbindungsgerade der Berührungspunkte *a*, *b* der Tangenten *A*, *B* geht somit durch die Ecke *p* des Diagonaldreiseits, und zwar also durch jene Ecke, welche der durch den Schnittpunkt der beiden Tangenten *A*, *B* hindurchgehenden Diagonalseite *P* gegenüber liegt. Es wird somit nach demselben Satze auch $\overline{cd}$ durch *p* gehen müssen, ferner müssen die Geraden *ac* und *bd* aus

Fig. 8.

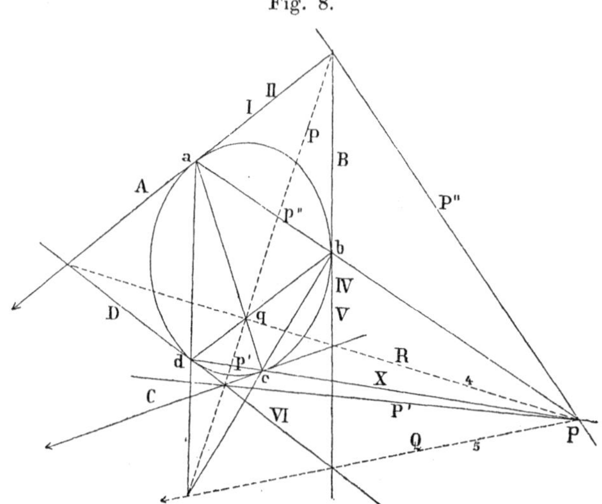

demselben Grunde durch *q*, und endlich *ad* und *bc* durch *r* hindurchgehen, so dass *pqr* das Diagonaldreieck des Viereckes *abcd* ist.

„Ist einer Curve zweiter Classe ein beliebiges Vierseit umschrieben, so ist sein Diagonaldreiseit zugleich das Diagonaldreieck für das von den vier Berührungspunkten seiner Seiten gebildete vollständige Viereck."

So sind wir zu demselben Satze gelangt, welcher in Art. 33 für die Curven zweiter Ordnung bewiesen worden ist, so dass wir sowohl für Curven zweiter Ordnung, als auch für Curven zweiter Classe den gemeinschaftlichen Satz haben: *„Das aus irgend vier Punkten der Curve gebildete vollständige Viereck und das aus den zugehörigen vier Tangenten gebildete vollständige Vierseit haben ein und dasselbe Dreieck als Diagonaldreieck, respective als Diagonaldreiseit."*

52. Durch diesen wichtigen Satz ist zugleich der Beweis für die *Identität der Curven zweiter Ordnung mit den Curven zweiter Classe* gegeben. Sowie wir nämlich in Art. 34 auf Grund dieses Satzes beweisen konnten, dass jede Curve zweiter Ordnung auch eine Curve zweiter Classe ist, d. h. dass jede durch projectivische Büschel erzeugte Curve auch durch projectivische Punktreihen erzeugt werden kann, so können wir jetzt auch zeigen, dass umgekehrt jede Curve zweiter Classe von der zweiten Ordnung sein muss, d. h. durch projectivische Büschel erzeugt werden kann.

In der That, es sei (Fig. 8) K eine Curve zweiter Classe, $ABCD$ irgend vier Tangenten derselben, und $abcd$ die zugehörigen vier Berührungspunkte; dann ist das Diagonaldreieck pqr von $abcd$ identisch mit dem Diagonaldreiseit PQR von $ABCD$. Halten wir nun ABC und demgemäss auch abc fest, während D als variable Tangente längs der Curve K hingleiten soll, so dass d die Curve selbst beschreibt, so bleiben auch alle Ecken des Dreiseits ABC und alle Seiten des Dreieckes abc fest, während der Schnittpunkt x von D und B auf der letzteren Geraden eine Punktreihe beschreibt, und die Verbindungsgerade X von d mit c, sich um c drehend, ein Strahlenbüschel beschreiben wird, welches perspectivisch ist mit der vom Punkte p auf der festen Geraden $\overline{ab}$ beschriebenen Punktreihe; diese ist wieder perspectivisch mit der von x auf B beschriebenen Punktreihe, weil die Gerade $\overline{px}$, d. i. Q, fortwährend durch den festen Schnittpunkt von A und C hindurchgeht. Es ist also Büschel (X) $(\overline{\wedge})$ Reihe (p) $(\overline{\wedge})$ Reihe (x), somit ist auch das vom Strahle X am Scheitel c beschriebene Büschel projectivisch mit der vom Punkte x auf B beschriebenen Punktreihe:

„Die sämmtlichen Tangenten (D) einer Curve zweiter Classe bestimmen auf irgend einer von ihnen (B) eine Reihe von Punkten (x), welche projectivisch ist mit dem Büschel (X) der Strahlen, welche die Berührungspunkte (d) jener Tangenten (D) mit einem beliebigen Punkte (c) der Curve verbinden.“

„Es ist somit das Doppelverhältniss der vier Strahlen, welche irgend einen Punkt der Curve zweiter Classe mit vier beliebigen Punkten der Curve verbinden, gleich dem Doppelverhältniss der vier Punkte, in denen irgend eine Tangente dieser Curve von den vier Tangenten jener vier Punkte getroffen wird.“

Ersetzt man den Punkt c durch einen andern festen Punkt c' der Curve, so wird der Strahl X', welcher c' mit d verbindet, ein Strahlenbüschel beschreiben, welches mit der Reihe derselben Punkte

x auf D projectivisch ist, so dass also das Büschel der Strahlen X' auch mit dem Büschel der Strahlen X projectivisch sein wird, d. h.:

„Verbindet man die sämmtlichen Punkte (d) einer Curve zweiter Classe mit irgend zweien (c, c′) unter ihnen, so erhält man einander entsprechende Strahlen ($X = cd$, $X' = c'd$) projectivischer Büschel.“

Oder mit anderen Worten:

„Die sämmtlichen Punkte einer Curve zweiter Classe bestimmen mit irgend zwei unter ihnen (also mit allen) projectivische Strahlenbüschel.“

Man kann somit jede Curve zweiter Classe, und zwar auf unendlich viele Arten, als das Erzeugniss projectivischer Strahlenbüschel, d. h. als Ort der Schnittpunkte entsprechender Strahlen solcher Büschel betrachten; es genügt hierzu, irgend zwei Punkte der Curve als Scheitel für die beiden Büschel zu wählen und je zwei Strahlen, welche sich in einem Punkte der Curve schneiden, als einander entsprechende zu betrachten. Somit ist bewiesen:

„Jede Curve zweiter Classe ist auch eine Curve zweiter Ordnung.“

Die Curve zweiter Classe hat also mit jeder, daher auch mit der unendlich weiten Geraden ihrer Ebene zwei Punkte gemeinschaftlich, welche sich als die Doppelpunkte der beiden projectivischen Punktreihen ergeben, in denen die Gerade von irgend zwei, die Curve erzeugenden Büscheln geschnitten wird. Diese zwei Punkte sind somit gleichzeitig reell, oder imaginär, oder sie fallen zusammen. Im letzten Fall ist die Gerade eine Tangente der Curve und ihre Schnittpunkte mit der Curve sind in dem Berührungspunkte vereinigt.

Die Curve zweiter Classe hat also entweder zwei reelle unendlich weite Punkte (Hyperbel), oder keinen reellen unendlich weiten Punkt (Ellipse), oder sie berührt die unendlich weite Gerade (Parabel).

Wir sind von nun an berechtigt von einer einzigen Curvenart, nämlich von den Curven zweiter Ordnung und zweiter Classe zu sprechen, welche wir dann kurz als Curven zweiten Grades, oder, vorgreifend, als Kegelschnitte bezeichnen werden, indem später gezeigt werden soll, dass jede solche Curve als ebener Schnitt eines geraden (oder schiefen) Kreiskegels betrachtet werden kann.

Die beiden sich gegenseitig bedingenden Hauptcharaktere der Curven zweiten Grades sind: 1. Jede Gerade in der Ebene der Curve wird von derselben in zwei Punkten geschnitten, 2. durch jeden Punkt der Ebene der Curve gehen zwei Tangenten derselben hindurch, oder mit anderen Worten: Jede Gerade (Strahl) ist mit zwei Punkten der Curve perspectivisch und jeder Punkt ist mit zwei Tangenten (Strahlen) der Curve perspectivisch.

Für jede Curve zweiten Grades gelten alle bis nun bewiesenen Sätze, insbesondere der Satz von Pascal und der von Brianchon.

53. Man möge bemerken, dass die sämmtlichen bisherigen (sowie die folgenden) Betrachtungen von dem Reciprocitätsgesetze der Ebene beherrscht werden. Zur besseren Uebersicht stellen wir die wichtigsten Resultate dieser Betrachtungen, so wie sie sich reciprok entsprechen, neben einander:

Zwei projectivische conplanare Strahlenbüschel erzeugen eine Curve zweiter Ordnung, welche die Scheitel enthält und in diesen die dem gemeinsamen Strahle entsprechenden Strahlen zu Tangenten hat. Je zwei Punkte der Curve liefern, mit allen übrigen verbunden, entsprechende Strahlen projectivischer Büschel. Alle Tangenten der Curve bestimmen auf irgend zwei unter ihnen projectivische Punktreihen. Die Curve ist somit auch von der zweiten Classe. Sie ist bestimmt, wenn man irgend fünf Punkte oder fünf Tangenten derselben kennt. In jedem der Curve eingeschriebenen Sechseck liegen die Schnittpunkte der drei Gegenseitenpaare in einer Geraden. In jedem der Curve umschriebenen Sechsseit gehen die Verbindungsgeraden der drei Gegeneckenpaare durch einen Punkt u. s. w.

Zwei projectivische conplanare Punktreihen erzeugen eine Curve zweiter Classe, welche auch die Axen berührt, und zwar in den ihrem gemeinschaftlichen Punkte entsprechenden Punkten. Je zwei Tangenten der Curve werden von allen übrigen in einander entsprechenden Punkten projectivischer Punktreihen geschnitten. Alle Punkte der Curve bestimmen mit irgend zwei unter ihnen zwei projectivische Strahlenbüschel. Die Curve ist somit auch von der zweiten Ordnung. Sie ist bestimmt, wenn man irgend fünf Tangenten oder fünf Punkte derselben kennt. In jedem der Curve umgeschriebenen Sechsseit gehen die Verbindungsgeraden der drei Gegeneckenpaare durch einen Punkt. In jedem der Curve eingeschriebenen Sechsecke liegen die Schnittpunkte der drei Gegenseitenpaare auf einer Geraden u. s. w.

Da wir den Kreis sowohl als Erzeugniss projectivischer (congruenter, gleichstimmiger) Büschel, als auch als Erzeugniss projectivischer Punktreihen kennen gelernt haben (I, Art. 46 und 63), so haben wir den Kreis als eine (besondere) Art der Curven zweiter Ordnung und zweiter Classe zu betrachten. In der That lehrt schon die Elementargeometrie, dass der Kreis mit jeder Geraden zwei Punkte gemeinschaftlich hat, und dass von seinen Tangenten durch jeden Punkt zwei hindurchgehen. Wir müssen den Kreis als eine in gewisser Hinsicht besondere Curve zweiten Grades betrachten, da je zwei (also alle) die Curve erzeugenden Strahlenbüschel gleichstimmig congruent sind, und da sich je zwei die Curve erzeugenden Punktreihen aus dem Kreismittelpunkte durch gleichstimmig congruente Strahlenbüschel projiciren (l. c.). In der That konnten wir beweisen, dass alle in einer Ebene gelegenen Kreislinien die unendlich weite Gerade in denselben zwei durch die Ebene selbst schon gegebenen imaginären Punkten schneiden (I, Art. 60), weshalb ein Kreis schon durch drei Punkte vollkommen bestimmt ist, indem die beiden imaginären, unendlich weiten Kreispunkte (d. i. die Doppelpunkte der durch die rechtwinkligen Strahleninvolutionen auf der unendlich weiten Geraden bestimmten Punktinvolution) hinzutreten und die Punktezahl auf die nothwendige Zahl fünf erhöhen. *Jede durch die imaginären unendlich weiten Kreispunkte gehende Curve zweiten Grades ist ein Kreis;* denn der durch drei Punkte einer solchen Curve bestimmte Kreis hat mit ihr im ganzen fünf Punkte gemeinschaftlich und ist somit identisch mit ihr. (Art. 21.)

Fünftes Kapitel.

Die Polareigenschaften der Kegelschnitte.

54. Es sei (Fig. 8) p ein beliebiger Punkt in der Ebene eines Kegelschnittes K; wir verbinden diesen Punkt mit zwei beliebigen Punkten a, c von K und bestimmen die zweiten Schnittpunkte b, d von K mit den Geraden pa, pb, so wird das eingeschriebene Viereck $abcd$ den Punkt p zur Diagonalecke haben, und es mögen q, r die beiden anderen auf ac, respective ad gelegenen Diagonalecken sein. Die Seiten P, Q, R des Diagonaldreieckes sind nach Art. 33, 51 die Diagonalseiten des von den Tangenten A, B, C, D, welche K in a, b, c, d berühren, gebildeten Vierseits, so zwar, dass P, Q, R der Reihe nach die Ecken (AB), (AC), (AD) mit den respectiven Gegenecken verbinden. Sind p', p'' die Schnittpunkte von P mit den Geraden pc, pa, so ist nach I, Art. 19 p' harmonisch conjugirt zu p bezüglich des Punktepaares cd, und p'' harmonisch conjugirt zu p bezüglich des Punktepaares ab, d. h. $(abpp'') = -1$, $(cdpp') = -1$.

Denkt man sich nun die Gerade ab fest, so dass die Tangenten A, B festbleiben, so wird sowohl p'' als auch der Schnittpunkt von A mit B ein fester Punkt sein, somit ist auch die Verbindungsgerade P dieser festen Punkte eine feste Gerade, auf welcher sich der Punkt p' fortbewegen muss, wenn die durch p gehende Gerade (Sehne) cd sich um diesen Punkt p herumdreht. Damit ist allgemein bewiesen (vergl. Art. 18, 22):

„Wenn sich eine Sehne (cd) von K um einen festen in ihr gelegenen Punkt (p) herumdreht, so beschreibt der zu diesem festen Punkte (p) in Bezug auf das Endpunktepaar (c, d) der Sehne harmonisch conjugirte Punkt (p') eine feste Gerade P."

Es ist in dieser Art jedem reellen Punkte p eine einzige, durch ihn vollkommen bestimmte, reelle Gerade P als Ort der vierten harmonischen Punkte zugeordnet; denn auf jeder durch p gehenden Sehne cd erhält man nur einen einzigen Punkt p', welcher zu p bezüglich cd harmonisch conjugirt ist, so dass ausser der Geraden P kein anderer Ort für die Punkte p' auftreten kann.

Die Gerade P wird die Polare des Punktes p genannt, und umgekehrt heisst p der Pol der Geraden P.

Aus denselben Gründen, aus denen P die Polare von p ist, sind auch Q, R die Polaren von q, r respective, d. h.:

„Wenn einer Curve zweiten Grades ein Viereck $abcd$ eingeschrieben ist, so ist in dessen Diagonaldreieck jede Seite die Polare der Gegenecke."

Um also die Polare irgend eines Punktes p zu erhalten, braucht man nur durch p irgend zwei Curvensehnen ab, cd zu ziehen, ac und bd in q, und ad und bc in r zum Durchschnitte zu bringen, so ist $\overline{qr}$ (oder P) die Polare von p.

Geht die durch p gelegte Gerade cd in die eine der beiden durch p an K gelegten Tangenten T, T' über, so fallen die beiden Punkte cd in dem Berührungspunkte t, respective t' zusammen und wird somit (I, Art. 10 oder 115) auch der zu p harmonisch conjugirte Punkt p' mit diesem Berührungspunkte t, respective t' zusammenfallen:

„Die Polare P eines Punktes p schneidet den Kegelschnitt K in den Berührungspunkten t, t' der beiden durch den Pol p an K gehenden Tangenten T, T'."

Um also die Polare eines Punktes p zu erhalten, kann man durch ihn an K die Tangenten T, T' legen und hat nur ihre Berührungspunkte t, t' zu verbinden.

Die Polare eines reellen Punktes p ist immer eine reelle Gerade P (siehe Oben); je nachdem dieselbe die Curve K in reellen Punkten

t, t' schneidet oder nicht, sind die durch p gehenden in t, t' die Curve berührenden Tangenten T, T' reell oder imaginär. Die Gerade P verbindet den Schnittpunkt von A und B mit dem Schnittpunkte von C und D; die letzteren zwei Tangenten berühren K in den Endpunkten der variablen durch p gehenden Sehnen cd, d. h.:

„*Dreht sich eine Sehne* cd *von* K *um einen in ihr liegenden festen Punkt* p, *so beschreibt der Schnittpunkt der in ihren Endpunkten an* K *gelegten Tangenten die Polare* P *von* p.“

55. Es sei (Fig. 8) P eine beliebige feste Gerade in der Ebene eines Kegelschnittes K; A und B seien die durch einen, und C, D die durch einen anderen beliebigen Punkt von P an K gelegten Tangenten und a, b, c, d deren Berührungspunkte. Die Gerade P ist eine Diagonalseite des Vierseits $ABCD$, und Q, R seien die beiden übrigen Diagonalseiten, welche respective die Punkte (AC), (AD) mit den Gegenecken (BD), (BC) verbinden. Die Ecken p, q, r des Dreiseits müssen nach Art. 33, 51 die Diagonalecken des Viereckes $abcd$ sein und zwar so wie sie auf den Seiten ab, ac, ad gelegen sind. Sind nun P', P'' die Verbindungsgeraden von p mit (CD) und (AB), so ist nach den harmonischen Eigenschaften des vollständigen Vierseits $ABCD$ (I, Art. 19) P' der zu P bezüglich C und D harmonisch conjugirte Strahl, und P'' der zu P bezüglich A und B harmonisch conjugirte Strahl, d. h. $(ABPP'') = -1$, $(CDPP') = -1$.

Hält man nun P und A, B fest, während man die Tangenten C, D so längs K hingleiten lässt, dass ihr Schnittpunkt (CD) fortwährend auf der festen Geraden P liegt, so wird, da P'' und ab feste Gerade sind, auch p fest bleiben und der zu P bezüglich des variablen Tangentenpaares C, D harmonisch conjugirte Strahl P' geht fortwährend durch diesen festen Punkt p hindurch. Dieser Punkt p ist als die der Seite P im Diagonaldreieck von $abcd$ gegenüberliegende Ecke der Pol von P. Damit ist bewiesen:

„*Wenn sich der Schnittpunkt eines Tangentenpaares* (CD) *von* K *auf einer festen Geraden* P *bewegt, so geht der zu dieser festen Geraden* P *bezüglich des Tangentenpaares* (C, D) *harmonisch conjugirte Strahl* P' *fortwährend durch einen festen Punkt* p *hindurch; für diesen Punkt* p *ist* P *die Polare, so dass umgekehrt* p *der Pol von* P *ist.*“

Sowie also der Pol p eindeutig die zu ihm gehörige Polare P bestimmt, so ist auch jeder reellen Geraden P ein einziger, durch sie vollkommen bestimmter reeller Punkt p, als gemeinschaftlicher Schnittpunkt der vierten zu P harmonischer Strahlen, zugeordnet. Da nämlich durch jeden Punkt von P nur ein einziger zu P bezüglich C, D harmonisch conjugirter Strahl P' hindurchgeht, so können ausser den durch p gehenden Strahlen P' keine anderen solchen Strahlen auftreten.

Sowie p der Pol von P ist, so ist auch, und zwar aus denselben Gründen q, r der Pol von Q, R respective; d. h.:

„*Wenn einer Curve zweiten Grades ein Vierseit ABCD umgeschrieben ist, so ist in dessen Diagonaldreiseit jede Ecke der Pol der gegenüberliegenden Seite.*“

Den Pol p irgend einer Geraden P kann man also erhalten, wenn man irgend zwei Tangentenpaare AB, CD, welche sich in zwei auf P gelegenen Punkten schneiden, wählt, dann (AC) mit (BD) durch Q und (AD) mit (BC) durch R verbindet, und Q mit R in p zum Durchschnitte bringt.

Gelangt der sich auf der festen Geraden P fortbewegende Schnittpunkt von C und D in einen der Punkte t, t', in welchen P von K geschnitten wird, so fallen die beiden Tangenten C, D und somit (I, Art. 10 oder 115) auch der zu P bezüglich C, D harmonisch conjugirte Strahl P' mit der Tangente T, T' von t, t' respective zusammen:

„*Die durch den Pol p einer Geraden P an K gelegten Tangenten T, T' berühren den Kegelschnitt K in den Schnittpunkten t, t' desselben mit der Polare P von p.*“

Um also den Pol p von P zu finden, hat man K mit P in t, t' zum Durchschnitte zu bringen, in t, t' an K die Tangenten T, T' zu legen, so ist deren Schnittpunkt p der Pol von P.

Der Pol einer reellen Geraden P ist immer ein reeller Punkt p (siehe oben); je nachdem durch ihn an K reelle Tangenten T, T' gelegt werden können oder nicht, sind die beiden Schnittpunkte t, t' von K mit P reell oder imaginär. Der Punkt p ist der Schnittpunkt der Sehnen ab, cd in deren Endpunkten die Tangenten AB, CD die Curve K berühren, d. h.:

„*Bewegt sich der Schnittpunkt zweier Tangenten (C, D) von K auf einer festen Geraden P, so geht die Verbindungsgerade (cd) ihrer Berührungspunkte fortwährend durch den Pol p von P hindurch.*“

56. Die am Schlusse der beiden vorhergehenden Artikel ausgesprochenen Sätze kann man offenbar auch in folgender allgemeiner klingenden Weise ausdrücken:

„*Geht eine Gerade Q durch einen Punkt p hindurch, so liegt ihr Pol q auf der Polare P von p, und wenn jene Gerade Q, sich um p drehend, ein Strahlenbüschel beschreibt, so durchlauft ihr Pol q auf P eine zu diesem Büschel projectivische Punktreihe.*“

Den ersten Theil des Satzes kann man auch so ansprechen:

„Wenn von zwei Punkten p, q der eine p auf der Polare Q des anderen liegt, so liegt auch dieser andere q auf der Polare P des ersten.“

Zwei solche Punkte, von denen jeder auf der Polare des anderen liegt, bezeichnet man als *„zwei in Bezug auf den Kegelschnitt conjugirte Punkte oder Pole.“* (Conjugirtes Punktepaar, conjugirtes Polepaar.)

Denn, geht Q beliebig durch p und ist r der Schnittpunkt von Q mit P und sind a, d die Endpunkte irgend einer durch r gehenden Sehne, so werden die Geraden pa, pd die Curve K in zwei Punkten b, c schneiden, und es muss nach der in Art. 54 gegebenen Construction der Polare P, der Schnittpunkt q von ac mit bd auf P liegen und ebenso der Schnittpunkt von ad mit bc, so dass bc durch r hindurchgehen muss. Das Dreieck pqr ist das Diagonaldreieck des Viereckes $abcd$, und somit ist q der Pol von Q. Denken wir uns die Punkte a und b fest, während sich Q um p dreht, so beschreiben die beiden Strahlen ad und bd (oder ac und bc) zwei projectivische Büschel, weil sie sich fortwährend in dem die Curve beschreibenden Punkte d (respective c), schneiden, und somit werden ihre Schnittpunkte r und q mit P auf dieser Geraden zwei projectivische Punktreihen beschreiben, von denen jedoch die erstere perspectivisch ist mit dem Büschel der Strahlen Q, so dass also dieses Strahlenbüschel mit der Reihe der Pole q projectivisch ist.

„Das Doppelverhältniss von irgend vier durch einen Punkt gehenden Strahlen ist gleich dem Doppelverhältniss der vier Pole dieser Strahlen (welche auf der Polare jenes Punktes liegen werden).“

Aus obigem Satze folgt sofort:

„Der Pol q der Verbindungsgeraden Q irgend zweier Punkte p, p_1 ist der Schnittpunkt der Polaren P, P_1 dieser beiden Punkte.“

Man kann somit den Pol einer Geraden finden, wenn man auf ihr zwei beliebige Punkte wählt, ihre Polaren aufsucht und zum Durchschnitte bringt.

Ebenso hat man (Schluss des Artikels 22):

„Liegt ein Punkt q in einer Geraden P, so geht seine Polare Q durch den Pol p von P, und wenn jener Punkt q auf P fortrückend eine Punktreihe beschreibt, so erzeugt seine Polare Q, um p sich drehend, ein mit dieser Punktreihe projectivisches Strahlenbüschel.“

Dem ersten Theil des Satzes kann man auch die Form geben:

„Geht von zwei Geraden P, Q die eine P durch den Pol q der anderen, so geht auch die andere Q durch den Pol p der ersten.“

Zwei solche Gerade, von denen jede durch den Pol der anderen hindurchgeht, nennt man „*zwei, in Bezug auf den Kegelschnitt conjugirte Geraden (Strahlen)*“. (Conjugirtes Geraden- oder Strahlenpaar.)

Denn liegt q beliebig auf der Polare P von p und ist R die Verbindungsgerade von p mit q und sind A, D irgend zwei sich in einem Punkte von R schneidende Tangenten von K, so wird durch den Schnittpunkt von P mit A an K noch eine zweite Tangente B, und ebenso durch (PD) eine zweite Tangente C an K gelegt werden können. Nun muss nach der in Art. 55 gegebenen Construction des Poles p von P die Gerade, welche die Punkte (AC) und (BD) verbindet durch p gehen, und ebenso die Gerade, welche die Punkte (AD) und (BC) verbindet, so dass der Punkt (BC) auf R liegen muss. Nun ist PQR das Diagonaldreiseit des Vierseit $ABCD$, so dass Q die (durch p gehende) Polare von q ist.

Denkt man sich A und B fest, während q auf P fortrückt und somit Q sich um p herumdreht, so beschreiben die beiden Punkte (AD) und (BD) [oder (AC) und (BC)] auf A, respective B, zwei projectivische Punktreihen, welche sich aus p in zwei projectivischen Büscheln projiciren; von diesen besteht das zweite aus den Strahlen Q, während das erste mit der Reihe der Punkte q perspectivisch ist, so dass also diese letztere auch mit dem Büschel der Strahlen Q projectivisch ist. Die Richtigkeit der folgenden Sätze ist sofort klar:

„*Die Polare des Schnittpunktes q zweier Geraden P, P_1 ist die Verbindungsgerade Q der Pole p, p_1 dieser beiden Geraden.*“

Um also die Polare eines Punktes zu finden, kann man durch ihn irgend zwei Gerade legen, ihre Pole aufsuchen, und hat dieselben zu verbinden.

„*Das Doppelverhältniss von irgend vier Punkten einer Geraden ist gleich dem Doppelverhältniss der vier, diesen Punkten zukommenden Polaren (welche durch den Pol jener Geraden gehen werden).*“

57. „*Auf jeder Geraden in der Ebene eines Kegelschnittes gibt es unendlich viele Paare conjugirter Pole bezüglich desselben; sie bilden eine Involution, für welche die Schnittpunkte der Geraden mit der Curve die Doppelpunkte sind.*“

Nach der Definition conjugirter Pole ist jeder Punkt, welcher auf der Polare eines zweiten liegt, zu diesem zweiten ein conjugirter Pol.

„*Es hat somit jeder Punkt in der Ebene von K unendlich viele zu ihm conjugirte Pole; es sind dies die sämmtlichen Punkte seiner Polare, so dass man die Polare eines Punktes als den Ort aller zu ihm conjugirten Pole definiren kann.*“

Es sei nun (Fig. 8) P irgend eine Gerade, q ein beliebiger Punkt von P, und Q dessen mittelst des Viereckes $abcd$, dessen zwei erste Ecken a, b fest sind, construirte Polare, welche also die sämmtlichen zu q conjugirten Pole enthält; einer, und nur einer von ihnen, wird auf P liegen, nämlich der Schnittpunkt r von Q mit P. So erkennt man, dass auf einer gegebenen Geraden P zu jedem Punkte q nur ein einziger conjugirter Pol r gefunden werden kann; man sieht auch sofort, weil wieder q der einzige zu r conjugirte, auf P gelegene Pol ist, die Vertauschungsfähigkeit des eindeutigen Entsprechens zwischen q und r, und könnte schon hieraus (I, Art. 88 und 99) auf den involutorischen Charakter dieser Beziehung schliessen. Man kann jedoch direkt zum Ziele gelangen, wenn man bedenkt, dass die, ein conjugirtes Polepaar auf P bildenden Punkte q, r als die Schnittpunkte der beiden einander entsprechenden Strahlen bd, ad [oder ac, bc] in den beiden die Curve erzeugenden projectivischen Strahlenbüscheln b, a (respective a, b) mit der festen Transversale P sind; da diese Transversale P durch den Schnittpunkt der Tangente A, B, d. h. durch das Directionscentrum der beiden projectivischen Büschel b, a hindurchgeht, so bestimmen diese auf ihr zwei, eine Involution darstellende projectivische Punktreihen (I, Art. 70); da die Doppelpunkte der beiden projectivischen Punktreihen, welche die zwei die Curve erzeugenden Büschel b, a auf irgend einer Transversalen bestimmen, die Schnittpunkte dieser Transversalen mit dem Kegelschnitte K sind (Art. 14), so ist auch der zweite Theil des ersten Satzes bewiesen.

Sind die zwei Schnittpunkte t, t' von P mit K reell, so erkennt man auch in folgender Weise unmittelbar die auf P auftretende Involution conjugirter Pole. Die Polare Q eines beliebigen Punktes q von P schneidet P in einem Punkte r, und da die Polare der Ort der zum Pole harmonisch conjugirter Punkte ist (Art. 54), so hat man sofort $(tt'qr) = -1$, so dass alle Punktepaare q, r auf P das Punktepaar t, t' harmonisch trennen und somit eine Involution mit den Doppelpunkten t, t' bilden (I, Art. 71).

Verbindet man den Pol p einer Geraden mit irgend einem Punkte r dieser Geraden, so erhält man die Polare Q des zum Punkte r gepaarten Poles der auf P auftretenden Involution conjugirter Pole.

Von der auf einer Geraden P auftretenden Involution conjugirter Pole sagt man wohl auch *„sie werde durch den Kegelschnitt K auf der Geraden P bestimmt“*; in dieser Art bestimmt der Kegelschnitt K auf jeder Geraden seiner Ebene eine Involution, nämlich jene der conjugirten Polepaare; sie hat die Schnittpunkte der Geraden mit dem Kegelschnitte zu Doppelpunkten.

Der Centralpunkt o (I, Art. 71) der Involution conjugirter Pole auf P, d. h. der dem unendlich weiten Punkte von P zugeordnete conjugirte Pol ist der Halbirungspunkt der Sehne $\overline{tt'}$; er bleibt immer reell wenn P reell ist, wenn auch die Endpunkte t, t' der Sehne imaginär werden. Nach (I. Art. 74) ist somit $\overline{oq}\,.\,\overline{or} = \overline{ot}^2 = \overline{ot'}^2 = \left(\frac{tt'}{2}\right)^2$, wenn o der Halbirungspunkt der Sehne tt' und q und r zwei auf der Geraden tt' gelegene conjugirte Pole sind.

58. *„Durch jeden Punkt in der Ebene eines Kegelschnittes gehen unendlich viele Paare conjugirter Strahlen bezüglich des Kegelschnittes; sie bilden eine Involution, für welche die durch den Punkt gehenden Tangenten der Curve die Doppelstrahlen sind.“*

Zu einer Geraden gibt es, der Definition conjugirter Strahlen gemäss, unendlich viele conjugirte Strahlen; es sind die sämmtlichen durch den Pol der Geraden gehenden Strahlen, so *„dass man den Pol einer Geraden als den Schnittpunkt aller zu ihr conjugirten Geraden definiren kann.“*

Ist nun (Fig. 8) p irgend ein fester Punkt in der Ebene des Kegelschnittes, Q irgend ein durch p gehender Strahl, und q der mittelst des Vierseits $ABCD$, von denen A und B fest sein mögen, construirte Pol von Q, so ist jede durch q gehende Gerade zu Q conjugirt. Darunter gibt es eine, welche auch durch p geht, nämlich die Gerade R, welche p mit q verbindet. So sieht man, dass zu jeder durch p gehenden Geraden Q eine, und nur eine conjugirte, auch durch p gehende Gerade R aufgesucht werden kann, und da in derselben Art Q die einzige zu R conjugirte, durch p gehende Gerade ist, so erkennt man sofort die Eindeutigkeit und die Vertauschungsfähigkeit des Entsprechens der durch p gehenden Strahlen Q, R, d. h. den involutorischen Charakter des Büschels p (I, Art. 88 und 99). Uebrigens erkennt man den involutorischen Charakter des Entsprechens von Q und R auf P auch direkt, wenn man bedenkt, dass diese Strahlen den Punkt p, welcher auf der Verbindungsgeraden von a und b, d. h. auf der Directionsaxe der beiden projectivischen, auf A, B durch die Tangenten von K bestimmten Punktreihen liegt, mit den zwei einander entsprechenden Punkten (BD), (AD) [respective (AC), (BC)] verbinden (I, Art. 76). Da die Doppelstrahlen der beiden concentrischen Büschel, welche sich durch die Projection der beiden die Curve erzeugenden Punktreihen auf A, B aus irgend einem Punkte p ergeben, die durch p gehenden

Tangenten T, T' der Curve sind (Art. 38), so ist auch der zweite Theil des Satzes bewiesen.

Wenn die durch p gehenden Tangenten T, T' reell sind, so erkennt man sofort die am Punkte p auftretende Involution conjugirter Strahlen; da nämlich q der Pol von Q ist, und der Pol einer Geraden der Schnittpunkt der zu ihr in Bezug auf die Tangentenpaare harmonisch conjugirter Strahlen ist (Art. 55), so hat man $(TT'QR) = -1$, so dass alle durch p gehenden Paare conjugirter Strahlen Q, R dasselbe feste Strahlenpaar, nämlich die durch p gehenden Tangenten T, T' harmonisch trennen, und somit eine Involution mit den Doppelstrahlen T, T' bilden. (I, Art. 77).

Nachdem bei gegebenem K und p auch die Involution der durch p gehenden conjugirten Strahlen vollkommen bestimmt ist, so pflegt man von dieser Involution zu sagen *„sie werde vom Kegelschnitte K am Punkte p bestimmt.“* So bestimmt ein Kegelschnitt an jedem Punkte (als Scheitel) eine Strahleninvolution. Da jede Strahleninvolution ein, und nur ein Paar entsprechender und zu einander senkrecht stehender Strahlen enthält (I, Art. 83), welche im Falle reeller Doppelstrahlen die von diesen gebildeten Winkel halbiren (I, Art. 77), so haben wir den Satz:

„Durch jeden Punkt p in der Ebene eines Kegelschnittes kann man zwei, und nur zwei, conjugirte und zu einander senkrechte Strahlen ziehen; wenn die durch p gehenden Tangenten der Curve reell sind, so stellen die beiden Winkelhalbirenden derselben jene zwei durch p gehenden senkrechten conjugirten Strahlen dar.“

Sind also Q, R irgend zwei durch einen Punkt p gehende conjugirte Strahlen, ist N einer der beiden senkrechten conjugirten Strahlen und sind T, T' die durch p gehenden Tangenten, so ist

$$tg\, NQ \,.\, tg\, NR = tg^2\, NT = tg^2\, NT' = tg^2 \left(\frac{TT'}{2}\right) \text{ (siehe I, Art, 85).}$$

59. Jede Strahleninvolution, welche zwei Paare von entsprechenden auf einander senkrecht stehenden Strahlen enthält, besteht aus lauter solchen senkrechten Paaren (rechtwinklige Involution). Die (imaginären) Doppelstrahlen einer solchen Involution gehen durch die unendlich weiten imaginären Kreispunkte der Ebene (I, Art. 83):

„Wenn durch einen Punkt p in der Ebene eines Kegelschnittes zwei Paare conjugirter, zu einander senkrecht stehender Strahlen hindurchgehen, so sind je zwei durch diesen Punkt gehende zu einander senkrechte Strahlen, conjugirte Strahlen, so dass der Kegelschnitt an einem solchen Punkte p eine rechtwinkelige Involution bestimmt. Die an den Kegelschnitt durch einen solchen Punkt p gehenden Tangenten sind

imaginär (d. h. der Punkt ist ein innerer), und zwar verbinden sie den Punkt mit den beiden unendlich weiten imaginären Kreispunkten der Ebene des Kegelschnittes. Solche Punkte p (deren Existenz später bewiesen werden soll) nennt man die Brennpunkte des Kegelschnittes.“

Bezeichnet man mit i, i' die beiden unendlich weiten imaginären Kreispunkte, ferner mit J_1 J_2 die durch i, und mit J'_1 J'_2 die durch i' an K gehenden Tangenten, so bilden diese vier imaginären Geraden J_1 J_2 J'_1 J'_2 ein imaginäres vollständiges Vierseit, in welchem i, i' ein Gegeneckenpaar darstellen; ausser diesem gibt es in diesem Vierseite noch zwei Gegeneckenpaare, sie seien $f_1 f_2$ und $f'_1 f'_2$, so sind dies offenbar die einzigen vier Punkte in der Ebene, von denen jeder die Eigenschaft besitzt, dass die durch ihn an K gehenden zwei Tangenten durch i, i' gehen. Es können somit nur diese vier, sich in zwei Paare $f_1 f_2$, $f'_1 f'_2$ gruppirende Punkte als Brennpunkte von K auftreten. Wir werden später sehen, dass eines dieser beiden Paare immer reell und das andere (nothwendiger Weise) im allgemeinen immer imaginär ist.

Der Kegelschnitt wird ein Kreis, wenn er die unendlich weite Gerade in den beiden Punkten i, i' schneidet; dann fallen J_1 J_2 mit der einen, und $J'_1 J'_2$ mit der anderen Asymptote zusammen, welche zwei Asymptoten sich in einem Punkte (dem Mittelpunkte des Kreises) schneiden, so dass dieser letztere die vier Punkte $f_1 f_2$, $f'_1 f'_2$ in sich vereinigt.

Wird der Kegelschnitt eine Parabel, d. h. berührt er die unendlich weite Gerade U_∞ seiner Ebene, so fällt von den beiden Tangenten J_1 J_2 eine, z. B. J_2, mit U_∞ zusammen, und ebenso eine der beiden Tangenten J'_1 J'_2, etwa J'_2. Ist dann f_1 der Schnittpunkt von J_1 mit J'_1, so fällt der Punkt f_2, d. i. der Schnittpunkt von J_2 mit J'_2 in den Berührungspunkt der Curve mit der unendlich weiten Geraden, während die beiden übrigen Brennpunkte $f'_1 f'_2$ mit den imaginären Kreispunkten i, i' identisch werden. Die Parabel hat somit im Endlichen nur einen Brennpunkt, dessen Realität wir später nachweisen werden; der zweite reelle Brennpunkt ist der unendlich weite Parabelpunkt, und die Kreispunkte im Unendlichen stellen das imaginäre Brennpunktepaar dar.

60. *„Der Pol einer Tangente ist der zugehörige Berührungspunkt; oder: die Polare eines Curvenpunktes ist die zugehörige Tangente.“*

Ist P eine Tangente von K und p ihr Berührungspunkt, so fallen die beiden Schnittpunkte t, t' von P mit K in p zusammen; die Tangenten T, T' der Punkte t, t' fallen somit ebenfalls in P zusammen, so dass der Schnittpunkt von T und T', d. i. der Pol von P, mit dem Berührungspunkte p von P identisch wird. Umgekehrt fallen die durch einen Curvenpunkt p an K gehenden Tangenten T, T' in die Tangente P, welche in p berührt; die Berührungspunkte t, t' dieser Tangenten fallen also ebenfalls in p zusammen, und die Gerade tt', d. i. die Polare von p, ist mit P identisch.

Ist q ein beliebiger Punkt der die Curve in p berührenden Tangente, so wird man die Polare Q von q finden als die Verbindungsgerade von p mit dem Berührungspunkte der zweiten durch q gehenden Tangente, so dass die Polare Q sich um p dreht, wenn q auf P fortrückt. Ebenso ergibt sich der Pol q irgend einer durch p hindurchgehenden Geraden Q als der Schnittpunkt von P mit der Curventangente, welche in dem zweiten (ausser p auftretenden) Schnittpunkte von K und Q ihren Berührungspunkt hat; wenn sich also Q um p dreht, so rückt q auf P fort. Auch so erkennt man, dass p und P Pol und Polare sind. Insbesondere sind also die Asymptoten, welche wir als die in den unendlich weiten Curvenpunkten berührenden Tangenten definirt haben, die Polaren dieser unendlich weiten Curvenpunkte, und der Schnittpunkt der Asymptoten ist somit der Pol der unendlich weiten Geraden (siehe nächstes Kapitel).

Die in den Artikeln 44 und 22 gegebenen Constructionen der Polare als der Verbindungsgeraden der Berührungspunkte der beiden durch den Pol gehenden Tangenten, und des Poles als des Schnittpunktes der Tangenten, welche man an die Curve in deren Schnittpunkten mit der Polare legen kann, kommen so zurück auf die allgemeinen Constructionen in Artikel 56.

Da jeder Punkt q, welcher auf einer Tangente P gelegen ist, die in p die Curve berühren mag, auf der Polare von p, nämlich auf P liegt, so ist jeder solche Punkt q conjugirter Pol zu p; ebenso ist jede durch p gehende Gerade Q zu P conjugirt, weil sie ja durch den Pol p von P hindurchgeht.

Die zu einem Curvenpunkte conjugirten Pole sind somit die auf seiner Tangente gelegenen Punkte, und die zu einer Tangente conjugirten Strahlen sind die durch ihren Berührungspunkt hindurchgehenden Geraden.

„Es besteht somit jedes Paar der auf einer Curventangente durch K bestimmten Involution aus dem Berührungspunkte dieser Tangente und je einem anderen Punkte derselben Tangente; und die Paare der durch K an irgend einem Curvenpunkte bestimmten Strahleninvolution bestehen jedes aus der Tangente des Punktes und je einem anderen durch ihn hindurchgehenden Strahle. D. h. die durch den Kegelschnitt auf

dessen Tangenten und an dessen Punkten bestimmten Involutionen sind degenerirte Involutionen." (I, Art. 102.)

61. „*Wenn zwei von den drei Gegeneckenpaaren eines vollständigen Vierseits Paare conjugirter Pole eines Kegelschnittes sind, so ist es auch das dritte.*"

„*Wenn zwei von den drei Gegenseitenpaaren eines vollständigen Viereckes Paare conjugirter Strahlen eines Kegelschnittes sind, so ist es auch das dritte.*"

Es seien aa', bb', cc' die drei Gegeneckenpaare eines vollständigen Vierseits, und von den beiden ersten setzen wir voraus, sie seien Paare conjugirter Pole bezüglich des Kegelschnittes K. Sind A und B die, nach Voraussetzung durch a', respective b' gehenden, sich etwa in c'' schneidenden Polaren von a und b, so ist c'' der Pol der Geraden ab. Ist c die auf ab gelegene Ecke des dritten Paares cc', so sind c und c'' zwei conjugirte Pole, so dass die Polare C von c durch c'' hindurchgehen muss. Sind α und β die Schnittpunkte der Geraden abc mit A, respective B, so sind $a\alpha$, $b\beta$ zwei Punktepaare der durch K auf dieser Geraden bestimmten Involution conjugirter Pole, da α, auf A liegend, zu a, und β, auf B liegend, zu b conjugirter Pol ist; ist ferner γ der Schnittpunkt derselben Geraden abc mit der Geraden $c'c''$, so folgt, dass die drei Punktepaare $a\alpha$, $b\beta$, $c\gamma$ als die Schnitte einer Geraden mit den drei Gegenseitenpaaren des vollständigen Viereckes $a'b'c'c''$ einer Involution angehören (I, Art. 73). Es ist somit γ der auf abc liegende, zu c conjugirte Pol, und da auch c'' zu c conjugirter Pol ist, so ist $c'\gamma$ die Polare C von c; sie geht jedoch durch c', somit ist c' conjugirter Pol zu c, was zu beweisen war.

In derselben Art wird der reciproke Satz bewiesen.

Da man irgend zwei Punktepaare aa', bb' als zwei Gegeneckenpaare eines vollständigen, dann bestimmten Vierseits betrachten kann, dessen drittes Gegeneckenpaar aus dem Schnittpunkte c von ab mit $a'b'$, und aus dem Schnittpunkte c' von ab' mit $a'b$ besteht, so „*wird man in dieser Weise aus je zwei Paaren aa', bb' von conjugirten Polen eines Kegelschnittes ein drittes Paar cc' conjugirter Pole ableiten können, indem man ab mit $a'b'$ in c und ab' mit $a'b$ in c' zum Durchschnitte bringt.*"

Von den drei Paaren conjugirter Pole aa', bb', cc' erscheint dann jedes als das, aus den beiden anderen abgeleitete Polepaar.

Ebenso:

„*Wenn AA', BB' irgend zwei Paare conjugirter Strahlen eines Kegelschnittes sind, so ist auch CC' ein drittes Paar conjugirter Strahlen* *(das abgeleitete), wenn C den Punkt (AB) mit dem Punkte $(A'B')$ und C' die Punkte (AB'), $(A'B)$ verbindet.“*

Es sei abc irgend ein in der Ebene des Kegelschnittes K gelegenes Dreieck, so bilden die Polaren ABC seiner Ecken ein neues Dreieck, welches man als das dem ersten conjugirte Dreieck oder entsprechende Polardreieck bezeichnet; es ist auch umgekehrt das erste Dreieck das dem zweiten entsprechende Polardreieck. Die beiden Dreiecke (Polardreiecke) stehen in der einfachen Beziehung, dass die Seiten des einen die Polaren der Ecken des anderen sind, und umgekehrt. In der That, weil A, B die Polaren von a, b sind, so ist der Schnittpunkt c' von A und B der Pol der Verbindungsgeraden C' von a und b; ebenso sind die beiden übrigen Ecken (BC) oder a' und (AC) oder b' des zweiten Dreieckes die Pole der Seiten $\overline{bc}$ oder A' und $\overline{ac}$ oder B' des ersten Dreieckes. Sowie man zu jeder Ecke des einen Dreieckes eine Seite des anderen, nämlich die Polare dieser Ecke, als entsprechendes Element betrachten kann, so können auch die Ecken und Seiten entsprechend in Paare getheilt werden, wenn man jeder Ecke des einen Dreieckes den Pol ihrer Gegenseite, und jeder Seite den Pol ihrer Gegenecke als entsprechend zuweist; so entsprechen den Ecken abc des einen, die Ecken $a'b'c'$ des anderen Dreieckes, und ebenso sind AA', BB', CC' die drei Paare entsprechender Seiten. Dann gilt der Satz:

„Bei zwei Polardreiecken abc, $a'b'c'$ schneiden sich die drei Verbindungsgeraden $\overline{aa'}$, $\overline{bb'}$, $\overline{cc'}$ entsprechender Ecken in einem Punkte o, und die drei Schnittpunkte (AA'), (BB'), (CC') entsprechender Seiten liegen auf einer Geraden O; o und O sind Pol und Polare bezüglich K.“

Zwei Dreiecke abc, $a'b'c'$, deren Ecken paarweise auf drei Strahlen liegen die durch einen Punkt gehen und deren Seiten sich paarweise in drei auf einer Geraden gelegenen Punkten schneiden, werden als zwei perspectivische Dreiecke bezeichnet. Man kann also auch sagen: *„Jedes Dreieck ist mit seinem Polardreieck perspectivisch.“*

Die Geraden $\overline{aa'}$, $\overline{bb'}$, $\overline{cc'}$ sind offenbar die Polaren der Punkte (AA'), (BB'), (CC'), weil jede die beiden Pole zweier durch den betreffenden Punkt gehenden Geraden verbindet. Da b' auf der Polare A von a liegt, so sind ab' conjugirte Pole, und ebenso sind $a'b$ conjugirte Pole, so dass nach dem Satze des letzten Artikels der Schnittpunkt von $\overline{ab}$ mit $\overline{a'b'}$, d. i. der Punkt $(C'C)$, conjugirter Pol ist zu dem Schnittpunkte o von $\overline{aa'}$ mit $\overline{bb'}$. Die Polare O von o muss somit durch (CC') hindurchgehen; sie muss aber auch die Pole der durch o gehenden Geraden $\overline{aa'}$, $\overline{bb'}$, d. i. die Punkte (AA'),

(BB'), enthalten, so dass in der That die drei Punkte (AA'), (BB'), (CC') auf einer Geraden O gelegen sind. Weiter folgt sofort, dass die Polare $\overline{cc'}$ von (CC') durch o gehen muss, weil ja der Punkt (CC') auf O liegt. Hiermit ist der Satz bewiesen.

Anmerkung. Es möge darauf hingewiesen werden, dass zwei Dreiecke immer perspectivisch sind, wenn ihre Ecken aa', bb', cc' paarweise auf drei durch einen Punkt o gehenden Geraden liegen, oder wenn sich ihre Seiten AA', BB', CC' paarweise in drei auf einer Geraden O gelegenen Punkten schneiden. Jede dieser beiden Annahmen hat auch das Eintreffen der in der zweiten enthaltenen Bedingung zur Folge.

Denn aus der Annahme, dass etwa $\overline{aa'}$, $\overline{bb'}$, $\overline{cc'}$ durch denselben Punkt o hindurchgehen, folgt, wenn man (AA') mit (BB') verbindet und die Schnittpunkte dieser Verbindungsgeraden O mit den drei Geraden $\overline{aa'}$, $\overline{bb'}$, $\overline{cc'}$ der Reihe nach mit $a''b''c''$ bezeichnet, dass $(occ'c'') = (obb'b'')$ und ebenso $(oaa'a'') = (occ'c'')$ und somit auch $(obb'b'') = (oaa'a'')$ ist. Es müssen sich somit (I, Art. 36) die drei Geraden $\overline{ab}$, $\overline{a'b'}$, $\overline{a''b''}$ in einem und demselben Punkt schneiden, d. h. der Schnittpunkt (CC') liegt auf der Geraden O, welche a'' mit b'' verbindet. Ebenso umgekehrt.

Den Punkt o nennt man das perspectivische Centrum und die Gerade O die perspectivische Axe der beiden Dreiecke.

62. *„Jeder Punkt in der Ebene eines Kegelschnittes ist gemeinschaftliche Ecke für unendlich viele Dreiecke, von denen jedes sich selbst conjugirt ist. Alle diese Dreiecke haben die Polare jener gemeinschaftlichen Ecke zur gemeinschaftlichen Seite. Die auf dieser Seite gelegenen Eckenpaare bilden die auf dieser Geraden durch den Kegelschnitt bestimmte Involution conjugirter Pole, und die durch die gemeinschaftliche Ecke gehenden Seitenpaare dieser Dreiecke bilden die an diesem Punkte auftretende Involution conjugirter Strahlen.*

Wählt man in der Ebene eines Kegelschnittes K einen Punkt a, so ist dessen Polare eine durch ihn bestimmte Gerade A; es sei a' ein beliebiger Punkt von A, so wird dessen Polare A' nach Art. 56 durch a hindurchgehen, und der Schnittpunkt a'' von A und A' ist nach demselben Artikel der Pol der Geraden A'', welche a mit a' verbindet. Das Dreieck $aa'a''$ (oder das Dreiseit $AA'A''$) ist sein eigenes Polardreieck oder sich selbst conjugirt, da seine Seiten die Polaren seiner Ecken sind und umgekehrt.

„In jedem solchen sich selbst conjugirten Dreiecke sind die Seiten die Polaren der Gegenecken und umgekehrt; je zwei Ecken sind conjugirte Pole (weil jede auf der Polare der anderen liegt) und je zwei Seiten sind conjugirte Strahlen (weil jede durch den Pol der anderen geht).“

Die Eckentripel sich selbst conjugirter Dreiecke werden als Tripel conjugirter Pole, und die Seitentripel als Tripel conjugirter Strahlen bezeichnet.

Hält man a fest, so bleibt auch A fest, während a', a'' auf A die einzelnen Paare conjugirter Pole und A', A'', durch a gehend, Paare conjugirter Strahlen darstellen. Denkt man sich umgekehrt A als fest angenommen, A' beliebig durch den Pol a von A gelegt, so wird der Pol a' auf A liegen und aa' oder A'' die Polare des Schnittpunktes a'' von A mit A' sein. Man hat also auch reciprok:

„Jede Gerade ist gemeinschaftliche Seite für unendlich viele Dreiecke, von denen jedes sich selbst conjugirt ist. Alle diese Dreiecke haben den Pol jener gemeinschaftlichen Seite zur gemeinschaftlichen Ecke u. s. w.“

Um ein sich selbst conjugirtes Dreieck zu bestimmen, kann man eine Ecke (Seite) beliebig und noch eine zweite Ecke (Seite) beliebig auf (durch) der (den) Polare (Pol) der ersten Ecke (Seite) annehmen.

Da die Strahlenpaare A', A'' durch die Punktepaare a'', a' respective hindurchgehen, so hat man den Satz:

„Die Involutionen, welche ein Kegelschnitt auf einer Geraden und auf deren Pol bestimmt, sind perspectivisch“, wodurch nur gesagt ist, dass jedes Paar der einen mit dem entsprechenden Paar der anderen perspectivisch liegt, während sich je zwei nicht perspectivische Elemente perspectivisch liegender Paare als Pol und Polare entsprechen.

Ist der Punkt a ein Punkt der Curve und somit A seine Tangente, so ist a' irgend ein Punkt dieser Tangente, A' ist die durch a gehende Polare von a', welche A in dem mit a zusammenfallenden Punkte a'' schneidet, so dass A'' mit A identisch wird.

„Wenn also von den Ecken (Seiten) eines sich selbst conjugirten Dreieckes eine ein Punkt (eine Tangente) der Curve wird, so fällt noch eine zweite in diesen Punkt (diese Tangente), während die dritte beliebig auf (durch) der Tangente (den Berührungspunkt) dieser beiden zusammenfallenden gelegen ist (hindurchgeht).“

Oder mit anderen Worten: jeder Punkt der Curve, doppelt gezählt, stellt mit jedem Punkte seiner Tangente ein sich selbst conjugirtes Dreieck dar; jede Tangente, doppelt gezählt, stellt mit jeder durch ihren Berührungspunkt gehenden Geraden ein sich selbst conjugirtes Dreieck dar.

In Artikel 33, 51 haben wir gesehen, dass das Diagonaldreieck (Dreiseit) eines der Curve ein- (um-) geschriebenen vollständigen Viereckes (Vierseits) die Eigenschaft besitzt, dass jede Seite desselben die Polare der Gegenecke ist, es ist also sich selbst conjugirt.

„Das Diagonaldreieck (Dreiseit) eines einem Kegelschnitte ein- (um-) geschriebenen Viereckes (Vierseits) ist ein sich selbst conjugirtes Dreieck.“

63. *„Die sechs Ecken zweier Dreiecke, von denen jedes sich selbst conjugirt ist, sind sechs Punkte einer und derselben Curve zweiten Grades.“*

„Die sechs Seiten zweier Dreiecke von denen jedes sich selbst conjugirt ist, sind sechs Tangenten einer und derselben Curve zweiten Grades.“

Oder mit anderen Worten:

„Zwei sich selbst conjugirte Dreiecke sind einer Curve zweiten Grades eingeschrieben und einer anderen solchen Curve umgeschrieben.“

Es seien a, a', a'' die Ecken und A, A', A'' die ihnen gegenüberliegenden Seiten des einen, und ebenso b, b', b'', B, B', B'' Ecken und Seiten des anderen sich selbst conjugirten Dreieckes, dann ist der Schnittpunkt (AB) der Pol der Geraden $\overline{ab}$ und ebenso ist der Schnittpunkt $(A'B')$ der Pol der Geraden $\overline{a'b'}$, somit ist die Verbindungsgerade O dieser beiden Schnittpunkte die Polare des Schnittpunktes o von $\overline{ab}$ mit $\overline{a'b'}$. Nun sind aber aa', bb' zwei Paare conjugirter Pole, daher ist der Schnittpunkt o' von $\overline{ab'}$ mit $\overline{a'b}$ conjugirter Pol zum Punkt o (Art. 61), und es muss somit o' auf O gelegen sein. Betrachtet man nun die Punkte $aa''a'$, $bb''b'$ der Reihe nach als die Ecken 1 2 3 4 5 6 eines einfachen Sechseckes, so sind die auf der Geraden O gelegenen drei Punkte $(A'B')$, (AB), o' die Schnittpunkte der drei Gegenseitenpaare $\overline{12}$, $\overline{45}$; $\overline{23}$, $\overline{56}$; $\overline{34}$, $\overline{61}$, und somit ist das Sechseck ein Pascal'sches, und es liegen also die sechs Punkte 1 2 3 4 5 6 auf einer Curve zweiten Grades (Art. 29), wie zu beweisen war. Man sieht auch sofort, dass die sechs Seiten in der Aufeinanderfolge $AA''A'BB''B'$ ein Brianchon'sches Sechsseit I II III IV V VI bilden, für welches o der Brianchon'sche Punkt ist. Unter Zuhilfenahme des in der Anmerkung zu Art. 61 begründeten Satzes können wir leicht beweisen:

„Wenn zwei Dreiecke einem Kegelschnitte eingeschrieben sind, so sind sie immer einem zweiten Kegelschnitte umgeschrieben.“

„Wenn zwei Dreiseite einem Kegelschnitte umgeschrieben sind, so sind sie immer einem zweiten Kegelschnitte eingeschrieben.“

Es seien einem Kegelschnitte K' zwei Dreiecke eingeschrieben; die Ecken des einen mögen 1 2 3 und die ihnen gegenüberliegenden Seiten I II III heissen, und ebenso sollen 4 5 6, IV V VI die Ecken, respective die ihnen gegenüberliegenden Seiten des zweiten Dreieckes sein. Da die sechs Ecken der Curve K angehören, so bilden 1 2 3 4 5 6 ein Pascal'sches Sechseck und somit werden sich die Gegenseiten $\overline{12}$, $\overline{45}$ in einem Punkt m, ferner $\overline{23}$, $\overline{56}$ in n und endlich $\overline{34}$, $\overline{61}$ in o schneiden und die drei Punkte m, n, o nach dem Pascal'schen Satze in einer Geraden liegen. Es gehen somit die drei Geraden $\overline{6\,1}$, $\overline{4\,3}$, $\overline{m\,n}$ durch den Punkt o, so dass das Dreieck $m\,1\,4$ perspectivisch ist mit dem Dreieck $n\,6\,3$, und es müssen somit die Schnittpunkte der entsprechenden Seiten $\overline{n\,3}$ und $\overline{m\,4}$, $\overline{3\,6}$ und $\overline{4\,1}$, $\overline{n\,6}$ und $\overline{m\,1}$ in einer Geraden P liegen. Der erste dieser Punkte ist aber der Schnittpunkt von I mit VI, der dritte ist der Schnittpunkt von III mit IV, während sich der zweite als der Schnittpunkt der Geraden, welche Punkt (I II) mit Punkt (IV V) verbindet, und der Geraden, welche Punkt (II III) mit Punkt (V VI) verbindet, darstellt. Das Sechsseit I II III IV V VI hat somit die Eigenschaft, dass die Verbindungsgeraden seiner drei Gegeneckenpaare sich in einem Punkte schneiden; es sind somit seine sechs Seiten Tangenten einer Curve zweiter Classe K'' (Art. 40).

Geht man umgekehrt von zwei einer Curve zweiter Classe K'' umschriebenen Dreiseiten I II III, IV V VI mit den Ecken 1 2 3, 4 5 6 aus, so gilt für das Sechsseit I II . . . VI der Satz von Brianchon, welcher nichts Anderes aussagt, als dass P die Perspectivitätsaxe der beiden Dreiecke $m\,1\,4$, $n\,6\,3$ ist, wenn m und n die Punkte (III VI) respective (I IV) sind. Es müssen also die Geraden $\overline{m\,n}$, $\overline{1\,6}$, $\overline{4\,3}$ durch einen Punkt o (das Perspectivitätscentrum) hindurchgehen. Aber die drei in gerader Linie liegenden Punkte m, n, o sind nichts Anderes als die Schnittpunkte der Gegenseitenpaare des Sechseckes 1 2 3 4 5 6; letzteres ist somit ein Pascal'sches, d. h. die sechs Ecken 1 2 3 4 5 6 liegen auf einer Curve zweiter Ordnung K'.

„Jeder einem sich selbst conjugirten Dreiecke $a\,a'\,a''$ umschriebene Kegelschnitt K' enthält die Ecken von unendlich vielen solchen Dreiecken, und zwar ist jeder Punkt von K' Ecke für ein solches Dreieck.“

„Jeder einem sich selbst conjugirten Dreiseite $A\,A'\,A''$ eingeschriebene Kegelschnitt K'' berührt die Seiten von unendlich vielen solchen Dreiseiten, und zwar ist jede Tangente von K'' Seite für ein solches Dreiseit.“

Wählt man nämlich auf dem, dem sich selbst conjugirten Dreiecke $a\,a'\,a''$ umschriebenen Kegelschnitt K' einen beliebigen Punkt b und ist b' einer der Schnittpunkte von K' mit der Polare B von b bezüglich des Kegelschnittes K (bezüglich dessen $a\,a'\,a''$ ein sich selbst conjugirtes Dreieck ist), so wird die Polare B' von b' durch b gehen und B in dem Pole b'' der Verbindungsgeraden B'' von b mit b' schneiden. Das Dreieck $b\,b'\,b''$ ist ein in sich selbst conjugirtes und seine Ecken müssen mit den Ecken des Dreieckes $a\,a'\,a''$ auf einem und demselben Kegelschnitte liegen, welcher nothwendiger Weise K' sein muss, weil er mit K' fünf Punkte $a\,a'\,a''\,b\,b'$ gemeinschaftlich hat; es muss somit b'' der zweite Schnittpunkt von B mit K' sein. So ist also in der That jeder Punkt b

von K' eine Ecke für ein bezüglich K sich selbst conjugirtes, dem K' eingeschriebenes Dreieck.

Hätte man reciprok einem bezüglich K sich selbst conjugirten Dreiseite $A A' A''$ einen beliebigen Kegelschnitt K'' eingeschrieben und ist b der Pol irgend einer Tangente B von K'' bezüglich K, ferner B' eine der beiden durch b an K'' gelegten Tangenten und b' ihr auf B gelegener Pol, so wird die Gerade $b b'$ oder B'' die Polare des Schnittpunkes b'' von B mit B' sein und $B B' B''$ ist ein neues bezüglich K sich selbst conjugirtes Dreieck. Die sechs Seiten $A A' A''$, $B B' B''$ dieser Dreiseite müssen einen Kegelschnitt berühren, welcher mit K'' identisch sein muss, weil er mit K'' die fünf Tangenten $A A' A''$ $B B'$ gemeinschaftlich hat; es muss somit B'' die zweite durch b an K'' gelegte Tangente sein, und ist so jede Tangente B von K'' Seite für ein solches bezüglich K sich selbst conjugirtes dem K'' umschriebenes Dreiseit.

64. *„Durchläuft ein Punkt p in der Ebene eines Kegelschnittes K einen beliebigen zweiten Kegelschnitt K', so gleitet seine bezüglich K bestimmte Polare P als Tangente an einem dritten Kegelschnitte K'', welcher Kegelschnitt K'' zugleich als Ort des bezüglich K bestimmten Poles einer variablen Tangente von K' auftritt.“*

Sind nämlich a, b irgend zwei feste Punkte von K', A, B deren feste Polaren bezüglich K, ferner $a p$, $b p$ oder X, Y die Verbindungsstrahlen des die Curve K' beschreibenden Punktes p mit a, b, und x, y die auf A, B respective gelegenen Pole dieser Verbindungsstrahlen, so ist $\overline{x y}$ die Polare P von p. Bewegt sich nun p auf K', so ist Büschel $(X) \barwedge$ Büschel (Y); aber es ist (Art. 56) Büschel $(X) \barwedge$ Reihe (x) und Büschel $(Y) \barwedge$ Reihe (y), somit auch Reihe $(x) \barwedge$ Reihe (y), so dass $\overline{x y}$ oder P als die Verbindungsgerade der sich entsprechenden Punkte x, y der auf A, B auftretenden projectivischen Reihen eine Curve zweiter Classe K'' umhüllen wird, wenn sich p auf K' bewegt, was zu beweisen war.

Sind p, q irgend zwei Punkte von K', P, Q ihre Polaren, also Tangenten von K'', so wird die Gerade $\overline{p q}$ oder M den Schnittpunkt m von P, Q zum Pole haben. Bewegt sich nun q auf K' gegen p, so wird sich M der Tangente T von K' in p nähern; zugleich wird sich auf K'' Q der Tangente P und m dem Berührungspunkte t von K'' mit P nähern, so dass also *„der Pol der Tangente von K' in p der Berührungspunkt von K'' mit P ist“*. Lässt man somit eine Tangente T längs K' hingleiten, so wird ihr Pol t die Curve K'' beschreiben.

„Solche zwei Curven wie K', K'', von denen jede die Polaren der Punkte der anderen zu Tangenten hat, während sie zugleich der Ort

der Pole der Tangenten der anderen ist, werden als zwei bezüglich K reciproke Polarcurven bezeichnet.“

Anmerkung. Durch einen gegebenen festen Kegelschnitt K ist in dessen Ebene eine wichtige Verwandtschaft, die sogenannte „*Verwandtschaft der polaren Reciprocität*“ festgesetzt, wenn man jedem Punkte p dessen Polare P bezüglich K, und umgekehrt jedem Strahle P dessen Pol p als entsprechendes Element zuweist. Die Punkte (Tangenten) von K haben die Eigenschaft, dass sie mit den ihnen entsprechenden Strahlen (Punkten) perspectivisch liegen, da die Polare eines Curvenpunktes die in ihm berührende Curventangente ist. Sind ein Punkt und ein Strahl perspectivisch, so sind auch der entsprechende Strahl und Punkt perspectivisch (Art. 56). Den Strahlen eines Büschels entsprechen die Punkte einer Reihe, welche mit dem Büschel projectivisch ist (und umgekehrt). Den Punkten einer Curve zweiter Ordnung K' entsprechen die Tangenten einer Curve zweiter Classe K'', welche als die der ersten Curve entsprechende Curve zu betrachten ist; den Tangenten jener Punkte entsprechen die Berührungspunkte dieser Tangenten. Zwei conjugirten Polen von K' entsprechen zwei conjugirte Strahlen von K'', und umgekehrt. Einem bezüglich K' sich selbst conjugirten Dreiecke entspricht ein bezüglich K'' sich selbst conjugirtes Dreiseit.

Einem System von n Punkten mit allen ihren $\frac{n(n-1)}{2}$ Verbindungsgeraden (vollständiges n-Eck) entspricht ein System von n Geraden mit allen ihren $\frac{n(n-1)}{2}$ Schnittpunkten (vollständiges n-Seit); einem einfachen n-Eck entspricht ein einfaches n-Seit, und zwar entsprechen den Ecken und Seiten des ersten die Seiten und Ecken des zweiten. Einem einfachen Sechseck, dessen drei Gegenseitenpaare sich in drei Punkten einer Geraden schneiden (Pascal'sches Sechseck), entspricht ein einfaches Sechsseit, dessen drei Gegeneckenpaare auf drei durch einen Punkt gehenden Strahlen liegen (Brianchon'sches Sechsseit). Zwei projectivischen Punktreihen, ihrer Directionsaxe, ihrem Erzeugniss (Curve zweiter Classe) entsprechen zwei projectivische Strahlenbüschel, ihr Directionscentrum, ihr Erzeugniss (Curve zweiter Ordnung). Einer Punktinvolution (conlocale vertauschungsfähig-projectivische Punktreihen) entspricht eine Strahleninvolution (conlocale vertauschungsfähig-projectivische Strahlenbüschel); den Doppelpunkten der ersteren die Doppelstrahlen der letzteren u. s. w.

In der Existenz dieser durch einen Kegelschnitt festgesetzten polarreciproken Verwandtschaft liegt auch ein Beweis des in I.

Art. 30 A) ausgesprochenen Reciprocitätsgesetzes für die Ebene. Ist K' irgend eine ebene Curve von der n-ten Ordnung und m-ten Classe, d. h. eine Curve, welche mit einer Geraden n Punkte gemeinschaftlich hat und von deren Tangenten je m durch einen beliebigen Punkt hindurchgehen, so wird die zu ihr bezüglich des (Fundamental-) Kegelschnittes K polar Reciproke K'', d. h. die Enveloppe der Polaren, welche den einzelnen Punkten von K' entsprechen, und zugleich der Ort der den einzelnen Tangenten von K' zukommenden Pole eine Curve von der n-ten Classe und m-ten Ordnung sein. Denn die Zahl der Punkte von K'', welche auf einer Geraden liegen, ist gleich der Zahl der Tangenten von K', welche durch den Pol dieser Geraden gehen, weil ja jene Punkte diesen Tangenten entsprechen, und diese Zahl ist m; und die Zahl der durch einen Punkt gehenden Tangenten von K'' ist gleich n, weil sie ja den n Schnittpunkten von K' mit der Polare jenes Punktes entsprechen. Das heisst:

„Die Polarreciproke einer Curve n-ter Ordnung und m-ter Classe ist eine Curve n-ter Classe und m-ter Ordnung."

Da jedem Punkte von K die zugehörige Tangente von K als Polare zukommt, so erkennt man sofort die Richtigkeit des Satzes:

„Wenn zwei Curven in Bezug auf einen Kegelschnitt K polarreciprok sind, so sind die Tangenten des Kegelschnittes K in dessen Schnittpunkten mit einer der beiden Curven, Tangenten der anderen, und die Berührungspunkte des Kegelschnittes K mit den ihm und einer der beiden Curven gemeinschaftlichen Tangenten sind Punkte der anderen Curve."

65. Mit Rücksicht auf den vorletzten Artikel können wir nun sofort die dortigen Sätze folgendermassen ergänzen:

„Einem Kegelschnitte K', welcher einem bezüglich K sich selbst conjugirten Dreiecke $a' a'' a'''$ umgeschrieben ist, kann man unendlich viele solche Dreiecke einschreiben. Die Seiten aller dieser Dreiecke sind Tangenten eines und desselben Kegelschnittes K'', welcher die zu K' bezüglich K polarreciproke Curve darstellt."

„Einem Kegelschnitte K'', welcher einem bezüglich K sich selbst conjugirten Dreiseite $A A' A''$ eingeschrieben ist, kann man unendlich viele solche Dreiseite umschreiben. Die Ecken aller dieser Dreiseite sind Punkte eines und desselben Kegelschnittes K', welcher die zu K'' bezüglich K polarreciproke Curve darstellt."

Die beiden Kegelschnitte $K' K''$ sind in der gegenseitigen Beziehung, dass es unendlich viele Dreiecke $a a' a''$, $b b' b''$, ... gibt, welche dem Kegelschnitte K' eingeschrieben und zugleich dem Kegelschnitte K″ umgeschrieben sind; jedes dieser Dreiecke ist bezüglich K ein sich selbst conjugirtes Dreieck und von den Curven K', K'' ist jede die zur anderen bezüglich K polarreciproke.

Es möge bemerkt werden, dass man, abgesehen von der polarreciproken Verwandtschaft, den Satz beweisen kann:

„Wenn es ein Dreieck gibt, welches einem Kegelschnitte K' eingeschrieben und einem zweiten Kegelschnitte K'' umgeschrieben ist, so gibt es unendlich viele solche Dreiecke, und zwar ist jeder Punkt von K' Ecke eines solchen Dreieckes und jede Tangente von K'' ist Seite für ein solches Dreieck, welches K' ein- und K'' umgeschrieben ist.“

Es seien $a a' a''$ die auf K' gelegenen Ecken und $A A' A''$ die ihnen gegenüberliegenden, K'' berührenden Seiten eines Dreieckes, welches dann wirklich dem K' ein- und dem K'' umgeschrieben ist. Zieht man von einem beliebigen Punkt b des Kegelschnittes K' an K'' die beiden Tangenten B', B'', welche K' in b'', b', respective zum zweiten Male schneiden mögen, so hat man zwei Dreiecke $aa'a''$, $bb'b''$, welche einem Kegelschnitte K' eingeschrieben sind; ihre sechs Seiten müssen nach Art. 63 Tangenten eines zweiten Kegelschnittes sein, welcher jedoch mit K'' identisch sein muss, weil er ja mit K'' fünf Tangenten gemeinsam hat, nämlich die drei Seiten des Dreieckes $a a' a''$ und die zwei Seiten bb', $b b''$ des anderen Dreieckes. Es muss also die Gerade $b'b''$ oder B auch eine Tangente von K'' sein, und wir haben ein neues Dreieck $b b' b''$, welches dem K' ein- und dem K'' umgeschrieben ist, und zwar gibt es nur dieses, welches b zur Ecke hat. Ebenso erkennt man, dass jede Tangente B von K'' Seite für ein solches Dreieck ist, dessen zwei anderen Seiten die durch die Schnitte b', b'' von K' mit B an K'' gelegten Tangenten B'', B' sind, welche sich nach Art. 63 in einem auf K' gelegenen Punkte b (der dritten Ecke des Dreiseits) schneiden müssen.

Zwei in dieser bemerkenswerthen Beziehung befindliche Kegelschnitte erhält man, wenn man irgend ein Dreieck wählt, durch seine drei Ecken einen beliebigen Kegelschnitt K' hindurchlegt und einen zweiten Kegelschnitt K'' so construirt, dass er alle drei Seiten des Dreiecks zu Tangenten hat. Man wird also für K' noch zwei beliebige Punkte, durch welche K' hindurchgehen soll, und für K'' noch zwei beliebige Tangenten, die K'' berühren soll, wählen können.

Anmerkung. Die Tripel der Ecken aller der dem K' eingeschriebenen Dreiecke bilden eine einfache Unendlichkeit von dreipunktigen (dreielementigen) Gruppen, von denen jede vollkommen und unzweideutig bestimmt ist, wenn man irgend einen ihrer Punkte (eines ihrer Elemente) kennt. Sowie man eine einfache Unendlichkeit von Elementenpaaren, welche diese Eigenschaft besitzt, als eine quadratische Involution (Involution zweiten Grades) bezeichnet (I, Art. 103), so nennt man eine einfache Unendlichkeit von Tripeln von Punkten eines Kegelschnittes, von denen jedes durch einen seiner Punkte vollkommen bestimmt ist, eine cubische Involution (Involution dritten Grades).

Projicirt man je drei Punkte von K', welche ein Tripel bilden (die Ecken eines dem K'' umschriebenen und K' eingeschriebenen Dreieckes bilden), aus irgend einem festen Punkte o von K', so erhält man die Strahlentripel einer Strahleninvolution dritten Grades am Punkte o.

Ebenso bilden die Seitentripel aller der Dreiecke, welche K' eingeschrieben und K'' umgeschrieben sind, eine cubische Tangenteninvolution auf K'', welche jede Tangente O in einer geraden cubischen Punktinvolution schneidet.

Wenn man je zwei Elemente, welche einem Tripel angehören, als einander entsprechende bezeichnet, so sieht man sofort, dass jedem Elemente x zwei Elemente $x'x''$ entsprechen. Dem x' sind x, x'' und dem x'' sind x, x' als entsprechend zugewiesen. Das Tripel $xx'x''$ ist in sich geschlossen. Die letzten Sätze beweisen sofort:

„Eine cubische Involution ist durch zwei beliebig gewählte Tripel $aa'a''$, $bb'b''$ *vollkommen bestimmt."*

„Eine cubische Involution ist durch ein Tripel $aa'a''$ *und zwei Paare* bb', cc' *entsprechender Elemente vollkommen bestimmt."*

Denn denkt man sich die Involution als Punktinvolution auf einem Kegelschnitte K', so bestimmen im ersten Falle die Seiten der beiden Dreiecke $aa'a''$, $bb'b''$, und im zweiten Falle die drei Seiten des Dreieckes $aa'a''$, mit den zwei Geraden bb', cc' als Tangenten des Kegelschnittes K'' (des Involutionskegelschnittes) diesen vollständig.

Die einem beliebigen Punkte x von K' entsprechenden (mit ihm ein Tripel bildenden) Punkte $x'x''$ erhält man als die Schnitte von K' mit den zwei durch x an K'' gehenden Tangenten.

Sechstes Kapitel.

Projectivische Punkt- und Tangentensysteme an Kegelschnitten.

66. Da die beiden Büschel, welche man erhält, wenn irgend zwei Punkte eines Kegelschnittes K mit allen übrigen durch Gerade verbunden werden, projectivisch sind, so ist der Werth des Doppelverhältnisses $(ABCD)$ der vier Strahlen, welche irgend vier feste Punkte a, b, c, d von K mit irgend einem fünften Punkte s von K verbinden, nicht von der Lage des Punktes s auf K, sondern nur von der Lage der vier Punkte a, b, c, d auf K abhängig. Diesen für alle Lagen von s auf K constanten, nur von a, b, c, d abhängigen Werth nennt man das Doppelverhältniss der vier Punkte a, b, c, d des Kegelschnittes K und bezeichnet diesen Werth symbolisch mit $(abcd)$. Man hat also $(abcd) = (ABCD)$, wenn diese vier Strahlen

jene vier Punkte mit einem beliebigen fünften Punkt von K verbinden.

Ist der Werth dieses Doppelverhältnisses $(a b c d) = -1$, so werden die beiden Punktepaare $a b$, $c d$ als zwei harmonische Punktepaare oder die vier Punkte a, b, c, d als vier harmonische Punkte des Kegelschnittes bezeichnet. Es sind also vier harmonische Punkte eines Kegelschnittes solche, welche aus jedem Punkte s dieses Kegelschnittes durch vier harmonische Strahlen projicirt erscheinen. Fällt der Punkt s mit einem der vier Punkte, z. B. mit a zusammen, so geht $s a$, d. i. A, in die Tangente der Curve im Punkte a über.

„Sind $a b$, $c d$ zwei harmonische Punktepaare eines Kegelschnittes K, so sind die Geraden $\overline{ab}$, $\overline{cd}$, welche diese Punktepaare enthalten, conjugirte Strahlen bezüglich K“ (d. h. jede dieser Geraden geht durch den Pol der anderen hindurch).

Projicirt man nämlich diese vier harmonischen Punkte einmal aus a und das andere Mal aus b, so erhält man im ersten Falle vier harmonische Strahlen $A B C D$, von denen der erste A die Tangente von a ist, und im zweiten Falle vier harmonische Strahlen $A' B' C' D'$, von denen der zweite B' die Tangente von b ist, während der Strahl $a b$ im ersten Quadrupel B und im zweiten A' heisst. Wir haben also: $(A B C D) = (A' B' C' D') = -1$; nun ist (siehe I, Art. 14) $(B' A' C' D') = \frac{1}{(A' B' C' D')} = \frac{1}{-1} = -1$, somit $(A B C D) = (B' A' C' D')$, und da in diesen doppelverhältnissgleichen Büscheln der gemeinschaftliche Strahl $B \equiv A'$ sich selbst entspricht, so müssen die Punkte, in denen sich die übrigen drei Paare schneiden, also $(A B')$, $(C C')$, $(D D')$ in gerader Linie liegen (I, Art. 33, 4), d. h. der Schnittpunkt der Tangente A von a mit der Tangente B' von b liegt auf der Geraden $c d$, so dass diese durch den Pol von $a b$ geht, was zu beweisen war.

Der Werth des Doppelverhältnisses der vier Punkte a, b, c, d, in welchen vier feste Tangenten A, B, C, D einer beliebigen fünften Tangente S von K begegnen, ist nicht von dieser letzteren, sondern nur von den vier ersteren Tangenten abhängig, da ja die sämmtlichen Tangenten von K auf je zwei (also auf allen) projectivische, d. h. doppelverhältnissgleiche Reihen bestimmen. Diesen constanten Werth bezeichnet man als das Doppelverhältniss der vier Tangenten A, B, C, D von K symbolisch mit $(A B C D)$; es ist also $(A B C D) = (a b c d)$, wenn diese vier Punkte die Schnittpunkte jener vier Tangenten mit einer beliebigen fünften Tangente von K sind. Wenn $(A B C D) = -1$ ist, so nennt man die vier Tangenten harmonisch;

solche vier harmonische Tangenten schneiden jede fünfte Tangente S von K in vier harmonischen Punkten.

Fällt S mit A zusammen, so ist der Schnittpunkt von S und A durch den Berührungspunkt der Tangente A dargestellt.

„Wenn AB, CD zwei harmonische Tangentenpaare eines Kegelschnittes K sind, so sind die beiden Punkte (AB), (CD), in denen sich die Tangenten je eines Paares schneiden, conjugirte Pole bezüglich K“ (d. h. jeder dieser Punkte liegt auf der Polare des anderen).

Werden nämlich die vier harmonischen Tangenten A, B, C, D mit A in den Punkt a, b, c, d, und von B in den Punkten a', b', c', d' geschnitten, wobei a und b' die Berührungspunkte von A, respective B sind und b oder a' den Schnittpunkt von A mit B darstellt, so ist $(a\,b\,c\,d) = (a'\,b'\,c'\,d') = -1$; da jedoch $(b'\,a'\,c'\,d') = \frac{1}{(a'\,b'\,c'\,d')} = \frac{1}{-1} = -1$ ist, so hat man $(a\,b\,c\,d) = (b'\,a'\,c'\,d')$ und wegen $b \equiv a'$ müssen die drei Geraden $a\,b'$, $c\,c'$, d. i. C, und $d\,d'$, d. i. D durch denselben Punkt gehen, so dass also der Schnittpunkt von C und D auf der Verbindungsgeraden $a\,b'$ der Berührungspunkte von A und B liegt oder: es liegt (CD) auf der Polare von (AB).

Aus Art. 34, sowie aus Art. 52 folgt unmittelbar:

„Das Doppelverhältniss von irgend vier Punkten $a\,b\,c\,d$ eines Kegelschnittes und das Doppelverhältniss der in diesen Punkten berührenden vier Tangenten $A\,B\,C\,D$ haben gleichen Werth, d. h. es ist $(A\,B\,C\,D) = (a\,b\,c\,d)$.“

Insbesondere:

„Die Tangenten in vier harmonischen Punkten eines Kegelschnittes sind harmonisch, und umgekehrt.“

67. Soll ein Kegelschnitt K durch fünf Punkte a, b, c, d, s hindurchgehen, so ist er vollkommen bestimmt; zugleich ist auch der Werth des Doppelverhältnisses der vier Strahlen $s\ (a, b, c, d)$ [1]) gegeben, und wenn sich der Punkt s auf K fortbewegt, so bleibt dieser Werth unverändert.

„Man kann also einen durch vier Punkte hindurchgehenden Kegelschnitt als den Ort eines solchen Punktes betrachten, welcher mit jenen vier Punkten vier Strahlen von unveränderlichem Doppelverhältniss bestimmt.“

---

[1]) Mit $s\ (a, b, c, d)$ sollen die vier Strahlen bezeichnet werden, welche den Punkt s mit den Punkten a, b, c, d verbinden; dasselbe Symbol kann auch zur Bezeichnung des Doppelverhältnisses dieser vier Strahlen benützt werden. Ebenso sollen mit $S\ (A, B, C, D)$ die vier Punkte, in denen S von A, B, C, D geschnitten wird, oder das Doppelverhältniss dieser vier Punkte bezeichnet werden.

Sind die vier Punkte a, b, c, d und der constante Doppelverhältnisswerth k gegeben, so ist auch der Kegelschnitt K vollkommen und eindeutig bestimmt; denn rückt auf dem fraglichen Kegelschnitt s unendlich nahe zu d, so geht sd in die Tangente D von d über, während sa, sb, sc in da, db, dc übergehen. Es gibt jedoch nur einen Strahl D, welcher als vierter mit den Strahlen da, db, dc ein Doppelverhältniss von gegebenem Werthe k liefert. (I, Art. 15). So erscheint die Tangente des Kegelschnittes im Punkte d und dadurch auch der Kegelschnitt selbst eindeutig bestimmt. Ertheilt man dem k alle reellen positiven und negativen Werthe, so erhält man die sämmtlichen durch a, b, c, d hindurchgehenden Kegelschnitte. Wenn $k = o$ wird, so muss (siehe I, Art. 13) entweder sa mit sc oder sb mit sd zusammenfallen, d. h. der Punkt s liegt entweder auf ac oder auf bd, so dass dem Werth $k = o$ das Geradenpaar ac, bd als zugehöriger Kegelschnitt entspricht. (Siehe Artikel 28.) Ebenso erhält man für $k = \pm \infty$ das Geradenpaar ad, bc, weil entweder sa mit sd oder sb mit sc zusammenfallen muss; und wenn endlich k den Werth $+ 1$ annimmt, so muss entweder sc mit sd oder sa mit sb zusammenfallen und man erhält das Geradenpaar ab, cd als zugehörigen Kegelschnitt. Wird $k = - 1$, so sind die vier Strahlen $s\,(abcd)$ harmonisch und der entsprechende Kegelschnitt wird als ein harmonischer Kegelschnitt bezeichnet. Die vier Punkte a, b, c, d sind auf diesem Kegelschnitte vier harmonische Punkte.

„Durch vier Punkte a, b, c, d kann man drei harmonische Kegelschnitte legen."

Auf dem einen werden ab, cd, auf dem anderen werden ac, bd, und auf dem dritten werden ad, bc zwei harmonische Punktepaare sein. Diese drei harmonischen Kegelschnitte zusammen sind als Ort eines Punktes zu betrachten, welcher mit den vier Punkten verbunden vier Strahlen liefert, die in irgend einer Aufeinanderfolge harmonisch sind.

In derselben Art *„kann man einen vier Gerade A, B, C, D berührenden Kegelschnitt als Umhüllende aller Geraden S betrachten, welche von jenen vier Geraden in vier Punkten a, b, c, d von unveränderlichem Doppelverhältnisswerthe $k = (abcd)$ geschnitten werden."*

Allen reellen Werthen von k entsprechen alle dem Vierseit $ABCD$ eingeschriebenen Kegelschnitte, und zwar bestimmt der Werth von k den zugehörigen Kegelschnitt eindeutig, da man seinen Berührungspunkt d mit D eindeutig (I, Art. 15) durch die Bedingung erhält, dass er als vierter Punkt mit den Schnittpunkten von D und A, B, C das Doppelverhältniss k liefern soll.

Den Werthen o, $\pm\infty$, 1 entsprechen die Punktepaare (AC), (BD); (AD), (BC); (AB), (CD) als dem Vierseit $ABCD$ eingeschriebene Kegelschnitte. (S. Art. 47.)

Endlich erhält man einen harmonisch dem Vierseit eingeschriebenen Kegelschnitt für $k = -1$, auf welchem AB und CD zwei harmonische Tangentenpaare darstellen. *„In ein Vierseit kann man drei harmonische Kegelschnitte einschreiben"*, je nachdem man entweder AB und CD, oder AC und BD, oder AD und BC als zwei Paare harmonischer Tangenten gelten lässt. Diese drei harmonischen Kegelschnitte zusammen sind als Enveloppe jener Geraden zu betrachten, welche von den vier festen Geraden A, B, C, D in irgend einer Aufeinanderfolge in vier harmonischen Punkten geschnitten wird.

68. *„Wenn drei Punkte (Tangenten) eines gegebenen Kegelschnittes und der Werth des Doppelverhältnisses, welchen ein vierter Punkt (Tangente) mit den drei ersten bestimmt, gegeben sind, so ist der vierte Punkt (die vierte Tangente) eindeutig bestimmt."*

Es sei K der Kegelschnitt, a, b, c drei gegebene Punkte desselben und k der gegebene Werth des Doppelverhältnisses $(abcd)$; ist s irgend ein Punkt von K, so ist $s\,(a, b, c, d) = k$, wodurch der Strahl $\overline{sd}$ und somit auch der Punkt d eindeutig bestimmt erscheint. Ebenso reciprok. Da man nach dem in I, Art. 14 gegebenen Verfahren jedes der vier ein Doppelverhältniss bildenden Elemente ohne den Verhältnisswerth zu ändern an die letzte Stelle bringen (zum vierten machen) kann, so sehen wir:

„Ein Punkt (eine Tangente) eines gegebenen Kegelschnittes ist vollkommen und eindeutig bestimmt, wenn man den Werth des Doppelverhältnisses kennt, welches der Punkt (die Tangente) mit drei anderen gegebenen Punkten (Tangenten) des Kegelschnittes liefert."

69. Wählt man einen beliebigen Punkt s eines Kegelschnittes K zum Scheitel eines Strahlenbüschels, so wird jeder Punkt x von K in einem Strahle sx oder X des Büschels liegen und jeder Strahl X des Büschels enthält ausser s noch einen Punkt x der Curve K. Wenn wir zwei solche Elemente x, X als entsprechende betrachten, so können wir das Strahlenbüschel s als perspectivisch mit dem Punktsystem auf K bezeichnen. Sind a, b, c, d irgend vier Punkte von K und A, B, C, D die durch sie gehenden Strahlen des Büschels, so ist nach Früherem $(abcd) = (ABCD)$ zu setzen. Selbstverständlich entspricht dem Scheitel s als besonderer Lage von x die Tangente

S von K in s als Strahl des Büschels. Lässt man s auf K fortrücken, so erhält man unendlich viele Strahlenbüschel, welche alle mit demselben Punktsystem auf K perspectivisch und in der That auch (Art. 21) untereinander projectivisch sind.

Ebenso kann man das Tangentensystem eines Kegelschnittes K in perspectivische Beziehung mit der Punktreihe setzen, welche irgend eine Tangente S' zur Axe hat, wenn man jeder Tangente X' jenen Punkt x' von S' als entsprechenden zuordnet, welcher mit X' perspectivisch ist (d. h. x' ist der Schnittpunkt von S' mit X'). Der Tangente S' entspricht selbstverständlich ihr Berührungspunkt s'. Sind $A' B' C' D'$ irgend vier Tangenten und $a' b' c' d'$ ihre Schnittpunkte mit S', so ist nach Früherem $(A' B' C' D') = (a' b' c' d')$ zu setzen. Lässt man S' variiren, so erhält man unendlich viele Punktreihen, welche mit demselben Tangentensystem von K perspectivisch und in der That (Art. 41) untereinander projectivisch sind.

Die Punkt- und Tangentensysteme an Kegelschnitten kann man als Elementensysteme an Kegelschnitten bezeichnen. Die Kegelschnitte sind die Träger der Systeme. Jedes solche System ist mit einfach unendlich vielen untereinander projectivischen Grundgebilden erster Stufe perspectivisch; und zwar ein Punktsystem mit den sämmtlichen Strahlenbüscheln, deren Scheitel die einzelnen Punkte des Systemes sind, und ein Tangentensystem mit den sämmtlichen Punktreihen, deren Axen die einzelnen Tangenten des Systemes sind.

70. *„Sind auf zwei Kegelschnitten K, K' zwei Elementensysteme: Σ auf K und Σ' auf K', durch irgend welche geometrische Beziehung in eine solche Verwandtschaft gesetzt, dass jedem Elemente eines der beiden Systeme ein und nur einziges durch dasselbe bestimmte Element des anderen Systemes entspricht, so ist das Doppelverhältniss von irgend vier Elementen des einen Systemes gleich dem Doppelverhältnisse der vier entsprechenden Elemente des anderen Systemes. Zwei solche Systeme bezeichnen wir als projectivische Elementensysteme auf den Kegelschnitten K, K'."*

Denn ist G irgend eines der mit Σ, und G' irgend eines der mit Σ' perspectivischen Grundgebilde erster Stufe, so folgt aus der Eindeutigkeit des Entsprechens der Elemente von Σ und Σ' sofort die Eindeutigkeit, d. h. Projectivität oder Doppelverhältnissgleichheit der Gebilde G, G' (I, Art. 94), und da man unter dem Doppelverhältniss von irgend vier Elementen von Σ das Doppelverhältniss der vier mit ihnen perspectivischen Elemente eines zu Σ perspectivischen einstufigen Grundgebildes G zu verstehen hat, so erkennt man sofort die Doppelverhältnissgleichheit zwischen entsprechenden Elementenquadrupeln der Systeme Σ und Σ'.

Nach Art. 68 ist die Eindeutigkeit der Verwandtschaft zwischen Σ und Σ' eine unmittelbare Folge der Doppelverhältnissgleichheit.

Nach I. Art. 37 und 38 hat man sofort:

„Wenn in einer Reihe von Elementensystemen, von denen jedes auf einem beliebigen Kegelschnitte gegeben ist (diese Kegelschnitte können beliebig im Raume vertheilt sein), das erste projectivisch ist mit dem zweiten, dieses mit dem dritten, dieses mit dem vierten u. s. w., so sind je zwei von ihnen und insbesondere ist auch das erste mit dem letzten projectivisch."

Dabei müssen selbstverständlich solche Elemente von zwei in jener Reihe durch ein System getrennten Systemen als einander Entsprechende betrachtet werden, welche einem und demselben Elemente des sie trennenden Systemes projectivisch entsprechen.

„Die projectivische Beziehung zwischen zwei Elementensystemen an Kegelschnitten ist vollkommen bestimmt, wenn man diese Kegelschnitte (Träger) und drei Paare entsprechender Elemente kennt."

Sind K, K' die als Träger der Systeme Σ, Σ' auftretenden Kegelschnitte, α, β, γ irgend drei Elemente von Σ, denen die Elemente α', β', γ' von Σ' entsprechen, so wird das einem Elemente ξ von Σ entsprechende Element ξ' von Σ' definirt und eindeutig bestimmt durch die Doppelverhältnissgleichheit $(\alpha' \beta' \gamma' \xi') = (\alpha \beta \gamma \xi)$.

Was die Vervollständigung der beiden Systeme Σ, Σ', d. i. die Construction entsprechender Elemente betrifft, so ist dieselbe in dem Vorangehenden erledigt. Sind nämlich G, G' irgend zwei von den Grundgebilden erster Stufe, die mit Σ, Σ' respective perspectivisch sind, und a, b, c die mit α, β, γ perspectivischen Elemente von G, sowie a', b', c' die mit α', β', γ' perspectivischen Elemente von G', so ist durch die drei Elementenpaare aa', bb', cc' die projectivische Beziehung zwischen den Grundgebilden erster Stufe G, G' (das sind gerade Punktreihen oder Strahlenbüschel) vollkommen gegeben und man wird sie nach den in I, Art. 39—41 gegebenen Methoden leicht vervollständigen können. Um zu einem Elemente ξ von Σ das Entsprechende zu finden, hat man nur zu dem mit ξ perspectivischen Elemente x von G das in G' projectivisch entsprechende x' aufzusuchen, so wird jenes Element ξ' von Σ', welches mit x' perspectivisch ist, das Gesuchte sein.

71. In einzelnen Fällen lässt sich die Vervollständigung von Σ, Σ' direct auf die Vervollständigung perspectivischer Grundgebilde erster Stufe zurückführen:

1) Wenn zwei projectivische Punktsysteme Σ, Σ' auf zwei in derselben Ebene gelegenen Kegelschnitten K, K' durch drei Paar entsprechender Punkte, abc auf K, $a'b'c'$ auf K' gegeben sind und vervollständigt werden sollen, so verbinde man zwei entsprechende Punkte, z. B. a und a' durch eine Gerade, bestimme den zweiten Schnittpunkt s von aa' mit K und ebenso ihren zweiten Schnittpunkt s' mit K' (wenn K, K' nicht gezeichnet vorliegen, sondern nur durch je fünf Punkte gegeben sind, so ist nach Art. 30 vorzugehen). Das mit Σ perspectivische Strahlenbüschel G, welches s zum Scheitel hat, ist mit dem zu Σ' perspectivischen Büschel G', welches s' zum Scheitel hat, nicht nur projectivisch, sondern perspectivisch, weil zwei einander entsprechende Strahlen sa, $s'a'$ zusammenfallen. Die Perspectivitätsaxe ist die Verbindungsgerade des Schnittes von sb und $s'b'$ mit dem Schnitte von sc und $s'c'$, und es wird dem Punkte x von K der Punkt x' von K' entsprechen, wenn sich die Geraden sx, $s'x'$ in einem Punkte der Perspectivitätsaxe schneiden.

2) Ist Σ das Tangentensystem eines Kegelschnittes K und Σ' das Tangentensystem eines zweiten in derselben Ebene gelegenen Kegelschnittes K', und ist die Projectivität der Systeme durch Angabe der irgend drei gegebenen Tangenten A, B, C von K entsprechenden Tangenten A', B', C' von K' bestimmt, so bringe man irgend zwei entsprechende Tangenten, z. B. A und A' zum Durchschnitte, lege durch diesen Punkt (AA') an K die zweite Tangente S und an K' die zweite Tangente S' und betrachte G und G' als die Punktreihen, welche von Σ, Σ' auf S, S' respective bestimmt werden. Diese Punktreihen sind perspectivisch, weil sich der ihnen gemeinschaftliche Punkt $(SA) \equiv (S'A') \equiv (SS')$ selbst entspricht. Das Perspectivitätscentrum erhält man als den Schnittpunkt der Geraden, welche (SB) und $(S'B')$ verbindet, mit der Geraden, welche (SC) mit $(S'C')$ verbindet, und es wird der Tangente X von K die Tangente X' von K' entsprechen, wenn die Gerade, welche (XS) mit $(X'S')$ verbindet, durch jenes Perspectivitätscentrum hindurchgeht.

3) Ist Σ ein Punktsystem auf K und Σ' ein ihm projectivisches Tangentensystem auf dem mit K in derselben Ebene gelegenen Kegelschnitte K', sind ferner a, b, c irgend drei Punkte von K und A', B', C' die ihnen entsprechenden Tangenten von K', so verbinde man a mit dem Berührungspunkte von A' durch eine Gerade, welche K in s und K' in s' zum zweiten Male schneiden möge. Das Büschel G, welches s zum Scheitel hat und mit Σ perspectivisch ist, ist

zunächst projectivisch mit der Punktreihe G', welche Σ' auf der mit A' zusammenfallenden Tangente S' bestimmt, aber diese ist wieder perspectivisch mit dem Büschel, das man erhält, wenn man diese Punktreihe aus s' projicirt, so dass dieses letzte Büschel projectivisch mit dem Büschel s ist. Beide Büschel sind überdies perspectivisch, weil, wie man leicht erkennt, der gemeinschaftliche Strahl ss' sich selbst entspricht, indem sa durch den Berührungspunkt von A' hindurchgeht. (Man hätte ebenso zu zwei perspectivischen Punktreihen gelangen können.)

Anmerkung. Sowie bei den Grundgebilden erster Stufe, die wir bezüglich ihrer Erzeugnisse schon näher betrachteten (gerade Punktreihen, ebene Strahlenbüschel), kann man auch bei projectivischen Elementensystemen an Kegelschnitten von Erzeugnissen sprechen. Als Erzeugniss zweier auf zwei beliebig im Raume befindlichen Kegelschnitten K, K' auftretenden projectivischen Punktsysteme wird man die Gesammtheit aller Strahlen aufzufassen haben, von denen jeder zwei einander entsprechende Punkte verbindet. Man gelangt so zu einer (im Allgemeinen) windschiefen Regelfläche vierten Grades. Liegen die beiden Kegelschnitte in einer Ebene, so wird als ihr Erzeugniss die Enveloppe der Verbindungsgeraden entsprechender Punkte (im Allgemeinen eine Curve vierter Classe mit drei Doppeltangenten) aufzufassen sein.

Sind zwei projectivische Tangentensysteme auf zwei beliebig im Raume gelegenen Kegelschnitten gegeben, so kann man von einem Erzeugnisse derselben im Allgemeinen nicht sprechen, da je zwei entsprechende Tangenten im Allgemeinen keinen Punkt und keine Ebene gemeinschaftlich haben. Liegen jedoch die beiden Trägerkegelschnitte in derselben Ebene, so wird die Gesammtheit der Schnittpunkte entsprechender Tangenten (im Allgemeinen eine Curve vierter Ordnung mit drei Doppelpunkten) als das Erzeugniss zu betrachten sein.

72. Wenn wir uns einen Kegelschnitt durch Vereinigung zweier congruenten Kegelschnitte K, K' als doppelt vorstellen, so können wir ihn einmal als K zum Träger eines Elementensystemes Σ und dann als K' zum Träger eines projectivischen Elementensystemes Σ' machen. So erhalten wir an einem und demselben Kegelschnitte zwei projectivische Elementensysteme Σ, Σ', welche wir als conlocal bezeichnen.

Einen speciellen Fall conlocaler projectivischer Elementensysteme haben wir bereits kennen gelernt. Jedem Punkte x eines Kegelschnittes ist seine Tangente X in x eindeutig zugeordnet; in der That konnten wir in Art. 66 zeigen, dass das Doppelverhältniss von irgend vier Punkten von K gleich ist dem Doppelverhältniss der zugehörigen vier Tangenten, d. h. also nach unseren jetzigen Bezeichnungen:

„Die Punkte eines Kegelschnittes bilden ein System, welches projectivisch ist mit dem System der in diesen Punkten berührenden Tangenten.“

Wenn man auf einem Kegelschnitte K zwei projectivische Elementensysteme betrachtet, so sind sie entweder gleichartig (beide Punktsysteme oder beide Tangentensysteme) oder ungleichartig (eines ein Punkt- und das andere ein Tangentensystem). Das System der Punkte von K und das mit ihm projectivische System der in diesen Punkten berührenden Tangenten kann man überdies als perspectivisch bezeichnen, weil je zwei entsprechende Elemente (Tangente und Berührungspunkt) in perspectivischer Lage sind.

Sind die projectivischen Elementensysteme Σ, Σ' auf K gleichartig, also beide entweder Punkt- oder Tangentensysteme, so muss man jedes Element (Punkt, respective Tangente) doppelt zählen, einmal als zum Systeme Σ gehörig, dann möge es x heissen, und dann als zum Systeme Σ' gehörig, wo es y' genannt werden möge ($y' \equiv x$). Die entsprechenden Elemente x' und y werden im Allgemeinen von x und von einander verschieden sein. Wenn das einem Elemente x entsprechende Element x' mit ersterem zusammenfällt (dann ist wegen $y' \equiv x$ auch $y \equiv x'$), so erhalten wir ein „sich selbst entsprechendes Element" oder ein Doppelelement der beiden gleichartigen projectivischen Systeme. Nach I., Art. 56 haben wir auch hier sofort den Satz:

„Zwei conlocale gleichartige projectivische Systeme besitzen zwei gleichzeitig reelle oder imaginäre oder zusammenfallende Doppelelemente."

In der That, denkt man sich irgend eines der Elemente als Träger für zwei (also conlocale) Grundgebilde erster Stufe G, G', welche mit den beiden projectivischen Systemen Σ, Σ' perspectivisch sind, so erhält man zwei conlocale projectivische Gebilde G, G', in denen (I., Art. 56) zwei und nur zwei gleichzeitig reelle oder gleichzeitig imaginäre oder zusammenfallende Doppelelemente auftreten. Jedes dieser Doppelelemente stellt zwei entsprechende zusammenfallende Elemente von G, G' dar, so dass also das mit diesem Doppelelemente perspectivische Element von Σ und Σ' zwei entsprechende Elemente der beiden Systeme in sich vereinigt, also ein Doppelelement der beiden Systeme darstellt.

Zugleich erkennt man, wie diese Doppelelemente construirt werden können. Handelt es sich

1) um zwei auf dem Kegelschnitte K auftretende projectivische Punktsysteme, deren Beziehung durch drei Paare entsprechender Punkte aa', bb', cc' auf K bestimmt erscheint, so projicire man diese Punktepaare aus einem beliebigen Punkte s von K, wodurch die drei Strahlenpaare AA', BB', CC' entstehen, durch welche die Projectivität der beiden concentrischen Büschel G, G' am Scheitel s

bestimmt erscheint. Construirt man nach I., Art. 57, die beiden Doppelstrahlen E, F dieser Büschel, so werden sie K in zwei Punkten e, f schneiden, von denen jeder sich selbst entspricht: $e' \equiv e$, $f' \equiv f$. Es möge bemerkt werden, dass die Vervollständigung der beiden Büschel zugleich die Vervollständigung der beiden Punktsysteme ist, da je zwei entsprechende Strahlen X, X' den Träger K in zwei entsprechenden Punkten x, x' der Systeme schneiden. Je nachdem die Doppelstrahlen E, F reell, imaginär oder zusammenfallend sind, sind es auch die Doppelpunkte e, f.

2) Wenn auf einem Kegelschnitte K die Projectivität zweier Tangentensysteme durch Angabe dreier Paare entsprechender Tangenten AA', BB', CC' gegeben ist, so bringe man eine beliebige Tangente S von K mit den beiden Systemen zum Durchschnitt, wodurch auf S zwei conlocale projectivische Punktreihen G, G' entstehen, deren Projectivität durch die drei Schnittpunktepaare aa', bb', cc' von S mit AA', BB', CC' bestimmt erscheint. Diese Punktreihen besitzen (I., Art. 57) zwei sich selbst entsprechende Punkte (Doppelpunkte) e, f, durch welche an K die beiden Tangenten E, F gelegt werden können, von denen jede sich selbst entspricht: $E' \equiv E$, $F' \equiv F$. Die durch irgend zwei entsprechende Punkte x, x' der projectivischen Punktreihen auf S an K gelegten Tangenten X, X' sind einander entsprechende Tangenten in den beiden projectivischen Systemen. Je nachdem die Doppelpunkte e, f auf S reell, imaginär oder zusammenfallend sind, sind es auch die Doppeltangenten E, F der beiden conlocalen projectivischen Tangentensysteme auf K.

3) „*Wenn zwei ungleichartige projectivische Elementensysteme conlocal sind, so gibt es in jedem Systeme zwei reelle oder imaginäre Elemente, welche mit den ihnen entsprechenden Elementen des anderen Systemes perspectivisch liegen.*“

Mit anderen Worten: Wenn das Punktsystem Σ eines Kegelschnittes mit dem Tangentensystem Σ' desselben Kegelschnittes in projectivischer Beziehung ist, so gibt es zwei Tangenten, welche den Kegelschnitt in den ihnen entsprechenden Punkten berühren. Denn das Tangentensystem Σ ist projectivisch mit dem System Σ'' der zugehörigen Berührungspunkte, so dass auch die beiden conlocalen Punktsysteme Σ und Σ'' projectivisch sind; in diesen werden zwei Doppelpunkte auftreten welche offenbar die im Satze ausgesprochene Eigenschaft besitzen.

„*Wenn zwei gleichartige projectivische Elementensysteme eines Kegelschnittes drei sich selbst entsprechende Elemente (Doppelelemente) besitzen, so ist jedes Element ein sich selbst entsprechendes (ein Doppelelement).*“

Denn in den beiden conlocalen projectivischen Grundgebilden G, G' erster Stufe, welche man erhält, wenn man irgend ein Element der Systeme als Träger für zwei mit den Systemen perspectivische Grundgebilde erster Stufe wählt, werden drei und daher lauter sich selbst entsprechende Elemente enthalten sein (I., Art. 51), woraus der obige Satz sofort folgt, dessen Richtigkeit man auch direct erkennt. Denn, sind e, f, g die drei Doppelelemente, so dass also $e' \equiv e$, $f' \equiv f$, $g' \equiv g$ ist, so entspricht dem Elemente x das Element x', wenn $(e' f' g' x') = (e f g x)$ oder also $(e f g x') = (e f g x)$, woraus folgt, dass x' mit x identisch sein muss $(x' \equiv x)$, weil zwei von einander verschiedene Elemente mit denselben drei Elementen $e f g$ nicht zwei gleichwerthige Doppelverhältnisse liefern können (Art. 68). Aus (I., Art. 51) schliesst man sofort:

„*Das Doppelverhältniss, welches irgend zwei einander entsprechende Elemente x, x' gleichartiger projectivischer Systeme auf einem Kegelschnitte mit den beiden Doppelelementen e, f bestimmen, hat einen constanten Werth: $(e f x x') = const.$*“

73. „*Wenn in zwei gleichartigen conlocalen projectivischen Elementensystemen Σ, Σ' ein Paar vertauschungsfähig sich entsprechender Elemente auftritt, so gilt die Vertauschungsfähigkeit in allen Paaren, so zwar, dass jedem Elemente, ob man es zu Σ oder Σ' rechnet, immer ein und dasselbe andere Element zugeordnet erscheint. Die sämmtlichen Paare entsprechender Elemente werden von den zwei Doppelelementen harmonisch getrennt: $(e f x x') = -1$. Zwei solche Systeme werden als involutorisch oder als eine Involution bildend bezeichnet. Die sich selbst entsprechenden Elemente e, f stellen die Doppelelemente der Involution dar. Jedes Paar entsprechender Elemente wird von dem Doppelelementenpaare harmonisch getrennt. Es stellt sich somit eine Involution (oder: Involution von Elementenpaaren) als die Gesammtheit aller Elementenpaare $x x'$ dar, welche ein und dasselbe Elementenpaar e, f harmonisch trennen. Je nachdem die Elemente Punkte oder Tangenten sind, werden wir an den Kegelschnitten Punktinvolutionen oder Tangenteninvolutionen zu betrachten haben. Jede Punktinvolution auf K hat zwei reelle oder imaginäre Doppelpunkte, welche mit je zwei entsprechenden Punkten zwei harmonische Punktepaare bilden; jede Tangenteninvolution hat zwei reelle oder imaginäre Doppeltangenten, welche mit je zwei entsprechenden Tangenten zwei harmonische Tangentenpaare bilden.*“

Sind nämlich auf dem Kegelschnitte K zwei projectivische Punktsysteme Σ, Σ', und entsprechen sich die zwei Punkte a, a' vertauschungsfähig, so dass, wenn man a als b' betrachtet, dann b mit a' identisch wird, so werden in den zwei concentrischen projectivischen Strahlenbüscheln, welche man erhält, wenn man die Punktsysteme Σ, Σ' aus einem beliebigen Punkte s von K projicirt, die beiden Strahlen sa, sa' ein Paar vertauschungsfähiger Strahlen darstellen, woraus (I., Art. 76) die Vertauschungsfähigkeit in allen Strahlenpaaren X, X' und die Harmonität der Doppelstrahlen E, F und irgend eines Strahlenpaares X, X' folgt. Hieraus ergibt sich aber wieder sofort die Vertauschungsfähigkeit zwischen je zwei entsprechenden Punkten x, x' der beiden Systeme Σ, Σ', so dass, wenn x' mit y bezeichnet wird, der Punkt x mit y' bezeichnet werden muss. Aus $(EFXX') = -1$ folgt $(efxx') = -1$.

Genau so für Tangenteninvolutionen. Werden die beiden ein vertauschungsfähiges Tangentenpaar A, A' enthaltenden projectivischen Tangentensysteme Σ, Σ' des Kegelschnittes K mit irgend einer Tangente S zum Durchschnitte gebracht, so entstehen auf der letzteren zwei conlocale projectivische, mit einem Paar vertauschungsfähig sich entsprechender Punkte a, a' ausgestattete, somit eine Punktinvolution auf S bildende Punktreihen (I., Art. 70). Aus der Vertauschungsfähigkeit in diesen Punktreihen folgt sofort die Vertauschungsfähigkeit in den Systemen Σ, Σ', und aus der Harmonität $(efxx') = -1$ zwischen den Doppelpunkten und jedem Punktepaare der Involution auf S folgt die Harmonität $(EFXX') = -1$ zwischen den Doppeltangenten und jedem Tangentenpaare der Systeme Σ, Σ' auf K.

„Eine Punkt- oder eine Tangenteninvolution auf einem Kegelschnitte ist durch zwei Paare entsprechender Elemente bestimmt.“

Von diesen Paaren kann man jedes durch ein Doppelelement ersetzen.

Ist a, a' ein aus verschiedenen Elementen bestehendes Paar, so kann man a' mit c bezeichnen und hat a als c' zu betrachten. Wenn nun b, b' das zweite gegebene Paar ist (wobei auch b' mit b zusammenfallen kann, ein Doppelelement bildend), so hat man durch die drei Paare aa', bb', cc' die Projectivität festgesetzt und kann nun zu jedem Elemente x das entsprechende x' aufsuchen. Die zwischen a, a' bestehende Vertauschungsfähigkeit bedingt dann von selbst die Vertauschungsfähigkeit der Elemente x, x' eines jeden Paares.

Wären die zwei Doppelelemente e, f gegeben, so ist dadurch die Involution auch vollständig bestimmt, da zu einem Elemente x jenes x' als entsprechendes gehört, welches $(efxx') = -1$ macht, d. h. welches zu x bezüglich des Elementenpaares e, f harmonisch conjugirt ist.

74. *„Verbindet man je zwei einander entsprechende Punkte x, x' einer Punktinvolution auf einem Kegelschnitte K, so gehen die so erhaltenen Verbindungsgeraden $\overline{xx'}$ alle durch einen und denselben Punkt, nämlich durch den Pol p der Verbindungsgeraden der beiden Doppelpunkte.“*

Sind e, f die Doppelpunkte der Involution, so ist $(efxx') = -1$ und folglich sind die Geraden $\overline{ef}$, $\overline{xx'}$ conjugirte Strahlen bezüglich K (Art. 66), und es muss daher $\overline{xx'}$ durch den Pol p der Geraden $\overline{ef}$ hindurchgehen. Da je zwei ein Paar bildende Punkte mit diesem Punkte p in gerader Linie liegen, so kann man denselben in gewisser Hinsicht als das perspectivische Centrum oder kurz Centrum der Punktinvolution auf K bezeichnen (also in ganz anderem Sinne als der Centralpunkt einer involutorischen Punktreihe, s. I., Art. 71). Der obige Satz ist umkehrbar und lautet nach der Umkehrung:

„Die durch einen Punkt p hindurchgehenden Strahlen schneiden einen Kegelschnitt in Punktepaaren x, x', welche eine Involution bilden.“

Denn alle durch p gehenden Geraden $\overline{xx'}$ sind conjugirte Strahlen zu der Polare P von p, so dass alle die Punktepaare x, x' dasselbe Punktepaar, nämlich jenes, in welchem P den Kegelschnitt trifft, harmonisch trennen.

„Die Doppelpunkte der Involution, welche die durch einen Punkt p gehenden Strahlen auf einem Kegelschnitte K bestimmen, sind die Berührungspunkte e, f der beiden durch p an K gelegten Tangenten (oder was dasselbe ist, die Schnittpunkte von K mit der Polare P von p).“

Dies folgt, weil immer: $(efxx') = -1$ ist, wenn $\overline{xx'}$ durch p geht; ausserdem sieht man direct, dass die beiden Punkte x, x' zusammenfallen, wenn die Gerade $\overline{xx'}$ eine der beiden durch p gehenden Tangenten von K wird.

„Um eine durch zwei Punktepaare aa', bb' auf K bestimmte Involution zu vervollständigen, hat man nur $\overline{aa'}$ mit $\overline{bb'}$ in p zum Durchschnitte zu bringen; irgend einem Punkte x von K entspricht dann involutorisch der zweite Schnittpunkt von K mit der Geraden $\overline{px}$. Die Berührungspunkte der durch p an K gelegten Tangenten, oder die Schnittpunkte von K mit der Polare P von p sind die beiden Doppelpunkte der Involution.“

Dies folgt unmittelbar aus dem Vorangehenden; zugleich ist hiemit die Aufgabe gelöst: *„Auf einem Kegelschnitte K sind zwei Punktepaare aa', bb' gegeben, man soll jenes Punktepaar e, f finden, welches die beiden Punktepaare gleichzeitig harmonisch trennt.“*

Die Involution auf K kann durch zwei reelle, ein reelles und ein imaginäres Punktepaar oder zwei imaginäre Punktepaare bestimmt werden.

Ein imaginäres Punktepaar a, a' auf K kann als das Paar der Doppelpunkte einer Involution mit gegebenem Centrum p_a aufgefasst werden, wobei p_a der Pol der Geraden aa' ist. Sind nun durch zwei solche Punkte p_a, p_b zwei reelle oder imaginäre Punktepaare auf K gegeben, so bestimmen sie eine Involution, deren Centrum der Schnittpunkt p der Polaren P_a, P_b von p_a, p_b ist. Um also zu einem Punkte x den entsprechenden Punkt x' in einer durch imaginäre Punktepaare p_a, p_b bestimmten Involution zu erhalten, hat man nur den zweiten Schnittpunkt x' von px mit K aufzusuchen.

Weiter erkennt man:

„Die Doppelpunkte einer Involution auf K sind reell oder imaginär, je nachdem das Centrum p der Involution ausserhalb oder innerhalb des Kegelschnittes K gelegen ist. Die Verbindungsgerade P der beiden Doppelpunkte ist als die Polare eines reellen Punktes p immer reell.“

75. *„Die Schnittpunkte einander entsprechender Tangenten X, X' einer auf einem Kegelschnitte K auftretenden Tangenteninvolution liegen auf einer und derselben Geraden, nämlich auf der Polare P des Schnittpunktes der beiden Doppeltangenten.“*

Sind E, F die beiden Doppeltangenten, p ihr Schnittpunkt, so muss, weil $(EFXX') = -1$ ist, der Schnittpunkt von X und X' ein zu p conjugirter Pol sein, und somit auf der Polare P von p liegen. Die Gerade P, auf welcher sich je zwei ein Paar der Involution bildende Tangenten X, X' schneiden, kann man als die Axe der Tangenteninvolution auf K bezeichnen.

„Die aus den einzelnen Punkten einer festen Geraden P an einen Kegelschnitt K gelegten Tangentenpaare X, X' bilden eine Involution.“

Denn, sind E, F die Tangenten, welche K in dessen Schnittpunkten mit P berühren, so ist $(EFXX') = -1$, weil die Punkte (EF) und (XX') conjugirte Pole von K sind; somit trennen alle die Paare X, X' das feste Paar E, F gleichzeitig harmonisch.

„Die Doppeltangenten der Involution, welche aus den Tangentenpaaren besteht, die man durch die einzelnen Punkte einer festen Geraden P an K legen kann, sind die den Träger K in dessen Schnittpunkten mit P berührenden Tangenten (oder, was dasselbe ist, die durch den Pol p von P an K gelegten Tangenten).“

Es ist nämlich, wenn der Punkt (XX') auf P liegt, immer $(EFXX') = -1$; ausserdem erkennt man sofort, dass X' mit X zusammenfällt, wenn der Punkt (XX') in einen der beiden Schnittpunkte von K und P zu liegen kommt. Aus dem Vorhergehenden folgt sofort:

„*Um eine durch zwei Tangentenpaare* AA', BB' *eines Kegelschnittes* K *bestimmte Involution zu vervollständigen, hat man nur den Punkt* (AA') *mit dem Punkte* (BB') *durch die Gerade* P *zu verbinden; irgend einer Tangente* X *entspricht dann die zweite aus ihrem Schnittpunkte mit* P *an* K *gelegte Tangente* X'. *Die in den Schnittpunkten von* P *mit* K *an letzteren oder durch den Pol* p *von* P *an* K *gelegten Tangenten* E, F *sind die Doppeltangenten der Involution.*“

Hiedurch ist zugleich die Aufgabe gelöst: „*Zwei Tangentenpaare* AA', BB' *eines Kegelschnittes* K *sind gegeben; man soll jenes Tangentenpaar* E, F *finden, welches die beiden gegebenen gleichzeitig harmonisch trennt.*“

Weiter erkennt man:

„*Die Doppeltangenten einer Involution auf* K *sind reell oder imaginär, je nachdem die Axe* P *der Involution mit dem Träger* K *zwei reelle oder imaginäre Punkte gemeinschaftlich hat. Der Schnittpunkt* p *der beiden Doppeltangenten ist als der Pol einer reellen Geraden* P *immer reell.*“

Legt man in den zwei Punkten x, x' von K, welche mit einem festen Punkte p in gerader Linie liegen, an K die Tangenten X, X', so schneiden sich diese in einem Punkte der Polare P von p (Art. 54), d. h.:

„*Die in den einzelnen Punktepaaren einer Punktinvolution an* K *gelegten Tangentenpaare bilden eine Tangenteninvolution; und umgekehrt bilden die Berührungspunktepaare der Tangentenpaare einer Tangenteninvolution auf* K *eine Punktinvolution. Das Centrum der Punktinvolution und die Axe der Tangenteninvolution sind Pol und Polare bezüglich* K. *Die Berührungspunkte* e, f *der Doppeltangenten sind die Doppelpunkte.*“

76. Es möge an dieser Stelle Folgendes bezüglich des Verhaltens eines Kegelschnittes zu den Geraden und Punkten seiner Ebene bemerkt werden.

Wenn eine Gerade P, welche wir uns nach I., Art. 8 als eine in sich geschlossene Linie denken können, den Kegelschnitt K in zwei reellen Punkten e, f schneidet, so wird sie durch dieselben in zwei Theile getheilt: in eine endliche Strecke $\overline{ef}$ und in den übrigen im Unendlichen zusammenhängenden Theil. Wenn ein Punkt die ganze unendliche Gerade P durchläuft, so passirt er in e und f den Umfang der Curve K und wird bei einem solchen Durchgang entweder aus dem Aeusseren der Curve in das Innere oder umgekehrt übergehen, denn die Punkte der Curve, durch welche zusammenfallende Tangenten an die Curve gelegt werden können, trennen die Punkte, durch welche reelle Tangenten gehen (äussere), von den Punkten (inneren), durch welche keine reellen Tangenten an die Curve gelegt werden können. Ist nun der bewegliche Punkt beim Durchgang durch e aus dem Aeusseren (Inneren) in das Innere (Aeussere) getreten, so wird er bei der fortgesetzten Bewegung in demselben Sinne beim Durchgange durch f aus dem Inneren (Aeusseren) in das Aeussere (Innere) treten. Es enthält also der eine der beiden Theile, in welche P durch e und f zerlegt wird, lauter äussere Punkte und der andere lauter innere Punkte, und sollen diese zwei Theile als der äussere und der innere Theil der Geraden P bezeichnet werden. Durch jeden Punkt des äusseren Theiles von P (welcher jedoch ebensowohl der unendliche Theil, als auch die endliche Strecke $\overline{ef}$ sein kann), gehen an K zwei reelle Tangenten und durch jeden Punkt des inneren Theiles zwei imaginäre Tangenten. Die in e und f an K gelegten Tangenten E, F schneiden sich in dem Pole p von P und bilden am Punkte p zwei Paar Scheitelwinkel; jede durch p gehende Gerade liegt entweder in dem einen oder dem anderen Scheitelwinkelpaar und soll als ein innerer oder äusserer Strahl bezeichnet werden, je nachdem ihr Schnittpunkt mit P ein innerer oder äusserer Punkt bezüglich K ist. Jeder innere Strahl schneidet K in zwei reellen Punkten, während ein äusserer Strahl mit K keinen reellen Punkt gemeinschaftlich hat. Denn ist Y etwa ein innerer Strahl, so ist sein Schnittpunkt y' mit P ein innerer Punkt und der zu y' bezüglich e, f harmonisch conjugirte Punkt y wird somit ein äusserer sein, durch welchen an K zwei reelle Tangenten X, X' mit den Berührungspunkten x, x' gelegt werden können. Nun müssen x, x' auf einer durch p gehenden, zu $\overline{py}$ bezüglich E, F harmonisch conjugirten Geraden liegen, welche offenbar mit Y identisch ist, so dass x, x' die reellen Schnittpunkte von K und Y sind. Der äussere Strahl $\overline{py}$ oder Y' wird ebenso K in den zwei Punkten treffen, welche als die Berührungspunkte von K mit den zwei durch y' gehenden Tangenten auftreten; da jedoch y' ein innerer Punkt ist, so sind diese Tangenten und somit auch die Schnittpunkte von K mit Y' imaginär.

„Sind die beiden durch einen Punkt p an einen Kegelschnitt gehenden Tangenten reell, so bilden sie am Punkte p zwei Paare von Scheitelwinkeln; alle Strahlen, welche dem einen dieser Paare angehören, schneiden die Curve in reellen Punkten, alle Strahlen, die in dem zweiten

Scheitelwinkelpaare gelegen sind, haben mit der Curve keinen reellen Punkt gemeinschaftlich.“ Mit anderen Worten: *„Die Gesammtheit der reellen Punkte der Curve (die Curve selbst) liegt in dem von einem der beiden Scheitelwinkelpaare bedeckten Theil der Ebene.“*

Ist der Punkt p ein innerer Punkt, d. h., sind die durch ihn gehenden Tangenten E, F imaginär, so hat die Polare P von p mit K keinen reellen Punkt gemeinschaftlich, und es müssen die sämmtlichen Punkte von P äussere Punkte bezüglich K sein. Denn bringt man P mit irgend einer Tangente X von K zum Durchschnitte, so wird durch diesen Schnittpunkt noch eine zweite Tangente X' an K gehen, und die beiden Tangenten X, X' bleiben reell, wenn ihr Schnittpunkt die ganze Gerade P durchläuft, da er nie ein Punkt von K werden kann, somit die beiden Tangenten nie zusammenfallen und daher auch nicht imaginär werden können.

„Jede durch einen inneren Punkt eines Kegelschnittes gehende Gerade schneidet den Kegelschnitt in zwei reellen von einander verschiedenen Punkten.“

Denn eine durch den inneren Punkt p gehende Gerade Y besitzt einen auf der Polare P von p liegenden Pol y, durch welchen, weil er nach Früherem ein äusserer Punkt ist, zwei reelle Tangenten an K gehen, deren Berührungspunkte auf Y liegen und somit die Schnitte von Y mit K sind.

77. Aus den letzten Betrachtungen folgt:

„Von den drei Ecken eines sich selbst conjugirten Dreieckes ist eine immer ein innerer Punkt und zwei sind äussere Punkte bezüglich des Kegelschnittes; zwei von den drei Seiten des Dreieckes schneiden die Curve in reellen Punkten, die dritte jedoch nicht.“

Eine Ecke kann man beliebig wählen, die beiden anderen sind dann irgend zwei auf der Polare der ersten gelegene conjugirte Pole. Ist nun die erste Ecke ein innerer Punkt, so sind die beiden anderen nach Früherem äussere Punkte; ist die erste Ecke ein äusserer Punkt, so schneidet seine Polare die Curve in zwei reellen Punkten e, f, und da die beiden anderen Ecken von e, f harmonisch getrennt sind, so ist die eine zwischen e und f und die andere ausserhalb e und f gelegen und der erste Theil des Satzes auch für diese Annahme bewiesen. Der zweite Theil ist eine unmittelbare Folge des ersten Theiles.

78. Jeden Punkt p in der Ebene eines Kegelschnittes K kann man als Centrum für eine Punktinvolution und jede Gerade P als Axe für eine Tangenteninvolution auf K betrachten; ist P die

Polare von p, so berührt jedes Tangentenpaar der zweiten Involution K in einem Punktepaare der ersten.

Sowie man die Punkte und Strahlen der Ebene von K in Paare conjugirter Pole und Polaren (Art. 56) eintheilt, so kann man auch die ihnen entsprechenden Involutionen (deren Centren, respective Axen sie sind) in conjugirte Involutionen auf K eintheilen, und erkennt sofort, dass zwei Punkt- (Tangenten-) Involutionen auf K conjugirt sind, wenn die Doppelelemente der einen mit den Doppelelementen der anderen zwei harmonische Elementenpaare auf K darstellen.

Endlich könnte man die sämmtlichen Punkt- (Tangenten-) Involutionen auf K in Tripel von conjugirten Involutionen eintheilen, wenn man drei solche Involutionen als ein Tripel bildend bezeichnet, deren Centren (Axen) die Ecken (Seiten) eines bezüglich K sich selbst conjugirten Dreiecks sind.

„Zwei beliebige auf K befindliche Punkt- (Tangenten-) Involutionen haben ein Paar entsprechender Punkte (Tangenten) gemeinschaftlich.“

Sind nämlich p, q (P, Q) die Centren (Axen) der beiden Involutionen, so ist das auf der Geraden $\overline{pq}$ liegende Punktepaar (durch den Punkt (PQ) gehende Tangentenpaar) von K das den beiden Involutionen gemeinsame Elementenpaar.

„Wenn von den zwei Involutionen auf K die eine reelle und die andere imaginäre Doppelelemente besitzt, oder wenn beide Involutionen imaginäre Doppelelemente besitzen, so ist das ihnen gemeinschaftliche Elementenpaar immer reell.“

Denn in diesem Falle ist (wenn wir uns zwei Punktinvolutionen auf K denken) entweder das Centrum p der einen ein äusserer und das Centrum q der anderen ein innerer Punkt von K, oder es sind beide Punkte p, q innere Punkte; in beiden Fällen ist jedoch $\overline{pq}$ eine Gerade, welche, das Innere von K durchsetzend mit K ein reelles Punktepaar gemeinschaftlich haben muss.

„Haben beide Involutionen reelle Doppelelemente, so kann das ihnen gemeinschaftliche Elementenpaar ebensowohl reell als auch imaginär sein; ersteres tritt (wie wir später sehen werden) immer ein, wenn die Elemente des einen Paares durch die Elemente des anderen Paares nicht getrennt sind, wogegen im entgegengesetzten Falle das gemeinschaftliche Elementenpaar imaginär wird. Die Verbindungsgerade, respective der Durchschnittspunkt des gemeinschaftlichen Elementenpaares, ist jedoch immer reell.“

Wenn das Centrum p einer auf K befindlichen Punktinvolution in einen Punkt von K fällt, so ist die Involution eine degenerirte (siehe I., Art. 102), und in der That bestehen in diesem Falle die einzelnen Punktepaare aus dem Centrum p und den einzelnen Punkten von K. Ebenso degenerirt eine Tangenteninvolution, wenn ihre Axe P den Träger K berührt; und zwar stellt P mit den einzelnen Tangenten von K die Paare der Involution dar.

79. *„Die Paare entsprechender Strahlen X, X' einer Strahleninvolution schneiden jeden durch den Scheitel s derselben hindurchgelegten festen Kegelschnitt K in Punktepaaren x, x', welche auf K eine Punktinvolution bilden, so dass also die Gerade $\overline{xx'}$ durch einen festen Punkt p der Ebene hindurchgeht."*

Denn aus der Doppelverhältnissgleichheit von irgend vier Strahlen X und der entsprechenden Strahlen X' folgt auch die Doppelverhältnissgleichheit zwischen den beiden Quadrupeln der Punkte x und x', welche auf diesen Strahlen liegen; und aus der Vertauschungsfähigkeit von X und X' folgt auch jene von x und x', so dass auf K in der That eine Punktinvolution entsteht.

Die in I., Art. 86 gegebene Construction kann somit bei der Lösung der Aufgabe: *„eine durch zwei Strahlenpaare AA', BB' gegebene Strahleninvolution am Scheitel s ist zu vervollständigen"* in der Art verallgemeinert werden, dass man durch s einen beliebigen Kegelschnitt K legt (welcher in I., Art. 86 ein Kreis war), der von AA', BB' in den Punkten aa', bb' geschnitten werden möge; der Schnittpunkt p von $\overline{aa'}$ mit $\overline{bb'}$ ist das Centrum der auf K auftretenden Punktinvolution. Um nun zu einem Strahle X den entsprechenden X' zu erhalten, bringe man K mit X in x und dann mit $\overline{px}$ in x' zum Durchschnitte, so ist $\overline{sx'}$ der gesuchte Strahl X'. Die durch p an K gelegten Tangenten berühren K in zwei Punkten e, f (in denen K auch von der Polare P des Centrums p geschnitten wird), und es sind dann se, sf oder E, F die Doppelstrahlen der Strahleninvolution.

Lässt man die Involution am Scheitel s eine rechtwinklige werden, so sind xx' die Hypothenusen der rechtwinkligen Dreiecke xsx', und wir können sagen:

„Die Hypothenusen aller rechtwinkligen Dreiecke, welche den Scheitel des rechten Winkel gemeinschaftlich haben und einem (selbstverständlich diesen Scheitel enthaltenden) Kegelschnitte eingeschrieben sind, gehen durch einen festen Punkt." Oder mit anderen Worten: *„Dreht sich ein rechter Winkel um seinen Scheitel, so bestimmen seine*

Schenkel auf einem durch den Scheitel gehenden Kegelschnitte Punkte, deren Verbindungsgerade durch einen festen Punkt hindurchgeht."

„Dieser feste Punkt liegt auf der im Scheitel der rechten Winkel zum Kegelschnitte (d. h. zu dessen Tangente) errichteten Senkrechten (auf der im Scheitel construirten Kegelschnittnormale)." Denn geht die Gerade sx in die Tangente von K in s über (indem x auf K unendlich nahe zu s rückt), so geht sx' in die durch s zur Tangente senkrecht Gezogene, d. h. in die Normale von s über, welche hier offenbar auch die Gerade $\overline{xx'}$ darstellt (da x' in s liegt).

Hieraus ergibt sich eine Normalenconstruction in einem Punkte s eines Kegelschnittes: man ziehe durch s irgend zwei Sehnen sx, sy und dann die zu ihnen senkrechten Sehnen sx', sy' respective, so schneiden sich die Geraden $\overline{xx'}$, $\overline{yy'}$ in einem Punkte, welcher mit s verbunden die Normale von s liefert.

Wird die Involution am Punkte s eine solche, welche zwei zu einander rechtwinkelige Doppelstrahlen besitzt, so sind X, X' Strahlenpaare, welche diese Doppelstrahlen zu gemeinschaftlichen Winkelhalbirenden besitzen (I., Art. 77). Wenn man also durch s eine beliebige Gerade H und dann solche Strahlenpaare X, X' legt, dass die Strahlen eines jeden Paares mit H beiderseits gleiche Winkel bilden, so werden diese Strahlenpaare auf einem durch s gehenden Kegelschnitte K Punktepaare x, x' bestimmen, deren Verbindungsgeraden durch einen festen Punkt hindurchgehen. Oder:

„Construirt man an einem Punkte s eines Kegelschnittes K als Scheitel solche Winkel, welche eine gemeinschaftliche Halbirungslinie H besitzen, so schneiden die Schenkelpaare X, X' dieser Winkel K in Punktepaaren x, x' einer Involution, so dass die Geraden $\overline{xx'}$ durch einen festen Punkt hindurchgehen. Dieser feste Punkt liegt auf der Tangente, welche K in dessen zweitem Schnittpunkte h mit H berührt."

Denn weil H ein Doppelstrahl der Involution der Paare X, X' ist, so ist h ein Doppelpunkt der Involution auf K; der zweite Doppelpunkt ist der Schnittpunkt h' von K mit der durch s zu H senkrechten Geraden H'. Jener feste Punkt, durch welchen $\overline{xx'}$ geht, wird somit auch auf der Tangente von h' liegen.

Es sei P irgend eine Gerade, e, f ihre Schnittpunkte mit K und x, x' irgend ein Paar der Involution conjugirter Pole auf P, so ist $(efxx') = -1$. Die Strahlenpaare, welche einen Punkt s von K mit den Paaren x, x' verbinden, bilden (I., Art. 79) eine Strahleninvolution, welche se, sf zu Doppelstrahlen hat. Sind also y, y' die Schnittpunkte von K mit sx, sx', so bilden y, y' auf K eine Punktinvolution, welche e, f zu Doppelpunkten hat, und es wird somit die Gerade yy' durch den Schnittpunkt der in e, f an K gelegten Tangenten, d. h. durch den Pol p von P hindurchgehen.

„Projicirt man die Paare der auf einer Geraden P auftretenden Involution conjugirter Pole eines Kegelschnittes aus irgend einem Punkte des Kegelschnittes auf denselben, so erhält man Punktepaare, deren Verbindungsgerade durch den Pol p von P hindurchgehen.“

80. *„Wenn ein Kegelschnitt K' die Axe S einer Punktinvolution zur Tangente hat, so bilden die durch die einzelnen Punktepaare x, x' der Involution an K gelegten Tangenten X, X' an K eine Tangenteninvolution, so dass der Schnittpunkt (XX') auf einer festen Geraden P gelegen ist.“*

Beweis ebenso wie im letzten Artikel.

Bei der in I., Art. 87 gegebenen Vervollständigung einer Punktinvolution und der Construction ihrer Doppelpunkte wird man also den dort verwendeten Kreis durch einen beliebigen die Axe der Involution berührenden Kegelschnitt K ersetzen, und so die Construction allgemeiner gestalten können.

Trägt man von einem Punkte e einer Geraden S beiderseits gleiche Strecken auf, so bilden die Endpunktepaare x, x' derselben eine Involution, welche e und den unendlich weiten Punkt f_∞ von S zu Doppelpunkten hat, da die zwei Punktepaare ef_∞, xx' immer harmonisch sind. Ist nun K irgend ein die Gerade K berührender Kegelschnitt und legt man durch die Endpunkte x, x' jeder Strecke, welche e zum Halbirungspunkte hat, an K die Tangenten X, X', so bilden diese eine Involution, für welche die durch e gehende und die durch f_∞ gehende, d. h. zu S parallele Tangente die Doppelelemente darstellen:

„Die Schnittpunkte der Tangentenpaare, welche man an einen Kegelschnitt K aus den Endpunktenpaaren aller auf einer seiner Tangenten gelegenen, denselben Halbirungspunkt besitzenden Strecken ziehen kann, liegen auf einer und derselben Geraden; diese Gerade verbindet den Berührungspunkt der zu den Strecken parallelen Tangente mit dem Berührungspunkte der zweiten durch den gemeinschaftlichen Halbirungspunkt gehenden Tangente.“

Wenn der Kegelschnitt K eine Parabel wird, so ist die erwähnte Gerade parallel zu der Parabelaxe, was man auch folgendermassen aussprechen kann:

„Wird einem Dreieck eine Parabel eingeschrieben, so ist die Verbindungsgerade einer Ecke mit dem Berührungspunkte der zweiten durch den Halbirungspunkt der Gegenseite gehenden Parabeltangente parallel zur Parabelaxe.“

Es sei K eine Parabel, d. h. ein die unendlich weite Gerade S_∞ berührender Kegelschnitt, X irgend eine Tangente, welche S_∞ in x_∞ schneiden möge; die zu X senkrechten Geraden gehen durch einen Punkt x'_∞ von S_∞, welcher zu x_∞ in Bezug auf die beiden imaginären Kreispunkte i, i' harmonisch conjugirt ist (I., Art. 61). Durch x'_∞ geht eine Parabeltangente X' (die zweite durch x'_∞ gehende Tangente von K ist S_∞), und es wird X' auf X senkrecht stehen. Weil nun die Punktepaare $x_\infty x'_\infty$ auf S_∞ eine Involution mit den Doppelpunkten i, i' bilden, so stellen auch die Tangentenpaare X, X' eine Involution auf K dar, und ihr Schnittpunkt (XX') wird auf einer Geraden P liegen, welche die Berührungspunkte der durch i, i' an K gelegten Tangenten I, I' verbindet. Diese Tangenten I, I' schneiden sich im Brennpunkte f_1 der Parabel (Art. 59), und P wird somit die Polare des Brennpunktes f_1 sein. Die Polare eines Brennpunktes wird (aus später zu entwickelnden Gründen) als eine Leitlinie oder Directrix des Kegelschnittes bezeichnet. Während ein Kegelschnitt K im Allgemeinen, den zwei Brennpunktepaaren $f_1 f_2$, $f_1' f_2'$ (siehe Art. 59) entsprechend, zwei Paare von Leitlinien besitzt, hat man bei einer Parabel, dem einzigen im Endlichen gelegenen Brennpunkte f_1 entsprechend, nur eine Leitlinie zu betrachten. Das Obige kann nun so ausgesprochen werden:

„Zu jeder Tangente X einer Parabel steht eine zweite Tangente X' senkrecht. Die Paare senkrechter Tangenten bilden eine Involution auf der Parabel, so dass der Ort der Schnittpunkte derselben eine Gerade sein muss. Diese Gerade ist die Directrix der Parabel, d. h. die Polare jenes Punktes (Brennpunktes), an welchem die Parabel eine rechtwinkelige Involution conjugirter Strahlen bestimmt.“

Dem letzten Satze des vorangehenden Artikels entspricht der folgende:

„Die durch einen Punkt p gehenden Paare conjugirter Strahlen bestimmen auf irgend einer Tangente S des Kegelschnittes Punktepaare, durch welche an ihn Tangentenpaare gehen, deren Schnittpunkte der Polare P jenes Punktes p angehören.“

81. Sollen zwei auf einem Kegelschnitte K durch drei Paare entsprechende Punkte aa', bb', cc' bestimmte projectivische Punktsysteme Σ, Σ' vervollständigt, und ihre Doppelpunkte e, f aufgesucht werden, so kann man durch folgende Betrachtung zu einer symmetrischen Lösung dieser Frage gelangen. Es seien xx', yy' irgend zwei Paare entsprechender Punkte; wir projiciren das System Σ' aus dem Punkte y und das System Σ aus dem Punkte y', so wird dem Strahle yx' der Strahl $y'x$ entsprechen, während in den beiden

entstehenden projectivischen Büscheln mit den Scheiteln y und y' der gemeinschaftliche Strahl $yy' \equiv y'y$ sich selbst entspricht und somit die Büschel perspectivisch sind. Es sei P die Axe der Perspectivität, welche die Punkte enthält, in denen sich yx' und $y'x$ schneiden, wenn x, x' durch die sämmtlichen Paare entsprechender Punkte ersetzt werden. Man sieht sofort, dass jeder Punkt, welcher dem Träger K und der Geraden P gemeinschaftlich ist, einen sich selbst entsprechenden Punkt der beiden Systeme darstellt, denn sobald x in einen solchen Punkt rückt, ist auch x' mit ihm vereinigt; die Gerade P schneidet somit K in den beiden Doppelpunkten:

„Sind xx', yy' irgend zwei Paare entsprechender Punkte zweier projectivischen Systeme auf einem Kegelschnitte K, so liegt der Schnittpunkt der wechselweisen Verbindungsgeraden $\overline{xy'}$ $\overline{x'y}$ auf einer festen Geraden P, nämlich auf der Verbindungsgeraden der beiden Doppelpunkte e, f der projectivischen Systeme.“

Diese Gerade P kann man analog wie in I., Art. 40 als die Directionsaxe der beiden projectivischen Punktsysteme auf K bezeichnen.

Um also die gegebenen Systeme zu vervollständigen, bringe ab' mit $a'b$, ebenso ac' mit $a'c$ und bc' mit $b'c$ zum Durchschnitte; dies gibt drei Punkte, welche auf einer Geraden P liegen. Diese Gerade trifft K in den beiden Doppelpunkten e, f. Um zu einem Punkte x von K den entsprechenden zu finden, verbinde man den Schnittpunkt von P und $a'x$ mit dem Punkte a, wodurch eine Gerade entsteht, welche K in x' schneidet. (Statt a und a' kann man b und b', oder c und c' u. s. w. verwenden.) Da man die drei Punktepaare aa', bb', cc' beliebig wählen kann, so hat man den Satz:

„Sind aa', bb', cc' irgend drei Punktepaare eines Kegelschnittes, so liegen die drei Schnittpunkte ihrer wechselweisen Verbindungsgeraden ab', $a'b$; ac', $a'c$; bc', $b'c$ in einer Geraden.“ (I., Art. 40 und 57 *a*).)

Hiedurch erscheint der Satz von Pascal über das eingeschriebene Sechseck 1 2 3 4 5 6 neuerdings bewiesen; es genügt, die sechs Ecken der Reihe nach als die Punkte $ab'ca'bc'$ jener drei beliebigen Paare zu betrachten.

Je nachdem die Gerade P den Träger schneidet, berührt oder nicht schneidet, sind die Doppelpunkte e, f reell, zusammenfallend oder imaginär. Da aber P immer als eine reelle Gerade auftritt, so können wir sagen:

„Die Verbindungsgerade der Doppelpunkte projectivischer Punktsysteme (Directionsaxe) auf einem Kegelschnitte ist immer reell.“

Wenn die beiden Punktsysteme insbesondere eine Involution bilden, so entsprechen sich die Punkte x, x' eines jeden Paares vertauschungsfähig, so dass man x' als z und x dann als z' betrachten kann. Die Geraden $\overline{xz'}$, $\overline{x'z}$, welche sich auf P schneiden müssen, sind hier die Tangenten von K in x und x' und ihr auf P gelegener Schnittpunkt ist der Pol von $\overline{xx'}$. Da nun die Pole der Geraden $\overline{xx'}$ auf einer festen Geraden P liegen, so müssen die Geraden $\overline{xx'}$ durch einen festen Punkt p, den Pol von P hindurchgehen. So gelangen wir wieder zu den Betrachtungen des Artikels 74.

Projicirt man die Punkte x des Systemes Σ aus einem beliebigen Punkte s von K durch Strahlen X und ebenso die entsprechenden Punkte x' von Σ' aus einem beliebigen Punkte s' von K durch Strahlen X' und betrachtet X, X' als einander entsprechenden Strahlen, so sind die beiden Büschel s, s' offenbar projectivisch; denn es ist System Σ perspectivisch mit Büschel (X), System Σ' perspectivisch mit Büschel (X'), und da $\Sigma \barwedge \Sigma'$, so ist auch Büschel $(X) \barwedge$ Büschel (X'). Wird s' mit s identisch, so sind die beiden entstehenden Büschel concentrisch und ihre Doppelstrahlen E, F müssen durch die Doppelpunkte e, f der beiden Systeme Σ, Σ' hindurchgehen. Aber auch umgekehrt haben wir den Satz:

„*Zwei projectivische conplanare Strahlenbüschel bestimmen auf jedem durch ihre Scheitel s, s' hindurchgehenden Kegelschnitte K zwei projectivische Punktsysteme Σ, Σ'. Sind die Büschel concentrisch, so schneiden ihre Doppelstrahlen E, F den Träger K in den Doppelstrahlen e, f von Σ, Σ'.*“

Der Beweis ist im Obigen enthalten; denn aus: Büschel $(X) \barwedge$ Büschel (X'); Σ perspectivisch zum Büschel (X); Σ' perspectivisch zum Büschel (X'), folgt $\Sigma \barwedge \Sigma'$.

Bei der in I., Art. 57, *a)* gegebenen Vervollständigung projectivischer concentrischer Strahlenbüschel wird man somit den Kreis K durch einen beliebigen Kegelschnitt K ersetzen können, welcher durch den Scheitel s der beiden Büschel hindurchgeht. Ein solcher durch s gelegter sonst beliebiger Kegelschnitt wird von den drei die Projectivität bestimmenden Strahlenpaaren AA', BB', CC' in drei Punktepaaren aa', bb', cc' geschnitten; man construirt die Gerade P, welche die drei Schnittpunkte der wechselweisen Verbindungsgeraden ab', $a'b$ u. s. w. enthält. Wenn P den Kegelschnitt K in reellen Punkten e, f schneidet, so sind se oder E und sf oder F die Doppelstrahlen der beiden Büschel. Um zum Strahle X den entsprechenden X' zu finden, bestimmt man den Schnittpunkt x von K mit X und verbindet den Schnittpunkt von P und $a'x$ mit a, wodurch eine Gerade entsteht, welche K in x' schneidet; sx' ist dann X'. Statt a, a' kann man b, b' oder c, c' u. s. w. benützen.

82. „*Hat man auf K zwei projectivische Tangentensysteme Σ, Σ' und sind XX', YY' irgend zwei Paare entsprechender Tangenten, so geht die Verbindungsgerade der beiden wechselweisen Schnittpunkte (XY'), $(X'Y)$ durch einen festen Punkt p, nämlich durch den Schnittpunkt der beiden Doppeltangenten E, F.*“

Den Punkt p kann man wie in I, Art. 41 als das Directionscentrum der beiden projectivischen Tangentensysteme auf K bezeichnen.

Denn wird X' mit Σ und X mit Σ' geschnitten, so entstehen zwei perspectivische Punktreihen, bei denen also die Verbindungsgerade entsprechender Punkte $\overline{(XY')\,(X'Y)}$ durch einen festen Punkt p hindurchgehen wird. Man sieht sofort, dass die durch p gehenden zwei Tangenten E, F die sich selbst entsprechenden sind.

Denkt man sich die Projectivität durch drei beliebige Tangentenpaare AA', BB', CC' gegeben, so hat man den Satz:

„*Sind AA', BB', CC' irgend drei Tangentenpaare eines Kegelschnittes K, so gehen die drei Verbindungsgeraden der wechselweisen Schnittpunkte $\overline{(AB')\,(A'B)}$, $\overline{(AC')\,(A'C)}$, $\overline{(BC')\,(B'C)}$ durch einen Punkt p hindurch.*“

Betrachtet man irgend sechs Tangenten I, II, III, IV, V, VI von K der Reihe nach als die Tangenten A, B', C, A', B, C' jener drei beliebigen Paare, so hat man von Neuem den Satz von Brianchon nachgewiesen. Der Punkt p ist immer reell; d. h.:

„*Der Schnittpunkt der Doppeltangenten projectivischer Tangentensysteme an einem Kegelschnitte ist immer reell.*“

Soll zur Tangente X die entsprechende X' gefunden werden, so verbinde man p mit dem Schnittpunkte von X und A'; dies gibt eine Gerade, welche A in einem Punkte trifft, durch welchen an K die Tangente X' zu legen ist. Statt A, A' kann B, B' oder C, C' u. s. w. benützt werden.

Herrscht in den Systemen Vertauschungsfähigkeit, so kann man X als Z' und X' als Z betrachten; die Punkte (XZ'), $(X'Z)$ sind dann die Berührungspunkte von X und X' und ihre Verbindungsgerade ist somit die Polare des Punktes (XX'); und da diese Gerade durch einen festen Punkt p hindurchgeht, so liegt ihr Pol (XX') auf einer festen Geraden. So gelangt man wieder zu den Betrachtungen des Artikels 75.

Werden irgend zwei Tangenten S, S' von K mit den beiden Systemen Σ, Σ' respective zum Durchschnitte gebracht, so entstehen projectivische Punktreihen; ist S' mit S identisch, so sind die Reihen coaxial und die Doppeltangenten E, F werden S in den Doppelpunkten e, f treffen. Ebenso umgekehrt:

„Zwei projectivische Punktreihen bestimmen an irgend einem ihre Axen S, S' berührenden Kegelschnitte projectivische Tangentensysteme, wenn man durch je zwei entsprechende Punkte x, x' der Reihen an K die einander entsprechenden Tangenten X, X' legt; sind die Punktreihen auf einer Axe gelegen (conlocal, $S' \equiv S$), so liegen ihre Doppelpunkte e, f in den Doppeltangenten E, F von Σ und Σ'."

Denn weil Reihe (x) perspectivisch mit System Σ, Reihe (x') perspectivisch mit Σ' und endlich Reihe (x) $\barwedge$ Reihe (x') ist, so ist auch System Σ $\barwedge$ System Σ'.

Sollen also zwei conlocale auf S gelegene projectivische Reihen, deren Beziehung durch drei Punktepaare aa', bb', cc' gegeben ist, vervollständigt werden, so lege man berührend an S einen beliebigen Kegelschnitt K und durch jene Punktepaare an ihn die Tangentenpaare AA', BB', CC'. Sind die aus dem Schnittpunkte p der drei Verbindungsgeraden wechselweiser Schnittpunkte $\overline{(AB')(A'B)}$ u. s. w. an K gehenden Tangenten E, F reell, so schneiden sie S in den Doppelpunkten e, f der projectivischen Reihen. Um zu einem Punkt x von S den entsprechenden x' zu erhalten, lege man durch x an K die Tangente X, construire wie früher die entsprechende X' mittelst des Punktes p, so wird X' die Axe S in x' treffen. (Vergl. I. Art. 64.)

83. Der in I, Artikel 107 bewiesene Satz ergibt sich sofort, wenn man sich die beiden projectivischen Systeme als Punkt- oder Tangentensysteme auf einem Kegelschnitte K denkt. Sind z. B. aa', bb' irgend zwei Paare entsprechender Punkte (Elemente) für zwei projectivische Systeme Σ, Σ', so ist die Projectivität noch unbestimmt, so dass es unendlich viele Projectivitäten gibt, welche die Paare aa', bb' gemeinschaftlich besitzen. Die Gerade P, welche K in den Doppelpunkten e, f schneidet, muss aber durch den Schnittpunkt von $\overline{ab'}$ mit $\overline{a'b}$ hindurchgehen, so dass also in der That die Paare der Doppelelemente e, f aller dieser Projectivitäten eine Involution bilden, welche durch die beiden Elementenpaare ab', $a'b$ bestimmt erscheint.

„Unter den sämmtlichen Projectivitäten, welche zwei gegebene Paare aa', bb' entsprechender Elemente besitzen, gibt es zwei Projectivitäten, in denen die beiden Doppelelemente ineinander fallen; und zwar sind die

Doppelelemente der einen von diesen Projectivitäten in dem einen Doppelelemente der durch die zwei Paare ab', $a'b$ bestimmten Involution vereinigt, während das andere Doppelelement der Involution die vereinigten Doppelelemente der zweiten Projectivität darstellt."

Es entspricht dies den zwei Fällen, welche man erhält, wenn man P durch den Schnittpunkt von $\overline{ab'}$ mit $\overline{a'b}$ tangirend an K legt.

84. *„Die Projectivität der beiden Systeme Σ, Σ' auf K ist auch vollkommen bestimmt, wenn man ein Paar entsprechender Elemente und die Directionsaxe, respective das Directionscentrum, gegeben hat."*

Denn sind auf K die entsprechenden Punkte a, a' und die beliebige Gerade P als Directionsaxe gegeben, so sind ja die Schnittpunkte e, f von K mit P die Doppelpunkte e, f, so dass man im Ganzen wieder drei Elementenpaare aa', $e \equiv e'$, $f \equiv f'$ gegeben hat. Die beiden Doppelpunkte e, f können auch imaginär sein, (wenn P den Träger K nicht schneidet); doch wird die Vervollständigung der beiden durch ein reelles Elementenpaar a, a' und die beiden imaginären Doppelpunkte e, f bestimmten Systeme keine Aenderung erfahren. Um zu einem Punkte x den entsprechenden x' zu finden, verbindet man den Schnittpunkt von P und $\overline{a'x}$ mit a, wodurch eine Gerade entsteht, welche K in x' schneidet.

Ist K ein Kreis und P die unendlich weite Gerade, ferner a, a' irgend zwei entsprechende Punkte, so muss, da $ax' \parallel a'x$ ist, der Bogen xx' = Bogen aa' sein; d. h. „in zwei projectivischen Punktsystemen auf einem Kreise, für welche die unendlich weiten imaginären Kreispunkte die Doppelpunkte darstellen, haben alle Bögen, welche von entsprechenden Punkten begrenzt sind, dieselbe (constante) Länge". Man kann somit zwei solche Punktsysteme auf dem Kreise K als congruente projectivische Systeme bezeichnen (I, Art. 53).

85. *„Sind auf einem Kegelschnitte K zwei projectivische Punkt- (Tangenten-) Systeme Σ, Σ' gegeben, so ist die Enveloppe K' der Verbindungsgeraden entsprechender Punkte (der Ort K' der Schnittpunkte entsprechender Tangenten) wieder ein Kegelschnitt, welcher den ersten K doppelt berührt, d. h. welcher mit K zwei Punkte und in diesen Punkten die Tangenten gemeinschaftlich hat."*

Als Tangenten der gesuchten Enveloppe K' definirten wir die Verbindungsgeraden je zweier entsprechenden Punkte von K; und da sieht man zunächst sofort, dass durch jeden Punkt von K zwei und nur zwei solche Verbindungsgeraden hindurchgehen. Bezeichnet man diesen Punkt einmal mit x als zu Σ und dann mit y' als zu Σ' gehörig, so sind xx', $y'y$ die beiden durch ihn gehenden Tangenten von K'. Aber auch allgemein gehen durch einen beliebigen Punkt p nur zwei Tangenten von K. Verbindet man nämlich x mit p, so wird $\overline{px}$ K in einem Punkte x_1 schneiden, und der Punkt x_1 ist mit x' in projectivischer Beziehung, da x' mit x projectivisch und x mit x_1 involutorisch (d. h. auch projectivisch) verwandt ist. Die beiden von x' und x_1 beschriebenen projectivischen Systeme haben zwei Doppelpunkte, so dass es also zweimal geschieht, dass x_1 mit x' zusammenfällt; dann geht aber $\overline{xx'}$ durch p hindurch.

„*Es ist somit K' eine Curve zweiter Classe* (Ordnung), d. h. *ein Kegelschnitt.*“

(Die reciproken Betrachtungen möge der Leser allein durchführen.)

Fällt der Punkt, den wir x und y' nannten, mit einem der beiden Doppelpunkte e, f von Σ, Σ' zusammen, so fällt auch x' und y in diesen Doppelpunkt und die Tangente von K in diesem Doppelpunkte stellt somit sowohl die Tangente $\overline{xx'}$, als auch die Tangente $\overline{y'y}$ von K' dar, so dass K' durch jeden der beiden Doppelpunkte e, f hindurchgeht und daselbst die Tangente von K zur Tangente hat. Es berühren sich somit K und K' sowohl in e als auch in f.

Ausser diesen Punkten e, f und deren Tangenten E, F haben die Kegelschnitte K, K' keine weiteren Punkte oder Tangenten gemeinschaftlich, weil sie sonst (Art. 21, 43) zusammenfallen würden.

Die doppelte Berührung (der doppelte Contact) von K und K' wird als reell oder ideell (imaginär) bezeichnet, je nachdem die Doppelpunkte e, f der beiden Systeme Σ, Σ' reell oder imaginär sind. Die Gerade $\overline{ef}$ oder P, welche immer reell ist, wird als die Berührungssehne der sich doppelt berührenden Kegelschnitte K, K' und der Schnittpunkt p der in e, f an die Curven gelegten Tangenten E, F wird als der Berührungspol von K und K' bezeichnet.

„*Wenn sich zwei Kegelschnitte doppelt berühren, so schneiden die Tangenten des einen den anderen in einander entsprechenden Punkten projectivischer Punktsysteme, und die aus den Punkten des einen an den anderen gelegten Tangenten sind entsprechende Tangenten projectivischer Tangentensysteme an diesem anderen Kegelschnitte. Die Berührungspunkte der Kegelschnitte sind die Doppelpunkte und ihre Berührungstangenten sind die Doppeltangenten jener Systeme.*“

Sind K, K' die sich in e, f berührenden Kegelschnitte und E, F ihre Tangenten in e, f, so schneide man einen von ihnen, z. B. K, mit irgend einer Tangente des anderen in den zwei Punkten a, a' und betrachte die Enveloppe der Verbindungsgeraden entsprechender

Punkte x, x' jener projectivischen Systeme Σ, Σ' auf K, welche e, f zu Doppelpunkten haben und in denen a, a' ein Paar entsprechender Punkte sind. Diese Enveloppe (das Erzeugniss der projectivischen Systeme auf K) muss K' sein. Denn es muss eine Curve zweiter Classe sein, welche E in e, F in f und auch $\overline{a a'}$ berührt und somit mit K' identisch ist. Es werden also die Tangenten von K' auf K die Punktepaare x, x' der Systeme Σ, Σ' bestimmen, was zu beweisen war. Ebenso reciprok.

„*Wenn zwei Kegelschnitte K, K' doppelten Contact besitzen, so schneidet jede Tangente des einen den anderen in einem Punktepaare, welches harmonisch getrennt erscheint von ihrem Berührungspunkte und ihrem Schnittpunkte mit der Berührungssehne der beiden Kegelschnitte.*“

Es seien x, x' die Schnittpunkte von K mit irgend einer Tangente von K', so sind x, x' entsprechende Punkte der beiden projectivischen Systeme Σ, Σ', welche die Tangenten von K' auf K bestimmen. Rückt nun x um unendlich Weniges auf K weiter, etwa nach y, so wird auch x' um unendlich Weniges etwa nach y' auf K rücken und $\overline{y y'}$ wird eine zu xx' unendlich nahe Tangente von K' sein, welche $\overline{xx'}$ in dem Berührungspunkt ξ von $\overline{x x'}$ schneidet. Nun muss der Schnittpunkt ξ' von $\overline{xy'}$ mit $\overline{x'y}$ auf der Directionsaxe, d. h. auf der Berührungssehne P liegen, und aus dem vollständigen Vierecke $x\, y\, x'\, y'$ folgt sofort, dass $\xi \xi'$, xx' zwei harmonische Punktepaare werden, wenn $\overline{yy'}$ mit $\overline{xx'}$ zusammenfällt. Es muss folglich die Polare von ξ' bezüglich K durch den Punkt ξ gehen, in welchem K' von $\overline{xx'}$ berührt wird.

Ebenso reciprok:

„*Haben zwei Kegelschnitte K, K' doppelte Berührung, so erscheinen die aus einem beliebigen Punkte des einen an den anderen gezogenen zwei Tangenten harmonisch getrennt durch die Tangente dieses Punktes und den nach dem Berührungspol der beiden Kegelschnitte gehenden Strahle.*“

Es enthält somit die Tangente eines Punktes von K' den Pol seiner Verbindungsgeraden mit dem Berührungspole p bezüglich des Kegelschnittes K.

86. Durch die gewonnenen Resultate sind wir in den Stand gesetzt, jenen Kegelschnitt K' zu construiren, welcher durch einen gegebenen Punkt geht oder eine gegebene Gerade berührt und mit einem gegebenen Kegelschnitte K an gegebenen Stellen einen doppelten Contact besitzt. Sind zwei reelle Punkte e, f von K gegeben, in denen K' den Kegelschnitt K berühren soll, so sind die in e, f an K gelegten Tangenten E, F zugleich Tangenten von K' in e, f,

und man hat dann für K' drei Punkte und die Tangenten in zweien von ihnen, oder drei Tangenten und die Berührungspunkte zweier von ihnen, und kann K' nach früher (Art. 21, 43) entwickelten Methoden entweder als Punktcurve oder als Tangentencurve construiren.

Es kann jedoch auch eintreten, dass der Contact zwischen K und K' ein ideeller ist; der Contact wird bestimmt sein, wenn man entweder die ideelle Berührungssehne P oder den Berührungspol p kennt; da p, P Pol und Polare bezüglich K sind, so kann man P aus p und umgekehrt leicht ableiten.

Soll A eine Tangente von K' sein und ist A so gelegen, dass ihre beiden Schnittpunkte a, a' mit K reell sind, so wird man je zwei Punkte x, x' von K, für welche $\overline{ax'}$ und $\overline{a'x}$ sich in einem Punkte von P schneiden, miteinander zu verbinden haben, um nach Art. 85 beliebig viele Tangenten $\overline{xx'}$ von K' zu erhalten.

Soll K' durch einen Punkt a hindurchgehen und ist a ausserhalb K, so lege man durch a an K die beiden Tangenten A, A'; so ist K' nach Art. 85 der Ort des Schnittpunktes (XX') solcher Tangenten X, X' von K, für welche die Verbindungsgerade von (AX') mit $(A'X)$ durch p hindurchgeht.

Soll K' eine Gerade A berühren, welche mit K keine reellen Punkte gemeinschaftlich hat, so kann man doch sofort ihren Berührungspunkt finden; ist α' der Schnittpunkt von A mit P, so wird A von der Polare von α' bezüglich K im Berührungspunkte α geschnitten und man kann nun K' als den durch α gehenden, mit K die Berührungssehne P besitzenden Kegelschnitt aufsuchen, da die beiden durch α an K gehenden Tangenten reell sein müssen, indem α auf einer den Kegelschnitt K nicht schneidenden, also ganz ausserhalb befindlichen Geraden A liegt.

Ebenso verfährt man, wenn K' mit K die Berührungssehne P haben und durch den innerhalb K gelegenen Punkt a hindurchgehen soll. Verbindet man a mit dem Berührungspole p und construirt den Pol von $\overline{ap}$ bezüglich K, so ist seine Verbindungsgerade mit a die Tangente von K' in a und da a innerhalb K gelegen ist, so wird seine Tangente K in einem reellen Punktepaare schneiden; und man kann nun K' als den Kegelschnitt aufsuchen, welcher mit K den Berührungspol p besitzt und eine, K in reellen Punkten schneidende Gerade berührt.

„Wenn die beiden Kegelschnitte K, K' eine doppelte (reelle oder ideelle) Berührung besitzen, so liegt der eine ganz innerhalb (ausserhalb) des anderen.“

Angenommen, irgend eine Tangente A von K' schneide K in zwei reellen Punkten a, a', so kann man K' als Erzeugniss der auf K auftretenden projectivischen Punktsysteme betrachten, für welche a, a' ein Paar entsprechender Punkte und P die Directionsaxe ist. Man wird nun zu jedem Punkte von K, wenn man ihn einmal als x und dann als y' betrachtet, die entsprechenden Punkte x', y mittelst P und a, a' als reelle Punkte erhalten, so dass die durch jeden Punkt $x \equiv y'$ von K an K' gehenden Tangenten $xx', y'y$ reell sind; wenn also ein Punkt a von K ausserhalb K' liegt (denn dann kann man durch a an K' die reelle Tangente A legen), so sind alle Punkte von K bezüglich K' äussere Punkte, d. h. K liegt ganz ausserhalb K' und somit K' innerhalb K. Es können also nur entweder alle Punkte von K ausserhalb oder alle innerhalb K' gelegen sein. Wenn die Berührungssehne eine eigentlich $\overline{ef}$ ist, so berühren sich K und K' in e und f wirklich; wenn man auf dem inneren (äusseren) der beiden Kegelschnitte sich gegen und über einen Berührungspunkt hinaus bewegt, so gelangt man aus dem Inneren (Aeusseren) kommend bis zu dem äusseren (inneren) Kegelschnitte, kehrt jedoch, wenn der Berührungspunkt überschritten ist, wieder in das Innere (Aeussere) des äusseren (inneren) Kegelschnittes zurück, was sich beim Passiren des zweiten Berührungspunktes wiederholt.

Ist P eine ideelle Berührungssehne, so sind die Berührungspunkte e, f imaginär, die Kegelschnitte haben keinen reellen Punkt gemeinschaftlich und der eine umschliesst den anderen vollständig. Ein Beispiel für den letzten Fall bieten zwei concentrische Kreise, welche eine doppelte Berührung in ihren unendlich weiten Punkten besitzen. (I. Art. 69.)

87. Da eine Curventangente als die Verbindungsgerade zweier in ihrem Berührungspunkte unendlich nahe zusammengerückten Punkte, und ein Curvenpunkt als der Durchschnitt zweier durch ihn gehenden von seiner Tangente unendlich wenig verschiedenen Tangenten aufzufassen ist, so hat man die Tangente eines Berührungspunktes zweier Curven als die zwei unendlich benachbarte, beiden Curven gemeinschaftliche Punkte verbindende Gerade, und den Berührungspunkt als den Durchschnitt zweier unendlich naher, beiden Curven gemeinschaftlicher Tangenten zu betrachten. Es sind also im (einfachen) Berührungspunkte zweier Curven zwei von den Schnittpunkten der Curven vereinigt; ebenso stellt die Tangente des Berührungspunktes zwei unendlich nahe gemeinsame Tangenten der Curven dar.

„Wenn also zwei Kegelschnitte K, K' doppelte Berührung besitzen, so stellt jeder Berührungspunkt zwei gemeinschaftliche Punkte und jede Berührungstangente stellt zwei gemeinschaftliche Tangenten von K, K' dar.“

Ausser diesen $2 . 2$, d. i. 4 gemeinschaftlichen Punkten und Tangenten haben K und K' keine weiteren gemeinsamen Punkte oder Tangenten, da zwei Kegelschnitte, welche fünf gemeinsame Punkte oder Tangenten besitzen, identisch sind (Art. 21, 43).

Den Kegelschnitt K' wird man mit K identisch machen, wenn man z. B. die Projectivität auf K betrachtet, welche drei Doppelpunkte $a \equiv a'$, $a \equiv b'$, $c \equiv c'$ besitzt und daher (Art. 72) aus lauter solchen Doppelpunkten $x' \equiv x$ besteht. Die Geraden $\overline{xx'}$ sind die einzelnen Tangenten von K und das Erzeugniss K' der beiden aus Doppelpunkten bestehenden Punktsysteme auf K ist somit K selbst.

88. *„Wenn die Berührungssehne P eine Tangente von K wird, so wird der Berührungspol p der Berührungspunkt von P mit K, die Punkte e, f fallen mit p und ihre Tangenten E, F mit P zusammen, so dass P auch Tangente von K' in p wird. Die beiden Kegelschnitte besitzen nun in p vier unendlich nahe gemeinschaftliche Punkte und in P vier unendlich nahe gemeinschaftliche Tangenten. Die beiden Kegelschnitte, von denen auch jetzt noch der eine ganz innerhalb des anderen gelegen ist, haben in p eine viel innigere gegenseitige Berührung, welche man (wie später begründet werden soll) als eine Berührung der dritten Ordnung bezeichnen kann.“*

Soll ein Kegelschnitt K' construirt werden, welcher mit einem gegebenen Kegelschnitte K an einer gegebenen Stelle, d. h. in einem gegebenen Punkte p (mit der Tangente P) vier unendlich nahe Punkte (eine Berührung dritter Ordnung) gemeinschaftlich haben und durch einen gegebenen Punkt a hindurchgehen oder eine gegebene Gerade A berühren soll, so wird man seine weiteren Punkte oder Tangenten genau so wie in Art. 86 zu construiren haben, was dem Leser überlassen bleiben möge.

89. Ist ein Kegelschnitt K gegeben und soll ein zweiter den gegebenen doppelt berührender K' gefunden werden, welcher eine gegebene Gerade A berührt, so kann K' als Erzeugniss zweier projectivischen Punktsysteme Σ, Σ' auf K aufgefasst werden, für welche die Schnittpunkte a, a' von K mit A zwei entsprechende Punkte sind; hat K' noch eine zweite Gerade B zu berühren, so erhält man in dem Schnittpunktepaar von K mit B ein weiteres Punktepaar für Σ, Σ'. Nun kann man aber den einen Punkt dieses Paares als b und den zweiten dann als b' betrachten, oder man kann umgekehrt den zweiten als zu Σ gehörig betrachten; dann soll er b_1 heissen und

dann ist der erste, nämlich b mit b_1' zu bezeichnen. Die Berührungssehne P von K' mit K wird im ersten Falle durch den Schnittpunkt γ von ab' mit $a'b$ hindurchgehen und im zweiten Falle durch den Schnittpunkt von ab_1' mit $a'b_1$, d. i. durch den Schnitt γ' von ab mit $a'b'$. Für K' kann man noch einen seiner beiden Berührungspunkte e, f auf K wählen, z. B. e; der zweite f liegt dann für die erste Anordnung, weil P durch γ gehen muss, auf $\overline{\gamma e}$ oder für die zweite Anordnung auf $\overline{\gamma' e}$, so dass man zwei verschiedene Kegelschnitte K' erhält, welche K in e und noch an einer anderen Stelle (f) berühren und zwei gegebene Tangenten A, B besitzen. Man kann also sagen (wenn auch die reciproke Betrachtung durchgeführt wird):

„*Die sämmtlichen Kegelschnitte K', welche einen gegebenen Kegelschnitt K doppelt berühren und zwei gegebene Gerade A, B zu Tangenten besitzen (durch zwei gegebene Punkte a, b hindurchgehen), zerfallen in zwei Schaaren; die Berührungssehnen von K mit den Kegelschnitten jeder der beiden Schaaren gehen durch einen festen Punkt γ, respective γ', welcher auf der Polare des Schnittes von A und B liegt (die Berührungspole von K mit den Kegelschnitten jeder der beiden Schaaren liegen auf einer festen Geraden Γ, respective Γ', welche durch den Pol von ab hindurchgeht).*“

„*Die beiden Punkte γ, γ' (die beiden Geraden Γ, Γ') sind conjugirte Pole (conjugirte Strahlen) bezüglich K*“, denn sie sind ja Diagonalecken des dem K eingeschriebenen Viereckes $aba'b'$.

„*Es bilden somit die Berührungspunktepaare von K mit den beiden Schaaren der doppeltberührenden Kegelschnitte zwei conjugirte Involutionen auf K.*“

Die Punkte γ, γ' sind immer reell, wenn die Geraden A, B den Kegelschnitt K in zwei reellen oder in zwei imaginären Punktepaaren aa', bb' schneiden. Im ersten Falle sieht man das sofort ein. Bezeichnet man mit m, m' die Schnittpunkte von A, B mit der Polare des Punktes, in welchem sich A und B schneiden, welche Polare γ, γ' enthält, und mit n, n' die Schnittpunkte dieser Polare mit K, so ist aus dem Vierecke $aa'bb'$ sofort $(mm'\gamma\gamma') = -1$, und weil γ, γ' conjugirte Pole von K sind: $(nn'\gamma\gamma') = -1$. Es ist also γ, γ' das zu mm' und nn' gleichzeitig harmonisch conjugirte Punktepaar oder also das Paar der Doppelelemente der Involution, welche durch mm', nn' bestimmt ist. Wenn nun A und B die Curve K nicht treffen, so ist ihr Schnittpunkt ein ausserhalb K gelegener Punkt, somit sind nn' reelle Punkte, welche die ganze Gerade nn' in zwei Theile theilen; einer von diesen Theilen enthält lauter innere und der andere lauter äussere Punkte bezüglich K, so dass, weil alle Punkte von A und B äussere sind, die Punkte m, m' nothwendigerweise einem und demselben Theile jener Geraden angehören müssen. Es sind also m, m' bezüglich der Strecke nn' entweder beide innere oder beide äussere Punkte und somit ist das Paar γ, γ' reell (I, Art. 72).

Wenn dagegen eine von den beiden Geraden, z. B. A, in reellen und die andere B in imaginären Punkten von K geschnitten wird, so werden die beiden Paare mm', nn' durch einander getrennt sein (Art. 76) und die Punkte γ, γ' sind imaginär.

90. „*Es gibt vier Kegelschnitte, welche drei gegebene Gerade A, B, C berühren (durch drei gegebene Punkte hindurchgehen) und mit einem gegebenen Kegelschnitt K doppelte Berührung besitzen.*“

Die drei Geraden A, B, C schneiden K in drei Punktepaaren; wenn man die zwei Punkte eines jeden solchen Paares als einander entsprechende Punkte projectivischer Punktsysteme auf K betrachtet, so sind dieselben durch die drei vorliegenden Punktepaare bestimmt und ihr Erzeugniss wird ein Kegelschnitt K' sein, welcher K doppelt berührt und A, B, C zu Tangenten hat. Die Anordnung der Punkte kann man nun in viererlei Arten durchführen. Wenn man einen der Punkte, in denen K von A geschnitten wird, mit a, und den anderen mit a' bezeichnet, so kann man, wie im vorhergehenden Artikel, das durch B auf K bestimmte Punktepaar entweder b, b' oder b_1, b_1' nennen, wobei b mit b_1' und b_1 mit b' identisch ist. Ebenso kann das durch C auf K bestimmte Punktepaar entweder c, c' oder c_1, c_1' sein, wobei c mit c_1' und c_1 mit c' identisch ist. Nun haben wir auf K vier Projectivitäten. Die eine ist bestimmt durch die Punktepaare aa', bb', cc', die zweite durch aa', $b_1 b_1'$, cc', die dritte durch aa', bb', $c_1 c_1'$ und die vierte bestimmt durch die drei Punktepaare aa', $b_1 b_1'$, $c_1 c_1'$. Jeder dieser Projectivitäten entspricht als Erzeugniss ein dem Dreiseit ABC eingeschriebener, K doppelt berührender Kegelschnitt K', K'', K''', K'''' respective.

Werden, so wie im letzten Artikel, mit β, β' die Schnittpunkte von ac', $a'c$, respective von ac, $a'c'$ und mit α, α' die Schnittpunkte von bc', $b'c$, respective von bc, $b'c'$ bezeichnet und sind P', P'', P''', P'''' die Berührungssehnen von K mit K', K'', K''', K'''', so enthält P' die Punkte $\alpha\beta\gamma$, P'' die Punkte $\alpha'\beta\gamma'$, P''' die Punkte $\alpha'\beta'\gamma$ und P'''' die Punkte $\alpha\beta'\gamma'$.

Es bilden somit P', P'', P''', P'''' ein vollständiges Vierseit, in welchem $\alpha\alpha'$, $\beta\beta'$, $\gamma\gamma'$ die drei Gegeneckenpaare sind. Da die Punkte γ, γ' auf der Polare des Schnittpunktes von A und B liegen, so ist $\gamma\gamma'$

die Polare dieses Punktes (AB) u. s. w. Somit ist das Diagonaldreiseit des von den vier Berührungssehnen gebildeten Vierseits conjugirt zu dem Dreiseit ABC.

Für den reciproken Fall bilden die vier Berührungspole ein Viereck, dessen Diagonaldreieck conjugirt ist zu dem Dreieck, durch dessen Ecken die den Kegelschnitt K doppelt berührenden hindurchgehen sollen.

91. Wird von den drei Geraden A, B, C eine, z. B. C, eine Tangente von K, so ist ihr Berührungspunkt c zugleich Berührungspunkt von K und K'. Construirt man nun aus A, B, wie im Art. 89, das Punktepaar $\gamma\gamma'$, so ist entweder γc oder $\gamma' c$ die Berührungssehne, so, dass man in diesem Falle nur zwei Kegelschnitte K', K″ erhält, welche A, B, C zu Tangenten haben und K doppelt berühren. Es absorbirt in diesem Falle jeder dieser beiden Kegelschnitte zwei von den vieren des allgemeinen Falles. Werden zwei von den Geraden A, B, C Tangenten von K, so stellen ihre Berührungspunkte auch die Berührungspunkte von K' mit K dar, und wir erhalten nur einen solchen Kegelschnitt K'; wenn endlich A, B und C Tangenten von K sind, so wird K' mit K identisch.

92. Wenn die auf K auftretende Projectivität in eine Involution übergeht, so wird der den Kegelschnitt K doppelt berührende als Erzeugniss der projectivischen Systeme sich ergebende Kegelschnitt in einen doppelt zu zählenden Punkt, respective in eine doppelt zu zählende Gerade übergehen. Hat man auf K eine Punktinvolution, so geht die Verbindungsgerade je zweier entsprechenden Punkte x, x' durch einen festen Punkt p hindurch. Die Enveloppe der Geraden $\overline{xx'}$ ist also der Punkt p, wobei jede Gerade doppelt zu zählen ist, da man x' als y und x dann als y' betrachten kann. Es ist also der doppelt gezählte Punkt p das Erzeugniss der involutorischen Punktsysteme auf K. Ebenso erhält man bei einer Tangenteninvolution, wenn man sie als speciellen Fall projectivischer Tangentensysteme betrachtet, die doppelt gezählte Axe P der Involution (den Ort der Schnittpunkte entsprechender Tangenten X, X') als Erzeugniss.

„Man kann also jeden Punkt p (jede Gerade P) in der Ebene eines Kegelschnittes K doppelt gezählt als einen den Kegelschnitt K doppelt berührenden (degenerirten) Kegelschnitt betrachten.“

Da die beiden Berührungspunkte die Doppelpunkte (ihre Tangenten, respective Doppeltangenten) der auf K auftretenden projectivischen Systeme sind, so hat man, im Falle, dass ein Punkt p, doppelt gezählt, als doppelt berührender Kegelschnitt auftritt, die

Berührungspunkte der durch p an K gelegten Tangenten als seine Berührungspunkte mit K zu betrachten, und wenn eine Doppelgerade P als doppelt berührender Kegelschnitt von K aufgefasst wird, so sind ihre Schnittpunkte mit K als ihre Berührungspunkte aufzufassen. Zu solchen durch doppelt zu zählende Punkte (Gerade) dargestellten, den Kegelschnitt K doppelt berührenden Kegelschnitten gelangen wir, wenn die drei Geraden (Punkte) A, B, C in Art. 90 als durch einen Punkt gehend (auf einer Geraden liegend) angenommen werden. Der Doppelpunkt p (die Doppelgerade P) vertritt alle vier Kegelschnitte K', K'', K''', K'''' des allgemeinen Falles.

93. Wenn von den drei Geraden A, B, C, welche der den Kegelschnitt K doppelt berührende Kegelschnitt K' zu Tangenten haben soll, zwei, etwa A, B sich in einem Punkte von K schneiden, welcher a heissen möge, während der zweite Schnittpunkt von A und K a' ist, so kann man den Punkt a entweder als b oder b_1' betrachten, weil ja B durch ihn hindurchgeht; der zweite Schnitt von K mit B wird dann b', respective b_1 sein. Im ersten Falle entsprechen einem Punkte $(a \equiv b)$ zwei von einander verschiedene Punkte a', b', woraus schon der Eindeutigkeit in der projectivischen Beziehung wegen auf einen speciellen Charakter derselben geschlossen werden muss. In der That zeigt die in Art. 81 gegebene Vervollständigung, dass dann jedem Punkte von K, wenn wir ihn als x' betrachten, der Punkt $a \equiv b$ als x entspricht. Die Directionsaxe P der beiden Systeme verbindet in diesem Falle (Art. 81) den Punkt a mit dem Punkte c', wenn c, c' die Schnittpunkte von K mit C sind, und es entspricht jedem Punkte von K, wenn man ihn als x betrachtet, der Punkt c' als x'. Die projectivische Beziehung ist eine degenerirte mit a und c' als Doppelpunkten, von denen jeder mit jedem Punkte von K ein Paar entsprechender Elemente darstellt. (Wir erhalten diesen Fall, wenn wir in I, Art. 94 die Verwandtschaftsgleichung $a\xi\xi' + b\xi + c\xi' + d = o$ durch die ebenfalls lineare, aber specielle $(\xi - a)(\xi' - c') = o$ ersetzen.)

Der Kegelschnitt K' ist nun die Enveloppe aller Geraden xx'; diese gehen aber alle entweder durch a oder durch c', so dass also das Punktepaar a, c' als degenerirter Kegelschnitt einen der vier doppelt berührenden Kegelschnitte des allgemeinen Falles darstellt; da man c' durch c ersetzen kann, so stellt das Paar a, c noch einen zweiten doppelt berührenden Kegelschnitt dar, *„so dass im Falle, als sich zwei von den Geraden A, B, C in einem Punkte von K schneiden, nur zwei eigentliche (nicht degenerirte) den Kegelschnitt K doppelt berührende Kegelschnitte sich ergeben, welche A, B, C zu Tangenten haben"*.

Der eine entspricht der durch die drei Paare $a a'$, $b b'$, $c c'$ und der andere der durch $a a'$, $b_1 b_1'$, $c_1 c_1'$ gegebenen Projectivität, wobei $b_1' \equiv a$, $c_1 \equiv c'$, $c_1' \equiv c$ ist.

Zugleich haben wir aber das Resultat:

„Jedes einem Kegelschnitte K angehörende Punkte- (Tangenten-) paar kann man als (degenerirten) den Kegelschnitt K doppelt berührenden Kegelschnitt betrachten.“

Wenn sich nicht nur A und B, sondern auch A und C auf K schneiden, so wird dieser zweite Punkt a' sein und muss, wenn wir nicht zu einem degenerirten Kegelschnitt K' gelangen wollen, mit c_1 bezeichnet werden, wobei $a' \equiv b_1$ und der zweite Schnitt von K mit C der Punkt c_1' ist. Die einzige nicht degenerirende Projectivität ist durch die drei Paare $a a'$, $b_1 b_1'$, $c_1 c_1'$ gegeben; sie liefert den einzigen eigentlichen Kegelschnitt K', welcher A, B, C zu Tangenten hat und K doppelt berührt. Die drei übrigen Kegelschnitte K'', K''', K'''' des allgemeinen Falles erscheinen hier durch die Punktepaare $a c_1'$, $a c_1$, $a' b_1$ ersetzt.

Die reciproken Betrachtungen möge der Leser selbst durchführen.

94. Liegen endlich alle drei Ecken a, b, c des Dreiseits ABC auf dem Kegelschnitte K, so stellen nach Früherem die drei Punktepaare ab, bc, ca drei von den vier Kegelschnitten des allgemeinen Falles dar; der vierte dem Dreiecke abc eingeschriebene eigentliche und K doppelt berührende Kegelschnitt K' ergibt sich als Erzeugniss der Projectivität, welche durch die drei Paare $a a'$, $b b'$, $c c'$ bestimmt ist, wenn man a' in b, b' in c und c' in a verlegt. In diesem Falle haben wir jedoch eine cyklische Projectivität mit dreielementigen Gruppen vor uns (I, Art. 109). Die Directionsaxe (die Berührungssehne von K' und K) der durch das Tripel abc auf K bestimmten cyklischen Projectivität enthält die Schnittpunkte der Seiten des Dreieckes abc mit den Tangenten von K in den Gegenecken. Es gibt dann unendlich viele Dreiecke, welche dem K ein- und dem K' umgeschrieben sind, und für alle hat die Berührungssehne dieselbe Bedeutung. (Ist K ein Kreis und abc ein eingeschriebenes gleichseitiges Dreieck, so ist die Directionsaxe die unendlich weite Gerade und K' ist der dem Dreieck abc eingeschriebene Kreis.)

95. Auf Grund der in I, Art. 108 durchgeführten Betrachtungen können wir sofort Folgendes als bewiesen betrachten.

„Sind K, K' zwei sich doppelt berührende Kegelschnitte, von denen K der ausserhalb K' gelegene sein mag, und zieht man von irgend einem Punkte x' von K an K' eine der beiden Tangenten, welche K in x'' schneiden möge, ferner durch x'' die weitere Tangente an K', welche K in x''' schneiden möge, durch x''' an K die Tangente $x''' x''''$ u. s. w., so nähert man sich, wenn die Berührungspunkte von K und K' reell sind, immer mehr und mehr einem dieser Berührungspunkte; geht man bei dieser aus x' beginnenden, fortgesetzten Tangentenziehung an K' von der zweiten durch x' gehenden Tangente aus, so wird man sich dem zweiten Berührungspunkte nähern.“

Aus I, Art. 109 folgt:

„Sind die Berührungspunkte von K und K' e, f und zieht man wieder durch x' die Tangente $x'x''$ an K', durch x'' die Tangente $x''x'''$ u. s. w., bis man endlich nach n-maligem Tangentenziehen zu dem Punkte $x^{(n+1)}$ gelangt, so beschreiben $x', x'', x''' \ldots x^{(n+1)}$, wenn sich x' auf K bewegt, untereinander projectivische Systeme mit gemeinsamen Doppelpunkten e, f, so dass alle die Geraden $\overline{x^{(i)} x^{(k)}}$ Kegelschnitte umhüllen, welche K und K' in denselben zwei Punkten e, f berühren.“

„Wenn es einmal (d. h. für eine Lage von x') geschieht, dass man nach n-maligem Tangentenziehen wieder in x' anlangt, so dass also $x^{(n+1)} \equiv x'$, so geschieht es immer. In diesem Falle gibt es unendlich viele n-Ecke, welche dem K ein- und dem K' umgeschrieben sind. Wir haben eine cyklische Projectivität mit n-punktigen Gruppen vor uns.“

Wenn die n-Ecke reell sein sollen, so müssen die Berührungspunkte e, f von K und K' imaginär sein (I. Art. 110). Ohne uns auf die weitere Betrachtung cyklischer Projectivitäten einzulassen, mögen nur noch zwei Bemerkungen gemacht werden. Dass für $n = 4$ jede Gruppe aus zwei harmonischen Punktepaaren bestehen muss (I, Art. 110), sieht man sofort. Denn ist a, b, c, d eine solche Gruppe auf K, so kann man b mit a', c mit b', d mit c' und a mit d' bezeichnen, und da die Gerade ab' zugleich cd' ist und da sich ab', $a'b$ und auch cd' und $c'd$ in der Directionsaxe P schneiden müssen, so müssen $c'd$ und $a'b$ durch denselben Punkt von ac gehen; nun ist $a'b$ die Tangente von K in b und $c'd$ die Tangente in d, somit geht die Gerade ac durch den Schnitt der Tangenten von b und d, so dass ac, bd zwei harmonische Punktepaare auf K sind (Art. 66).

Weiter bemerken wir:

„Die Punktgruppen einer cyklischen Projectivität auf einem Kreise, für welche die unendlich weiten imaginären Kreispunkte die Doppel-

punkte sind, sind dargestellt durch die Eckengruppen der dem Kreise eingeschriebenen regulären n-Ecke.“

Ist nämlich $x' x'' x''' \ldots x^{(n)}$ eine Gruppe der cyklischen Projectivität auf K, welche die unendlich weiten Punkte des Kreises K zu Doppelpunkten besitzt, so ist nach Art. 84. arc. $x' x''$ = arc. $x'' x'''$ = arc. $x''' x''''$ .... = arc. $x^{(n)} x'$, und da die Summe dieser n gleichen Bögen die ganze Kreisperipherie ausmacht, so ist jeder von ihnen gleich dem n-ten Theile der Kreisperipherie; was zu beweisen war.

Projicirt man die einzelnen Gruppen dieser Projectivität aus irgend einem Punkte s des Kreises K, so erhält man n-strahlige Gruppen, welche den reellen Winkel am Punkte s in $2n$ gleiche Theile theilen; d. h.:

„Die n-strahligen Gruppen, welche den vollen Winkel um einen Punkt in der Ebene in 2n gleiche Theile theilen, sind die Gruppen einer cyklischen Projectivität mit n-elementigen Gruppen; die Doppelstrahlen dieser Projectivität sind nach den unendlich weiten imaginären Kreispunkten gerichtet.“

96. *„Es gibt* 2^{r+1} *einfache r-Ecke, welche einem gegebenen Kegelschnitte K eingeschrieben sind und deren Seiten gegebene r den Kegelschnitt K doppelt berührende Kegelschnitte in gegebener Aufeinanderfolge berühren.“* (Ebenso reciprok.)

Die r gegebenen, den Kegelschnitt K an beliebigen verschiedenen Stellen berührenden Kegelschnitte seien in der Aufeinanderfolge, in welcher sie von den Seiten des r-Ecks berührt werden sollen, $K', K'', \ldots K^{(r)}$. Wir ziehen durch einen beliebigen variablen Punkt x' von K an K' die beiden Tangenten und bringen sie mit K zum Durchschnitte; es sei x'' einer der beiden Schnittpunkte, durch welchen wir an K'' die beiden Tangenten legen, welche K in den Punkten x''' schneiden mögen u. s. w. Wir erhalten so zwei Punkte x'', 2 . 2, d. i. 2^2 Punkte x''', 2^3 Punkte x'''' u. s. w. und endlich 2^r Punkte $x^{(r+1)}$. Gehen wir von x' zu einem x'', von diesem zu einem x''', von diesem zu einem x'''' über u. s. w., so erhalten wir einen continuirlichen nicht geschlossenen Zug $x' x'' x''' \ldots x^r x^{(r+1)}$. Nun ist auf K System x' $\barwedge$, System x'' $\barwedge$, System $x''' \ldots$ $\barwedge$ System $x^{(r+1)}$, so dass auch System x' $\barwedge$ System $x^{(r+1)}$. Die Gerade $\overline{x' x^{(r+1)}}$ wird somit einen weiteren den Kegelschnitt K doppelt berührenden Kegelschnit $K^{(r+1)}$ umhüllen. Die beiden projectivischen Systeme x' und $x^{(r+1)}$ haben zwei Doppelpunkte, von denen jeder einen geschlossenen Zug $x' x'' x''' \ldots x^r x'$ liefert, und da wir 2^r Punkte $x^{(r+1)}$ haben, so werden wir im

Ganzen $2 . 2^r$, d. i. $2^{(r+1)}$ solche geschlossene Polygone $x' x'' \ldots x^r$ erhalten, welche dem K eingeschrieben sind und deren Seiten der Reihe nach die Kegelschnitte $K', K'' \ldots K^{(r)}$ berühren.

Für $r = 2$ ist $2^{r+1} = 8$. Wir erhalten somit acht Zweiecke, welche dem K eingeschrieben sind und deren Seiten zwei den K doppelt berührende Kegelschnitte K', K'' berühren. Ist nun $x' x''$ ein solches Zweieck, so sind x', x'' zwei Punkte von K von der Beschaffenheit, dass die erste Seite $x' x''$ Tangente von K' und die zweite (mit erster identische) Seite $x'' x'$ Tangente von K'' ist. Es ist somit $x' x''$ eine den Curven K', K'' gemeinschaftliche Tangente.

Es erscheint somit jedes dieser Zweiecke zweimal gezählt; einmal als das Zweieck $x' x'' x'$ und dann als das Zweieck $x'' x' x''$, so dass im Ganzen nur $\frac{8}{2} = 4$ solche von einander verschiedene Zweiecke auftreten:

„*Es haben also je zwei Kegelschnitte K', K'', welche einen und denselben Kegelschnitt K doppelt berühren, vier gemeinschaftliche Tangenten; ebenso zeigt man reciprok, dass zwei solche Kegelschnitte K', K'' vier gemeinschaftliche Punkte besitzen, und da die zwei Doppelelemente projectivischer Systeme nur gleichzeitig imaginär werden können, so folgt, dass die vier gemeinschaftlichen Tangenten (Punkte) von K' und K'' entweder alle vier reell sind, oder zwei reell und zwei imaginär oder alle vier imaginär.*“

Siebentes Kapitel.

Gemeinschaftliche Elemente zweier Kegelschnitte. (Büschel, Reihen).

97. „*Je zwei Kegelschnitte, welche zwei Punkte (Tangenten) gemeinschaftlich haben, besitzen noch zwei weitere gemeinschaftliche Punkte (Tangenten).*“

Es seien s, s' zwei den Kegelschnitten K, K_1 gemeinsame Punkte (Fig. 9) und a_1 irgend ein Punkt von K_1, welcher mit s, s' verbunden zwei Strahlen sa_1, $s'a_1$ liefert, die K in a, a' respective schneiden. Bewegt sich a_1 auf K_1, so beschreiben sa_1, $s'a_1$ zwei projectivische Strahlenbüschel und somit beschreiben a, a' auf K zwei projectivische Punktsysteme. Wenn a_1 ein Punkt von K werden soll, so müssen a, a' zusammenfallen, d. h. einen Doppelpunkt bilden, und umgekehrt: wenn a' mit a zusammenfällt, so fällt mit beiden auch a_1 zusammen. Die beiden Doppelpunkte e, f der zwei projectivischen Punktsysteme auf K, welche von a, a' beschrieben werden, wenn sich a_1 auf K bewegt, sind also die einzigen weiteren Punkte, welche den Curven K und K_1 gemeinsam sind.

Fig. 9.

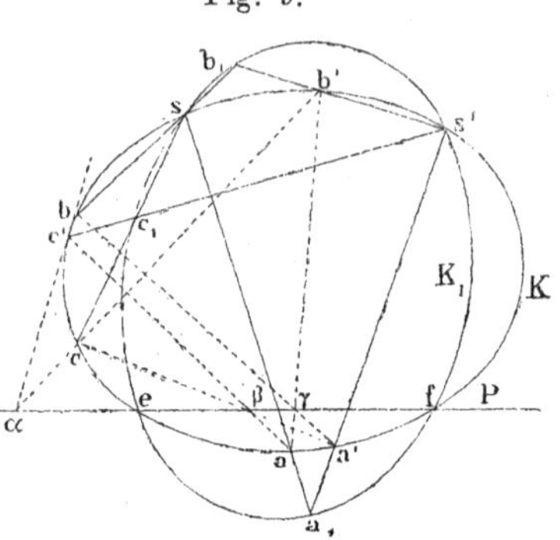

Ebenso reciprok; sind S, S' zwei den Kegelschnitten K, K_1 gemeinsame Tangenten und A_1 eine bewegliche Tangente von K_1, ferner A, A' die an K gelegten Tangenten, welche durch die Punkte hindurchgehen, in denen S, S' von A_1 geschnitten werden, so beschreiben A, A' auf K zwei projectivische Tangentensysteme, deren Doppeltangenten E, F die einzigen zwei weiteren K, K_1 gemeinsamen Tangenten darstellen.

Die beiden Kegelschnitte KK_1, von deren gemeinschaftlichen Punkten (Tangenten) wir zwei als vorhanden annehmen, besitzen somit im Ganzen vier gemeinschaftliche Punkte (Tangenten). Es ist klar, dass zwei Kegelschnitte nicht mehr als vier gemeinsame Punkte (Tangenten) besitzen können; denn sie werden identisch, wenn sie fünf gemeinschaftliche Punkte (Tangenten) haben (Art. 21, 43).

Zugleich erscheint die Aufgabe gelöst:

„Zwei Kegelschnitte haben zwei gegebene Punkte (Tangenten) gemeinschaftlich, man soll die beiden anderen ihnen gemeinschaftlichen Punkte (Tangenten) construiren.“

Gehen beide Kegelschnitte K, K_1 durch die zwei Punkte s, s' und sind a_1 b_1 c_1 irgend drei Punkte von K_1 (durch s, s', a_1, b_1, c_1 ist K_1 bestimmt), so werden die Strahlen sa_1, sb_1, sc_1, $s'a_1$, $s'b_1$, $s'c_1$ den Kegelschnitt K in den Punkten a, b, c, a', b', c' schneiden und die Projectivität auf K, deren Doppelpunkte e, f die beiden gesuchten Punkte sind, ist durch die drei Punktepaare aa', bb', cc' bestimmt; sind also α, β, γ die Schnittpunkte der wechselweisen Verbindungsgeraden bc', $b'c$; ac', $a'c$; ab', $a'b$, so schneidet die Gerade P, welche α, β, γ enthält, K in e, f, durch welche Punkte auch K_1 hindurchgehen muss. Diese beiden Schnittpunkte e, f von K und K_1 sind reell, imaginär oder sie fallen zusammen, je nachdem P die Curve K (und dann auch K_1) in reellen oder imaginären Punkten schneidet oder berührt. Ihre Verbindungsgerade $\overline{ef}$, d. i. P, ist aber immer reell.

Betrachtet man das dem Kegelschnitte K eingeschriebene einfache Sechseck $s\,b\,c'\,s'\,b'\,c$, so sieht man, dass b_1, c_1, α die drei Schnittpunkte seiner Gegenseitenpaare sind und somit nach dem Pascal'schen Satze in einer Geraden liegen müssen. Es liegt also α auf $\overline{b_1\,c_1}$, ebenso β auf $\overline{a_1\,c_1}$, und γ auf $\overline{a_1\,b_1}$.

Aus dem Vierecke $a\,b\,a'\,b'$ folgt überdies, dass γ auf der Polare des Schnittpunktes von ab mit $a'\,b'$ liegt; ebenso liegt α auf der Polare des Schnittes von bc mit $b'c'$ und β auf der Polare des Schnittes von ac mit $a'c'$.

Diese Bemerkung erlaubt uns, die Gerade P auch dann zu construiren, wenn die Punkte s, s' auf K unendlich nahe zusammenrücken, d. h. wenn K und K_1 in einem Punkte s eine einfache Berührung besitzen; es werden in diesem Falle die Punkte a', b', c' mit a, b, c respective identisch werden, so dass z. B. ab' und $a'b$ mit ab u. s. w. zusammenfallen. Die Punkte α, β, γ sind somit hier die Schnittpunkte von bc mit $b_1\,c_1$, von ac mit $a_1\,c_1$ und von ab mit $a_1\,b_1$; die Gerade P ist somit die Perspectivitätsaxe der beiden perspectivischen Dreiecke abc, $a_1b_1c_1$, für welche der Berührungspunkt s von K und K_1 das Perspectivitätscentrum ist, d. h.:

„*Wenn zwei Kegelschnitte K, K_1 einen Berührungspunkt s besitzen und man projicirt aus s irgend ein dem einen Kegelschnitte K_1 eingeschriebenes Dreieck $a_1\,b_1\,c_1$ auf den anderen K, indem man diesen mit den Strahlen sa_1, sb_1, sc_1 in a, b, c, respective zum Durchschnitte bringt, so ist die Perspectivitätsaxe P der beiden Dreiecke $a\,b\,c$, $a_1\,b_1\,c_1$ die Verbindungsgerade der beiden ausser dem Berührungspunkte s noch auftretenden Schnittpunkte e, f von K und K_1.*“

Mit anderen Worten:

„*Ist s der Berührungspunkt von K und K_1, und P die immer reelle Verbindungsgerade der beiden übrigen Schnittpunkte e, f von K und K_1, sind ferner a, b irgend zwei Punkte von K und a_1, b_1 die Schnittpunkte von K_1 mit $\overline{sa}$, $\overline{sb}$, so liegt der Schnittpunkt von $\overline{ab}$ mit $\overline{a_1\,b_1}$ auf P.*“

Lässt man a mit b und daher auch a_1 mit b_1 zusammenrücken, so werden $\overline{ab}$, $\overline{a_1\,b_1}$ die Tangenten von K, K_1 in a, a_1 respective, d. h.:

„*Sind a, a_1 zwei mit dem Berührungspunkte s von K und K_1 in gerader Linie gelegene Punkte, von denen der erste dem K und der zweite dem K_1 angehört, so schneiden sich die in a, a_1 respective an K, K_1 gelegten Tangenten in einem auf P gelegenen Punkte.*“

Es sind so die beiden Curven K, K_1 in eine einfache bemerkenswerthe Beziehung gebracht, und zwar mittelst s und P.

Wenn man zwei Punkte a, a_1 von K, K_1 als einander entsprechende betrachtet, sobald die Gerade $\overline{a a_1}$ durch s geht, und wenn man der Verbindungsgeraden zweier Punkte a, b von K die Verbindungsgerade der entsprechenden Punkte a_1, b_1 von K_1 entsprechen lässt, so dass auch die Tangenten von K und K_1 in entsprechenden Punkten einander entsprechende Gerade sind, so drückt sich die Verwandtschaft so aus:

„Entsprechende Punkte liegen auf Strahlen durch s; entsprechende Gerade schneiden sich in Punkten von P, und insbesondere schneiden sich die Tangenten entsprechender Punkte auf P."

Eine solche Verwandtschaft wird als *„centrale Collineation"* bezeichnet; s ist das Collineationscentrum, P ist die Collineationsaxe.

Ebenso reciprok:

„Ist S die den Curven K, K_1 im Punkte s gemeinschaftliche Tangente $A_1 B_1 C_1$ irgend ein dem K_1 umschriebenes Dreiseit und $A B C$ das dem K umschriebene Dreiseit, dessen Seiten durch die Schnitte von S mit $A_1 B_1 C_1$, respective hindurchgehen, so ist das Perspectivitätscentrum p der beiden Dreiseite $A B C$, $A_1 B_1 C_1$ der Schnittpunkt der beiden ausser der Berührungstangente S noch auftretenden gemeinschaftlichen Tangenten E, F von K und K_1."

Auch hier kann man die zwischen K, K_1 bestehende Verwandtschaft als centrale Collineation erkennen, wenn man den Schnittpunkt von E, F als Collineationscentrum und die Berührungstangente S als Collineationsaxe auffasst. Man hat nur jeder Tangente von K jene von K_1, welche sich mit ihr auf S schneidet, als entsprechende zuzuordnen und dem Schnittpunkte irgend zweier Tangenten von K den Schnittpunkt der entsprechenden Tangenten von K_1 entsprechen zu lassen.

98. Hätten die beiden Kegelschnitte K, K_1 ausser im Punkte s noch in einem zweiten Punkte gegenseitige Berührung, so wäre P die Tangente dieses zweiten Berührungspunktes, welcher zugleich den Punkt p vertritt. Lassen wir diesen zweiten Berührungspunkt p zum ersten s unendlich nahe rücken, so haben K und K_1 in s vier unendlich nahe Punkte und in S vier unendlich nahe Tangenten gemeinschaftlich, weil P in S fällt (Berührung der dritten Ordnung; siehe Art. 88), so dass wir den Satz aussprechen können:

„Wenn zwei Kegelschnitte K, K_1 im Punkte s (mit der Tangente S) eine Berührung der dritten Ordnung mit einander eingehen (d. h. an dieser Stelle vier unendlich nahe Punkte und Tangenten gemeinsam haben), so haben je zwei Dreiecke, von denen das eine dem einen, und

das andere dem anderen Kegelschnitte eingeschrieben ist, und welche s zum Perspectivitätscentrum besitzen, die Gerade S zur Perspectivitätsaxe; und je zwei diesen Kegelschnitten umschriebene Dreiseite, welche S zur Perspectivitätsaxe besitzen, haben s zum Perspectivitätscentrum. Mit anderen Worten: sind a, a_1 *die Schnitte von* K, K_1 *mit irgend einem durch s gehenden Strahle, und* b, b_1 *die Schnitte von* K, K_1 *mit einem anderen durch s gehenden Strahle, so liegt der Schnittpunkt von* $\overline{ab}$ *mit* $\overline{a_1 b_1}$ *auf S; und sind* A, A_1 *Tangenten von* K, K_1 *durch einen Punkt von S und* B, B_1 *eben solche Tangenten durch einen zweiten Punkt von S, so geht die Verbindungsgerade von* (AB) *mit* $(A_1 B_1)$ *durch s hindurch.“*

Lässt man die beiden durch s gehenden Strahlen $\overline{a a_1}$, $\overline{b b_1}$ unendlich nahe zusammenrücken, so wird ab die Tangente von K in a und $\overline{a_1 b_1}$ die von K_1 in a_1, d. h.:

„Haben K, K_1 *in s eine Berührung der dritten Ordnung und sind* a, a_1 *irgend zwei mit s in gerader Linie liegende Punkte von* K, K_1, *so schneiden sich ihre Tangenten in einem auf der Tangente S von s gelegenen Punkte. Sind* A, A_1 *irgend zwei durch einen Punkt von S an* K, K_1 *gelegte Tangenten, so geht die Verbindungsgerade ihrer Berührungspunkte durch s.“*

Wir sind so neuerlich in die Lage gesetzt, die Aufgabe zu lösen:

„Ein Kegelschnitt K und auf ihm ein Punkt s (eine Tangente S) ist gegeben; man soll einen Kegelschnitt K_1 *construiren, welcher durch einen gegebenen Punkt* a_1 *geht (eine gegebene Gerade* A_1 *berührt) und mit K an der Stelle s (S) eine Berührung der dritten Ordnung besitzt.“*

Um einen beliebigen anderen Punkt b_1 von K_1 zu finden, bringt man K mit sa_1 in a zum Durchschnitt, verbindet einen beliebigen Punkt b von K mit s und a und bringt die Gerade sb mit der Geraden zum Durchschnitte b_1, welche a_1 mit dem Schnittpunkte von S und ab verbindet; die Gerade, welche den so gefundenen Punkt b_1 mit dem Schnitte von S und der Tangente von K in b verbindet, ist die Tangente von K_1 in b_1.

Ebenso reciprok.

„Lässt man in dem reciproken Falle die Gerade A_1 *zur unendlich weiten Geraden werden, so erhält man die Parabel, welche mit einem gegebenen Kegelschnitte K in einem gegebenen Punkte s eine Berührung der dritten Ordnung besitzt.“* (Die Gerade A wird die zu S parallele Tangente von K und somit gibt der von s nach dem

Berührungspunkte von A gerichtete Strahl die Axenrichtung dieser Parabel an.)

99. „*Wenn zwei Kegelschnitte K, K_1 drei Punkte (Tangenten) gemeinschaftlich haben, so haben sie noch einen vierten Punkt (Tangente) gemeinschaftlich, welcher lineal construirt werden kann.*“ Folgt sofort aus Art. 97.

Bezeichnet man von den gemeinschaftlichen Punkten zwei als s, s', den dritten als e, und sind a_1, b_1 irgend zwei Punkte von K_1, welche aus s und s' auf K projicirt die Punkte ab, $a'b'$ liefern, so hat man nur den Schnittpunkt γ von $\overline{ab'}$ und $\overline{a'b}$ mit e zu verbinden; diese Gerade $\overline{\gamma e}$ ist P und schneidet K (und K_1) zum zweiten Male in dem Punkte f, welcher beiden Kegelschnitten ebenfalls gemeinsam ist und nach Art. 30 so wie die Punkte a, b, a', b' lineal construirt werden kann.

Ebenso reciprok.

Wenn von den drei Schnittpunkten von K und K_1 zwei etwa s und s' unendlich nahe rücken, so dass K und K_1 in s sich berühren, so wird γ nach Früherem der Schnittpunkt von $\overline{ab}$ mit $\overline{a_1 b_1}$. Lässt man dagegen e und etwa s unendlich nahe zusammenrücken, so ist P die Verbindungsgerade von γ mit s.

Denken wir uns zwei Kegelschnitte K, K_1, welche im Punkte s eine Berührung der ersten Ordnung besitzen, so dass also beide durch s hindurchgehen und in s dieselbe Tangente S besitzen. Der Punkt s gilt für zwei gemeinsame Punkte und die Tangente S stellt zwei gemeinsame Tangenten von K und K_1 dar (Art. 87). Es seien nun e, f die übrigen zwei Schnittpunkte und E, F die übrigen zwei gemeinsamen Tangenten von K und K_1. Denken wir uns nun, dass sich die Kegelschnitte so deformiren, dass einer der Schnittpunkte e, f, z. B. e, immer näher zu dem Berührungspunkte s rückt, so wird sich die Gerade $\overline{se}$ immer mehr der Tangente S nähern. Wenn also e mit s zusammenfällt, so dass dann K und K_1 in s drei unendlich nahe Punkte gemeinsam haben, so wird zu der zwei gemeinsame Tangenten darstellenden Geraden S die Gerade $\overline{se}$ als weitere den beiden Curven gemeinschaftliche, mit S zusammenfallende Tangente hinzutreten, so dass S auch drei unendlich nahe Tangenten, welche K und K_1 gemeinsam sind, darstellt. Ebenso zeigt man reciprok, dass das Zusammenfallen von drei gemeinsamen Tangenten das in ihrem Berührungspunkte erfolgende Zusammenfallen dreier gemeinsamer Punkte nach sich zieht. Von zwei solchen Kegelschnitten K, K_1, welche in s drei unendlich nahe Punkte und daher auch in S drei unendlich nahe Tangenten (und umgekehrt) gemeinschaftlich haben, sagt man, sie besitzen in s (S) eine Berührung der zweiten Ordnung oder eine Osculation der ersten Ordnung.

Nun dürfte auch klar sein, warum wir in Art. 88, 98 von einer Berührung der dritten Ordnung gesprochen haben, und wir fügen nur noch hinzu, dass man dieselbe auch als Osculation der zweiten Ordnung bezeichnet.

100. In den voranstehenden Betrachtungen sind die Mittel zur Lösung der Aufgabe enthalten:

„Ein Kegelschnitt K ist gegeben, man soll einen zweiten Kegelschnitt K_1 construiren, welcher in einem gegebenen Punkte s mit K eine Berührung der zweiten Ordnung besitzt und entweder durch zwei beliebig gegebene Punkte a_1, b_1 hindurchgeht oder zwei gegebene Gerade A_1, B_1 zu Tangenten hat."

Soll K_1 durch a_1, b_1 hindurchgehen und K in s einfach osculiren, so ziehe man sa_1, sb_1, bestimme die Schnitte a, b dieser zwei Geraden mit K und bringe $\overline{ab}$ mit $\overline{a_1 b_1}$ in γ zum Durchschnitte. Die Gerade $\overline{\gamma s}$ wird nach Obigem K in dem vierten Schnittpunkte f von K und K_1 schneiden. Nun ist K_1 bestimmt als Kegelschnitt, welcher durch die vier Punkte s, a_1, b_1, f geht und in s die Tangente S von K ebenfalls zur Tangente hat.

Soll dagegen K_1 die Geraden A_1, B_1 berühren, so wird man aus den Schnittpunkten von S mit A_1 und B_1 an K die Tangenten A, B legen und die Gerade S mit der Verbindungslinie der Punkte (AB), $(A_1 B_1)$ zum Durchschnitte bringen und aus diesem an K die Tangente F legen, welche die vierte dem K und K_1 gemeinsame Tangente ist; K_1 ist nun bestimmt als Kegelschnitt, welcher S, A_1, B_1, F berührt, und zwar S in s.

Da die Osculation zweier Kegelschnitte dadurch entsteht, dass ein Berührungspunkt s mit einem weiteren Schnittpunkte e zusammenfällt, so werden sich in einem Osculationspunkte s die beiden Kegelschnitte nicht nur berühren, sondern auch schneiden, d. h. jeder der beiden Kegelschnitte durchsetzt in s den anderen (ein auf K z. B. sich über s bewegender Punkt wird in s von der einen Seite von K_1 auf die andere übergehen).

Es möge noch erwähnt werden, dass nach Art. 97 die beiden sich in s osculirenden und in f noch weiter schneidenden Kegelschnitte als in centraler Collineation befindlich betrachtet werden können, und zwar kann man s als Collineationscentrum und sf als Collineationsaxe, oder S als Collineationsaxe und den Schnittpunkt von S mit F (wenn F die vierte gemeinsame Tangente der Kegelschnitte ist) als Collineationscentrum betrachten.

101. Der durch drei unendlich nahe Punkte einer Curve hindurchgehende Kreis wird als der Krümmungskreis oder Osculationskreis, sein Radius als der Krümmungsradius und sein Mittelpunkt als der Krümmungsmittelpunkt bezeichnet.

Es möge bemerkt werden, dass wir im Vorhergehenden auch die Mittel besitzen zur Lösung der Aufgabe:

„Ein Kegelschnitt K ist gegeben man soll den Krümmungskreis K_1 desselben im Punkte s construiren."

Wir werden den Krümmungskreis als jenen Kegelschnitt K_1 bestimmen, welcher K in s osculirt und durch die imaginären, unendlich weiten Kreispunkte a_1, b_1 hindurchgeht; $s a_1$, $s b_1$ sind die Doppelstrahlen der rechtwinkligen Involution am Scheitel s (I., Art. 83), und diese bestimmt auf K eine Punktinvolution, für welche a', b' die Doppelpunkte sind. Die Gerade $\overline{a'b'}$ ist also die Polare des Centrums p dieser Involution, welches wir (s. Art. 79) als den Schnittpunkt der Hypothenusen $\overline{mm'}$, $\overline{nn'}$ irgend zweier dem K eingeschriebenen rechtwinkligen Dreiecke msm', nsn' erhalten, wobei beide Dreiecke bei s den rechten Winkel haben.

Da $\overline{ab}$ die unendlich weite Gerade ist, so ist γ der unendlich weite Punkt der Polare von p, und man wird somit durch s zu dieser Polare eine Parallele zu ziehen haben, welche K in dem Punkte f schneidet, in welchem K auch von dem gesuchten Krümmungskreise K_1 getroffen wird. Dieser Kreis K_1 ist nun bestimmt als der Kreis, welcher durch s und f hindurchgeht und in s die Tangente S von K berührt.

102. Der in den Artikeln 33 und 51 bewiesene Satz, dass ein Tangentenvierseit und das zugehörige Berührungspunkteviereck eines Kegelschnittes ein und dasselbe Dreieck zum Diagonaldreiseit, respective Diagonaldreieck besitzen, ist auch in folgender Hinsicht von grosser Fruchtbarkeit.

Soll eine Curve zweiten Grades, K, durch vier gegebene Punkte a, b, c, d hindurchgehen, so ist sie hiedurch noch nicht bestimmt, wird es dagegen sofort (Art. 21), wenn man in einem dieser Punkte, z. B. in a, die Tangente A festsetzt. Aus dieser Tangente erhält man auf Grund des erwähnten Satzes die Tangenten B, C, D, in b, c, d, indem man die Punkte b, c, d der Reihe nach mit den Schnittpunkten von A und P, Q, R verbindet, wobei P, Q, R die Seiten des Diagonaldreieckes pqr sind, welches dem Vierecke $abcd$ entspricht; die Punkte p, q, r sollen die auf den Seiten ab, ac, ad respective liegenden

Ecken und P, Q, R die ihnen gegenüberliegenden Seiten dieses Dreieckes sein. Lässt man a, b, c, d fest und dreht A um a, so wird sich der Kegelschnitt K verändern, indem er fortwährend durch die vier festen Punkte a, b, c, d hindurchgeht und die einzelnen Strahlen des Büschels a in a berührt. Ein solches System von unendlich vielen Kegelschnitten, welche durch dieselben vier Punkte hindurchgehen, bezeichnet man als ein *„Büschel von Kegelschnitten"* und nennt die allen Kegelschnitten gemeinsamen Punkte die *„Scheitel"* dieses Büschels. Der Name „Büschel" ist berechtigt, indem das System die Eigenschaft besitzt, dass durch einen beliebigen Punkt e der Ebene nur (ein einziges Element) eine einzige Curve des Systems, nämlich die durch die fünf Punkte a, b, c, d, e vollkommen bestimmte Curve zweiten Grades hindurchgeht (sowie bei einem Strahlenbüschel durch jeden Punkt der Ebene nur ein einziges Element, ein einziger Strahl hindurchgeht). Nun schneidet aber die Tangente A die Tangenten B, C, D in Punkten der festen Geraden P, Q, R respective. Es beschreiben somit B, C, D, um b, c, d sich drehend, Strahlenbüschel, welche mit dem Strahlenbüschel, das von A beschrieben wird, perspectivisch sind, und zwar sind P, Q, R die Axen der Perspectivitäten:

„Legt man an jeden der unendlich vielen durch dieselben vier Punkte gehenden Kegelschnitte die Tangenten in diesen Punkten, so erhält man an diesen vier Punkten Tangentenstrahlenbüschel, welche perspectivisch sind, wenn man je zwei Strahlen, welche Tangenten desselben Kegelschnittes sind, als einander entsprechende betrachtet. Die Perspectivitätsaxe je zweier dieser Büschel ist eine Seite des Diagonaldreieckes des von den vier den Kegelschnitten gemeinsamen Punkten gebildeten vollständigen Viereckes, und zwar ist sie gegenüberliegend jener Diagonalecke, welche auf der Verbindungsgeraden der zwei betreffenden Scheitel gelegen ist."

Da das Viereck $abcd$ gleichzeitig allen Kegelschnitten des Büschels eingeschrieben ist, so ist das Dreieck pqr ein sich selbst conjugirtes Dreieck in Bezug auf jeden Kegelschnitt des Büschels, d. h. (Art. 62):

„Alle Kegelschnitte eines Büschels besitzen ein gemeinschaftliches, sich selbst conjugirtes Dreieck; es ist das Diagonaldreieck des von den vier Scheiteln des Büschels gebildeten Viereckes."

Unter den sämmtlichen Kegelschnitten des Büschels gibt es, wie man sofort erkennt, drei degenerirte, d. h. durch Geradenpaare dargestellte Curven zweiter Ordnung; es sind dies die drei Gegenseitenpaare des Scheitelviereckes $abcd$.

Man gelangt zu diesen Curven des Büschels, wenn man den Punkt e auf eine der Seiten des vollständigen Viereckes $abcd$ verlegt (Art. 28).

Jeder dieser degenerirten Kegelschnitte besitzt einen Doppelpunkt, und diese drei Doppelpunkte sind offenbar die Ecken p, q, r des Diagonaldreieckes.

Betrachtet man irgend vier Kegelschnitte K, K', K'', K''' des Büschels und sind A, A', A'', A''' ihre Tangenten in a, B, B', B'', B''' ihre Tangenten in b u. s. w., so ist nach Obigem $(A\,A'\,A''\,A''') = (B\,B'\,B''\,B''') = (C\,C'\,C''\,C''') = (D\,D'\,D''\,D''')$; den gemeinschaftlichen Werth dieser vier Doppelverhältnisse nennt man das Doppelverhältniss der vier Kegelschnitte und bezeichnet ihn oft auch mit $(K\,K'\,K''\,K''')$.

„Wenn drei Kegelschnitte K, K', K'' eines Büschels gegeben sind, und wenn weiter der Werth α des Doppelverhältnisses $(K\,K'\,K''\,K''')$ bekannt ist, welches ein vierter Kegelschnitt K''' desselben Büschels mit den drei gegebenen bestimmt, so ist auch dieser vierte Kegelschnitt unzweideutig gegeben.“

Denn aus $(K\,K'\,K''\,K''') = (A\,A'\,A''\,A''') = \alpha$ folgt (I, Art. 15) unzweideutig die Lage der durch a gehenden Tangente A''' von K''', wodurch auch diese Curve eindeutig bestimmt erscheint.

103. *„Haben zwei Kegelschnitte K, K' vier Punkte a, b, c, d gemeinschaftlich, so berühren die in diesen Punkten an K, K' gelegten acht Tangenten $A, B, C, D, A', B', C', D'$, einen und denselben Kegelschnitt K_1.“*

Es sei $p\,q\,r$, respective $P\,Q\,R$ das Diagonaldreieck des Viereckes $a\,b\,c\,d$ in derselben Art wie oben construirt. Da sowohl der Punkt (AB) als auch der Punkt $(A'B')$ auf P liegt, so muss (I, Art. 19) die Gerade, welche den Punkt (AB') mit dem Punkte $(A'B)$ verbindet, durch den Punkt gehen, welcher harmonisch conjugirt ist bezüglich des Punktepaares a, b zu dem Schnittpunkte von ab mit P; dieser Punkt ist jedoch p. Es liegen also die beiden Punkte (AB'), $(A'B)$ auf einer durch p gehenden Geraden. Durch denselben Punkt p geht nun auch die Gerade, welche (AA'), d. i. a mit (BB'), d. i. b verbindet, weiter liegen auch die Punkte (AC) und (BD) auf der durch p gehenden Geraden Q und (AD) und (BC) liegen auf der durch p gehenden Geraden R. Wir haben also auf A vier Punkte (AA'), (AB'), (AC), (AD), welche mit den vier auf B gelegenen Punkten (BB'), (BA'), (BD), (BC) auf vier durch einen Punkt p gehenden Strahlen liegen. Daher sind die Doppelverhältnisse der beiden vierpunktigen Gruppen einander gleich. Nun ist nach (I, Art. 14) das Doppelverhältniss der zweiten Punktgruppe auch gleich dem Doppelverhältniss der vier Punkte (BA'), (BB'), (BC), (BD), so dass also die vier Geraden A', B', C, D auf A vier Punkte bestimmen, welche dasselbe Doppelverhältniss besitzen wie die durch dieselben vier Geraden auf B bestimmten vier Punkte; somit sind (Art. 41) A, B, A', B', C, D sechs Tangenten eines und desselben Kegelschnittes. Es berührt also der Kegelschnitt K_1, welcher durch die Tangenten A, B, C, D, A' bestimmt erscheint, von selbst auch die Tangente B' und daher ebenfalls die Tangenten C' und D', was zu beweisen war.

104. Eine Curve zweiten Grades ist durch fünf ihrer Tangenten bestimmt; es gibt also unendlich viele solche Curven, welche vier gegebene feste Tangenten A, B, C, D besitzen, d. h. welche dem festen Vierseit $ABCD$ eingeschrieben sind. Ein solches System von Kegelschnitten wird als eine *„Kegelschnittreihe“* (Kegelschnittschaar) bezeichnet, für welche $ABCD$ das *„gemeinschaftliche Tangentenvierseit“* darstellt. Jede Gerade E der Ebene wird von einer und nur einer Curve des Systemes berührt, welche durch die fünf Tangenten A, B, C, D, E eindeutig bestimmt erscheint. Unter den sämmtlichen Curven der Reihe gibt es drei degenerirte, welche durch die drei Paare von Gegenecken des gemeinsamen Tangentenvierseits dargestellt sind. Denn legt man E durch den Schnittpunkt von A und B, so zerfällt der durch A, B, C, D, E bestimmte Kegelschnitt in die beiden Punkte (AB) und (CD) u. s. w.

Man kann eine Curve der Reihe dadurch vollkommen bestimmen, dass man ihren Berührungspunkt mit einer der vier gemeinschaftlichen Tangenten, z. B. den Berührungspunkt a von A angibt. Die Berührungspunkte b, c, d von B, C, D erhält man nach Art. 51 als die Schnittpunkte dieser Tangenten mit den Geraden ap, aq, ar, wenn p, q, r die Ecken des Diagonaldreiseits PQR von $ABCD$ sind, dessen Seiten P, Q, R der Reihe nach durch (AB), (AC), (AD) hindurchgehen. Lässt man a auf A fortrücken, so erhält man alle Kegelschnitte der Reihe und die Punkte b, c, d beschreiben auf B, C, D Punktreihen, welche mit der von a auf A beschriebenen Punktreihe perspectivisch sind, und zwar sind p, q, r die Perspectivitätscentren:

„Die Reihen der Berührungspunkte der Curven einer Kegelschnittreihe mit den vier gemeinschaftlichen Tangenten sind perspectivisch, wenn man die von einem Kegelschnitte herrührenden Berührungspunkte als einander entsprechende betrachtet. Das Perspectivitätscentrum je zweier solcher Punktreihen ist eine Ecke des Diagonaldreiseits, welches dem Vierseit der gemeinsamen Tangenten entspricht, und zwar jene

Ecke, welche der durch den Schnittpunkt der beiden die Punktreihen tragenden gemeinsamen Tangenten hindurchgehenden Diagonalseite gegenüberliegt.“

Weil das Vierseit der gemeinschaftlichen Tangenten allen Kegelschnitten umschrieben ist, so haben wir nach Art. 62:

„Alle Kegelschnitte einer Reihe besitzen ein gemeinsames, sich selbst conjugirtes Dreiseit; es ist das Diagonaldreiseit des von den vier gemeinschaftlichen Tangenten gebildeten Vierseits.“

Wenn eine von den vier gemeinsamen Tangenten die unendlich weite Gerade wird, so erhalten wir die sämmtlichen Parabeln, welche einem festen Dreiseit eingeschrieben sind; das Diagonaldreiseit ist gebildet durch die Geraden, welche man durch die Ecken des Tangentendreiseits zu den Gegenseiten desselben parallel legt. Die Seiten der Dreiecke, deren Ecken die Berührungspunkte der drei festen Tangenten mit den einzelnen eingeschriebenen Parabeln sind, gehen somit durch drei feste Punkte, nämlich durch die Ecken jenes Diagonaldreiseits.

Für irgend vier Kegelschnitte K, K', K'', K''' der Reihe hat man nach Obigem die zwischen den Berührungspunkten giltigen Beziehungen: $(a\,a'\,a''\,a''') = (b\,b'\,b''\,b''') = (c\,c'\,c''\,c''') = (d\,d'\,d''\,d''')$; den gemeinschaftlichen Werth dieser vier Doppelverhältnisse pflegt man das Doppelverhältniss der vier Kegelschnitte zu nennen und mit $(K\,K'\,K''\,K''')$ zu bezeichnen. Auch hier erkennt man wie in den letzten zwei Artikeln die Richtigkeit der beiden Sätze:

„Wenn drei Kegelschnitte K, K', K'' einer Kegelschnittreihe gegeben sind, und wenn weiter der Werth α des Doppelverhältnisses $(K\,K'\,K''\,K''')$ bekannt ist, welches ein vierter Kegelschnitt K''' derselben Reihe mit den drei gegebenen bestimmt, so ist auch dieser vierte Kegelschnitt unzweideutig gegeben.“

„Wenn zwei Kegelschnitte K, K' dieselben vier Geraden A, B, C, D gleichzeitig berühren, so liegen die acht Berührungspunkte $a, b, c, d, a', b', c', d'$ auf einem und demselben Kegelschnitte K_1.“

105. Es seien a, b, c, d die Scheitel eines Kegelschnittbüschels und A die Tangente eines Kegelschnittes K des Büschels im Punkte a, G irgend eine feste durch a hindurchgehende Gerade, welche von K im Punkte a' zum zweiten Male geschnitten werden möge. Betrachtet man a, b, c, d, a' als ein dem K eingeschriebenes (Pascal'sches) Sechseck: 1 2 3 4 5 6, wobei a die Ziffern 1, 2 trägt und A die Gerade $\overline{1\,2}$ darstellt, so muss nach dem Pascal'schen Satze der Schnittpunkt III von A mit $\overline{c\,d}$, der Schnittpunkt IV von $\overline{a\,b}$ mit $\overline{a'\,d}$ und der Schnittpunkt V von $\overline{b\,c}$ mit G in einer Geraden

P gelegen sein. Lässt man nun K nach und nach in alle Kegelschnitte des Büschels übergehen, was dadurch geschieht, dass man A um a rotiren lässt, so beschreibt III auf $\overline{cd}$ eine Punktreihe, welche perspectivisch ist mit dem Strahlenbüschel, welches P um den festen Punkt V sich drehend beschreibt, und dieses Büschel ist wieder mit der von IV auf $\overline{ab}$ beschriebenen Punktreihe perspectivisch, welche wieder mit dem Büschel der Strahlen $\overline{da'}$ und somit auch mit der Punktreihe, die a' auf G beschreibt, perspectivisch ist. Es ist somit das Büschel der Tangenten A projectivisch mit der Reihe der Punkte a' auf G; d. h.:

„Das Doppelverhältniss von irgend vier Kegelschnitten eines Büschels ist gleich dem Doppelverhältniss der vier Punkte, in denen sie irgend eine durch einen der vier Büschelscheitel hindurchgehende Gerade schneiden. Oder mit anderen Worten: Das Kegelschnittbüschel ist projectivisch mit der Punktreihe, in welcher irgend eine durch einen der vier Büschelscheitel hindurchgehende Gerade von den Kegelschnitten des Büschels geschnitten wird.“

Es sind somit die Reihen der Punkte a', (a'), welche die Kegelschnitte K des Büschels auf zwei Geraden G, (G), von denen jede durch einen Büschelscheitel geht, bestimmen, projectivisch; sie sind, wenn die Geraden G, (G) nicht durch denselben Büschelscheitel hindurchgehen, überdies perspectivisch, da der den beiden Reihen gemeinsame Punkt sich selbst entspricht (wie man sofort erkennt), und es werden also die Geraden $\overline{a'(a')}$ durch einen festen Punkt hindurchgehen. Dieser feste Punkt liegt, wie die Betrachtung der degenerirten Kegelschnitte ergibt, auf der Verbindungsgeraden jener zwei Büschelscheitel, durch welche weder G noch (G) hindurchgeht. (Wir bemerken, dass die sich durch die degenerirten Kegelschnitte ergebende Figur identisch ist mit dem Brianchon'schen Satze für ein Punktepaar; siehe I., Art. 41.)

Wenn jedoch die beiden Geraden G, (G) durch denselben Büschelscheitel hindurchgehen, so sind die Reihen der Punkte a', (a') projectivisch, aber nicht perspectivisch und die Geraden $\overline{a'(a')}$ umhüllen somit einen Kegelschnitt, welcher G, (G) zu Tangenten hat. Die Betrachtung der degenerirten Kegelschnitte lehrt sofort, dass dieser Kegelschnitt jenem Dreiseit eingeschrieben ist, dessen Ecken jene drei Büschelscheitel sind, durch welche die Geraden G und (G) nicht hindurchgehen.

Wir bemerken, dass hiedurch neuerdings der Satz bewiesen ist (Art. 63):

„Wenn zwei Dreiecke einem Kegelschnitte eingeschrieben sind, so sind sie immer auch einem (anderen) Kegelschnitte umgeschrieben.“

Denn sind abc, $a'b'c'$ irgend zwei dem Kegelschnitte K eingeschriebene Dreiecke, so ist K ein Kegelschnitt des Büschels, für welches a, b, c, c' die Scheitel sind, und a', b' sind die Punkte, in denen K die durch c' gehenden Geraden $c'a'$, $c'b'$ schneidet, so dass also $a'b'$ die Tangente eines Kegelschnittes K' ist, welcher $c'a'$, $c'b'$ und die Seiten des Dreieckes abc berührt, d. h. die Dreiecke abc, $a'b'c'$ sind dem Kegelschnitte K' umgeschrieben.

„Ebenso erkennt man, dass eine Kegelschnittsreihe projectivisch (doppelverhältnissgleich) ist mit dem Büschel der Tangenten, welche man an die Kegelschnitte aus irgend einem Punkte einer der vier gemeinsamen Tangenten legen kann u. s. w.“

Legt man aus zwei festen Punkten, welche auf einer der vier gemeinschaftlichen Tangenten gelegen sind, an die Kegelschnitte der Reihe die Tangenten, so bilden diese zwei projectivische Strahlenbüschel und ihr Schnittpunkt wird somit einen Kegelschnitt erfüllen, welcher durch jene zwei festen Punkte geht und (wie man sofort erkennt) auch die Ecken des von den drei übrigen gemeinschaftlichen Tangenten gebildeten Dreiseits enthält. Betrachtet man insbesondere alle Parabeln, welche einem festen Dreiseit eingeschrieben sind, d. h. seine Seiten zu Tangenten haben, so bilden sie eine Kegelschnittreihe, da die unendlich weite Gerade auch eine gemeinsame Tangente aller Parabeln ist; verlegt man nun jene zwei festen Punkte in die unendlich weiten imaginären Kreispunkte, so werden sich die aus ihnen an irgend eine der Parabeln gelegten (imaginären) Tangenten in einem Punkte (dem Brennpunkte der Parabel, s. Art. 59) schneiden, welcher mit den imaginären unendlich weiten Kreispunkten und den Ecken des Dreiseits auf einem Kegelschnitte gelegen ist, welcher Kegelschnitt als durch jene Kreispunkte gehend ein Kreis sein muss, d. h. (was später noch direct gezeigt werden soll):

„Die Brennpunkte aller Parabeln, welche einem festen Dreiseit eingeschrieben werden können, liegen auf dem diesem Dreiseite umschriebenen Kreise.“

106. Bringt man mit einem Kegelschnittbüschel eine beliebige Gerade G in Verbindung, so wird jeder Kegelschnitt K des Büschels G in einem Punktepaare x, x' schneiden. Betrachtet man die Punkte eines jeden solchen Paares als einander entsprechende, so sieht man, dass jedem Punkte x von G ein einziger, durch ihn vollkommen bestimmter Punkt x' entspricht, da durch x nur ein Kegelschnitt K des Büschels hindurchgeht, welcher G in einem zweiten vollkommen bestimmten Punkte x' schneidet. Zugleich erkennt man

die Vertauschungsfähigkeit der Punkte x, x', da jeder dem anderen in derselben Art zugeordnet ist. Schon hieraus kann man, auf Grund der in I, Art. 99 enthaltenen Auseinandersetzungen, schliessen, dass die Punktepaare x, x' auf G eine Involution bilden. Man kann sich jedoch auch direct in folgender Weise hievon überzeugen. Sind a, b, c, d die Scheitel des Büschels, K irgend ein Kegelschnitt desselben und x, x' seine Schnittpunkte mit G, so bezeichne man mit β, β', die Schnitte von G, mit den zwei Gegenseiten $\overline{ab}$, $\overline{cd}$ des Viereckes $abcd$, ferner mit γ, γ die Schnitte von G mit $\overline{ac}$, $\overline{bd}$ und mit δ, δ' die Schnitte von G mit $\overline{ad}$, $\overline{bc}$ respective. Die beiden Punktepaare $\gamma\gamma'$, $\delta\delta'$ bestimmen eine Involution (I, Art. 72), und nun kann leicht gezeigt werden, dass x, x' auch ein Punktepaar dieser Involution darstellen. Es ist nämlich, wenn man die vier Punkte $c\,d\,x\,x'$ einmal aus a und dann aus b projicirt, das Doppelverhältniss der vier Strahlen ac, ad, ax, ax' gleich jenem der vier Strahlen bc, bd, bx, bx'. Schneidet man nun diese zwei vierstrahligen Gruppen mit G, so erhält man $(\gamma\delta x x') = (\delta'\gamma' x x')$; nun wird ein Doppelverhältniss nicht geändert, wenn man die Elemente des ersten Paares mit einander vertauscht und zugleich auch die des zweiten Paares (I, Art. 14), so dass also auch $(\gamma\delta x x') = (\gamma'\delta' x' x)$. Es entsprechen somit den Punkten γ, δ, x, x' projectivisch die Punkte γ', δ', x', x, wodurch bewiesen ist, dass x, x' der durch $\gamma\gamma'$, $\delta\delta'$ bestimmten Involution angehören. Lässt man K in das Geradenpaar $\overline{ab}$, $\overline{cd}$ übergehen, so gehen x, x' in β, β' über, und wir erhalten wieder den Satz aus I, Art. 73 als enthalten in dem von Desargues herrührenden, durch vorstehende Betrachtungen bewiesenen wichtigen Satz:

„Die Punktepaare, in denen eine beliebige Gerade von den einzelnen Kegelschnitten eines Büschels geschnitten wird, bilden eine Involution.“

Es möge bemerkt werden, dass man den Desargues'schen Satz auch so beweisen kann: sind a, b, c, d und G gegeben, so wähle man auf G einen beliebigen Punkt, welcher mit a, b, c, d einen Kegelschnitt K bestimmt, der die Gerade G zum zweiten Male in x' schneiden möge. Zur Construction von x' aus x bediene man sich (nach Art. 30) des Pascal'schen Satzes, indem man a, b, c, d, x, x' als die Ecken 1, 2, 3, 4, 5, 6 des Sechseckes betrachtet. Wenn sich dann x auf G fortbewegt, so beschreiben die Strahlen dx, ax' als einander entsprechende Strahlen zwei projectivische Büschel, für welche das Directionscentrum der Schnittpunkt IV von G mit $\overline{bc}$ ist, und da G durch dieses Directionscentrum geht, so gehören (I, Art. 70) x, x' einer Involution an.

Der in I, Art. 82 gegebene Satz: „dass die durch zwei feste Punkte gehenden Kreise jede Transversale in Punktepaaren einer Involution schneiden", stellt sich als besonderer Fall des Desargues'schen Satzes dar, da man ja jene Kreise, welche als solche doch die beiden unendlich weiten imaginären Kreispunkte gemeinschaftlich haben, als Kegelschnitte, die durch dieselben vier Punkte gehen, zu betrachten hat.

Es bilden also insbesondere auch die Paare der unendlich weiten Punkte der Kegelschnitte eines Büschels eine Involution oder mit anderen Worten (s. I, Art. 79):

„Zieht man durch einen beliebigen Punkt zu den Asymptotenpaaren der Kegelschnitte eines Büschels Parallele, so erhält man Strahlenpaare einer Involution."

Da jede Strahleninvolution ein immer reelles Paar zu einander senkrechter Strahlen enthält (I, Art. 83), und da man eine Hyperbel mit zu einander senkrechten Asymptoten als eine gleichseitige Hyperbel bezeichnet, so haben wir den Satz:

„In jedem Kegelschnittbüschel gibt es eine gleichseitige Hyperbel."

Wenn eine Strahleninvolution zwei Paare rechtwinkliger Strahlen besitzt, so sind alle Strahlenpaare rechtwinklig (I, Art. 83); das heisst:

„Wenn in einem Büschel von Kegelschnitten zwei gleichseitige Hyperbeln vorkommen, so ist jeder Kegelschnitt des Büschels eine gleichseitige Hyperbel."

Ein solches Büschel kann als ein Büschel gleichseitiger Hyperbeln bezeichnet werden.

Die durch die gleichseitigen Hyperbeln eines solchen Büschels auf der unendlich weiten Geraden bestimmten Punktepaare sind harmonisch getrennt durch die beiden imaginären, unendlich weiten Kreispunkte. Betrachtet man insbesondere irgend zwei Gegenseiten, z. B. $\overline{ab}$ und $\overline{cd}$ des von den Scheiteln a, b, c, d eines solchen Büschels gebildeten Viereckes, so stellen sie auch einen Kegelschnitt des Büschels dar, und es müssen somit die unendlich weiten Punkte von $\overline{ab}$ und $\overline{cd}$ mit den imaginären, unendlich weiten Kreispunkten ein harmonisches System bilden, d. h. es ist $\overline{cd}$ senkrecht auf $\overline{ab}$ (I, Art. 61). Ebenso muss $\overline{bd} \perp \overline{ac}$ und $\overline{ad} \perp \overline{bc}$ sein, so dass d der Höhenschnittpunkt im Dreiecke abc ist.

„Die Scheitel eines Büschels gleichseitiger Hyperbeln liegen so, dass jeder der Höhenschnittpunkt in dem von den drei anderen gebildeten Dreiecke ist."

Ebenso erkennt man:

„Jede Curve zweiter Ordnung, welche durch die Ecken und den Höhenschnittpunkt eines Dreieckes hindurchgeht, ist eine gleichseitige Hyperbel.“

Denn wir haben vor uns ein Kegelschnittbüschel, in welchem sich sofort drei gleichseitige (degenerirte) Hyperbeln darstellen, nämlich die degenerirten Curven des Büschels, von denen jede aus einer Seite und der zu ihr senkrechten Höhe des Dreieckes gebildet erscheint.

Weiter erkennt man sofort:

„Alle gleichseitigen Hyperbeln, welche man durch drei Punkte hindurchlegen kann, gehen auch von selbst durch den Höhenschnittpunkt des von jenen drei Punkten gebildeten Dreieckes.“

Durch die drei Punkte a, b, c kann man unendlich viele gleichseitige Hyperbeln legen; man erhält irgend eine als den Kegelschnitt, welcher durch a, b, c und die beiden unendlich weiten Punkte der zwei Schenkel irgend eines rechten Winkels bestimmt erscheint. Irgend zwei solche Curven schneiden sich ausser in a, b, c noch in einem vierten Punkte d (Art. 99), und da nun durch a, b, c, d zwei (also auch unendlich viele) gleichseitige Hyperbeln gehen, so ist nach Vorangehendem d der Höhenschnittpunkt des Dreieckes abc.

107. Den letzten Satz kann man allgemein so aussprechen:

„Alle Kegelschnitte, welche durch dieselben drei festen Punkte a, b, c und durch die einzelnen Punktepaare x, x' einer Involution auf einer Geraden G hindurchgehen, schneiden sich gegenseitig noch in einem vierten festen Punkte d.“

Sind xx', yy' irgend zwei Punktepaare der Involution auf G, so ist diese hiedurch vollkommen bestimmt. Die beiden Kegelschnitte K, K', welche durch a, b, c und xx', respective yy' hindurchgehen, schneiden sich noch in einem vierten Punkte d und die sämmtlichen durch a, b, c, d gehenden Kegelschnitte werden G in einer Involution schneiden, welche mit der gegebenen identisch ist, weil sie mit ihr die beiden Punktepaare xx', yy' gemeinsam hat. Der Kegelschnitt K'' nun, welcher durch a, b, c, d und einen Punkt z irgend eines dritten Punktepaares z, z' der Involution hindurchgeht, wird G in dem zweiten Punkte z' dieses Paares schneiden müssen; oder mit anderen Worten: der durch a, b, c und z, z' gehende Kegelschnitt (d. i. eben K'') geht auch durch d hindurch.

Den Punkt d kann man leicht erhalten, wenn man die degenerirten Kegelschnitte des Büschels betrachtet. Sind nämlich α, β, γ die Schnitte von G mit den Seiten des Dreieckes abc und

α', β', γ' die ihnen auf G involutorisch entsprechenden Punkte, so müssen sich die Geraden $a\alpha'$, $b\beta'$, $c\gamma'$ im Punkte d schneiden.

108. Die Involution, welche ein Kegelschnittsbüschel auf einer Geraden G bestimmt, besitzt zwei (reelle oder imaginäre) Doppelpunkte e, f, welche von jedem Punktepaare x, x' der Involution harmonisch getrennt werden. Es sind somit e, f conjugirte Pole in Bezug auf den Kegelschnitt K_x des Büschels, welcher G in x, x' schneidet, so dass also die Polare eines jeden dieser Punkte e, f bezüglich K_x durch den anderen hindurchgeht. Da ein Doppelpunkt durch das Zusammenfallen der Punkte x, x' eines Paares entsteht, so sind e, f die Berührungspunkte von G mit zwei bestimmten Kegelschnitten K_e, K_f des Büschels. Dies gibt die Sätze:

„Irgend eine Gerade G wird von zwei Kegelschnitten eines Büschels berührt; die Berührungspunkte e, f sind die Doppelpunkte der Involution, in welcher die Kegelschnitte des Büschels die Gerade G schneiden.“

Hiedurch erscheint die Aufgabe gelöst: *„Einen Kegelschnitt zu construiren, welcher durch vier gegebene Punkte geht und eine gegebene Gerade zur Tangente hat.“* Die Aufgabe hat zwei Lösungen.

Betrachtet man alle Kegelschnitte, welche zwei gegebene Gerade A, B in gegebenen Punkten a, b berühren, so hat man ein specielles Kegelschnittbüschel vor sich, von dessen Scheiteln zwei in a und zwei in b zusammenfallen. Das Geradenpaar A, B stellt den einen, und die Doppelgerade $\overline{ab}$ stellt die beiden anderen degenerirten Kegelschnitte des Büschels dar.

Das Büschel bestimmt auf jeder Geraden G eine Involution von Punkten, in welcher die beiden Schnittpunkte von G mit A, B ein Punktepaar und der Schnittpunkt von G mit der Doppelgeraden $\overline{ab}$ einen Doppelpunkt darstellt. Diese Bemerkung liefert die Lösung der Aufgabe:

„Einen Kegelschnitt zu construiren, welcher durch drei gegebene Punkte x, x', x'' geht und zwei gegebene Gerade A, B zu Tangenten hat.“

Sind a, b die zu bestimmenden Berührungspunkte von A, B mit dem fraglichen Kegelschnitt, so muss die Gerade $\overline{ab}$ die Gerade $\overline{xx'}$ in einem der beiden Doppelpunkte e, f der Involution treffen, welche durch die zwei Punktepaare xx', mm' bestimmt erscheint, wenn m, m' die Schnitte von $\overline{xx'}$ mit A, B sind; dieselbe Gerade $\overline{ab}$ muss aber auch durch einen der Doppelpunkte e', f' der Involution gehen, welche durch die zwei Paare xx'', nn'' bestimmt ist, wenn n, n'' die Schnitte von $\overline{xx''}$ mit A, B sind. Es ist also entweder $\overline{ee'}$ oder $\overline{ef'}$, oder $\overline{e'f}$ oder $\overline{e'f'}$ als Gerade ab zu betrachten. Ist einmal *ab* bestimmt, so erscheint der gesuchte Kegelschnitt als gegeben. Da wir vier Lagen für *ab* erhalten, so erkennt man:

„Es gibt vier Kegelschnitte, welche durch drei gegebenen Punkte gehen und zwei gegebene Gerade berühren.“

Durch die Anfangsbetrachtungen dieses Artikels erscheint der Satz bewiesen:

„Auf jeder Geraden G gibt es zwei Punkte, welche conjugirte Pole sind in Bezug auf jeden Kegelschnitt eines Büschels; es sind dies die Doppelpunkte e, f, der durch das Büschel auf G bestimmten Involution.“

„Die Polaren irgend eines festen Punktes e in Bezug auf die einzelnen Kegelschnitte eines Büschels, gehen alle durch einen anderen festen Punkt f, dessen Polaren sich wiederum in e schneiden.“

Denn ist K_e der Kegelschnitt des Büschels, welcher durch e geht, und G seine Tangente in e, so wird G ausser von K_e noch von einem zweiten Kegelschnitte K_f in einem bestimmten Punkte f berührt, und es sind e, f nach Obigem conjugirte Pole in Bezug auf alle Kegelschnitte des Büschels, so dass also die Polaren des einen durch den anderen gehen, was zu beweisen war.

Zwei solche Punkte e, f können als bezüglich des Büschels conjugirt bezeichnet werden.

Jedem Punkte e entspricht ein durch ihn vollkommen und eindeutig bestimmter Punkt f als conjugirter, welchem wieder der erste conjugirt ist. So erscheint durch ein Kegelschnittbüschel in der Ebene eine eindeutige, vertauschungsfähige (involutorische) Verwandtschaft zwischen den Punkten (e, f) festgesetzt. Jeder der vier Scheitel des Kegelschnittbüschels entspricht sich, wie man sofort sieht, selbst, so dass also die Verwandtschaft vier sich selbst entsprechende Punkte (vier Doppelpunkte) besitzt.

Ist pqr das Diagonaldreieck des Viereckes, dessen Ecken die Scheitel a, b, c, d des Büschels sind, so ist jede seiner drei Seiten P, Q, R die Polare der Gegenecke p, q, r in Bezug auf jeden Kegelschnitt des Büschels, so dass jeder der drei Ecken p, q, r alle Punkte der gegenüberliegenden Seite P, Q, R nach jener Verwandtschaft entsprechen.

„Die Verbindungsgerade $\overline{ef}$ *zweier entsprechenden Punkte wird in jedem dieser Punkte von einem Kegelschnitte des Büschels berührt.“* Folgt sofort aus Obigem.

109. Lässt man die Gerade G zur unendlich weiten Geraden werden, so hat man sofort den Satz:

„Unter den sämmtlichen Kegelschnitten eines Büschels gibt es zwei (reelle oder imaginäre) Parabeln.“

Aus I, Art. 83 folgt weiter:

„Die Asymptotenrichtungen der im Büschel vorkommenden gleichseitigen Hyperbel halbiren die Winkel der Axenrichtungen der beiden im Büschel vorkommenden Parabeln."

Ferner:

„Wenn die vier Scheitel des Büschels auf einem Kreise liegen, so stehen die Axen der beiden im Büschel enthaltenen Parabeln aufeinander senkrecht, und umgekehrt."

Denn dann gehören die beiden unendlich weiten imaginären Kreispunkte als Paar mit zu der Involution, welche das (einen Kreis enthaltende) Büschel auf der unendlich weiten Geraden bestimmt; und da die Doppelpunkte der Involution jedes Punktepaar harmonisch trennen, so ist der Satz bewiesen.

Aus dem Schlusssatz in I, Art. 77 folgt für ein solches Büschel:

„Wenn ein Kegelschnittbüschel einen Kreis enthält, so bilden die beiden Asymptoten eines jeden Kegelschnittes des Büschels mit der Axe jeder der beiden im Büschel enthaltenen Parabeln beiderseits gleiche Winkel."

Oder mit anderen Worten, und wenn man die Halbirungsstrahlen der Winkel der Asymptoten eines Kegelschnittes als Axen des Kegelschnittes bezeichnet (siehe weiter unten Art. 128):

„Wenn in einem Kegelschnittbüschel ein Kreis vorkommt, so haben alle Kegelschnitte des Büschels unter einander parallele Axen."

Die Axen eines jeden Kegelschnittes des Büschels sind nämlich nach Obigem parallel zu den Axen der beiden Parabeln, welche im Büschel vorkommen.

110. Eine Parabel bildet als Curve mit zusammenfallenden unendlich weiten Punkten den Uebergang zwischen den Curven mit reellen und jenen mit imaginären unendlich weiten Punkten, d. h. zwischen Hyperbeln und Ellipsen. Hieraus folgt:

„Wenn die beiden im Büschel vorkommenden Parabeln reell sind, so enthält das Büschel sowohl Ellipsen als auch Hyperbeln; die ersteren erscheinen von den letzteren durch jene beiden Parabeln getrennt. Sind dagegen die beiden Parabeln imaginär, so gibt es (weil kein Uebergang stattfindet) nur Curven einer Art im Büschel; und zwar offenbar nur Hyperbeln," da man ja durch jeden unendlich weiten Punkt der Ebene eine Curve des Büschels legen kann, welche nothwendiger Weise (weil einen und daher noch einen zweiten reellen unendlich weiten Punkt enthaltend) eine Hyperbel sein muss.

Man kann in derselben Weise allgemein sagen:

„*Je nachdem die beiden Kegelschnitte eines Büschels, welche eine Gerade berühren, reell sind oder nicht, enthält das Büschel sowohl Kegelschnitte, welche die Gerade in reellen Punkten schneiden, als auch solche, welche die Gerade nicht schneiden, oder es enthält nur solche Kegelschnitte, welche die Gerade in reellen Punkten treffen.*“

Die in einem Büschel gleichseitiger Hyperbeln enthaltenen zwei (imaginären) Parabeln berühren die unendlich weite Gerade in den unendlich weiten imaginären Kreispunkten, weil diese die Doppelpunkte der durch das Büschel auf jener Geraden bestimmten Involution sind.

111. Wir beweisen nochmals den vorletzten Satz des Art. 108, indem wir ihn zugleich folgendermassen erweitern:

„*Die Polaren eines festen Punktes in Bezug auf die einzelnen Kegelschnitte eines Büschels bilden ein mit diesem letzteren projectivisches Strahlenbüschel.*“

Es seien a, b, c, d die Scheitel des Kegelschnittbüschels und e ein beliebiger fester Punkt; die Polare P_e von e bezüglich irgend eines Kegelschnittes K des Büschels erhält man, indem man etwa ea, eb mit K in x, y respective zum Durchschnitt bringt und die zu e bezüglich ax, ay respective harmonisch conjugirten Punkte x', y' mit einander verbindet. Da $(axex') = -1$ ist, so ist nach Art. 14 $(aexx') = 1 - (-1) = 2$, so dass also (nach I, Art. 51) bei veränderlichem K die beiden Punkte x, x' auf $\overline{ea}$ zwei projectivische Punktreihen beschreiben, welche a und e zu Doppelpunkten haben. Ebenso werden y, y' auf $\overline{eb}$ zwei projectivische Punktreihen mit den Doppelpunkten b und e beschreiben. Nun sind aber die beiden Reihen, welche von x und y beschrieben werden, nach Art. 105 projectivisch, da sie es mit dem Kegelschnittbüschel sind; also ist auch Reihe (x') projectivisch mit der Reihe (y'). Aber diese beiden Reihen sind überdies perspectivisch; denn lässt man K durch e gehen, so fällt x und y in e, und da e sowohl auf $\overline{ea}$, als auch auf $\overline{eb}$ ein Doppelpunkt ist, so fällt auch x' mit y' in e zusammen. Es geht somit die Gerade $\overline{x'y'}$, d. i. die Polare P_e von e durch einen festen Punkt f hindurch, d. h. alle P_e bilden ein Strahlenbüschel mit dem Scheitel f. Dieses Büschel ist nun perspectivisch mit der Reihe der Punkte x' auf $\overline{ea}$, welche wieder projectivisch ist mit der Reihe der Punkte x, die wieder mit dem Kegelschnittsbüschel projectivisch ist. Dadurch erscheint der Satz bewiesen.

Sind also P_e, P_e', P_e'', P_e''' die Polaren eines Punktes e in Bezug auf irgend vier Kegelschnitte K, K', K'', K''' eines Kegelschnittbüschels, so ist $(P_e P_e' P_e'' P_e''') = (K K' K'' K''')$.

112. *„Die Pole g einer festen Geraden G in Bezug auf die einzelnen Kegelschnitte eines Büschels erfüllen einen durch G bestimmten Kegelschnitt K_g und bilden auf diesem ein mit dem Kegelschnittbüschel projectivisches Punktsystem."*

Um den Pol g von G in Bezug auf irgend einen Kegelschnitt K des Büschels zu erhalten, wählen wir auf G zwei beliebige Punkte e, e_1 und construiren ihre Polaren P_e, P_{e_1}, welche sich nach Art. 56 in g schneiden werden. Aendert sich K, so drehen sich P_e, P_{e_1} um die zu e, e_1 bezüglich des Kegelschnittbüschels conjugirten Punkte f, f_1, indem sie Strahlenbüschel beschreiben, welche mit dem Kegelschnittbüschel und daher auch untereinander projectivisch sind. Es wird somit g einen Kegelschnitt K_g beschreiben, welcher durch f, f_1 hindurchgeht und wird auf ihm ein zum Kegelschnittbüschel projectivisches System bilden. Wir können, da K_g die Punkte f, f_1 enthält, auch sagen:

„Derselbe Kegelschnitt K_g ist der Ort der Punkte $f, f_1, f_2 \ldots$, welche bezüglich des Kegelschnittbüschels zu den einzelnen Punkten e, e_1, $e_2 \ldots$ von G conjugirt sind."

Wenn also ein Punkt e eine Gerade G durchlauft, so beschreibt der ihm in der durch das Kegelschnittbüschel in der Ebene festgesetzten involutorischen Verwandtschaft entsprechende Punkt f den Kegelschnitt K_g.

Den Pol einer Geraden erhält man als Schnitt der Tangenten in ihren Schnittpunkten mit dem Kegelschnitt. Wir können also auch sagen:

„Legt man an jeden Kegelschnitt eines Büschels in den Punkten, in denen er eine feste Gerade G schneidet, Tangenten, so schneiden sich diese in Punkten eines bestimmten Kegelschnittes K_g."

Geht ein Kegelschnitt K in ein Geradenpaar A, A' über, so wird die Polare P_e eines Punktes e bezüglich K jener Strahl sein, welcher durch den Doppelpunkt von K, d. i. durch den Schnittpunkt von A, A' hindurchgeht und bezüglich des Geradenpaares A, A' harmonisch conjugirt ist zu dem Strahle, welcher e mit dem Schnittpunkte (AA') verbindet. Denn dieser Strahl P_e enthält in der That alle Punkte, welche auf den durch e gehenden Transversalen durch A, A' von e harmonisch getrennt sind.

Da die Polaren aller Punkte in Bezug auf einen solchen in ein Geradenpaar degenerirten Kegelschnitt durch den Schnittpunkt des Geradenpaares gehen, so ist dieser letztere als der Pol einer jeden beliebigen Geraden anzusehen, so dass seine Polare unbestimmt ist. Ebenso liegt der Pol einer Geraden in Bezug auf einen durch ein Punktepaar dargestellten Kegelschnitt auf der Verbindungsgeraden des Punktepaares und ist durch dieses von der Geraden harmonisch getrennt. Es ist somit die Polare eines jeden Punktes (als des Schnittes irgend zweier Geraden) die Verbindungsgerade des den Kegelschnitt darstellenden Punktepaares.

Die Pole von G in Bezug auf die drei degenerirten Kegelschnitte eines Büschels sind also die Doppelpunkte dieser Kegelschnitte, d. i. die Ecken p, q, r des dem Scheitelvierecke $abcd$ zukommenden Diagonaldreieckes, d. h.:

„Der Kegelschnitt K_g ist dem Diagonaldreiecke pqr umgeschrieben.“

Der in I, Art. 75 bewiesene Satz ergibt sich als ein specieller Fall der gegenwärtigen Betrachtungen.

Auf der Geraden G liegen zwei bezüglich des Kegelschnittbüschels conjugirte Punkte e, f, und da K_g der Ort der zu den Punkten von G conjugirten Punkte ist, so muss K_g die beiden Punkte e, f enthalten:

„Der Kegelschnitt K_g schneidet die Gerade G in den Doppelpunkten e, f der durch das Büschel auf G bestimmten Involution.“

Wird die Gerade G die unendlich weite Gerade G_∞, so ist ihr Pol g bezüglich K der Schnittpunkt der Asymptoten von K, d. h. der Mittelpunkt von K (s. Art. 24, 123); die obigen Resultate auf G_∞ angewendet, liefern sofort die Sätze:

„Die Mittelpunkte der Kegelschnitte eines Büschels erfüllen einen Kegelschnitt, den sogenannten Mittelpunktskegelschnitt, welcher dem bezüglich aller Kegelschnitte des Büschels sich selbst conjugirten Dreiecke umgeschrieben ist. Die unendlich weiten Punkte des Mittelpunktskegelschnittes, sind die Berührungspunkte der unendlich weiten Geraden mit den beiden im Büschel vorkommenden Parabeln, d. h. die Asymptoten des Mittelpunktskegelschnittes sind zu den Axen jener zwei Parabeln parallel.“

„Wenn also das Büschel einen Kreis enthält, so ist der Mittelpunktskegelschnitt eine gleichseitige Hyperbel.“

„Die Mittelpunkte eines Büschels von gleichseitigen Hyperbeln erfüllen einen Kreis.“

Sind a, b, c drei von den Scheiteln eines gleichseitigen Hyperbelbüschels, so ist der vierte Scheitel d der Höhenschnittpunkt des Dreieckes abc und folglich sind die Ecken des Diagonaldreieckes pqr des Viereckes $abcd$ die Fusspunkte der drei Höhen des

Dreieckes abc. Der durch diese drei Höhenfusspunkte hindurchgehende Kreis enthält somit die Mittelpunkte aller durch a, b, c, d gehenden Kegelschnitte (gleichseitigen Hyperbeln).

113. Die reciproken Betrachtungen liefern für eine Kegelschnittreihe sofort die folgenden Resultate:

„Die Tangentenpaare, die man durch einen beliebigen Punkt s an die einzelnen Kegelschnitte einer Kegelschnittreihe legen kann, bilden eine Involution“.

So bestimmt die Kegelschnittreihe an jedem Punkte s eine Strahleninvolution.

Die drei degenerirten Kegelschnitte der Reihe, d. i. die drei Gegeneckenpaare des von den vier gemeinschaftlichen Tangenten gebildeten vollständigen Vierseits, liefern mit dem Punkte verbunden jene drei Strahlenpaare, von denen in I, Art. 80 bewiesen wurde, dass sie einer Involution angehören.

Da jede Strahleninvolution ein Paar rechtwinkliger Strahlen besitzt, so haben wir den Satz:

„Unter den Kegelschnitten einer Reihe gibt es immer einen, an welchen durch einen beliebigen Punkt zwei zu einander rechtwinklige Tangenten gezogen werden können“; und da aus der Rechtwinkligkeit zweier Strahlenpaare einer Involution die aller übrigen folgt, so können wir den in I, Art. 84 bewiesenen Satz folgendermassen erweitern:

„Die drei Kreise, welche die Verbindungsgeraden der drei Gegeneckenpaare eines vollständigen Vierseits zu Durchmessern haben, schneiden sich in denselben zwei Punkten; die beiden aus irgend einem dieser zwei Punkte an irgend einen jenem Vierseit eingeschriebenen Kegelschnitt gelegten Tangenten stehen aufeinander senkrecht.“

114. *„Alle Kegelschnitte, welche dieselben drei festen Geraden A, B, C berühren und die einzelnen Strahlenpaare X, X' einer Strahleninvolution mit dem Scheitel s zu Tangenten haben, berühren alle noch eine vierte feste Gerade D.“*

Denn sind XX', YY', ZZ' irgend drei Strahlenpaare der vorgelegten Strahleninvolution und K, K' die beiden Kegelschnitte, welche A, B, C, X, X', A, B, C, Y, Y' respective zu Tangenten haben, so besitzen sie ausser A, B, C noch eine vierte gemeinschaftliche Tangente D; und die aus s an alle dem Vierseit $ABCD$ eingeschriebenen Kegelschnitte gelegten Tangentenpaare bilden eine Strahleninvolution, welche mit der vorgelegten identisch sein muss, da sie mit ihr die beiden Paare XX', YY' gemeinschaftlich hat. Ist also K'' der Kegelschnitt, welcher A, B, C, D, Z zu Tangenten hat, so wird die zweite durch s an ihn gelegte Tangente Z' sein müssen, so dass der durch die Tangenten A, B, C, Z, Z' bestimmte Kegelschnitt K'' die Gerade D berührt.

115. Die Strahleninvolution, welche von den Tangentenpaaren gebildet wird, die man durch einen Punkt s an die einem Vierseit $ABCD$ eingeschriebenen Kegelschnitte legen kann, besitzt zwei Doppelstrahlen E, F; d. h. es gibt zwei Kegelschnitte K_e, K_f der Reihe, an welche durch s zusammenfallende Tangenten gehen, so dass s sowohl dem K_e als auch dem K_f angehören muss:

„Durch irgend einen Punkt s der Ebene gehen zwei Kegelschnitte, welche vier gegebene feste Gerade A, B, C, D berühren (dem Vierseit ABCD eingeschrieben sind); ihre Tangenten E, F in s sind die Doppelstrahlen der Involution, welche am Punkte s durch die Kegelschnittreihe mit den vier gemeinsamen Tangenten A, B, C, D bestimmt wird.“

Hiedurch ist die Aufgabe gelöst: *„Einen Kegelschnitt zu construiren, welcher vier gegebene Tangenten besitzt und durch einen gegebenen Punkt geht.“*

Ebenso wie in Art. 108 erkennen wir, dass die sämmtlichen Kegelschnitte, welche dieselben zwei Geraden A, B in denselben zwei Punkten a, b berühren, als eine Kegelschnittreihe aufzufassen sind. Die degenerirten Kegelschnitte sind: erstens das Punktepaar a, b und dann der Schnittpunkt von A und B als Doppelpunkt betrachtet und zugleich zweimal gezählt.

Die Strahleninvolution, welche diese Reihe an einem Punkte s bestimmt, hat den durch den Punkt (AB) gehenden Strahl zum Doppelstrahl und $\overline{sa}$, $\overline{sb}$ ist ebenfalls ein Strahlenpaar der Involution. Sowie am angeführten Orte erkennt man auch hier, wie sich die Lösung der Aufgabe: *„einen Kegelschnitt zu construiren, welcher drei gegebene Tangenten besitzt und durch zwei gegebene Punkte geht“*, gestaltet, und dass man vier solche Kegelschnitte erhält.

Da das Zusammenfallen der durch einen Punkt an einen Kegelschnitt gehenden Tangenten den Uebergang bildet von dem Falle reeller zu dem imaginärer Tangenten (die Curvenpunkte trennen die äusseren von den inneren Punkten), so erkennt man sofort:

„Ein Punkt liegt ausserhalb der sämmtlichen Kegelschnitte einer Reihe, wenn die durch ihn gehenden zwei Kegelschnitte der Reihe imaginär sind; sind diese zwei Kegelschnitte reell, so bilden sie den Uebergang zwischen solchen Kegelschnitten der Reihe, für welche der Punkt ein äusserer, und solchen, für welche er ein innerer Punkt ist.“

Sind X, X' die durch s gehenden zwei Tangenten irgend eines Kegelschnittes K der Reihe, so ist $(EFXX') = -1$ und es sind somit E, F zwei bezüglich K conjugirte Strahlen; d. h.:

„Durch jeden Punkt s gehen zwei Strahlen, welche in Bezug auf jeden Kegelschnitt einer Reihe conjugirt sind; es sind dieselben zwei Strahlen E, F, d. h. die Tangenten der beiden durch den Punkt s gehenden Kegelschnitte der Reihe.“

„Die Pole irgend einer festen Geraden E in Bezug auf die einzelnen Kegelschnitte einer Reihe liegen auf einer zweiten festen Geraden F deren Pole wieder auf E gelegen sind.“

Denn ist K_e der Kegelschnitt der Reihe, welcher E berührt, und s sein Berührungspunkt mit E, so wird ausser K_e noch ein zweiter Kegelschnitt K_f der Reihe durch s gehen und die Tangente F von K_f in s wird den Pol von E bezüglich eines jeden Kegelschnittes K der Reihe enthalten, weil E und F conjugirt sind bezüglich K.

So erscheint durch die Kegelschnittreihe eine involutorische eindeutige Verwandtschaft zwischen den Geraden E, F der Ebene hergestellt, wenn man zwei Gerade E, F, welche in Bezug auf alle Kegelschnitte der Reihe conjugirt sind (von denen jede die Pole der anderen enthält), als einander entsprechende betrachtet. Sind P, Q, R die Seiten und p, q, r die Ecken des Diagonaldreiseits, welches dem Tangentenvierseit $A\,B\,C\,D$ gehört, so ist dieses Dreiseit nach Art. 62 ein sich selbst conjugirtes in Bezug auf jeden Kegelschnitt der Reihe, und es ist jede der Ecken p, q, r der Pol der Gegenseite P, Q, R respective in Bezug auf alle Kegelschnitte der Reihe. Da nun jede durch p gehende Gerade die Pole von P enthält, weil diese ja alle in p vereinigt sind, so hat man alle durch eine Ecke des Diagonaldreiseits hindurchgehende Gerade als der Gegenseite entsprechend zu betrachten.

Man erkennt sofort, dass nach dieser Verwandtschaft jede der vier gemeinschaftlichen Tangenten A, B, C, D sich selbst entspricht (vier Doppelstrahlen der Verwandtschaft).

„Der Schnittpunkt s zweier entsprechenden Geraden E, F ist der Berührungspunkt jeder von ihnen mit je einem Kegelschnitt der Reihe.“ Aus Früherem sofort klar.

Da man den Pol einer Geraden erhält als den Schnittpunkt der in ihren Schnittpunkten mit dem Kegelschnitt an diesen gelegten Tangenten, so können wir auch sagen:

„Die Schnittpunkte der Tangentenpaare, welche die einzelnen Kegelschnitte einer Reihe in ihren Schnittpunktepaaren mit einer festen Geraden E berühren, erfüllen eine zweite feste Gerade F.“

Wird E die unendlich weite Gerade, so werden jene Tangentenpaare die Asymptotenpaare der einzelnen Kegelschnitte und ihre Schnittpunkte die Mittelpunkte der Kegelschnitte (s. Art. 123), und wir haben somit den Satz:

„*Die Mittelpunkte der Kegelschnitte einer Reihe erfüllen eine Gerade, die sogenannte Mittelpunktsgerade der Reihe.*“

Der Schnittpunkt von E mit F ist der Berührungspunkt von E mit dem die Geraden A, B, C, D, E zu Tangenten besitzenden Kegelschnitte; wenn E die unendlich weite Gerade ist, so ist dieser Kegelschnitt die in der Reihe enthaltene Parabel, und da F die Mittelpunktsgerade wird, so sehen wir:

„*Die Mittelpunktsgerade einer Kegelschnittreihe geht durch den Berührungspunkt der unendlich weiten Geraden mit der in der Reihe vorkommenden Parabel; d. h. die Mittelpunktsgerade ist zur Axe der in der Reihe enthaltenen Parabel parallel.*“

Der Pol einer Geraden in Bezug auf einen in ein Punktepaar degenerirten Kegelschnitt liegt auf der Verbindungsgeraden des Punktepaares und erscheint durch dieses von jener Geraden harmonisch getrennt (Art. 112). Betrachtet man die drei degenerirten Kegelschnitte der Reihe, d. h. die drei Gegeneckenpaare des vollständigen Vierseits $ABCD$, so erhält man die Sätze aus I, Art. 81 als in dem vorletzten Satze enthalten, und erkennen wir „*die Mittelpunktsgerade als jene, welche die Halbirungspunkte der Verbindungsgeraden der drei Gegeneckenpaare des Vierseits $ABCD$ enthält.*“

Da die in einer Kegelschnittreihe vorkommende Parabel immer reell ist, und da die Parabel den Uebergang zwischen Hyperbel und Ellipse darstellt, so erkennt man sofort:

„*In einer Kegelschnittreihe gibt es unendlich viele Ellipsen und unendlich viele Hyperbeln; dagegen nur eine einzige Parabel.*“

116. Sowie in Art. 111 für Büschel beweisen wir reciprok für Reihen von Kegelschnitten:

„*Die Pole einer festen Geraden in Bezug auf die einzelnen Kegelschnitte einer Reihe bilden eine mit der Kegelschnittreihe projectivische (doppelverhältnissgleiche) gerade Punktreihe.*“

„*Die Polaren eines festen Punktes s in Bezug auf die Kegelschnitte, welche einem festen Vierseit $ABCD$ eingeschrieben sind, umhüllen einen Kegelschnitt K_s, welcher dem Diagonaldreiseit PQR des Vierseits $ABCD$ eingeschrieben ist, und bilden auf K_s ein mit der Kegelschnittreihe projectivisches Tangentensystem.*“

„Derselbe Kegelschnitt K_s *ist die Enveloppe der Geraden* F, $F_1, F_2 \ldots$, *welche den durch s gehenden Strahlen* $E, E_1, E_2 \ldots$ *bezüglich der Kegelschnittreihe conjugirt sind.“*

„Die beiden durch s an K_s *gehenden Tangenten sind die Doppelstrahlen* E, F *der am Punkte s durch die Kegelschnittreihe bestimmten Strahleninvolution.“*

117. Der Satz von Desargues für Büschel, und sein reciproker für Reihen von Kegelschnitten, gestatten die folgende Erweiterung. Es seien a_1, b_1, c_1, d_1 die Scheitel eines Kegelschnittbüschels und K_1 irgend ein Kegelschnitt desselben, welcher einen beliebigen festen, durch zwei der vier Scheitel, z. B. durch c_1 und d_1 gehenden Kegelschnitt K noch in den Punkten e, f schneiden möge. Betrachtet man die den Kegelschnitten K und K_1 gemeinschaftlichen Punkte c_1, d_1 als die Punkte s, s' der in Art. 97 enthaltenen Auseinandersetzung, so wird die Gerade $\overline{ef}$ durch den auf $\overline{a_1 b_1}$ liegenden festen Punkt γ gehen, in welchem sich die Geraden $\overline{ab'}$, $\overline{a'b}$ schneiden, wenn a, b, a', b' die zweiten Schnittpunkte von K mit den Geraden $\overline{c_1 a_1}$, $\overline{c_1 b_1}$, $\overline{d_1 a_1}$, $\overline{d_1 b_1}$ bedeuten. Die variablen Punktepaare e, f, in denen die einzelnen Kegelschnitte K_1 des Büschels den festen Kegelschnitt K noch schneiden, liegen also so, dass ihre Verbindungsgerade durch einen festen Punkt hindurchgeht, d. h. sie bilden auf K eine Punktinvolution.

„Die Kegelschnitte eines Büschels schneiden jeden durch zwei der vier Scheitel des Büschels hindurchgehenden Kegelschnitt in Punktepaaren einer Involution.“

Lässt man den Kegelschnitt K in die Gerade $\overline{c_1 d_1}$ und eine beliebige andere Gerade G übergehen, so erhält man den Satz von Desargues als in dem letzten allgemeinen Satz enthalten. Wenn dagegen der Kegelschnitt K in zwei Gerade zerfällt, von denen die eine durch c_1 und die andere durch d_1 geht, so ist der letzte Satz (da hier wegen des Wegfallens der Vertauschungsfähigkeit von keiner Involution die Rede sein kann) durch den Satz des Art. 105 zu ersetzen. Wenn die zwei, dem Kegelschnitte K nicht angehörigen Punkte a_1, b_1 von einander verschiedene unendlich weite Punkte sind (dann gehen die Kegelschnitte K_1 durch die zwei auf K gelegenen Punkte c_1, d_1 und besitzen zwei gemeinschaftliche Asymptotenrichtungen), so ist die Gerade $\overline{a_1 b_1}$ die unendlich weite Gerade, und da γ auf $\overline{a_1 b_1}$ liegt, so hat die Gerade $\overline{ef}$ eine constante Richtung.

Den letzten Satz kann man in anderer Art aussprechen. Ist nämlich K_1' ein zweiter Kegelschnitt des Büschels, welcher K in

e', f' schneiden möge, so wird die Gerade $\overline{e'f'}$ ebenfalls durch γ gehen. Wir haben nun K, K_1, K_1', welche durch dieselben zwei Punkte c_1, d_1 hindurchgehen; je zwei schneiden sich noch in zwei Punkten: K und K_1 in e, f, K und K_1' in e', f', und K_1 und K_1' in a_1, b_1, und die drei Geraden $\overline{a_1 b_1}$, $\overline{ef}$, $\overline{e'f'}$ schneiden sich in einem und demselben Punkte γ:

„*Gehen drei Kegelschnitte durch dieselben zwei Punkte, so haben je zwei noch ein Punktepaar gemeinschaftlich; die drei Verbindungsgeraden dieser Punktepaare schneiden sich in einem und demselben Punkt.*"

Es möge bemerkt werden, dass der Satz:

„*Drei Kreise liefern paarweise drei gemeinschaftliche Sehnen, welche sich in einem Punkte (Radicalcentrum der drei Kreise) schneiden*", in Obigem enthalten ist.

Die beiden Doppelpunkte der Involution, welche die Kegelschnitte K_1 des Büschels auf K bestimmen, rühren von solchen Kegelschnitten her, welche K berühren; d. h.:

„*Durch vier Punkte kann man zwei Kegelschnitte legen, welche einen, zwei dieser vier Punkte enthaltenden Kegelschnitt berühren.*"

Die reciproken Sätze lauten:

„*Die Tangentenpaare E, F, welche die einzelnen, einem festen Vierseit eingeschriebenen Kegelschnitte mit einem, zwei Seiten des Vierseits berührenden festen Kegelschnitte ausser diesen beiden Seiten noch gemeinschaftlich haben, bilden auf diesem festen Kegelschnitte eine Tangenteninvolution.*"

„*Man kann einem Vierseit zwei Kegelschnitte einschreiben, welche einen, zwei von den vier Seiten des Vierseits zu Tangenten besitzenden Kegelschnitt berühren.*"

118. Es sei K ein fester Kegelschnitt, welcher durch drei von den vier Scheiteln a_1, b_1, c_1, d_1 eines Kegelschnittbüschels, etwa durch b_1, c_1, d_1 hindurchgeht; ein Kegelschnitt K_1 des Büschels, welcher in c_1 die Tangente T besitzen möge, wird K ausser in b_1, c_1, d_1 noch in einem Punkte e schneiden, den man nach Art. 99 erhält, wenn man sich K_1 als durch a_1, b_1, c_1, d_1 und den auf T zu c_1 unendlich nahen Punkt t_1 hindurchgehend denkt. Die Geraden $\overline{c_1 t_1}$, $\overline{d_1 t_1}$ schneiden K in t, t', wobei t der zweite Schnitt von K mit T und t' der Punkt c_1 ist; bringt man nun die beiden Geraden $\overline{at'}$, $\overline{a't}$ in w zum Durchschnitt, so wird die Gerade $b_1 w$ den Kegelschnitt K in e schneiden. Verändert sich nun K_1 als Kegelschnitt des Büschels, so beschreibt T ein mit dem Büschel projectivisches Strahlenbüschel; dieses ist perspectivisch mit dem Punktsystem, welches t

auf K beschreibt, welches wieder mit dem sich um a' drehenden Strahlenbüschel und daher auch mit dem auf $\overline{c_1 a_1}$ sich fortbewegenden Punkte w perspectivisch ist. Die Reihe der Punkte w ist endlich mit dem Büschel der Strahlen $\overline{b_1 w}$ und daher auch mit dem von e auf K beschriebenen Punktsystem perspectivisch. Somit ist das Kegelschnittbüschel projectivisch mit dem System der Punkte e auf K:

„*Die Kegelschnitte eines Büschels schneiden einen festen durch drei von den vier Scheiteln gehenden Kegelschnitt in Punkten, welche auf diesem Kegelschnitt ein mit dem Büschel projectivisches (doppelverhältnissgleiches) System bilden.*"

Geht der feste Kegelschnitt über in die Gerade $\overline{c_1 d_1}$ und eine beliebig durch b_1 gelegte Gerade, so erhält man den in Art. 105 enthaltenen Satz. Ebenso gilt reciprok:

„*Die Tangenten, welche die einem festen Vierseit eingeschriebenen Kegelschnitte mit einem festen, drei Seiten des Vierseits berührenden Kegelschnitte noch gemeinsam haben, bilden auf diesem festen Kegelschnitte ein mit jener Reihe von Kegelschnitten projectivisches Tangentensystem.*"

119. Während wir bisher die Curven zweiter Ordnung und Classe nur aus reellen gegebenen Elementen (Punkten, Tangenten) construirten, setzen uns die Betrachtungen des Artikels 97 sofort in Stand: „*einen Kegelschnitt K_1 zu construiren, welcher durch drei reelle gegebene Punkte s, s', a_1 und dann durch jene zwei (imaginären) Punkte hindurchgeht, in denen eine gegebene Gerade P einen gegebenen Kegelschnitt K, welcher durch zwei von jenen drei Punkten etwa durch s, s' hindurchgeht, schneidet.*"

Man wird die zwei dem gegebenen Kegelschnitte angehörigen Punkte zu Scheiteln s, s' der beiden Büschel wählen und den dritten gegebenen reellen Punkt a_1 aus s, s' auf den gegebenen Kegelschnitt K projiciren, wodurch auf ihm die beiden Punkte a, a' als seine Schnitte mit $\overline{sa_1}$, $\overline{s'a_1}$ respective entstehen. Ist nun b_1 irgend ein weiterer Punkt des fraglichen Kegelschnittes K, so werden die Strahlen sb_1, $s'b_1$ den Kegelschnitt K in zwei Punkten b, b' schneiden, und es muss der Schnittpunkt γ von ab' mit $a'b$ ein Punkt von P sein (Art. 97). Wird also γ beliebig auf P angenommen und K mit $\gamma a'$ in b und mit γa in b' geschnitten, so ist der Schnittpunkt b_1 von sb mit $s'b'$ ein Punkt von K_1. Ebenso löst man die reciproke Aufgabe.

Man kann jedoch von dem Kegelschnitte K_1 ganz unabhängig die folgenden Aufgaben lösen:

„Es sind drei reelle Punkte a_1, b_1, c_1 gegeben; ferner ist eine Punktinvolution auf der Geraden P durch zwei Punktepaare mm', nn' bestimmt. Man soll den Kegelschnitt K construiren, welcher durch a_1, b_1, c_1 und die Doppelpunkte e, f der auf P gegebenen Involution hindurchgeht.“

„Es sind drei reelle Geraden A_1, B_1, C_1 gegeben; ferner ist eine Strahleninvolution am Punkte p durch zwei Strahlenpaare MM', NN' bestimmt. Man soll den Kegelschnitt K construiren, welcher A_1, B_1, C_1 und die Doppelstrahlen E, F der am Punkte p gegebenen Involution zu Tangenten hat.“

Wenn die Doppelelemente e, f respective E, F imaginär sind, so haben wir einen Kegelschnitt zu construiren, welcher durch drei reelle und zwei imaginäre Punkte (Tangenten) bestimmt erscheint.

Wir geben die folgende Lösung der ersten Aufgabe, aus welcher sich nach dem Gesetze der Reciprocität die der zweiten sofort ergibt.

Sind x, x' irgend zwei ein Paar bildende Punkte der Involution auf P, so ist $(efxx') = -1$; es sind somit x, x' conjugirte Pole von K. Diese Bemerkung erlaubt uns, die Polaren der Punkte a, b, c, in denen P von der Geraden b_1c_1, c_1a_1, a_1b_1 geschnitten wird, aufzusuchen.

Sind nämlich a', b', c' die den Punkten a, b, c involutorisch auf P entsprechenden Punkte, so müssen die Polaren A, B, C von a, b, c, respective durch a', b', c' hindurchgehen. Die Polare A muss ausserdem durch den Punkt a'' gehen, welcher zu a bezüglich des Punktepaares b_1, c_1 harmonisch conjugirt ist. Wenn man also die Punkte a'', b'', c'' so bestimmt, dass $(b_1c_1aa'') = (c_1a_1bb'') = (a_1b_1cc'') = -1$ ist, so sind die Geraden $a'a''$, $b'b''$, $c'c''$ die Polaren A, B, C von a, b, c; sie müssen sich in einem Punkte p, dem Pole von P schneiden. Nun kann man aus jedem der Punkte a_1, b_1, c_1 einen neuen Punkt des Kegelschnittes ableiten.

Sind nämlich α, β, γ die Schnittpunkte von A, B, C respective mit aa_1, bb_1, cc_1 und bestimmt man die Punkte a''', b''', c''' so, dass $(a\alpha a_1a''') = (b\beta b_1b''') = (c\gamma c_1c''') = -1$ ist, so sind a''', b''', c''' ebenfalls Punkte des Kegelschnittes (Art. 54). Wir haben nun sechs reelle Punkte $a_1, b_1, c_1, a''', b''', c'''$ von K, von denen fünf den Kegelschnitt nach dem Pascal'schen Satze construiren lassen.

Denkt man sich den Punkt c in der Ebene veränderlich, so erhält man unendlich viele Kegelschnitte, welche die beiden reellen Punkte a, b und die imaginären Punkte e, f gemeinschaftlich haben.

Alle diese Kegelschnitte bilden ein Kegelschnittbüschel mit zwei reellen und zwei imaginären Scheiteln.

120. *„Es soll ein Kegelschnitt K construirt werden, welcher durch einen Punkt a hindurchgeht und ausserdem die Doppelpunkte zweier Involutionen enthält, von denen die eine auf der Geraden Q durch zwei Punktepaare mm', nn' und die andere auf der Geraden R durch zwei Punktepaare uu'', vv'' gegeben ist.“* Und reciprok:

„Es soll ein Kegelschnitt construirt werden, welcher eine reelle Gerade A und ausserdem die Doppelstrahlen zweier Strahleninvolutionen, von denen jede durch zwei Strahlenpaare gegeben ist, zu Tangenten hat.“

Wenn beide Involutionen auf Q, R reelle Doppelpunkte haben und diese construirt werden, so hat man dann für K fünf reelle Punkte und kann nach dem Pascal'schen Satze vorgehen. Hat eine der beiden Involutionen imaginäre Doppelpunkte, so construire man die reellen Doppelpunkte der anderen und hat dann für K drei reelle Punkte und zwei imaginäre Punkte, also den Fall des vorhergehenden Artikels.

Sind die Doppelpunkte der beiden Involutionen imaginär, so ist der fragliche Kegelschnitt bestimmt durch einen reellen Punkt und zwei imaginäre Punktepaare.

Sucht man die Punkte p', p'' auf, welche in den beiden gegebenen Involutionen auf Q, R dem Schnittpunkte p von Q und R entsprechen, so ist, da pp', pp'' zwei Paare conjugirter Pole sind, die Gerade $p'p''$ oder P die Polare von p. Sie wird K in zwei reellen Punkten e, f schneiden; denn da die Involutionen auf Q, R imaginäre Doppelpunkte haben, so sind alle Punkte dieser Geraden äussere Punkte für K, so dass also durch p an K reelle Tangenten gehen müssen, welche K in den auf P gelegenen reellen Punkten e, f berühren. Diese Punkte e, f können nach Art. 79 construirt werden. Bezeichnen wir mit q, r die auf P gelegenen Pole von Q, R, so werden nach Art. 79 die beiden Strahleninvolutionen, welche wir erhalten, wenn wir die auf Q, R gegebenen Involutionen conjugirter Pole aus a auf K projicirt denken, diesen Kegelschnitt in Punktepaaren schneiden, deren Verbindungsgeraden durch q, respective r hindurchgehen. Das den beiden Involutionen gemeinsame Strahlenpaar wird somit K in einem Punktepaar schneiden, dessen Verbindungsgerade durch q und r gehen; diese Gerade ist also P und jenes Punktepaar ist e, f.

Wir haben somit das gemeinschaftliche Strahlenpaar der beiden Involutionen aufzusuchen, von denen die eine durch die beiden Strahlenpaare am, am'; an, an' und die andere durch die Strahlenpaare au, au''; av, av'' gegeben ist; dann schneiden die Strahlen dieses reellen Paares die Gerade P in den dem Kegelschnitte K angehörigen Punkten e, f. Nun kann K construirt werden als der Kegelschnitt, der durch a, e, f geht und in e, f die Geraden pe, pf zu Tangenten hat.

Ebenso wird die reciproke Aufgabe gelöst.

Hält man Q, R und die beiden Involutionen auf diesen Geraden fest, so erhält man für die einzelnen Punkte a der Ebene Kegelschnitte, welche zwei imaginäre Punktepaare gemeinschaftlich haben und somit ein Kegelschnittbüschel mit vier imaginären Scheiteln bilden.

121. „*Wie viele gemeinschaftliche Punkte und Tangenten besitzen zwei beliebige Kegelschnitte einer Ebene?*"

Um diese Frage möglichst allgemein zu beantworten, müssen wir aus dem Rahmen unserer, nur projectivische Beziehungen umfassenden Betrachtungen heraustreten.

Es seien K, K_1 irgend zwei Kegelschnitte in einer und derselben Ebene, s, s' zwei beliebige feste Punkte von K_1 und x ein auf K_1 variabler Punkt. Wenn wir K mit sx in ξ und mit $s'x$ in ξ' zum Durchschnitte bringen und zwei solche Punkte als einander entsprechende Punkte von K betrachten, so ist diese Beziehung von der projectivischen wesentlich verschieden, da jedem Punkte ξ von K zwei Punkte ξ' von K und ebenso jedem ξ' zwei ξ entsprechen. In der That schneidet $s\xi$ den Kegelschnitt K_1 in zwei Punkten x_1, x_2, welche mit s' die beiden Strahlen $s'x_1$, $s'x_2$ liefern, die den Kegelschnitt K in ξ_1', ξ_2' schneiden; jeden der Punkte ξ_1', ξ_2' hat man als dem Punkte ξ entsprechend anzusehen. Ebenso sieht man, dass einem ξ' zwei Punkte ξ, etwa ξ_1, ξ_2 entsprechen. Eine solche Verwandtschaft kann als eine zwei-zwei-deutige bezeichnet werden. Ist nun e ein Schnittpunkt von K und K_1, so fallen, wenn man x auf K_1 in e rücken lässt, in e die beiden einander entsprechenden Punkte ξ, ξ' zusammen, und umgekehrt: wenn der Punkt ξ mit einem ihm entsprechenden ξ' in e zusammenfällt, so ist e ein den Kegelschnitten gemeinsamer Punkt. Um also die Zahl der den beiden Kegelschnitten K, K_1 gemeinsamen Punkte zu erhalten, haben wir nur zu bestimmen, wie oft ein Punkt ξ mit einem der beiden ihm entsprechenden ξ' zusammenfällt. Zu dem Behufe projiciren wir je zwei Punkte ξ, ξ' aus einem beliebigen festen Punkte p von K auf eine beliebige feste Gerade P der Ebene, d. h. wir bestimmen den Schnittpunkt η von $\overline{p\xi}$ mit P und den Schnitt η' von $\overline{p\xi'}$ mit P. Man sieht sofort, dass jedem η zwei η' und jedem η'

zwei η entsprechen. Wenn man also mit y, y' die Abscissen der Punkte η, η' von einem beliebigen Anfangspunkte o auf P bezeichnet, so wird zwischen y, y' eine Relation bestehen müssen (I, Art. 94) von der Art, dass jedem y'-Werthe zwei y-Werthe und umgekehrt entsprechen, d. h. die Relation wird durch eine das y und y' im zweiten Grade enthaltende Gleichung dargestellt sein, und somit die allgemeinste Form haben:

$$y'^2(a_2 y^2 + b_2 y + c_2) + y'(a_1 y^2 + b_1 y + c_1) + (a_0 y^2 + b_0 y + c_0) = 0.$$

Soll ξ' mit ξ zusammenfallen, so muss η' mit η zusammenfallen, d. h. es muss $y' = y$ gesetzt werden, um die fraglichen Punkte zu erhalten. Dies gibt jedoch für y eine Gleichung des vierten Grades, d. h. vier Werthe für y, von denen jeder zwei zusammenfallende, einander entsprechende Punkte η und η', somit zusammenfallende Punkte ξ und ξ' liefert. In dieser Art ist dargethan:

„Zwei Kegelschnitte einer Ebene haben im Allgemeinen vier gemeinschaftliche Punkte; sie schneiden sich in vier Punkten.“

Da die Wurzeln einer Gleichung vierten Grades entweder alle reell oder paarweise imaginär sind, so *„werden die vier Schnittpunkte zweier Kegelschnitte entweder alle reell sein, oder zwei reell und zwei imaginär, oder aber es sind alle vier imaginär.“*

Reciprok hat man ebenso:

„Zwei Kegelschnitte einer Ebene haben vier gemeinsame Tangenten, welche entweder sämmtlich reell sind, oder zwei sind reell, zwei imaginär, oder es sind alle vier imaginär.“

Die reellen gemeinsamen Punkte (Tangenten) sind im Allgemeinen von einander verschieden; sie können jedoch zu zweien oder dreien zusammenfallen, oder es können auch alle vier unendlich nahe zu einander rücken. Hiedurch erhalten wir die von uns bereits untersuchten Berührungen verschiedener Ordnung.

Anmerkung. Wir bemerken, dass die im Vorhergehenden verwendete zwei-zwei-deutige Verwandtschaft die Projectivität als besonderen Fall in sich enthält. Ist nämlich der Punkt s den beiden Kegelschnitten gemeinschaftlich, so entspricht jedem ξ nur ein einziger Punkt ξ', während einem ξ' immer noch zwei ξ entsprechen. Die Verwandtschaft ist ein-zwei-deutig. Wenn auch s' beiden Kegelschnitten angehört, so wird die Beziehung eine eindeutige, d. h. projectivische (Art. 20).

122. *„Ein Kegelschnittbüschel (eine Kegelschnittreihe) ist durch zwei Kegelschnitte, welche ihm (ihr) angehören, vollkommen bestimmt.“*

Denn die beiden Kegelschnitte besitzen vier gemeinschaftliche durch sie vollkommen bestimmte Punkte (Tangenten), welche als

Scheitel (feste gemeinsame Tangenten) aufgefasst, ein Kegelschnittbüschel (Kegelschnittreihe) liefern, welchem (welcher) auch die beiden gegebenen Kegelschnitte angehören.

Will man jenen Kegelschnitt des Büschels erhalten, welcher durch einen Punkt x hindurchgeht, so lege man durch x gerade Linien X, welche von den zwei Kegelschnitten in den beiden Punktepaaren mm', nn' geschnitten werden mögen. Dann sind nach dem Satze von Desargues die Punkte x', welche dem x in den durch die beiden Punktepaare mm', nn' auf den Geraden bestimmten Involutionen entsprechen, Punkte des fraglichen Kegelschnittes. Wenn eines oder beide Punktepaare mm', nn' imaginär wären, so hat man nach Art. 74 vorzugehen, um x' aufzusuchen, wobei man m, m' und n, n' als die Doppelpunkte der auf X durch die beiden Kegelschnitte bestimmten Involutionen conjugirter Pole aufzufassen hat. Ebenso wird die reciproke Aufgabe gelöst.

In Bezug auf das durch zwei Kegelschnitte K, K' bestimmte Büschel erhält man den zu einem Punkte e conjugirten Punkt f (s. Art. 108) als den Schnittpunkt der Polaren von e bezüglich K, K'. Wenn sich e auf einer Geraden G bewegt, so beschreibt f einen Kegelschnitt K_1, welcher dem Dreiecke pqr umschrieben ist, das als sich selbst conjugirt in Bezug auf alle Kegelschnitte des Büschels zugleich das Diagonaldreieck des von den Scheiteln des Büschels, d. h. von den vier Schnittpunkten von K und K' gebildeten Viereckes auftritt. Bewegt sich e auf einer anderen Geraden L, so wird f einen zweiten Kegelschnitt K_2, der auch durch p, q, r hindurchgeht, beschreiben. Nun liegt der Punkt f, welcher dem Schnittpunkte e von G und L entspricht, auch auf beiden Kegelschnitten K_1, K_2, welche sich somit ausser in diesem reellen Punkte noch in den drei Punkten p, q, r schneiden. Die drei Punkte sind somit entweder alle reell oder es ist mindestens einer reell und die beiden anderen imaginär, dann muss aber nach Art. 97 ihre Verbindungsgerade reell sein. Wir haben somit den Satz:

„Das zwei Kegelschnitten gemeinschaftliche sich selbst conjugirte Dreieck (d. h. das Diagonaldreieck, respective Dreiseit des Viereckes, respective Vierseits der vier gemeinschaftlichen Punkte, respective Tangenten) hat entweder alle Ecken und alle Seiten reell, oder es ist eine Ecke und die ihr gegenüberliegende Seite reell, die übrigen Ecken und Seiten dagegen imaginär."

Achtes Kapitel.

Die Durchmesser und Axen der Kegelschnitte.

123. Sowie jede reelle Gerade in Bezug auf einen Kegelschnitt K einen reellen Pol besitzt (Art. 55), so wird auch der Pol o der unendlich weiten Geraden ein reeller Punkt sein. Sind u_∞, u'_∞ die beiden unendlich weiten Punkte von K (die Schnittpunkte von K mit der unendlich weiten Geraden) und sind T_u, $T_{u'}$ die Tangenten von K in diesen Punkten (also die Asymptoten von K), so ist der Schnittpunkt der beiden Asymptoten der Pol o der unendlich weiten Geraden. Für die Ellipse sind die Asymptoten imaginär, der Pol o bleibt jedoch reell. Für die Parabel wird o der Berührungspunkt der Curve mit der unendlich weiten Geraden.

Wir haben schon in Art. 24 den Schnittpunkt o der beiden Asymptoten als den Mittelpunkt des Kegelschnittes bezeichnet, und begründen nun diese Bezeichnung, indem wir beweisen:

„Jede durch den Pol o der unendlich weiten Geraden hindurchgehende Sehne des Kegelschnittes erscheint in o halbirt, weshalb man den Pol o der unendlich weiten Geraden als den Mittelpunkt des Kegelschnittes bezeichnet."

Sind nämlich x, x' die beiden Schnittpunkte von K mit irgend einer durch o gehenden Geraden D, und ist d'_∞ der unendlich weite Punkt von D, so muss $(xx'od'_\infty) = -1$, weil d'_∞ auf der Polare von o liegt; da jedoch d'_∞ unendlich weit ist, so muss der zu d'_∞ bezüglich x, x' harmonisch conjugirte Punkt o der Halbirungspunkt der Strecke $\overline{xx'}$ sein, was zu beweisen war.

Aus Obigem folgt sofort:

„Jede eigentliche reelle Curve zweiter Ordnung und Classe besitzt einen reellen Mittelpunkt; der Mittelpunkt einer Ellipse liegt innerhalb der Curve, da er der Schnittpunkt der beiden imaginären Asymptoten (im Unendlichen berührenden Tangenten) ist; dagegen liegt der Mittelpunkt einer Hyperbel ausserhalb der Curve, als Schnittpunkt der beiden reellen Asymptoten. Der Mittelpunkt einer Parabel liegt auf der Curve, denn er ist ihr Berührungspunkt mit der unendlich weiten Geraden."

Bei der Parabel verliert der Mittelpunkt die durch seine Benennung charakterisirte Eigenschaft, weshalb man öfter die Parabel als Kegelschnitt ohne Mittelpunkt bezeichnet findet. Indem wir jedoch den Mittelpunkt als den Pol der unendlich weiten Geraden

11*

definiren, müssen wir auch der Parabel einen (unendlich weiten) Mittelpunkt zusprechen.

„*Die durch den Mittelpunkt gehenden zwei Tangenten berühren die Curve in ihren unendlich weiten Punkten; es sind die beiden Asymptoten.*“

124. Jede durch den Mittelpunkt o gehende Gerade wird als ein Durchmesser der Curve bezeichnet. Die Durchmesser sind als durch den Pol der unendlich weiten Geraden hindurchgehend, zu der unendlich weiten Geraden conjugirte Strahlen. Die sämmtlichen Durchmesser halbiren sich gegenseitig im Mittelpunkte. Die sämmtlichen Durchmesser bilden somit ein Strahlenbüschel; dieses wird für die Parabel ein Parallelstrahlenbüschel:

„*Alle Durchmesser einer Parabel sind untereinander parallel.*“

Sind x, x' die Schnittpunkte eines Durchmessers mit der Curve, so nennt man die Strecke $\overline{xx'}$ die Länge des Durchmessers; die Strecke $\frac{\overline{xx'}}{2} = \overline{ox} = \overline{x'o}$ wird die Länge des Halbmessers oder Halbdurchmessers genannt. Die Punkte x, x' werden als die Endpunkte eines Durchmessers oder als diametral einander gegenüberliegende Punkte bezeichnet.

„*Jeder Punkt x besitzt einen diametral gegenüberliegenden Punkt x', es ist der zweite Schnittpunkt des Kegelschnittes mit der Geraden ox; es bilden somit alle Paare einander diametral gegenüberliegender Punkte des Kegelschnittes auf diesem eine Involution, weil ihre Verbindungsgeraden durch denselben Punkt o, den Mittelpunkt hindurchgehen. Die Doppelpunkte dieser Involution sind die unendlich weiten Punkte des Kegelschnittes, und man kann somit zwei diametral gegenüberliegende Punkte auch definiren, als solche, welche durch die beiden unendlich weiten Punkte der Curve harmonisch getrennt werden.*“

Da ein Durchmesser D eine durch den Pol o der unendlich weiten Geraden gehende Gerade ist, so muss der Pol eines Durchmessers in der Polare von o, d. h. in der unendlich weiten Geraden liegen, d. h.:

„*Der Pol eines Durchmessers ist in unendlicher Entfernung, und umgekehrt ist also die Polare eines unendlich weiten Punktes ein Durchmesser.*“

Sind x, x' die Endpunkte des Durchmessers D, so müssen sich die Tangenten T_x, $T_{x'}$ von K in x, x' respective in dem unendlich weiten Pole d_∞ von D schneiden, d. h. sie müssen parallel sein:

„*Die Tangenten eines Kegelschnittes in den Endpunkten eines Durchmessers sind parallel.*“

Hat man umgekehrt irgend eine Tangente T_x, welche in x berührt, so gibt es zu ihr nur noch eine parallele Tangente (Art. 37) $T_{x'}$, deren Berührungspunkt x' der dem x diametral gegenüberliegende sein muss; denn die Gerade $\overline{xx'}$ ist die Polare des unendlich weiten Punktes d_∞ von T_x und $T_{x'}$, d. h. $\overline{xx'}$ ist ein Durchmesser:

„Die Berührungspunkte paralleler Tangenten eines Kegelschnittes sind Endpunkte eines Durchmessers.“

Die sämmtlichen Paare paralleler Tangenten bilden auf K eine Tangenteninvolution, deren Axe die unendlich weite Gerade ist (Art. 75); die Doppeltangenten dieser Involution berühren K in dessen unendlich weiten Punkten, es sind dies also die beiden Asymptoten. Man kann somit zwei parallele Tangenten eines Kegelschnittes definiren, als solche, welche durch die beiden Asymptoten harmonisch getrennt erscheinen.

125. Jedem Durchmesser D als der Polare eines unendlich weiten Punktes d_∞ haftet eine einfache wichtige Eigenschaft an; ist nämlich S irgend eine durch d_∞ gehende Gerade, y, y' ihre Schnittpunkte mit K und h ihr Schnittpunkt mit D, so ist, weil D die Polare von d_∞ ist: $(yy'hd_\infty) = -1$ und somit ist h der Halbirungspunkt der Sehne $\overline{yy'}$, welche nach dem unendlich weiten Pole d_∞ von D gerichtet ist:

„Ein Durchmesser halbirt die sämmtlichen nach seinem (unendlich weiten) Pole gerichteten (untereinander parallelen) Sehnen.“

Und umgekehrt:

„Die Halbirungspunkte aller zu einander parallelen Sehnen liegen auf einem Durchmesser, nämlich auf der Polare ihres unendlich weiten Punktes.“

Denn diese Halbirungspunkte erfüllen nach Art. 54 die Polare des den Sehnen gemeinsamen unendlich weiten Punktes, d. h. sie liegen auf einem Durchmesser.

So ist jedem Durchmesser D eine Schaar von parallelen Sehnen (die ihm conjugirte Sehnenschaar), welche von ihm halbirt erscheinen, zugeordnet; und ebenso ist jeder Schaar von parallelen Sehnen ein Durchmesser (der zu ihr conjugirte Durchmesser), welcher ihre Mittelpunkte enthält, zugeordnet.

„Ein Durchmesser und eine Sehne werden conjugirt genannt, wenn der erstere durch den Halbirungspunkt der letzteren geht“, oder was dasselbe ist: *„wenn der unendlich weite Punkt der Sehne der Pol des Durchmessers ist.“*

„Es sind somit die zu einem Durchmesser conjugirten Sehnen parallel zu den Tangenten, welche die Curve in den Endpunkten des Durchmessers berühren.“

Ebenso erkennt man, dass *„die zu einem Durchmesser conjugirten Sehnen die zu ihm bezüglich K conjugirten Strahlen sind“* (Art. 56).

126. Alle Durchmesser einer Parabel sind untereinander parallel; jeder geht durch den unendlich weiten Mittelpunkt der Curve, in welchem diese die unendlich weite Gerade berührt, so dass also jeder Durchmesser die Parabel noch in einem zweiten, im Endlichen gelegenen Punkte schneidet.

„Von den zwei Schnittpunkten einer Parabel mit einem ihrer Durchmesser ist der eine in unendlicher Entfernung.“

Wenn man also von dem Endpunkte eines Parabeldurchmessers spricht, so hat man immer den im Endlichen gelegenen Schnittpunkt zu verstehen.

Es wird eine Sehnenschaar geben, welche zu den sämmtlichen untereinander parallelen Parabeldurchmessern senkrecht steht, und diese Sehnenschaar wird von einem bestimmten unter den Durchmessern halbirt werden:

„Unter den Parabeldurchmessern gibt es einen, welcher zu der ihm conjugirten Sehnenschaar senkrecht steht.“

Da ein solcher Durchmesser (wie man sofort sieht) eine Symmetrieaxe der Curve darstellt, so wird er als die Axe der Parabel bezeichnet. Den Endpunkt der Axe nennt man den Scheitel der Parabel und seine Tangente die Scheiteltangente der Parabel. Die Scheiteltangente ist zur Axe senkrecht.

Ist eine Parabel durch vier Tangenten (oder drei Tangenten und den Berührungspunkt einer, oder zwei Tangenten mit ihren beiden Berührungspunkten) gegeben, so hat man nur nach Art. 45 den Berührungspunkt der unendlich weiten Geraden zu construiren, so gibt dieser die Richtung aller Durchmesser der Parabel; senkrecht hiezu kann man an die Parabel (nach Art. 45) eine Tangente legen. Dies ist schon die Scheiteltangente, ihr Berührungspunkt der Scheitel, und der durch den Scheitel gehende Durchmesser ist die Axe der Parabel.

127. Unter den sämmtlichen zu einem Durchmesser D conjugirten Sehnen gibt es eine, welche durch den Mittelpunkt o hindurchgeht, d. h. welche selbst ein Durchmesser D' ist, den man daher als den zu D conjugirten Durchmesser bezeichnet. Der zu einem Durchmesser D conjugirte D' verbindet somit den Mittelpunkt o der Curve mit dem unendlich weiten Pole d_∞ von D, oder was

dasselbe ist, *„die zu einem Durchmesser D conjugirte Sehnenschaar ist zu dem conjugirten Durchmesser D' parallel“.*

„Wenn D' der zu D conjugirte Durchmesser ist, so ist auch D der zu D' conjugirte Durchmesser; D, D' stellen ein Paar conjugirter Durchmesser dar.“

Denn ist D' zu D conjugirt, so ist der unendlich weite Punkt d_∞ von D' der Pol von D; da nun D' durch d_∞ und o geht, so liegt der Pol d'_∞ von D' auf der Polare von o, d. h. auf der unendlich weiten Geraden, und auf der Polare von d_∞, d. h. auf D. Es ist somit d'_∞ der unendlich weite Punkt von D und somit wird die zu D parallele Sehnenschaar von D' halbirt, d. h. D ist der zu D' conjugirte Durchmesser. D. h.:

„Zwei Durchmesser sind conjugirt, wenn der unendlich weite Punkt des einen der Pol des anderen ist.“

Es sind also conjugirte Durchmesser solche, von denen jeder durch den Pol des anderen hindurchgeht.

„Die Polare P eines Punktes p ist parallel zu dem Durchmesser D', welcher conjugirt ist zu dem durch p gehenden Durchmesser D.“ Denn die Polare von p enthält die Pole aller durch p gehenden Geraden, also insbesondere auch den Pol d_∞ von D; dieser ist jedoch der unendlich weite Punkt von D'.

„Der Centralpunkt der Involution conjugirter Pole, welche K auf irgend einer Geraden P bestimmt, ist der Schnittpunkt von P mit dem durch den Pol p von P gehenden Durchmesser D.“

Denn dieser Schnittpunkt ist ja der auf P gelegene, zu d_∞ conjugirte Pol, weil er ja auf der Polare D von d_∞ liegt, und da er in der Involution dem unendlich weiten Punkte entspricht, so ist es der Centralpunkt derselben.

Hieraus folgt weiter:

„Der Kegelschnitt bestimmt auf jedem seiner Durchmesser eine Involution conjugirter Pole, für welche der Mittelpunkt o den Centralpunkt darstellt.“

„Zwei conjugirte Durchmesser sind zwei durch den Mittelpunkt o gehende, bezüglich K conjugirte Strahlen.“ Denn jeder geht durch den Pol des anderen.

Und umgekehrt: *„Je zwei durch o gehende conjugirte Strahlen sind zwei conjugirte Durchmesser.“*

Nach Obigem haben wir ferner:

„Jeder von zwei conjugirten Durchmessern halbirt die zu dem anderen parallelen Sehnen.“

„Durch einen beliebig gewählten Punkt m kann man eine einzige Sehne legen, welche in m halbirt erscheint.“

Es ist dies die zu dem zum Durchmesser $\overline{om}$ conjugirten Durchmesser parallel durch m gelegte Sehne.

Nur wenn m mit dem Mittelpunkte o zusammenfällt, wird jede durch m gehende Sehne in m halbirt:

„Wenn durch einen Punkt zwei in ihm halbirte Sehnen hindurchgehen, so wird jede durch ihn gehende Sehne in ihm halbirt; der Punkt ist der Mittelpunkt der Curve.“

Denn aus der Annahme folgt sofort, dass die unendlich weite Gerade die Polare des Punktes ist, d. h. er ist der Mittelpunkt der Curve.

Weil jeder von zwei conjugirten Durchmessern die Polare des unendlich weiten Punktes des anderen ist, so hat man:

„Die zu einem von zwei conjugirten Durchmessern parallelen Tangenten berühren die Curve in den Endpunkten des anderen.“

Sind also xx', yy' die Endpunkte zweier conjugirten Durchmesser, so werden die durch x und x' zu $\overline{yy'}$ parallel gezogenen Geraden die Curve in x, x' berühren; und ebenso sind die durch y und y' zu $\overline{xx'}$ gelegten Parallelen die Tangenten in y, y'. Diese vier Tangenten bilden ein der Curve umschriebenes Parallelogramm, dessen Seiten von der Curve offenbar in ihren Halbirungspunkten berührt werden. Jedem Paar conjugirter Durchmesser entspricht ein solches der Curve umschriebenes Parallelogramm, dessen Seiten in den Berührungspunkten halbirt erscheinen.

Zwei Sehnen (oder Sehnenschaaren) nennen wir conjugirt, wenn die zu ihnen conjugirten Durchmesser ein Paar conjugirter Durchmesser bilden. Zwei conjugirte Sehnen sind also solche, welche zu zwei conjugirten Durchmessern parallel sind. Wenn sich zwei conjugirte Sehnen in einem Punkte von K schneiden, so werden sie als zwei Supplementarsehnen bezeichnet.

Aus Art. 58 folgt sofort:

„Die sämmtlichen Paare conjugirter Durchmesser bilden eine Involution. Die Doppelstrahlen dieser Involution sind die beiden Asymptoten, so dass also je zwei conjugirte Durchmesser von den beiden Asymptoten harmonisch getrennt erscheinen.“

Der Mittelpunkt der Curve ist ein innerer oder äusserer Punkt, je nachdem die Curve eine Ellipse oder Hyperbel ist. Nach Art. 76 wird somit jeder Durchmesser einer Ellipse die Curve in reellen Punkten schneiden, während bei der Hyperbel die Asymptoten zwei Paare von Scheitelwinkeln bilden, von denen das eine lauter Durchmesser enthält, welche die Curve in reellen Punkten treffen, während die im anderen enthaltenen Durchmesser keine reellen Punkte mit der Hyperbel gemeinschaftlich haben. Die Hyperbel liegt also ihrer ganzen Ausdehnung nach in einem der beiden von den Asymptoten gebildeten Scheitelwinkelpaare.

„Alle Durchmesser einer Ellipse haben reelle Endpunkte (sie sind eigentliche Durchmesser); bei der Hyperbel trennen die beiden Asymptoten jene Durchmesser, welche reelle Endpunkte haben (eigentliche Durchmesser), von solchen, welche imaginäre Endpunkte besitzen (ideelle Durchmesser).“

Da je zwei conjugirte Durchmesser durch die Asymptoten harmonisch getrennt sind, so kann man sagen:

„Von zwei conjugirten Durchmessern einer Hyperbel ist der eine ein eigentlicher und der andere ein ideeller Durchmesser.“

Während man zu jedem Durchmesser einer Ellipse zwei reelle parallele Tangenten erhält, sind die zu einem Durchmesser der Hyperbel parallelen zwei Tangenten nur dann reell, wenn sein unendlich weiter Punkt ein äusserer Punkt ist, d. h. wenn der Durchmesser in jenem Scheitelwinkelpaar der beiden Asymptoten liegt, welches die Hyperbel nicht enthält (Art. 76).

128. Nach I, Art. 83 gibt es unter den sämmtlichen Strahlenpaaren einer Involution ein rechtwinkliges, oder es sind alle Strahlenpaare rechtwinklig, d. h.:

„Jeder Kegelschnitt besitzt ein Paar conjugirter zu einander senkrecht stehender Durchmesser; besitzt er ausnahmsweise zwei solche Paare, so sind die Durchmesser eines jeden Paares aufeinander senkrecht.“

Da jeder von zwei conjugirten Durchmessern die zu dem anderen parallelen Sehnen halbirt, so wird jeder von den zwei zu einander senkrechten conjugirten Durchmessern die zu ihm senkrechten Sehnen halbiren:

„Es gibt also zwei conjugirte Schaaren von parallelen Sehnen, welche durch die zu ihnen senkrechten Durchmesser halbirt erscheinen. Diese beiden Durchmesser bilden das Paar der conjugirten zu einander senkrechten Durchmesser.“

Da (wie man sofort erkennt) jeder dieser Durchmesser für die Curve eine Symmetrieaxe ist, so werden sie als die Axen (oder auch Hauptaxen) des Kegelschnittes bezeichnet.

Da nach I, Art. 77 das rechtwinklige Strahlenpaar einer Involution die Winkel der beiden Doppelstrahlen halbirt, so können wir sagen:

„Die beiden Axen eines Kegelschnittes sind die Halbirungslinien der von den Asymptoten desselben gebildeten Winkel.“

„Jeder Kegelschnitt besitzt zwei Axen; sie bilden das Paar conjugirter senkrechter Durchmesser (Axenpaar).“

Da eine Curve bezüglich einer Symmetrieaxe beiderseits congruent gelegen ist, so wird sie durch die Axe in zwei congruente Hälften zerlegt:

„Jede der beiden Axen zerlegt den Kegelschnitt in zwei congruente Hälften, so dass die beiden Axen den Kegelschnitt in vier congruente Theile (Quadranten) zerlegen.“

Die Schnittpunkte der Curve mit einer Axe werden als die Scheitel der Curve bezeichnet; der Kegelschnitt hat somit auf jeder Axe zwei Scheitel, im Ganzen vier Scheitel. Die Tangente in einem Scheitel wird als Scheiteltangente bezeichnet; sie ist nach Art. 127 senkrecht zu der Axe, auf welcher der Scheitel liegt (oder parallel zur anderen Axe). Der Kegelschnitt besitzt vier Scheiteltangenten.

Ist der Kegelschnitt eine Ellipse, so haben beide Axen reelle Endpunkte (Art. 127); die Längen der beiden Axen bezeichnet man mit $2a$, $2b$, wobei die längere Axe mit $2a$ bezeichnet zu werden pflegt und die erste, die grosse, oder die Hauptaxe genannt wird, während die Axe $2b$ als die zweite, die kleine, oder Nebenaxe der Ellipse bezeichnet wird.

Ist die Curve eine Hyperbel, so hat nur eine Axe reelle Endpunkte; sie heisst die erste oder Hauptaxe und wird ihre Länge gewöhnlich mit $2a$ bezeichnet, während man die Axe, deren Schnittpunkte mit der Hyperbel imaginär sind, als die zweite Axe, die Nebenaxe oder die conjugirte Axe bezeichnet.

Die vier Scheitel und Scheiteltangenten der Ellipse sind somit reell; bei der Hyperbel sind nur die zwei auf der Hauptaxe gelegenen Scheitel und die in ihnen berührenden Scheiteltangenten reell.

129. Ist der Kegelschnitt eine Parabel, so liegt sein Mittelpunkt o auf der unendlich weiten Geraden. Um nun zu irgend einem Durchmesser D den conjugirten zu finden, hat man o mit dem (unendlich weiten) Pole d_∞ von D zu verbinden; die Gerade $o\,d_\infty$ oder D' ist der zu D conjugirte Durchmesser. Dieser wird jedoch offenbar immer mit der unendlich weiten Geraden zusammen fallen:

„Alle Durchmesser einer Parabel haben die unendlich weite Gerade zum conjugirten Durchmesser.“

Die Involution conjugirter Durchmesser ist in diesem Falle eine degenerirte (s. I, Art. 102).

Wir haben (Art. 126) bei der Parabel nur einen Durchmesser im Endlichen, welcher die zu ihm senkrechten Sehnen halbirt (eine

Axe im Endlichen); der zu ihm conjugirte Durchmesser, d. i. also die zweite Axe der Parabel, ist die unendlich weite Gerade. Von den vier Scheiteln (und auch Scheiteltangenten) bleibt der eine im Endlichen (Art. 126), während die drei übrigen in dem unendlich weiten Mittelpunkte der Parabel vereinigt erscheinen.

130. Es seien D, D' irgend zwei conjugirte Durchmesser, d_∞, d'_∞ ihre Pole, von denen der erste auf D', der zweite auf D liegt, o sei der Schnittpunkt von D, D' (Mittelpunkt von K) und O_∞ die unendlich weite Gerade (Polare von o). Das Dreieck $o\,d_\infty\,d'_\infty$ (oder Dreiseit $O_\infty\,D\,D'$) ist, wie man sofort sieht, ein sich selbst conjugirtes, d. h.:

„Je zwei conjugirte Durchmesser bilden mit der unendlich weiten Geraden ein sich selbst conjugirtes Dreiseit, und umgekehrt.“

Die Punkte d_∞, d'_∞ sind, weil jeder auf der Polare des anderen liegt, zwei conjugirte Pole; d. h.:

„Zwei Durchmesser sind conjugirt, wenn ihre unendlich weiten Punkte conjugirte Pole sind.“

Wenn wir wieder mit u_∞, u'_∞ die unendlich weiten Punkte von K bezeichnen, so ist $(u_\infty\,u'_\infty\,d_\infty\,d'_\infty) = -1$.

131. Nach Art. 62 werden wir zu zwei conjugirten Durchmessern gelangen, wenn wir dafür sorgen, dass eine Seite eines sich selbst conjugirten Dreieckes die unendlich weite Gerade wird; dann stellen die beiden anderen ein Paar conjugirter Durchmesser dar.

Wählen wir zwei beliebige Durchmesser $\overline{xx'}$, $\overline{yy'}$, welche sich also gegenseitig im Mittelpunkt o schneiden und halbiren, und betrachten wir das der Curve eingeschriebene Viereck $x\,y\,x'\,y'$, so ist wegen $x\,o = o\,x'$, $y\,o = o\,y'$ dieses Viereck ein Parallelogramm, da $xy \parallel x'y'$ und $xy' \parallel x'y$ sein muss. Der unendlich weite Schnittpunkt d_∞ von xy mit $x'y'$ und der Schnittpunkt d'_∞ von xy' mit $x'y$ bilden also mit o die Ecken eines sich selbst conjugirten Dreieckes, nämlich des Diagonaldreieckes des Viereckes $xyx'y'$ (Art. 62); es sind somit $o\,d_\infty$ und $o\,d'_\infty$ zwei conjugirte Durchmesser, von denen der erste offenbar parallel ist zu den Seiten xy, $x'y'$ und der zweite parallel zu den Seiten xy', $x'y$ des eingeschriebenen Parallelogramms.

Anderseits erkennt man sofort:

„Wenn ein Parallelogramm $x\,y\,x'\,y'$ einem Kegelschnitte eingeschrieben ist, so sind seine Diagonalen $x\,x'$, $y\,y'$ zwei Durchmesser und ihr Schnittpunkt o ist somit der Mittelpunkt der Curve.“

Denn in dem Diagonaldreieck $o\,d_\infty\,d'_\infty$, welches sich selbst conjugirt ist, ist o der Pol der unendlich weiten Gegenseite $\overline{d_\infty d'_\infty}$,

d. h. o ist der Mittelpunkt der Curve; und auf Grund der obigen Betrachtung kann man hinzusetzen:

„Wenn ein Parallelogramm einem Kegelschnitte eingeschrieben ist, so sind seine beiden Seitenpaare parallel zu zwei conjugirten Durchmessern.“

Betrachten wir in dem Parallelogramm $xyx'y'$ nur den beliebigen Durchmesser xx' und den beliebigen Curvenpunkt y, so sind yx und yx' zwei Gerade, welche zu zwei conjugirten Durchmessern parallel sind, d. h.:

„Die beiden Sehnen, welche einen beliebigen Curvenpunkt mit den Endpunkten eines beliebigen Durchmessers verbinden, sind zu zwei conjugirten Durchmessern parallel.“

Zwei solche Sehnen haben wir als Supplementarsehnen bezeichnet.

Wenn der Punkt y die Curve durchläuft, so beschreiben $\overline{xy}$, $\overline{x'y}$ zwei projectivische Strahlenbüschel: „wenn also die Scheitel der einen Kegelschnitt erzeugenden Strahlenbüschel die Endpunkte eines Durchmessers sind, so sind je zwei entsprechende Strahlen zu zwei conjugirten Durchmessern parallel“.

„Wenn also das eingeschriebene Parallelogramm insbesondere ein Rechteck ist, so werden seine Seitenpaare zu den beiden Axen der Curve parallel sein.“

In einem Rechtecke sind die Diagonalen gleich lang und gegen die Seiten gleich geneigt, und umgekehrt ist ein Parallelogramm mit gleichgeneigten Diagonalen ein Rechteck, d. h.:

„Gleich lange Durchmesser bilden mit den Axen der Curve gleiche Winkel, und umgekehrt.“

Wenn wir einen Durchmesser xx' festhalten, dagegen den anderen yy' um o drehen, so wird sich das Viereck $xyx'y'$ verändern und seine Seitenpaare werden parallel sein zu den einzelnen Paaren conjugirter Durchmesser. Ist der Kegelschnitt insbesondere ein solcher, für welchen die Involution conjugirter Durchmesser eine rechtwinklige ist, so müssen alle die Vierecke $xyx'y'$ Rechtecke sein, so dass alle Durchmesser $\overline{yy'}$ der Länge nach gleich sind dem festen Durchmesser xx'. Es haben somit alle Durchmesser yy' und daher auch alle Halbmesser $\overline{oy}$ dieselbe Länge; die Curve ist ein Kreis:

„Wenn die Involution conjugirter Durchmesser eine rechtwinklige ist, so haben alle Punkte der Curve vom Mittelpunkte dieselbe Entfernung; die Curve ist ein Kreis.“

Für einen Kreis ist jeder Durchmesser senkrecht zu seinem conjugirten; je zwei senkrechte conjugirte Durchmesser stellen ein Axenpaar dar, „*der Kreis besitzt somit unendlich viele Axenpaare*“.

Nach Art. 127 erhalten wir:

„*Die Polare P eines Punktes p bezüglich eines Kreises K ist senkrecht zu dem durch p gehenden Durchmesser.*“

Ist p ein Punkt des Kreises, so hat man:

„*Die Tangente eines Kreises steht senkrecht zu dem durch den Berührungspunkt gehenden Radius.*“

Kehrt man den vorletzten Satz um, so besagt er, dass die vom Pole auf die Polare eines Kreises gefällte Senkrechte durch den Mittelpunkt geht, und hieraus folgt sofort:

„*Der Mittelpunkt eines Kreises ist der Höhenschnittpunkt in jedem Dreiecke, welches bezüglich des Kreises sich selbst conjugirt ist.*“

Es sei pqr ein bezüglich des Kreises K sich selbst conjugirtes Dreieck, o sein Höhenschnittpunkt und Mittelpunkt von K; ferner p', q', r' die Schnittpunkte von op mit $\overline{qr}$, von oq mit $\overline{pr}$ und von or mit $\overline{pq}$. Es sind p und p' zwei auf dem Durchmesser $\overline{opp'}$ gelegene conjugirte Pole und somit ist, wenn a den Radius des Kreises bedeutet, nach Art. 57 $\overline{op} \,.\, \overline{op'} = a^2$, ebenso ist $\overline{oq} \,.\, \overline{oq'} = a^2$, $\overline{or} \,.\, \overline{or'} = a^2$. Die Punkte p, p' (ebenso q, q' und r, r') müssen somit auf einer und derselben Seite des Mittelpunktes o gelegen sein, und es ist somit der Punkt o bezüglich des Dreieckes pqr ein äusserer Punkt und dieses Dreieck daher ein stumpfwinkliges.

„*Durch ein Dreieck pqr ist der Kreis, welchem dasselbe als sich selbst conjugirtes Dreieck angehört, vollkommen bestimmt.*“

Denn der Höhenpunkt o ist der Mittelpunkt, und den Radius a erhält man aus einer der drei letzten Gleichungen. Soll a und somit auch der Kreis reell sein, so müssen op, op' gleich gerichtet sein, d. h. pqr muss ein stumpfwinkliges Dreieck sein; ist dagegen pqr ein spitzwinkliges Dreieck, so wird a und daher auch der Kreis imaginär, während sein Mittelpunkt auch in diesem Falle reell bleibt.

132. Bringen wir irgend zwei parallele Tangenten zum Durchschnitt mit irgend zwei anderen parallelen Tangenten, so erhalten wir ein der Curve umschriebenes Parallelogramm $m n m' n'$ ($mn \parallel m'n'$, $mn' \parallel m'n$); dessen Diagonalen mm', nn' bilden mit der unendlich weiten Geraden das Diagonaldreiseit des von den vier Tangenten dargestellten Vierseits und dieses muss nach Art. 62 ein sich selbst conjugirtes Dreiseit sein. Es sind somit mm', nn' zwei conjugirte Durchmesser der Curve:

„Die Diagonalen eines jeden einem Kegelschnitte umgeschriebenen Parallelogrammes sind zwei conjugirte Durchmesser.“

Sollen die beiden Diagonalen Axen der Curve sein, so muss das Parallelogramm ein Rhombus werden.

Der letzte Satz liefert eine Lösung der Aufgabe:

„Ein Kegelschnitt ist durch fünf Tangenten gegeben, man soll seinen Mittelpunkt und seine Axen construiren.“

Nach Art. 49 kann man zu irgend zwei unter den fünf Tangenten die parallelen Tangenten als durch die unendlich weiten Punkte der ersteren gehend construiren, und erhält so ein der Curve umschriebenes Parallelogramm, dessen Diagonalen ein Paar conjugirter Durchmesser darstellen und sich im Mittelpunkte der Curve durchschneiden. Ersetzt man die eine der beiden ersterwähnten Tangenten durch eine der drei übrigen, so wird man ein zweites Paar conjugirter Durchmesser erhalten. Die Involution der conjugirten Durchmesser ist nun durch zwei Paare bestimmt, und man wird nach I, Art. 86 das Paar der rechtwinkligen Strahlen der Involution aufzusuchen haben, und hat dadurch die beiden Axen der Curve gefunden.

Wäre die Aufgabe zu lösen:

„Ein Kegelschnitt ist durch fünf Punkte gegeben, man soll seinen Mittelpunkt und seine Axen construiren“, so kann man entweder die Tangenten der fünf Punkte aufsuchen und hat so diese Aufgabe auf die vorhergehende zurückgeführt, oder aber man wird durch einen der fünf gegebenen Punkte 1, 2, 3, 4, 5, z. B. durch 1, eine Parallele zu $\overline{23}$ ziehen und nach Art. 30 ihren zweiten Schnittpunkt 1′ mit der Curve aufsuchen; die Gerade D, welche die Halbirungspunkte der Strecken $\overline{11'}$, $\overline{23}$ verbindet, ist ein Durchmesser. Zieht man durch 1 eine Parallele zu 24 und ist 1″ ihr zweiter Schnittpunkt mit dem Kegelschnitte K, so ist die Gerade D_1, welche die Halbirungspunkte der Strecken $\overline{11''}$, $\overline{24}$ verbindet, ebenfalls ein Durchmesser. Der Schnittpunkt o von D mit D_1 ist der Mittelpunkt; die durch o zu $\overline{11'}$, $\overline{11''}$ parallel gezogenen Geraden D', D_1' sind die zu D, D_1 conjugirten Durchmesser und das rechtwinklige Strahlenpaar der durch die zwei Paare DD', $D_1 D'_1$ bestimmten Involution ist das Axenpaar des Kegelschnittes.

Wäre die Curve eine Parabel, so hat man etwa durch 1 eine Senkrechte zu D zu ziehen, ihren zweiten Schnittpunkt 1‴ mit der Curve aufzusuchen; dann ist die durch den Halbirungspunkt von $\overline{11'''}$ zu D parallel gezogene Gerade die Hauptaxe der Parabel und ihr im Endlichen befindlicher ebenfalls nach dem Pascal'schen

Satze construirbare zweite Schnittpunkt mit der Curve ist der Parabelscheitel.

133. Aus den Sätzen des Art. 63 erhält man sofort:

„Durch die Ecken p, q, r irgend eines bezüglich K sich selbst conjugirten Dreieckes und durch den Mittelpunkt o von K kann man eine Hyperbel legen, deren Asymptoten zu irgend einem Paare conjugirter Durchmesser parallel sind."

Oder mit anderen Worten:

„Die Asymptotenpaare der durch den Mittelpunkt o und die Ecken p, q, r irgend eines sich selbst conjugirten Dreieckes von K hindurchgehenden Kegelschnitte sind parallel zu den Paaren conjugirter Durchmesser von K. Es sind also insbesondere die Axenrichtungen der durch o, p, q, r gehenden zwei Parabeln identisch mit den Asymptotenrichtungen von K, und die Asymptoten der durch o, p, q, r gehenden gleichseitigen Hyperbel sind parallel zu den Axen von K."

Die durch o, p, q, r hindurchgehenden Kegelschnitte schneiden also die unendlich weite Gerade in derselben Involution, welche vom Kegelschnitte K auf dieser Geraden bestimmt erscheint.

Aus Art. 63 folgt ebenso:

„Die drei Seiten irgend eines sich selbst conjugirten Dreieckes und irgend zwei conjugirte Durchmesser sind fünf Tangenten einer und derselben Parabel."

Die sämmtlichen einem sich selbst conjugirten Dreiseit pqr eingeschriebenen Parabeln bilden eine Kegelschnittreihe (Art. 104); die aus dem Mittelpunkte o an diese Parabeln gelegten Tangentenpaare stellen die Involution conjugirter Durchmesser von K dar. Die Asymptoten von K sind die Tangenten der beiden Parabeln, welche durch o gehen und dem Dreieck pqr eingeschrieben sind.

Ein beliebiges Dreieck pqr als sich selbst conjugirt in Bezug auf einen Kreis aufgefasst, bestimmt diesen Kreis K, wie wir gesehen haben, vollkommen; der Mittelpunkt o von K ist der Höhenschnittpunkt des Dreieckes, und da im Kreise alle Paare conjugirter Durchmesser rechtwinklig sind, so ergibt sich aus der letzten Betrachtung der Satz:

„Die aus dem Höhenschnittpunkt eines Dreieckes an irgend eine dem Dreiecke eingeschriebene Parabel gehenden zwei Tangenten stehen aufeinander senkrecht."

Oder mit anderen Worten:

„In jedem einer Parabel umgeschriebenen Dreiecke hat der Höhenschnittpunkt die Eigenschaft, dass durch ihn zwei zu einander senkrechte

Tangenten der Parabel hindurchgehen; er gehört somit der Directrix der Parabel an (Art. 80).“

134. Wir haben schon in Art. 57 gezeigt, dass man das Quadrat einer halben Sehne $\overline{ef}$ in der Form $\left(\frac{\overline{ef}}{2}\right)^2 = \overline{ox} \cdot \overline{ox'}$ schreiben kann, wenn x, x' irgend auf $\overline{ef}$ gelegene conjugirte Pole und o der zum unendlich weiten Punkte von $\overline{ef}$ conjugirte Pol, d. i. der Schnittpunkt von $\overline{ef}$ mit dem zu $\overline{ef}$ conjugirten Durchmesser ist. Wird $\overline{ef}$ ein Durchmesser, so ist o der Mittelpunkt des Kegelschnittes, und wir haben für das Quadrat des Halbdurchmessers $\left(\frac{\overline{ef}}{2}\right)^2$ den Werth $= \overline{ox} \cdot \overline{ox'}$. Dieses Quadrat ist positiv, wenn $\overline{ox}$, $\overline{ox'}$ gleichgerichtete Strecken, d. h. wenn x, x' auf derselben Seite von o gelegene Punkte sind; dann werden die Endpunkte e, f des Durchmessers reell sein, und man wird sie erhalten durch beiderseitige Auftragung der Strecke $\sqrt{\overline{ox} \cdot \overline{ox'}}$. Sind dagegen x, x' auf verschiedenen Seiten von o gelegen, so ist das Product $\overline{ox} \cdot \overline{ox'}$ negativ und $\sqrt{\overline{ox} \cdot \overline{ox'}}$, und daher auch die Endpunkte des Durchmessers imaginär, der Durchmesser also ideell.

Man pflegt jedoch auch in diesem Falle von den Endpunkten des ideellen Durchmessers zu sprechen, welche man durch Auftragen des reellen Werthes $\sqrt{-\overline{ox} \cdot \overline{ox'}}$ beiderseits von o erhält, welche jedoch nicht Punkte der Curve sind. Die Länge $2\sqrt{-\overline{ox} \cdot \overline{ox'}}$ wird als die Länge des ideellen Durchmessers bezeichnet.

„Die Involution conjugirter Pole auf einem Durchmesser hat den Curvenmittelpunkt o zum Centralpunkte; der Durchmesser ist ein eigentlicher oder ein ideeller, je nachdem der Mittelpunkt ausserhalb oder innerhalb der durch je zwei conjugirte Pole auf ihm begrenzten Strecke gelegen ist.“

Ist die Curve eine Parabel, x, x' zwei auf einem Durchmesser D gelegene conjugirte Pole, e der im Endlichen gelegene Schnittpunkt von D mit der Curve, während der zweite Schnittpunkt f_∞ der unendlich weite Parabelpunkt ist, so ist $(xx'ef_\infty) = -1$ und somit ist e der Halbirungspunkt der Strecke $\overline{xx'}$:

„Die von conjugirten Polen begrenzten Strecken eines Parabeldurchmessers haben einen gemeinsamen Halbirungspunkt. Derselbe ist der im Endlichen gelegene Endpunkt des Parabeldurchmessers.“

Es seien D, D' irgend zwei conjugirte Durchmesser des Kegelschnittes, ihr Schnittpunkt o somit der Mittelpunkt, und T irgend eine Tangente, welche die Curve im Punkte t berühren möge. Die beiden Durchmesser D, D' schneiden T in zwei Punkten x, y, deren Polaren man sofort angeben kann; nach Art. 127 wird die Polare von x die durch t zu D' parallel gezogene Gerade sein, sie möge D in x' schneiden, und die Polare von y ist die durch t zu D gezogene Parallele, welche D' in y' schneiden möge. Bezeichnet man nun die Länge des Durchmessers D mit 2α und jene des Durchmessers D' mit 2β, so hat man nach Obigem:

$$\alpha^2 = \overline{ox} . \overline{ox'}, \quad \beta^2 = \overline{oy} . \overline{oy} \quad \ldots \ldots \ldots (1)$$

Der Berührungspunkt t von T liegt entweder innerhalb oder ausserhalb der Strecke $\overline{xy}$; im ersten Falle sieht man sofort, dass dann auch x' innerhalb der Strecke $\overline{ox}$ und y' innerhalb der Strecke $\overline{oy}$ liegen muss, so dass sowohl α^2 als auch β^2 positiv, d. h. α und β reell sind. Die beiden conjugirten Durchmesser D, D' sind eigentliche Durchmesser und die Curve eine Ellipse:

„Bei der Ellipse liegt der Berührungspunkt jeder Tangente innerhalb der auf der Tangente durch irgend zwei conjugirte Durchmesser bestimmten Strecke.“

Liegt der Berührungspunkt t ausserhalb der Strecke xy, etwa auf der Seite von x, so wird, wie man sofort erkennt, x innerhalb der Strecke ox' und o innerhalb der Strecke $\overline{yy'}$ liegen, so dass α^2 positiv und β^2 negativ, d. h. α reell und β imaginär wird; die Curve ist eine Hyperbel:

„Bei der Hyperbel liegt der Berührungspunkt jeder Tangente ausserhalb der auf der Tangente durch irgend zwei conjugirte Durchmesser bestimmten Strecke, und zwar auf der Seite des eigentlichen Durchmessers.“

Wenn man nun für die Hyperbel mit α die Länge der eigentlichen und mit β die Länge des ideellen Halbmessers bezeichnet, so sind für die Hyperbel die Gleichungen (1) zu ersetzen durch:

$$\alpha^2 = \overline{ox} . \overline{ox'}, \quad \beta^2 = - \overline{oy} . \overline{oy'} \quad \ldots \ldots \ldots (2)$$

135. Es sei t irgend ein fester Punkt einer Ellipse oder Hyperbel K und T seine Tangente; sie ist (Art. 127) parallel zu dem Durchmesser, welcher zum Durchmesser ot conjugirt ist. Die Involution conjugirter Durchmesser bestimmt auf T eine Punktinvolution, für welche somit t der Centralpunkt ist; sind also x, y die Schnittpunkte von T mit irgend zwei conjugirten Durchmessern D, D', so ist das Product $\overline{tx} . \overline{ty}$ constant (I, Art. 74). Die durch t zu D', D parallel gezogenen Geraden (die Polaren von x, y) schneiden D, D' in x', y', und wir haben für die halben Längen α, β der conjugirten Durchmesser D, D' die Gleichungen (1), nur hat man im Falle der

Hyperbel β^2 durch $-\beta^2$ zu ersetzen. Aus der Aehnlichkeit der Dreiecke $\triangle xoy \sim ty'y \sim \triangle xx't$ folgt, weil $\overline{x't} = \overline{oy'}$, $\overline{y't} = \overline{ox'}$:

$$\left.\begin{aligned} \frac{\overline{xy}}{\overline{ox}} &= \frac{\overline{ty}}{\overline{ox'}} \\ \frac{\overline{xy}}{\overline{oy}} &= \frac{\overline{xt}}{\overline{oy'}} \end{aligned}\right\} \quad \ldots\ldots\ldots\ldots\ldots \quad (3)$$

Die Multiplication der beiden Gleichungen (3) liefert

$$\frac{\overline{xy}^2}{\overline{ox}\,.\,\overline{oy}} = \frac{\overline{xt}\,.\,\overline{ty}}{\overline{ox'}\,.\,\overline{oy'}} \quad \ldots\ldots\ldots\ldots \quad (4)$$

Ist nun φ der Winkel den, die beiden variablen conjugirten Durchmesser D, D' einschliessen, dagegen μ der Winkel, den die Tangente T des festen Punktes t mit dem durch ihn gehenden Durchmesser ot bildet, und η der Winkel, welchen D' mit T einschliesst, so ist in den Dreiecken xoy, toy:

$$\frac{\overline{ox}}{\overline{xy}} = \frac{\sin\eta}{\sin\varphi}, \quad \frac{\overline{oy}}{\overline{ot}} = \frac{\sin\mu}{\sin\eta};$$

folglich ist

$$\frac{\overline{ox}\,.\,\overline{oy}}{\overline{ot}\,.\,\overline{xy}} = \frac{\sin\mu}{\sin\varphi}$$

Erhebt man diese Gleichung zum Quadrat und multiplicirt dann mit (4), so ergibt sich

$$\overline{ox}\,.\,\overline{oy}\,.\,\overline{ox'}\,.\,\overline{oy'}\,.\sin^2\varphi = \overline{xt}\,.\,\overline{ty}\,.\,\overline{ot}^2\,.\sin^2\mu.$$

Da nun $\overline{xt}\,.\,\overline{ty} = -\overline{tx}\,.\,\overline{ty}$ ein constanter Werth ist, so steht auf der rechten Seite eine Constante, und da die linke Seite nach (1) $\alpha^2\beta^2\sin^2\varphi$ ist, so ist auch $\alpha^2\beta^2\sin^2\varphi$ und folglich auch $\alpha\beta\sin\varphi$ constant; d. h.:

„Das Product aus zwei conjugirten Halbmessern in den Sinus des von ihnen eingeschlossenen Winkels ist constant.“

Bezeichnen $2a$, $2b$ die Längen der Hauptaxen, so sind a, b ebenfalls zwei conjugirte, überdies aufeinander senkrecht stehende Halbmesser, und wir haben somit

$$\alpha\beta\sin\varphi = ab \quad \ldots\ldots\ldots\ldots\ldots \quad (5)$$

136. Aus den Gleichungen (3) folgt:

$$\overline{ox'} = \frac{\overline{ox}\,.\,\overline{ty}}{\overline{xy}}$$

$$\overline{oy'} = \frac{\overline{oy}\,.\,\overline{xt}}{\overline{xy}}$$

Multiplicirt man die erste dieser Gleichungen mit $\overline{ox}$ und die zweite mit $\overline{oy}$ und addirt, so ergibt sich

$$\overline{ox}\,.\,\overline{ox'} + \overline{oy}\,.\,\overline{oy'} = \frac{\overline{ox}^2\,.\,\overline{ty} + \overline{oy}^2\,.\,\overline{xt}}{\overline{xy}} \quad \ldots\ldots (6)$$

Nun ist in den Dreiecken otx, oty:

$$\overline{ox}^2 = \overline{xt}^2 + \overline{to}^2 + 2\overline{xt}\,.\,\overline{to}\,.\cos\mu$$
$$\overline{oy}^2 = \overline{ty}^2 + \overline{to}^2 - 2\overline{ty}\,.\,\overline{to}\,.\cos\mu;$$

multiplicirt man die erste Gleichung mit $\overline{ty}$, die zweite mit $\overline{xt}$ und addirt, so erhält man mit Rücksicht auf (6):

$$\overline{ox}\,.\,\overline{ox'} + \overline{oy}\,.\,\overline{oy'} = \frac{\overline{ty}\,.\,\overline{xt}\,(\overline{xt} + \overline{ty}) + \overline{to}^2\,(\overline{xt} + \overline{ty})}{\overline{xy}} = \frac{(\overline{xt} + \overline{ty})\,(\overline{to}^2 + \overline{xt} + \overline{ty})}{\overline{xy}},$$

und da $\overline{xt} + \overline{ty} = \overline{xy}$ ist, so hat man:

$$\overline{ox}\,.\,\overline{ox'} + \overline{oy}\,.\,\overline{oy'} = \overline{to}^2 + \overline{xt}\,.\,\overline{ty}.$$

Nun ist aber $xt\,.\,ty = -\,tx\,.\,ty$ ein constanter Werth, somit ist

$$\overline{ox}\,.\,\overline{ox'} + \overline{oy}\,.\,\overline{oy'} = \text{const.}$$

oder nach (1) respective (2)

$$\alpha^2 + \beta^2 = \text{const. für die Ellipse,}$$
$$\alpha^2 - \beta^2 = \text{const. für die Hyperbel.}$$

Da die Halbaxen a, b derselben Relation Genüge leisten müssen, so ist

$$\alpha^2 \pm \beta^2 = a^2 \pm b^2 \quad \ldots\ldots\ldots\ldots (7)$$

wobei die oberen Zeichen für die Ellipse, die unteren für die Hyperbel gelten:

„Bei der Ellipse ist die Summe, bei der Hyperbel die Differenz der Quadrate conjugirter Halbdurchmesser constant, nämlich gleich der Summe, respective Differenz der Halbaxenquadrate."

Durchmesser, welche mit den Axen gleiche Winkel bilden, sind gleich lang (Art. 131); um die gleich langen conjugirten Durchmesser einer Ellipse zu erhalten, hat man in den für die Ellipse giltigen Gleichungen $\alpha^2 + \beta^2 = \alpha^2 + b^2$, $\alpha\beta \sin\varphi = ab$, $\beta = \alpha$ zu setzen, und dies gibt für die Länge der gleich langen conjugirten Durchmesser:

$$\alpha = \beta = \sqrt{\frac{a^2 + b^2}{2}}$$

und für den von ihnen gebildeten Winkel φ:

$$\sin\varphi = \frac{ab}{\alpha^2} = \frac{2ab}{a^2 + b^2}$$

oder
$$\operatorname{tg}\frac{\varphi}{2} = \frac{b}{a}$$

Da gleiche Durchmesser zu den Axen gleich geneigt sind, so ist $\frac{\varphi}{2}$ der Winkel, den die beiden gleichen conjugirten Durchmesser mit der Axe, deren Länge $2a$ ist, bilden, wenn φ jener von den beiden Nebenwinkeln ist, in welchem diese Axe gelegen ist.

Wenn man also durch die Endpunkte jeder der beiden Ellipsenaxen Parallele zu der anderen Axe zieht, so erhält man ein Rechteck, dessen Diagonalen die Lagen der beiden gleichlangen conjugirten Durchmesser der Ellipse angeben. Die Länge der beiden Durchmesser ist gleich der Kathete eines rechtwinkligen Dreieckes, dessen Hypothenuse die halbe Diagonale jenes Rechteckes ist.

Weil für die Hyperbel $\alpha^2 - \beta^2 = a^2 - b^2$, so gibt es in der Hyperbel kein Paar endlicher conjugirter Durchmesser, welche gleich lang wären; jede der beiden Asymptoten stellt zwei conjugirte Durchmesser von unendlicher Länge dar, die man also in gewissem Sinne als gleichlang betrachten kann.

„Wenn in der Hyperbel zwei conjugirte Durchmesser von gleicher endlicher Länge vorkommen, so sind je zwei conjugirte Durchmesser der Hyperbel gleich lang."

Denn wird einmal $\beta = \alpha$, so ist $\alpha^2 - \beta^2 = o$, und da $\alpha^2 - \beta^2$ constant ist, so ist immer $\beta = \alpha$, insbesondere ist für eine solche Hyperbel auch $b = a$.

137. *„Das Product aus den Abständen eines Curvenpunktes t von den Schnittpunkten x, y seiner Tangente T mit irgend zwei conjugirten Durchmessern D, D' ist gleich dem negativen Quadrate des Halbdurchmessers β, welcher conjugirt ist zu dem nach dem Punkte t gerichteten Halbdurchmesser ot."*

Die durch t zu D' parallele Gerade ist (siehe oben) die Polare von x; sie schneidet den zu ot conjugirten, d. h. den zu T parallelen Durchmesser in einem Punkte x_1, dessen Polare daher durch x gehen und zu ot parallel sein muss. Ist nun y_1 der Schnittpunkt des zu T parallelen Durchmessers mit der durch x zu $\overline{ot}$ parallel gezogenen Polare von x_1, so sind x_1, y_1 zwei auf dem letztgenannten Durchmesser gelegene conjugirte Pole, und das Quadrat seiner halben Länge ist somit:
$$\beta^2 = \overline{ox_1} \cdot \overline{oy_1}.$$
Da nun $\overline{ox_1} = -\overline{ty}$, $\overline{oy_1} = \overline{tx}$ ist, so haben wir
$$\overline{tx} \cdot \overline{ty} = -\beta^2.$$

Bei der Ellipse liegt t zwischen x, y, somit ist $\overline{tx} . \overline{ty}$ negativ und β^2 positiv, β reell; bei der Hyperbel ist t ausserhalb der Strecke $\overline{xy}$ und somit $\overline{tx} . \overline{ty}$ positiv, β imaginär. Wie schon früher erwähnt wurde, trägt man jedoch auch in diesem Falle den absoluten Werth von β, d. i. $\sqrt{\overline{tx} . \overline{ty}}$ von o aus beiderseits auf die durch o zu T gezogene Parallele auf und erhält die Endpunkte des zum Halbmesser $\overline{ot}$ conjugirten (ideellen) Durchmessers der Hyperbel (Fig. 10).

Trägt man also auf die Hyperbeltangente vom Berührungspunkt t beiderseits den zu ot conjugirten Halbmesser β auf, so erhält man die Doppelpunkte m, m' der Involution, welche die conjugirten Durchmesserpaare auf der Tangente bestimmen; folglich sind om, om' die sich selbst conjugirten Durchmesser, d. h. die Asymp-

Fig. 10.

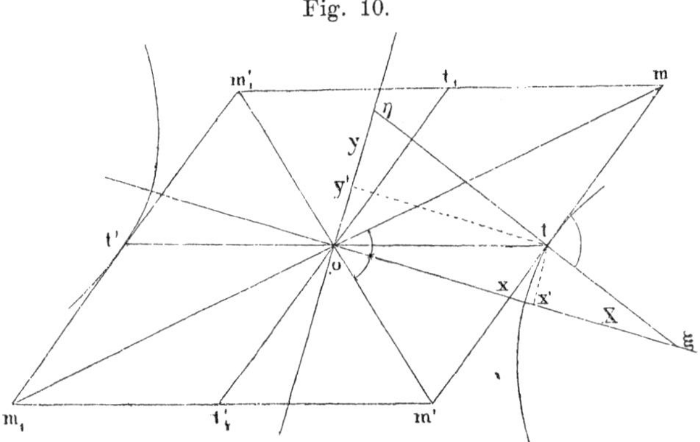

toten (Art. 127). Die durch m, m' zu ot parallelen Geraden treffen $\overline{om'}, \overline{om}$ respective in m'_1, m_1, so dass $\overline{m_1 m'_1}$ parallel und gleich mit $\overline{m'm}$ ist; und wenn t' der Schnittpunkt von $\overline{ot}$ mit $\overline{m_1 m'_1}$ ist, und wenn t_1, t'_1 die Schnittpunkte von $\overline{mm'_1}, \overline{m'm_1}$ mit der durch o zu $\overline{mm'}$ parallelen Geraden sind, so sind $\overline{tt'}, \overline{t_1 t'_1}$ zwei conjugirte Durchmesser, und zwar $\overline{tt'} = 2\alpha$ der eigentliche und $\overline{t_1 t'_1} = 2\beta$ der ideelle. Da die Asymptoten $mm_1, m'm'_1$ die Diagonalen des Parallelogrammes $mm'm_1m'_1$ sind, so haben wir den Satz:

„Legt man durch die Endpunkte eines jeden von zwei conjugirten Durchmessern einer Hyperbel Parallele zum anderen, so erhält man ein Parallelogramm, dessen Diagonalen die Asymptoten der Curve sind.“

Hat die Hyperbel ein und somit nach Art. 136 unendlich viele Paare gleichlanger conjugirter Durchmesser, so sind diese Parallelogramme Rhombusse und die Asymptoten aufeinander senkrecht, die Hyperbel ist eine gleichseitige.

Wenn mit a die halbe eigentliche und mit b die halbe ideelle Axenlänge und mit ψ der Winkel, den die Asymptoten mit der eigentlichen Axe bilden, bezeichnet wird, so ergibt sich aus dem letzten Satze $\operatorname{tg}\psi = \frac{b}{a}$.

Da t der Halbirungspunkt von $\overline{mm'}$ ist, so hat man wieder den Satz des Art. 26.

Aus der Unveränderlichkeit des Productes $\alpha\beta \sin\varphi$ (Art. 135) folgt die Unveränderlichkeit des Flächeninhaltes des oben erwähnten Parallelogramms und somit auch die Unveränderlichkeit des Flächeninhaltes des Dreieckes mom', so dass man wieder zu der Relation $\overline{om}\,.\,\overline{om'} = \text{const.}$ des Art. 26 gelangt.

Da $\overline{om'} = \overline{om'_1}$, so ist auch $\overline{om}\,.\,\overline{om'_1} = \text{const.}$; es wird somit, während $\overline{mm'}$ als Tangente unserer Hyperbel fortgleitet, auch $\overline{mm'_1}$ eine Hyperbel umhüllen, welche auch als Ort der Endpunkte t_1, t'_1 des zu $\overline{tt'}$ conjugirten Durchmessers auftritt. Die beiden Hyperbeln, welche gemeinsame Asymptoten und alle Paare conjugirter Durchmesser gemeinsam haben (der eine Durchmessers eines jeden Paares ist ein eigentlicher Durchmesser für die eine und ein ideeller für die andere Hyperbel), werden als zwei conjugirte (complementäre) Hyperbeln bezeichnet.

Die Halbirungslinien X, Y der Winkel der Asymptoten om, om' sind (Art. 128) die Axen der Hyperbel; wenn x, y die Schnittpunkte von $\overline{mm'}$ mit diesen Halbirungslinien und x', y' die Fusspunkte der von t auf dieselben gefällten Senkrechten sind, so hat man nach Art. 134 für die Quadrate der halben Axenlängen a, b die Gleichungen $a^2 = \overline{ox}\,.\,\overline{ox'}$, $b^2 = -\overline{oy}\,.\,\overline{oy'}$, wobei a die reelle und b die ideelle Halbaxe ist, wenn x, x' auf jener der beiden Axen gelegen sind, die mit t demselben von den Asymptoten gebildeten Scheitelwinkelpaar angehört.

Construirt man also die mittleren geometrischen Proportionalen $\sqrt{\overline{ox}\,.\,\overline{ox'}}$, $\sqrt{\overline{oy}\,.\,\overline{y'o}}$, so hat man die Längen der Halbaxen, wodurch die Aufgabe gelöst erscheint:

„*Von einer Hyperbel sind zwei conjugirte Durchmesser* $\overline{tt'}$, $\overline{t_1 t'_1}$ *ihrer Länge und Lage nach gegeben, man soll die Lagen und Längen der beiden Hauptaxen aufsuchen.*“

138. Es seien X, Y die Axen einer Ellipse oder Hyperbel. Die Normale des Curvenpunktes t schneidet die beiden Axen X, Y in den Punkten ξ, η (s. Fig. 10 für die Hyperbel, und Fig. 11 für die Ellipse), und es folgt aus der Aehnlichkeit der rechtwinkligen Dreiecke $\triangle xoy \sim \triangle \eta o \xi \sim \triangle tx'\xi \sim \triangle \eta y't$ und mit

Rücksicht auf die Gleichheiten $y't = ox'$, $x't = oy'$, sowie mit Rücksicht auf die Vorzeichen der Strecken:

$$\frac{\overline{ox}}{\overline{oy}} = -\frac{\overline{o\eta}}{\overline{o\xi}} = -\frac{\overline{oy'}}{\overline{x'\xi}} = -\frac{\overline{y'\eta}}{\overline{ox'}}$$

woraus mit Rücksicht auf die Gleichungen $a^2 = ox \,.\, ox'$, $\pm b^2 = oy \,.\, oy'$ folgt:

$$\overline{ox} \,.\, \overline{x'\xi} = \mp b^2, \quad \overline{oy} \,.\, \overline{y'\eta} = -a^2 \quad \ldots\ldots \quad (8)$$

Ferner folgt aus der Aehnlichkeit der beiden letztgenannten Dreiecke mit Rücksicht auf das Vorzeichen der Strecken:

$$\frac{\overline{t\xi}}{\overline{t\eta}} = -\frac{\overline{x'\xi}}{\overline{ox'}} = -\frac{\overline{x'\xi} \,.\, \overline{ox}}{\overline{ox'} \,.\, \overline{ox}} = \pm \frac{b^2}{a^2}.$$

Die oberen Zeichen gelten für die Ellipse, die unteren für die Hyperbel: *„Das Verhältniss der zwischen einem Curvenpunkt und den beiden Hauptaxen enthaltenen Abschnitte der Normale ist constant, und zwar gleich dem umgekehrten Verhältnisse der Quadrate der Halbaxen.*

Fig. 11.

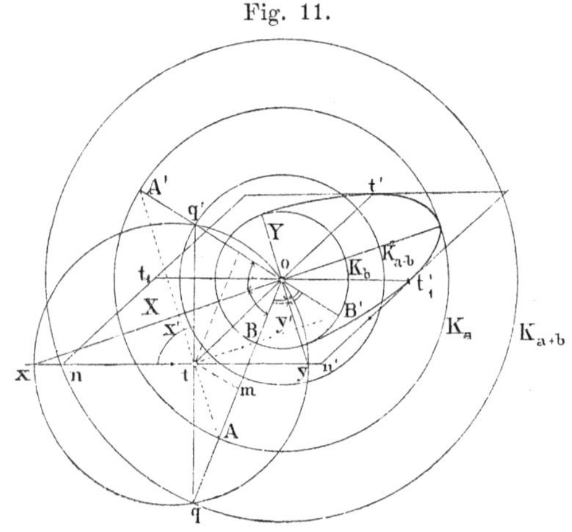

Bei der Ellipse sind $\overline{t\xi}$, $\overline{t\eta}$ gleich gerichtet, bei der Hyperbel entgegengesetzt.

Aus der Aehnlichkeit der rechtwinkligen Dreiecke $\triangle xt\xi$, $\triangle \eta ty$ folgt $\frac{\overline{tx}}{\overline{t\xi}} = \frac{\overline{t\eta}}{\overline{ty}}$ oder, mit Rücksicht auf die Vorzeichen der Strecken, wenn man bemerkt, dass der Scheitel eines rechten Winkels t in Bezug auf eine der beiden Strecken xy, $\xi\eta$, welche die Schenkel eines anderen rechten Winkels o auf den Schenkeln von t bestimmen, ein äusserer, und in Bezug auf die andere ein innerer Punkt sein muss, $t\xi \,.\, t\eta = -\overline{tx} \,.\, \overline{ty}$; da x, y die Schnittpunkte der Tangente von t mit den zwei (zu einander senkrechten) conjugirten Durchmessern X, Y sind, so ist $\overline{tx} \,.\, \overline{ty} = -\beta^2$ (Art. 137), wenn β der zu $\overline{ot}$ conjugirte Halbdurchmesser ist. Es ist somit $\overline{t\xi} \,.\, \overline{t\eta} = \beta^2$, d. h.:

„Das Product der zwischen einem Curvenpunkte und den beiden Hauptaxen enthaltenen Abschnitte der Normale ist gleich dem Quadrate

des Halbmessers, welcher zu dem nach jenem Curvenpunkte gerichteten Halbmesser conjugirt ist.“

Es ist nach (8):

$$\overline{ox} \, . \, \overline{ox'} = a^2$$
$$\overline{ox} \, . \, \overline{x'\xi} = \mp b^2,$$

somit durch Addition:

$$\overline{ox} \, (\overline{ox'} + \overline{x'\xi}) = a^2 \mp b^2,$$

oder, da $\overline{ox'} + \overline{x'\xi} = \overline{o\xi}$ ist:

$$\overline{ox} \, . \, \overline{o\xi} = a^2 \mp b^2.$$

Und da $oy \, . \, o\eta = - ox \, . \, o\xi$, so ist

$$oy \, . \, o\eta = -(a^2 \mp b^2).$$

Nun sind x, ξ die zwei Punkte, welche die Tangente und Normale des Curvenpunktes t auf der Axe X bestimmen, und ebenso sind y, η die Schnittpunkte der Axe Y mit der Tangente und Normale von t. Wir haben also den Satz:

„Die Entfernungen des Mittelpunktes o von den Schnittpunkten der Tangente und Normale irgend eines Punktes der Curve mit einer Hauptaxe haben ein constantes Product; und zwar ist sein Werth bei der Ellipse: $\pm (a^2 - b^2)$ und bei der Hyperbel $\pm (a^2 + b^2)$, wobei die oberen Zeichen für die Hauptaxe und die unteren Zeichen für die Nebenaxe gelten.

Wir können also mit Rücksicht auf I, Art. 74 sagen:

„Die Tangenten und Normalen der einzelnen Punkte einer Ellipse oder Hyperbel schneiden jede Hauptaxe in Punktepaaren einer Involution, welche den Curvenmittelpunkt zum Centralpunkt hat.“

139. Wir wollen uns nun mit der Lösung des in Art. 137 behandelten Problemes für die Ellipse beschäftigen.

Aufgabe: *„Von einer Ellipse sind zwei conjugirte Durchmesser* $\overline{tt'} = 2\alpha$, $\overline{t_1 t'_1} = 2\beta$ *ihrer Länge und Lage nach gegeben* (Fig. 11), *man soll die Lagen und Längen der beiden Hauptaxen aufsuchen.“*

Die durch t, t' zu $\overline{t_1 t_1'}$ und die durch t_1, t_1' zu $\overline{tt'}$ Parallelen bilden ein der Ellipse umschriebenes Parallelogramm, dessen Diagonalen nach Art. 132 zwei neue conjugirte Durchmesserlagen darstellen. Sind also n, n' die auf der durch t gehenden Seite dieses Parallelogramms gelegenen Ecken, also $nt = tn' = \beta$, so sind n, n' zwei, ein Paar jener Involution bildende Punkte, welche die Involution conjugirter Durchmesser auf der Tangente $\overline{nn'}$ von t bestimmt. Da t der Centralpunkt dieser Involution ist, so müssen alle Kreise, welche man durch die einzelnen Punktepaare und irgend einen Punkt q legt, durch einen zweiten mit q und t in gerader

Linie liegenden Punkt q' hindurchgehen (I, Art. 82); wenn man also in t auf $\overline{nn'}$ eine Senkrechte errichtet, und dieselbe mit dem über $\overline{nn'}$ als Durchmesser beschriebenen Kreise in q, q' schneidet, ($qt = tq' = nt = tn' = \beta$), so wird jedes Punktepaar jener Involution mit q und q' in einem Kreise liegen; die Mittelpunkte dieser Kreise liegen somit auf $\overline{nn'}$ und diese Kreise sind folglich über den durch die Punktepaare jener Involution begrenzten Strecken als Durchmesser beschrieben (vergl. I, Art. 83). Legt man durch q, q' und den Mittelpunkt o der Ellipse einen Kreis, so trifft er $\overline{nn'}$ in zwei Punkten x, y, welche ebenfalls ein Paar der Involution bilden, und da $\sphericalangle xoy = 90^0$ und ox oder X und oy oder Y zwei conjugirte Durchmesser sein müssen, so sind X und Y die beiden Hauptaxen der Ellipse. Weil xy auf qq' senkrecht steht, so sind die Bögen xq, xq' und daher auch die über ihnen stehenden Peripheriewinkel $\sphericalangle qox$, $\sphericalangle q'ox$ einander gleich, d. h. X halbirt den Winkel qoq' und ebenso halbirt Y den zugehörigen Nebenwinkel.

Die Construction der Axenlagen einer Ellipse kann also folgendermassen durchgeführt werden:

„Man fälle von t auf den conjugirten Durchmesser $t_1 t_1'$ eine Senkrechte und trage auf dieselbe von t aus beiderseits die halbe Länge jenes conjugirten Durchmessers auf; dies gibt zwei Punkte q, q' und die Halbirungsstrahlen der von oq und oq' gebildeten Winkel sind die Hauptaxen der Ellipse."

Die durch t zu oy Parallele möge ox in x', oq in A, oq' in A', und die durch t zu ox Parallele möge oy in y', oq in B und oq' in B' schneiden; da ox und oy die Halbirungsstrahlen der Winkel qoq' sind und da $AA' \perp ox$, $BB' \perp oy$, so sind die Dreiecke AoA', BoB' gleichschenklig, d. h. $\overline{oA} = \overline{oA'}$, $\overline{oB} = \overline{oB'}$, und zieht man durch t Parallele zu oq', oq respective, welche oq, oq' in m, m' schneiden mögen, so sind auch die Dreiecke tmA, tmB, $tm'A'$, $tm'B'$ gleichschenklig, d. h. $\overline{mA} = \overline{mt} = \overline{mB}$, $\overline{m'A'} = \overline{m't} = \overline{m'B'}$, so dass m der Halbirungspunkt von $\overline{AB}$ und m' jener von $\overline{A'B'}$ ist. Da nun $\overline{qt} = \overline{tq'}$ und $tm \parallel oq'$, respective $tm' \parallel oq$ ist, so ist m auch der Halbirungspunkt von $\overline{oq}$, respective m' jener von $\overline{oq'}$. Es ist also $\overline{AB} = 2.\overline{mt} = 2\,\overline{om'} = \overline{oq'}$, $\overline{A'B'} = 2\,\overline{m't} = 2\,\overline{om} = \overline{oq}$.

Sind nun $2a$, $2b$ die Längen der beiden Hauptaxen X, Y, so ist nach Art. 134:

$$a^2 = \overline{ox}\,.\,\overline{ox'} \qquad b^2 = \overline{oy}\,.\,\overline{oy'}.$$

Man könnte also a, b als mittlere geometrische Proportionalen nach diesen Gleichungen construiren; die folgende Ueberlegung zeigt jedoch, dass wir die Strecken a, b bereits in der Fig. 11 besitzen.

Da die Winkel $\sphericalangle\, tyq$, $\sphericalangle\, x'oA$ als Peripheriewinkel über demselben Bogen (arc xq) gleich gross sind, so sind die beiden rechtwinkligen Dreiecke $\triangle x'oA$, $\triangle tyq$ ähnlich, und wir haben:

$$\frac{\overline{ox'}}{\overline{oA}} = \frac{\overline{yt}}{\overline{yq}};$$

und aus der Aehnlichkeit der rechtwinkligen Dreiecke $\triangle xoy$, $\triangle ty'y$ und weil $ox' = y't$, folgt:

$$\frac{\overline{ox}}{\overline{ox'}} = \frac{\overline{yx}}{\overline{yt}}$$

somit durch Multiplication:

$$\frac{\overline{ox}}{\overline{oA}} = \frac{\overline{yx}}{\overline{yq}},$$

Multiplicirt man diese Gleichung mit der vorvorhergehenden, so ergibt sich:

$$\frac{\overline{ox}\,.\,\overline{ox'}}{\overline{oA}^2} = \frac{\overline{yx}\,.\,\overline{yt}}{\overline{yq}^2};$$

aber aus dem rechtwinkligen Dreieck $\triangle yqx$ folgt $\overline{yq}^2 = \overline{yx}\,.\,\overline{yt}$, somit ist $\dfrac{\overline{ox}\,.\,\overline{ox'}}{\overline{oA}^2} = 1$ oder $\overline{oA}^2 = \overline{ox}\,.\,\overline{ox'}$, d. h. $oA = a$.

Ebenso ergibt sich aus der Gleichheit der über demselben Bogen (arc yq) stehenden Peripheriewinkel $\sphericalangle\, txq = \sphericalangle\, y'oB$ die Aehnlichkeit der rechtwinkligen Dreiecke: $\triangle y'oB \sim \triangle txq$ und hieraus:

$$\frac{\overline{oy'}}{\overline{oB}} = \frac{\overline{xt}}{\overline{xq}};$$

da $\triangle xoy \sim \triangle xx't$ und da $\overline{oy'} = \overline{x't}$, so folgt:

$$\frac{\overline{oy}}{\overline{oy'}} = \frac{\overline{xy}}{\overline{xt}}$$

und durch Multiplication:

$$\frac{\overline{oy}}{\overline{oB}} = \frac{\overline{xy}}{\overline{xq}}.$$

Wenn man diese Gleichung mit der vorvorhergehenden multiplicirt, so erhält man

$$\frac{\overline{oy}\,.\,\overline{oy'}}{\overline{oB}^2} = \frac{\overline{xy}\,.\,\overline{xt}}{\overline{xq}^2},$$

oder mit Rücksicht darauf, dass aus $\triangle xqy$ folgt: $\overline{xy} . \overline{xt} = \overline{xq}^2$, erhalten wir $\frac{\overline{oy} . \overline{oy'}}{\overline{oB}^2} = 1$, d. h. $\overline{oy} . \overline{oy'} = \overline{oB}^2$ oder $\overline{oB} = b$.

Es sind also die Längen $oA = oA'$, $oB = oB'$ die Halbaxenlängen a, b der Ellipse; ferner ist somit $\overline{AB} = a - b$, $\overline{A'B'} = a + b$, und da $\overline{oq} = 2 . \overline{om} = 2 . \overline{m't} = 2 . \overline{m'B'} = A'B'$, $\overline{oq'} = 2 . \overline{om'} = 2 . \overline{mt} = 2 . \overline{mA} = AB$ ist, so ist also $\overline{oq} = a + b$, $\overline{oq'} = a - b$.

Aus Dreieck otq folgt, wenn man mit φ den von den conjugirten Durchmessern tt', t_1t_1' gebildeten Winkel bezeichnet, und mit Rücksicht darauf, dass $\overline{oq} = a + b$, $\overline{to} = \alpha$, $\overline{tq} = \overline{tq'} = \beta$ ist:
$(a + b)^2 = \alpha^2 + \beta^2 - 2\alpha\beta \cos(90 + \varphi) = \alpha^2 + \beta^2 + 2\alpha\beta \sin\varphi$,
und ebenso aus $\triangle otq'$, da $\overline{oq'} = a - b$ ist:
$(a - b)^2 = \alpha^2 + \beta^2 - 2\alpha\beta \cos(90 - \varphi) = \alpha^2 + \beta^2 - 2\alpha\beta \sin\varphi$.

Durch Addition ergibt sich wieder:

$$a^2 + b^2 = \alpha^2 + \beta^2$$

was in die Gleichung für $(a + b)^2$ eingesetzt, die Relation

$$ab = \alpha\beta . \sin\varphi$$

wiedergibt (Art. 135, 136).

140. Da $\overline{oA} = \overline{oA'} = a$, $\overline{oB} = \overline{oB'} = b$ ist, so beschreiben, wenn t die Ellipse durchläuft, die Punkte A, A' einen mit der Ellipse concentrischen Kreis K_a mit dem Radius a, und B, B' beschreiben einen concentrischen Kreis K_b mit dem Radius b; die Geraden tA, tB (und tA', tB') sind parallel zu den beiden Axen Y, X der Ellipse, woraus eine einfache Construction der Ellipse aus ihren Axen X, Y und den Axenlängen $2a, 2b$ folgt:

Man beschreibe die beiden Kreise K_a, K_b, welche den Mittelpunkt o der Ellipse (d. h. den Schnittpunkt von X, Y) zum Mittelpunkte und die Axenlängen $2a, 2b$ zu Durchmessern haben. Schneidet nun irgend ein durch o gehender Strahl K_a in A und K_b in B, so ziehe man durch A eine Parallele zur Axe Y und durch B eine Parallele zur Axe X; die beiden so erhaltenen Geraden schneiden sich in einem Punkte t der Ellipse.

Da a, b die Halbaxenlängen sind, so schneidet der Kreis K_a die Axe X in den zwei Punkten, in denen die Ellipse dieser Axe begegnet (Hauptscheitel), und K_b schneidet die Axe Y in den beiden Nebenscheiteln der Ellipse (wobei $a > b$ vorausgesetzt wird).

Nennt man ψ den Winkel, den jener die Punkte A, B enthaltende Strahl mit der X-Axe bildet, so hat man für die rechtwinkligen Coordinaten $\overline{ox'}$, $\overline{oy'}$ des Punktes t aus den rechtwinkligen Dreiecken

$ox'A$, $oy'B$ die Relationen $\frac{\overline{ox'}}{a} = \cos\psi$, $\frac{\overline{oy'}}{b} = \sin\psi$, und wenn man quadrirt und addirt erhält man die Ellipsengleichung $\frac{\overline{ox'^2}}{a^2} + \frac{\overline{oy'^2}}{b^2} = 1$.

141. Da $\overline{oq} = a + b$, $\overline{oq'} = a - b$, so bewegen sich die Punkte q, q', wenn t die Ellipse durchläuft, auf zwei mit der Ellipse concentrischen Kreisen K_{a+b}, K_{a-b}, deren Radien $a + b$, $a - b$ respective sind; nun ist $tq = tq' = \beta$ und $\overline{qq'}$ die Normale der Ellipse im Punkte t.

„*Wenn man also von jedem Ellipsenpunkte t aus auf dessen Normale beiderseits den Halbmesser β aufträgt, welcher conjugirt ist zu dem nach t gerichteten Halbmesser α, so erhält man zwei Punkte q, q', von denen der eine dem Kreise K_{a+b} und der andere dem Kreise K_{a-b} angehört.*“

Zugleich erhält man eine Normalen- und Tangentenconstruction in den Ellipsenpunkten t, welcher nach dem Vorgange des letzten Artikels mittelst der Kreise K_a, K_b construirt erscheint. Man hat nur den Strahl $\overline{AB}$ zum Durchschnitt q mit dem Kreise K_{a+b} zu bringen (wenn A, B auf derselben Seite von o liegen, dagegen in q' mit K_{a-b}, wenn sie durch o getrennt erscheinen), so ist die Gerade $\overline{qt}$ (respective $\overline{q't}$ die Normale der Ellipse im Punkte t, und die zu ihr in t errichtete Senkrechte nn' ist die Ellipsentangente.

142. Aus der in Art. 140 entwickelten Ellipsenconstruction folgt die nachstehende Erzeugung der Curve:

„*Wenn sich eine Strecke von constanter Länge so bewegt, dass ihre Endpunkte M, N auf den Schenkeln X, Y eines festen rechten Winkels hingleiten, so beschreibt jeder Punkt der Strecke oder ihrer Verlängerung eine Ellipse. Die Schenkel des festen rechten Winkels sind die Axen, und die Entfernungen des beweglichen Punktes von den Endpunkten der Strecke sind die Halbaxenlängen der Ellipse.*“

Es sei Fig. 12 o der Scheitel, X, Y die Schenkel des festen rechten Winkels, $\overline{MN}$ die Strecke von unveränderlicher Länge, welche zwischen seinen Schenkeln hingleitet, und t ein auf der Strecke fester, jedoch mit ihr hingleitender Punkt. Die constanten Längen Nt, Mt seien a, b, so dass $MN = a + b$ ist, wenn t zwischen M und N liegt, dagegen $MN = a - b$, wenn t auf der Verlängerung von $\overline{MN}$ gelegen ist. Zieht man durch M und N Senkrechte zu X, respective Y, welche sich in q schneiden mögen, so ist in dem Rechtecke $oMqN$ $\overline{oq} = \overline{MN} = a + b$ (oder $= a - b$, wenn t nicht zwischen M, N liegt).

Die durch t zu den Geraden Y, X Parallelen schneiden die Diagonale oq in den Punkten A, B, und da $oA = Nt = a$, $oB = Mt = b$ ist, so beschreiben die Punkte A, B zwei Kreise K_a, K_b mit dem Mittelpunkte o und den Halbmessern a, b, während q einen Kreis mit dem Mittelpunkte o und dem Radius $a + b$ (respective $a - b$) beschreibt. Aus der in Art. 140 entwickelten Ellipsenconstruction erkennt man sofort, dass t eine Ellipse beschreibt, welche X, Y zu Hauptaxen besitzt, und zwar ist a die Länge der Halbaxe auf X und b jene der Halbaxe auf Y. Ausserdem ist nach jenen Betrachtungen qt die Normale der Ellipse im Punkte t und somit die in t auf $\overline{qt}$ errichtete Senkrechte die Tangente der Ellipse in t. Ueberdies ist $\overline{tq}$ die Länge des zu $\overline{ot}$ conjugirten Halbmessers.

Anmerkung. Den letzten Satz kann man folgendermassen allgemeiner aussprechen:

„Wenn eine Ebene so in sich selbst hingleitet, dass zwei ihrer Punkte auf festen Geraden fortrücken, so beschreibt jeder Punkt der Ebene eine Ellipse, welche den Schnittpunkt jener festen Geraden zum Mittelpunkte hat.“

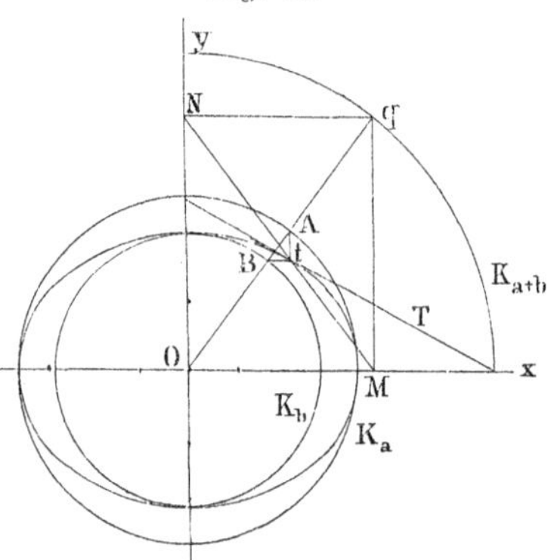

Fig. 12.

Wir denken uns die Ebene doppelt, einmal als untere feste und dann als obere bewegliche; zwei Punkte M, N der oberen sollen sich längs zwei in der unteren Ebene gelegenen, in o sich schneidenden Geraden X, Y fortbewegen (Fig. 13). Die Bewegung der oberen Ebene wird somit auch erhalten, wenn wir die mit ihr fest verbundene unveränderliche Strecke $\overline{MN}$ zwischen den Schenkeln des festen in der unteren Ebene gelegenen Winkels XY hingleiten lassen.

Der dem Dreieck MoN umschriebene Kreis bleibt seiner Grösse nach unveränderlich, da man für seinen Radius den constanten Werth $r = \dfrac{\overline{MN}}{2 . \sin XY}$ erhält, und sowohl die Länge $\overline{MN}$ als auch der Winkel XY unveränderlich ist.

Denkt man sich diesen Kreis in der oberen Ebene, so wird er, während sich seine Punkte M, N auf X, Y fortbewegen, selbst durch o hindurchgleiten. Aber jeder andere Punkt dieses Kreises, z. B. M', wird eine durch o gehende Gerade beschreiben, da aus der Unveränderlichkeit der Bogenlänge MM' auch die Unveränderlichkeit des Winkels MoM', also die feste Lage der Geraden X', welche M' mit o verbindet, folgt. Man kann somit dieselbe Bewegung der oberen Ebene hervorbringen, wenn man die Endpunkte irgend einer Sehne $M'N'$ des Kreises K auf ihren Verbindungsgeraden X', Y' mit o hingleiten lässt.

Betrachtet man in der oberen Ebene einen beliebigen Punkt t und ist $M_1 N_1$ der durch t gehende Durchmesser von K, so kann die Bewegung der oberen Ebene effectuirt werden, wenn man die Strecke $\overline{M_1 N_1}$ zwischen den Schenkeln des festen rechten Winkels $M_1 o N_1$ (oder $X_1 Y_1$) hingleiten lässt. Es beschreibt also t eine Ellipse mit den Hauptaxen X_1, Y_1 und den Halbaxenlängen $\overline{tM_1}$, $\overline{tN_1}$.

Wenn der Punkt t innerhalb des Kreises K liegt, so ist $\overline{M_1 t} + \overline{tN_1} = 2r$; liegt t ausserhalb, so ist $\overline{M_1 t} - \overline{N_1 t} = 2r$.

Fig. 13.

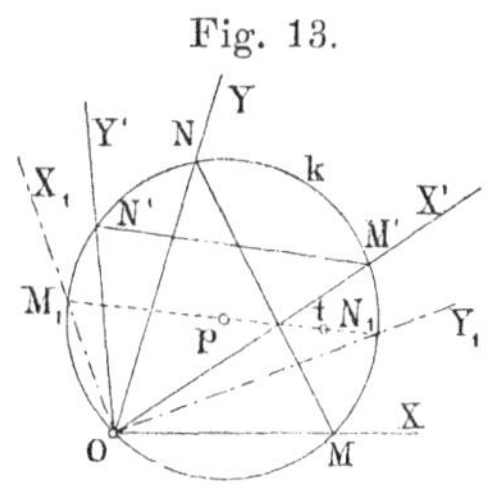

Es beschreiben somit alle innerhalb K gelegenen Punkte der oberen Ebene Ellipsen, deren Halbaxen die constante Summe $2r$, und alle Punkte, welche ausserhalb K liegen, beschreiben Ellipsen, deren Halbaxen die constante Differenz $2r$ besitzen. Jeder Punkt der Kreisperipherie K beschreibt eine durch o gehende Gerade von der Länge $2r$.

143. „*Die Entfernungen der Berührungspunkte t, t' zwei fester parallelen Tangenten T, T' einer Ellipse oder Hyperbel von den Schnittpunkten x, x' der Tangenten mit einer variablen Tangente X haben ein constantes Product; dasselbe ist gleich dem Quadrate des zu tt' conjugirten Halbmessers.*"

Denn die variable Tangente X bestimmt auf den festen Tangenten T, T' einander entsprechende Punkte x, x' projectivischer Punktreihen, für welche t, t', als dem unendlich weiten Schnittpunkte von T, T' entsprechend, die Gegenpunkte sind; es ist also nach I, Art. 44 $\overline{tx} \,.\, \overline{tx'} = \text{const.}$

Zu dem Durchmesser $2\alpha = \overline{tt'}$ lässt sich an die Curve eine parallele Tangente legen, wenn die Curve eine Ellipse ist; für diese Tangente ist jedoch $\overline{tx} = \overline{tx'} = \beta$, wenn 2β die Länge des zu $\overline{tt'}$ conjugirten Durchmessers ist.

Wir haben somit für die Ellipse $\overline{tx} \,.\, \overline{tx'} = \beta^2$. Die beiden Strecken $\overline{tx} \,.\, \overline{tx'}$ sind daher immer gleich gerichtet, da ihr Product positiv ist; es muss also X den Durchmesser $\overline{tt'}$ in einem äusseren Punkte schneiden. Für die Hyperbel ist der zu $\overline{tt'}$ conjugirte Durchmesser 2β ideell, und es muss somit $\overline{tx} \,.\, \overline{tx'} = -\beta^2$ gesetzt werden;

die Strecken $\overline{tx}$, $\overline{tx'}$ sind entgegengesetzt gerichtet, so dass also eine Hyperbeltangente jeden Durchmesser in einem inneren Punkte trifft.

An die Ellipse lassen sich zu jeder Geraden zwei reelle parallele Tangenten legen; man wird also auch zwei zu T und T' senkrechte Tangenten der Ellipse erhalten. Es seien x, x' die Schnittpunkte einer dieser beiden Tangenten mit T und T' und o sei der Halbirungspunkt von $\overline{tt'}$, d. h. der Mittelpunkt der Curve. Im Dreiecke otx ist nun $\overline{ox}^2 = \overline{ot}^2 + \overline{tx}^2 - 2\,\overline{ot}\,.\,\overline{tx}\,.\cos otx$; aber es ist $2\,\overline{ot}\,.\cos otx = \overline{tt'}\,.\cos otx = \overline{tx} - \overline{t'x'}$, somit $\overline{ox}^2 = \overline{ot}^2 + \overline{tx}\,.\,\overline{t'x'} = \alpha^2 + \beta^2 = a^2 + b^2$. Es hat somit der Schnittpunkt x der Tangente T mit einer zu ihr senkrechten Tangente xx' vom Mittelpunkte o die constante Entfernung $\sqrt{a^2 + b^2}$.

„*Der Ort der Schnittpunkte rechtwinkliger Tangenten der Ellipse ist ein mit der Ellipse concentrischer Kreis $K_{\sqrt{a^2+b^2}}$, dessen Radius den Werth $\sqrt{a^2 + b^2}$ besitzt.*“

Ist die Curve eine Hyperbel, so werden sich senkrecht zu T, T' an sie reelle Tangenten legen lassen, wenn der zu T, T' senkrechte Durchmesser ein ideeller Durchmesser ist (Art. 127).

Dies kann aber nur dann geschehen, wenn das Dreieck, welches von den Asymptoten und der Tangente T gebildet wird, bei o einen spitzen Winkel besitzt, denn wäre der Winkel stumpf, so wird die von o auf T gefällte Senkrechte durch das Innere des Dreieckes gehen und somit in demselben Scheitelwinkelpaar der Asymptoten liegen wie die Hyperbel, d. h. ein eigentlicher Durchmesser sein.

„*Es gibt also Paare zu einander senkrechter Tangenten einer Hyperbel nur dann, wenn das die Hyperbel enthaltende Scheitelwinkelpaar der Asymptoten spitz ist.*“

Eine solche Hyperbel kann man als eine „spitze Hyperbel“ bezeichnen, im Gegensatze zur „stumpfen Hyperbel“ für welche das sie enthaltende Scheitelwinkelpaar der Asymptoten aus stumpfen Winkeln besteht. Den Uebergang zwischen stumpfen und spitzen Hyperbeln bilden die „rechtwinkligen“ oder „gleichseitigen“ Hyperbeln (Art. 137). Nach Art. 136 wird für eine spitze Hyperbel $b < a$, für eine stumpfe $b > a$ sein, wenn a die eigentliche und b die ideelle Halbaxenlänge ist.

Für eine spitze Hyperbel gilt dieselbe Betrachtung wie für die Ellipse, und man erhält, wenn x der Schnittpunkt der zu einander senkrechten Tangenten T und xx' ist, so wie dort

$\overline{ox}^2 = \overline{ot}^2 + \overline{tx}\,.\,\overline{tx'}$, und da $tx\,.\,tx' = -\beta^2$ ist, so haben wir $\overline{ox}^2 = \alpha^2 - \beta^2 = a^2 - b^2$:

„Der Ort der Schnittpunkte rechtwinkliger Tangenten ist ein mit der Hyperbel concentrischer Kreis $K_{\sqrt{a^2-b^2}}$, *dessen Radius* $\sqrt{a^2 - b^2}$ *ist; dieser Kreis ist reell, wenn* $a > b$ *(spitze Hyperbel), er wird imaginär, wenn* $a < b$ *ist (stumpfe Hyperbel) und er schrumpft auf den Hyperbelmittelpunkt zusammen, wenn* $a = b$ *ist (gleichseitige Hyperbel).“*

Anmerkung: Wenn auch bei der spitzen Hyperbel zu einander senkrechte Tangenten vorkommen, so hat doch nicht jede Tangente eine zu ihr senkrechte reelle Tangente; aus dem Obigen geht hervor, dass die zu den Asymptoten einer spitzen Hyperbel senkrechten Tangenten die Grenzlagen bilden zwischen Tangenten mit reellen und Tangenten mit imaginären zu ihnen senkrechten Tangenten.

144. *„Die aus dem Mittelpunkte o an den irgend einem sich selbst conjugirten Dreiecke pqr umschriebenen Kreis gelegten Tangenten haben die constante Länge* $\sqrt{a^2 + b^2}$ *bei der Hyperbel, und* $\sqrt{a^2 - b^2}$ *bei der Ellipse; mit anderen Worten: der irgend einem sich selbst conjugirten Dreiecke pqr umschriebene Kreis durchschneidet jenen Kreis, welcher die Schnittpunkte zu einander senkrechter Tangenten enthält, rechtwinklig.“*

Der zu op conjugirte Durchmesser muss, weil qr die Polare von p ist, parallel zu qr sein; er werde von pq in m und von der durch r zu op parallelen Geraden in m' geschnitten. Da die Polare von m durch r gehen und zu op parallel sein muss, so ist sie die Gerade rm', und somit sind m, m' zwei conjugirte Pole und folglich ist $\overline{om}\,.\,\overline{om'} = \beta^2$, wenn β den Halbmesser bedeutet, dessen Richtung mit om zusammenfällt. Ist ferner p' der Schnittpunkt von op mit qr, so sind p, p' zwei conjugirte Pole und daher $op\,.\,op' = \alpha^2$, wenn α den zu β conjugirten (in die Richtung von op fallenden) Halbdurchmesser bedeutet.

Aus der Aehnlichkeit der Dreiecke $\triangle\, mop \sim \triangle\, qp'p$ folgt:

$$\frac{\overline{om}}{\overline{op}} = \frac{\overline{qp'}}{\overline{pp'}}$$

und da:

$$\overline{om'} = \overline{p'r},$$

so erhält man durch Multiplication:

$$\frac{\overline{om}\,.\,\overline{om'}}{\overline{op}} = \frac{\overline{qp'}\,.\,\overline{p'r}}{\overline{pp'}}.$$

Wird nun dem Dreieck pqr ein Kreis K umschrieben und ist p'' der zweite Schnittpunkt desselben mit op, so ist $\overline{qp'}\,.\,\overline{p'r} = \overline{pp'}\,.\,\overline{p'p''}$, somit:

$$\frac{\overline{om}\,.\,\overline{om'}}{\overline{op}} = \overline{p'p''} = \overline{op''} - \overline{op'}$$

und folglich:

$$\overline{om}\,.\,\overline{om'} + \overline{op}\,.\,\overline{op'} = \overline{op}\,.\,\overline{op''}$$

oder:

$$\alpha^2 + \beta^2 = \overline{op}\,.\,\overline{op''};$$

da aber $\overline{op}\,.\,\overline{op''}$ das Quadrat der Länge der von o an K gelegten Tangente und $\alpha^2 + \beta^2 = a^2 + b^2$ ist, so erscheint der Satz bewiesen. (Bei der Hyperbel tritt $-\beta^2$ an Stelle von β^2; bezüglich der Parabel vergleiche weiter unten Art. 162.)

Neuntes Kapitel.

Die Brennpunkte der Kegelschnitte.

145. In jedem Punkte schneiden sich zwei bezüglich eines Kegelschnittes conjugirte, zu einander senkrecht stehende Strahlen (Art. 58); gibt es für einen Punkt zwei solche durch ihn gehende Paare conjugirter, zu einander senkrechter Strahlen, so gibt es deren unendlich viele (Art. 59), so zwar, dass zu jedem durch ihn gezogenen Strahle der zu diesem senkrechte Strahl conjugirt ist. Die durch einen solchen Punkt an die Curve gehenden Tangenten sind imaginär und verbinden den Punkt mit den beiden imaginären unendlich weiten Kreispunkten. Wir haben schon in Art. 59 solche Punkte als Brennpunkte bezeichnet, und können aus der letzten Eigenschaft schliessen, dass ein Kegelschnitt auf jeder Hauptaxe ein Brennpunktepaar besitzt, dass jedoch nur eines der beiden Paare reell sein könne. Wenn wir nämlich unabhängig von den eben erwähnten früheren Betrachtungen zur Aufsuchung der Brennpunkte schreiten, und sie als solche Punkte definiren, an denen der Kegelschnitt rechtwinklige Involutionen conjugirter Strahlen bestimmt, so folgt aus der Definition zunächst:

„Die Brennpunkte liegen auf den Hauptaxen."

Denn, ist o der Mittelpunkt und f ein Brennpunkt, so ist die zu of conjugirte und durch f gehende Gerade die durch f zu of gezogene Senkrechte; nun ist of ein Durchmesser und of eine zu ihm conjugirte und senkrechte Sehne, daher ist (Art. 128) of eine Hauptaxe.

Für jeden Punkt einer Hauptaxe kann man sofort das Paar senkrechter conjugirter Strahlen angeben, welches ihn zum Schnittpunkte hat; es ist die Hauptaxe und die durch den Punkt zur Hauptaxe gezogene Senkrechte. Wenn wir also auf einer Hauptaxe einen Punkt f so finden, dass durch ihn noch irgend ein zweites solches Paar senkrechter conjugirter Strahlen hindurchgeht, so wird f ein Brennpunkt sein.

Wir werden daher naturgemäss jene Punktepaare x, x' betrachten, welche die verschiedenen Paare conjugirter zu einander senkrechter Strahlen auf einer Hauptaxe bestimmen; wenn es geschieht, dass x' mit x in einem Punkte zusammenfällt, so wird dies ein Brennpunkt sein.

Es seien S, S' zwei zu einander senkrechte conjugirte Strahlen, welche eine der Hauptaxen in x, x' schneiden mögen; der Pol s von S liegt auf S' und die Polare von x muss durch s hindurchgehen, und da x der Hauptaxe angehört, so wird seine Polare die von s auf die Hauptaxe gefällte Senkrechte sein. Ihr Fusspunkt sei h und ihr Schnittpunkt mit S sei s''; s, s'' sind zwei conjugirte Pole. Da s'' der Höhenschnitt im Dreiecke xsx' ist, so haben wir (ohne Rücksicht auf die Vorzeichen) $\overline{hx} \,.\, \overline{hx'} = \overline{hs} \,.\, \overline{hs''}$.

Hält man x fest, während S um x rotirt, so wird auch die durch h gehende, zur Hauptaxe senkrechte Polare von x fest bleiben, während auf ihr die Punkte s und s'' die Involution conjugirter Pole beschreiben; da nun diese Involution nach Art. 127 h zum Centralpunkt hat, so ist $\overline{hs} \,.\, \overline{hs''} =$ constant, folglich auch $\overline{hx} \,.\, \overline{hx'} =$ constant, und da $\overline{hx}$ constant ist, so ist auch $\overline{hx'}$ constant, d. h. x' ist ein fester Punkt:

„*Wenn sich eine Gerade S um einen festen, in einer Hauptaxe gelegenen Punkt dreht, so dreht sich die zu ihr conjugirte und auf ihr senkrecht stehende Gerade S' ebenfalls um einen festen, derselben Hauptaxe angehörigen Punkt.*“

Es entspricht in dieser Art jedem Punkte x einer Hauptaxe ein durch ihn vollkommen bestimmter Punkt x' derselben Hauptaxe; je zwei durch diese Punkte gehenden zu einander senkrechten Strahlen sind conjugirt in Bezug auf den Kegelschnitt. Schon aus der eindeutigen und vertauschungsfähigen Beziehung zwischen x und x' kann man den Schluss ziehen, dass alle die Punktepaare x, x' auf der Hauptaxe eine Involution bilden.

Man kann sich jedoch direct in folgender Weise hiervon überzeugen.

146. Der Kegelschnitt sei zunächst ein centraler (Ellipse oder Hyperbel); um die sämmtlichen Punktepaare x, x' auf einer der Hauptaxen zu erhalten, bringen wir die zweite Hauptaxe mit irgend zwei zu einander senkrechten conjugirten Strahlen zum Durchschnitte; die Schnittpunkte seien y, y'. Jede durch y gezogene Gerade S und die durch y' zu ihr senkrecht Gezogene S' sind nach dem letzten Satze conjugirte Strahlen; sie mögen sich im Punkte σ und die erste Hauptaxe in den Punkten x, x' schneiden. Der Ort des Punktes σ (wenn man S, und $S' \perp S$ variiren lässt) ist der über der Strecke $\overline{yy'}$ als Durchmesser beschriebene Kreis K_y. Aus der Aehnlichkeit der rechtwinkligen Dreiecke $\triangle xoy \sim \triangle y'ox'$ folgt (ohne Rücksicht auf die Vorzeichen): $\frac{\overline{ox}}{\overline{oy}} = \frac{\overline{oy'}}{\overline{ox'}}$ oder $\overline{ox} \, . \, \overline{ox'} = \overline{oy} \, . \, \overline{oy'}$. Es ist somit das Product $\overline{ox} \, . \, \overline{ox'}$ constant, d. h. (I, Art. 74) die Punktepaare x, x' bilden auf der ersten Hauptaxe eine Involution, für welche der Curvenmittelpunkt o den Centralpunkt darstellt. Hält man dagegen x, x' fest, so beschreibt σ den über der Strecke $\overline{xx'}$ als Durchmesser beschriebenen Kreis K_x, und aus obiger Gleichung folgt, weil $\overline{oy} \, . \, \overline{oy'} = \overline{ox} \, . \, \overline{ox'}$, also constant bleibt, dass die Paare y, y' auf der zweiten Hauptaxe ebenfalls eine Involution mit dem Centralpunkt o darstellen.

Betrachtet man das rechtwinklige Dreieck $x\sigma x'$, so kann der Punkt o auf seiner Hypothenuse entweder ausserhalb oder innerhalb der Strecke $\overline{xx'}$ gelegen sein; im ersten Falle wird die in o zu xx' errichtete Senkrechte die Katheten $\sigma x, \sigma x'$ in Punkten y, y' schneiden, welche auf verschiedenen Seiten des Punktes o liegen, im zweiten Falle werden y, y' zur selben Seite von o gelegen sein. Die beiden Producte $\overline{ox} \, . \, \overline{ox'}$, $\overline{oy} \, . \, \overline{oy'}$, welche denselben absoluten Werth besitzen, haben also immer entgegengesetzte Vorzeichen. Nehmen wir an, dass o ausserhalb $\overline{xx'}$ gelegen, also $\overline{ox} \, . \, \overline{ox'}$ positiv, etwa gleich c^2 ist, so ist $\overline{oy} \, . \, \overline{oy'} = -c^2$ zu setzen.

Um die Relation zwischen c^2 und den Halbaxenquadraten zu erhalten, wollen wir den allgemeinen Fall in bestimmter Festsetzung vor Augen behaltend annehmen, dass diejenige der beiden Strecken, für welche o ein äusserer Punkt ist, $\overline{xx'}$ sein mag, und jener der beiden Punkte, welcher näher zu o liegt, heisse x', so dass $\overline{ox} > \overline{ox'}$ ist und o zwischen y, y' gelegen ist. Der Pol s von S liegt auf S' und die von s auf xx', respective yy' gefällten Perpendikel, deren Fusspunkte h, h' sein mögen, sind nach Früherem die Polaren von x, respective y, so dass x und h und ebenso y und h'

conjugirte Pole sind, und es sind nun die beiden Halbaxen gegeben durch $a^2 = \overline{ox} \,.\, \overline{oh}$, $b^2 = \overline{oy} \,.\, \overline{oh'}$. Der Punkt s kann auf S' eine dreifache Lage besitzen: entweder liegt er ausserhalb $\overline{x'y'}$ auf der Seite von x', oder er liegt innerhalb $\overline{x'y'}$, oder er liegt endlich ausserhalb $\overline{x'y'}$ auf der Seite von y'. In den beiden ersten Fällen liegt h mit x auf derselben Seite von o, so dass a^2 positiv, a reell ist; im ersten Falle liegt auch h' mit y auf derselben Seite von o, so dass b^2 positiv, b reell ist; dagegen liegt im zweiten Falle o zwischen y und h', so dass b^2 negativ, b imaginär wird. Es ist also im ersten Falle die Curve eine Ellipse, im zweiten eine Hyperbel, für welche die Gerade xx' die eigentliche und yy' die ideelle Hauptaxe darstellt. Im dritten Falle liegt o sowohl zwischen x und h, als auch zwischen y und h', so dass sowohl a^2 als auch b^2 negativ und daher a und b imaginär werden. In diesem letzten Falle ist die Curve imaginär, da bei einer reellen centralen Curve wenigstens eine Axe reell sein muss. Wenn wir diesen letzten Fall ausscheiden, so haben wir aus der Aehnlichkeit der Dreiecke $\triangle x'hs \sim \triangle yox$ und mit Rücksicht darauf, dass $\overline{hs} = \overline{oh'}$:

$$\frac{\overline{x'h}}{\overline{oh'}} = \frac{\overline{oy}}{\overline{ox}},$$

und wenn man den sich hieraus für $\overline{x'h}$ ergebenden Werth in die Gleichung:

$$\overline{ox'} = \overline{oh} - \overline{x'h}$$

einsetzt:

$$\overline{ox'} = \overline{oh} - \frac{\overline{oy}}{\overline{ox}} \,.\, \overline{oh'},$$

woraus:

$$\overline{ox} \,.\, \overline{ox'} = \overline{ox} \,.\, \overline{oh} - \overline{oy} \,.\, \overline{oh'},$$

das heisst:

$$c^2 = \overline{ox} \,.\, \overline{ox'} = a^2 - b^2$$

folgt. Es ist somit für die Ellipse $a > b$. Für die Hyperbel geht b^2 in $-b^2$ über, und man hat:

$$c^2 = a^2 + b^2.$$

Für die Nebenaxe ist $\overline{oy} \,.\, \overline{oy'} = -c^2 = -(a^2 \mp b^2)$.

Die Doppelpunkte der Involution, welche von den Punktepaaren x, x' gebildet wird, sind reell, weil o ausserhalb der Strecke $\overline{xx'}$ gelegen ist; sie seien f, f_1; $\overline{f_1 o} = \overline{of} = c = \sqrt{a^2 \mp b^2}$.

Jeder dieser Punkte hat die Eigenschaft, dass je zwei durch ihn gezogene zu einander senkrechte Gerade conjugirte Strahlen sind; es sind dies somit die beiden reellen Brennpunkte der

Curve; sie liegen bei der Ellipse auf der längeren der beiden Hauptaxen, und bei der Hyperbel auf der eigentlichen (die Curve in reellen Punkten schneidenden) Hauptaxe; ihre Entfernung vom Mittelpunkte, welcher der Halbirungspunkt der von ihnen begrenzten Strecke ist, wird als die lineare Excentricität der Curve bezeichnet; dieselbe hat den Werth $c = \sqrt{a^2 \mp b^2}$, wobei das obere Zeichen für die Ellipse, das untere für die Hyperbel zu gelten hat.

Die Involution der Punktepaare y, y' auf der Nebenaxe hat zwei imaginäre Doppelpunkte; es sind dies die beiden imaginären Brennpunkte der Curve, welche auf beiden Seiten des Mittelpunktes o in der Entfernung $\sqrt{-c^2} = c \,.\, \sqrt{-1}$ von ihm gelegen sind.

Fassen wir die Resultate der letzten Betrachtungen zusammen, so können wir sagen:

„Die Paare zu einander senkrechter conjugirter Strahlen eines Centralkegelschnittes schneiden jede Hauptaxe des Kegelschnittes in Punktepaaren einer Involution, welche den Mittelpunkt der Curve zum Centralpunkt hat; die Doppelpunkte dieser Involution sind die auf der betreffenden Axe gelegenen zwei Brennpunkte, d. h. solche Punkte, an denen der Kegelschnitt rechtwinklige Involutionen conjugirter Strahlen bestimmt. Die beiden Brennpunkte auf der längeren Axe einer Ellipse und ebenso auf der eigentlichen Axe einer Hyperbel sind reell, und haben vom Mittelpunkte die Entfernung $c = \sqrt{a^2 \mp b^2}$; *die beiden Brennpunkte auf der zweiten Axe (Nebenaxe) sind imaginär und haben vom Mittelpunkte die Entfernung* $c\sqrt{-1}$.“

147. Der über der Strecke $\overline{yy'}$ als Durchmesser beschriebene Kreis K_y, schneidet die Hauptaxe in zwei reellen, von o gleichweit entfernten Punkten f, f_1, den reellen Brennpunkten. Denn es ist (ohne Rücksicht auf die Vorzeichen) $\overline{of} \,.\, \overline{of_1} = \overline{oy} \,.\, \overline{oy'}$, oder da $\overline{of_1} = \overline{of}$, $\overline{of}^2 = \overline{oy} \,.\, \overline{oy'} = c^2$, somit $\overline{of} = \overline{of_1} = c$. Es folgt dies auch aus der im letzten Artikel erwähnten Eigenschaft jedes Punktes σ von K_y, dass nämlich σy, $\sigma y'$ zwei conjugirte (senkrechte) Strahlen sind. Es sind nämlich aus diesem Grunde auch fy, fy' zwei solche Strahlen, so dass die Involution conjugirter Strahlen, welche der Kegelschnitt am Punkte f bestimmt, zwei und daher unendlich viele rechtwinklige Strahlenpaare enthält. Ebenso schneidet der über der Strecke $\overline{xx'}$ als Durchmesser beschriebene Kreis K_x die Nebenaxe in den beiden anderen (imaginären) Brennpunkten:

„Die Kreise, welche man den von einer Hauptaxe und je zwei senkrechten conjugirten Strahlen gebildeten Dreiecken umschreiben kann, schneiden die andere Hauptaxe in den Brennpunkten.“

Zu jeder Axe gehört also ein Büschel solcher Kreise, welche sämmtlich durch die auf dieser Axe gelegenen zwei Brennpunkte hindurchgehen. (Die beiden Kreisbüschel, zu denen man so gelangt, schneiden sich gegenseitig rechtwinklig.) Sollen die Brennpunkte einer Ellipse oder Hyperbel construirt werden, so kann man entweder die soeben erwähnten Kreise K_x, K_y benützen, oder man trägt vom Mittelpunkte auf die Hauptaxe beiderseits die Strecke $c = \sqrt{a^2 \mp b^2}$ auf.

Bei der Ellipse ist $c = \sqrt{a^2 - b^2}$, also $c < a$, dagegen ist bei der Hyperbel $c = \sqrt{a^2 + b^2}$, also $c > a$. Wird vom Mittelpunkte aus auf die Hauptaxe beiderseits die Strecke a aufgetragen, so erhält man die Hauptscheitel; es liegen somit die beiden reellen Brennpunkte bei der Ellipse innerhalb, und bei der Hyperbel ausserhalb der von den beiden Hauptscheiteln begrenzten Strecke.

148. Die durch einen Punkt σ hindurchgehenden, zu einander senkrechten conjugirten Strahlen S, S' schneiden die Hauptaxe in zwei Punkten x, x', welche als Paar einer Involution angehören, deren Doppelpunkte die Brennpunkte f, f_1 sind; es sind somit f, f_1, x, x' vier harmonische Punkte, und daher sind auch die vier durch σ gehenden Strahlen σf, σf_1, S, S' harmonisch, und da $S' \perp S$, so sind S, S' die Halbirungsstrahlen der von σf und σf_1 gebildeten Winkel (I, Art. 77).

Die Strahlen, welche irgend einen Punkt der Ebene eines Kegelschnittes mit den beiden (reellen) Brennpunkten verbinden, werden als die nach jenem Punkte gerichteten Brennstrahlen bezeichnet; wir können also sagen:

„Die beiden durch einen Punkt hindurchgehenden, zu einander senkrechten conjugirten Strahlen halbiren die Winkel, welche die nach jenem Punkte gerichteten Brennstrahlen miteinander einschliessen."

Nun sind aber nach Art. 58 die Geraden S, S' auch die Halbirungslinien der Winkel, welche die durch σ an den Kegelschnitt gelegten zwei Tangenten mit einander einschliessen.

„Es haben somit: das durch einen Punkt gehende Tangentenpaar, und das durch den Punkt gehende Brennstrahlenpaar gemeinschaftliche Winkelhalbirende."

Oder mit anderen Worten:

„Jede der beiden durch einen Punkt gehenden Tangenten bildet mit jedem der beiden durch denselben Punkt gehenden Brennstrahlen denselben Winkel wie die andere Tangente mit dem anderen Brennstrahle."

149. Zu jeder Geraden S gehört eine senkrechte conjugirte Gerade S'; es ist die durch den Pol s von S zu S gezogene Senkrechte S'. Ist S eine Tangente, so ist s ihr Berührungspunkt und somit ist S' die Normale der Curve im Punkte s; die Tangenten und Normalen der einzelnen Curvenpunkte sind also mit unter den Paaren senkrechter conjugirter Strahlen enthalten. Hiedurch stellt sich der in Art. 138 für die Ellipse und Hyperbel bewiesene Satz als in dem Schlusssatze des Art. 146 enthalten dar. Weiter lauten die in den vorstehenden Artikeln bewiesenen Sätze, wenn man darin S, S' durch Tangente und Normale ersetzt:

„Der Kreis, welcher dem von einer Hauptaxe und der Tangente und Normale eines Curvenpunktes gebildeten Dreiseite umschrieben ist, schneidet die andere Hauptaxe in den beiden Brennpunkten."

„Die Tangente und die Normale eines Curvenpunktes halbiren die von den Brennstrahlen desselben gebildeten Winkel."

Der Curvenpunkt bildet mit den beiden (reellen) Brennpunkten ein Dreieck, für welches die eine der beiden Halbirungslinien der von den Brennstrahlen gebildeten Winkel die innere Halbirungslinie ist, welche die Hauptaxe in einem zwischen den Brennpunkten gelegenen Punkte schneidet; die andere, äussere Halbirungslinie schneidet die Hauptaxe in einem ausserhalb der von den Brennpunkten begrenzten Strecke gelegenen Punkte. Da bei der Ellipse jede Tangente jeden Durchmesser in einem äusseren und bei der Hyperbel in einem inneren Punkte schneidet (Art. 143), und da bei der Ellipse die Brennpunkte innerhalb und bei der Hyperbel ausserhalb der von den Hauptscheiteln begrenzten Strecke liegen, so erkennt man sofort:

„Bei der Ellipse halbirt die Tangente den äusseren und die Normale demnach den inneren Winkel der beiden Brennstrahlen; bei der Hyperbel halbirt die Tangente den inneren und die Normale den äusseren Winkel der beiden Brennstrahlen."

150. Es seien Fig. 14 t, t_1 irgend zwei Punkte einer Ellipse, welche f, f_1 zu Brennpunkten hat; wir ziehen die Brennstrahlen tf, tf_1 von t und ebenso jene t_1f, t_1f_1 von t_1. Die Tangente T von t halbirt den äusseren Winkel bei t im Dreiecke ftf_1 und kann somit erhalten werden, wenn man $\overline{tf_1}$ über t verlängert bis zum Punkte q, so dass $\overline{tq} = \overline{tf}$ und $\overline{f_1q} = \overline{ft} + \overline{ft_1}$ wird, und wenn man den Halbirungspunkt m von $\overline{fq}$ (also $\overline{fm} = \overline{mq}$) mit t verbindet. Um die Tangente T_1 von t_1 zu erhalten, verlängern wir $\overline{t_1f}$ über t_1, so dass $\overline{t_1q_1} = \overline{t_1f_1}$ und $\overline{fq_1} = \overline{ft_1} + \overline{f_1t_1}$ wird, halbiren $\overline{f_1q_1}$ in m_1 ($\overline{f_1m_1} = \overline{m_1q_1}$) und verbinden t_1 mit m_1. Die Tangenten T, T_1 schneiden sich in einem Punkte p, und da T, T_1 die Höhen in

den gleichschenkligen Dreiecken ftq, $f_1 t_1 q_1$ sind, so ist $\overline{pq} = \overline{pf}$, $\overline{pq_1} = \overline{pf_1}$ und $\sphericalangle qpt = \sphericalangle fpt$, $\sphericalangle q_1 p t_1 = \sphericalangle f_1 p t_1$. Nun ist aber nach dem Satze des Art. 148 $\sphericalangle tpf = \sphericalangle t_1 p f_1$, so dass alle die vier genannten Winkel untereinander gleich sind, und somit sind auch die Winkel qpf und $q_1 p f_1$ als Doppelte jener gleichen untereinander gleich. Wenn man nun zu jedem der einander gleichen Winkel qpf, $q_1 p f_1$ den Winkel fpf_1 addirt, so ist $\sphericalangle qpf_1 = \sphericalangle fpq_1$, und somit sind die beiden Dreiecke $\triangle qpf_1$, $\triangle fpq_1$ congruent, weil sie zwei Paar gleicher Seiten und von ihnen eingeschlossene gleiche Winkel besitzen; es ist also auch $\overline{fq_1} = \overline{f_1 q}$, d. h. $\overline{ft_1} + \overline{f_1 t_1} = \overline{ft} + \overline{f_1 t}$. Denkt man sich nun t fest, während t_1 die Ellipse beschreibt, so ist in der letzten Gleichung der folgende Satz enthalten, welcher sagt, dass die von uns „Ellipse“ genannte Curve identisch ist mit der Ellipse der Elementargeometrie:

Fig. 14.

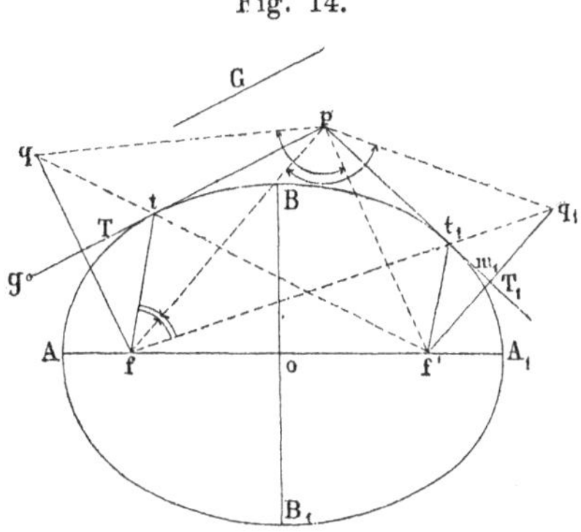

„Die Summe der Entfernungen eines Punktes der Ellipse von den beiden Brennpunkten (die Summe der Brennstrahlen, der Leitstrahlen oder Radienvectoren) ist constant für alle Punkte der Curve.“

Oder also:

„Der Ort eines Punktes einer Ebene, dessen Entfernungen von zwei festen Punkten dieser Ebene eine constante Summe besitzen, ist eine Ellipse; die festen zwei Punkte sind ihre Brennpunkte.“

Der Mittelpunkt o ist der Halbirungspunkt sowohl für die Strecke $\overline{ff_1}$, als auch für die von den Hauptscheiteln begrenzte Strecke $\overline{AA_1} = 2a$, so dass also auch $\overline{fA} = \overline{A_1 f_1}$, und die Summe der Leitstrahlen des Hauptscheitels A ist somit $\overline{fA} + \overline{f_1 A} = \overline{A_1 f_1} + \overline{f_1 A_1} = \overline{A_1 A} = 2a$:

„Die constante Summe der Leitstrahlen der Punkte einer Ellipse ist gleich der Länge der grossen Axe; $ft + f_1 t = 2a$.“

Die in o zu $\overline{AA_1}$ errichtete Senkrechte ist die Nebenaxe, und für jeden der beiden auf ihr gelegenen Nebenscheitel B, B_1 sind die beiden Leitstrahlen gleich lang ($\overline{fB} = \overline{f_1 B}$), so dass jeder die Länge a besitzt ($\overline{fB} = a$). Die Länge der Nebenaxe $\overline{BB_1}$ ist $2b$, die Länge der Strecke $\overline{ff_1}$ ist $2c$; im rechtwinkligen Dreiecke foB ist also a Hypothenuse, b, c sind die Katheten, oder also wie früher $c^2 = a^2 - b^2$.

Rücken die beiden Brennpunkte f_1, f in einen Punkt zusammen, so wird für jeden Curvenpunkt $\overline{f_1 t} = \overline{ft}$, so dass $\overline{ft} = a$ wird; alle Punkte der Curve haben von dem Punkte f die constante Entfernung a, die Curve ist ein Kreis mit dem Mittelpunkte f und dem Radius a; die Excentricität c ist Null, b ist gleich a.

„Ein Kreis kann aufgefasst werden als eine Ellipse mit (im Mittelpunkte) zusammenfallenden Brennpunkten (mit verschwindender linearer Excentricität, mit gleich langen Axen).“

151. Bei der Hyperbel Fig. 15 halbirt die Tangente T des Punktes t den inneren Winkel der Brennstrahlen ft, $f_1 t$ und wird erhalten, wenn man die Länge des einen Brennstrahles $\overline{ft}$ von t aus gegen den zweiten Brennpunkt hin aufträgt, wodurch sich der Punkt q so ergibt, dass $\overline{tq} = \overline{tf}$ und $\overline{f_1 q} = \overline{f_1 t} - \overline{ft}$ wird, und wenn man den Halbirungspunkt m von $\overline{fq}$ $(\overline{fm} = \overline{mq})$ mit t verbindet. Ebenso ergibt sich die Tangente T_1 des Punktes t_1 als Gerade $t_1 m_1$, wobei m_1 der Halbirungspunkt von $\overline{f_1 q_1}$ ist und q_1 auf ft_1 so liegt, dass $\overline{t_1 q_1} = \overline{t_1 f_1}$, somit $\overline{fq_1} = \overline{ft_1} - \overline{f_1 t_1}$ ist. Da T, T_1 die Höhen in den gleichschenkligen Dreiecken ftq, $f_1 t_1 q_1$ sind, so ist für ihren Schnittpunkt p, $\overline{pf} = \overline{pq}$, $\overline{pf_1} = \overline{pq_1}$; und aus demselben Grunde ist $\sphericalangle fpt = \sphericalangle qpt$, $\sphericalangle f_1 pt_1 = \sphericalangle q_1 pt_1$, und da nach dem Satze des Art. 148 $\sphericalangle fpt = \sphericalangle f_1 pt_1$, so sind alle vier Winkel untereinander, und daher sind auch die zwei das Doppelte betragenden Winkel fpq, $f_1 pq_1$ einander gleich. Wenn nun zu jedem der letzteren Winkel der Winkel qpq_1 addirt, respective subtrahirt wird, je nachdem die Dreiecke fpq, $f_1 pq_1$ ganz ausserhalb einander liegen oder sich theilweise decken, so erhält man $\sphericalangle fpq_1 = \sphericalangle qpf_1$, woraus die Congruenz der beiden Dreiecke $\triangle fpq_1 \cong \triangle qpf_1$ folgt (zwei Paar Seiten und eingeschlossene Winkel gleich). Es ist somit auch $\overline{fq_1} = \overline{f_1 q}$ oder $\overline{ft_1} - \overline{f_1 t_1} = \overline{f_1 t} - \overline{ft}$; hält man t fest und lässt t_1 die Hyperbel beschreiben, so drückt diese Gleichung den Satz aus:

Fig. 15.

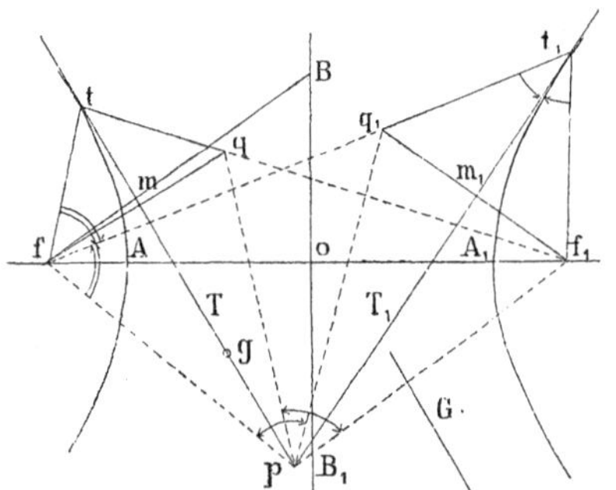

„Die Differenz der Entfernungen eines Punktes der Hyperbel von den beiden Brennpunkten (die Differenz der Brennstrahlen, Leitstrahlen oder Radienvectoren) ist constant für alle Punkte der Curve.“

Hiedurch ist die Identität unserer als „Hyperbel" bezeichneten Curve zweiter Ordnung mit der Hyperbel der Elementargeometrie nachgewiesen. Die Umkehrung des letzten Satzes lautet:

„Der Ort eines Punktes einer Ebene, dessen Entfernungen von zwei festen Punkten dieser Ebene eine constante Differenz besitzen, ist eine Hyperbel; die festen zwei Punkte sind ihre Brennpunkte."

Sind A, A_1 die Hauptscheitel der Hyperbel (welche innerhalb der Strecke $\overline{ff_1}$ gelegen sind), so folgt, da der Mittelpunkt o der Hyperbel der den Strecken $\overline{ff_1}$, $\overline{AA_1}$ gemeinsame Halbirungspunkt und daher $\overline{fA} = \overline{A_1 f_1}$ ist, dass die Differenz der Leitstrahlen des Punktes A_1 den Werth $\overline{fA_1} - \overline{A_1 f_1} = \overline{fA_1} - \overline{fA} = \overline{AA_1} = 2a$ besitzt, d. h.:

„Die constante Differenz der Leitstrahlen der Punkte einer Hyperbel ist gleich der Länge der Hauptaxe; $\overline{ft} - \overline{f_1 t} = 2a$."

Die in o auf AA_1 errichtete Senkrechte ist die Nebenaxe der Hyperbel; die ihr entsprechende Länge $b = \overline{oB} = \overline{oB_1}$ ergibt sich aus der Relation $c^2 = a^2 + b^2$, wobei $c = \overline{fo} = \overline{of_1}$ ist, als Kathete $\overline{oB}$ in einem rechtwinkligen Dreiecke AoB, dessen Hypothenuse $\overline{AB} = c$ und dessen andere Kathete $\overline{oA} = a$ ist. Es ist also bei der Hyperbel b die Länge der von einem Brennpunkt an den über $\overline{AA_1}$ als Durchmesser beschriebenen Kreis gelegten Tangente.

152. Aus der Congruenz der Dreiecke $\triangle fpq_1 \cong \triangle qpf_1$ (Fig. 14, 15) ergibt sich die Gleichheit der Winkel $\sphericalangle pfq_1 = \sphericalangle pqf_1$, und da die beiden gleichschenkligen Dreiecke fpq, ftq die gemeinschaftliche Basis $\overline{fq}$ besitzen, so bildet pq mit qf_1 denselben Winkel wie pf mit ft (bei der Hyperbel mit der Verlängerung von ft*). Es ist also $\sphericalangle pfq_1 = \sphericalangle pft$ (bei der Hyperbel $= 180 - pft$), so dass also pf die Halbirungslinie des Winkels tfq_1, d. i. des Winkels tft_1 ist (bei der Hyperbel seines Nebenwinkels)*) d. h.:

„Der Strahl, welcher einen Brennpunkt einer Ellipse oder Hyperbel mit dem Schnittpunkte zweier Tangenten verbindet, bildet mit den zwei Strahlen, welche denselben Brennpunkt mit den Berührungspunkten der beiden Tangenten verbinden, gleiche Winkel."

Betrachtet man irgend zwei feste, in den Punkten t, t_1 berührende und sich im Punkte p schneidende Tangenten T, T_1, Fig. 16, ferner eine variable im Punkte x berührende Tangente X, welche T in u und T_1 in u_1 schneiden möge, so ist nach dem letzten Satze $\sphericalangle ufx = \frac{1}{2} tfx$, $\sphericalangle xfu_1 = \frac{1}{2} xft_1$, somit durch Addition Winkel $ufu_1 =$

---

*) Wenn die zwei Punkte t, t_1 nicht demselben Hyperbelzweige angehören.

$\frac{1}{2}$ Winkel tft_1, und es hat also der Winkel ufu_1 eine constante Grösse; unter diesem Winkel wird die Strecke $\overline{uu_1}$ vom Brennpunkte f aus gesehen, und wir können also sagen:

„*Der Winkel, unter welchem aus dem Brennpunkte einer Ellipse oder Hyperbel die zwischen zwei festen Tangenten T, T_1 der Curve gelegene Strecke einer variablen Tangente X gesehen wird, ist constant.*“

Fig. 16.

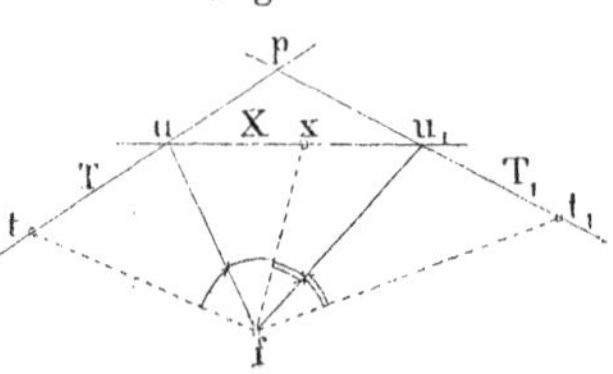

Wenn X längs der Curve hingleitet, so dreht sich der Winkel ufu_1, dessen Grösse constant ist, um den Punkt f; seine zwei Schenkel fu, fu_1 beschreiben als entsprechende Strahlen zwei concentrische congruente gleichstimmige Strahlenbüschel (I, Art. 58), so dass also die Punkte u, u_1 auf T, T_1 zwei projectivische Punktreihen beschreiben, d. h.:

„*Alle Tangenten einer Ellipse oder Hyperbel bestimmen auf irgend zwei von ihnen entsprechende Punkte projectivischer Punktreihen.*“

So sind wir zu der Erzeugung der Ellipse und Hyperbel durch projectivische Punktreihen zurückgekehrt.

Die Betrachtung des Winkels ufu_1, dessen Grösse unveränderlich ist, liefert die folgende Entstehungsart der Ellipse oder Hyperbel:

„*Wenn sich ein Winkel von constanter Grösse in seiner Ebene um seinen Scheitel dreht, so schneiden seine Schenkel zwei feste Gerade in zwei Punkten, deren Verbindungsgerade eine Ellipse oder Hyperbel umhüllt, für welche der Scheitel des sich drehenden Winkels ein Brennpunkt ist.*“

Nach Art. 38 sind die Doppelstrahlen der beiden am Punkte f entstehenden gleichstimmig congruenten Strahlenbüschel, welche von fu, fu_1 beschrieben werden, die von f an die Curve gehenden Tangenten; diese Doppelstrahlen sind (I, Art. 59) nach den unendlich weiten imaginären Kreispunkten gerichtet, wodurch wieder hervorgeht, dass die durch einen Brennpunkt gehenden Tangenten diesen Punkt mit den unendlich weiten imaginären Kreispunkten verbinden.

153. Der Punkt m (Fig. 14 und Fig. 15) ist der Fusspunkt des vom Brennpunkte f auf die Tangente T gefällten Perpendikels; da $\overline{fm} = \frac{1}{2}\overline{fq}$, $\overline{fo} = \frac{1}{2}\overline{ff_1}$, so ist $\overline{om} = \frac{1}{2}\overline{f_1 q}$, und da $\overline{f_1 q} = 2a$ ist, so ist $om = a$, und es hat somit der Fusspunkt des von

einem Brennpunkt auf eine Tangente gefällten Perpendikels vom Curvenmittelpunkt die constante Entfernung a; d. h.:

„Die Fusspunkte der von den Brennpunkten einer Ellipse oder Hyperbel auf die Tangenten derselben gefällten Perpendikel liegen in dem über der Hauptaxe $\overline{AA_1}$ *als Durchmesser beschriebenen Kreise (Fusspunktkreis).“*

Da bei der Ellipse die Brennpunkte innerhalb und bei der Hyperbel ausserhalb der Strecke $\overline{AA_1}$ gelegen sind, so kann man aus dem letzten Satze folgende Entstehungsart dieser Curven ableiten:

„Wenn der Scheitel m *eines rechten Winkels sich auf einem festen Kreise bewegt, während sich ein Schenkel des Winkels um einen festen Punkt* f *dreht, so umhüllt der andere Schenkel eine Ellipse oder Hyperbel, je nachdem der feste Punkt* f *innerhalb oder ausserhalb des festen Kreises gelegen ist. Der Mittelpunkt des Kreises ist Mittelpunkt und der feste Punkt* f *ist ein Brennpunkt der eingehüllten Curve, deren Hauptaxe gleich dem Kreisdurchmesser ist.“*

Den Fusspunktkreis kann man mit Vortheil zur Construction der durch einen Punkt gehenden Ellipsen- oder Hyperbeltangenten benützen; denn um durch einen beliebigen Punkt g an die Curve eine Tangente T zu legen, hat man nur auf jenem Kreise einen solchen Punkt m aufzusuchen, dass der Winkel gmf ein rechter wird. Es ist somit m auf dem über $\overline{gf}$ als Durchmesser beschriebenen Kreise gelegen, somit der Schnittpunkt dieses Kreises mit dem Fusspunktkreise. Jeder der zwei Schnittpunkte m der beiden genannten Kreise mit g verbunden, liefert eine durch g gehende Tangente. Den Berührungspunkt der Tangente gm erhält man, wenn man $\overline{fm}$ um die eigene Länge über m bis q verlängert ($\overline{mq} = \overline{fm}$) und q mit dem anderen Brennpunkte f_1 verbindet (Fig. 14, 15); die Gerade $f_1\,q$ trifft die Tangente gm in deren Berührungspunkte t.

Lässt man g in den Mittelpunkt o einer Hyperbel übergehen, so erkennt man, dass die Asymptoten den Mittelpunkt mit den Punkten verbinden, in denen der Fusspunktkreis von dem über $\overline{of}$ als Durchmesser beschriebenen Kreise geschnitten wird. Es sind dies, wie man sofort sieht, die Berührungspunkte der von f an den Fusspunktkreis gelegten Tangenten, deren Länge $= b$ ist (vergl. Art. 151).

Sollen die Tangenten T so construirt werden, dass sie parallel sind zu einer gegebenen Geraden G, so erhält man die entsprechenden zwei Punkte m als die Schnittpunkte des Fusspunktkreises mit der von f auf G gefällten Senkrechten, und wird dann die Tangenten durch die Punkte m parallel zu G zu ziehen haben, und ihre Berührungspunkte t in derselben Weise wie früher auffinden. Es ist selbstverständlich, dass f der eine oder der andere Brennpunkt sein kann.

Bei der Ellipse liegt f innerhalb des Fusspunktkreises, und es werden somit die beiden Punkte m immer reell sein; wodurch wieder gezeigt ist, dass man an eine Ellipse zu jeder Geraden parallel zwei Tangenten legen kann; bei der Hyperbel werden die beiden zu G parallelen Tangenten nur dann reell sein, wenn die durch f zu G gezogene Senkrechte den Fusspunktkreis schneidet, d. h. wenn die durch den Mittelpunkt o zu G parallele Gerade die Hyperbel nicht schneidet.

154. Es sei T irgend eine Tangente des Kegelschnittes, welcher f, f_1 zu Brennpunkten und o zum Mittelpunkte hat; die von f, f_1 auf T gefällten Perpendikel mögen die Fusspunkte m, m_1 besitzen, welche nach Früherem dem Fusspunktkreise angehören. Es sei m' der zweite Schnittpunkt dieses Kreises mit der Geraden fm; weil $\sphericalangle\, m_1 m m' = 90^0$ ist, so ist $\overline{m_1 m'}$ ein Durchmesser des Kreises. Da $\overline{of} = \overline{of_1}$, $\overline{om_1} = \overline{om'}$ und $\sphericalangle\, fom' = \sphericalangle\, f_1 o m_1$ ist (als Scheitelwinkel), so ist $\triangle\, fom' \cong \triangle\, f_1 o m_1$ und somit $\overline{fm'} = \overline{f_1 m_1}$, also auch $\overline{fm} \,.\, \overline{fm'} = \overline{fm} \,.\, \overline{f_1 m_1}$. Aber $\overline{fm} \,.\, \overline{fm'}$ ist gleich dem Producte $\overline{fA} \,.\, \overline{fA_1}$ (wenn A, A_1 die Hauptscheitel der Curve, d. i. die Schnitte des Fusspunktkreises mit der Geraden ff_1 sind); es ist nun bei der Ellipse $\overline{fA} = a \pm c$, $\overline{fA_1} = a \mp c$ und bei der Hyperbel $\overline{fA} = c \pm a$, $\overline{fA_1} = c \mp a$, somit bei der Ellipse $\overline{fA} \,.\, \overline{fA_1} = (a^2 - c^2) = b^2$ und bei der Hyperbel $\overline{fA} \,.\, \overline{fA_1} = c^2 - a^2 = b^2$. Wir haben also

$$\overline{fm} \,.\, \overline{f_1 m_1} = b^2.$$

„Das Rechteck aus den Abständen der beiden Brennpunkte von einer Tangente ist constant, nämlich gleich dem Quadrate über der halben Nebenaxe.“

Bei der Ellipse, deren Tangenten die Hauptaxe in Punkten schneiden die ausserhalb der Strecke $\overline{AA_1}$ und daher auch ausserhalb der Strecke $\overline{ff_1}$ liegen, haben die beiden Perpendikel fm, $f_1 m_1$ dieselbe Richtung; bei der Hyperbel sind sie entgegengesetzt gerichtet, so dass man unter Berücksichtigung der Vorzeichen die letzte Gleichung in die Form $\overline{fm} \,.\, \overline{f_1 m_1} = \pm b^2$ bringen soll, je nachdem sie sich auf die Ellipse oder Hyperbel bezieht.

155. Trägt man auf jeden Leitstrahl $f_1 t$ von t aus die Länge des zweiten Leitstrahles ft auf, und zwar bei der Ellipse in der Richtung von f_1 nach t und bei der Hyperbel in der Richtung von t nach f_1 (vergl. die Fig. 14 und 15), so ergeben sich Punkte q,

welche vom Brennpunkte f_1 die Entfernung $2a$ haben und die somit einen Kreis $K^{f_1}_{2a}$ erfüllen, welcher f_1 zum Mittelpunkte und $2a$ zum Radius hat. Da nun der Kreis $K^{t}_{\overline{tq}}$, welcher t zum Mittelpunkte und $\overline{tq} = \overline{tf}$ zum Halbmesser hat, durch f geht und in q den festen Kreis $K^{f_1}_{2a}$ im Punkte q berührt, so kann man die Ellipse und Hyperbel folgendermassen definiren:

„*Der Ort des Mittelpunktes t eines variablen Kreises, welcher durch einen festen Punkt f geht und einen festen Kreis berührt, ist eine Ellipse oder Hyperbel, je nachdem die Berührung eine innere oder eine äussere ist; der feste Punkt und der Mittelpunkt sind die Brennpunkte und der Radius des festen Kreises ist die Länge der Hauptaxe der Ellipse, respective Hyperbel.*“

Die Berührung ist bei der Ellipse eine innere, weil t innerhalb der Strecke $\overline{qf_1}$ gelegen ist; dagegen bei der Hyperbel eine äussere, weil t ausserhalb der Strecke $\overline{qf_1}$ liegt.

Die obige Entstehungsart lässt eine einfache Lösung der Aufgabe zu:

„*Die Schnittpunkte einer durch ihre Brennpunkte f, f_1 und die Länge $2a$ ihrer Hauptaxe gegebenen Curve zweiter Ordnung mit einer gegebenen Geraden G zu construiren.*“

Man hat nur solche Kreise aufzusuchen deren Mittelpunkte t auf der Geraden G liegen, welche durch f gehen und den Kreis $K^{f_1}_{2a}$ berühren. Da alle Kreise, welche durch f gehen und ihre Mittelpunkte auf G haben, noch durch einen zweiten Punkt (f) gehen, nämlich durch den zu f bezüglich G symmetrisch liegenden (so, dass die Strecke $\overline{f(f)}$ auf G senkrecht steht und von G halbirt wird), so ist die Aufgabe zurückgeführt darauf, die Mittelpunkte der zwei Kreise zu finden, welche durch f, (f) hindurchgehen und den Kreis $K^{f_1}_{2a}$ berühren. (Wir erinnern daran, dass man die Berührungspunkte q der beiden gesuchten Kreise mit dem Kreise $K^{f_1}_{2a}$ als die Berührungspunkte dieses Kreises mit den zwei durch h gehenden Tangenten erhält, wenn h der Schnittpunkt der Geraden $f(f)$ mit der dem Kreise $K^{f_1}_{2a}$ und irgend einem durch die Punkte f, (f) gehenden Kreise gemeinschaftlichen Sehne ist. Die von f_1 nach den Punkten q gerichteten Strahlen treffen G in ihren Schnittpunkten mit der Curve.)

Es möge ferner erwähnt werden, dass aus der Definition der Ellipse (Hyperbel) als der Curve constanter Summe (Differenz) der beiden Leitstrahlen, sofort die letzte Definition der Curve, und dass sich aus dieser wieder die Sätze über die Tangenten ergeben. Betrachtet man nämlich zwei benachbarte Punkte der Curve t, t' und die ihnen entsprechenden Kreise $K^{t}_{\overline{tf}}$, $K^{t'}_{\overline{t'f}}$, welche durch f

gehen und t, respective t' zum Mittelpunkte haben, so schneiden sich dieselben ausser in q noch in einem zweiten zwischen q und q' gelegenen Punkte (q) und es ist $\overline{tt'}$ als ihre Centrallinie senkrecht auf ihrer gemeinschaftlichen Sehne $f(q)$. Fällt nun t' mit t zusammen, so geht $\overline{tt'}$ in die Tangente T der Ellipse (Hyperbel) in t über, und der zwischen q, q' (welche Punkte in q sich vereinigen) gelegene Punkt (q) fällt also mit q, und $f(q)$ fällt also mit fq zusammen. Es ist also die von t auf fq gefällte Senkrechte, d. i. die Höhe des gleichschenkligen Dreieckes ftq die Tangente T; diese halbirt aber den Winkel der beiden Strahlen ft, qt, d. h. die Tangente ist eine Halbirungslinie der von den Leitstrahlen gebildeten Winkel. Nun liefert die Betrachtung der congruenten Dreiecke $qpf_1 \cong fpq_1$ (alle drei Seiten gleich, Fig. 14, 15) die Sätze des Artikels 148, sowie die projectivische Erzeugung der Curve durch Punktreihen.

Endlich möge darauf hingewiesen werden, dass man den oben eingeführten Kreis $K^{f_1}_{2a}$, welcher die Punkte q enthält, benützen kann, um eine Lösung der Aufgabe zu erhalten:

„*An die durch ihre Brennpunkte und die Länge der Hauptaxe $2a$ gegebene Curve zweiter Ordnung durch einen Punkt g oder parallel zu einer Geraden G Tangenten zu legen.*"

Da nämlich g auf dem Höhenperpendikel T des gleichschenkligen Dreieckes qtf gelegen ist, so ist $\overline{gq} = \overline{gf}$, und man erhält somit die zwei Punkte q als die Schnittpunkte des Kreises $K^{f_1}_{2a}$ mit dem Kreise $K^{g}_{\overline{gf}}$, welcher g zum Mittelpunkte hat und durch den Brennpunkt f hindurchgeht; die Geraden, welche g mit den Halbirungspunkten m der beiden Strecken $\overline{fq}$ verbinden, sind die beiden durch g gehenden Tangenten, und ihre Berührungspunkte t liegen auf den Strahlen $f_1 q$. Sollen die Tangenten T zu einer gegebenen Geraden G parallel sein, so ergeben sich die Punkte q als die Schnittpunkte des Kreises $K^{f_1}_{2a}$ mit der durch f zu G senkrecht gezogenen Geraden.

156. Es seien: o der Mittelpunkt und f, f_1 die Brennpunkte einer Ellipse (Fig. 17) oder Hyperbel (Fig. 18). Die Polaren D, D_1 der Brennpunkte f, f_1, welche als die Leitlinien (Directrices) der Curve bezeichnet werden, müssen auf der Hauptaxe ff_1 senkrecht stehen, und werden dieselben in Punkten d, d_1 schneiden, so dass f und d und ebenso f_1 und d_1 conjugirte Pole darstellen. Es ist somit $\overline{of} \,.\, \overline{od} = a^2$, $\overline{of_1} \,.\, \overline{od_1} = a^2$ und daher, weil $\overline{of} = c$ ist:

$$\overline{od} = \overline{od_1} = \frac{a^2}{c}.$$

Je nachdem es sich um die Ellipse oder Hyperbel handelt, ist

$a \gtrless c$ somit $\frac{a}{c} \gtrless 1$ oder $\frac{a^2}{c} \gtrless a$, d. h. $\overline{od} \gtrless a$; es liegen somit die Punkte ausserhalb (innerhalb) der von den Hauptscheiteln A, A_1 begrenzten Strecke und daher umsomehr ausserhalb (innerhalb) der von den Brennpunkten f, f_1 begrenzten Strecke, wenn die Curve eine Ellipse (Hyperbel) ist. Ist t irgend ein Punkt der Curve, r, r_1 die Punkte, in denen die Leitlinien D, D_1 von der durch t zur Hauptaxe parallel gezogenen Geraden geschnitten werden, und t_1 der zweite Schnittpunkt dieser Geraden mit der Curve, und endlich r' der Schnittpunkt derselben Geraden mit der Polare von r, so sind t, t_1, r, r' vier harmonische Punkte und somit ft, ft_1, fr, fr' vier harmonische Strahlen, und da die Gerade fr als durch den Pol r der Geraden fr' gehend zu der letzteren conjugirt ist, und da ferner je zwei durch einen Brennpunkt gehende conjugirte Strahlen aufeinander senkrecht stehen, so ist $fr' \perp fr$ und somit sind fr, fr' die Halbirungsstrahlen der von ft und ft_1 gebildeten Winkel, und zwar ist, da r bei der Ellipse ausserhalb und bei der Hyperbel innerhalb der Strecke $\overline{tt_1}$ liegen muss, fr bei der Ellipse der äussere und bei der Hyperbel der innere Halbirungsstrahl des Winkels tft_1 im Dreieck tft_1; in beiden Fällen ist jedoch nach einem bekannten Satze der Elementargeometrie:

Fig. 17.

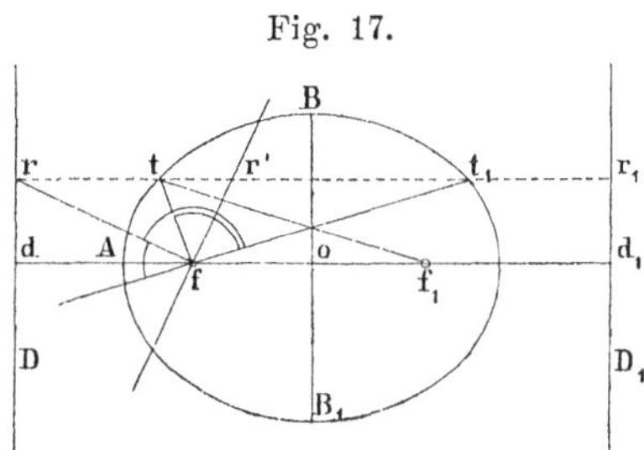

$$\frac{\overline{t_1 f}}{\overline{tf}} = \frac{\overline{rt_1}}{\overline{rt}},$$

und da die Punkte t, t_1, f, f_1, r, r_1, bezüglich der Nebenaxe symmetrisch liegen, so ist $\overline{t_1 f} = \overline{tf_1}$, $\overline{rt_1} = \overline{tr_1}$, somit:

$$\frac{\overline{tf_1}}{\overline{tf}} = \frac{\overline{tr_1}}{\overline{rt}}.$$

Wenn man zu dieser Gleichung die Gleichung $1 = 1$ addirt oder subtrahirt, je nachdem es sich um die Ellipse oder Hyperbel handelt, so ergibt sich:

$$\frac{\overline{tf_1}}{\overline{tf}} \pm 1 = \frac{\overline{tr_1}}{\overline{rt}} \pm 1$$

oder:

$$\frac{\overline{tf_1} \pm \overline{tf}}{\overline{tf}} = \frac{\overline{tr_1} \pm \overline{rt}}{\overline{rt}}.$$

Nun ist $\overline{tf_1} \pm \overline{tf} = 2a$ und $\overline{tr_1} \pm \overline{rt} = \overline{rr_1} = 2 . \overline{od} = 2\frac{a^2}{c}$, somit ist $\frac{2a}{\overline{tf}} = \frac{2 . \frac{a^2}{c}}{\overline{rt}}$, woraus folgt:

$$\frac{\overline{tf}}{\overline{rt}} = \frac{c}{a}.$$

Das heisst:

„*Das Verhältniss der Entfernung eines Punktes einer Ellipse oder Hyperbel von einem Brennpunkte zu der Entfernung des Punktes von der diesem Brennpunkt als Polare zugeordneten Leitlinie ist constant, und zwar gleich dem Verhältniss der linearen Excentricität c zur halben Hauptaxenlänge a.*“

Fig. 18.

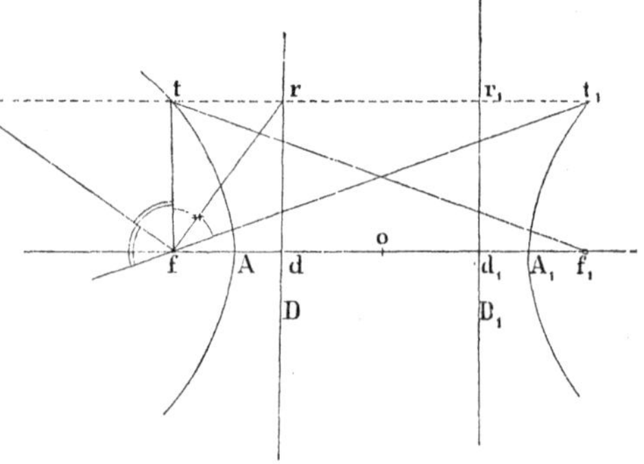

Dieses constante Verhältniss $\frac{c}{a} = e$ wird als die numerische Excentricität des Kegelschnittes bezeichnet; dieselbe ist kleiner als die Einheit bei der Ellipse (da $c < a$ ist) und grösser als die Einheit bei der Hyperbel (da $c > a$ ist).

Den obigen Satz kann man umgekehrt aussprechen:

„*Der Ort eines Punktes, dessen Entfernung von einem festen Punkte f zu seiner Entfernung von einer festen Geraden D ein constantes Verhältniss $= e$ besitzt, ist ein Kegelschnitt, welcher f zum Brennpunkte und D zur zugeordneten Leitlinie hat; der Kegelschnitt ist eine Ellipse oder Hyperbel, je nachdem e kleiner oder grösser als die Einheit ist.*“

Wir werden in Art. 162 sehen, dass der Uebergangsfall $e = 1$ der Parabel entspricht.

157. „*Eine Ellipse (Hyperbel) ist vollkommen bestimmt durch die beiden Brennpunkte f, f_1 und einen ihrer Punkte t.*“

Denn die durch t gehende Ellipse (resp. Hyperbel), welche f, f_1 zu Brennpunkten hat, ist der Ort jenes Punktes, dessen Entfernungen von f, f_1 die constante Summe (resp. Differenz) $\overline{ft} + \overline{f_1 t}$ (resp. $ft - f_1 t$) besitzen.

„Es gibt somit zwei Kegelschnitte von gegebenen Brennpunkten f, f_1, welche durch einen gegebenen Punkt t gehen; der eine ist eine Ellipse, der andere eine Hyperbel.“

Die Tangente der Hyperbel in t halbirt den Winkel ftf_1, während die Tangente der Ellipse den Nebenwinkel halbirt; da diese beiden Tangenten auf einander senkrecht stehen: *„so schneiden sich die beiden durch t gehenden Kegelschnitte, welche die gemeinschaftlichen Brennpunkte f, f_1 haben, im Punkte t rechtwinklig.“*

Kegelschnitte, welche dieselben Brennpunkte besitzen, werden als confocale Kegelschnitte bezeichnet.

Ein System confocaler Kegelschnitte ist durch die beiden gemeinschaftlichen Brennpunkte f, f_1 bestimmt; alle Curven des Systems haben die Gerade ff_1 zur gemeinsamen Hauptaxe, den Halbirungspunkt o der Strecke $\overline{ff_1}$ zum gemeinsamen Mittelpunkte und somit die in o zu $\overline{ff_1}$ errichtete Senkrechte zur gemeinsamen Nebenaxe, so dass also confocale Kegelschnitte auch concentrisch und coaxial sind.

Durch jeden Punkt t der Ebene gehen zwei Kegelschnitte des Systems, eine Ellipse und eine Hyperbel, welche sich in t rechtwinklig durchschneiden.

Es zerfällt somit das ganze System confocaler Kegelschnitte in zwei Schaaren, eine Ellipsenschaar und eine Hyperbelschaar; während keine zwei Curven derselben Schaar reelle Punkte gemeinsam haben können, indem durch jeden reellen Punkt eine Ellipse und eine Hyperbel hindurchgeht, schneidet jede Curve der einen Schaar alle Curven der anderen in Quadrupeln reeller Punkte, und zwar rechtwinklig. Denn betrachtet man irgend eine der Ellipsen und irgend eine der Hyperbeln und sind a, a' die reellen Hauptaxenlängen dieser Curven, so ist, mit c die gemeinsame lineare Excentricität bezeichnet, $a > c$, $c > a'$, somit $a > a'$, und es wird daher unter den reellen Punkten der Ellipse, deren Leitstrahlen die constante Summe $2a$ haben, nothwendigerweise solche geben müssen, deren Leitstrahlen die Differenz $2a'$ besitzen, welche also der Ellipse und der Hyperbel angehören. Ist t ein solcher Punkt, so haben auch: der ihm diametral gegenüberliegende t', sowie die zu ihm bezüglich der beiden Hauptaxen symmetrisch gelegenen Punkte t'', t''' dieselbe Eigenschaft. Die betrachtete Ellipse hat somit mit der Hyperbel die vier Punkte t, t', t'', t''' gemeinschaftlich und kann mit ihr keinen weiteren fünften Punkt gemeinschaftlich haben, weil ja dann beide Curven identisch sein müssten.

„Confocale Kegelschnitte hat man als einem festen imaginären Vierseit, für welches die beiden unendlich weiten imaginären Kreispunkte ein Gegeneckenpaar bilden, eingeschrieben zu betrachten; ein System confocaler Kegelschnitte ist somit als eine Kegelschnittreihe aufzufassen.“

Denn sind f, f_1 die gemeinsamen reellen Brennpunkte des Systems und i, i' die beiden imaginären unendlich weiten Kreispunkte, so sind (Art. 145) fi, fi'; $f_1 i$, $f_1 i'$ Tangenten, welche allen Kegelschnitten des Systems gemeinsam sind. Diese vier (imaginären) Tangenten bilden ein (imaginäres) Vierseit, welchem alle Kegelschnitte des Systems (eine Kegelschnittreihe bildend) eingeschrieben erscheinen; die zwei Punktepaare ff_1, ii' sind zwei Gegeneckenpaare des Vierseits, dessen drittes imaginäres Gegeneckenpaar φ, φ_1 auf der allen Kegelschnitten des Systems gemeinschaftlichen Nebenaxe gelegen ist, und das den Kegelschnitten gemeinsame imaginäre Brennpunktepaar darstellt.

Wendet man die über Kegelschnittreihen bewiesenen Sätze (Art. 113—116) auf ein System confocaler Kegelschnitte an, so erhält man sofort die Ergebnisse der letzten Betrachtungen theilweise wieder als specielle Fälle.

Man sieht nach Art. 115, dass durch jeden Punkt der Ebene zwei Curven des confocalen Systems hindurchgehen, welche sich rechtwinklig durchschneiden; denn die Tangentenpaare, welche man aus dem Punkte an die einzelnen Curven des Systemes legen kann, bilden (Art. 113) eine Involution, deren Doppelstrahlen aufeinander senkrecht stehen müssen, da unter jenen Paaren auch die zwei nach den imaginären unendlich weiten Kreispunkten gerichteten Strahlen vorkommen. Da zu diesen Paaren auch die zwei nach den Brennpunkten f, f_1 gerichteten Strahlen als ein Paar auftreten, so erhält man den Satz des Art. 148, dass das durch einen Punkt an einen Kegelschnitt gehende Tangentenpaar und das nach den Brennpunkten gerichtete Strahlenpaar gemeinsame Halbirungsstrahlen besitzen.

Die in Art. 113, 115 für eine Kegelschnittreihe ausgesprochenen Sätze lauten für confocale Kegelschnitte:

„Die aus einem Punkte an die Kegelschnitte eines confocalen Systems gelegten Tangentenpaare bilden eine Strahleninvolution, deren Doppelstrahlen aufeinander senkrecht stehen und die beiden durch jenen Punkt gehenden Kegelschnitte des Systems in ihm berühren. Diese beiden Doppelstrahlen sind die gemeinschaftlichen Halbirungsstrahlen der von jenen Tangentenpaaren gebildeten Winkel, und sind conjugirte Strahlen in Bezug auf alle Kegelschnitte des Systems.“

Insbesondere hat man für zwei confocale Kegelschnitte:

„Legt man durch einen Punkt an zwei confocale Kegelschnitte die beiden Tangentenpaare, so bildet eine Tangente des einen mit einer Tangente des anderen Paares denselben Winkel wie die andere Tangente des ersten mit der anderen Tangente des zweiten Paares.“

Aus Art. 115 erhält man sofort:

„Die Pole einer festen Geraden E in Bezug auf die Kegelschnitte eines confocalen Systems erfüllen eine zweite feste Gerade F, deren Pole wieder auf E gelegen sind.“

Da nach Art. 115 diese beiden Geraden die drei Diagonalseiten des Vierseits, welchem die Kegelschnitte des Systems eingeschrieben sind, in Punktepaaren schneiden, die durch die Gegeneckenpaare jenes Vierseits harmonisch getrennt sind, so *„müssen die Geraden E, F aufeinander senkrecht stehen und schneiden die Hauptaxe in zwei bezüglich f, f_1 harmonisch conjugirten Punkten.“*

Man wird also die zu E gehörige Gerade F finden, indem man zu dem Punkte, in welchem $\overline{ff_1}$ von E geschnitten wird, bezüglich des Punktepaares f, f_1 den harmonisch conjugirten Punkt aufsucht und durch ihn $F \perp$ zu E legt.

Nach Art. 115 berühren E, F in ihrem Schnittpunkte die beiden durch denselben gehenden Kegelschnitte des Systems.

Aus Art. 116 folgt:

„Die Polaren irgend eines Punktes in Bezug auf die Kegelschnitte eines confocalen Systems umhüllen eine Parabel, welche die beiden den Kegelschnitten des Systems gemeinsamen Axen und die Tangenten E, F der beiden durch jenen Punkt hindurchgehenden Kegelschnitte des Systems, welche dieselben in jenem Punkte berühren, zu Tangenten hat.“

Denn die Polaren umhüllen nach Art. 116 einen Kegelschnitt, welcher die Diagonalseiten des Vierseits, dem die Curven des Systems eingeschrieben sind, zu Tangenten hat; diese Diagonalseiten sind jedoch die unendlich weite Gerade $\overline{ii'}$, die Hauptaxe $\overline{ff_1}$ und die Nebenaxe $\varphi\varphi_1$.

158. Die von Curve zu Curve des Systems veränderlichen Halbaxen a, b genügen der Gleichung $a^2 \mp b^2 = c^2$, wenn $2c$ die constante Entfernung der beiden Brennpunkte ist, wobei das obere Zeichen für die Ellipsen und das untere für die Hyperbeln des Systems gilt. Für letztere haben wir überdies $\operatorname{tg}\psi = \frac{b}{a}$ wenn mit ψ der Winkel bezeichnet wird, den die Asymptoten mit der Hauptaxe bilden (Art. 137).

Aus $a^2 = b^2 + c^2$ folgt, dass die Axen a, b der Ellipsen gleichzeitig ins Unendliche wachsen; für $b = o$ wird $a = c$ ein Minimum. Es gibt also unter den Ellipsen des Systems eine unendlich grosse Ellipse, welche ihrer ganzen Ausdehnung nach ins Unendliche fällt und somit mit der unendlich weiten (doppelt zu zählenden) Geraden identisch wird, und ferner eine Ellipse mit verschwindender Nebenaxe, welche somit durch die doppelt zu zählende Strecke $\overline{ff_1}$ dargestellt ist.

Aus $b^2 = c^2 - a^2$ folgt für $a = c$ $b = o$ und tg $\psi = o$, somit $\psi = o$ (oder $= \pi$); die entsprechende Hyperbel, deren Asymptoten wegen $\psi = o$ mit der Geraden ff_1 zusammenfallen, wird somit dargestellt durch den doppelt zu zählenden Theil der die Brennpunkte enthaltenden Geraden nach Ausscheidung der Strecke $\overline{ff_1}$. Für $a = o$ wird $b = c$ und tg $\psi = \pm \infty$, somit $\psi = \pm \frac{\pi}{2}$, so dass die beiden Asymptoten der Hyperbel mit der Nebenaxe zusammenfallen; die Hyperbel selbst ist dargestellt durch die doppelt zu zählende Nebenaxe, deren Punkte in der That die Eigenschaft haben, dass ihre Entfernungen von den Brennpunkten die constante Differenz $2a$, hier $2 . o = o$ besitzen.

Wenn die beiden Brennpunkte f, f_1 des Systems zusammenfallen, so gehen die Ellipsen in concentrische Kreise über, während die Hyperbeln des Systems durch die doppelt zu zählenden Geraden, welche durch den Mittelpunkt f, f_1 der Kreise hindurchgehen, dargestellt sind.

159. Da die durch einen Brennpunkt an die Curve gehenden Tangenten denselben mit den unendlich weiten imaginären Kreispunkten verbinden, so ist die Festsetzung eines Brennpunktes äquivalent der Annahme zweier (imaginärer) Tangenten. Die Festsetzung der beiden Brennpunkte f, f_1 ist somit äquivalent der Annahme von vier Tangenten; und in der That konnten wir alle Kegelschnitte, welche gemeinsame Brennpunkte f, f_1 besitzen (confocal sind), als einem festen (imaginären) Vierseit eingeschrieben betrachten.

In Uebereinstimmung hiermit erkennt man leicht:

„Ein Kegelschnitt ist durch das Brennpunktepaar f, f_1 und eine Tangente T vollkommen bestimmt.“

Ist nämlich o der Halbirungspunkt von $\overline{ff_1}$ und m der Fusspunkt des von f auf T gefällten Perpendikels, so liefert der Kreis $K_o^{\overline{om}}$, welcher o zum Mittelpunkte hat und durch m hindurchgeht, im Sinne des Art. 153 den (einzigen) Kegelschnitt, welcher f, f_1 zu

Brennpunkten und T zur Tangente hat. Dieser Kegelschnitt ist eine Ellipse oder Hyperbel, je nachdem f, f_1 zur selben oder zu entgegengesetzten Seiten von T gelegen sind. Ferner erkennen wir:

„Ein Kegelschnitt ist durch einen Brennpunkt f und durch drei Tangenten T_1, T_2, T_3 vollkommen bestimmt.“

Legt man durch die Fusspunkte m_1, m_2, m_3 der von f auf T_1, T_2, T_3 gefällten Perpendikel den Kreis K, so liefert er als Kreis K_o^a nach Art. 153 den einzigen Kegelschnitt, welcher f zum Brennpunkte und T_1, T_2, T_3 zu Tangenten hat.

160. Wir haben nun noch die Brennpunktsfrage für die Parabel zu erledigen. Es sei S irgend eine Gerade, s ihr Pol bezüglich der Parabel, S' die durch s zu S gezogene Senkrechte, also die zu S senkrechte conjugirte Gerade, x, x' die Schnittpunkte der Parabelaxe mit S, S'; ferner sei D der durch s gehende (zur Parabelaxe parallele) Durchmesser der Parabel und s' sein Schnittpunkt mit der Polare S. Da die Punkte s, s' conjugirte Pole sind, so wird nach Art. 134 der Halbirungspunkt o der Strecke $\overline{ss'}$ der im Endlichen gelegene Schnittpunkt der Parabel mit dem Durchmesser D sein. Das Punktepaar x, x' erscheint auf der Parabelaxe durch die beiden zu einander senkrechten conjugirten Geraden S, S' bestimmt. Dreht man S um x, so dreht sich nach Art. 145 S' um x'; um also die sämmtlichen Punktepaare x, x', welche durch alle Paare zu einander senkrechter conjugirter Strahlen auf der Hauptaxe bestimmt werden, zu erhalten, denke man sich S parallel zu sich selbst fortbewegt. Der Pol s wird hierbei den Durchmesser D (als Polare des unendlich weiten Punktes von S) beschreiben und o bleibt der feste Halbirungspunkt der auf D veränderlichen Strecke $\overline{ss'}$. Die Gerade, welche o mit dem Schnittpunkte m von S und S' verbindet, treffe die Hauptaxe im Punkte f; weil $os = os'$ und $\sphericalangle\, sms' = 90^0$, so sind som, $s'om$ gleichschenklige Dreiecke, und folglich werden die beiden Dreiecke $s_1 o m_1$, $s'_1 o m_1$, die man erhält, indem man durch einen beliebigen Punkt m_1 der Geraden om zu ms, ms' die Parallelen $m_1 s_1$, $m_1 s'_1$ legt, ebenfalls gleichschenklig sein, d. h. $os_1 = om_1 = os'_1$, so dass o auch der Halbirungspunkt der Strecke $\overline{s_1 s'_1}$ ist. Es ist somit s_1, s'_1 ein neues Paar conjugirter Pole auf D, und die Gerade $m_1 s'_1$ oder S_1 ist die Polare des Punktes s_1, so dass die Gerade $m_1 s_1$ oder S'_1 die zu S_1 senkrechte conjugirte Gerade ist. Sind nun x_1, x'_1 die Schnittpunkte der Hauptaxe mit den Geraden S_1, S'_1, so folgt aus der Aehnlichkeit der oben erwähnten Dreiecke mit den Dreiecken xfm, $x_1 f m_1$, respective $x'fm$, $x'_1 f m_1$, dass auch diese vier letzteren gleichschenklig sind, so dass $fx = fm = fx'$,

$fx_1 = fm_1 = fx'_1$, und es ist somit f der Halbirungspunkt sowohl der Strecke $\overline{xx'}$, als auch jeder anderen Strecke $\overline{x_1 x'_1}$, welche durch zwei zu einander senkrechte conjugirte Strahlen auf der Parabelaxe bestimmt wird. Es bilden somit die Punktepaare x, x' auf der Parabelaxe eine Involution, für welche f einen Doppelpunkt darstellt, während der unendlich weite Punkt f'_∞ der Axe der andere Doppelpunkt ist; in der That ist $(xx'f\,f'\infty) = -1$, so dass alle Punktepaare x, x' von demselben Punktepaare $f, f'\infty$ harmonisch getrennt erscheinen. Der dem rechtwinkligen Dreiecke xmx' umschriebene Kreis hat den Punkt f zum Mittelpunkte.

„*Die Paare zu einander senkrechter conjugirter Strahlen einer Parabel schneiden die Parabelaxe in Punktepaaren einer Involution, von deren Doppelpunkten der eine $f'\infty$ der unendlich weite Punkt der Parabel ist, während der andere Doppelpunkt f den Halbirungspunkt der von den einzelnen Punktepaaren begrenzten Strecken darstellt.*“

Wenn die Gerade S_1 durch f hindurchgeht, so geht auch S'_1 durch diesen Punkt hindurch, da er als Doppelpunkt der Involution zwei Punkte x_1, x'_1 eines Paares in sich vereinigt. Nun hat man durch f zwei Paare zu einander senkrechter conjugirter Strahlen: S_1, S'_1 und die Parabelaxe, welche mit der durch f zu ihr senkrecht gezogenen Geraden ein solches Paar bildet. Es werden somit alle Paare der durch f gehenden conjugirten Strahlen rechtwinklig sein, f ist der Brennpunkt der Parabel, d. i. ein Punkt, an welchem durch die Parabel eine rechtwinklige Involution conjugirter Strahlen bestimmt wird. Die beiden (imaginären) durch f gehenden Tangenten der Parabel (die Doppelstrahlen jener rechtwinkligen Involution) sind nach den imaginären Kreispunkten im Unendlichen gerichtet.

Der zweite Brennpunkt der Parabel $f'\infty$ ist ihr unendlich weiter Punkt (vergl. Art. 59).

Aus Obigem folgt auch:

„Die Kreise, welche dem von der Parabelaxe und irgend zwei conjugirten, zu einander senkrechten Strahlen gebildeten Dreiseite umschrieben werden, haben den Brennpunkt f der Parabel zum Mittelpunkte.“

Die zweite Axe der Parabel ist die unendlich weite Gerade, welche zu allen Durchmessern, also auch zur Hauptaxe conjugirt ist (Art. 129); auf ihr bestimmen die zu einander senkrechten Geraden S, S' eine Punktinvolution, deren Doppelpunkte die unendlich weiten imaginären Kreispunkte sind (I, Art. 83). Diese Punkte stellen somit die beiden imaginären Brennpunkte der Parabel dar (vergl. Art. 59).

Wir können nun sofort alle die in den Artikeln 148—153 für die Ellipse und Hyperbel durchgeführten Betrachtungen hier für die Parabel wiederholen; die Brennpunkte sind f, f'_∞, so dass die durch f'_∞ gehenden Brennstrahlen parallel zur Parabelaxe werden. Die drei Schlusssätze des Art. 148 lauten auch hier ebenso:

„*Die durch einen Punkt hindurchgehenden zu einander senkrechten conjugirten Strahlen halbiren die Winkel, welche die nach jenem Punkte gerichteten Brennstrahlen miteinander einschliessen.*“

„*Das durch einen beliebigen Punkt gehende Tangentenpaar der Parabel und das durch den Punkt gehende Brennstrahlenpaar besitzen gemeinsame Winkelhalbirende.*“

Oder mit anderen Worten:

„*Jede der beiden durch einen Punkt gehenden Tangenten bildet mit jedem der beiden durch den Punkt gehenden Brennstrahlen denselben Winkel wie die andere Tangente mit dem anderen Brennstrahle.*“

Da der eine Brennstrahl zu der Parabelaxe parallel ist, so können wir auch sagen:

„*Jede der beiden durch einen Punkt gehenden Parabeltangenten bildet mit der Parabelaxe denselben Winkel wie die andere Tangente mit der Verbindungsgeraden des Punktes und des Parabelbrennpunktes f.*“

Die aus irgend zwei Punkten g, g' einer Parabeltangente T an die Curve noch gehenden Tangenten T_1, T'_1 (Fig. 19), welche sich in g'' schneiden mögen, bilden daher mit den Brennstrahlen gf, $g'f$ die einander gleichen Winkel $\sphericalangle fgg'' = \sphericalangle fg'g''$, denn beide diese Winkel sind nach dem letzten Satze gleich dem Winkel, den die Tangente T mit der Parabelaxe bildet. Aus dieser Winkelgleichheit folgt der in Art. 105 schon gegebene Satz:

Fig. 19.

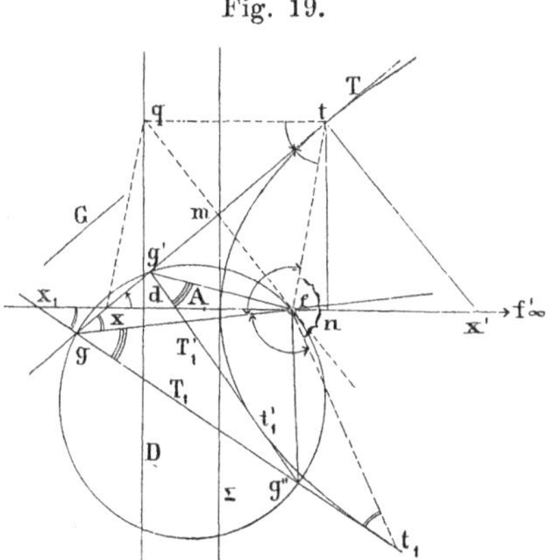

„*Der einem Tangentendreiseit $gg'g''$ einer Parabel umschriebene Kreis geht durch den Brennpunkt der Parabel.*“

In der That liegen die Scheitel g, g' der beiden über fg'' stehenden gleichen Winkel $\sphericalangle fgg'' = \sphericalangle fg'g''$ mit f und g'' in einem Kreise. Weiter haben wir hieraus:

„Die Brennpunkte aller Parabeln, welche einem festen Dreiecke eingeschrieben sind, erfüllen den diesem Dreiecke umschriebenen Kreis“ (vergl. Art. 105).

Hält man T, T_1 und somit auch g fest, während T''_1 als Tangente längs der Parabel und somit g' auf T hingleitet, so ist doch immer $\sphericalangle f g' g'' = \sphericalangle f g g''$ = constant, d. h.:

„Wenn der Scheitel g' eines Winkels von unveränderlicher Grösse auf einer Geraden T hingleitet, während einer seiner Schenkel $g'f$ fortwährend durch einen festen Punkt f geht, so umhüllt der andere Schenkel T' eine Parabel, für welche f der Brennpunkt und T eine Tangente ist.“

Die beiden von f nach den Endpunkten g', g'' der Strecke, welche von den zwei festen Tangenten T, T_1 auf der variablen Tangente T''_1 bestimmt wird, gerichteten Strahlen bilden miteinander einen Winkel, welcher dem von den Tangenten T, T_1 gebildeten Winkel (oder dessen Nebenwinkel) als Peripheriewinkel in dem die vier Punkte g, g', g'', f enthaltenden Kreise gleich ist, also bei der Bewegung der Tangente T''_1 unverändert bleibt:

„Die Strecke $\overline{g'g''}$, welche zwei feste Tangenten einer Parabel auf einer variablen Tangente bestimmen, wird vom Brennpunkte f aus unter einem constanten Winkel gesehen; dieser Winkel ist gleich einem der Winkel, den die beiden festen Tangenten miteinander bilden.“

So haben wir die in Art. 152 für die Ellipse und Hyperbel gefundene Eigenschaft auch für die Parabel als giltig erwiesen, und können nun dieselben Schlüsse auf die Erzeugung der Parabel durch projectivische Punktreihen machen, wie wir es in Art. 152 für die Ellipse und Hyperbel gethan haben.

Bei der Parabel pflegt man oft nur von einem Brennpunkte zu sprechen und versteht dabei immer den im Endlichen gelegenen Punkt f; dann ist als der nach einem Punkte gerichtete Brennstrahl seine Verbindungsgerade mit f anzusehen. Da die Tangente und die Normale eines Punktes der Parabel ebenfalls zwei conjugirte, zu einander senkrechte Strahlen darstellen, so haben wir die Sätze:

„Die Tangente und die Normale eines Parabelpunktes begrenzen auf der Parabelaxe eine Strecke, welche den Brennpunkt zum Halbirungspunkte hat.“

„Die Tangente und die Normale eines Parabelpunktes halbiren die Winkel, welche von dem Brennstrahl desselben und der durch ihn zur Parabelaxe gezogenen Parallelen gebildet werden.“

161. Es sei (Fig. 19) t ein Punkt einer Parabel, welche den Scheitel A besitzt und in demselben die (Scheitel-) Tangente Σ berührt; die in A auf Σ errichtete Senkrechte ist die Axe der Parabel. Fällt man von t auf die Axe die Senkrechte tn, so ist dieselbe die Polare des Punktes x, in welchem die Axe von der Tangente T des Punktes t geschnitten wird, und da also x, n als zwei conjugirte Pole den Durchmesser, welcher A und den unendlich weiten Punkt der Parabel zu Endpunkten hat, harmonisch trennen müssen, so ist der Scheitel A der Halbirungspunkt der Strecke $\overline{xn}$. Die Strecke $\overline{xn}$ ist die senkrechte Projection der Tangentenlänge $\overline{xt}$ auf die Parabelaxe; $\overline{xn}$ wird als die Länge der Subtangente bezeichnet:

„Der Parabelscheitel halbirt alle Subtangenten.“

Zieht man durch t eine Senkrechte N zur Tangente T, so ist dies die Normale des Punktes t, und wenn x' ihr Schnittpunkt mit der Axe ist, so ist nach dem letzten Artikel der Halbirungspunkt f der Strecke $\overline{xx'}$ der Brennpunkt der Parabel. Verbindet man f mit t, so bildet nach Art. 160 ft mit der Tangente T denselben Winkel wie diese Tangente mit der Axe; es ist also $\sphericalangle ftx = \sphericalangle txf$, somit ist das Dreieck xft gleichschenklig, d. h.:

$$\overline{ft} = \overline{fx}.$$

„Die Entfernung des Brennpunktes von dem Schnittpunkte einer Parabeltangente mit der Axe ist gleich der Länge des Brennstrahles des Berührungspunktes der Tangente.“

Betrachtet man irgend zwei sich im Punkte g schneidenden Parabeltangenten T, T_1, welche in t, t_1 berühren und in x, x_1 die Parabelaxe schneiden, so ist nach dem Früheren:

$$\sphericalangle ftg = \sphericalangle fxt = \sphericalangle fgt_1,$$
$$\sphericalangle ft_1g = \sphericalangle fx_1t_1 = \sphericalangle fgt;$$

und da:
$$\sphericalangle tfg = 180^0 - (ftg + fgt) \text{ und}$$
$$\sphericalangle t_1fg = 180^0 - (ft_1g + fgt_1),$$

so ist auch:
$$\sphericalangle tfg = \sphericalangle t_1fg, \text{ d. h.:}$$

„Der nach dem Schnittpunkte g zweier Parabeltangenten T, T_1 gerichtete Brennstrahl fg schliesst mit den nach den Berührungspunkten t, t_1 jener Tangenten gerichteten Brennstrahlen ft, ft_1 gleiche Winkel ein“ (vergl. Art. 152).

Da A der Halbirungspunkt von $\overline{xn}$ und $\Sigma \parallel tn$, so ist der Schnittpunkt m der Tangente T mit der Scheiteltangente der Halbirungspunkt von $\overline{xt}$ und es ist somit $\overline{fm}$ das Höhenperpendikel des gleichschenkligen Dreieckes xft, d. h.:

$$fm \perp T:$$

„Die Fusspunkte m der vom Brennpunkte f auf die Parabeltangenten T gefällten Perpendikel liegen in der Scheiteltangente Σ.“

Oder umgekehrt:

„Bewegt sich der Scheitel m eines rechten Winkels auf einer festen Geraden Σ, während einer seiner Schenkel mf fortwährend durch einen festen Punkt f hindurchgeht, so umhüllt der andere Schenkel T eine Parabel, welche f zum Brennpunkt und Σ zur Scheiteltangente hat.“

Ein Vergleich mit Art. 153 zeigt, dass der über der Hauptaxe einer Ellipse oder Hyperbel als Durchmesser beschriebene Kreis, bei der Parabel durch die Scheiteltangente Σ ersetzt ist; und in der That kann man Σ in Verbindung mit der unendlich weiten Geraden als den über dem Durchmesser von unendlicher Länge Af'_∞ (wenn f'_∞ der unendlich weite Punkt der Parabelaxe bedeutet) beschriebenen Kreis betrachten.

Zugleich erkennt man, dass *„eine Parabel durch den Brennpunkt und die Scheiteltangente (oder den Scheitel) vollkommen bestimmt ist“*, und hat gleichzeitig eine Lösung der Aufgaben:

„Durch einen Punkt g oder parallel zu einer Geraden G an die Parabel Tangenten zu legen.“

Die von f auf G gefällte Senkrechte schneidet Σ in dem Punkte m, durch welchen T parallel zu G zu legen ist; man erhält eine einzige zu G parallele Tangente (Art. 45) und ihr Berührungspunkt t ergibt sich aus $\overline{mt} = \overline{xm}$.

Soll T durch den Punkt g gelegt werden, so ist wegen $\sphericalangle\, gmf = 90^0$, m ein Punkt des über $\overline{gf}$ als Durchmesser beschriebenen Kreises, welcher Σ noch in einem zweiten Punkte m_1 schneiden wird.

Die Geraden gm, gm_1 sind die durch g gehenden Parabeltangenten, deren Berührungspunkte t, t_1 sich wieder aus $\overline{xm} = \overline{mt}$, $\overline{x_1 m_1} = \overline{m_1 t_1}$ ergeben, wenn x_1 den Schnittpunkt von gm_1 mit der Parabelaxe bedeutet.

Durch jeden Punkt g kann man an die Parabel zwei reelle, imaginäre oder zusammenfallende Tangenten legen, je nachdem der über $\overline{gf}$ als Durchmesser beschriebene Kreis die Scheiteltangente Σ in reellen oder imaginären Punkten schneidet oder berührt; im letzteren Falle wird der Punkt g ein Punkt der Parabel.

162. Verlängert man fm über m um die eigene Länge bis q, so dass also $\overline{mq} = \overline{fm}$, so wird, da $mt \perp fq$ ist, $\triangle\, ftq$ gleichschenklig sein: $\overline{ft} = \overline{qt}$ und $\sphericalangle\, ftm = \sphericalangle\, qtm$; nun ist $\sphericalangle\, ftm = \sphericalangle\, txf$, somit ist tq parallel zu xf, d. h. zur Parabelaxe. Die durch q zur Axe gezogene Senkrechte D schneidet die Axe in

einem Punkte d, und da $\overline{fq} = 2\overline{fm}$ ist und $qd \parallel mA$, so ist auch $\overline{fd} = 2\overline{fA}$, somit $\overline{fA} = \overline{Ad}$, und es sind also f, d zwei auf der Axe gelegene conjugirte Pole, und D ist daher die Polare des Brennpunktes, die Leitlinie oder Directrix. Die Gleichung $\overline{ft} = \overline{qt}$ sagt aus:

„*Jeder Parabelpunkt ist von dem Brennpunkte und von der Directrix gleich weit entfernt;*“ oder:

„*Der Ort eines Punktes, welcher von einem festen Punkte f und von einer festen Geraden D gleich weit entfernt ist, ist eine Parabel, welche f zum Brennpunkte und D zur Directrix hat.*“

Die Gleichung $\overline{ft} = \overline{qt}$ oder $\frac{\overline{ft}}{\overline{qt}} = 1$ lässt mit Rücksicht auf Art. 156 erkennen, dass ein durch den Brennpunkt f, die zugehörige Directrix D und die numerische Excentricität e bestimmter Kegelschnitt für $e = 1$ eine Parabel wird.

Wenn der Punkt g, durch welchen wir im letzten Artikel an die Parabel die Tangenten T, T_1 legten, ein Punkt von D ist, so liegt der Halbirungspunkt der Strecke $\overline{gf}$, d. i. der Mittelpunkt des über $\overline{gf}$ als Durchmesser beschriebenen Kreises auf der Scheiteltangente Σ, so dass die beiden Punkte m, m_1 Endpunkte eines Durchmessers und somit gm und gm_1, d. h. T, T_1 zu einander senkrechte Geraden werden; d. h.:

„*Die beiden aus einem Punkte der Directrix D an die Parabel gehenden Tangenten stehen aufeinander senkrecht.*“

„*Der Ort der Schnittpunkte zu einander senkrechter Tangenten der Parabel ist die Directrix derselben.*“

Eine Vergleichung mit Art. 143 und die schon öfters erhärtete Bemerkung, dass die Parabel als Uebergang zwischen Ellipse und Hyperbel aufzufassen ist, lehrt dass der Kreis $K_o^{\sqrt{a^2 \pm b^2}}$ bei der Parabel in die Directrix übergeht. Mit Rücksicht auf Art. 144 haben wir den Satz:

„*Der Mittelpunkt des Kreises, welcher einem bezüglich einer Parabel sich selbst conjugirten Dreiecke umschrieben ist, liegt auf der Directrix der Parabel.*“

Denkt man sich g mit q verbunden, so ist $\overline{gq} = \overline{gf}$, weil T im Halbirungspunkte m von $\overline{fq}$ auf fq senkrecht steht. Man kann somit die durch einen Punkt g gehenden Parabeltangenten T, T_1 auch in der Art erhalten, dass man die Schnittpunkte q, q_1 der Directrix D mit dem Kreise, dessen Mittelpunkt g und dessen Radius $\overline{gf}$ ist, aufsucht, und dann entweder von g Senkrechte T, T_1

auf fq, fq_1 fällt oder g mit den Halbirungspunkten m, m_1 von $\overline{fq}$, $\overline{fq_1}$ verbindet, oder indem man die Winkel fgq, fgq_1 halbirt.

Die Berührungspunkte t, t_1 liegen auf den durch q, q_1 zur Axe der Parabel parallel gezogenen Geraden.

Soll T parallel sein zu einer Geraden G, so erhält man den Punkt q als den Schnitt von D mit der durch f zu G gezogenen Senkrechten.

Aus der Parallelität und Gleichheit der Strecken $\overline{qd}$, $\overline{qf}$ mit dem von t auf die Parabelaxe gefällten Perpendikel $\overline{tn}$ und der zwischen t und der Parabelaxe enthaltenen Strecke $\overline{tx'}$ der Normale, folgt die Congruenz von $\triangle\, qdf$ und $\triangle\, tnx'$, so dass $\overline{nx'} = \overline{df}$ ist.

Die Strecke $\overline{nx'}$, d. i. die Länge der senkrechten Projection der zwischen Curve und Axe enthaltenen Normalenlänge $\overline{tx'}$ wird als die Länge der Subnormale bezeichnet:

„Die Subnormalen aller Parabelpunkte sind gleich lang, nämlich gleich der Entfernung des Brennpunktes von der Directrix.“

Die halbe Länge der durch den Brennpunkt eines Kegelschnittes gehenden, zur Axe senkrechten Sehne nennt man den Parameter der Curve. Die Gleichung $\frac{\overline{ft}}{\overline{qt}} = e$ lehrt, wenn man t als Endpunkt jener Sehne wählt, dass die numerische Excentricität eines Kegelschnittes gleich ist dem Verhältniss des Parameters zur Entfernung des Brennpunktes von der zugehörigen Directrix. Bei der Parabel ist $e = 1$; der Parameter ist gleich der Entfernung des Brennpunktes von der Directrix, und wir können den letzten Satz auch in der Form aussprechen:

„Die Subnormale eines jeden Parabelpunktes ist gleich dem Parameter.“

Aus dem rechtwinkligen Dreiecke xtx' folgt, da $\overline{tn}$ das auf der Hypothenuse $\overline{xx'}$ senkrechte Höhenperpendikel ist $\overline{nt}^2 = \overline{xn} \cdot \overline{nx'}$ oder, da $\overline{xn} = \overline{xA} + \overline{An} = 2 \cdot \overline{An}$ und $\overline{nx'} = p$ ist, wenn wir mit p die Länge des Parameters der Parabel bezeichnen, so ist $\overline{nt}^2 = 2p \cdot \overline{An}$. Wählt man die Parabelaxe zur Abscissenaxe und die Scheiteltangente zur Ordinatenaxe, und bezeichnet man die Coordinaten eines Punktes t mit ξ, η, so ist $\xi = \overline{An}$, $\eta = \overline{nt}$, und die obige Gleichung lautet $\eta^2 = 2p\xi$; es ist die Gleichung der Parabel in dem festgesetzten Coordinatensysteme.

163. Da $\overline{tf} = \overline{tq}$ und $tq \perp D$ ist, so wird der Kreis, welcher t zum Mittelpunkte hat und durch f hindurchgeht, D in q berühren:

„Der Ort des Mittelpunktes t eines variablen Kreises, welcher fort durch einen festen Punkt f geht und eine feste Gerade D berührt, ist jene Parabel, welche f zum Brennpunkte und D zur Directrix hat“ (vergl. Art. 155).

Alle Kreise, welche durch f gehen und deren Mittelpunkte auf einer gegebenen Geraden G liegen, gehen auch durch jenen Punkt (f), welcher zu f bezüglich G symmetrisch gelegen ist. Man wird also die Schnittpunkte einer Geraden G mit einer durch Brennpunkt f und Directrix D gegebenen Parabel construiren können, als die Mittelpunkte jener Kreise, welche durch f und den zu f bezüglich G symmetrischen Punkt (f) gehen und die Gerade G berühren; [$\overline{f(f)}$ ist senkrecht auf G und wird von G halbirt]. Man hat nur durch f, (f) irgend einen Kreis zu ziehen, an diesen durch den Schnittpunkt o von G mit $\overline{f(f)}$ eine Tangente zu legen, welche in p berühren möge und hat dann $\overline{op}$ von o aus beiderseits auf D aufzutragen; die durch die erhaltenen Punkte zu D gezogenen Senkrechten schneiden G in jenen Punkten, in denen G von der Parabel getroffen wird (vergl. Art. 155). Definirt man die Parabel als Ort eines Punktes t, welcher von f und D gleich weit entfernt ist, so erkennt man die Curve sofort als Ort des Mittelpunktes eines durch f gehenden, D berührenden Kreises. Hieraus nun folgt wieder die Eigenschaft der Tangente, dass sie den Winkel qft halbirt. Betrachtet man nämlich irgend zwei Parabelpunkte t, t_1, die ihnen entsprechenden Kreise, welche sie zu Mittelpunkten haben, durch f gehen und D in q, q_1 respective berühren, so werden sich diese Kreise ausser in f noch in einem zwischen q, q_1 liegenden Punkte (q) schneiden, welcher zugleich mit q_1 in q fällt, wenn t_1 mit t zusammenfällt; dann wird tt_1 die Tangente T der Parabel in t. Nun ist aber die Centrale $\overline{tt_1}$ der beiden Kreise senkrecht auf der gemeinsamen Sehne $\overline{f(q)}$. Es ist also T senkrecht auf $\overline{fq}$ und da $tq = tf$ ist, so halbirt T den Winkel qtf (vergl. Art. 155).

164. *„Die sämmtlichen Parabeln, welche einen gemeinschaftlichen Brennpunkt f und eine gemeinschaftliche Axe besitzen, bilden ein System von confocalen Kegelschnitten.“*

In der That haben diese Curven ausser dem Brennpunkte f noch den unendlich weiten Punkt f'_∞ der gemeinsamen Axe als zweiten gemeinschaftlichen Brennpunkt. Alle diese Parabeln berühren die beiden (imaginären) Strahlen, welche f mit den unendlich weiten imaginären Kreispunkten verbinden, und sie berühren ausserdem die unendlich weite Gerade im Punkte f'_∞. Die confocalen Parabeln stellen somit, da sie vier gemeinsame Tangenten besitzen (von denen zwei in der unendlich weiten Geraden zusammenfallen), eine Kegelschnittreihe dar.

„Eine Gerade T wird von einer einzigen Parabel des confocalen Systems berührt.“

Fällt man von f auf T das Perpendikel $\overline{fm}$ und zieht durch m eine Senkrechte Σ zu der den Parabeln gemeinsamen Axe, so ist Σ die Scheiteltangente der die Gerade T berührenden Parabel des Systems, und der Schnittpunkt A der Axe mit Σ ist ihr Scheitel. Macht man auf der Axe $dA = Af$ und zieht D durch d parallel zu Σ, so ist D die Directrix der Parabel u. s. w.

„Durch einen Punkt t gehen zwei Parabeln des confocalen Systems; sie schneiden sich in t rechtwinklig.“

Es gibt nämlich zwei zu der gemeinschaftlichen Axe senkrechte Geraden D, D', welche vom Punkte t eine Entfernung besitzen, die gleich ist der Strecke $\overline{tf}$. Die eine der beiden Parabeln hat D und die andere hat D' zur Leitlinie. Halbirt man die Winkel, welche $\overline{tf}$ mit der durch t zur gemeinsamen Axe der Parabeln gezogenen Parallelen bildet, so stellen die Halbirungsstrahlen die Tangenten jener beiden Parabeln im Punkte t dar; die Curven schneiden sich somit in t unter rechten Winkeln. Da jeder Punkt, welcher mit dem Punkte f nicht auf derselben Seite von D gelegen ist, von f eine Entfernung besitzt, die grösser ist als seine Entfernung von der Geraden D, so müssen alle Punkte der Parabel, welche f zum Brennpunkte und D zur Directrix hat, auf jener Seite von D liegen, auf welcher sich f befindet. Es wird sich somit die Parabel auch auf jener Seite von D, auf welcher f liegt, ins Unendliche erstrecken.

Betrachtet man nun ein confocales Parabelsystem, so ist jede zur gemeinschaftlichen Axe Senkrechte die Leitlinie für eine Parabel des Systems, da durch die Directrix und den Brennpunkt eine Parabel vollkommen bestimmt ist. Je nachdem nun diese Directrix auf der einen oder der anderen Seite des gemeinsamen Brennpunktes f gelegen ist, wird sich die zugehörige Parabel nach der einen oder der anderen Seite hin ins Unendliche erstrecken. Die sämmtlichen confocalen Parabeln zerfallen daher in zwei Schaaren; die Leitlinien der einen Schaar liegen auf der einen Seite, die der anderen Schaar auf der anderen Seite des gemeinsamen Brennpunktes f. Die Curven der ersten Schaar erstrecken sich nach der anderen Seite, jene der zweiten Schaar nach der ersten Seite ins Unendliche.

Je zwei von den confocalen Parabeln berühren sich gegenseitig in dem gemeinschaftlichen unendlich weiten Brennpunkte f'_∞ und werden somit noch zwei gemeinsame Schnittpunkte besitzen. Diese letzteren sind imaginär, wenn die beiden Parabeln einer und derselben von den beiden oben erwähnten Schaaren angehören. Zwei solche Parabeln können nämlich keinen reellen gemeinschaftlichen Punkt t besitzen, da es auf einer und derselben Seite von f nicht zwei von einander verschiedene, zur gemeinsamen Axe senkrechte Geraden D, D' geben kann, welche beide von t die der Strecke $\overline{tf}$ gleiche Entfernung hätten.

Dagegen wird jede Parabel der einen Schaar von jeder Parabel der anderen Schaar in zwei reellen, in einer zur Axe Senkrechten liegenden Punkten geschnitten. Denn sind D, D' die Leitlinien der beiden Parabeln, so muss f zwischen D und D' gelegen sein; dann gibt es auf der zwischen D, D' gelegenen, zu beiden parallelen, und von beiden gleich weit entfernten Geraden M zwei reelle Punkte t, t', deren Entfernung von f gleich ist der Entfernung der Geraden M von den beiden Geraden D, D'. Jeder dieser beiden Punkte gehört nun offenbar sowohl der einen als auch der anderen Parabel an.

Die durch f zur gemeinschaftlichen Axe gezogene Senkrechte, welche als auf beiden Seiten von f gelegen zu betrachten ist, liefert als Directrix angesehen eine Parabel der einen und eine Parabel der anderen Schaar. Die eine von diesen Parabeln fällt zusammen mit dem einen und die andere mit dem anderen der beiden Halbstrahlen, in welche die gemeinschaftliche Axe durch den Brennpunkt f getheilt erscheint. In der That hat jeder Punkt der Axe von f dieselbe Entfernung wie von der durch f zur Axe senkrecht gezogenen Geraden D.

Ebenso gibt die unendlich weite Gerade der Ebene, als dem Parallelstrahlenbüschel der Leitlinien D angehörig, Veranlassung zu einer Parabel der einen und der anderen Schaar, welche zwei Parabeln, wie man sofort sieht, in der unendlich weiten Geraden zusammenfallen. Dies sind die Grenzfälle confocaler Parabeln. Lässt man in einem Systeme confocaler Ellipsen und Hyperbeln (Art. 157) bei festbleibender Hauptaxe und festbleibendem Brennpunkte f den zweiten Brennpunkt ins Unendliche rücken, so erhält man ein System confocaler Parabeln, und zwar gehen die Ellipsen in die eine und die Hyperbeln in die andere der beiden oben erwähnten Schaaren über.

165. Durch drei Tangenten und einen Brennpunkt ist eine Curve zweiter Classe vollkommen bestimmt (Art. 159). Hält man

die drei Tangenten T_1, T_2, T_3 fest, während der Brennpunkt f die ganze Ebene durchlauft, so erhält man doppelt unendlich viele Kegelschnitte, welche dem festen Dreiseit T_1, T_2, T_3 eingeschrieben sind. Wird irgend ein Punkt f der Ebene des Dreiseits als Brennpunkt betrachtet, und fällt man von f aus auf T_1, T_2, T_3 die Perpendikel, deren Fusspunkte m_1, m_2, m_3 respective sein mögen, so ist der durch m_1, m_2, m_3 gehende und durch diese drei Punkte unzweideutig bestimmte Kreis K der Fusspunktkreis für jenen Kegelschnitt, welcher dem Dreiseit eingeschrieben ist und f zum Brennpunkte hat. Dieser Kegelschnitt besitzt noch einen zweiten reellen Brennpunkt f_1. Der Kreis K schneidet jede Seite des Dreiseits noch in einem zweiten Punkte, T_1 in m'_1, T_2 in m'_2, T_3 in m'_3 und die in m'_1 auf T_1 errichtete Senkrechte muss durch einen Brennpunkt gehen, und da dieser nicht f sein kann (weil in diesem Falle m'_1 mit m_1 identisch sein müsste, was im Allgemeinen nicht der Fall sein wird), so muss es f_1 sein. Es schneiden sich folglich die in m'_1, m'_2, m'_3 zu T_1, T_2, T_3 respective senkrecht gezogenen Strahlen in einem und demselben Punkte f_1:

„*Fällt man von einem Punkte f auf die drei Seiten eines Dreiseits Perpendikel und verbindet deren drei Fusspunkte durch einen Kreis, so schneidet dieser jede Seite des Dreiseits noch in einem zweiten Punkte; die in diesen drei Punkten auf die Seiten errichteten drei Perpendikel schneiden sich wieder in einem Punkte f_1. Die beiden Punkte f, f_1 sind Brennpunkte eines dem Dreiseit eingeschriebenen Kegelschnittes.*“

So erscheint durch das Dreiseit eine eindeutige vertauschungsfähige Beziehung zwischen den Punkten f, f_1 der Ebene festgesetzt, von welcher wir uns leicht überzeugen können, dass sie mit der in Art. 108 erwähnten identisch ist.

Es seien o_1, o_2, o_3 die Ecken des Dreiseits $T_1\, T_2\, T_3$; die drei inneren Winkelhalbirenden schneiden sich in einem Punkte s_0, dem Mittelpunkte des dem Dreiseit eingeschriebenen Kreises, und je zwei äussere Winkelhalbirende und die dritte innere Winkelhalbirende schneiden sich in einem Punkte s_1, s_2, s_3 respective, und die so erhaltenen Punkte sind die Mittelpunkte dreier weiteren Kreise, welche die Seiten des Dreiseits berühren (äussere berührende, angeschriebene Kreise). Da die einen Winkel und seinen Nebenwinkel Halbirenden auf einander senkrecht stehen, so ist $s_0\, s_1 \perp s_2\, s_3$, $s_0\, s_2 \perp s_3\, s_1$, $s_0\, s_3 \perp s_1\, s_2$, und es ist somit jeder der vier Punkte s_0, s_1, s_2, s_3 der Höhenschnitt in dem durch die drei übrigen dargestellten Dreiecke. Die durch s_0, s_1, s_2, s_3 hindurchgelegten Kegelschnitte bilden somit ein Büschel von gleichseitigen Hyperbeln (Art. 106).

Sind nun f, f_1 die Brennpunkte irgend eines dem Dreiseit $T_1 T_2 T_3$ eingeschriebenen Kegelschnittes, so bildet nach Art. 148 $o_1 f$ mit T_2 einen Winkel, welcher gleich ist dem Winkel den $o_1 f_1$ mit T_3 bildet; es haben die beiden Strahlenpaare $o_1 f, o_1 f_1$; $T_2 T_3$ gemeinschaftliche Winkelhalbirende und das sind die zwei Gegenseiten $s_0 s_1, s_2 s_3$ des Viereckes $s_0 s_1 s_2 s_3$. Es ist somit $o_1 f_1$ die Polare von f, bezüglich der aus dem Geradenpaare $s_0 s_1, s_2 s_3$ bestehenden (degenerirten) Hyperbel des gleichseitigen Hyperbelbüschels. Ebenso sind $o_2 f_1, o_3 f_1$ die Polaren von f, bezüglich der degenerirten gleichseitigen Hyperbeln $s_0 s_2, s_3 s_1$; $s_0 s_3, s_1 s_2$ respective. Somit ist f_1 der bezüglich des Hyperbelbüschels zu f conjugirte Punkt.

„Die beiden (reellen) Brennpunkte eines Kegelschnittes sind conjugirte Pole bezüglich jeder gleichseitigen Hyperbel, welche durch die Mittelpunkte der vier irgend drei Tangenten des Kegelschnittes berührenden Kreise hindurchgeht.“

„Die Brennpunktepaare f, f_1 der sämmtlichen einem festen Dreiseit eingeschriebenen Kegelschnitte sind Paare einander entsprechender Punkte in der Verwandtschaft conjugirter Pole, welche durch jenes vollständige Viereck, dessen Ecken die Mittelpunkte der vier die Seiten des Dreiseits berührenden Kreise sind, bestimmt erscheint.“

Die Mittelpunkte der dem Vierseit $s_0 s_1 s_2 s_3$ umschriebenen Kegelschnitte (gleichseitigen Hyperbeln) liegen auf dem Kreise, welchen man dem Dreiecke $o_1 o_2 o_3$ umschreiben kann (Art. 112). Wird nun der Punkt f als auf diesem Kreise liegend angenommen, so ist f der Mittelpunkt einer bestimmten unter jenen gleichseitigen Hyperbeln, und da f_1 zu f auch in Bezug auf diese Hyperbel conjugirter Pol sein muss, so ist f_1 in unendlicher Entfernung (Art. 123). Der dem Dreiseite $T_1 T_2 T_3$ eingeschriebene Kegelschnitt, welcher f zum Brennpunkte hat, ist somit, da sein zweiter Brennpunkt in unendlicher Entfernung liegt, eine Parabel. So gelangen wir abermals zu dem Art. 105, 160 besprochenen Satz:

„Die Brennpunkte der einem Dreiseit eingeschriebenen Parabeln erfüllen den dem Dreiseit umgeschriebenen Kreis.“

Bemerkt man, dass also jeder Punkt dieses Kreises der Brennpunkt einer dem Dreiseit eingeschriebenen Parabel ist, und dass somit die Fusspunkte der aus diesem Punkte auf die Seiten des Dreiseits gefällten Perpendikel in der Scheiteltangente dieser Parabel gelegen sein müssen (Art. 161), so haben wir wieder den Satz (I, Art. 21):

„Die drei Fusspunkte der aus irgend einem Punkte des einem Dreiecke umschriebenen Kreises auf die drei Seiten des Dreiecks gefällten Perpendikel liegen in gerader Linie“; und wir können nun hinzufügen: „Diese gerade Linie ist die Scheiteltangente jener Parabel, welche den erwähnten Punkt zum Brennpunkte und die drei Seiten des Dreiecks zu Tangenten hat.“

Der dem Dreiseit $T_1 T_2 T_3$ umschriebene Kreis, welcher die Mittelpunkte der durch s_0, s_1, s_2, s_3 gehenden (gleichseitigen) Hyperbeln enthält, schneidet jede der sechs Seiten des Viereckes $s_0 s_1 s_2 s_3$ ausser in einem der drei Punkte o_1, o_2, o_3, durch welche er ja hindurchgeht, noch in einem Punkte σ; solcher Punkte σ hat man also sechs. Betrachten wir irgend einen von ihnen, z. B. den Punkt σ, in welchem jener Kreis die Gerade $s_1 s_2$ schneidet, welche er überdies in o_3 trifft. Da σ der Mittelpunkt einer durch s_1 und s_2 gehenden (gleichseitigen) Hyperbel ist, so ist $s_1 s_2$ ein Durchmesser dieser Hyperbel und σ somit Halbirungspunkt der Strecke $\overline{s_1 s_2}$. Der dem Dreieck $o_1 o_2 o_3$ umschriebene Kreis enthält also die sechs Halbirungspunkte der sechs Seiten des vollständigen Viereckes $s_0 s_1 s_2 s_3$. [Ebenso erkennt man, dass der Mittelpunktskegelschnitt (Art. 112) irgend eines Kegelschnittbüschels die sechs Halbirungspunkte der sechs Scheitel des von den Büschelscheiteln gebildeten Viereckes enthalten muss.] Jeder der vier Punkte s_0, s_1, s_2, s_3 ist der Höhenschnittpunkt in dem von den drei übrigen gebildeten Dreiecke; die sechs Punkte σ sind folglich die drei Halbirungspunkte der Seiten und die Halbirungspunkte der oberen Höhenabschnitte in dem Dreiecke dessen Ecken drei von den vier Punkten s_0, s_1, s_2, s_3 sind.

Ist nun $s_1 s_2 s_3$ irgend ein Dreieck, o_1, o_2, o_3 die Fusspunkte seiner Höhen und s_0 der Schnittpunkt der letzteren, so sind o_1, o_2, o_3 die Diagonalecken im Vierseit $s_0 s_1 s_2 s_3$, so dass die zwei Strahlenpaare $o_1 o_2, o_1 o_3$ und $s_2 s_3, s_0 s_1$ zwei durch o_1 gehende harmonische Strahlenpaare sind (I, Art. 19), und da $s_0 s_1 \perp s_2 s_3$, so sind diese zwei Geraden die Winkelhalbirenden der Strahlen $o_1 o_2, o_1 o_3$ (I, Art. 83). Ebenso sind die beiden übrigen Gegenseitenpaare des Viereckes $s_0 s_1 s_2 s_3$ die Halbirungsstrahlen der Winkel $o_3 o_2 o_1, o_1 o_3 o_2$ so dass s_0, s_1, s_2, s_3 die Mittelpunkte der vier Kreise sind, welche die Seiten des Dreieckes $o_1 o_2 o_3$ berühren. Der dem Dreieck $o_1 o_2 o_3$ umschriebene Kreis wird somit die Halbirungspunkte der drei Seiten des Dreieckes $\overline{s_1 s_2 s_3}$ und die Halbirungspunkte der drei oberen Höhenabschnitte $\overline{s_0 s_1}, \overline{s_0 s_2}. \overline{s_0 s_3}$, in diesem Dreiecke enthalten.

Hiermit ist bewiesen:

„In jedem Dreiecke liegen die Fusspunkte der drei Höhen, die Halbirungspunkte der drei Seiten und die Halbirungspunkte der drei oberen Höhenabschnitte in einem Kreise.“

Zu jedem Dreiecke gehört ein solcher Kreis, welcher als der Kreis der neun Punkte bezeichnet wird. Er ist der Ort der Mittelpunkte aller dem Dreieck umschriebenen gleichseitigen Hyperbeln, und er enthält auch die Brennpunkte der dem Fusspunktedreieck eingeschriebenen Parabeln.

Anmerkung. Der Satz vom Kreise der neun Punkte lässt sich elementargeometrisch folgendermassen beweisen:

Es sei $s_1 s_2 s_3$ ein Dreieck, o_1, o_2, o_3 die Fusspunkte der drei durch s_1, s_2, s_3 respective gehenden Höhen, s_0 deren Schnittpunkt, σ_1, σ_2, σ_3 die Halbirungspunkte von $\overline{s_2 s_3}$, $\overline{s_3 s_1}$, $\overline{s_1 s_2}$ und σ', σ'', σ''' jene von $\overline{s_0 s_1}$, $\overline{s_0 s_2}$, $\overline{s_0 s_3}$. Da die Verbindungsgerade der Halbirungspunkte zweier Dreieckseiten parallel ist zur dritten Seite, so folgt aus $\triangle\, s_1 s_2 s_3$, dass $\sigma_1 \sigma_2 \parallel s_1 s_2$, aus $\triangle\, s_1 s_0 s_2$, dass $\sigma' \sigma'' \parallel s_1 s_2$, aus $\triangle\, s_0 s_1 s_3$, dass $\sigma_2 \sigma' \parallel s_0 s_3$, aus $\triangle\, s_0 s_2 s_3$, dass $\sigma_1 \sigma'' \parallel s_0 s_3$. Da nun die Geraden $\sigma_1 \sigma_2$, $\sigma' \sigma''$ beide parallel zur Seite $s_1 s_2$ und die Geraden $\sigma_2 \sigma'$, $\sigma_1 \sigma''$ beide parallel zur Höhe $s_0 s_3$ und daher beide senkrecht zur Seite $s_1 s_2$ sind, so ist das Viereck $\sigma_1 \sigma_2 \sigma' \sigma''$ ein Rechteck. Die zwei Strecken $\overline{\sigma_1 \sigma'}$, $\overline{\sigma_2 \sigma''}$ sind als Diagonalen dieses Rechteckes gleich lang und halbiren sich gegenseitig in ihrem Schnittpunkte m. Ebenso zeigt man, dass auch $\sigma_1 \sigma_3 \sigma' \sigma'''$ (und endlich auch $\sigma_2 \sigma_3 \sigma'' \sigma'''$) ein Rechteck ist, so dass dessen Diagonale $\overline{\sigma_3 \sigma'''}$ mit der Diagonale $\overline{\sigma_1 \sigma'}$ gleiche Länge und gemeinsamen Halbirungspunkt m besitzt. Die drei Strecken $\overline{\sigma_1 \sigma'}$, $\overline{\sigma_2 \sigma''}$, $\overline{\sigma_3 \sigma'''}$ sind also gleich lang und haben einen gemeinsamen Halbirungspunkt m, so dass die sechs Punkte σ_1, σ_2, σ_3, σ', σ'', σ''' einem Kreise angehören, dessen Mittelpunkt m ist. Da $\overline{\sigma_1 \sigma'}$ ein Durchmesser dieses Kreises, und da Winkel $\sigma_1 o_1 \sigma'$ ein rechter ist, so gehört auch o_1 diesem Kreise an; ebenso sieht man, dass auch o_2 und o_3 Punkte dieses Kreises sind, so dass er die neun Punkte o_1, o_2, o_3, σ_1, σ_2, σ_3, σ', σ'', σ''' enthält, wodurch der Satz erwiesen ist.

Druck von Adolf Holzhausen in Wien,
k. k. Hof- und Universitäts-Buchdrucker.